Das Biologiebuch – und was man damit alles machen kann

Biologie!
Das Wort stammt aus der griechischen Sprache und lässt sich mit „Lehre von der belebten Natur" übersetzen. Die Biologie beschäftigt sich mit den Lebewesen und deshalb ist in diesem Buch vieles über Pflanzen, Tiere und den Menschen enthalten.

Dieses Buch hat viele Seiten. Doch wie geht man damit geschickt um? Zu allererst kannst du es einfach **durchblättern**. Sicherlich wirst du an einigen Fotos und Abbildungen **verweilen** und sie **anschauen**. Vielleicht beginnst du auch an einigen Stellen zu **lesen**.

Nun hast du sicher bemerkt, dass es in diesem Buch verschieden gestaltete Seiten gibt. Am häufigsten findest du die zweispaltigen **Informationsseiten**. Auf ihnen steht ausführlich, was im Unterricht behandelt wird. Dazu gibt es immer wieder Aufgaben.

Die anderen Seiten sind Sonderseiten. Die **Lexikonseiten** laden dich zum Schmökern ein. Hier sind viele weitere Tiere und Pflanzen abgebildet und kurz beschrieben. Die **Praktikumseiten** enthalten Anleitungen für eigenes Experimentieren im Unterricht. Auf den **Materialseiten** sind Aufgaben zu einem Thema, die mithilfe der Informationen dieser Seite und des Kapitels lösbar sind. Dagegen stellen die **Impulseseiten** Anregungen dar, die dir zeigen, wie du dich mit einem Thema besonders tiefgehend beschäftigen kannst und welche Verknüpfungen zu anderen Gebieten bestehen.

Am Ende des Buches findest du die **Netz-** oder **Prinzipseiten**. Sie geben dir den Überblick, was die vielen Tieren und Pflanzen, die du kennen gelernt hast, gemeinsam haben und was in der Biologie besonders wichtig ist.

Aber mit diesem Buch kann man auch **spielen**. Das nachfolgende **Suchspiel** kannst du allein oder noch besser gemeinsam mit deinen Mitschülerinnen und Mitschülern spielen. Dabei kommt es darauf an, dass man möglichst schnell die gesuchte Information im Buch findet. Nach dem Lesen der Aufgabe wird die Suche gemeinsam begonnen. Wer zuerst die Antwort auf eine Frage gefunden hat, bekommt einen Punkt. Wer am Ende am meisten Punkte hat, hat gewonnen.

Nun geht´s los:

1. Wie viele Wölfe sieht man gemeinsam mit erhobenem Kopf heulen?

2. Wie nennt man das Hinterbein des Gelbrandkäfers?

3. Welche Vögel haben zwei Zehen und erreichen eine Schrittlänge von 3 bis 4 Metern?

4. Auf welchen Seiten sieht man das Foto eines Keilers im Sprung?

5. Welcher Zapfen hängt – der von Tanne oder Fichte?

6. Welcher Teil der Eibe ist ungiftig?

7. Wie heißt der größte bei uns lebende Bilch?

8. Welche Gefiederteile sind bei Grün- und Buntspecht gleich gefärbt?

Es war sicher nicht einfach, alle Aufgaben schnell zu lösen. Du hast wahrscheinlich verschiedene Methoden ausprobiert und dabei gute und weniger gute kennen gelernt. Berichte in deiner Klasse. Hat dir das Spiel gefallen? Wenn ja, dann versuche selbst ein neues Spiel mit dem Buch zu erstellen.

Inhaltsverzeichnis

Kennzeichen der Lebewesen 6
Arbeitsmethoden im Fach Biologie 8
Tabellen und Diagramme auswerten — aber wie? 10
Texte auswerten — aber wie? 12
Material: Lernen kann man lernen 14

Säugetiere

1 Haustiere des Menschen 18
Der Hund — ein Säugetier 18
Der Hund — ein leistungsfähiges Wirbeltier 20
Innere Organe des Hundes 21
Der Hund — ein Vorfahr, viele Rassen 22
Lexikon: Hunderassen 23
Impulse: Der Wolf — Stammvater des Hundes 24
Die Katze ist ein Schleichjäger 26
Lexikon: Verwandte und Abstammung der Hauskatze 28
Material: Wir vergleichen Hund und Katze 29
Lexikon: Heimtiere 30

2 Nutztiere des Menschen 32
Das Rind — ein Wiederkäuer 32
Rinder — unsere wichtigsten Nutztiere 34
Lexikon: Abstammung und Verwandtschaft des Hausrindes 35
Das Pferd — ein vielseitiges Nutztier 36
Das Wildschwein ist die Stammform des Hausschweins 38

3 Säuger — angepasst an Lebensraum und Jahreszeit 40
Die Fledermaus — ein fliegendes Säugetier 40
Der Maulwurf — ein Leben unter Tage 42
Die Feldmaus — ein häufiger Bewohner von Äckern und Wiesen 43
Das Eichhörnchen — ein Leben auf Bäumen 44
Der Winter — für viele Tiere ein Problem 45
Material: Igel überwintern 46
Wildkaninchen und Feldhase — Tiere unserer Kulturlandschaft 48
Das Reh — ein Kulturfolger 49
Der Rothirsch — ein Bewohner großer Waldgebiete 49
Lexikon: Einheimische Wildtiere 50
Der Seehund — Leben im Meer und an Land 52
Wale — vom Land unabhängige Säugetiere 53
Säugetiere — angepasst an extreme Lebensräume 54
Lexikon: Säugetiere verschiedener Lebensräume 55
Impulse: Säugetiere im Zoo 56

4 Verwandtschaft bei Säugetieren 58
Wie man Säugetiere sinnvoll ordnen kann 58
Ordnen mit dem Computer 60
Material: Steckbriefe der Marderartigen 61

Der Mensch

1 Der Körper des Menschen 64
Organe des Menschen im Überblick 64
Material: Der Mensch im Vergleich ... 66

2 Fortpflanzung und Entwicklung 68
Pubertät — Reifezeit vom Kind zum Erwachsenen 68
Die Geschlechtsorgane des Mannes 70
Die Geschlechtsorgane der Frau 71
Der weibliche Zyklus 72
Entwicklung im Mutterleib 74
Schwangerschaft bedeutet Verantwortung für das Kind 75
Die Geburt 76
Die Lebensabschnitte 77

Vögel

1 Kennzeichen der Vögel 80
Angepasstheiten des Vogelkörpers an den Flug 81
Wie Vögel fliegen 82
Praktikum: Federn und Vogelflug 83
Das Haushuhn — Fortpflanzung und Entwicklung bei Vögeln 84
Vom Ei zum Küken 85

2 Zum Verhalten der Vögel 86
Verhalten der Hühner 86
Praktikum: Zum Verhalten der Amsel 88
Revier- und Brutverhalten bei Amseln 89
Der Haussperling — ein Kulturfolger 90
Lexikon: Vögel in Gärten und Parkanlagen 91
Der Kuckuck ist ein Brutschmarotzer 92
Der Vogelzug — zum Überwintern in den Süden 94
Wintersnot — Vögel auf Nahrungssuche 96
Lexikon: Vögel als Heimtiere 97
Impulse: Den Vögeln auf der Spur 98

3 Spezialisten unter den Vögeln 100
Die Schleiereule — lautloser Jäger in der Nacht 100
Material: Gewölleuntersuchung 101
Der Mäusebussard — ein Greifvogel jagt 102
Lexikon: Greifvögel 103
Die Stockente — ein typischer Schwimmvogel 104
Lexikon: Wasservögel 105
Spechte — die Zimmerleute des Waldes 106
Spechte — Dickschädel mit spitzer Zunge 107
Material: Schnäbel und Füße verraten sie 108

Vom Wasser zum Land

1 Fische — ein Leben im Wasser 112
Der Körperbau eines Fisches 112
Atmen unter Wasser 113
Die Bachforelle — ein Bewohner kalter Gewässer 114
Praktikum: Fischpräparation 115
Haltung und Pflege von Fischen im Aquarium 116
Praktikum: Schwimmen — Schweben — Sinken 117
Lachs und Aal sind Wanderfische 118
Das Meer — ein wichtiger Nahrungslieferant 119
Lexikon: Fische 120
Impulse: Vielfalt der Fische 122

2 Lurche sind Feuchtlufttiere 124
Der Grasfrosch — ein Leben an Land und im Wasser 124
Grasfrosch und Erdkröte sind Froschlurche 126
Feuersalamander und Kammmolch sind Schwanzlurche 127
Der Bauplan der Lurche 128
Material: Atmung bei Lurchen 129
Schutzmaßnahmen für Erdkröten 130
Bestimmungsschlüssel einheimischer Lurche 132

3 Kriechtiere bewohnen vielfältige Lebensräume 134
Aus dem Leben der Zauneidechse 134

Schlangen — Jäger ohne Beine 136
Die Kreuzotter 137
Krokodile und Schildkröten 138
Lexikon: Vielfalt der Reptilien 139

4 Verwandtschaft und Stammesgeschichte der Wirbeltiere 140
Wir vergleichen Wirbeltiere 140
Geschichte des Lebens 142
Vom Wasser zum Land 144
Fossilien — Spuren aus der Vergangenheit des Lebens 146
Praktikum: Herstellung von Fossilien 147
Impulse: Saurier — Echsen aus der Urzeit 148
Reptilien der Kreidezeit 150
Lexikon: Lebende Zeugen der Evolution 151
Wale — vom Land ins Wasser 152
Material: Vom Land zum Wasser 153
Stammbaum der Wirbeltiere 154

Wirbellose Tiere

1 Insekten 158
Die Honigbiene — ein Insekt als Haustier 158
Das Bienenjahr 160
Praktikum: Untersuchungen an der Honigbiene 161
Die Tanzsprache — Verständigung im Bienenstaat 162
Lexikon: Staaten bildende Insekten 164
Verständigung bei Insekten 165

2 Insekten — Körperbau und Leistungen 166
Die Beine der Insekten 166
Die Mundwerkzeuge der Insekten 167
Die Sinnesorgane 168
Die Flugeinrichtungen der Insekten 169
Impulse: Insektenflug 170
Entwicklung der Insekten 172
Material: Insekten und Säugetiere im Vergleich 174
Ein Grundbauplan wird abgewandelt 176
Lexikon: Schmetterlinge und Käfer 178

3 Spinnen und Krebse 180
Die Kreuzspinne 180
Weitere Spinnen — Jäger sind sie alle 182
Lexikon: Spinnentiere 183
Der Flusskrebs 184
Übersicht zum Tierstamm der Gliederfüßer 185

4 Der Regenwurm — ein Ringelwurm 186
Regenwürmer sind Bodenbewohner 186
Regenwürmer verbessern den Boden 188
Praktikum: Beobachtungen am Regenwurm 189

5 Schnecken 190
Die Weinbergschnecke 190
Praktikum: Versuche mit Schnecken 192
Praktikum: Bestimmung von Schnecken 193

Blütenpflanzen — Bau und Leistung

1 Aufbau einer Blütenpflanze 196
Der Ackersenf — Steckbrief einer Blütenpflanze 196
Die Gartentulpe — ein weiterer Pflanzensteckbrief 198
Praktikum: Untersuchung einer Gartentulpe 199
Die Heckenrose ist ein Strauch 200
Baum, Strauch und Kraut — Wuchsformen im Vergleich 201

2 Von der Blüte zur Frucht 202
Entwicklung der Kirsche 202
Formen der Bestäubung 204
Lexikon: Beziehungen zwischen Blüte und Insekt 206
Material: Früchte- und Samenverbreitung 208
Verbreitung von Früchten und Samen 209
Lexikon: Früchte 210

3 Bau und Aufgaben der Pflanzenorgane 212
Die Gartenbohne — aus dem Leben einer Blütenpflanze 212
Praktikum: Quellung, Keimung, Wachstum 214
Bau und Aufgaben von Wurzel, Sprossachse und Blatt 216
Der Besenginster — angepasst an karge Böden 218
Lexikon: Pflanzen verschiedener Standorte 220

4 Pflanzen im Wechsel der Jahreszeiten 222
Das Schneeglöckchen — Blüten im Schnee 222
Frühblüher leben vom Vorrat 224
Material: Frühblüher 225
Von der Sonne verwöhnt — die Sommerwiese 226
Die Rosskastanie — wie ein Baum überwintert 228
Impulse: Winter 230

Blütenpflanzen — Vielfalt und Nutzen

1 Verwandtschaft und Ordnung bei Pflanzen 234
Brennnesel und Taubnessel 234
Die Familie der Lippenblütler 235
Der Scharfe Hahnenfuß hat viele Verwandte 236
Die Familie der Rosengewächse 237
Die Familie der Korbblütler 238
Die Wilde Möhre ist ein Doldengewächs 240
Die Familie der Süßgräser 241
Die Rotbuche — unser häufigster Laubbaum 242
Wir bestimmen Laubbäume 243
Die Waldkiefer — ein Nadelbaum 244
Praktikum: Herbarium 246
Merkmale zum Bestimmen von Pflanzenfamilien 247
Pflanzen lassen sich bestimmen 248
Lexikon: Blütenpflanzen in der Übersicht 250

2 Der Mensch nutzt Pflanzen 252
Futterpflanzen für Nutztiere 252
Gräser für den Menschen 253
Impulse: Die Kartoffel 254
Viele Gemüsepflanzen sind Kreuzblütler 256
Lexikon: Gemüse 257
Pflanzen können sich ungeschlechtlich vermehren 258
Wie Pflanzen ihren Nachwuchs sichern 259
Lexikon: Nutzpflanzen 260

3 Lebensräume erhalten und schützen 262
Hecken vernetzen Kleinlebensräume 262
Parkanlagen — Lebensraum für Mensch und Tier 264
Impulse: Schutz der Natur 266

Prinzip: Struktur und Funktion 268
Prinzip: Angepasstheit 270
Prinzip: Variabilität 272
Prinzip: Kommunikation 274
Prinzip: Wechselwirkung 276
Prinzip: Fortpflanzung 278

Tiere und Pflanzen in Zahlen 280
Register 282
Bildnachweis 288

Biologie ist die Wissenschaft von den Lebewesen und den Lebenserscheinungen. Was damit gemeint ist, scheint auf den ersten Blick völlig klar zu sein, denn jeder weiß doch, was ein Lebewesen ist. Wirklich? Woran kann man erkennen, ob etwas lebendig ist oder nicht? Versuche einmal eine Antwort darauf zu finden! Es ist gar nicht so einfach, das in einem kurzen Satz auszudrücken.

Die Kennzeichen der

Stoffwechsel

Menschen und Tiere essen, trinken und atmen. Sie nehmen also Stoffe aus ihrer Umgebung auf, um sie zu verarbeiten. Alles, was nicht verwertbar ist oder was als Abfallprodukt im Körper entsteht, wird wieder ausgeschieden. Dieser Vorgang heißt *Stoffwechsel*. Er ist ein Kennzeichen aller Lebewesen.

Auch Pflanzen besitzen einen Stoffwechsel. Sie nehmen mit ihren Wurzeln aus dem Boden und mit ihren Blättern aus der Luft viele Stoffe auf. Nur so können sie gedeihen und beispielsweise Früchte bilden.

Körpergestalt und Wachstum

Menschen, Tiere und Pflanzen besitzen eine unverwechselbare Gestalt, an der sie zu erkennen sind. Außerdem sind sie in der Lage zu wachsen. Auch dies ist eine Eigenschaft aller Lebewesen.

Bewegung aus eigener Kraft

Viele Menschen bezeichnen die Fähigkeit zur freien Bewegung als das wichtigste Merkmal eines Lebewesens. Für die meisten Tiere ist das auch richtig. Aber es gibt einige darunter, die sich – wie eine Pflanze – nicht von der Stelle bewegen können.
Dennoch ist die Bewegung aus eigener Kraft ein wichtiges Kennzeichen aller Lebewesen. Nur manchmal ist die Bewegung für unser Auge zu langsam oder sie ist äußerlich nicht sichtbar, wie zum Beispiel das Fließen des Blutes.
Auch in Pflanzen werden Stoffe, zum Beispiel Wasser und Zucker aktiv bewegt, ohne dass wir es sehen.

Einige Pflanzen bewegen sich so schnell, dass sie sogar Fliegen fangen können, wie zum Beispiel die Venusfliegenfalle, eine „Fleisch fressende Pflanze".

Lebewesen

Reizbarkeit und Verhalten

Tiere sind mit ihren Sinnesorganen in der Lage, Veränderungen in der Umwelt als Reize wahrzunehmen. Sie reagieren darauf mit einem bestimmten Verhalten. Alle Lebewesen müssen, um leben zu können, Informationen über ihre Umwelt erhalten, müssen diese verarbeiten und sich entsprechend verhalten.

Auch Pflanzen können Reize wahrnehmen und darauf reagieren. Erkennst du, wovon die Öffnung des Blütenköpfchens bei einem Gänseblümchen abhängt?

Fortpflanzung und Entwicklung

Lebewesen entwickeln sich ständig neu. Sie wachsen heran, werden fortpflanzungsfähig und zeugen eigene Nachkommen, die ihnen ähnlich sehen. Nur Lebewesen, die zur selben Art gehören, können miteinander fruchtbare Nachkommen zeugen.

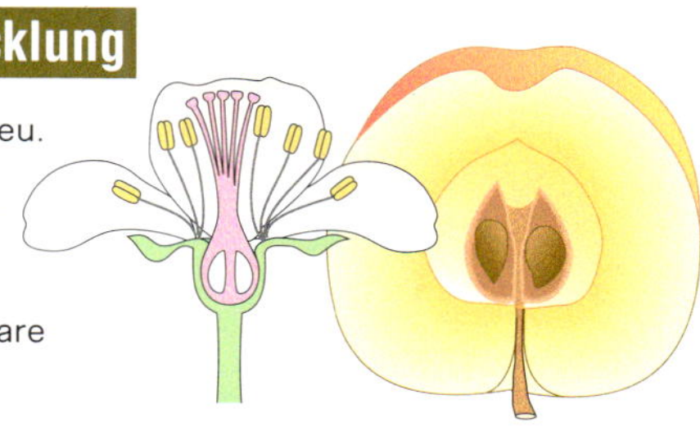

Aufbau aus Zellen

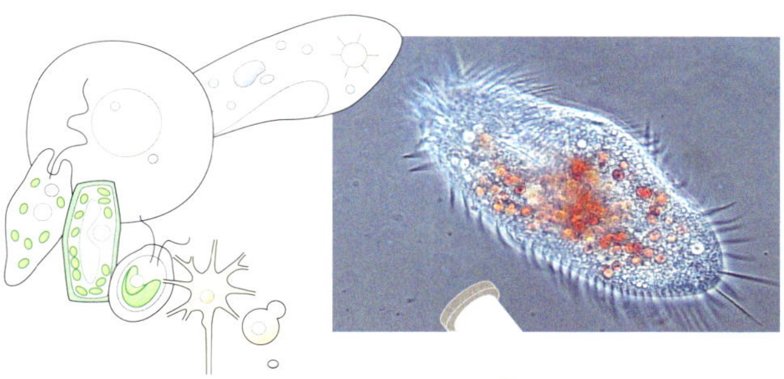

Alle Lebewesen besitzen ein weiteres Merkmal, das allerdings mit bloßem Auge nicht zu erkennen ist. Nur unter dem Mikroskop wird es bei etwa hundertfacher Vergrößerung sichtbar. Dabei zeigt sich, dass jedes Lebewesen aus gleichartigen Bausteinen, den Zellen, aufgebaut ist. Ja es gibt sogar viele, mikroskopisch kleine Lebewesen, die nur aus einer einzigen Zelle bestehen.

Der Begriff „Zelle" bezeichnet also die kleinste Einheit, den Grundbaustein der Lebewesen.

Sind folgende Dinge lebendig: eine Wolke, ein ferngesteuertes Auto, ein Bergkristall, ein Veilchen, ein Wetterhahn? Begründe deine Entscheidung!

Ein Lebewesen muss folgende Kennzeichen gleichzeitig besitzen: Bewegung aus eigener Kraft, Wachstum, Stoffwechsel, Reizbarkeit, Fortpflanzung und den Aufbau aus Zellen.

Arbeitsmethoden im Fach Biologie

Weißt du, welches Tier auf dem Foto abgebildet ist? Richtig, es ist ein Hamster. Aber weißt du auch, wo er lebt und was er frisst, wie groß oder wie alt er wird? Solche Fragen werden im Biologieunterricht häufig gestellt und es ist gar nicht so leicht, sie alle richtig zu beantworten.

Beobachten und *Beschreiben* sind also häufig benutzte Arbeitsweisen im Fach Biologie. Beim Beschreiben ist es wichtig, dass man sich verständlich ausdrückt und die richtigen *Fachbegriffe* benutzt. In vielen Fällen fertigt man eine *Zeichnung* von dem an, was beobachtet wurde. Sie sollte groß und deutlich angelegt sein. Jede Zeichnung erhält eine Überschrift und wird sorgfältig beschriftet. Manchmal muss man auch etwas *zählen, messen* oder *vergleichen.* Dann wird eine Tabelle oder ein Protokoll erstellt, worin das Ergebnis der Arbeit übersichtlich dargestellt wird.

Vieles kannst du durch sorgfältige Beobachtung selbst entdecken. Dabei sind häufig Hilfsmittel nötig. Eine Pflanze zum Beispiel oder einen Käfer untersuchst du am besten mit einer *Lupe*. Willst du noch mehr Einzelheiten sehen oder ist das Lebewesen winzig klein, dann kann nur noch das *Mikroskop* weiterhelfen. Vögel dagegen oder andere scheue Tiere lassen sich vor allem mit einem *Fernglas* genauer erkennen. Manche Tiere oder Pflanzen werden zur Beobachtung oder für Versuche in der Obhut des Menschen gehalten. Dann müssen sie so gehalten und versorgt werden, wie es ihrer Lebensweise und den natürlichen Bedürfnissen entspricht.

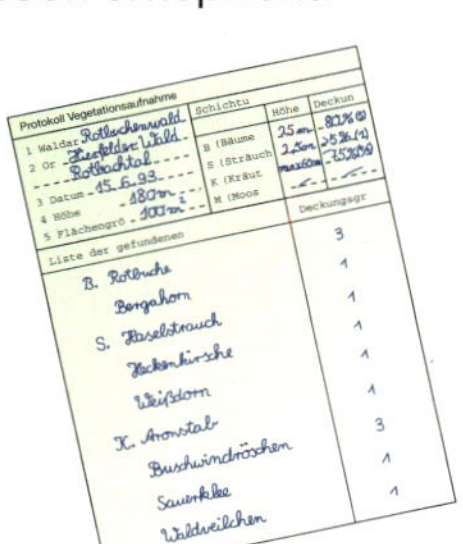

Es kann viel Freude machen, etwas zu *sammeln* und zu *ordnen*, zum Beispiel bunte Laubblätter im Herbst oder Muschelschalen am Strand oder auch leere Schneckenhäuschen. Aber Vorsicht! Unbekannte oder geschützte Tiere oder Pflanzen muss man immer an Ort und Stelle lassen.

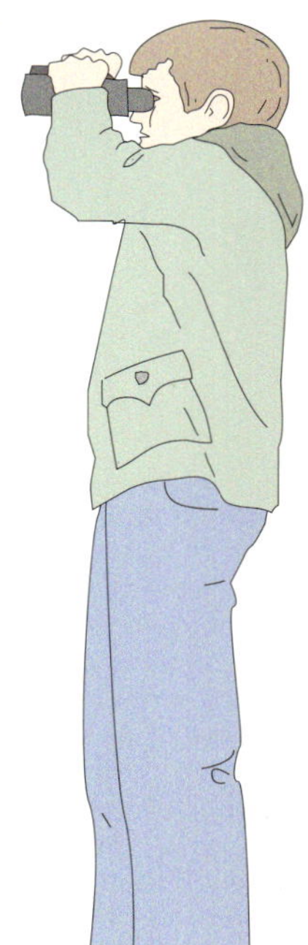

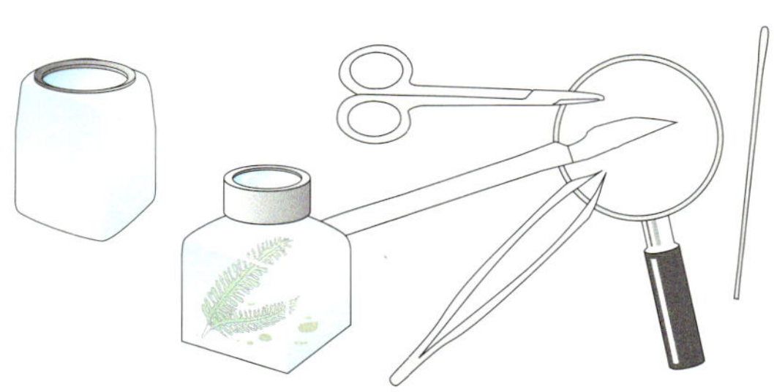

Aufgaben

① Die Abbildungen dieser Seite zeigen Schüler im Biologieunterricht. Gib an, welche Arbeitsmethoden du erkennst.

② Überlegt gemeinsam, wie man sein Biologieheft sinnvoll benutzen kann.

Versuche sind Fragen an die Natur

Eine weitere wichtige Arbeitsmethode im Fach Biologie ist es, *Versuche* durchzuführen. Wie man bei einem Experiment vorgeht und was man dabei entdecken kann, soll ein kleines Beispiel zeigen.

Vielleicht ist dir schon einmal aufgefallen, dass das Essen nicht so recht schmeckt, wenn du starken Schnupfen hast. „Na klar," wirst du sagen, „wenn man krank ist, dann schmeckt es eben nicht." Aber du könntest dir auch überlegen, wie dieser Zusammenhang zu erklären ist. Was vermutest du? Woran könnte es liegen?

Wir gehen einmal der Vermutung nach, dass der Geschmacksverlust nicht an der Krankheit allgemein liegt, sondern nur an der verstopften Nase. Um herauszubekommen, ob man „mit der Nase etwas schmeckt", muss man sich eine geeignete Versuchsanordnung ausdenken. In deinem Biologiebuch werden manchmal Vorschläge zur Durchführung eines Experimentes gemacht. Für unser Problem könnte das folgendermaßen aussehen:

Aufgabe

① Verschiedene Kostproben, zum Beisiel Erdbeergelee, Nusscreme, Ketschup, Apfelmus und Mayonnaise oder Sahnemeerrettich, werden vom Lehrer vorbereitet und in nummerierten Schälchen verdeckt aufbewahrt.
Einer Versuchsperson werden die Augen verbunden, damit sie nicht sehen kann, was ihr zum Schmecken angeboten wird. Außerdem wird ihr die Nase zugehalten. Mit einem Löffelchen werden nacheinander Kostproben in den Mund gegeben und die Versuchsperson soll ihre Geschmacksempfindung nennen. Dieser Versuch wird mit mehreren Schülerinnen und Schülern wiederholt. Die Ergebnisse werden protokolliert und anschließend in einer Tabelle festgehalten.
Danach wird der Versuch mit mehreren Versuchspersonen ohne Zuhalten der Nase durchgeführt. Auch diese Antworten werden protokolliert.
Wertet die Ergebnisse aus.

Tabellen und Diagramme auswerten – aber wie?

s.o.	8	8,5	9	9,5	10	10,5	11
s.o.	131	132	133	134	135	140	145

Alter	8	8,5	9	9,5	10	10,5	11
Körpergröße	131	132	133	134	135	140	145

Biologie ist eine experimentelle Wissenschaft; das bedeutet, dass bestimmte Fragen an die Natur durch Beobachtung und Versuche geklärt werden. Ob ein Vogel beispielsweise fliegen kann, lässt sich im Experiment leicht erkennen. Meist gehen die Fragestellungen jedoch deutlich weiter: Wie weit fliegt ein Vogel an einem Tag? Wie viel Sauerstoff verbraucht ein Mensch in einer Stunde? Wie schnell wächst ein Kind heran? Um solche Fragen zu klären, muss der Biologe zählen und messen. Die Zahlen und Daten, die man so erhält, wertet der Biologe aus. Er macht seine Aufzeichnungen übersichtlich und kann so das Problem lösen.

Erfasst man mehrere Werte, so ist es sinnvoll, sie in einer **Tabelle** zu notieren. Für Tabelle 1 wurde beispielsweise die Körpergröße eines Kindes im Abstand von jeweils sechs Monaten über mehrere Jahre gemessen.

In der ersten Spalte stehen die Messzeitpunkte (Altersstufen), an denen die Werte erfasst wurden, in der anderen die jeweilige Größe in Zentimetern. So stellt man die Messdaten übersichtlich dar. Es könnten sich aber noch weitere Fragen ergeben:
- Verändert sich die Größe des Kindes oder bleibt sie in einem Zeitraum gleich?
- Welche Größe hatte das Kind an seinem 12. Geburtstag?
- Wie groß ist der halbjährliche Größenzuwachs?

Alter des Kindes (in Jahren)	Körpergröße (in cm)
8	131
8,5	132
9	133
9,5	134
10	135
10,5	140
11	145

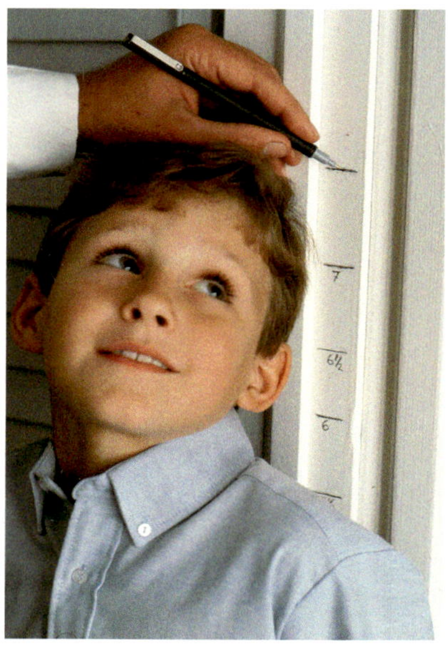

Wesentlich schneller lassen sich diese Fragestellungen überblicken, wenn man eine solche Tabelle zu einem **Diagramm** umarbeitet. In ihm können die Wertepaare, der Messzeitpunkt und die Körpergröße, *grafisch* dargestellt werden. Diese Form ist sehr anschaulich und lässt einen schnellen Überblick über den erfassten Zusammenhang zu.

Solche Diagramme haben zwei Achsen, auf denen jeweils die gemessenen Werte aufgetragen werden. In unseren Beispielen wurde nach oben *(Hochachse)* die Körpergröße des Kindes in Zentimeter und nach rechts *(Rechtsachse)* der Messzeitpunkt (Alter des Kindes am Messtag) aufgetragen (Diagramme A und B).

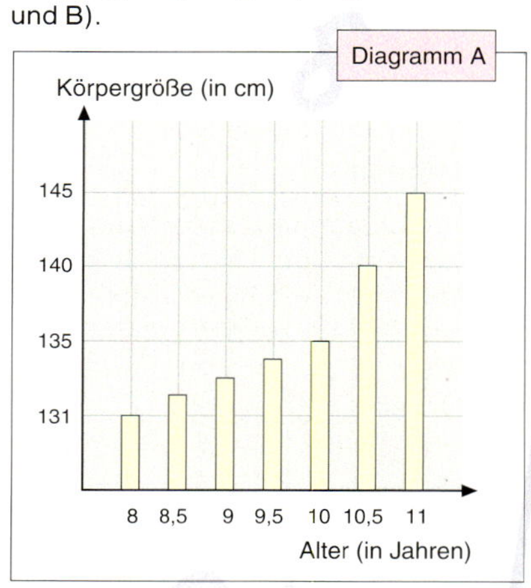

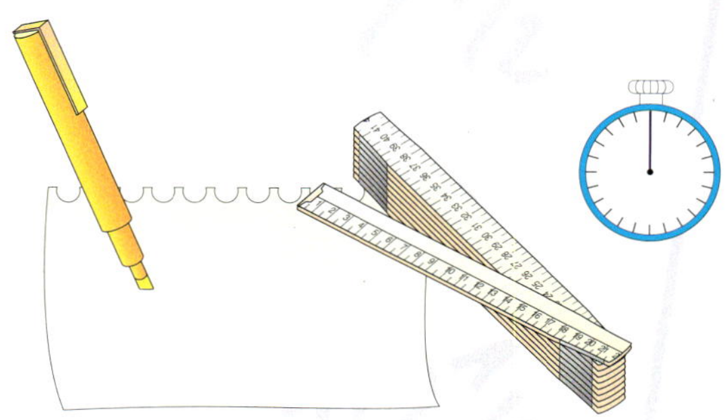

Meist sind Daten in der Biologie in einem Diagramm dargestellt und der Betrachter muss sich seine eigenen Gedanken machen, um es zu analysieren. Das bedeutet, er muss es auswerten und beschreiben. Wie geht man eine solche Aufgabe an?

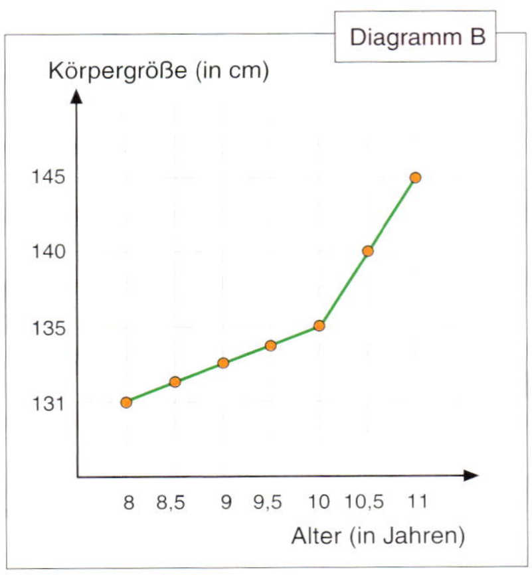

Diagramm A stellt ein sogenanntes *Säulendiagramm* dar. Die Höhe einer einzelnen Säule zeigt die Größe des Kindes zum jeweiligen Messzeitpunkt. Sie ist links an der Hochachse abzulesen.

In Diagramm B ist die Größenzunahme als *Kurve* gezeichnet. Zu den Messzeitpunkten wird auf Höhe der jeweiligen Größe ein Punkt gezeichnet. Die Verbindung aller Messpunkte durch eine Linie ergibt dann die Kurve.

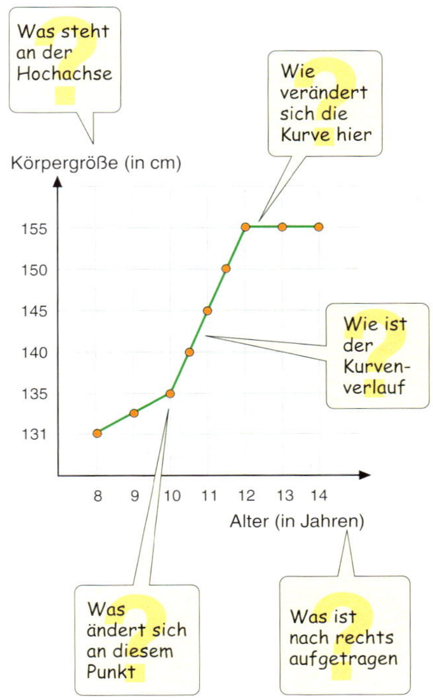

Dieses Diagramm zeigt die Veränderung der Körpergröße eines Kindes im Laufe von 6 Jahren. Dazu wurde alle sechs Monate die Größe bestimmt.

Man erkennt, dass das Kind von Beginn der Messung bis zum 10. Lebensjahr langsam und stetig wächst und zwar in einem halben Jahr um jeweils 1 cm. Am 10. Geburtstag ist das Kind 135 cm groß. Von da an erfährt das Kind einen Wachstumsschub und wächst bis zu seinem 12. Lebensjahr halbjährlich um 5 cm. Mit 12 Jahren hat es dann eine Körpergröße von 155 cm. Auf diesem Wert bleibt die Größe des Kindes dann bis zum Ende des Messzeitraums stehen, d. h. bis zum Alter von 14 legt der Körper des Kindes eine Wachstumspause ein.

Nach dieser Analyse des Diagramms kann man nun nach Gründen für diesen Kurvenverlauf suchen.

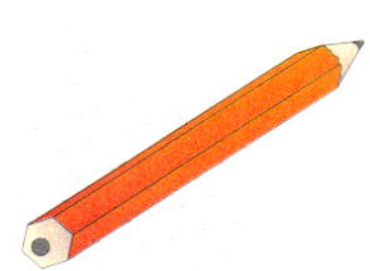

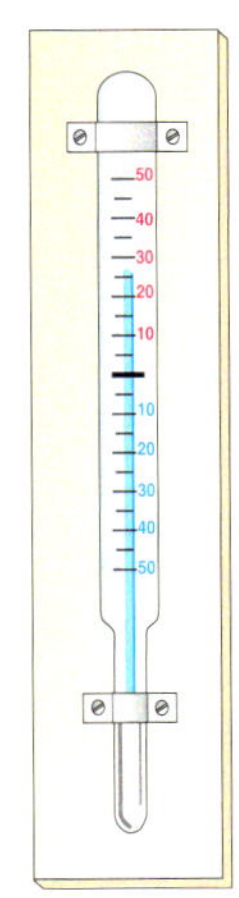

Aufgabe

① Miss mit einem Thermometer an einem Tag zu jeder vollen Stunde von morgens bis abends die Temperatur im Freien. Trage diese Werte in eine Tabelle ein. Fertige dann daraus ein Diagramm an, das den Temperaturverlauf an diesem Tag zeigt. Beschreibe diesen Verlauf mit Worten!

Texte? auswerten – aber wie

Das Mikroskopieren ist eine wichtige Arbeitsmethode in der Biologie, um selbst den Aufbau von Zellen verschiedener Lebewesen zu untersuchen. Ebenso wichtig ist es aber, auch bereits bekannte Informationen aus Texten entnehmen zu können. Wenn du dabei eine Lernmethode anwendest, die dir hilft, den Text besser aufzunehmen, wirst du den Inhalt auch besser verstehen und behalten können. Eine solche Methode ist die *5-Schritt-Lesetechnik*.

1. Schritt Überblick gewinnen

Du überfliegst einen Übungstext möglichst auf einer Kopie. Versuche, einen ersten Eindruck von dem Inhalt zu gewinnen. Wichtige Hinweise geben dir

Überschriften

fett oder *schräg* gedruckte Wörter und Untertitel der Abbildungen. Unterstreiche, was dir wichtig erscheint, mit Bleistift (nicht in das Schulbuch, das der Schule gehört!).

2. Schritt Fragen stellen

Was weiß ich bereits über den Inhalt des Textes? Was möchte ich noch dazu wissen? Habe ich unbekannte Begriffe verstanden? Unbekannte Begriffe kennzeichnest du mit dem Bleistift mit einem Fragezeichen.

3. Schritt Gründliches Lesen

Nach den ganzen Vorarbeiten konzentrierst du deine Aufmerksamkeit jetzt auf die wichtigsten Punkte. Suche Antworten auf deine Fragen und du wirst so die Inhalte des Textes besser in deinem Gedächtnis verankern. Schlage unbekannte Begriffe im Register des Buches oder in einem Lexikon nach.

Das Wildschwein ist die Stammform des Hausschweins

Die Fährte verrät die Paarhufer

Manchmal findet man im Wald Stellen, die wie umgepflügt aussehen. Die in der Nähe sichtbaren Fußabdrücke, die man auch Fährten nennt, weisen darauf hin, dass hier Wildschweine auf Nahrungssuche waren. Wildschweine sind **Paarhufer**, deren Afterzehen aber ebenfalls Abdrücke im Boden hinterlassen.

Nahrung und Nahrungssuche

Zur Wildschweinnahrung gehören Bucheckern, Eicheln und andere Früchte ebenso wie Vogeleier, Würmer und sogar Aas. An diese Nahrungsvielfalt ist das Wildschwein angepasst. Es besitzt einen *Rüssel*, der in einer scheibenförmigen *Schnauze* endet. Mithilfe des Rüssels gelangt das Wildschwein auch an Nahrung, die unter der Erdoberfläche verborgen ist, wie Wurzelknollen oder Pilze. Mit dem hervorragend ausgebildeten Geruchssinn nimmt das Wildschwein die unter dem Erdboden verborgene Nahrung wahr und wühlt gezielt danach.

Allesfressergebiss

Der Zerkleinerung der Nahrung dient das *Allesfressergebiss*. Dieses besitzt im Ober- und Unterkiefer jeweils 6 flache Schneidezähne, 2 lange Eckzähne und 14 Backenzähne. Die vorderen Backenzähne haben scharfkantige Kronen, ähnlich denen eines Fleischfressergebisses, die hinteren Backenzähne haben stumpfhöckerige Kronen wie die eines Pflanzenfressergebisses. Das Allesfressergebiss vereinigt also Eigenschaften dieser beiden Gebisstypen. Die Eckzähne sind besonders beim Keiler stark verlängert,

Keiler im Sprung

Wildschwein mit Frischlingen

4. Schritt
Zusammenfassen

Die Fährte weist die Wildschweine als Paarhufer aus. Ihr Allesfressergebiss zerkleinert Früchte, Kartoffeln, Getreide u.a. Nachts können sie auch Nahrung aus dem Boden wühlen. Tagsüber leben Bachen und Frischlinge in Rotten scheu im Dickicht. Keiler sind Einzelgänger.

wobei diejenigen des Oberkiefers nach oben gerichtet sind. Sie sind von außen sichtbar und können als Waffen eingesetzt werden. Wildschweine sind sehr scheu und nur in der Dämmerung sowie nachts aktiv. Sie können in Mais-, Kartoffel- und Getreidefeldern erhebliche Schäden anrichten. Diese Felder bieten den Wildschweinen einen reichlich gedeckten Tisch und werden von ihnen gerne aufgesucht. Deshalb werden Wildschweine stark bejagt.

Nachts Schäden in Feldern

In größeren Waldgebieten, in denen sie sich *tagsüber ins Dickicht* zurückziehen, können sie gut überleben. Ihr sehr feines Gehör warnt sie rechtzeitig. Deshalb bekommt man Wildschweine in freier Natur nur selten zu Gesicht. Wenn man Glück hat, kann man sie beobachten, wie sie sich in einem Schlammloch *suhlen*. Dieser Art der Körperpflege gehen sie sehr ausgiebig nach. Sie hilft ihnen, das Ungeziefer zwischen den Borsten von der Haut fern zu halten.

Tagsüber scheues Leben

Wildschweine leben in Familienverbänden, den Rotten, welche sich aus mehreren Bachen mit ihren Jungtieren zusammensetzen. Die ausgewachsenen Keiler sind Einzelgänger und kommen nur in der Fortpflanzungszeit mit der Rotte zusammen. Nach 4 bis 5 Monaten Tragzeit werden im April oder Mai von den Bachen 4 bis 12 *Frischlinge* geboren, die erst nach zwei Jahren ausgewachsen sind.

Leben in Rotten und Einzelgänger

Markiere auf einem kopierten Text mit einem gelben Textmarker die Schlüsselwörter und unterstreiche mit einem roten Buntstift bedeutsame Erläuterungen. Alternativ kannst du die Schlüsselwörter aus einem Buch auf einen Notizzettel heraus schreiben. Schlüsselwörter erleichtern dir den Inhalt eines Textes im Gedächtnis zu behalten und dich daran zu erinnern. Ergänzend kannst du zu jedem Abschnitt eine Überschrift erstellen. Verwende diese Überschriften und die Schlüsselwörter, um das Wesentliche des *gelesenen* Textes *zusammenzufassen*.

5. Schritt
Wiederholung

Gehe dazu in deinen Notizen die wichtigsten Stichworte und die Zusammenfassung noch einmal durch.

Vielleicht erscheint dir im ersten Moment diese Lesetechnik sehr mühsam und zeitaufwändig. Aber durch dieses planvolle Lesen kannst du dir die wesentlichen Inhalte eines Textes besser und dauerhaft in deinem Gedächtnis verankern und dich dann auch nach längerer Zeit noch an sie erinnern.

Übe die 5-Schritt-Lesetechnik mehrfach bei mündlichen Hausaufgaben, bei denen du Texte lesen und die Inhalte lernen sollst. Finde dabei heraus, wie du am besten einen Text auswerten und die wichtigsten Inhalte gut behalten kannst.

Lernen kann man lernen

Du hast sicher schon bemerkt, dass du dir die verschiedenen Inhalte, die du lernen möchtest, leider nur unterschiedlich gut merken kannst. Dafür gibt es Ursachen. Man hat festgestellt, dass manche Menschen sich Dinge gut einprägen, wenn sie davon hören. Andere lernen gut, wenn sie lesen oder sich die gleichen Inhalte bildlich vorstellen. Versuche mithilfe dieser Seite herauszufinden, wie du am besten lernst.

Teste deinen Lerntyp

Lass dir von deinem Lehrer eine Kopie des Lerntypentests, der unten auf der Seite abgedruckt ist, geben.
Schätze, wie viel du auf den verschiedenen Lernwegen im Gedächtnis behältst. Notiere eine 1, wenn du denkst, dass du dir wenig, eine 2, wenn du dir einiges oder eine 3, wenn du dir viel merken kannst.

Auswertung: Rechne die Summen der eingetragenen Zahlen für deinen Lerntypen aus.

Lerntyp Sehen bevorzugt Lernsituationen 2, 5, 7, 9: ?

Lerntyp Hören bevorzugt Lernsituationen 1, 8, 10, 12: ?

Lerntyp Handeln bevorzugt Lernsituationen 3, 4, 6, 11: ?

Hast du bei einem Lerntyp 9 Punkte oder mehr erreicht, liegt hier ein von dir bevorzugter Lerntyp vor.

Aufgaben

① Vergleiche mit deinem Banknachbarn eure Ergebnisse. Kläre Gemeinsamkeiten und Unterschiede.
② Vergleiche, wie in deiner Klasse die drei Lerntypen Sehen, Hören und Handeln verteilt sind.
③ Erkläre, was der folgende Lerntipp bedeutet: „Setze beim Lernen den Lernweg ein, auf dem du am schnellsten lernst. Dies entspricht vermutlich deinem Lerntyp. Versuche auch, die anderen beiden Lernwege gezielt stärker zu nutzen."

Aktiviere deine Lernwege!

In diesem Material werden dir konkrete Vorschläge gemacht, wie du deinen Lerntyp fördern und die anderen Lernwege stärker nutzen kannst.

Lerntypentest	
1. Der Lehrer erklärt, wie ein Delfin schwimmt.	7. Ich lese im Biologiebuch einen Text durch.
2. Ich schaue mir Fotos im Biologiebuch an.	8. Ich höre im Radio einen Bericht über die Haltung von Hunden.
3. Ich zeichne und beschrifte ein Schema zum Aufbau des Hundeskeletts.	9. Gelerntes fällt mir wieder ein, wenn ich mir die Heftseite mit meinen Notizen bildlich vorstelle.
4. Ich schreibe Fachbegriffe auf eine kleine Karteikarte und die Erklärung auf die Rückseite.	10. Ich höre auf einem Kassettenrekorder die Laute von Vogelstimmen.
5. Wir sehen im Biologieunterricht einen Film über die Fortbewegungsweisen der Pferde.	11. Ich sammle Blätter von Bäumen, presse sie und beschrifte das Blatt Papier, auf das ich das Blatt klebe, mit dem Namen des Baumes.
6. Ich erstelle in einem Versuch einen Fingerabdruck.	12. Ich halte einen Vortrag über Raubtiere.

Lerntyp Sehen:

- Wird im Text z. B. beschrieben, wie ein Hausschwein im Stall gehalten wird, so lass sofort ein Bild vor deinem inneren Auge entstehen.
- Fertige in Gedanken zu einem Text, ein Film-Drehbuch an!
- Schreibe im Unterricht Stichworte mit. Fertige einfache Skizzen über Sachverhalte des Unterrichts und verankere sie so in deinem Gedächtnis.
- . . . . .

Lerntyp Hören:

- Lerne einen kurzen Text oder Merkvers auswendig und trage ihn laut vor.
- Stelle im Unterricht Fragen!
- Nimm schwierige Fachbegriffe und ihre Erklärung auf eine Kassette auf. Spiele sie dir mehrfach vor, bis du sie sicher behalten hast.
- Lass dir Bilder und Grafiken von anderen erklären.
- Versuche, Lärm als Ablenkung zu vermeiden.
- . . . .

Lerntyp Handeln:

- Schreibe aus einem Text die Schlüsselwörter auf ein Blatt heraus.
- Schreibe auf Karteikarten wichtige Fachbegriffe und auf der Rückseite die Erklärungen dazu.
- Fertige dir einen Spickzettel z. B. über die wichtigsten Voraussetzungen des Vogelfluges.
- Baue dir einen Bienenkompass.
- . . . .

Aufgaben

④ Überlege weitere Vorschläge, mit denen du die drei Lernwege gezielt einsetzen kannst, wenn du Vokabeln lernst. Schreibe sie auf DIN A4-Blätter und gestalte gemeinsam mit deinen Klassenkameraden eine Ausstellung eurer Ideen.
⑤ Suche dir aus der Zusammenstellung zwei Lerntechniken heraus, die du in dieser Woche ausprobierst.

Gedächtnisstützen
Wenn du dir einen Lernstoff nur sehr schwer einprägen kannst, so verwende *Eselsbrücken* als Merkhilfen. Beispiel: Die *Abkürzung* HAS erinnert an die Abfolge der Ohrknöchelchen: Hammer, Amboss und Steigbügel.

Manchmal dient auch eine *gereimte Gedächtnisstütze* als Merkhilfe:
Welpen sind Hundekinder,
Kälber sind neugeborene Rinder,
und die Kleinen von den Pferden
nennt man Fohlen hier auf Erden.

Das Kamel mit zwei Höckern
ist das Trampeltier,
das Kamel mit nur einem Höcker
ist das Dromedar.
Das Trampeltier schreibt sich mit 2 e und
das Dromedar nur mit einem e.

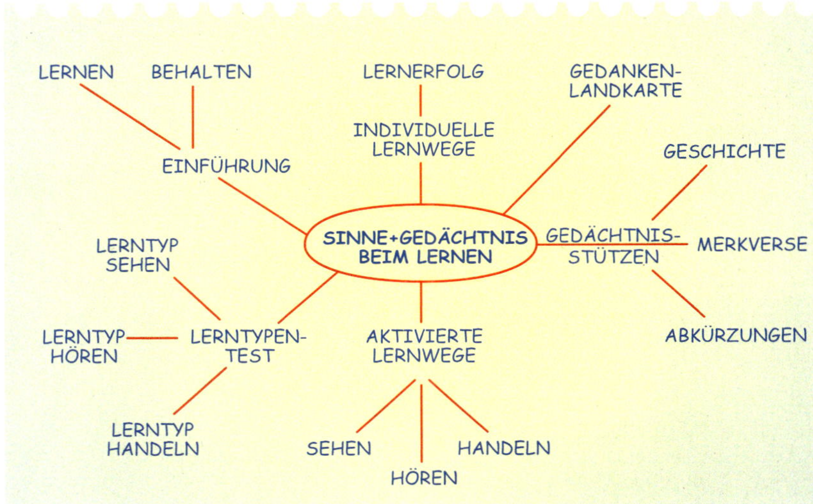

Gedankenlandkarte (Mind-Map)
Du kannst deine Gedanken oder die Gliederung eines Textes ordnen, indem du eine Gedankenlandkarte aufzeichnest. Die Abbildung gibt dir eine Gedankenlandkarte zum Aufbau dieser Doppelseite wieder.

Aufgaben

6. Bilde eigene Abkürzungen als Merkhilfen für andere Beispiele aus der Biologie.
7. Kennst du weitere Beispiele von Merkversen? Berichte!

Lerne wie der schlaue Igel mit Köpfchen und nicht wie der Hase

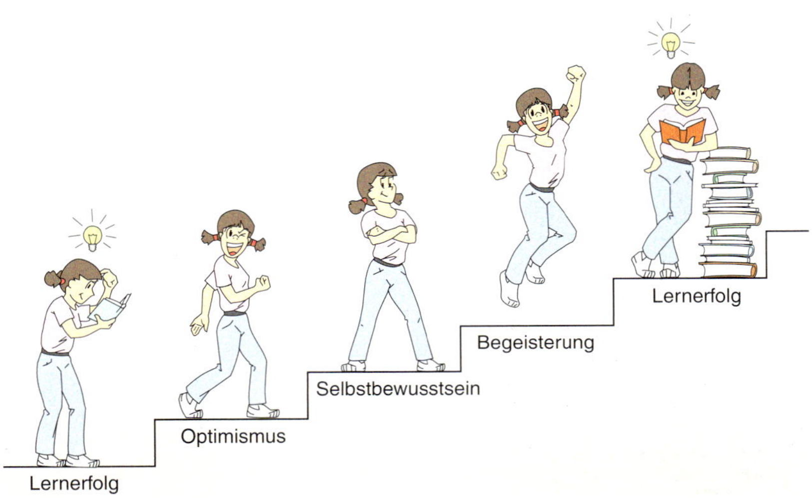

Jeder Mensch lernt auf seine Weise
Dies hast du mithilfe der Materialien erfahren können. Versuche nun in Zukunft deinen besten Lernweg gezielt einzusetzen. Erschließe dir andere Lernwege so, dass du insgesamt erfolgreicher lernst.

Aufgabe

8. Triff mit dir eine Vereinbarung, wie du einen besseren Lernerfolg erreichen möchtest. Lege genaue Erfolgskriterien für deine Fortschritte fest.

Säugetiere

Lebens-
raum

Abstammung

Verhalten

Säugetiere bilden eine sehr vielgestaltige und vielseitige Tiergruppe. Eine Maus wiegt höchstens 30 Gramm. Ein Wal kann mehrere Tausend Kilogramm wiegen. Außer in der Größe und im Gewicht unterscheiden sich Säugetiere noch in vielen anderen Merkmalen. Das hängt mit ihrer ganz unterschiedlichen Anpassung an ihren Lebensraum zusammen. Die meisten Säugetiere sind Landtiere, manche haben aber auch den Luftraum oder das Meer erobert. So sind Fledermäuse gewandte Flieger, Wale ausdauernde Schwimmer.

Einige Säugetiere hat der Mensch durch Züchtung für sich nutzbar gemacht. So stammen unsere Haustiere von Wildtieren ab. Wildschweine, die auch heute noch in größeren Waldgebieten häufig sind, sind die Urahnen unserer Hausschweine. Haustiere sind Nutztiere, zum Beispiel Fleischlieferanten, aber auch Gefährten des Menschen, zum Beispiel Hund und Katze.

Wild tiere
Haus

Entwicklung

Tierhaltung

Ernährung

Verwandtschaft

Der Hund — ein Säugetier

Welpe
junger, noch nicht ausgewachsener Hund

Rüde
männlicher Hund

Zitzen
Austrittsöffnung der Milchdrüsen. Eine Hündin besitzt 4 Paar Zitzen.

Für die meisten Menschen, die einen Hund besitzen, ist er wie ein Familienmitglied. Deshalb ist er eines der beliebtesten Haustiere. Ein *Welpe* sollte mindestens 7 bis 8 Wochen alt sein, bevor er in seine neue Familie kommt. Zuvor wuchs er zusammen mit seinen Geschwistern auf, die alle aus einem Wurf stammen. Ein *Wurf* kann aus bis zu 10 Welpen bestehen. Vor ihrer Geburt haben sie sich 63 Tage lang im Mutterleib entwickelt *(Tragzeit)*. In Abständen von ungefähr 15 Minuten werden die Jungen geboren. Sie sind noch von dünnen Häuten, der *Fruchtblase,* umgeben, die die Hündin aufbeißt und frisst. Anschließend werden die Welpen trocken geleckt.

1 Schäferhündin säugt ihre Jungen

Tragzeit
Zeit, in der sich die Jungen im Mutterleib entwickeln.

Säugetiere
Bringen lebende Junge zur Welt, die anschließend gesäugt werden.

Die Welpen sind in den ersten Lebenswochen hilflose *Nesthocker* und müssen vom Muttertier ständig betreut werden *(Brutpflege)*. In den ersten 10 bis 12 Tagen sind ihre Augen und Ohren noch verschlossen. Nach der Geburt suchen die Welpen sofort die *Zitzen* der Mutter an Brust und Bauch und saugen Milch. Beim Suchen nach den Zitzen pendeln die Welpen mit dem Kopf hin und her und kriechen so lange herum, bis sie sie gefunden haben. Das Zitzensuchen ist den Welpen angeboren. Durch Trippeln der Pfoten gegen den Bauch der Mutter werden die Milchdrüsen angeregt, Milch zu bilden und abzugeben. Nach 2 bis 3 Wochen werden die Welpen von der Milch entwöhnt, die ersten Zähne wachsen. Bis zur 7. oder 8. Lebenswoche spielen die Welpen viel mit den Artgenossen und erkunden ihre Umgebung. Danach beginnt die *Erziehungsphase* der Welpen, die bei wild lebenden Hunden der erwachsene *Rüde* übernimmt. Dabei lernen sie z. B. den Umgang mit erwachsenen Hunden. Bleiben mehrere Welpen zusammen, bildet sich bei spielerischen Kämpfen eine *Rangordnung* aus. Bei Haushunden erfolgt die Erziehung in menschlicher Obhut. Da hier die gleichen Regeln wie bei wild lebenden Hunden gelten sollten, muss der Mensch die Rolle des Rüden übernehmen.

Alle Tiere, die wie Hunde ihre Jungen lebend zur Welt bringen und mit Muttermilch säugen, nennt man **Säugetiere**. Ein weiteres Merkmal der Säugetiere sind *Haare*, die das *Fell* bilden. Keine andere Tiergruppe außer den Säugern besitzt ein solches Fell. Da es gegen Kälte schützt, können Säugetiere so ihre Körpertemperatur auf einem bestimmten Wert halten. Sie sind *gleichwarme Tiere*.

Der Hund ist ein Fleischfresser

Während die Welpen heranwachsen, entwickelt sich ihr Gebiss vollständig. Die langen spitzen Eckzähne überragen die übrigen Zähne. Sie heißen *Fangzähne*, da sie bei der Jagd zum Ergreifen und Festhalten der Beute dienen. Die größten Backenzähne im Ober- und Unterkiefer, die *Reißzähne,* besitzen scharfkantige Höcker. Sie arbeiten bei Bewegungen von Unter- gegen Oberkiefer wie eine Schere und zerkleinern so größere Fleischstücke. Nicht zu große Knochen zermalmen die hinteren Backenzähne. Mit den flachen *Schneidezähnen* werden Fleischreste von den Knochen abgeschabt. Ein Gebiss, das wie das eines Hundes aufgebaut ist, nennt man ein *Fleischfressergebiss.*

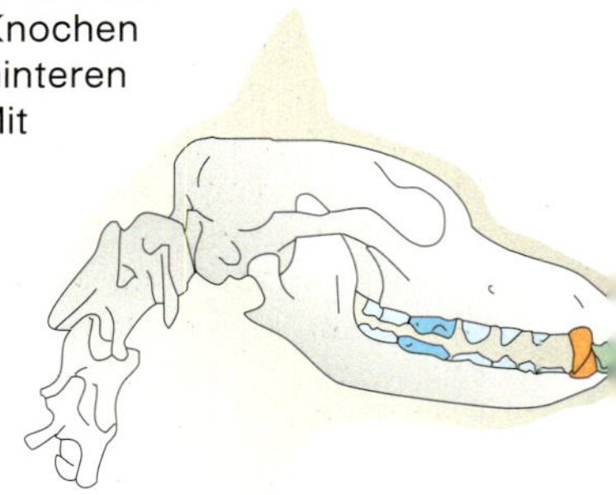

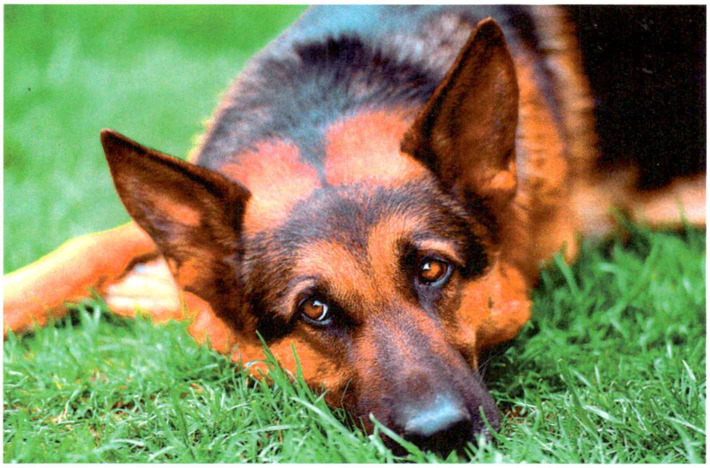

1 Deutscher Schäferhund

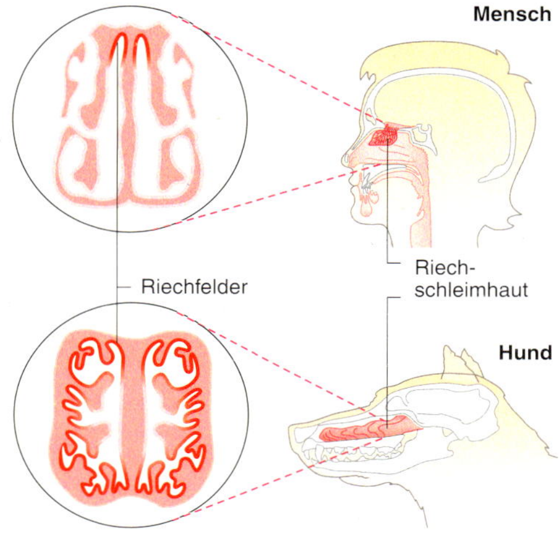

2 Riechfelder von Hund und Mensch im Vergleich

Wie der Hund seine Umwelt wahrnimmt

Das dauernde Schnuppern der Hunde am Boden oder an Bäumen deutet darauf hin, dass sie sich sehr stark mithilfe des Geruchssinns orientieren. Die ständig feuchte Nase ist Anzeichen für seine große Empfindlichkeit. Verantwortlich dafür ist die in der Nasenhöhle verborgen liegende *Riechschleimhaut*. Sie hat eine Größe von etwa 150 Quadratzentimetern, auf der sich etwa 220 Mio. *Riechsinneszellen* befinden. Sie ist etwa 30-mal so groß und 15-mal so dick wie die des Menschen. Deshalb reagieren Hunde auf Stoffe in der Luft bereits in geringsten Mengen und können unterschiedliche Duftstoffe hervorragend unterscheiden. Bei intensivem Riechen atmet der Hund bis zu 300-mal in der Minute Luft ein *(Schnüffelatmung)*. Dadurch erreichen mehr Geruchsstoffe die Riechschleimhaut. Anschließend wird einmal stark ausgeatmet. Die Nase ist das empfindlichste Sinnesorgan des Hundes, sie ist sein *Leitsinn*. Auf einige Stoffe reagiert ein Hund etwa 1 Million Mal empfindlicher als der Mensch, z. B. auf Buttersäure, die im Schweiß von Tieren enthalten ist. Der Hund kann mit seinem empfindlichen Geruchssinn wahrnehmen, ob vor ihm ein Mensch ging oder z. B. ein anderer Hund entlang lief. Am Geruch der Harnmarken anderer Hunde erkennt er, ob diese von einem Rüden oder einer Hündin stammen. Bei Jagdhunden nutzt der Mensch diese Fähigkeit, um Wild aufzuspüren.

Das aufmerksame Spiel der *Ohren* verrät den sehr guten *Gehörsinn*. Mit ihm kann der Hund höhere und leisere Töne, wie zum Beispiel das Fiepen einer Maus, besser wahrnehmen als der Mensch.

Die Duftwelt eines Hundes

Die Sehschärfe der *Augen* ist allerdings nicht so hoch wie die des Menschen. Außerdem nehmen Hunde Farben anders wahr. Wahrscheinlich sehen sie die Umwelt wie rotgrün-sehschwache Menschen. Jedoch reagiert der Sehsinn des Hundes besonders empfindlich auf Bewegungen, auch in der Dämmerung. Hirtenhunde, welche ein Signal durch eine Armbewegung des Schäfers aus einer Entfernung von 500 Metern und mehr erkennen können, erkennen dagegen unbeweglich dastehende Menschen noch nicht einmal aus 50 Metern Entfernung.

Aufgaben

① Nenne Merkmale, die den Hund als Säugetier kennzeichnen. Auf welche anderen Tiere treffen diese Merkmale ebenfalls zu? Nenne mindestens 5 Beispiele.

② Begründe, weshalb man die jungen Welpen *Nesthocker* nennt.

③ Erläutere, warum ein junger Welpe in der Regel nach 8 bis 12 Wochen von seinen Geschwistern getrennt und in eine menschliche Familie aufgenommen wird. Was spricht gegen einen früheren Zeitpunkt, was gegen einen späteren?

④ Mit welchen Zähnen kann der Hund am kräftigsten zubeißen und einen Knochen zerbrechen? Ein Versuch hilft bei der Lösung: Stelle fest, wie du mit einer Schere die größte Kraft entfalten kannst.

⑤ Erläutere die Vorteile, die sich für den Hund durch den hervorragenden Geruchs- und Hörsinn ergeben.

⑥ Welchen Vorteil bietet die Fähigkeit, Bewegungen gut wahrzunehmen? Begründe.

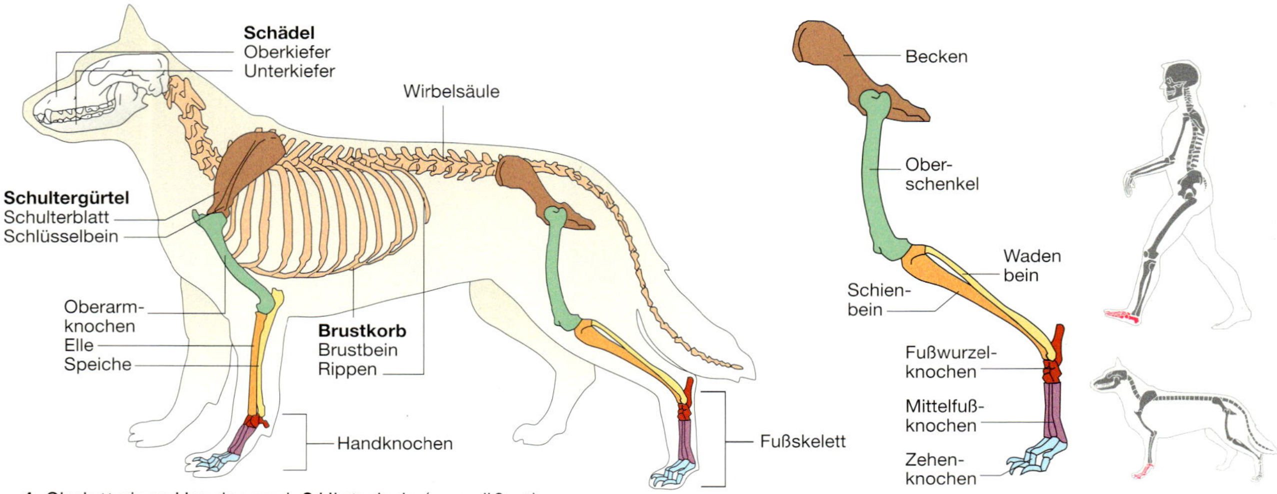

1 Skelett eines Hundes und **2** Hinterbein (vergrößert)

Der Hund — ein leistungsfähiges Wirbeltier

Die bewegliche Wirbelsäule und die langen Beine ermöglichen es dem Hund, in großen Sätzen zu laufen. Nach dem Abstoß mit den Hinterbeinen streckt sich der Körper und hebt vom Boden ab. Die Vorderbeine setzen auf und der Rücken krümmt sich bogenförmig nach vorn. Dann setzen die Hinterbeine auf und das Ganze beginnt von neuem. Viele Hunde sind durch ihren Körperbau also gute und ausdauernde Läufer. In ihnen ist das Erbe des *Hetzjägers* Wolf noch gut erhalten.

Ermöglicht wird das durch das Knochengerüst, das *Skelett*. Es stützt den ganzen Körper. Es besteht aus mehreren Abschnitten, dem *Rumpfskelett* mit der Wirbelsäule, dem *Kopfskelett* mit der Schädelkapsel und dem *Gliedmaßenskelett* mit den Beinen. Die Wirbelsäule wird aus einzelnen *Wirbeln* gebildet und ist beweglich. Die an ihr ansetzenden Muskeln bewirken beim Laufen ihre Krümmung und das anschließende Zurückschnellen in die Ausgangslage. Alle Tiere, die wie der Hund eine Wirbelsäule aus einzelnen Wirbeln besitzen, nennt man **Wirbeltiere**. Beim Laufen setzt der Hund nur mit den Zehen auf. Mittelfuß und Ferse berühren also nicht den Boden. Der Hund ist ein *Zehengänger*. Ballen unter den Zehen federn den Körper ab. Die nicht einziehbaren Krallen am Ende der Zehen verhindern auf weichem Untergrund das Wegrutschen.

Wirbeltiere
besitzen eine Wirbelsäule aus einzelnen Wirbelkörpern

Hundepfote

Viele Hunde können mehrere Stunden ständig in Bewegung sein, wobei sie immer wieder kürzere Strecken mit Höchstgeschwindigkeit laufen. Zu dieser Anstrengung sind sie nur fähig, weil sie ihren beim Laufen erhitzten Körper gut abkühlen können. Dabei *hecheln* Hunde kräftig und lassen die vom Speichel nasse Zunge aus dem Maul hängen. Durch die Verdunstung kühlen sich die Zunge und auch das Blut ab. Hunde können nicht wie der Mensch schwitzen, da sie keine Schweißdrüsen besitzen. Das Abkühlen des Körpers erreichen sie also nur durch Hecheln und über die nasse Zunge.

Aufgaben

① Nenne mindestens fünf andere Tiere mit einer Wirbelsäule. Gehören diese auch zu den Säugetieren? Begründe deine Meinung.

② Der Hund ist ein *Zehengänger*, der Mensch ein *Sohlengänger*. Erläutere anhand des jeweiligen Skeletts die Unterschiede.

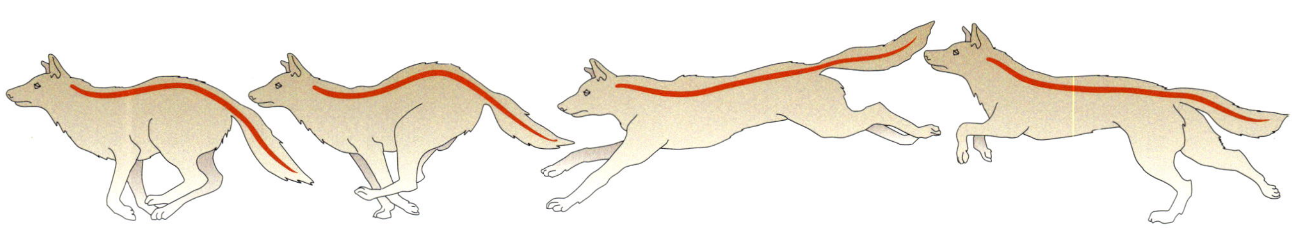

Innere Organe des Hundes

Nicht nur im Skelett, sondern auch im Bau der inneren Organe ist das Erbe des Hetzjägers Wolf im Hund noch erhalten. Das *Gehirn* verarbeitet blitzschnell die Sinneseindrücke vor allem von Nase und Ohr, sodass es über das Rückenmark und über die davon abgehenden Nerven den leistungsfähigen Muskeln den Befehl „laufen" erteilen kann, um eine Beute zu verfolgen. Gehirn und Rückenmark bilden das *Zentralnervensystem.*

Für eine lange Verfolgungsjagd ist Ausdauer erforderlich. Deshalb sind die *Atmungsorgane* und das *Herz-Kreislauf-System* gut ausgebildet und sehr leistungsfähig. Die *Lunge* besteht wie bei allen Säugetieren aus zwei Lungenflügeln, die über Luftröhre und Bronchien mit der Umgebung in Verbindung stehen. In der Lunge gelangt der mit der Luft eingeatmete *Sauerstoff* ins Blut hinein, im Körper entstandenes *Kohlenstoffdioxid* umgekehrt aus dem Blut heraus. Mit dem nächsten Ausatmen gelangt die verbrauchte Luft über die *Luftröhre* wieder in die Umgebung.

Über das Blut gelangt der aufgenommene Sauerstoff zu den einzelnen Organen, z. B. zu den Muskeln. Dort wird er benötigt, um Nährstoffe zu Wasser und Kohlenstoffdioxid umzuwandeln. Das nun sauerstoffarme und kohlenstoffdioxidreiche Blut wird wieder den Lungen zugeführt.

Da bei einer Verfolgungsjagd die Muskeln wesentlich mehr Energie benötigen als in Ruhe, reagiert der Hund mit schnellerer und tieferer Atmung und einer Verstärkung der Herztätigkeit darauf. So wird den Muskeln auch bei starker Belastung genügend Sauerstoff zugeführt.

Das *Verdauungssystem* ist an die Verwertung eiweißreicher Fleischnahrung angepasst. Außer den *Eiweißen* enthält die Nahrung *Kohlenhydrate* und *Fette*. In diesen *Nährstoffen* ist Energie gespeichert, die vom Hund genutzt werden kann. Nach dem Zerkleinern gelangen die Nahrungsbrocken über die *Speiseröhre* in den *Magen*, wo die Verdauung beginnt. Diese wird im sich anschließenden *Darm* fortgesetzt. Dorthin gelangen auch Verdauungssäfte aus der *Bauchspeicheldrüse* und Gallensaft und unterstützen die Verdauung. Dabei werden die Nährstoffe gespalten und anschließend ins Blut aufgenommen. Durch das Blut werden sie zum Beispiel zu den Muskeln transportiert. Die in den Nährstoffen enthaltene Energie wird dort für die Muskelarbeit genutzt. In der *Leber* werden Nährstoffe hingegen zu anderen lebenswichtigen Stoffen umgewandelt. Unverdauliche Anteile der Nahrung können nicht ins Blut aufgenommen werden und werden als Kot ausgeschieden.

Bei der Verarbeitung und Umwandlung von Stoffen im Körper *(Stoffwechsel)* entstehen auch giftige Abfallstoffe. Diese werden in der *Niere* dem Blut entzogen und zusammen mit dem Harn aus dem Körper entfernt. Im hinteren Teil des Körpers liegen die *Geschlechtsorgane*: Das sind die Eierstöcke bei der Hündin und die Hoden beim Rüden.

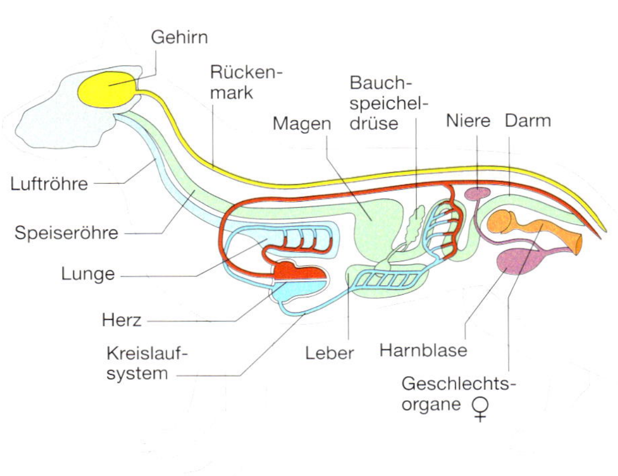

1 Innere Organe eines Hundes

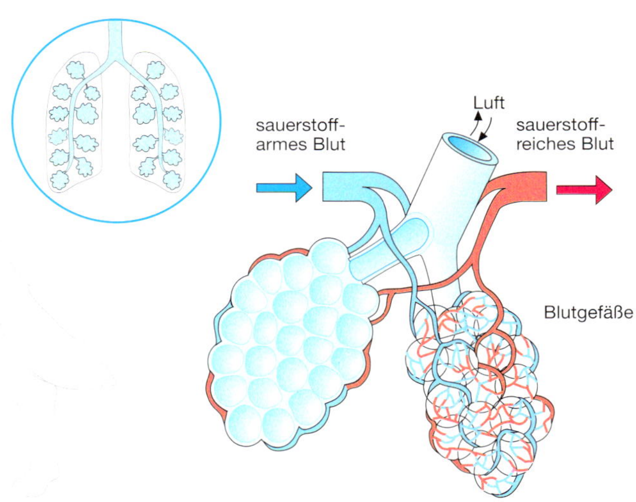

2 Gasaustausch in den Lungenbläschen

Heute gibt es mehr als 400 Hunderassen. Trotz des zum Teil sehr unterschiedlichen Aussehens der einzelnen Rassen sind sie alle auf einen Ursprung zurückzuführen: Ihr Stammvater ist der Wolf. Er ist der gemeinsame Vorfahre aller Hunde. Während einige Hunderassen, wie zum Beispiel der Schäferhund, in ihrem Aussehen noch eine größere Ähnlichkeit mit ihrem Stammvater aufweisen, unterscheiden sich andere sehr deutlich, zum Beispiel der Yorkshire-Terrier.

Der Hund — ein Vorfahr, viele Rassen

Die Entstehung der heutigen Haushunde begann bereits in der Steinzeit vor etwa 12 000 Jahren. Wahrscheinlich suchten Wölfe immer wieder die Nähe der jagenden Steinzeitmenschen, um sich von deren Fleischabfällen zu ernähren. Die Menschen erkannten, dass Wölfe ihnen nützlich waren, wenn deren Laute sie vor Gefahren warnten oder sie Wild aufstöberten. Vermutlich nahmen die Menschen Wolfswelpen in ihre Obhut, zogen sie auf und gewöhnten sie so an sich. Schließlich haben sie auch Wölfe in der Gefangenschaft weiter vermehrt.

Dadurch war aus dem Wolf aber noch kein Haushund geworden. Die Menschen entdeckten, dass sich die Welpen eines Wurfes in Farbe, Größe und im Verhalten unterschieden. Diese *Variabilität* tauchte auch in der nächsten Generation auf. Deshalb wurden diejenigen Wölfe, auf deren Eigenschaften man besonders Wert legte, nach ihrem Heranwachsen mit Artgenossen gepaart, die ähnliche Eigenschaften hatten. Tiere mit unerwünschten Eigenschaften wurden von der Fortpflanzung ausgeschlossen. Durch diese Auswahl entstanden im Verlauf vieler Generationen die ersten Haushunde, deren Eigenschaften sich von denen des Wolfes immer stärker unterschieden.

Durch diese *Zucht* konnte der Mensch gezielt die Nachfahren des Wolfes verändern. Unter natürlichen Bedingungen wäre das nicht möglich gewesen. In der Natur könnte z. B. ein Wolf mit kurzen Beinen seine Beute nicht jagen und somit nicht überleben. Solche nachteiligen Eigenschaften bleiben deshalb in der Natur nicht erhalten. In menschlicher Obhut können sich auch Merkmale ausbilden und erhalten, die für das Überleben unter natürlichen Bedingungen eigentlich nachteilig sind. Wenn durch Zucht veränderte, neue Merkmale über viele Generationen immer wieder auftreten, ist eine neue *Rasse* entstanden.

Die Eigenschaften der jeweilige Rasse hängen vor allem von den *Zuchtzielen* ab. Beim Deutschen Schäferhund soll zum Beispiel die Rückenlinie leicht nach hinten abfallen. Auf Zuchtschauen werden die Besitzer mit Prämien belohnt, deren Hunde dem angestrebten Ideal am nächsten kommen. So wurden extrem kleine (Pekinese) und große Hunderassen (irischer Wolfshund) gezüchtet. Es gibt die kurzbeinigen Dackel und die langbeinigen Windhunde. Es gibt Hunde mit kurzem und langem Fall, mit langer und kurzer Schnauze, mit aufrecht stehenden und hängenden Ohren. Es gibt Hunde mit einer sehr guten Nase sowie solche, die aggressiver sind als andere usw. Trotz der Verschiedenartigkeit gehören alle Hunde zu einer einzigen Art, zu der Art des Haushundes. Sie lassen sich untereinander kreuzen, wie es die vielen Mischlingshunde zeigen.

Da sich nicht nur beim Hund alle Individuen von einander unterscheiden, sondern diese **Variabilität** bei allen Organismenarten auftritt, spricht man von einem **Prinzip** (S. 272).

Aufgaben

① Vergleiche mindestens 5 verschiedene Hunderassen. Fasse in einer Tabelle ihre wichtigsten Eigenschaften zusammen.

② Erkläre, wie ein Züchter vorgehen müsste, wenn er Hunde mit besonders langen Ohren haben möchte.

③ Nenne weitere Tierarten, deren Merkmale bei den einzelnen Tieren stark unterschiedlich sind.

Rasse
Die Mitglieder einer Rasse bilden über viele Generationen hinweg konstante Merkmale, in den sie sich von anderen Rassen unterscheiden.

Art
Eine Art umfasst alle Organismen, die sich untereinander fortpflanzen können.

Hunderassen

Der **Deutsche Schäferhund** erinnert in seinem Erscheinungsbild noch sehr an seinen Urahn, den Wolf. Sein Name verrät, dass er für den Einsatz als Hüte- und Hirtenhund in Deutschland gezüchtet wurde. Inzwischen ist diese Rasse zum vielseitigsten und häufigsten Diensthund aufgestiegen. Sein ausdauerndes, treues, mutiges und gelehriges Wesen hat entscheidend dazu beigetragen.

Durch Zuchtauswahl sind aber auch Hunderassen entstanden, deren starke Aggressivität von manchen Menschen missbraucht wird. Dies gilt besonders für die sogenannten *Kampfhunde*, zu denen der **Bullterrier** gehört. Solche Hunde brauchen eine konsequente Erziehung, damit sie für fremde Menschen keine Gefahr werden.

Der **Rauhaardackel** zählt bei uns zu den am häufigsten gehaltenen Hunderassen. Er ist ein beliebter Familien- und Jagdhund, der ab und zu eigenwillig sein kann und deswegen konsequent erzogen werden muss. Weitere Eigenschaften sind seine Neugier und Wachsamkeit.

Zu Beginn unseres Jahrhunderts wurde der **Golden Retriever** in England als neue Hunderasse anerkannt. Sein Fell ist gold- bis cremefarben. Er ist ein guter Schwimmer. Die wasserdichte Unterwolle hält ihn trocken und warm. Heute ist der Golden Retriever ein beliebter Familienhund. Er ist überaus geduldig, ruhig und anhänglich. Er braucht viel Auslauf und Beschäftigung.

Der **Airedaleterrier** gehört zu den jüngeren Hunderassen. Trotz seiner Größe ist er ein idealer Haushund, verspielt bis ins hohe Alter und sehr kinderlieb. Außerdem gilt er als treu und wachsam.

Der **Husky** ist hauptsächlich in den nördlichen kalten und schneereichen Ländern der Erde verbreitet. Er wird als Schlittenhund eingesetzt, weil er große körperliche Anstrengungen ausdauernd erträgt.

Der **Große Münsterländer** ist ein Jagdhund mit einem kräftigen und muskulösen Körperbau. Er besitzt einen fein entwickelten Geruchssinn, mit dessen Hilfe er bei der Jagd Wild, zum Beispiel ein Kaninchen, aufspürt.

In England züchteten Weber und Bergleute im vorigen Jahrhundert eine kleine Terrierrasse. Der **Yorkshire-Terrier** sollte in den kleinen Häusern der Bergleute leben und dort Mäuse oder Ratten fangen. Damals hatte man keineswegs vor, einen Modehund zu züchten, zu dem der Yorkshire-Terrier heute geworden ist.

Sowohl bei den männlichen als auch bei den weiblichen Tieren gibt es jeweils ein Leittier, die zusammen das Rudel anführen. Die übrigen Rudelmitglieder sind den zwei Leittieren untergeordnet. Nur die beiden Leittiere paaren sich und bringen einmal im Jahr durchschnittlich fünf Junge zur Welt. An der Aufzucht der Welpen ist das ganze Rudel beteiligt, zum Beispiel bei der Versorgung mit Nahrung nach der Beendigung der Stillzeit. Hast du eine Erklärung dafür, dass nur die beiden Leittiere Junge bekommen?

Der Wolf
Stammvater des Hundes

Die entblößten Zähne, die etwas nach vorn gezogenen Mundwinkel zeigen an, dass der Wolf droht.

Der Wolf gilt als Stammvater aller Hunderassen. Daher wirst du auch das Verhalten eines Hundes besser verstehen, wenn du über das Verhalten von frei lebenden Wölfen genauere Kenntnisse hast. Weißt du, wo es heute noch frei lebende Wölfe gibt?

Für die Haustierwerdung des Wolfes waren unsere Vorfahren verantwortlich, die aus ihm viele Hunderassen züchteten. Bei manchen ist die Wolfsverwandtschaft noch gut erkennbar, bei manchen auf den ersten Blick gar nicht. Kennst du einige Hunderassen, bei denen die Verwandtschaft zum Wolf noch gut erkennbar ist? Kannst du dir vorstellen, warum und wie unsere Vorfahren den Wolf zum Haustier machten?

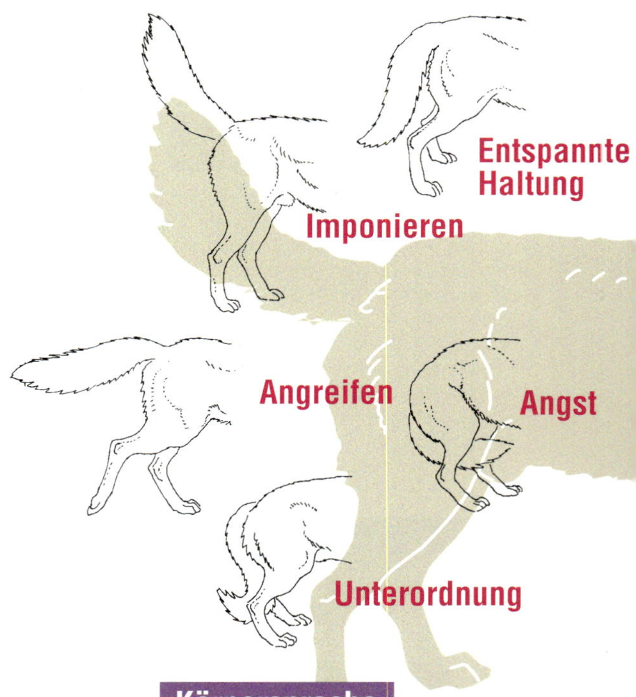

Lebensweise

Wölfe leben in Rudeln, das sind kleinere Gruppen von 5 – 8 Tieren. Nur selten sind die Rudel größer. Im Rudel besteht eine feste Rangordnung. Die einzelnen Tiere des Rudels kennen sich deshalb genau. Aber woran erkennen sie sich?

Ein Wolfsrudel jagt in einem Revier von 100 bis weit über 1000 Quadratkilometern. Viel zu groß, um es gegen fremde Wolfsrudel zu verteidigen? Doch, es funktioniert! Aber wie?

Körpersprache

Wölfe zeigen zum Beispiel durch die Körperhaltung, die Schwanzhaltung und den Gesichtsausdruck an, ob sie drohen oder imponieren, ob sie angreifen wollen oder Angst haben oder ob sie sich unterwerfen wollen.

Wie Wölfe jagen

Zwar trifft ein Wolfsrudel manchmal zufällig auf ein Beutetier, z.B. einen Hirsch oder ein Rentier. Meist machen sie ihre Beute jedoch mithilfe ihrer hervorragenden Sinnesorgane aus. Vor allem ihre gute Nase hilft ihnen dabei. Jetzt kommt es darauf an, möglichst nahe an die Beute heran zu kommen. Nur dann haben die Wölfe eine Chance, die Beute auch einzuholen.

Raffiniert, wie die Wölfe das machen. Vielleicht kannst du erklären, wie die in der Abbildung dargestellten Wölfe das eine der beiden Rentiere fangen. Kennst du Tiere, die ähnlich geschickt wie die Wölfe im Rudel jagen? Vergleiche!

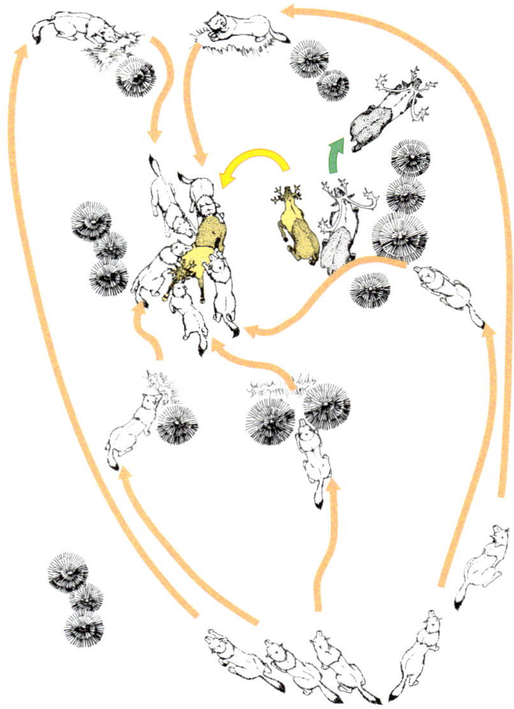

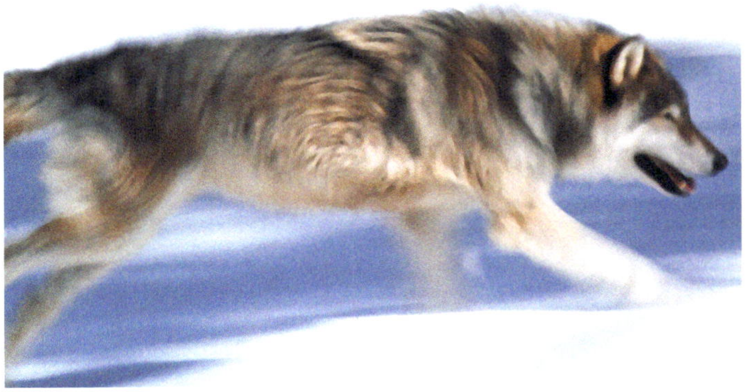

Kannst du an Hunden aus deiner Umgebung ihre Stimmung erkennen? Die Abbildungen können dir dabei helfen.

Verwandte von Wolf und Hund

Sicher kannst du herausfinden, in welchen Gebieten der Erde die hier vorgestellten Verwandten von Wolf und Hund leben. Gibt es auch bei uns wild lebende Verwandte?

Wildhunde gelten als gefürchtete Räuber. Das beruht auf ihrer äußerst wirksamen Art der Beutejagd im Rudel. So können sie über mehrere Kilometer das Opfer, z. B. größere Antilopen und Zebras, bis zur Erschöpfung hetzen und schließlich überwältigen und zerreißen.

Schakal

Der abwechslungsreiche Speiseplan der Schakale und Kojoten enthält kleinere Säugetiere, z.B. Mäuse, Insekten und Obst. Sie jagen meist paarweise.

Kojote

1 Hauskatze

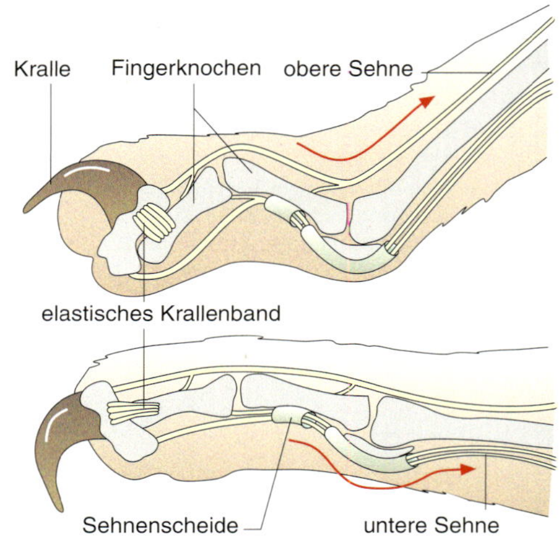

2 Schema der Krallenbewegung

Die Katze ist ein Schleichjäger

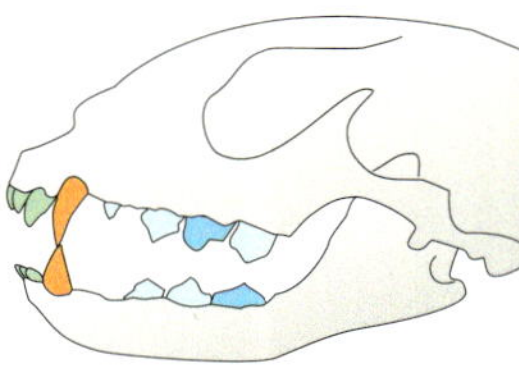

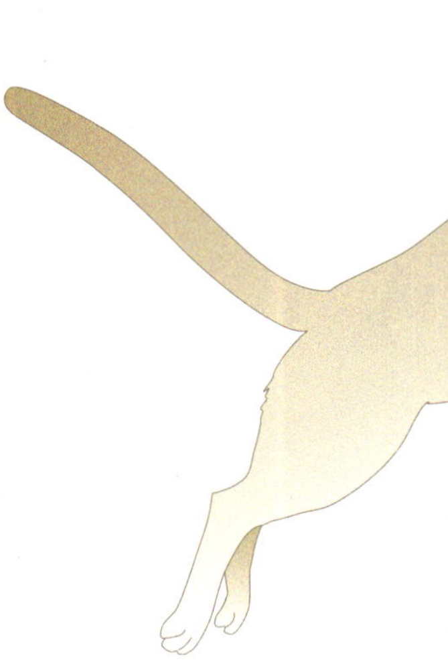

Eine Katze liegt in der Nähe eines Bauernhofes tief geduckt und regungslos in einer Wiese. Sie scheint etwas aufmerksam zu beobachten. Die Katze erhebt sich und bewegt sich im Zeitlupentempo in geduckter Haltung zwei bis drei Schritte nach vorn. Dann drückt sie sich wieder ganz dicht an den Erdboden. Sie wartet eine Weile, bis sie sich wiederum einige Schritte weiterbewegt. Schließlich verharrt sie in gespannter Haltung. Plötzlich schnellt die Katze mit gestreckten Vorderbeinen in einem weiten Bogen vorwärts. Nach der Landung hört man ein kurzes Fiepen. Sie hat eine Maus gefangen. Diese wird durch einen Biss getötet und davongetragen.

Die Katze ist an diese Art des Beuteerwerbs gut angepasst. Die recht kurzen Beine ermöglichen ihr das Anschleichen in geduckter Haltung. Beim Abspringen strecken sich Hinterbeine und Wirbelsäule blitzschnell. Der lange Schwanz hält die Katze dabei im Gleichgewicht. Beim Anschleichen an die Beute darf die Katze weder Geräusche machen noch gesehen werden. Daher also ihre sehr langsamen Bewegungen, die immer wieder unterbrochen werden, bevor sie den nächsten Schritt macht. Dabei setzt sie ihre samtweichen Pfoten nur mit den Zehen und eingezogen Krallen auf. Die Katze ist ein *Schleichjäger*.

Die Krallen der Vorderpfoten können in eine Falte zwischen den weichen Ballen eingezogen werden. Auf diese Weise läuft die Katze wie auf „Samtpfoten". Ihre Schritte sind deshalb nicht zu hören. Beim blitzschnellen und überraschenden Beutesprung fährt sie ihre Krallen aus und ergreift damit die Beute. Das Ausfahren der Krallen wird durch Muskeln ermöglicht, die über Sehnen mit den Krallen verbunden sind. Ab und zu müssen die Krallen nachgeschärft werden. Das geschieht, indem die Katze an Bäumen oder anderen Gegenständen kratzt.

Die Katze verzehrt die erbeutete Maus mit ihrem *Fleischfressergebiss*. Die Fangzähne halten die Beute fest. Die Katze tötet sie durch einen Genickbiss. Mit den Reißzähnen zerkleinert sie die Beute. Die Knochen des Beutetieres werden zwischen den hinteren Backenzähnen zermalmt und im Magen zersetzt. Die Verdauung erfolgt im sich anschließenden Darm, der vier- bis fünfmal so lang ist wie der ganze Körper.

Sinnesorgane der Katze

Tagsüber ruhen Katzen häufig. Erst in der Dämmerung gehen sie auf Mäusejagd. Um dabei Erfolg zu haben, muss die Katze sich nicht nur unbemerkt an die Beute anschleichen, sondern diese auch rechtzeitig entdecken können. Diese Aufgabe übernehmen ihre Sinnesorgane. Katzen nehmen ihre Umwelt vor allem mit ihren empfindlichen Augen und Ohren wahr.

Die großen, kreisrunden *Pupillen* lassen dann viel Licht in das Innere des Auges fallen. So kann die Katze auch bei geringer Helligkeit noch gut sehen. Das im Inneren des Auges auf die Netzhaut fallende Licht wird gespiegelt. Katzenaugen leuchten deshalb auf, wenn sie im Dunkeln von einem Licht angestrahlt werden. Tagsüber würden weit geöffnete Pupillen zu viel Licht auf die Netzhaut fallen lassen, die Katze würde geblendet. Das wird durch Verengung der Pupille am Tage verhindert. Die Pupillenschlitze sind dann schmal und senkrecht gestellt (Abb. 1).

Beim Aufspüren der Beute wirken Augen und Ohren zusammen. Die tütenförmigen Ohren sind in dauernder Bewegung. Die Öffnungen der Ohrmuscheln können dabei jeweils in verschiedene Richtungen zeigen. Mit ihrem empfindlichen *Gehör* nehmen Katzen auch aus größerer Entfernung noch leise Geräusche wahr.

Ihre unmittelbare Umgebung können Katzen zusätzlich durch ihre weit abstehenden *Schnurrhaare* ertasten. Auf diese Weise finden sie sich auch in vollständiger Dunkelheit zurecht, selbst wenn ihre empfindlichen Augen nichts mehr wahrnehmen können.

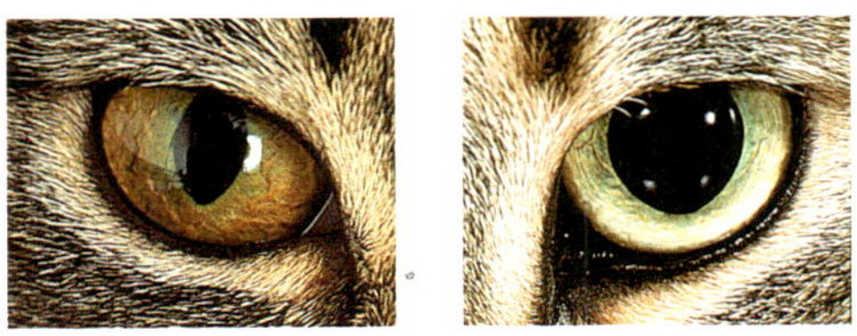

1 Pupillen bei unterschiedlicher Helligkeit

Jungenaufzucht und Verhalten

Zwei- oder dreimal im Jahr ist die Katze paarungsbereit. Neun Wochen nach der Paarung werden zwei bis acht hilflose Junge geboren, die vier bis fünf Wochen lang gesäugt werden. Bei Störungen trägt die Katze ihre Jungen häufig in ein Ausweichnest. Dazu werden sie mit den Zähnen im Genick gefasst. Die Jungen verharren dabei regungslos. Man sagt, sie fallen in *Tragstarre*.

Nach etwa vier Wochen beginnen die Jungen miteinander zu spielen. Sie üben dabei das Anschleichen und Zuspringen auf die Beute. Nun kann es sein, dass die Katzenmutter eine Maus mitbringt, die noch lebt. Sie lässt sie kurz los, um sie wieder zu ergreifen. Auch die Jungen versuchen die Maus zu fangen. Später nimmt die Mutter die Jungen mit auf die Jagd. So lernen sie den Beutefang.

Taucht ein Feind auf, z. B. ein Hund, bildet die Katze häufig einen Buckel und sträubt

2 Katzenmutter mit Jungen

die Haare. Dadurch sieht sie größer aus. Dazu faucht sie laut. Zieht sich der Hund nicht zurück, verpasst sie ihm entweder einen Pfotenschlag auf die Nase, bei dem die Krallen ausgefahren sind, oder sie ergreift in schnellen Sprüngen die Flucht. Da sie nur über kurze Entfernungen sehr schnell ist, flieht sie möglichst auf einen Baum oder eine Mauer.

Katzenpfote von unten

Katzen sind *Einzelgänger* und besitzen ein Revier. Deshalb gehen sie auch nicht so leicht eine enge Beziehung zum Menschen ein, wohl aber zum Haus, Garten oder zur Wohnung. Dieses ist dann ihr Revier.

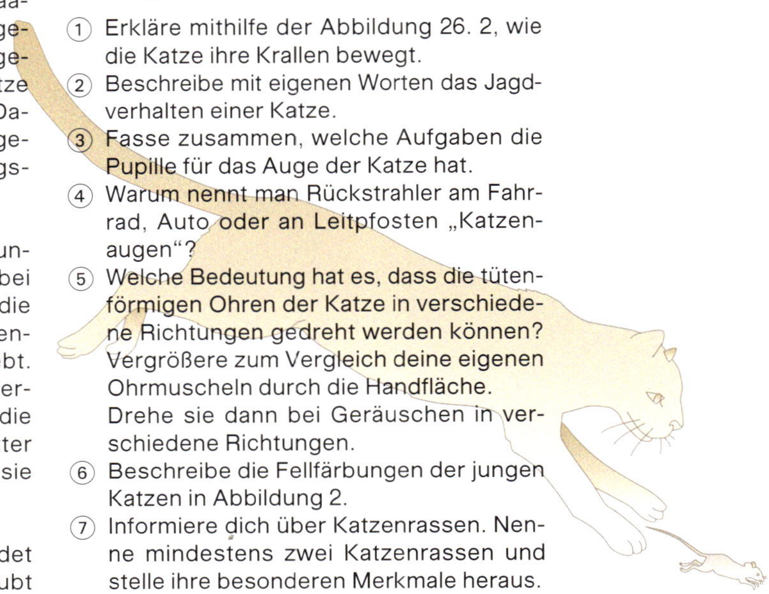

Aufgaben

① Erkläre mithilfe der Abbildung 26. 2, wie die Katze ihre Krallen bewegt.
② Beschreibe mit eigenen Worten das Jagdverhalten einer Katze.
③ Fasse zusammen, welche Aufgaben die Pupille für das Auge der Katze hat.
④ Warum nennt man Rückstrahler am Fahrrad, Auto oder an Leitpfosten „Katzenaugen"?
⑤ Welche Bedeutung hat es, dass die tütenförmigen Ohren der Katze in verschiedene Richtungen gedreht werden können? Vergrößere zum Vergleich deine eigenen Ohrmuscheln durch die Handfläche. Drehe sie dann bei Geräuschen in verschiedene Richtungen.
⑥ Beschreibe die Fellfärbungen der jungen Katzen in Abbildung 2.
⑦ Informiere dich über Katzenrassen. Nenne mindestens zwei Katzenrassen und stelle ihre besonderen Merkmale heraus.

Verwandte und Abstammung der Hauskatze

Unsere Hauskatzen unterscheiden sich stark in der Farbzeichnung und Beschaffenheit ihres Fells. Trotz dieser Vielfalt stammen alle Hauskatzen von der **Falbkatze** ab, die in Nordafrika und Vorderasien lebt.

Von den Römern wurde sie in unserer Heimat als Haustier eingeführt. Sie diente als nützlicher Mäuse- und Rattenfänger zum Schutz der Getreidevorräte. Heute haben Katzenliebhaber verschiedene Katzenrassen gezüchtet, die besonders dem Schönheitsempfinden der Menschen entsprechen. Unsere Hauskatze hat aber auch wild lebende Verwandte, die in Europa, Asien, Afrika und Amerika verbreitet sind.

Dazu gehört die **Wildkatze**. Sie lebt in den Wäldern der Mittelgebirge. Den Tag verschläft sie in einem sicheren

Versteck. Erst in der Dämmerung geht sie auf Jagd. Das Fell der Wildkatze ist grau, dunkel gefleckt und gestreift. Über den Rücken läuft ein dunkler Längsstreifen. An dem dicken, buschigen Schwanz mit zwei bis drei schwarzen Ringen und schwarzer Spitze kann man die Wildkatze gut von der kleineren Hauskatze unterscheiden.

Der **Tiger** ist eine Großkatze aus Asien. Der Schwerpunkt seiner Verbreitung liegt in Indien und Nepal. Dort ist er stark gefährdet, weil sein Lebensraum durch den Menschen immer kleiner wird. Außerdem wurde der Tiger lange Zeit stark bejagt. Vor einigen Jahren hat man aber Schutzgebiete für Tiger eingerichtet. Tiger leben die meiste Zeit des Jahres als Einzelgänger. Auf Jagd gehen sie meist nachts.

Der schlanke Körperbau des langbeinigen **Geparden** zeigt die Angepasstheit an seine Jagdweise. Dabei hetzt er Gazellen, die einen Hauptteil seiner Beute bilden, mit Geschwindigkeiten von über 110 km pro Stunde, die er aber nur über einige hundert Meter halten kann. Auf dieser Strecke muss es ihm gelingen, die ebenfalls sehr schnelle Beute zu überwältigen. Geparden sind in Afrika zu Hause.

Ebenfalls in Afrika und Teilen Asiens lebt der gefleckte **Leopard**, der größer und gedrungener ist als der Gepard. Leoparden leben außerhalb der Fortpflanzungszeit als Einzelgänger und begeben sich meist abends und nachts auf Schleichjagd. Mit ihrer Beute ziehen sie sich häufig auf Bäume zurück, um diese ungestört verzehren zu können. Die *schwarzen Panther*, die wir aus dem Zirkus oder Zoo kennen, sind Leoparden, die ein schwarzes Fell besitzen.

Auch in Amerika kommen katzenartige Säugetiere vor. Darunter sind viele kleine Arten, aber auch Großkatzen wie der **Puma**, der auch *Berg-* oder *Silberlöwe* genannt wird. Der Puma besiedelte ursprünglich fast ganz Amerika außerhalb der Polargebiete. Heute ist er stark gefährdet und kommt nur noch in kaum von Menschen besiedelten Gegenden vor. Seine Beute jagt er als Einzelgänger hauptsächlich in der Nacht.

Auch der **Jaguar** ist eine Großkatze. Er lebt hauptsächlich in den Urwäldern Mittel- und Südamerikas. Wegen seines schönen, gefleckten Fells wird er nach wie vor stark bejagt. Durch die Vernichtung der Urwälder wird ihm zudem der Lebensraum genommen.

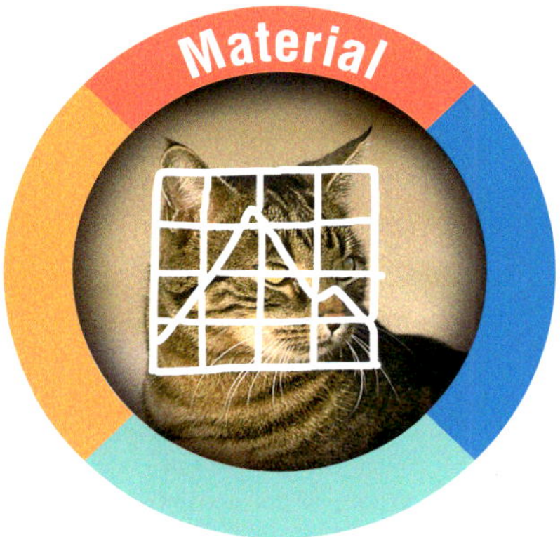

Wir vergleichen Hund und Katze

Hund und Katze weisen neben Unterschieden auch gemeinsame Merkmale auf, die du genauer untersuchen sollst.

Skelett und Gebiss

① Vergleiche mithilfe der Abbildung das Skelett von Hund und Katze. Stelle die Unterschiede heraus.

② Vergleiche die Gebisse von Hund und Katze (Abbildung 26. Rd.). Welche Unterschiede fallen dir auf?

③ In der folgenden Abbildung ist für den Hund gezeigt, wie man eine Zahnformel erstellt. Ermittle und zeichne in gleicher Weise die Zahnformel für die Katze.

④ Welche Aufgaben haben die verschiedenen Zähne?

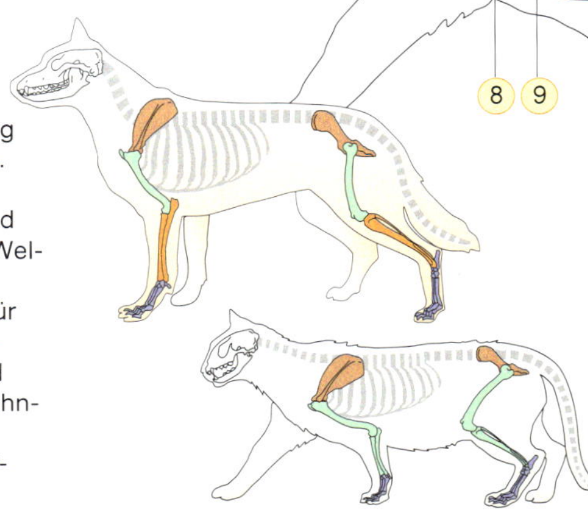

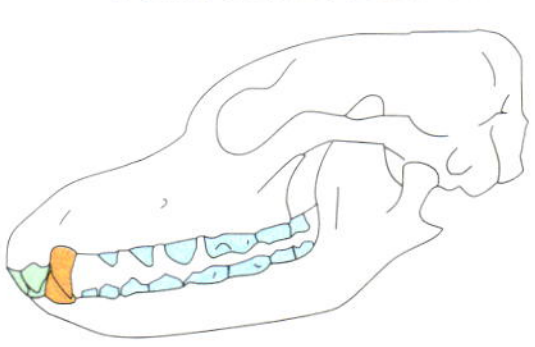

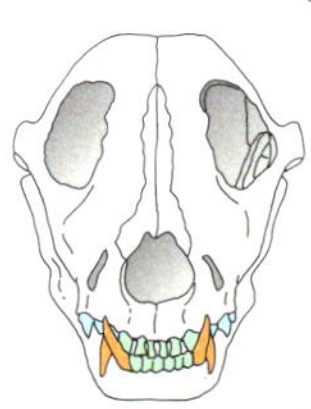

rechts					links	
6	1	3	3	1	6	Oberkiefer
7	1	3	3	1	7	Unterkiefer

Zahnformel

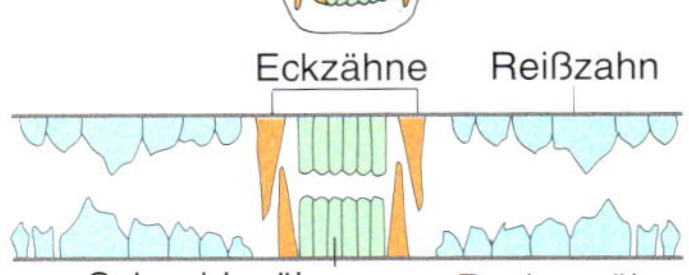

Beutefang und Verhalten

Hund und Katze sind durch ihren Körperbau in verschiedener Weise an den Fang von lebenden Beutetieren angepasst. Für beide Tiere spielen dabei die Sinnesorgane eine große Rolle.

⑤ Erkläre den unterschiedlichen Körperbau und das jeweilige Beutefangverhalten von Hund und Katze.

⑥ Erläutere, welche Sinnesorgane bei Hund und Katze für den Beuteerwerb am wichtigsten sind.

⑦ Die Jungen von Hund und Katze sind sehr verspielt. Beschreibe und nenne die Bedeutung dieses Spielverhaltens.

⑧ Katzen betrachten zwar die häusliche Umgebung als ihr Revier, sie ordnen sich aber dem Menschen nicht so leicht unter. Hunde dagegen kann man leicht in die menschliche Familie eingliedern. Warum?

Bauplan

⑨ Beschreibe die Lage der inneren Organe einer Katze anhand der Abbildung. Nenne, soweit möglich, die Aufgaben der einzelnen Organe. Lege dazu eine Tabelle an.

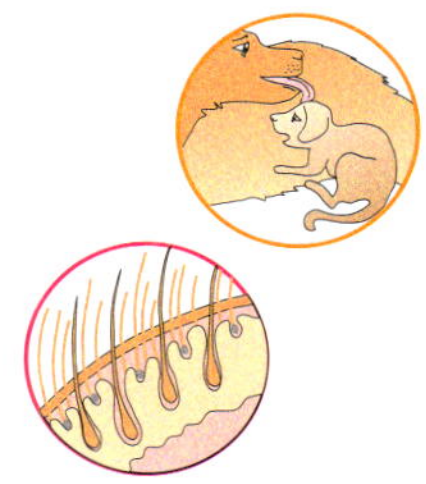

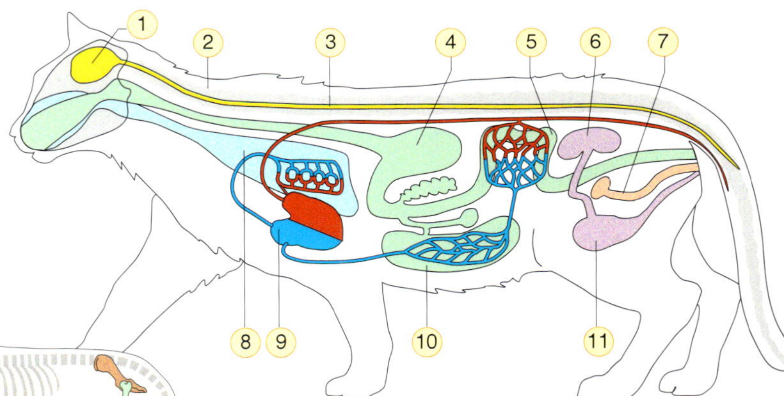

⑩ Stelle am Beispiel von Hund und Katze die Merkmale zusammen, die Säugetiere kennzeichnen. Die Abbildungen helfen dir dabei.

⑪ Fertige eine Tabelle an, in der du die gemeinsamen und unterschiedlichen Merkmale bzw. Eigenschaften übersichtlich zusammenstellst.

Merkmale bzw. Eigenschaften	Hund	Katze
Soziale Lebensweise	Rudeltier	Einzelgänger
Hauptsinnesorgane	?	?
Sind die Krallen einziehbar?	?	?
Jagdverhalten usw.	?	?

Heimtiere

Vielleicht hast du dir schon immer ein eigenes Tier gewünscht, vielleicht hast du gar schon eines. So schön es ist, ein Haustier zu haben, muss man sich vorab über die Folgen gedanken machen. Viele Menschen überlegen sich nämlich vorher nicht gründlich genug, welche Pflichten sich ergeben, wenn sie ein Haustier in ihren Haushalt aufnehmen.

Tiere stellen bestimmte *Ansprüche* an ihre Umwelt, die bei der Haltung berücksichtigt werden müssen. Du solltest dir deshalb vor der Anschaffung eines Heimtieres einige Fragen stellen und diese ehrlich beantworten.

1. *Welches Tier ist für mich am besten geeignet?*

Größere Tiere, wie Hund oder Katze, benötigen meist viel Platz. Ihr Lebensraum ist dann die Wohnung, das Haus oder der Garten. Nur kleinere Tiere, wie z. B. Hamster oder Wellensittiche, kann man dauernd in geeigneten Käfigen halten. Es kommen auf keinen Fall Tiere in Frage, deren Haltung durch das Tierschutzgesetz untersagt ist.

2. *Habe ich genügend Zeit, mich um das Tier zu kümmern?*

Informiere dich über den täglichen Zeitaufwand für das gewünschte Tier. Kläre, ob sich bei längerer Abwesenheit jemand um das Tier kümmern kann. Hast du Bedenken, solltest du dir kein Tier anschaffen.

3. *Welche Ansprüche hat das Tier an die Nahrung?*

Damit dein Heimtier gegenüber Krankheiten widerstandsfähig ist und gesund bleibt, musst du wissen, welche Nahrung es benötigt.

4. *Welche Krankheiten kann das Tier bekommen oder übertragen?*

Manche Krankheiten sind lebensgefährlich für Tier und Mensch. Deshalb sind unter Umständen Impfungen durch den Tierarzt notwendig.

5. *Was geschieht mit dem Nachwuchs?*

Du solltest klären, ob du die Jungtiere abgeben kannst oder ob es besser ist, dein Heimtier sterilisieren oder kastrieren zu lassen, damit keine Nachkommen entstehen.

6. *Woher beschaffe ich mir das gewünschte Tier?*

Nicht jeder, der Tiere verkauft, verkauft sie in einem guten Zustand. Du solltest dich deshalb über den Verkäufer informieren. In vielen Fällen kann auch der Gang zum Tierheim eine günstige Möglichkeit darstellen.

7. *Welche Kosten sind mit der Anschaffung eines Tieres verbunden?*

Nicht nur der Kauf, sondern auch die Haltung (Futter, Tierarzt) kostet Geld.

Hund oder Katze?

Wer nicht genau weiß, ob er einen Hund oder eine Katze kaufen soll, sollte die Ansprüche der beiden Tierarten zunächst miteinander vergleichen. So findet man am besten heraus, welchem Tier man am ehesten gerecht werden kann. Beide Tiere verlangen eine *gewissenhafte Pflege*. Sie sind keine Spielzeuge.

Steckbrief: Hund

Anschaffungszeitpunkt: Möglichst in der 7. bis 8. Lebenswoche.
Impfungen: Auf jeden Fall gegen Staupe, evtl. auch gegen Hepatitis (Gelbsucht) und Tollwut.
Unterbringung: Bei Haltung in der Wohnung fester Schlafplatz. Unterbringung größerer Hunde auch in hinreichend großen Zwingern.
Fütterung: Junghunde 3 – 4-mal täglich, erwachsene Hunde nur noch 1-mal täglich. Dosen- oder Trockenfutter für Hunde enthält alle lebensnotwendigen Stoffe. Keine gewürzten Essensreste verfüttern und Trinkwasser nicht vergessen.
Zeitbedarf: Hunde benötigen täglichen Auslauf und Beschäftigung. Die Erziehung sollte gewissenhaft erfolgen, vor allem durch Lob.
Alter: 10 bis 15 Jahre.
Kosten: Reinrassige Hunde sind zum Teil sehr teuer (bis zu einigen hundert Euro). Mischlinge sind für wenig Geld erhältlich und in der Regel genauso treue Hausgenossen.

Steckbrief: Katze

Anschaffungszeitpunkt: Ab der 12. Lebenswoche.
Impfungen: Auf jeden Fall gegen Katzenseuche, evtl. gegen Tollwut und Katzenschnupfen.
Unterbringung: Fester Schlafplatz in der Wohnung, immer zugängliches Katzenklo, nach Möglichkeit freier Auslauf.
Ernährung: Abwechslungsreiche Fleischnahrung und käufliches Dosen- und Trockenfutter, auch Trinkwasser nicht vergessen. Fütterung von Jungkatzen 3 – 4-mal, bei erwachsenen Katzen genügt 1 – 2-mal am Tag.
Zeitbedarf: Man sollte sich jeden Tag mit der Katze beschäftigen, auch wenn sie ein größeres Ruhebedürfnis als der Hund hat.
Alter: Bis ca. 12 Jahre
Sonstiges: Will man keinen Nachwuchs, sollte man die Katze nach Eintreten der Geschlechtsreife (ungefähr im 8. Lebensmonat) sterilisieren oder kastrieren lassen.

Goldhamster

Steckbrief

Der Goldhamster kommt in den Wüstensteppen Syriens und den angrenzenden Ländern vor. Er bewohnt unterirdische Bauten, die er selbst gräbt. In seinen Backentaschen sammelt er Nahrung und trägt sie in seinen Bau. Er ist dämmerungs- und nachtaktiv. Der Goldhamster lebt außerhalb der Paarungszeit als Einzelgänger. Seinen Namen hat er wegen seines goldgelben Fells.

Anschaffung: Im Alter von 4 bis 5 Wochen geben die Zoofachgeschäfte die kleinen Hamster ab, denn ältere Tiere lassen sich nicht so leicht an die neue Umgebung gewöhnen.
Haltung: In der Regel als Einzeltier in einem geeigneten Käfig mit verschiedenen Klettermöglichkeiten und einem Hamsterhaus. Die Einstreu besteht aus Sägemehl. Den Käfig sollte man an einem ruhigem Platz und nicht zu hell unterbringen. Käfig jede Woche säubern und Einstreu wechseln. Die Urinecke sollte man alle 2 bis 3 Tage wegen der Geruchsbelästigung säubern.
Ernährung: Käufliches Trockenfutter als Hauptnahrung enthält alle lebenswichtigen Stoffe. Zusätzlich Gemüse und Obst geben. Futterreste täglich entfernen! Futternäpfe sollten nicht umkippen können. Futter darf immer zur Verfügung stehen. Wasser ist nur dann erforderlich, wenn die Nahrung wenig Flüssigkeit enthält.
Sonstiges: Goldhamster werden bei richtiger Pflege 2 bis 4 Jahre alt. Tagsüber soll man sie nicht stören, da sie den Tag zum größten Teil verschlafen. Beschäftigt man sich aber allabendlich mit ihnen, wenn sie munter geworden sind, werden sie nach 3 bis 4 Monaten zahm, sodass sie das Futter sogar aus der Hand nehmen.

Meerschweinchen

Steckbrief

Meerschweinchen wurden schon vor mindestens 3000 Jahren in Südamerika von den Indios gezüchtet. Diese hielten Meerschweinchen als Fleischlieferanten. Im 16. Jahrhundert kamen sie erstmals nach Europa. Hier werden sie von Liebhabern gezüchtet, heutzutage aber auch als Versuchstiere in Labors gehalten. Die Stammform des Hausmeerschweinchens ist das etwas kleinere Wildmeerschweinchen, das in fast ganz Südamerika verbreitet ist. Die Wildmeerschweinchen leben dort in sogenannten Sippen von bis zu 20 Tieren. Meerschweinchen sind tagaktiv und bewohnen selbst gegrabene oder von anderen Tieren verlassene Erdhöhlen.

Anschaffung: Möglichst ein oder mehrere Jungtiere im Alter von 2 bis zu 4 Monaten. Will man bei Gemeinschaftshaltung keinen Nachwuchs, entweder nur Weibchen halten oder Männchen kastrieren lassen. Sonst sind 4 bis 5 Würfe pro Jahr zu erwarten! Mehrere Männchen vertragen sich nicht.
Haltung: In Käfig oder Plastikwanne (Größe: mind. 60 x 30 cm. Höhe mind. 25 cm, wenn der Behälter oben offen ist). Einstreu aus Sägemehl, Stroh und Heu sowie Schlafhaus, Wasser- und Futternapf.
Ernährung: Fertigfutter aus dem Zoofachgeschäft, zusätzlich Grünfutter, Gemüse und Obst (zum Beispiel Löwenzahn, Salat, Möhren, Birnen und Äpfel) und Trockenfutter (gutes Heu).
Sonstiges: Der Käfig ist alle 2 bis 3 Tage zu säubern und die Einstreu zu wechseln. Meerschweinchen brauchen ebenso wie Goldhamster eine Eingewöhnungszeit und können bei guter Pflege 2 — 4 Jahre alt werden.

Kaninchen

Steckbrief

Alle Hauskaninchen stammen von Wildkaninchen ab. Ursprünglich kommen sie aus dem Mittelmeergebiet. Für die Heimtierhaltung sind nur die kleineren Rassen geeignet, zum Beispiel die *Zwergkaninchen.*

Anschaffung: Im Alter von 8 bis 9 Wochen. Möglichst nicht als Einzeltier halten. Wenn den größten Teil des Tages niemand zu Hause ist, dann ist es besser, zwei Tiere aus demselben Wurf anzuschaffen. Will man keinen Nachwuchs, sollten es zwei weibliche Tiere sein. Mehrere Männchen zusammen vertragen sich nicht.
Haltung: Im Haus in einem großen Käfig mit täglichem Freilauf in der Wohnung oder auf dem Balkon; draußen in einem geräumigen Kaninchenhaus mit Auslauf. Als Einstreu für den Zimmerkäfig eignet sich käufliche Katzenstreu, für das Kaninchenhaus draußen Stroh und Heu. Soll das Kaninchen in der Wohnung gehalten werden, sollte zusätzlich eine Klokiste (dazu eignet sich ein käufliches Katzenklo) und evtl. eine Sandkiste zum Scharren vorhanden sein.
Ernährung: Käufliches Fertigfutter, Heu und Grünfutter sowie Wasser. Es muss genügend harte Knabbernahrung dabei sein, damit sich die Schneidezähne abnutzen. Diese wachsen nämlich ständig nach. Sind sie zu lang, kann das Tier nicht mehr fressen und verhungert. Altes Futter jeden Tag entfernen und Futternapf reinigen.
Sonstiges: Kaninchen werden bis zu 10 Jahre alt. In der Wohnung gehaltene Kaninchen lassen sich mit etwas Geduld zur Stubenreinheit erziehen, da sie immer an der gleichen Stelle ihr Geschäft verrichten.

1 Kühe auf der Weide

2 Der Gebrauch der Zunge beim Fressen

Das Rind — ein Wiederkäuer

Um die Mittagszeit haben sich die Kühe auf der Weide zum größten Teil niedergelegt und scheinen zu ruhen. Dabei kauen sie, ohne dass sie dabei Nahrung aufnehmen. Nur wenige Kühe stehen und grasen noch. Sie nehmen längeres Gras zu sich, indem sie ein Grasbüschel mit der Zunge umfassen, es abrupfen und unzerkaut hinunterschlucken. Kürzeres Gras wird zwischen den Schneidezähnen des Unterkiefers und einer Knorpelleiste des Oberkiefers eingeklemmt und mit einem Kopfruck abgerupft.

Ein bis zwei Stunden nach der Nahrungsaufnahme stößt das Rind auf. Dabei wird das verschluckte Gras in kleinen Ballen aus dem Magen wieder in die Mundhöhle transportiert. Dazu legt sich das Tier nieder, kaut das Gras ausgiebig durch und zerkleinert es so zu einem Brei. Dieser wird dann erneut geschluckt, bevor die nächste Portion an die Reihe kommt. Tiere, die ihre Nahrung auf diese Weise verarbeiten, nennt man *Wiederkäuer*.

Das Gebiss ist an diese Aufgabe besonders gut angepasst. In jeder Hälfte des Unterkiefers hat die Kuh drei *Schneidezähne* und einen ebenso großen *Eckzahn*. Außerdem befinden sich auf jeder Seite 6 *Backenzähne*. Im Oberkiefer fehlen Eck- und Schneidezähne. Statt dessen ist dort eine Knorpelleiste vorhanden. Wie der Unterkiefer besitzt der Oberkiefer auf jeder Seite ebenfalls 6 Backenzähne. Zwischen den Eckzähnen des Unterkiefers bzw. der Knorpelleiste des Oberkiefers und den Backenzähnen ist jeweils eine große Lücke vorhanden. Die Zahnkronen der Backenzähne tragen halbkreisförmige Erhebungen, die von dem sehr harten *Zahnschmelz* gebildet werden. Zwischen diese *Schmelzfalten* ist weicherer *Zahnzement* und *Zahnbein* eingebettet. Da beim Kauen der harten Gräser der Zahnzement stärker abgenutzt wird als Zahnschmelz und Zahnbein, bleibt die Oberfläche rau wie eine Reibe. Das harte Gras kann so leicht zerrieben werden. Ein Gebiss, das diese Art von Backenzähnen besitzt, nennt man *Pflanzenfressergebiss*.

Gras enthält wenig Nährstoffe und ist schwer verdaulich. Ein Rind muss aus diesem Grund große Mengen Grünfutter pro Tag zu sich nehmen: 50 bis 100 kg! Der Magen ist sehr groß. Er besteht aus vier Teilen, dem *Pansen*, dem *Netzmagen*, dem *Blättermagen* und dem *Labmagen*.

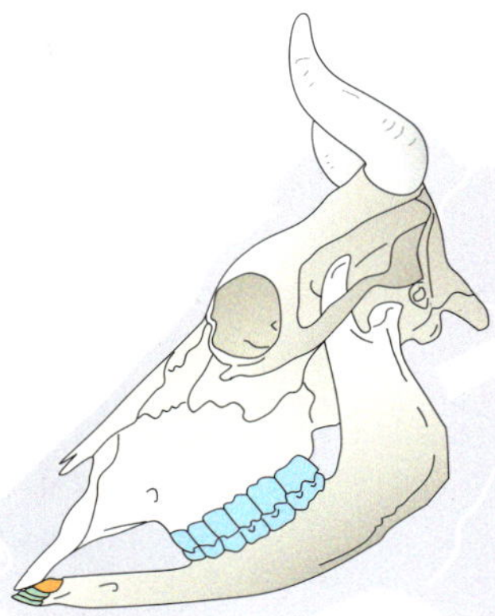

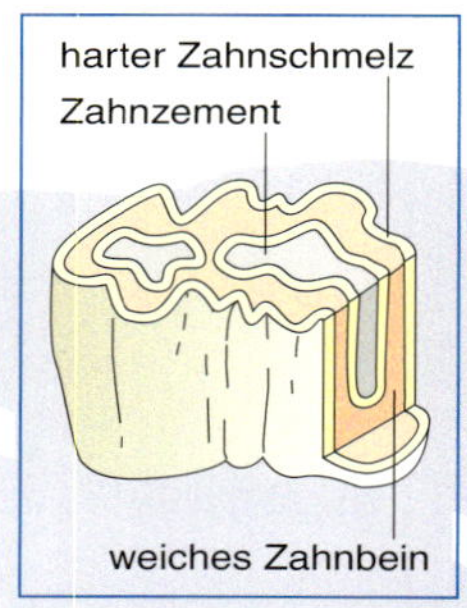

3 Backenzahn des Rindes

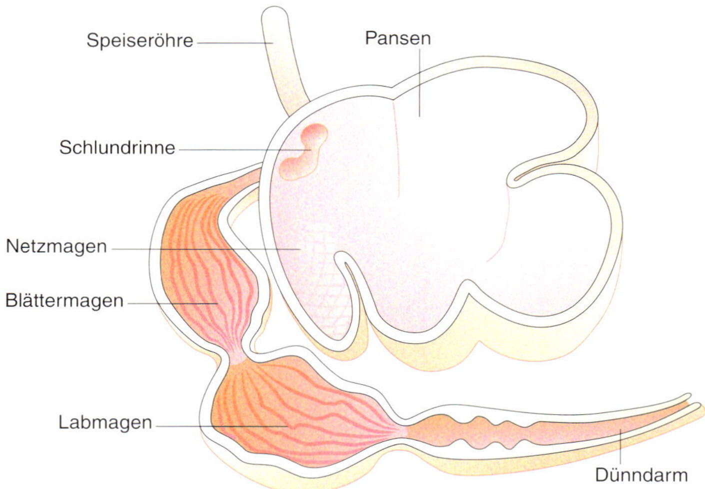

1 Magen eines Rindes

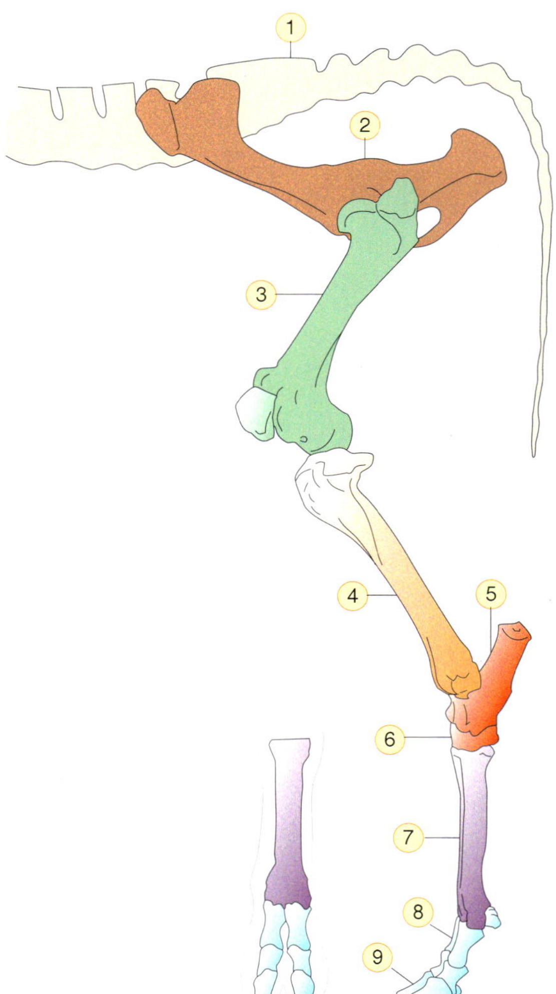

2 Das Hinterbein des Rindes

Die verschluckte Nahrung gelangt zuerst in den *Pansen*. Dieser fasst bis zu 200 Liter. Im Pansen wird das Gras eingeweicht und für die Verdauung vorbereitet. Billiarden von Bakterien und winzigen Wimpertieren leben dort und helfen bei der Verdauung. Bakterien und Wimpertiere sind winzige Organismen, die aus einer einzigen Zelle bestehen. Das eingeweichte und schon teilweise zersetzte Gras wird nach ein bis zwei Stunden im *Netzmagen* zu kleinen Portionen geformt und über die Speiseröhre wieder in die Mundhöhle transportiert. Nach dem Wiederkäuen gelangt die zerkleinerte Nahrung anschließend durch Schlucken wieder in den Pansen, wo die Kleinstorganismen ihre Zersetzungstätigkeit fortsetzen, bis das Gras zu einem feinen Brei geworden ist. Das so vorverdaute Gras gelangt nun über den *Blättermagen* in den *Labmagen*. Hier und im sich anschließenden Darm wird weiter verdaut. Über den 50 bis 60 Meter langen *Darm* werden schließlich die verdaubaren Anteile des Grases in den Körper aufgenommen.

Nach dem Wiederkäuen erheben sich die Kühe und beginnen wieder zu grasen. Ihr massiger Körper wird von stämmigen Beinen getragen, die in zwei Zehen enden. Die Rinder stehen auf den Zehenspitzen und werden deshalb *Zehenspitzengänger* genannt. Zwei weitere Zehen, die *Afterzehen*, sind stark zurückgebildet. Die Spitzen der Zehen, mit denen die Rinder auftreten, sind von schützenden *Hufen* aus Horn umgeben. Rinder gehören zu den **Huftieren**. Da die Hufe zweifach, also paarig, vorhanden sind, zählt man die Rinder zu den *Paarhufern*.

Aufgaben

(1) Zeichne mithilfe des Textes und der Abbildung des Rinderschädels die Zahnformel für das Rind in dein Heft.
(2) Vergleiche die Backenzähne des Rindes mit denen des Hundes. Erläutere die Unterschiede.
(3) Übertrage die Zeichnung des Rindermagens in dein Heft und kennzeichne durch Pfeile den Weg der Nahrung (blau: vor dem Wiederkäuen, rot: nach dem Wiederkäuen).
(4) Berechne das Verhältnis von Darmlänge zur Körperlänge. Die Körperlänge des Rindes beträgt ungefähr 2,5 m. Vergleiche dein Ergebnis mit dem entsprechenden Wert bei der Katze. Erläutere die Unterschiede.
(5) Ordne den Ziffern im Schema der Abbildung 2 die richtigen Bezeichnungen zu.

1 Mastkälber in Boxen und im Laufstall

2 Kühe im Melkstand

Rinder — wichtige Nutztiere

Rinder werden meist in Ställen gehalten. Im *Maststall* sieht es für die Rinder ganz anders aus als auf der Weide. *Kälber* stehen in Boxen. Sie haben nur so viel Bewegungsfreiheit, dass sie sich niederlegen und die Futterrinne erreichen können. Auslauf bekommen sie nicht. Sie werden vor allem mit energiereichem Mastfutter gefüttert, damit sie in möglichst kurzer Zeit viel Fleisch ansetzen. Nach ungefähr 12 Wochen haben sie ihr Schlachtgewicht erreicht. Ähnlich sind die Bedingungen bei der Mast von *Bullen*, die nach ca. 18 Monaten ihr Schlachtgewicht erreicht haben.

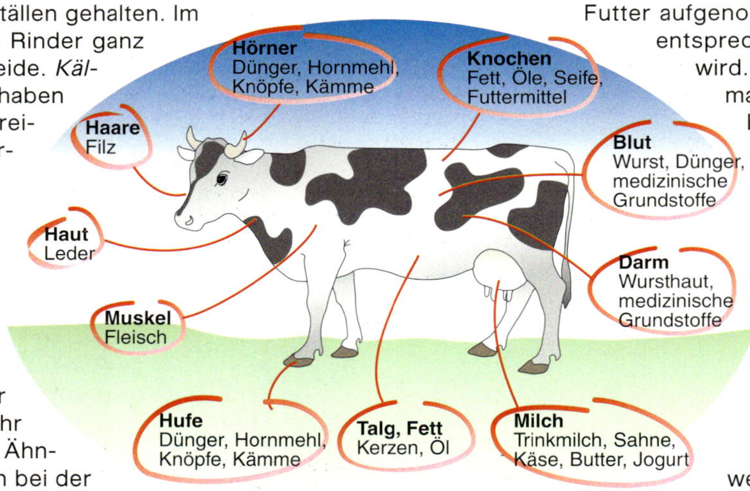

3 Nutzung des Rindes

Es gibt auch Mastställe, in denen die Tiere nicht angebunden sind. Dort haben sie etwas mehr Bewegungsfreiheit. Diese Art der *Massentierhaltung* ist in die Kritik geraten. Deshalb gibt es immer mehr Bauernhöfe, auf denen die Tiere naturnäher gehalten werden. Bei einer Haltung auf der Weide allerdings wachsen die Tiere langsamer und das Rindfleisch ist teurer.

Vom Rind wird fast alles genutzt: Milch, Fleisch, Haut usw. Besonders wichtig ist das Rind für uns als *Milchlieferant*. Die Milch, die erst nach der Geburt des ersten Kalbes gebildet wird, entsteht im *Euter* des Muttertieres, wo in Milchdrüsen ein Teil der mit dem Futter aufgenommenen Nährstoffe entsprechend umgewandelt wird. Mithilfe von Melkmaschinen werden die Kühe jeden Tag gemolken. Dabei wird die Milch aus dem Euter abgesaugt und in großen Vorratsgefäßen gesammelt, wie man es in der Abb. 2 sehen kann. Unsere Milchkühe geben zwischen 5 000 und 8 000 l Milch im Jahr. Zur weiteren Verarbeitung bringt man die Milch in Kühlwagen zur Molkerei.

Kalb
Jungtier bis zu einem Alter von einem Jahr. Danach heißen die weiblichen Jungtiere *Färsen*, bis sie das erste Kalb zur Welt bringen.

Bulle
Männliches Rind, wird auch als *Stier* bezeichnet.

Ochse
Kastriertes männliches Rind

Aufgaben

① Vergleiche die Stallhaltung von Mastrindern mit der Freilandhaltung.

② Frisch gemolkene Kuhmilch enthält je 100 Gramm 86 g Wasser, 4 g Eiweiß, 4 g Fett, 5 g Milchzucker und 1 g Mineralsalze. Ist Milch ein vollwertiges Nahrungsmittel?

③ Fertige mithilfe ausgeschnittener Abbildungen aus Zeitschriften in deinem Heft ein Bild an, das Auskunft über die Verwendung der Milch gibt.

④ Stelle zusammen, mit welchen Produkten aus dem Rind du in deiner Umgebung zu tun hast.

Abstammung und Verwandtschaft des Hausrindes

Unsere Vorfahren jagten **Auerochsen**, um sich von ihnen zu ernähren. Das zeigen *Höhlenmalereien*, die mehr als 10 000 Jahre alt sind. Auerochsen lebten in großen Gruppen, den *Herden*, zusammen. In der Herde waren sie sicherer vor Feinden. Durch ihr gutes Gehör, ihren guten Geruchssinn und die seitlich stehenden Augen konnten sie Feinde schon frühzeitig wahrnehmen. Im Schutz der Herde brachten die Kühe jedes Jahr ein Kalb zur Welt, welches ungefähr 1 Jahr lang gesäugt wurde.

Vor etwa 8000 Jahren begann die *Haustierwerdung*. Vielfach opferte man Rinder den Göttern und verzehrte dann ihr Fleisch. Später setzte man sie auch als Zugtiere ein und nutzte ihre Milch. Dazu musste man ständig Rinder halten, sie zähmen und in Gefangenschaft weiterzüchten (S. 272).
Für die Weiterzucht wurden Tiere mit bestimmten Eigenschaften ausgewählt. Wurde zum Beispiel mehr Wert auf eine hohe Milchproduktion gelegt, wurden nur Tiere für die Zucht genommen, die schon selber mehr Milch erzeugten als andere. Gleiches gilt für die Herauszüchtung anderer Eigenschaften. So entstanden im Laufe der Jahrhunderte viele Rinderrassen, die sich in ihren Eigenschaften immer mehr vom Auerochsen unterschieden. Heute gibt es etwa 800 Rinderrassen.

Dir wird schon aufgefallen sein, dass es schwarzweiß und braunweiß gefleckte Rinder gibt. Man nennt sie *Schwarzbunte* und *Rotbunte*. Es gibt aber auch einfarbige Rinderrassen, die durch Züchtung entstanden sind. Schwarz- und Rotbunte werden sowohl für die Milch- als auch Fleischproduktion gehalten. Man nennt solche Rassen *Zweinutzungsrassen*. Daneben gibt es Rinderrassen, die in der Hauptsache nur für einen Zweck gezüchtet wurden. Man spricht dann von *Milchrindern* oder *Fleischrindern*.

Alle in Mitteleuropa gehaltenen Rinderrassen stammen vom Auerochsen oder Ur ab, der bei uns ausgestorben ist. Das letzte Urrind wurde im Jahre 1627 in Polen erlegt. Es ist gelungen, ein dem Auerochsen äußerlich ähnlich aussehendes Rind zu züchten.

Mit unserem Hausrind sind die *Wildrinder* verwandt. Zu ihnen gehört der **Wisent**, der früher in großen Teilen Europas und Teilen Asiens zahlreich vorkam. Anfang diesen Jahrhunderts wurde der letzte frei lebende europäische Wisent erlegt. Heute gibt es wieder mehrere streng geschützte Wisentherden in Nationalparks, die aus Restbeständen stammen.

Der in Nordamerika lebende **Bison** unterscheidet sich vom Wisent durch den im Vergleich zum Wisent stärker ausgebildeten Vorderkörper und tiefer gesenkten Kopf. Auch der Bison kann heute nur in Nationalparks überleben. Bison und Wisent sind sehr nah miteinander verwandt. Werden sie zusammen gehalten, können fruchtbare Nachkommen aus ihnen entstehen.

In Afrika lebt der mächtige **Kaffernbüffel**. Wie alle Büffel, suhlt er gerne im Schlamm. Die nach einem Schlammbad am Körper haftende Kruste dient dem Schutz vor lästigen Insekten. Hilfe erhält er außerdem von kleinen Vögeln, den *Madenhackern*, die seine Haut von Insekten befreien.

1 Pferdeherde

Das Pferd — ein vielseitiges Nutztier

Schon vor ungefähr 7500 Jahren fingen im heutigen China die Menschen wilde Pferde ein, um sie als Reittiere einzusetzen. In Europa gab es erst viel später zahme Pferde. Sie wurden als Zugpferde für Kampfwagen und als Reittiere verwendet. Wild lebende Pferde gibt es beispielsweise noch in Südfrankreich in der Camargue oder im Merfelder Bruch bei Dülmen in Westfalen.

Die Pferde leben dort in einzelnen Familien, die von einem männlichen Tier, dem *Hengst*, angeführt werden. Alle Familienmitglieder kennen sich untereinander genau. Die weiblichen Tiere, die *Stuten*, können jedes Jahr ein Jungtier zur Welt bringen. Das junge *Fohlen* kann bereits 10 Minuten nach der Geburt stehen, wenn auch etwas unbeholfen. Nach etwa einer Stunde kann es schon Sprünge machen und bald mit der Familie umherziehen. Pferde sind *Nestflüchter*.

Im Verlauf der langen Zeit, in der Pferde vom Menschen genutzt wurden, sind immer wieder Hengste und Stuten mit besonders ausgeprägten Eigenschaften gezielt zur Fortpflanzung ausgewählt worden. Durch diese Züchtung sind unterschiedlichste *Pferderassen* entstanden. Man unterscheidet *Kaltblut-*, *Warmblut-* und *Vollblutpferde*. Diese Bezeichnungen haben nichts mit der Temperatur des Blutes zu tun, sondern beziehen sich auf Körperbau und Schnelligkeit.

Kaltblüter haben einen sehr kräftigen Körperbau und eignen sich besonders als Arbeitspferde. Trotz vieler Maschinen, die in der Landwirtschaft eingesetzt werden, verwendet man auch heute noch Kaltblüter als Zugpferde, um aus Wäldern gefällte Bäume herauszuziehen. Im Gegensatz zu den Rädern eines Traktors schädigen Pferde den Waldboden kaum bei der Arbeit.

Warmblutpferde sind schlank und kräftig gebaut. Sie werden deshalb als Reit- und Springpferde eingesetzt. Vollblüter werden seit Jahrhunderten als Rennpferde auf Schnelligkeit gezüchtet.

Wenn du Pferde beobachtest, werden dir die verschiedenen Gangarten auffallen. Man unterscheidet den *Schritt*, den *Trab* und den *Galopp*. Im Schritt kann ein schneller Spa-

Zettelkasten

Abstammung des Pferdes

Schon vor der Haustierwerdung hatte das Pferd Bedeutung für den Menschen. Das zeigen Höhlenmalereien, die von Steinzeitmenschen stammen. Aber auch Versteinerungen oder *Fossilien* zeugen von der Vergangenheit. Sie können uns Hinweise geben, wie Organismen ausgesehen haben, lange bevor es Menschen gab. Fossilien des **Urpferdchens** lassen erkennen, dass es nur so groß wie ein Fuchs war. Es lebte vor ungefähr 60 Millionen Jahren in Wäldern und war ein Laubfresser. Jüngere Versteinerungen zeigen uns, dass sich daraus im Laufe der Jahrmillionen das Wildpferd entwickelt hat, so wie wir es heute noch kennen. Es ist ein Steppenbewohner und Grasfresser und auch wesentlich größer als das Urpferdchen.

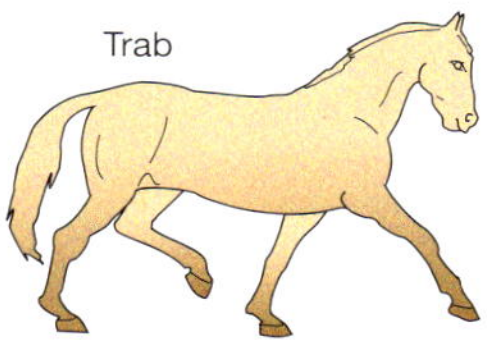

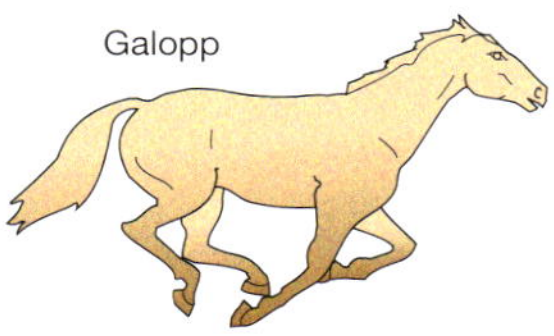

ziergänger mithalten, im Trab ein Radfahrer. Doch im Galopp erreichen Rennpferde Geschwindigkeiten bis zu 50 km pro Stunde. Der gesamte Körperbau des Pferdes, besonders aber das *Beinskelett*, ist an das schnelle Laufen angepasst.

Die Beine sind als *Laufbeine* ausgebildet. Sie sind lang und das Beinskelett besteht aus kräftigen Knochen. Auffällig ist der Fuß mit dem langen Mittelfuß- und drei Zehenknochen. Der Mittelfußknochen ist an jeder Seite von einem *Griffelbein* umgeben.

Pferde treten nur mit den Zehenspitzen auf; sie sind *Zehenspitzengänger*. Der dritte Zehenknochen ist von einem *Huf* aus Horn umgeben. Pferde besitzen an jedem Fuß nur eine Zehe. Sie sind, im Gegensatz zum Rind, *Unpaarhufer*. Der Huf schützt die Zehenspitzen beim Auftreten vor Verletzungen. Wenn Pferde häufig über harten Untergrund laufen müssen, werden die Hufe mit Hufeisen beschlagen, um sie vor übermäßiger Abnützung zu schützen. Der Hufschmied befestigt die Hufeisen mit Nägeln im Horn. Das verursacht den Tieren weder Verletzungen noch Schmerzen, weil Horn abgestorbenes Material ist.

Pferde sind *Pflanzenfresser*. Bei weidenden Pferden sieht man gut, dass sie mit den *Schneidezähnen* im Ober- und Unterkiefer und ihren Lippen das Gras abrupfen. Dieses zerkauen sie anschließend gründlich, bevor sie es verschlucken. Die Schneide- und *Backenzähne* werden beim Zerreiben des harten Grases abgenutzt (S. 268). Beide Zahntypen besitzen lange Wurzeln und wachsen ständig nach. Doch die Abnutzung wird nicht vollständig ausgeglichen. Man kann daher am Abnutzungsgrad der Schneidezähne das Alter eines Pferdes schätzen. Aus diesem Grund schauen Pferdehändler vor dem Kauf dem Pferd ins Maul. *Eckzähne* sind nur bei Hengsten vorhanden.

Pferde besitzen nur einen kleinen, einteiligen Magen. Sie sind keine Wiederkäuer. Die Verdauung der Pflanzennahrung erfolgt im Darm, der bis zu 35 Meter lang ist. Außerdem spielt der große *Blinddarm* eine ganz wichtige Rolle bei der Verdauung. In ihm befinden sich Billiarden von Bakterien, welche bei der Aufbereitung der schwer verdaulichen Pflanzenkost mithelfen.

Aufgaben

① Vergleiche das Gebiss des Pferdes mit dem des Rindes. Nenne Unterschiede und schreibe die Zahnformel auf.
② Berechne das Verhältnis von Körperlänge (ca. 2,5 Meter) zu Darmlänge. Vergleiche mit anderen Haustieren.
③ Ordne den Ziffern in der Abbildung unten die richtigen Begriffe zu.
④ Rind und Pferd sind Nutztiere. Stelle für die heutige Nutzung dieser Tiere Gemeinsamkeiten und Unterschiede zusammen.

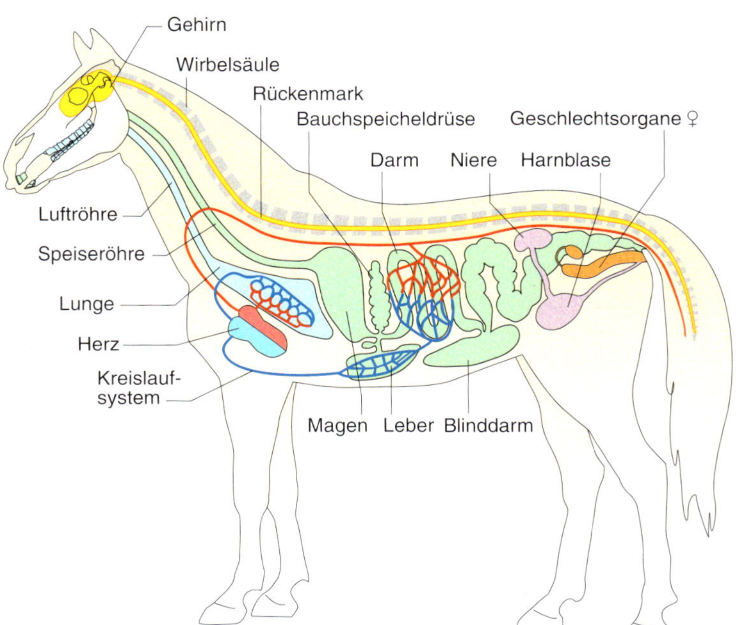

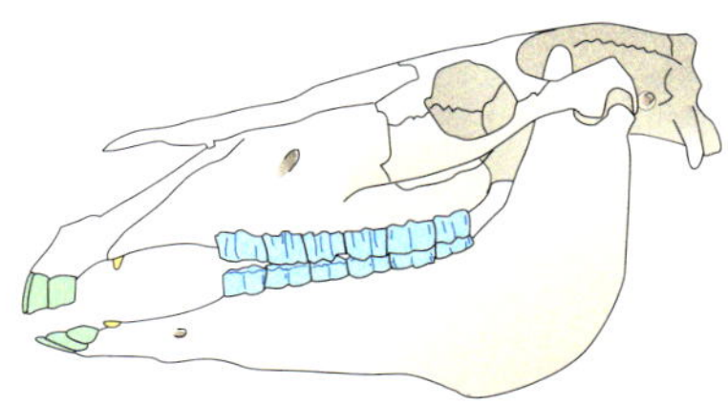

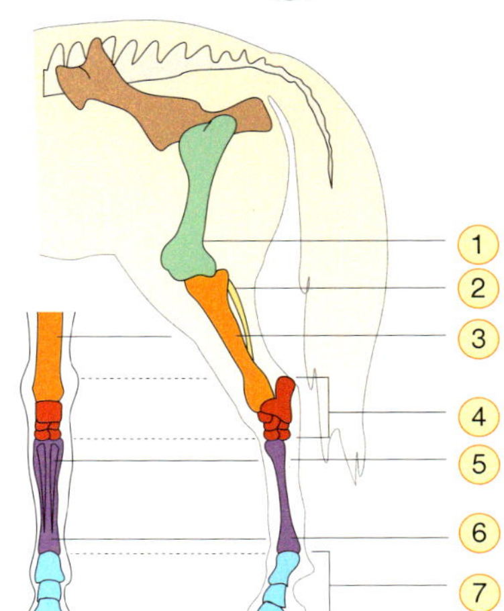

Das Wildschwein ist die Stammform des Hausschweins

Manchmal findet man im Wald Stellen, die wie umgepflügt aussehen. Die in der Nähe sichtbaren Fußabdrücke, die man auch *Fährten* nennt, weisen darauf hin, dass hier Wildschweine auf Nahrungssuche waren. Wildschweine sind **Paarhufer**, deren *Afterzehen* aber ebenfalls Abdrücke im Boden hinterlassen.

Zur *Wildschweinnahrung* gehören Bucheckern, Eicheln und andere Früchte ebenso wie Vogeleier, Würmer und sogar Aas. An diese Nahrungsvielfalt ist das Wildschwein angepasst. Es besitzt einen *Rüssel*, der in einer scheibenförmigen *Schnauze* endet. Mithilfe des Rüssels gelangt das Wildschwein auch an Nahrung, die unter der Erdoberfläche verborgen ist, wie Wurzelknollen oder Pilze. Mit dem hervorragend ausgebildeten Geruchssinn nimmt das Wildschwein die unter dem Erdboden verborgene Nahrung wahr und wühlt gezielt danach.

Der Zerkleinerung der Nahrung dient das *Allesfressergebiss*. Dieses besitzt im Ober- und Unterkiefer jeweils 6 flache Schneidezähne, 2 lange Eckzähne und 14 Backenzähne. Die vorderen Backenzähne haben scharfkantige Kronen, ähnlich denen eines Fleischfressergebisses, die hinteren Backenzähne haben stumpfhöckerige Kronen wie die eines Pflanzenfressergebisses. Das Allesfressergebiss vereinigt also Eigenschaften dieser beiden Gebisstypen (S. 268). Die Eckzähne sind besonders beim *Keiler* stark verlängert, wobei diejenigen des Oberkiefers nach oben gerichtet sind. Sie sind von außen sichtbar und können als Waffen eingesetzt werden. Wildschweine sind sehr scheu und nur in der Dämmerung sowie *nachts aktiv*. Sie können in Mais-, Kartoffel- und Getreidefeldern erhebliche Schäden anrichten. Diese Felder bieten den Wildschweinen einen reichlich gedeckten Tisch und werden von ihnen gerne aufgesucht. Deshalb werden Wildschweine stark bejagt.

1 Bache mit Frischlingen

2 Keiler im Sprung

In größeren Waldgebieten, in denen sie sich tagsüber ins Dickicht zurückziehen, können sie gut überleben. Ihr sehr feines Gehör warnt sie rechtzeitig. Deshalb bekommt man Wildschweine in freier Natur nur selten zu Gesicht. Wenn man Glück hat, kann man sie beobachten, wie sie sich in einem Schlammloch suhlen. Dieser Art der *Körperpflege* gehen sie sehr ausgiebig nach. Sie hilft ihnen, das Ungeziefer zwischen den Borsten von der Haut fern zu halten.

Wildschweine leben in Familienverbänden, den *Rotten*, welche sich aus mehreren *Bachen* mit ihren *Jungtieren* zusammensetzen. Die ausgewachsenen Keiler sind Einzelgänger und kommen nur in der Fortpflanzungszeit mit der Rotte zusammen. Nach 4 bis 5 Monaten Tragzeit werden im April oder Mai von den Bachen 4 bis 12 *Frischlinge* geboren, die erst nach zwei Jahren ausgewachsen sind.

Aufgabe

① Begründe mithilfe des Textes, warum das Wildschwein bei uns noch gute Lebensmöglichkeiten hat.

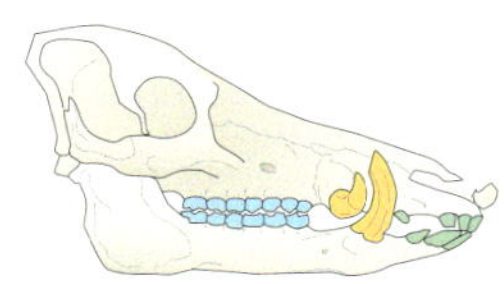

Schädel des Keilers

Keiler
Männliches Wildschwein

Bache
Weibliches Wildschwein

Frischling
Wildschweinjunges

Wildschwein

Eber
Männliches Hausschwein

Sau
Weibliches Hausschwein

Ferkel
Hausschweinjunges

1 Hausschwein mit Ferkeln

Das Hausschwein

Hausschweine sieht man nur selten im Freien, obwohl bei uns ungefähr 20 Millionen Schweine gehalten werden. Die meisten sind in großen Ställen untergebracht, in denen sie in engen Boxen, meist in Zehnergruppen, gehalten werden. In manchen Betrieben werden so insgesamt 1000 und mehr Schweine gehalten. Dadurch werden diese anfälliger gegenüber Krankheiten. Der Boden der Ställe ist mit Spalten versehen. Durch diese fallen Kot und Urin direkt in große Auffangbehälter. Als *Gülle* werden die Ausscheidungsprodukte regelmäßig auf Äcker und Weiden ausgebracht, um diese zu düngen. 5 bis 7 Monate lang werden Schweine in solchen Ställen gemästet. Dann haben sie das Schlachtgewicht von ungefähr 110 kg erreicht.

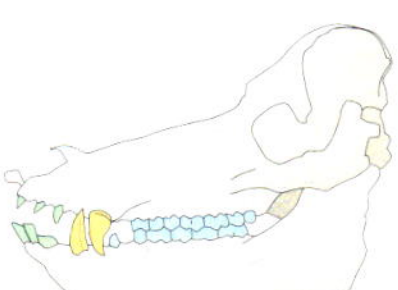

Schädel des Hausschweins

Zweimal am Tag werden die Schweine in dieser Zeit mit energiereichem Mastfutter gefüttert, welches in 15 bis 20 Minuten gefressen wird. Die engen Boxen und das Halten der Tiere bei Dämmerlicht sorgen dafür, dass die Schweine sich ruhig verhalten und dadurch kaum Energie für die Bewegung ihres Körpers verbrauchen. Infolge des Bewegungsmangels können die Tiere schon vorzeitig bei Stress, im Sommer bei Hitze oder auf dem Transport zum Schlachthof an Herzschwäche sterben.

Durch diese Art der *Massentierhaltung* liefert das Hausschwein das preisgünstigste Fleisch und ist unser wichtigster *Fleischproduzent*. Allein 55 kg Schweinefleisch verzehrt jeder Bundesbürger im Durchschnitt pro Jahr.

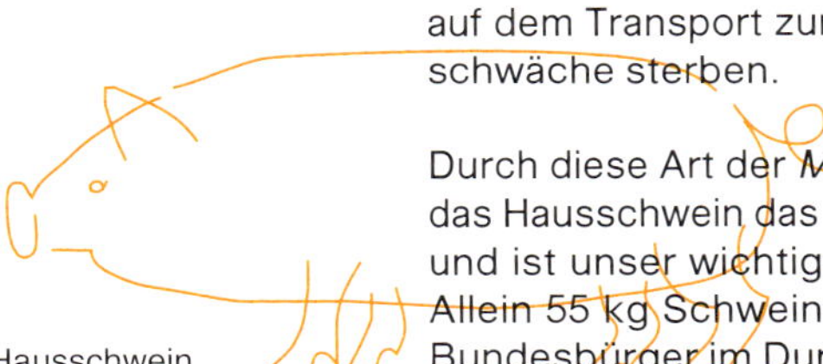

Hausschwein

Die Eigenschaften des Hausschweins haben sich durch *Züchtung* aus dem Wildschwein seit etwa 6000 Jahren immer mehr verändert. Der Körper wurde länger, die Schnauze kürzer und das Gehirn um etwa ein Drittel kleiner. Dennoch sind viele Eigenschaften des Wildschweins erhalten geblieben. So suhlen sich frei gehaltene Hausschweine genauso gerne in einer Schlammpfütze oder graben mit der Schnauze nach Nahrung wie ihre Urahnen.

Um bestimmte Eigenschaften herauszuzüchten, werden für die Zucht nur ausgewählte Tiere, die *Zuchteber* und *Zuchtsauen*, verwendet (S. 272). Es gelang, Schweine mit 16 statt der normalen 12 Rippen zu züchten, das sind 8 Koteletts mehr. Außerdem setzen diese Tiere besonders viel Fleisch innerhalb kurzer Zeit an, bis zu 600 Gramm pro Tag. Eine Zuchtsau wirft zweimal im Jahr maximal 20 Ferkel pro Wurf, die dann zum größten Teil wieder in einem Maststall aufgezogen werden.

Aufgaben

① Das Verhältnis der Körper- zur Darmlänge beträgt beim Schwein etwa 1:14. Vergleiche dieses Verhältnis mit dem bei Katze und Rind. Erläutere die Unterschiede.

② Welche Ansprüche des Wildschweins an seinen Lebensraum kannst du aus dem Text der Seite 38 ableiten? Stelle diese den heute üblichen Haltungsbedingungen für das Hausschwein gegenüber. Welche Schlussfolgerungen ergeben sich daraus?

2 Moderner Schweinestall

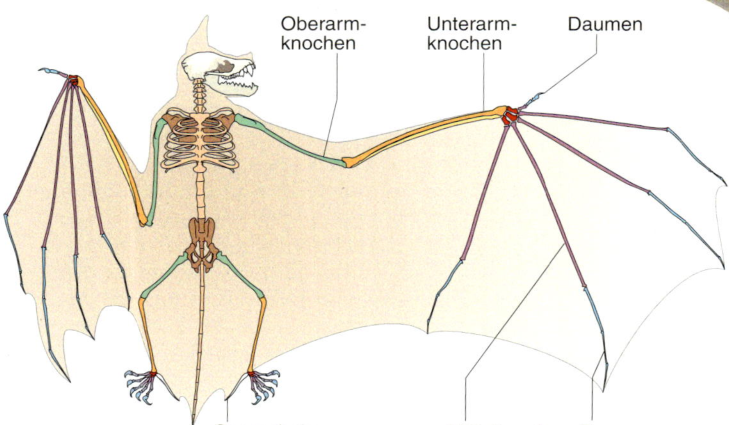

1 Skelett einer Fledermaus

2 Hufeisennase im Flug

Die Fledermaus – ein fliegendes Säugetier

Wie Schatten huschen Fledermäuse vor dem noch hellen Abendhimmel vorbei. Meist werden sie von den Menschen gar nicht wahrgenommen, da ihr schneller Flug keine Geräusche verursacht. Dennoch wirkt ihr Flug unruhig, ganz anders als bei Vögeln, mit denen sie auch sonst wenig Gemeinsamkeiten haben. Fledermäuse besitzen zum Beispiel *Haare* und keine Federn. Zu den Mäusen gehören sie allerdings auch nicht, obwohl ihr Körper dem einer Maus auf den ersten Blick ähnlich sehen mag.

Mausohr

Fledermäuse sind bei uns die einzigen *flugfähigen Säugetiere*. Das Fliegen ermöglichen ihre Hautflügel, die aus einer gut durchbluteten *Flughaut* bestehen. Diese ist zwischen Vorder- und Hinterbeinen sowie dem Schwanz gespannt. Die Hand- und Fingerknochen sind, mit Ausnahme des Daumens, stark verlängert. Sie dienen zusammen mit dem *Sporenbein* und den Schwanzwirbeln als Stützspangen – vergleichbar dem Gestänge eines Schirms. Der Daumen und die fünf Zehen bleiben frei. Sie dienen den Tieren zum Festhalten und Krabbeln.

Fledermäuse bewegen ihre Flügel sehr rasch, sie *flattern*. Das ist sehr anstrengend, deshalb sind Fledermäuse auf energiereiche Nahrung angewiesen. Sie gehen in der Dämmerung und nachts auf Insektenjagd (S. 270). Zu dieser Zeit müssen sie das reichhaltige Nahrungsangebot nur mit wenigen anderen Tieren teilen. Nachtfalter und Käfer gehören zu ihren häufigsten Beutetieren.

Obwohl sie mit ihren kleinen Augen nur schlecht sehen können, umfliegen Fledermäuse geschickt Hindernisse, ohne diese zu berühren. Forscher haben herausgefunden, dass Fledermäuse ununterbrochen kurze, sehr hohe Schreie ausstoßen, die für den Menschen nicht hörbar sind. Diese *Ultraschalltöne* kommen, wenn sie auf ein Hindernis oder Beutetier treffen, von diesen als Echo zurück. Dieses Echo nehmen die Tiere mit ihren großen Ohren wahr. Fledermäuse brauchen also ihre Umgebung nicht zu sehen, sie hören sie.

Den Tag verbringen Fledermäuse in ihren Sommer- oder Tagquartieren. Der *Kleine Abendsegler* nutzt dazu Baumhöhlen, im Gegensatz zur *Kleinen Hufeisennase*, die Dachstühle und Dachböden bevorzugt. Diese werden vor allem als Kinderstube für die ein bis zwei Jungen benötigt, die ein Fledermausweibchen pro Jahr zur Welt bringt.

Den Winter verbringen Fledermäuse an frostsicheren Plätzen. Das sind für viele Arten zum Beispiel Tropfsteinhöhlen, in denen die Luft feucht ist. Einige Arten überwintern in Baumhöhlen. Die Zeit bis zum Frühjahr verbringen sie im *Winterschlaf*.

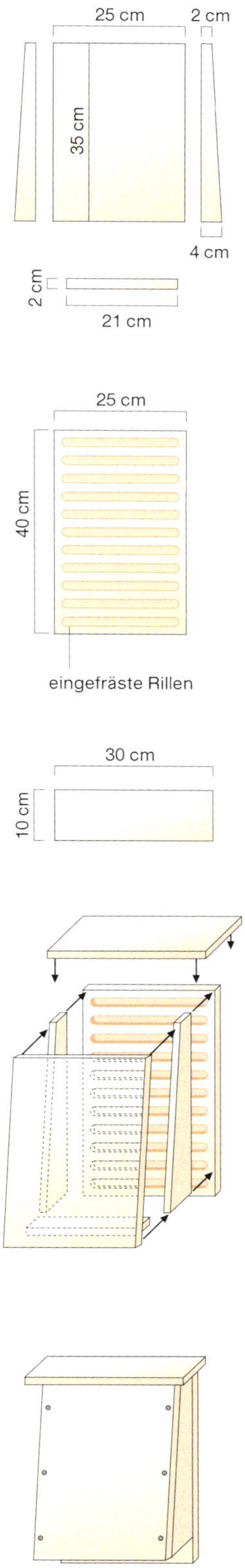

Bauanleitung für einen Fledermauskasten

Den Winterschlaf der Fledermäuse soll man nicht stören, denn die Tiere könnten dadurch sterben. Alle 22 einheimischen Fledermausarten stehen in der *roten Liste* für den Artenschutz und gelten als stark bedroht. Dafür gibt es verschiedene Gründe. Zum einen finden die Tiere vielerorts kaum noch geeignete Sommer- und Winterquartiere. Die moderne Bauweise der Häuser mit geschlossenen Dachstühlen, das Entfernen alter, hohler Bäume und das Verschließen von Höhlen sind Ursachen dafür.

Außerdem verlieren die Fledermäuse immer mehr ihre Nahrungsgrundlage. Schuld daran ist wiederum der Mensch. Durch den Einsatz von Insektengiften hat er die Zahl der Beutetiere für Fledermäuse stark verringert. Die überlebenden Beutetiere sind vergiftet und schädigen die Fledermäuse zusätzlich. Dies wird verständlich, wenn man weiß, dass eine Fledermaus im Laufe eines Jahres bis zu 80 000 Insekten fressen kann. Durch Aufhängen von speziellen Nistkästen versuchen heute Naturschützer, die bei uns heimischen Fledermausarten zu erhalten. Wie du selber einen solchen bauen kannst, zeigen die Abbildungen in der Randspalte.

Unsere einheimischen Fledermausarten ernähren sich vor allem von Insekten. Unter den tropischen Arten gibt es ganz besondere Nahrungsspezialisten. So kann das *Große Hasenmaul* mit seinen kräftigen Hinterbeinen Fische im Wasser ergreifen und fangen. Die südamerikanischen *Vampire* fügen größeren Säugetieren, zum Beispiel Pferden, Bisswunden zu und lecken dann das austretende Blut ab. Die größten Verwandten der Fledermäuse, die vor allem in Indien vorkommenden *Flughunde*, leben ausschließlich von Früchten.

Aufgaben

① Um herauszufinden, wie sich Fledermäuse orientieren, führte der italienische Naturforscher SPALLANZANI schon vor über 200 Jahren folgende Versuche durch: Er hängte Schnüre mit Glöckchen in einem völlig dunklen Raum auf. Dann ließ er einmal Fledermäuse mit verdeckten Augen, dann mit durch Wachs verstopften Ohren und auch einmal mit zugebundenem Maul in diesem Raum fliegen. Welche Ergebnisse hatten diese Versuche wohl? Begründe deine Meinung.

② Vergleiche Arm- und Beinskelett einer Fledermaus mit dem Skelett eines Hundes. Welche Unterschiede fallen dir auf?

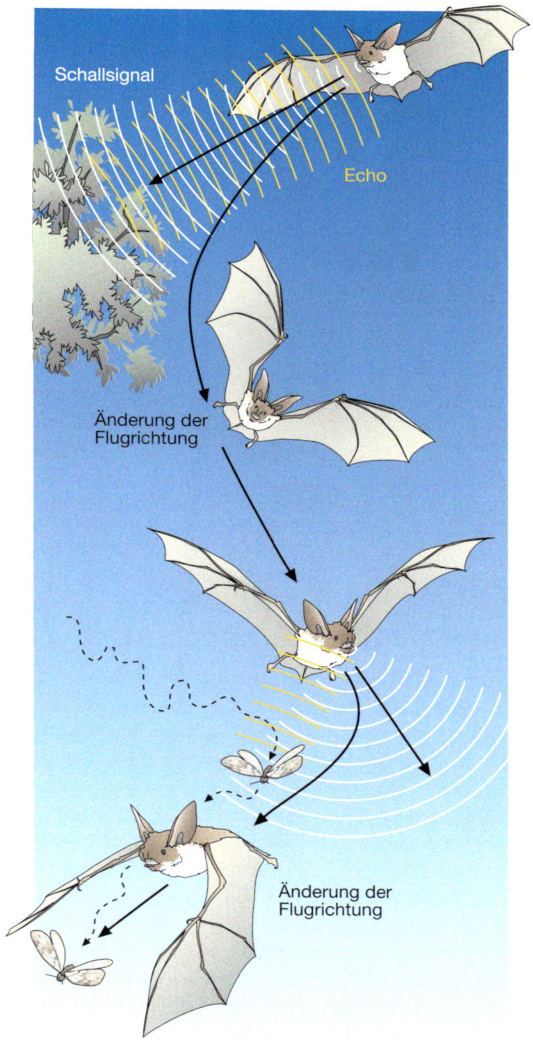

1 Ultraschallorientierung bei Fledermäusen

2 Gemeiner Vampir

1 Schaufelhand des Maulwurfs

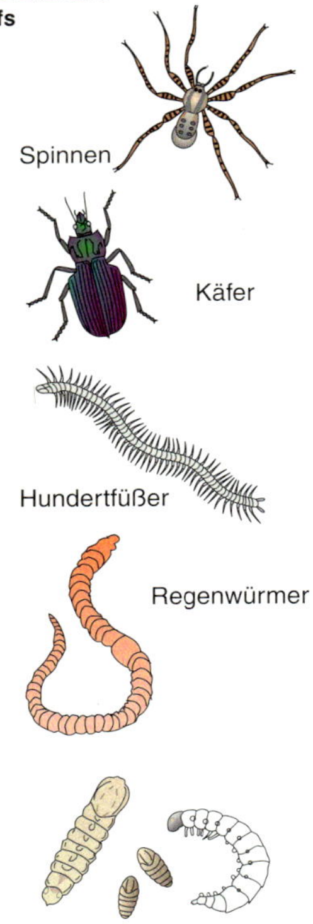

Der Maulwurf – ein Leben unter Tage

Einen Maulwurf bekommt man nur selten zu Gesicht, lediglich die Erdauswürfe auf Wiesen und Rasenflächen verraten seine Anwesenheit. Er legt ein unterirdisches *Gangsystem* mit einem Wohnkessel und Vorratskammern an. Beim Bau wird die beiseite geschaffte Erde mit dem Kopf über die Erdoberfläche gedrückt, sodass die *Maulwurfshügel* entstehen.

An seine „bergmännische" Lebensweise ist der Maulwurf hervorragend angepasst. Die Vordergliedmaßen sind kurz, die Handfläche mit den fünf Fingergliedern ist schaufelförmig. Ein weiterer Knochen, das *Sichelbein*, verbreitert die Handfläche zusätzlich. Der walzenförmige Körper und der spitz zulaufende Kopf erleichtern die Wühlarbeit. Dabei drückt der Maulwurf mit seinen Schaufelhänden die lockere Erde beiseite. Die Hinterbeinkrallen stemmt er in den Boden und verhindert so ein Zurückrutschen. Die lange *Rüsselnase* ist durch einen harten Knorpel geschützt. Das Fell besteht aus dicht stehenden, samtig weichen Haaren, die sich gleich gut in jede Richtung umlegen lassen. Es hat also keinen *Strich*. So kann sich der Maulwurf in seinem Gangsystem sowohl im Vorwärts- als auch im Rückwärtsgang bewegen, ohne dass in seinem Fell Erde haften bleibt (S. 268).

Das Gangsystem ist gleichzeitig das *Revier* des Maulwurfs. Hier lebt er außer in der Fortpflanzungszeit als *Einzelgänger*. Da sein Nahrungsbedarf sehr groß ist, macht er alle 3 bis 4 Stunden in den Gängen des Reviers Jagd auf Regenwürmer und andere Beutetiere, wie z. B. Spinnen und Insektenlarven. Pro Tag benötigt ein Maulwurf 80 bis 100 g Nahrung. Das entspricht fast seinem eigenen Körpergewicht. Würmer, die er nicht sofort frisst, werden durch einen Biss gelähmt und in den *Vorratskammern* verstaut. Wie der Igel, besitzt der Maulwurf ein *Insektenfressergebiss*.

Um sich in seinem dunklen Lebensraum zurechtzufinden, braucht der Maulwurf einen guten *Geruchs-* und *Tastsinn*. Die Tasthaare an seiner Nase melden ihm jede leichte Erschütterung in der Nähe. Geräusche an der Erdoberfläche und im Boden nimmt er mit seinen verschließbaren Ohren wahr. Die Augen sind für das Leben im Boden nicht so wichtig. Sie sind nur etwa stecknadelkopfgroß und liegen tief im Fell verborgen.

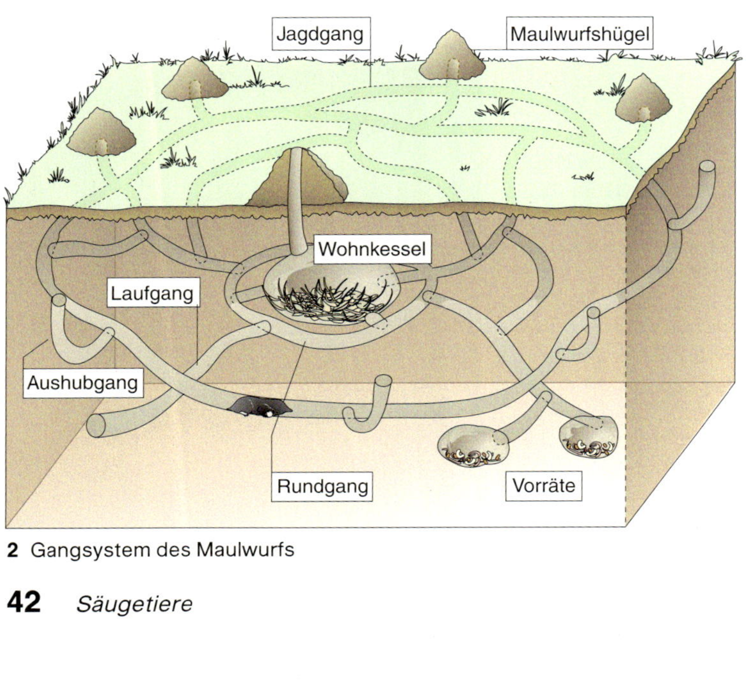

2 Gangsystem des Maulwurfs

Aufgaben

① Der Maulwurf hält keinen Winterschlaf. Weshalb kann er ohne Winterschlaf auskommen?

② Neben dem Ärger über die Maulwurfshügel befürchten viele Gartenbesitzer, Maulwürfe schadeten den Wurzeln ihrer sorgsam gepflegten Gartenpflanzen. Erläutere, ob diese Befürchtungen gerechtfertigt sind.

③ In seinem Wohn- und Jagdrevier ist der Maulwurf vor Feinden geschützt. Außerhalb seiner Gänge lauern jedoch viele Gefahren auf ihn. Versuche diese Gefahren genauer zu bestimmen.

1 Feldmaus

Die Feldmaus — ein häufiger Bewohner von Äckern und Wiesen

Die Feldmaus bewohnt offene und trockene Lebensräume wie Felder und Wiesen. Dort ernährt sie sich von Wurzeln, Halmen und Getreidekörnern. Zum Zerkleinern dieser harten, pflanzlichen Nahrung besitzt die Feldmaus ebenso wie das Eichhörnchen ein scharfes *Nagetiergebiss*.

Die Feldmäuse halten keinen Winterschlaf. Sie tragen während des Sommers zusätzlich Vorräte in ihre unterirdischen Speicher ein. Das können jeweils bis zu 1,5 kg sein. Die *Vorratskammer* besteht aus einem blind endenden Gang innerhalb des weit verzweigten Gangsystems. Die einzelnen Gänge liegen 10 bis 20 cm unter der Erdoberfläche. Der *Wohnkessel* mit mehreren Ausgängen liegt noch 20 bis 30 cm tiefer. Im Winter werden *Laufgänge* unter dem Schnee angelegt, die man nach der Schneeschmelze gut erkennen kann.

Feldmäuse haben viele Feinde, z. B. Fuchs, Bussard, Eulen und Mauswiesel. Dennoch können diese Tiere den Bestand der Feldmäuse nicht ernsthaft gefährden. Das liegt an der großen *Vermehrungsfähigkeit* der Feldmaus. Ein Weibchen kann alle 20 Tage einen Wurf mit durchschnittlich 6 Jungen zur Welt bringen. Diese sind schon nach 13 Tagen selbst wieder geschlechtsreif und können nach weiteren 20 Tagen ihre ersten Jungen gebären. Durchschnittlich werden Feldmäuse 4,5 Monate alt. Die Fortpflanzung erfolgt in unseren Breiten nur während der wärmeren Jahreszeit.

In günstigen Jahren kann es zu einer *Massenvermehrung* kommen. Diese hat für die Mäuse aber auch Nachteile. Denn irgendwann ist nicht mehr genügend Raum vorhanden. Die Nahrung wird knapp, vor allem im Herbst, wenn die Getreidefelder abgeerntet sind, die Witterung kühler wird und vermehrt Regenfälle einsetzen. Viele Mäuse sterben dann an Hunger und Krankheiten. Die wenigen, die überleben, können sich im nächsten Frühjahr wieder von neuem vermehren. Nach drei bis vier Jahren kann es wieder zu einer Massenvermehrung kommen.

In einem solchen Jahr können die Feldmäuse zu Schädlingen für die Landwirtschaft werden. Wenn eine Maus pro Monat 0,3 kg Nahrung benötigt, schlägt das nicht zu Buche. Wenn aber 1 000 Mäuse jeweils diese Menge fressen, fehlt dem Landwirt ein Teil der Ernte. *Mäuseplagen* treten allerdings nur dort auf, wo großflächige Getreidefelder ein Überangebot an Nahrung bieten. In natürlichen Lebensräumen, die abwechslungsreich gestaltet sind, treten meistens keine Massenvermehrungen auf.

Aufgaben

① Vergleiche die Lebensweise von Feldmaus und Maulwurf. Nenne Gemeinsamkeiten und Unterschiede.
② Rechne aus, wie viele Junge ein einziges Feldmausweibchen während seines Lebens theoretisch bekommen kann.
③ Informiere dich darüber, welche Arten von Mäusen bei uns vorkommen. Wodurch unterscheiden sie sich?

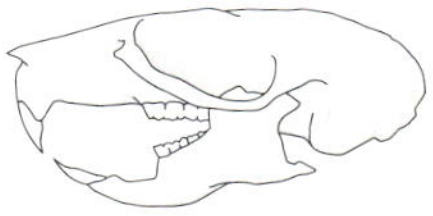

Schädel einer Wühlmaus (Nagetier)

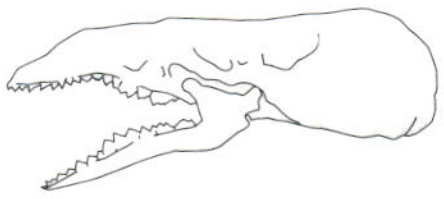

Schädel einer Spitzmaus (Insektenfresser)

Maus ist nicht gleich Maus

Feldmaus und **Waldspitzmaus** werden Mäuse genannt und sind doch nicht näher miteinander verwandt. Der Grund dafür zeigt sich im Vergleich ihrer *Gebisse*. Die Feldmaus ist ein *Nagetier* und gehört zu den *Wühlmäusen*, die Spitzmaus ist ein *Insektenfresser*.

Die Etruskerspitzmaus — das kleinste Säugetier der Welt (Gewicht 1,5 – 2 g)

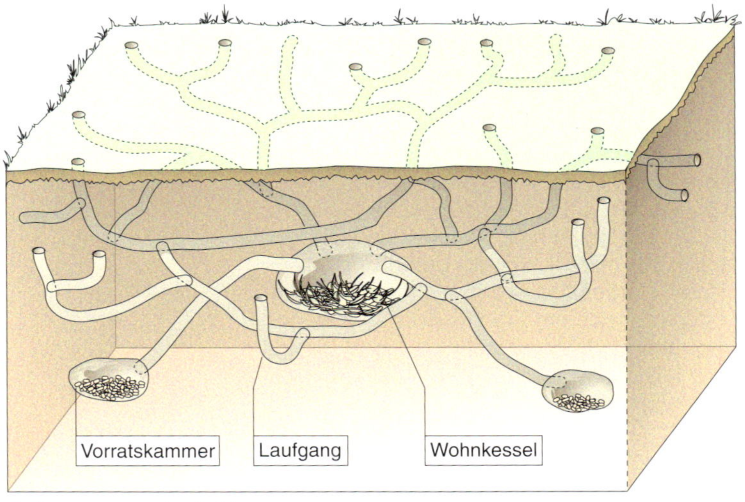

2 Gangsystem der Feldmaus

1 Eichhörnchen

Das Eichhörnchen — ein Leben auf Bäumen

Beim Spaziergang durch den Park kannst du manchmal beobachten, wie ein Eichhörnchen flink einen Baum emporläuft. Ab und zu hält es inne, spitzt die Ohren und beobachtet aufmerksam die Umgebung, bevor es den Baumstamm beim Weiterklettern spiralig umkreist. Oben angekommen, verharrt es nicht lange und springt mit einem großen Satz auf einen Ast des Nachbarbaumes. Der lange, buschige Schwanz dient beim Sprung als Steuer, sodass das Tier im Gleichgewicht bleibt und sicher landen kann. Gleich anschließend läuft das Eichhörnchen mit dem Kopf voran den Baumstamm wieder hinunter, ohne abzustürzen. Die langen Krallen der Füße haken sich dabei in der Rinde ein. Gleichzeitig verhindern *Haftballen* unter den Fußsohlen ein Abrutschen. Hoch oben in der Baumkrone bauen Eichhörnchen ihr kugelförmiges Nest, den *Kobel*. Dieser besteht aus zusammengeflochtenen Zweigen und besitzt seitlich ein Einschlupfloch. Das Innere ist mit Moos, Blättern, Gras und Haaren weich gepolstert.

Im Frühjahr bringt das Weibchen dort drei bis sechs Junge zur Welt. Es sind *Nesthocker*, die ungefähr 8 Wochen lang gesäugt werden. Droht den Jungen Gefahr, werden sie von der Mutter im Genick gepackt und eines nach dem anderen zu einem *Ausweichnest* getragen. Dabei verfallen die Jungen in *Tragstarre*, sodass die Mutter beim Klettern und Springen nicht behindert wird. Nach gut zwei Monaten sind die Jungen selbstständig und verlassen das Nest.

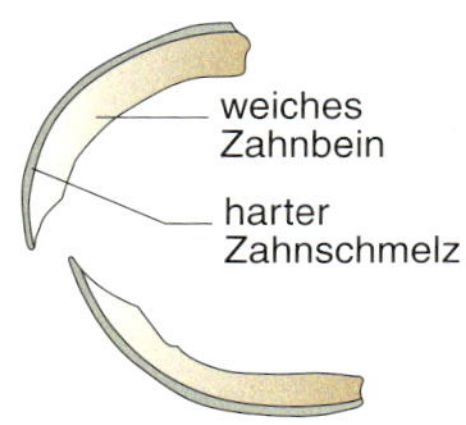

Nagezähne

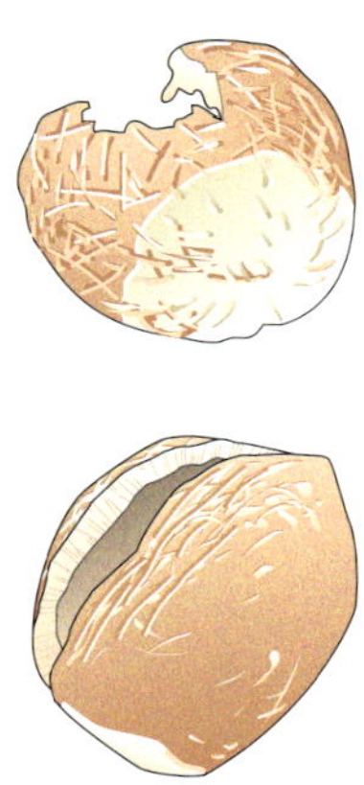

Die *Nahrung* der Eichhörnchen besteht aus Eicheln, Pilzen, Beeren und Haselnüssen. Zum Öffnen einer Nuss benutzen sie ihre meißelförmigen Schneidezähne *(Nagezähne)*. Damit nagen sie zunächst zwei Längsfurchen und sprengen anschließend die Nuss in zwei Hälften. Der frei gelegte Haselnusskern wird dann zwischen den Backenzähnen, die wie Reibeplatten wirken, zerkleinert. Die Fähigkeit, Nüsse zu knacken, ist den Eichhörnchen *angeboren*. Aber nur durch Erfahrung lernen sie mit der Zeit, die Technik des Nüsseöffnens zu verbessern (S. 268).

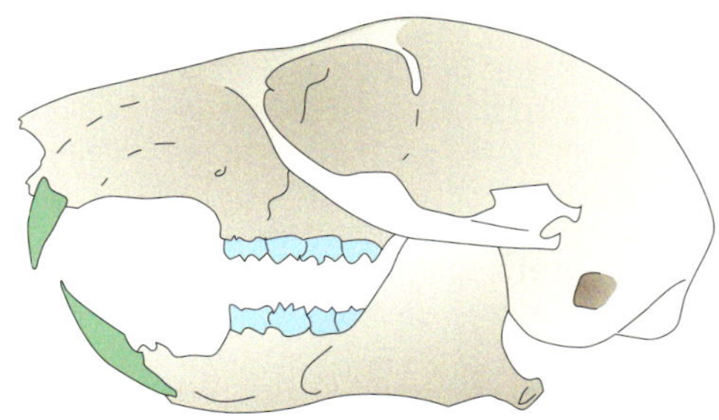

2 Schädel eines Eichhörnchens

Die Nagezähne werden bei ihrer Tätigkeit abgenutzt. Sie wachsen aber, im Gegensatz zu den Backenzähnen, nach. Weil bei ihnen der außen gelegene, härtere *Zahnschmelz* sich nicht so schnell abnutzt wie das dahinter liegende, weichere *Zahnbein*, bleiben sie auch ständig scharf.

Aufgaben

① Vergleiche die Nagespuren auf den beiden in der Mittelspalte abgebildeten Haselnussschalen.
Welche Nuss wurde von einem erfahrenen, welche von einem unerfahrenen Eichhörnchen geöffnet? Begründe deine Meinung.

② Im Herbst sammeln Eichhörnchen viele Haselnüsse und Eicheln und vergraben sie im Boden.
Erkläre, inwiefern dieses Verhalten sowohl für die Pflanzen als auch für die Eichhörnchen von Nutzen ist.

1 Schneehase im Sommer (links) und im Winter (rechts)

Der Winter — für viele Tiere ein Problem

Der Winter stellt für Eichhörnchen mit Frost, Schnee und Nahrungsmangel eine schwierige Jahreszeit dar. Die Tiere legen deshalb im Herbst *Vorräte* an. An verschiedenen Stellen des Reviers vergraben sie Eicheln und Nüsse. Außerdem fressen sie in dieser Zeit mehr als sonst und legen sich so ein kleines Fettpolster zu. Davon zehren sie dann bei schlechten Umweltbedingungen. Ungünstige Zeiten im Winter verschlafen sie in ihrem Kobel. Zum Schutz gegen Abkühlung rollen sie sich kugelig zusammen. So wird der Wärmeverlust über die Oberfläche verringert und die Körpertemperatur kann leichter aufrecht erhalten werden.

Im Winter sind die Tiere zusätzlich durch ein dichteres Haarkleid geschützt. Das wird deutlich, wenn man *Sommerfell* und *Winterfell* vergleicht. Im Fell eines Säugetieres sind grundsätzlich zwei Haartypen vorhanden: die langen, gefärbten *Grannenhaare* und darunter die gekräuselten *Wollhaare*. Die Wollhaare, die direkt der Haut aufliegen, schaffen eine stehende Luftschicht. Sie *isolieren* dadurch gut gegen Kälte und verhindern eine rasche Wärmeabgabe des Körpers. Deshalb sind diese Haare im Winterfell besonders dicht und zahlreich.

Das Eichhörnchen ist in den kalten Wintermonaten zeitweise aktiv, aber manchmal ruht es auch mehrere Tage lang in seinem Kobel. Es hält *Winterruhe*. Säugetiere, die sich ebenso verhalten, nennt man *Winterruher*. Wie das Eichhörnchen, sind auch Dachs und Braunbär Winterruher.

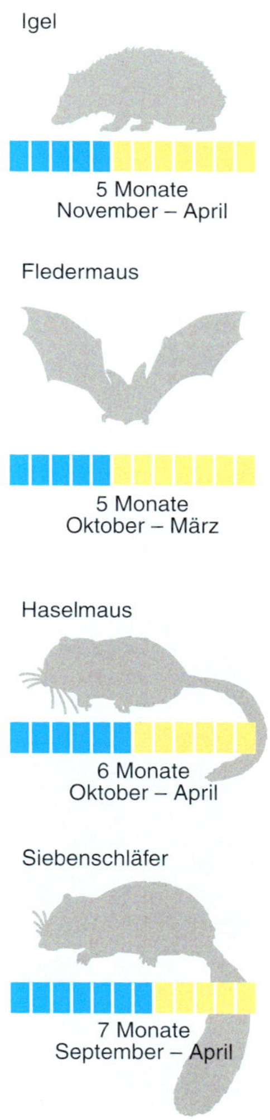

Winterruher darf man nicht mit den Winterschläfern verwechseln. Beim *Winterschlaf* verbringt das Tier mehrere Monate in seinem Bau oder einem frostgeschützten Versteck. Die Körpertemperatur wird dabei abgesenkt und die Atmung und der gesamte Stoffwechsel werden herabgesetzt. Die Tiere leben nur von ihren angefressenen Fettvorräten. Sie verschlafen so den ganzen Winter. Sinken die Temperaturen aber weit unter den Gefrierpunkt, dann werden diese Tiere durch einen Weckmechanismus wieder munter. Sie zittern sich warm und suchen ein neues Versteck. Das darf einem Winterschläfer nicht oft passieren, denn beim Aufwachen wird viel von seinem Fettvorrat verbraucht und es besteht die Gefahr, dass er den Hungertod erleidet. Beispiele für Winterschläfer unserer Heimat sind Igel, Fledermaus, Siebenschläfer und Haselmaus.

Nahrungsnot und Kälte bedrohen in unseren Breiten fast alle wild lebenden Tiere. Aber nur sehr wenige von ihnen halten Winterruhe oder Winterschlaf. Die meisten Säugetiere sind trotz ungünstiger Lebensbedingungen auch im Winter täglich auf der Suche nach Nahrung. Diese Tiere, zu denen z. B. Fuchs, Reh und Hase gehören, sind *winteraktiv*.

Aufgabe

① Bei Schneehasen ändert sich im Winter die Fellfarbe. Erkläre, weshalb der Haarwechsel für die Tiere in doppelter Hinsicht von Vorteil ist.

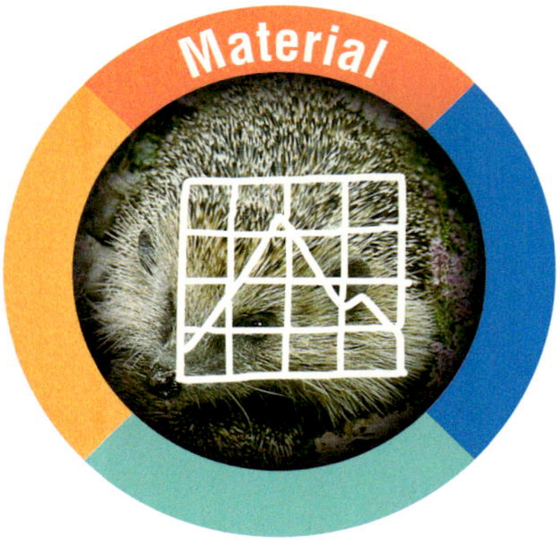

Igel überwintern

Igel leben in Gärten, Hecken, kleinen Gehölzen mit Unterwuchs und an Waldrändern. Hier bauen sie ihre gut versteckten Behausungen, die mit Laub und Gras ausgepolstert sind. Man sieht sie selten, denn sie gehen erst in der Dämmerung und nachts auf die Jagd.

Wenn im Herbst die mittlere Tagestemperatur weniger als 10 Grad Celsius beträgt, richtet sich der Igel auf den *Winterschlaf* ein. Er baut sich ein Winterquartier, das ihn vor Schnee und Eiseskälte schützt. Dazu wühlt er sich in Laubhäufen oder sehr dichtes Untergehölz ein, kugelt sich zusammen und beginnt seinen Winterschlaf.

Bei diesem Schlaf, der mehrere Monate dauert, laufen alle Stoffwechselvorgänge viel langsamer ab als im Wachzustand. Die Zahl der Atemzüge und Herzschläge je Minute ist beträchtlich vermindert und die Körpertemperatur sinkt stark ab. Im Winterschlaf braucht der Igel keine Nahrung. Er zehrt von seinem *Fettvorrat*, den er sich im Herbst angefressen hat. Im Frühjahr, wenn die Tagestemperaturen wieder ansteigen, erwacht er aus dem Winterschlaf. Er ist jetzt stark abgemagert und beginnt mit der Nahrungssuche.

Überwinterungshilfe

Nur wenn ein Igel einen genügend großen Fettvorrat hat, kann er die kalte Jahreszeit im Winterschlaf überstehen. Als Faustregel gilt, dass sein Vorrat ausreicht, wenn das Körpergewicht 500 Gramm erreicht hat oder überschreitet.

Oft erreichen mutterlose Jungtiere dieses Gewicht bis zum Beginn der Winterschlafzeit nicht. Manchmal sind Igel auch mit Würmern infiziert. Dann nimmt ihr Körpergewicht nicht mehr zu oder sogar ab, obwohl sie Nahrung zu sich nehmen. Solche untergewichtigen Igel, die Ende September noch weit unterhalb der Gewichtsgrenze von 500 Gramm liegen, sind ohne menschliche Hilfe verloren.

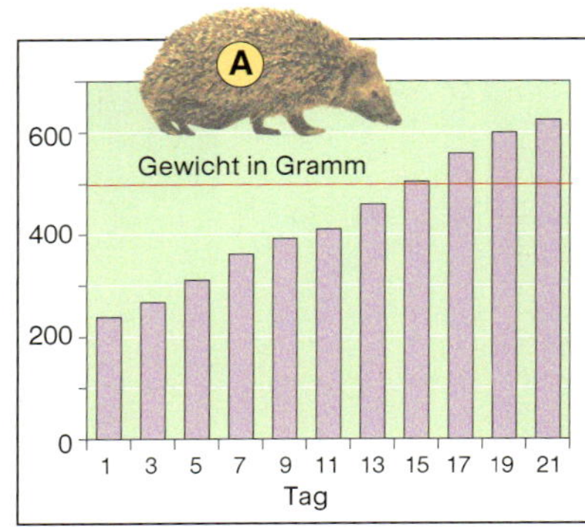

In einer Igelstation hat man bei Herbstbeginn drei untergewichtige Jungtiere (A,B und C) in die Obhut genommen, aufgezogen und nach Überschreiten der Gewichtsgrenze zur Überwinterung wieder ausgesetzt.
Während des Aufenthalts in der Igelstation wurden die Igel alle zwei Tage gewogen. Über das Körpergewicht und über die Futtergaben hat man ein genaues Protokoll geführt.

Igelfamilie

Viele Gartenbesitzer entfernen aus ihren Gärten, in denen vereinzelt Bäume und Büsche stehen, im Herbst vollständig das gefallene Laub. Dadurch wird der Rasen nicht durch faulendes Laub geschädigt. Welche Auswirkung hat dies für Igel? Was kann man tun, um den Rasen zu schützen und gleichzeitig den Igeln zu helfen?

Diese Daten sind in Diagrammen und Tabellen zusammengestellt. Die Säulendiagramme zeigen die Entwicklung des Körpergewichts von Igel A und C. Die Tabelle 1 gibt das Körpergewicht von Igel B an.

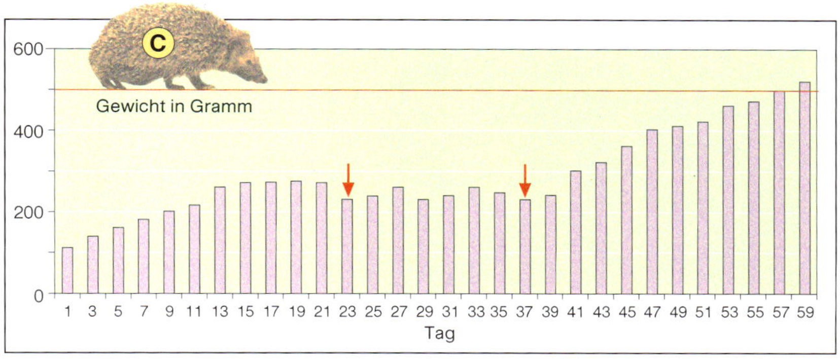

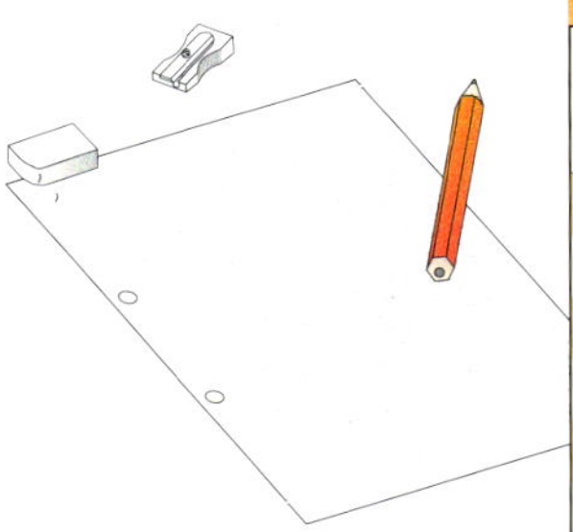

Tabelle 1

Tag	Gewicht in Gramm
1	160
3	210
5	240
7	300
9	340
11	390
13	425
15	480
17	540
19	565

Tabelle 2

Nahrungsmittel	Verfütterte Menge	Energiegehalt kJ pro 100g
Katzenfutter	6,6 kg	650
Haferflocken	0,6 kg	1700
Karottenpüree	0,5 kg	180
Bananen	2,1 kg	400
Rührei	2,2 kg	350
Rosinen	0,3 kg	1200
Nüsse	0,5 kg	2900

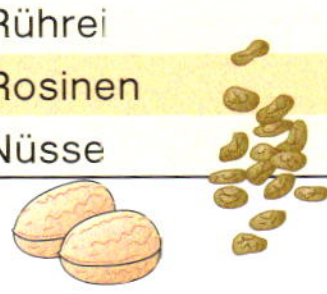

Tabelle 3

	Igel wach	Igel im Winterschlaf
Atemzüge je Minute	20	5
Herzschläge je Minute	280 – 320	18 – 22
Körpertemperatur	25 – 37 °C	sinkt bis 1,5° C

Aufgaben

① Erstelle mithilfe der Tabelle 1 ein Säulendiagramm für die Entwicklung des Gewichts des Igels B. Dabei entsprechen jeweils 100 g einer Säulenhöhe von 1 cm.

② a) Vergleiche dein Wachstumsdiagramm von Igel B mit dem von Igel A. Welche Gemeinsamkeiten und welche Unterschiede zeigt der Vergleich der Diagramme? Beschreibe.
b) Vergleiche die Diagramme von Igel A und C miteinander. Was fällt auf? Was könnte der Grund gewesen sein, dass Igel C viel länger in der Station verblieben ist als die Igel A und B? Versuche zu erklären.

③ a) Bestimme für jeden Igel, wie viel Körpergewicht er während des Aufenthalts in der Igelstation zugenommen hat.
b) Wie viel Körpergewicht haben alle drei Igel zusammen zugenommen?

④ An die Igel wurden die in Tabelle 2 angeführten Nahrungsmittel verfüttert.
a) Berechne, wie viel Kilojoule (kJ) Energie die gesamte Nahrung der Igel enthalten hat.
b) Wie viel Kilojoule waren für 1 Gramm Gewichtszunahme nötig?

⑤ Tabelle 3 gibt die Zahl der Atemzüge und der Herzschläge sowie die Körpertemperatur für wache und winterschlafende Igel an.
a) Stelle die Tabellenwerte in einem Säulendiagramm nebeneinander dar.
b) Erkläre, wie diese drei Messwerte zusammenhängen.
Weshalb verringern sich beim Übergang zum Winterschlaf die Werte aller drei Merkmale?

⑥ Die Überwinterung von Igeln in der Obhut des Menschen ist umstritten. Welche Gründe könnten dagegen sprechen? Erkundige dich.

1 Wildkaninchen vor dem Bau

Wildkaninchen und Feldhase — Tiere unserer Kulturlandschaft

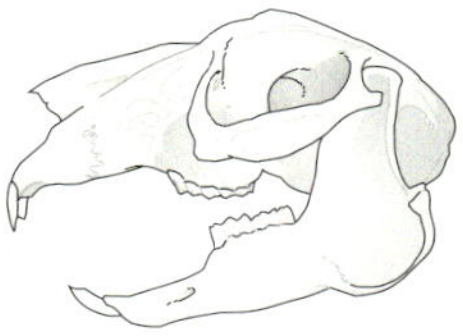

Kaninchenschädel mit Nagezahn und Stiftzahn

Wildkaninchen benötigen als Lebensraum lockere, trockene Böden, um ihre Gänge zu graben. Sie leben an Waldrändern, in Stadtparks und sogar in Gärten in unmittelbarer Nähe des Menschen. Tiere, die sich in ihrem Verhalten an die Umgebung des Menschen angepasst haben, nennt man *Kulturfolger*.

Wildkaninchen leben gesellig in *Kolonien*. Der unterirdische Bau mit seinem *Wohnkessel* und dem verzweigtem Gangsystem bietet Schutz vor Wind, Kälte und Regen, aber auch vor Feinden, wie Bussard, Fuchs oder Iltis. In der Dämmerung verlassen die Kaninchen den Bau, um auf Nahrungssuche zu gehen. Sie sind *Pflanzenfresser*, manchmal sehr zum Ärger der Gartenbesitzer, denn Gemüsepflanzen fressen sie gerne. Das Gebiss eignet sich auch für harte Nahrung, wie die Rinde von Jungbäumen und Sträuchern. Die scharfen *Schneidezähne* im Ober- und Unterkiefer sind lang und gebogen. Die Abnutzung durch das Nagen wird ausgeglichen, da sie ständig nachwachsen. Die *Backenzähne* sind abgeflacht und bilden eine Reibefläche.

2 Kampf zweier Feldhasen

Kaninchen haben eine hohe *Vermehrungsrate*. Vom Frühjahr bis zum Herbst bringt ein Weibchen bis zu 5 Würfe von jeweils 4 bis 12 Jungen zur Welt. Sie sind als *Nesthocker* nackt und blind. Die Augen öffnen sich am zehnten Tag. Die Jungen werden dann noch drei Wochen lang gesäugt und sind nach drei Monaten bereits geschlechtsreif.

Der *Feldhase* ist mit 60 cm Körperlänge um ein Drittel größer und mit 5 bis 6 kg Körpergewicht etwa doppelt so schwer wie ein Wildkaninchen. Es gibt sichere Kennzeichen, durch die man Kaninchen und Hasen sofort unterscheiden kann: Bei Hasen sind die Ohren länger als der Kopf und das Fell ist meist rostfarben. Bei Kaninchen sind die Ohren etwa kopfgroß und das Fell ist grau. Beide gehören zur Gruppe der **Hasentiere.** Als gemeinsames Merkmal besitzen sie ein Paar *Stiftzähne*, das sich hinter den oberen *Schneidezähnen* befindet. Das unterscheidet sie von den Nagetieren.

Der Hase meidet die direkte Nähe des Menschen. Sein Lebensraum sind Wiesen und Äcker mit Gebüschen und Hecken am Rand. Dort lebt er als *Einzelgänger*. Nur zur Paarungszeit sieht man mehrere Hasen zusammen. Sie finden sich dann an gut überschaubaren Plätzen ein, auf denen die männlichen Hasen oder *Rammler* eine Häsin umwerben. Dabei kann es zu „Handgreiflichkeiten" kommen: Die Rivalen richten sich auf den Hinterbeinen voreinander auf und trommeln mit ihren Vorderpfoten aufeinander ein, bis der Unterlegene das Feld räumt. Nach und nach finden sich dann Paare zur Fortpflanzung zusammen.

Nach einer *Tragzeit* von 42 bis 44 Tagen bringt die Häsin von März bis September 3- bis 4-mal Junge zur Welt. Jeder Wurf besteht aus 2 bis 5 Jungtieren, die in einer Bodenmulde, der *Sasse*, geboren werden. Die Jungen sind bei der Geburt vollständig behaart und haben die Augen geöffnet. Schon bald verlassen sie die Sasse. Sie sind *Nestflüchter*.

Aufgabe

① Stelle tabellarisch Gemeinsamkeiten und Unterschiede von Wildkaninchen und Feldhase zusammen.

1 Rehbock und Ricke

Das Reh — ein Kulturfolger

Rehe bewohnen viele Lebensräume: vom dichten Wald bis hin zu Heckengehölzen in besiedelten Gebieten. Bei uns gibt es über 1,5 Millionen Rehe. Trotzdem sieht man sie nur selten. Häufiger findet man dagegen ihre Spuren. Am Tage halten sie sich meist sichtgeschützt abseits der Wege auf. Hauptsächlich in der Morgen- und Abenddämmerung kommen Rehe zur Nahrungssuche aus ihrer Deckung heraus. Sie ernähren sich von Kräutern, Knospen und saftigen Pflanzenteilen. Danach verbringen sie mehrere Stunden am Tag mit dem *Wiederkäuen* der Nahrung.

Ende Juli bis Anfang August ist die Fortpflanzungszeit. Die männlichen Rehe, die *Böcke*, setzen mithilfe von Drüsen zwischen den Geweihstangen *Duftmarken* an Sträucher und Bäume zur Kennzeichnung ihres *Reviers*. Es wird gegen Rivalen verteidigt. Jedes Jahr im November wird das *Geweih* abgeworfen. Es wächst wieder nach und ist etwa im April wieder voll ausgebildet.

Die weiblichen Rehe *(Ricken)* bringen im Mai ein bis zwei Kitze zur Welt, die den größten Teil des Tages an einem geschützten Platz zurückgelassen werden. Hier liegen sie regungslos und warten, bis sie gesäugt werden. Neben Raubtieren geht auch vom Menschen Gefahr für Rehkitze aus. Streicheln Spaziergänger ein Kitz, wird der Geruch des Menschen auf das Jungtier übertragen. Die Mutter nimmt nun das Kitz mit dem fremden Geruch nicht mehr an; es verhungert. Sind im Spätsommer alle Felder abgeerntet, ziehen sich die Rehe in die Wälder zurück. Sie fressen hauptsächlich die frischen Spitzen junger Bäume. Das führt zu *Verbissschäden*, die Bäume verkrüppeln. Daher zäunt man die frischen Anpflanzungen *(Schonungen)* ein.

Der Rothirsch — ein Bewohner großer Waldgebiete

Von September bis Oktober kann man im Wald, lange vor Sonnenaufgang, ein lautes Röhren hören: Die *Brunftzeit* hat begonnen. Männliche Rothirsche versuchen, ein Rudel *Hirschkühe* um sich zu sammeln und es gegen Rivalen zu verteidigen. Oft entscheidet ein Kampf, wer Besitzer des *Rudels* wird.

Kann der Rivale durch Drohungen wie den Brunftruf, das Zurückwerfen des Kopfes und das Aufkratzen des Bodens mit Geweih und Vorderläufen nicht eingeschüchtert werden, kommt es zum Kampf (S. 276). Da das Geweih nur zum Kräftemessen eingesetzt wird, wird meist keiner verletzt. Der Kampf bewirkt, dass nur der stärkste Hirsch, der *Platzhirsch*, die Weibchen begattet. Im Mai oder Juni werden die *Kälber* geboren.

Im Frühjahr werfen die Rothirsche das Geweih ab. Bald danach entwickelt sich das Neue. Es wird von der *Basthaut* gebildet. Man benennt Hirsche nach der Zahl der Geweihenden an beiden Stangen. So spricht man von einem *Zwölfender*, wenn jede Geweihstange sechs Enden besitzt.

Der Lebensraum der Rothirsche sind zusammenhängende große Waldgebiete. Im Gegensatz zum Reh kommt der Hirsch auch mit anspruchsloser Kost aus. In manchen Gebieten Süddeutschlands werden durch einen zu großen Hirschbestand aber auch Waldschäden verursacht. Durch Bejagung wird versucht, die Bestände zu kontrollieren.

2 Rothirschrudel

Verbissschäden

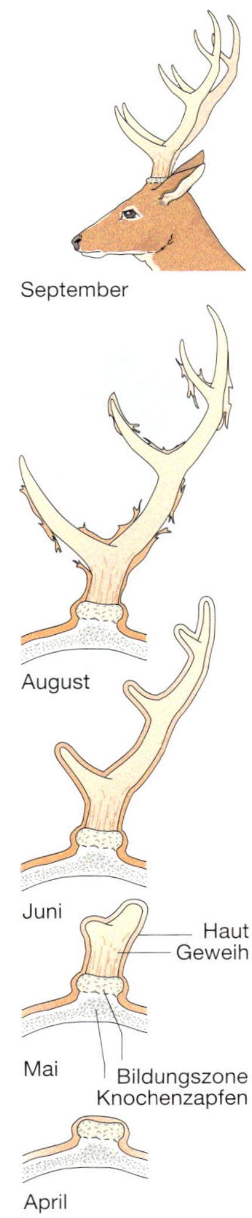

Geweihbildung beim Hirsch

Einheimische Wildtiere

Der **Rotfuchs** ist ein Einzelgänger. Er bewohnt ganz verschiedenartige Lebensräume, wie Wälder, Gebirgsschluchten oder gar Sanddünen an der Küste. Dort legt er unterirdische Bauten an. Zu seiner Nahrung zählen hauptsächlich Wühlmäuse, Ratten und Kaninchen. Er nimmt aber auch Regenwürmer auf. Er ist also kein Schädling, wie viele Menschen glauben. Ein Teil seiner Nahrung besteht sogar aus Früchten. Im Frühjahr wirft die Füchsin 4 bis 10 Jungtiere, die im darauf folgenden Herbst selbstständig werden. Da der Fuchs die *Tollwut*, eine auch für den Menschen lebensgefährliche Krankheit, übertragen kann, hat man ihn bei uns lange Zeit stark verfolgt. Trotzdem ist es nicht gelungen, den Bestand wesentlich zu reduzieren. Infolge ihres sehr anpassungsfähigen und vorsichtigen Verhaltens erkennen Füchse viele Gefahren rechtzeitig. Heute legt man *Köder* mit darin enthaltenem Impfstoff aus. Frisst nun ein Fuchs einen solchen Köder, können sich in seinem Körper keine Tollwuterreger mehr entwickeln. Man hofft, so die Ausbreitung dieser Krankheit einzudämmen.

Wanderratten sind wie Feldmäuse *Nager*. Sie sind weltweit verbreitet und besiedeln fast alle Lebensräume. Man findet sie in Ställen, auf Dachböden, in der Kanalisation und auf Müllhalden. Überall finden sie Unterschlupf und reichlich Nahrung. Sie leben in großen Familienverbänden, deren Mitglieder sich am gemeinsamen *Sippengeruch* erkennen. Vor allem in den Entwicklungsländern vernichten sie große Teile der Ernte. Man schätzt den jährlichen Schaden weltweit auf über 20 Milliarden Euro.

Die **Siebenschläfer** gehören zu den *Bilchen* oder *Schläfern*. Aufgrund ihrer nächtlichen Lebensweise bekommt man sie kaum einmal zu Gesicht. Samen und Beeren bilden den Hauptanteil der Nahrung, die sie mit ihrem Nagergebiss gut verarbeiten können. Ab Oktober halten sie einen langen *Winterschlaf*. Der Siebenschläfer ist der größte bei uns vorkommende Bilch. Er baut sein Nest in Baumhöhlen oder als Kobel im Laubdach der Bäume.

Die **Haselmaus** ist einer der kleinsten *Bilche*. Sie besitzt ein rotbraunes bis gelbbraunes Fell und lebt im dichten Unterholz, wo sie auch ihr kugeliges Nest baut. Dort bringt sie einmal im Jahr 3 bis 4 Junge zur Welt, die nach fünf bis sechs Wochen selbstständig werden. Wie der Siebenschläfer ist die Haselmaus *nachtaktiv*. Darauf weisen ihre großen, dunklen Augen hin. Tagsüber hält sie sich verborgen. Sie lebt vorwiegend von Pflanzen, manchmal auch von Insekten und deren Larven. Haselmäuse halten von Ende Oktober bis April *Winterschlaf*.

Die **Waldspitzmaus** gehört zu den *Insektenfressern*. Sie ist, von kurzen Pausen abgesehen, Tag und Nacht aktiv und meist mit der Nahrungsaufnahme beschäftigt. Käfer, Insektenlarven und Schnecken werden mittels des ausgezeichneten Geruchssinnes und Gehörs aufgestöbert und erbeutet. Pro Tag wird etwa so viel Nahrung aufgenommen, wie das eigene Körpergewicht beträgt. Spitzmäuse sind häufig Beute von Eulen. Jährlich zwei bis vier Würfe mit bis zu 7 Jungen gleichen die Verluste wieder aus.
Zu den Spitzmäusen gehört auch das kleinste Säugetier der Welt, die *Etruskerspitzmaus*, mit ganzen 2 Gramm Körpergewicht.

Einige Wildtiere, die heute bei uns in Mitteleuropa vorkommen, haben ihre Heimat in fernen Ländern. Dazu gehören die **Sikahirsche**, die aus Ostasien stammen. Ihre Größe liegt zwischen der von Rothirsch und Reh, ihr Fell ist häufig gefleckt. Sie sind ebenfalls Waldbewohner, stellen aber an die Nahrung höhere Ansprüche als die Rothirsche. Man bekommt sie nur selten zu Gesicht, da sie kaum ihre Deckung im Wald verlassen. Der *pfeifende Brunftruf* verrät jedoch im Herbst ihre Anwesenheit.

Waschbären haben ihre Heimat in Nordamerika und wurden bei uns unfreiwillig eingebürgert. Vor rund 60 Jahren entwichen nämlich einige Waschbären aus einer Pelztierfarm in Hessen. Von dort breiteten sie sich aus, weil ihnen die Lebensbedingungen hier zusagten. Heute gibt es mehrere tausend Waschbären in unseren Wäldern. Sie sind vorwiegend *dämmerungsaktiv* und ernähren sich hauptsächlich von pflanzlicher Kost. Der Name beruht auf der Angewohnheit, erbeutete Nahrung vor dem Verzehren mit den Vorderpfoten in Wasser zu tauchen.

Die **Bisamratte** gehört zu den *Nagetieren* und kommt recht häufig bei uns vor. Sie wurde wegen ihres Felles zu Anfang unseres Jahrhunderts aus Nordamerika eingebürgert. Heute sind Bisamratten an fast allen Bächen, Flüssen und Seen zu finden. Dort ernähren sie sich häuptsächlich von Wasserpflanzen. *Schwimmhäute* an den Hinterfüßen machen sie zu wendigen Wassertieren. Durch ihr Unterhöhlen von Uferböschungen entsteht häufig Schaden.

Der **Biber** gehört zu den Tierarten, die bei uns ausgerottet waren. Der Grund dafür war sein außerordentlich wertvolles Fell. Dieses ist nämlich sehr dicht: Bis zu 10 000 Einzelhaare wachsen auf einem Quadratzentimeter. Der Lebensraum der Biber sind Bäche, Flüsse und Seen mit Pappeln, Weiden, Erlen und Birken, von denen sie sich ernähren. Biber leben in Familien. An den Gewässern bauen sie Staudämme aus Ästen, um den Wasserrand zu regulieren. Innerhalb des Staudammes befindet sich die *Biberburg*, die nur unter Wasser erreicht werden kann. Vor etlichen Jahren begann man mit der erfolgreichen Wiederansiedlung des Bibers.

Den **Luchs** ist die größte einheimische *Katzenart*. An den pinselförmigen Ohren ist er leicht zu erkennen. Obwohl der Luchs für den Menschen keine Gefahr darstellt, wurde er in Mitteleuropa verfolgt und ausgerottet. Im Harz wurde 1818 der letzte Luchs geschossen; einige Jahrzehnte später galt er auch im Alpengebiet als ausgestorben. Seit 1970 wird er im Nationalpark Bayerischer Wald wieder eingebürgert. Der Luchs ist ein Waldtier und jagt meist nachts als Einzelgänger. Zu seinen Beutetieren gehören vor allem Rehe, aber auch Füchse, Kaninchen und Bodenvögel.

Der früher als Fischereischädling verfolgte **Fischotter** ist in seinem Bestand stark gefährdet, da er bei uns nur noch wenige Rückzugsgebiete besitzt. Durch sein wasserabstoßendes Fell, seine Pfoten mit Schwimmhäuten und seine kleinen, eng am Körper anliegenden Ohren weist er eine gute Angepasstheit an das Leben im Wasser auf. Fischotter ernähren sich nur teilweise von Fisch, häufig aber auch von Krebsen, Schnecken und Fröschen.

1 Seehunde tauchend

2 Seehund an Land, Schema des Skeletts mit Gliedmaßen

Der Seehund — Leben im Meer und an Land

Wegen seines Vorkommens an der Nord- und Ostseeküste ist der Seehund auch bei uns eine bekannte *Robbenart*. Das riesige Verbreitungsgebiet des Seehunds umfasst die nördlichen Küsten des atlantischen und pazifischen Ozeans. Seehunde leben gesellig in Rudeln und verbringen einen großen Teil ihres Lebens im Wasser. Dort jagen sie Fische, die fast ausschließlich ihre Nahrung bilden. Zum Ausruhen begeben sie sich auf Sandbänke oder Klippen.

Dort bringen die Weibchen auch während der Ebbe von Ende Mai bis Juli die Jungen zur Welt. Diese können bereits bei der nächsten Flut den Müttern ins Wasser folgen. Während der etwa 4 Wochen langen Stillzeit wachsen die Jungen schnell. Die Muttermilch besteht fast zur Hälfte aus Fett. Manchmal findet man *Heuler*, so nennt man die von ihren Müttern verlassenen Jungtiere. Diese werden in Aufzuchtstationen gesammelt und so lange betreut, bis sie selbstständig sind. Dann können sie wieder im Meer ausgesetzt werden.

Seehunde sind durch ihren Körperbau hervorragend an ihre Lebensweise angepasst. Der *stromlinienfömige Körper* besitzt ein glattes, wasserdichtes Fell. Die Ohrmuscheln sind zurückgebildet. Das alles verringert den Wasserwiderstand. Die bis zu 5 cm dicke *Speckschicht* unter der Haut verhindert eine zu große Wärmeabgabe an die Umgebung, auch wenn sich die Seehunde sehr lange im kalten Wasser aufhalten. Die *flossenförmigen Hinterbeine* ermöglichen zusammen mit der Wirbelsäule eine schlängelnde Fortbewegung *(Beinschwimmer)*. Die kurzen Vorderbeine werden dabei zur Steuerung eingesetzt. An Land jedoch benutzen Seehunde ihre Vorderbeine zur Fortbewegung, da sie ihre Hinterbeine nicht unter den Körper stellen können. Die Folge ist die bekannte robbende Fortbewegung an Land.

Beim Abtauchen verschließen Seehunde ihre Ohr- und Nasenöffnungen, wobei sie zuvor ausatmen. Die normalen Tauchzeiten betragen etwa 5 Minuten. Unter Wasser können sich Seehunde hervorragend orientieren und ihre Beute orten. Die Augen sind so konstruiert, dass sie unter und über Wasser gut sehen. Zudem erzeugen Seehunde Klicklaute, die von der Umgebung zurückgeworfen und von ihrem ausgezeichneten Gehör ausgewertet werden. Mit ihren Tasthaaren *(Vibrissen)* nehmen Seehunde feinste Schwingungen im Wasser wahr.

Neben dem Seehund gibt es eine Reihe weiterer Robbenarten, wie zum Beispiel *Seelöwe, Seebär, See-Elefant, Seeleopard* und *Walross*.

Aufgaben

① Begründe mithilfe der Abbildung 2, weshalb die Gliedmaßen der Seehunde Beine und Arme sind und nicht Flossen.

② Fasse in einer Tabelle zusammen, durch welche speziellen Merkmale der Seehund an das Leben im Wasser angepasst ist.

1 Delfine in ihrem Lebensraum

2 Bartenwale bei der Nahrungsaufnahme

Bartenwal,
Schema des Skeletts
mit Gliedmaßen

Wale — vom Land unabhängige Säugetiere

Wale leben während ihres ganzen Lebens im Wasser. An Land können sie nicht überleben, da sie dort vom eigenen Körpergewicht erdrückt würden. Die Jungen von Walen werden im Wasser geboren und gesäugt. Die Zitzen der Muttertiere liegen unter einer Hautfalte verborgen.

Der Körper der Wale ist vollständig an das Leben im Wasser angepasst. Zu den bekanntesten Walen gehören die *Delfine*. Der Körper der Delfine ist *stromlinienförmig* und besitzt keine Haare. In der Haut sind kleine Öltröpfchen eingelagert. Dadurch wird der *Wasserwiderstand* so stark verringert, dass Delfine bis zu 60 km/h schnell schwimmen können. Sie leben vor allem von Fischen, die sie mit ihren spitzen Zähnen gut festhalten können. Die dicke Speckschicht wirkt im Wasser wie ein warmer Mantel.

Zur *Orientierung* und zum *Beutefang* besitzen die Delfine neben den Augen ein *Echolotsystem* wie die Fledermäuse. Sie stoßen Ultraschallschreie aus, die von Hindernissen und Beutetieren als Echo zurückkommen. Tiefe, auch für den Menschen hörbare Töne dienen zur Verständigung der Delfine untereinander (S. 274).

Die waagrechte Schwanzflosse, die *Fluke*, dient dem Antrieb. Sie schlägt, im Gegensatz zu der Flosse der Fische, auf und ab, statt seitlich hin und her. Als Steuer nutzen Delfine vor allem die zu Flossen umgebildeten Vordergliedmaßen, die Flipper. Die auf dem Rücken befindliche *Finne* gibt Seitenstabilität. Hintergliedmaßen fehlen allen Walen. Im hinteren Drittel des Körpers findet man unterhalb der Wirbelsäule Knochen, das sind Reste des Beckens mit den daran befestigten Hintergliedmaßen. Delfine besitzen Lungen und sind somit Luftatmer. Die Atemluft wird durch das auf der Kopfoberseite liegende Nasenloch eingeatmet, ohne dass sie mit dem ganzen Kopf aus dem Wasser auftauchen müssen.

Die Anpassungen der Delfine sind in vergleichbarer Form bei allen Walen zu finden. Die meisten Wale gehören zu den *Zahnwalen*. Der größte von ihnen ist mit maximal 20 Metern Körperlänge der *Pottwal*, der Rekordhalter im Tief- und Langzeittauchen unter den Walen: Pottwale können über 2000 Meter tief und bis zu 90 Minuten lang tauchen, um z. B. Tintenfische aufzuspüren.

Die größten heute lebenden Säugetiere findet man aber bei den *Bartenwalen*. So wird der *Blauwal* bis zu 30 Meter lang und 120 Tonnen schwer. Bekannt sind auch die *Buckelwale* wegen ihrer Gesänge. Statt der Zähne tragen Bartenwale nach innen ausgefranste Hornplatten im Oberkiefer, die zusammen mit der riesigen Zunge als Filterapparat eingesetzt werden. Mit weit geöffnetem Maul nehmen Bartenwale Wasser und massenhaft darin enthaltene Krebse *(Krill)* oder auch Fische auf. Beim Schließen des Mauls drückt die riesige Zunge von unten gegen die Bartenreihen, sodass das Wasser nach außen abfließt und die Tiere auf der Innenseite der Barten hängenbleiben.

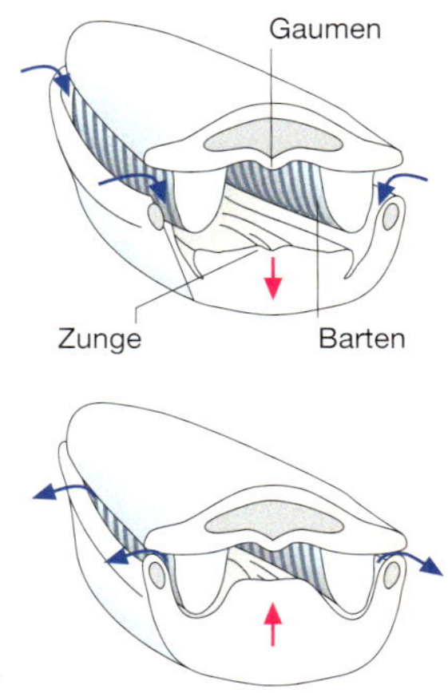

Querschnitt durch den Kopf eines Bartenwals

1 Dromedar

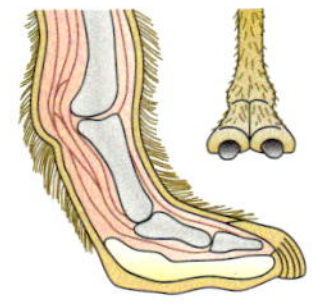

Säugetiere — angepasst an extreme Lebensräume

Warum können Dromedare im Gegensatz zu den meisten anderen Säugetieren in Gebieten gut überleben, in denen es trocken und heiß ist? Warum werden die Lebensbedingungen in der extrem kalten Arktis auf der Nordhalbkugel unserer Erde nicht zu einer Gefahr für den dort lebendenden Eisbären? Ähnliche Fragen könnte man für alle Säugetierarten stellen, die fast alle Lebensräume der Erde besiedelt haben.

Dromedare waren ursprünglich in den Wüstengebieten Nordafrikas beheimatet. An die extremen Temperaturschwankungen zwischen Tag von 50 °C und Nacht bis nahe 0 °C sind Dromedare dadurch angepasst, dass ihre Körpertemperatur im Laufe eines Tages zwischen 34 °C und 40 °C schwanken kann. Die Hitze während des Tages heizt den Körper auf, ohne dass das Dromedar schwitzt. So spart das Dromedar Wasser. Erst wenn 41 °C überschritten werden, wird Schweiß zur Kühlung gebildet. Dromedare können bis zu einem Drittel des Körpergewichts (500 kg) durch Wasserabgabe verlieren, bevor sie verdursten. Gibt es wieder Wasser, können sie innerhalb von 10 Minuten über 100 Liter davon trinken. Da in den kalten Sahara-Nächten die Körpertemperatur auf 34 °C sinken kann, benötigt das Dromedar weniger Energie, um die Körpertemperatur aufrecht zu erhalten. Die Fettreserven werden geschont. Diese befinden sich vor allem im Höcker und ermöglichen es dem Dromedar, längere Zeit ohne Nahrung auszukommen. Das dichte Fell schützt nicht nur gegen die Kälte der Nacht, sondern schirmt auch die Haut vor der Hitze des Tages ab. Vor Verbrennungen durch den heißen Wüstensand schützen die dicken Schwielen unter den Zehen, an den Knien und in der Brustgegend. Die spreizbaren Zehen, die durch eine Haut miteinander verbunden sind, ergeben eine tellergroße Fläche. Dadurch wird das Einsinken in den Wüstensand verhindert. Ihre verschließbaren Nasen- und Ohröffnungen sowie die stark bewimperten Augen schützen vor dem Sand. Diese speziellen Merkmale der *Angepasstheiten*, die den Dromedaren das Überleben in der Wüste ermöglichen, sind über Tausende Jahre hinweg allmählich entstanden. Da Angepasstheiten bei allen Lebewesen zu finden sind, spricht man vom **Prinzip** der **Angepasstheit** (S. 270).

Der **Eisbär** besitzt andere Angepasstheiten als das Dromedar. Er hat ein sehr dichtes Fell und eine dicke Speckschicht, sodass er kaum Körperwärme an die kalte Umgebung abgibt. Die Haare sind so gebaut, dass sie die wenigen Wärmestrahlen einfangen und auf die dunkle Haut weiterleiten. Dunkle Haut nimmt die Wärme besser auf als helle. Der Eisbär ist ein hervorragender Schwimmer, der mühelos größere offene Wasserflächen durchqueren kann. Durch die Schwimmhäute zwischen den Zehen der großen Tatzen ist er daran angepasst. Seine Hauptnahrung sind Robben, deren fettreiches Fleisch die für das Leben in der Kälte notwendige Energie liefert. Meist lauert der Eisbär seiner Beute an den Atemlöchern auf oder pirscht sich an, wenn sie auf dem Eis schläft. Der empfindliche Geruchssinn ermöglicht ihm dabei die Orientierung. Den lichtlosen Winter überdauern Eisbären in selbst gegrabenen Schneehöhlen. Dabei zehren sie bis zum nächsten Frühjahr von ihrer Speckschicht.

2 Eisbär

Aufgabe

① Erfasse in einer Tabelle, welche Angepasstheiten Dromedar und Eisbär an die Bedingungen ihres Lebensraumes besitzen und in welcher Weise diese Angepasstheiten das Überleben sichern.

Säugetiere verschiedener Lebensräume

Kalte Zonen

Der **Eisfuchs** oder **Polarfuchs** lebt ebenfalls im Nordpolargebiet, aber in den im Sommer eisfreien Gebieten entlang der Küsten. Er ist insgesamt kleiner als unser Rotfuchs und an die Kälte durch kleinere Ohren angepasst. Er ernährt sich von Kleinsäugern, Vögeln und Aas, aber auch von Beeren. Das Sommerfell ist bräunlich, das dichte Winterfell ist weiß gefärbt. Wegen ihrer Tarnfarbe heben sich Eisfüchse im Winter und auch im Sommer kaum von ihrer Umgebung ab.

Das **Walross** gehört wie der Seehund zu den Robben. Die mächtigen Tiere werden fast 4 m lang und 850 kg schwer. Sie ernähren sich vorwiegend von Kleintieren, wie Schnecken, Muscheln und Krebsen. Mithilfe ihrer langen Eckzähne *(Hauer)* lösen sie diese vom Untergrund ab. Ihre flossenförmigen Beine benutzen sie als Antriebsorgane. Dadurch können sie sich trotz ihres Gewichtes im Wasser gut fortbewegen. Die dicke Fettschicht schützt das Walross wirkungsvoll vor Kälte. Durch diese besonderen Merkmale ist das Walross perfekt an seinen Lebensraum angepasst.

Wüsten

Der **Wüstenfuchs** oder **Fennek** ist nur 40 cm lang, hat ein dichtes Fell und einen buschigen, etwa 30 cm langen Schwanz. Auffällig sind seine großen Ohren. Der Fennek jagt nachts, wenn es nicht mehr so heiß ist. Tagsüber hält er sich in einer Erdhöhle verborgen, in der es kühler ist als an der Erdoberfläche. Sein dichtes Fell schützt vor Kälte in der Nacht und vor Wärme am Tag. Wird es ihm zu heiß, beginnt er wie ein Hund zu hecheln, um den Körper abzukühlen. Außerdem wird über seine großen, gut durchbluteten Ohren Wärme abgegeben. Da er keine Schweißdrüsen besitzt, kann er nicht

schwitzen und verbraucht so nur wenig Wasser. Die Flüssigkeit in seiner Nahrung reicht ihm völlig aus. Er braucht also gar nicht zu trinken und ist deshalb nicht auf Wasserstellen angewiesen. Zu seiner Nahrung gehören Eidechsen, Wüstenspringmäuse und andere Kleinlebewesen.

Steppen und Savannen

Steppen nennt man Landschaften mit einer niedrigen Pflanzendecke. Es gibt sie in vielen Teilen der Erde. Savannen sind Graslandschaften mit Gebüsch und vereinzelten Baumgruppen. In den Steppen und Savannen Ostafrikas leben verschiedene Huftierarten in großen Herden zusammen, da sie das vorhandene Nahrungsangebot unterschiedlich nutzen. So vermeiden sie Konkurrenz um die selbe Nahrungsquelle. Die große Zahl von Pflanzenfressern bietet vielen Fleischfressern, z. B. Geparden, reichlich Nahrung.

Löwen leben in Rudeln, die von einem oder zwei erwachsenen Männchen angeführt werden. Die übrigen Tiere sind Weibchen und Jungtiere. Die Hauptnahrung der Löwen sind Gnus und Zebras. Als Sprinter sind sie gut an die Erbeutung großer Tiere angepasst. Auf der Jagd schleicht sich z. B. eine Löwin langsam an ihre Beute heran, schnellt plötzlich aus der Deckung hervor und sprintet auf das Beutetier zu. Noch ehe dieses fliehen kann, wird es mit einem Prankenhieb niedergestreckt und getötet. Oft arbeiten mehrere Löwinnen bei der Jagd zusammen. Die Beute dient dann dem ganzen Rudel als Nahrung.

Gnus leben in den Savannen Ostafrikas meist in riesigen Herden. Sie bevorzugen kürzere und frische Grastriebe. Wenn in der Trockenzeit solche Pflanzen nur noch spärlich vorhanden oder bereits abgeweidet sind, wandern sie in andere Gebiete ab. Nach der Regenzeit im Oktober sprießen innerhalb kurzer Zeit die Gräser und Kräuter wieder und bilden erneut die Lebensgrundlage für die Gnuherden.

Große Tiere

Elefanten sind mit 5 bis 8 t Gewicht die größten Landsäugetiere.
Kennst du die Unterschiede zwischen dem Asiatischen und dem Afrikanischen Elefanten?
Lies dazu auch die Gehegebeschriftung.
Kennst du weitere große Säugetiere?

Bei einer der beiden Arten tragen nur die männlichen Elefanten Stoßzähne. Weißt du, bei welcher?

Wem gehört welches Ohr, welcher Rüssel, welches Hinterbein?

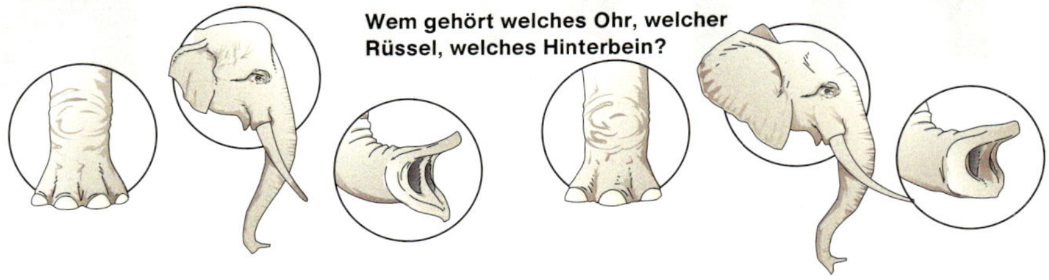

Säugetiere im Zoo

Wahrscheinlich kennst du mehr Säugetiere aus fremden Ländern als aus unserer Heimat. Ein Grund dafür könnte sein, dass einige dieser Säugetiere aufgrund ihrer Größe allein schon sehr beeindruckend sind. Bei einem Besuch im Zoo kannst du viele aus der Nähe sehen. Versuche einmal, beim nächsten Zoobesuch bei einigen Tieren länger zu verweilen und sie genauer zu beobachten. So erfährst du wesentlich mehr über die Tiere. Du kannst zum Beispiel die Unterschiede zwischen ähnlich aussehenden Tieren herausfinden. Oder du kannst dich mit dem Familienleben, zum Beispiel von Schimpansen, beschäftigen.

Zusammenleben und Verständigung

Meist ist gut zu erkennen, wer die Gruppe anführt. Dieses kannst du an bestimmten Merkmalen oder Verhaltensweisen erkennen.

Besonders Schimpansen zeigen verschiedene Gesichter, mit denen sie ihre Stimmungen ausdrücken. Was könnte sich hinter dem jeweiligen Gesicht verbergen? Aber Vorsicht, der Vergleich mit dem Menschen ist manchmal irreführend!

Viele Säugetiere leben meist in festen Gruppen zusammen, in denen sich die Mitglieder genau kennen. Kannst du erkennen, wie die Tiere untereinander Kontakt aufnehmen? Finde heraus, wie viele Mitglieder die Gruppe hat und wie die Gruppe zusammengesetzt ist.

Leben auf Bäumen

Die meisten Affen verbringen den größten Teil ihres Lebens auf Bäumen. Daran sind sie durch ihren Körperbau besonders angepasst. Die kleinen Arten bewegen sich in ihrem Lebensraum in der Regel ganz anders fort als die großen Arten. Wenn du genau beobachtest, wirst du den Unterschied leicht entdecken. Hast du auch eine Erklärung dafür?

Laufen, Schwimmen, Fliegen

Im Laufe ihrer langen Entwicklung haben die Säugetiere ganz verschiedene Fortbewegungsweisen entwickelt. Die weitaus meisten Arten sind Landbewohner. Einige haben es geschafft, Wasser und Luft als Lebensraum zu erobern.

Robben gibt es in den meisten Zoos, z. B. Seelöwen, Seebären und Seehunde. Seelöwen und Seebären gehören zu den Ohrenrobben, Seehunde zu den Hundsrobben. Sie haben unterschiedliche Vorfahren. Deshalb schwimmen sie auch ganz verschieden. Weißt du, wie?

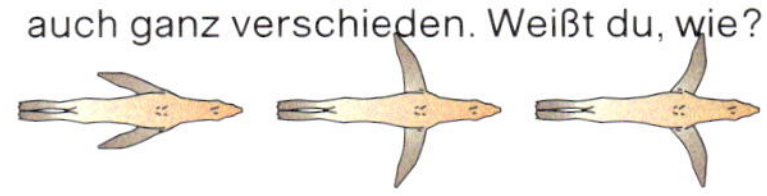

Wale, Seekühe und Robben besitzen umgewandelte Fortwegungsorgane, die es ihnen ermöglichen, ohne große Anstrengung zu schwimmen. Vergleiche.

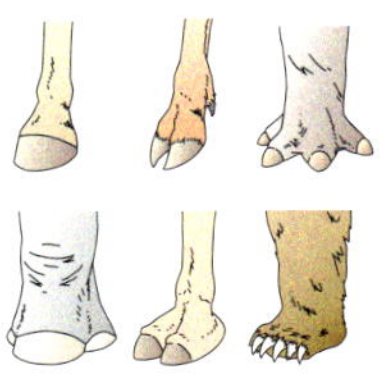

Suche verschiedene landbewohnende Säugetiere und vergleiche. Wer gehört zu den Sohlen-, Zehen- und Zehenspitzengängern?

Sieh dir die Hände und Füße verschiedener Affen genau an. Vergleiche mit deinen eigenen Händen und Füßen.

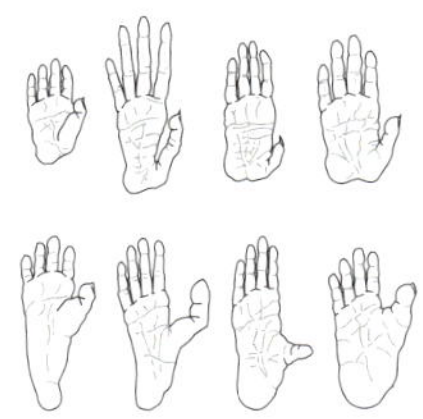

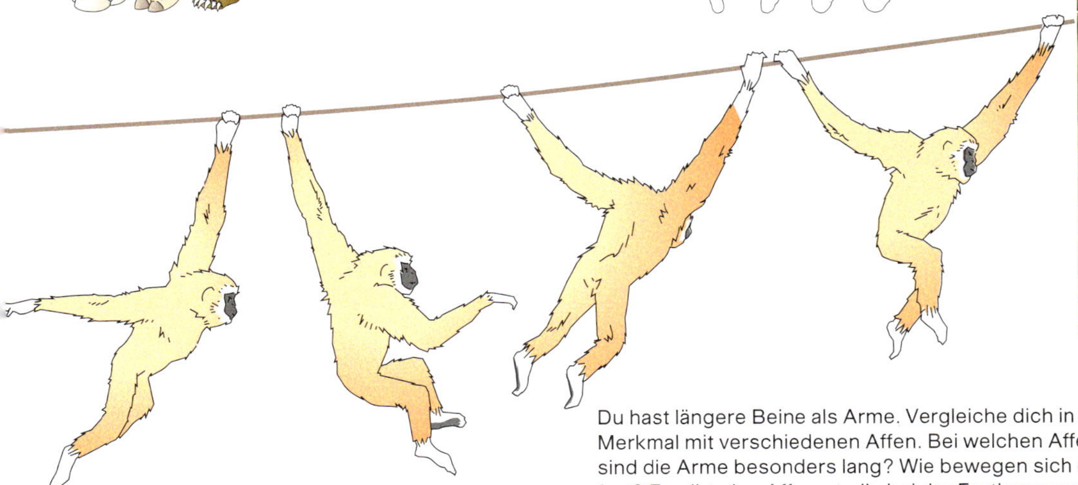

Du hast längere Beine als Arme. Vergleiche dich in diesem Merkmal mit verschiedenen Affen. Bei welchen Affenarten sind die Arme besonders lang? Wie bewegen sich diese fort? Es gibt eine Affenart, die bei der Fortbewegung eine „fünfte Hand" benutzt. Vielleicht kannst du sie finden. Welcher Körperteil wird als „fünfte Hand" benutzt?

Die meisten Menschen finden die Fellmuster der Katzen schön. Die Muster haben aber auch eine ganz bestimmte Aufgabe. Kannst du dir vorstellen, welche?

Flecken und Streifen

Viele Tiere zeigen in ihrem Fell die unterschiedlichsten Flecken- und auch Streifenmuster. Kannst du erkennen, wen du vor dir hast?

Kennst du außer den Katzen andere Säugetiere mit einem Flecken- oder Streifenmuster. Im Zoo kannst du einige finden.

Wie man Säugetiere sinnvoll ordnen kann

Du hast nun viele Tiere kennen gelernt, die verschieden aussehen. Eines aber haben sie gemeinsam, es sind *Säugetiere*. Weltweit gibt es etwa 5 000 verschiedene Säugetierarten. Wie bekommt man Ordnung in diese Vielzahl, um den Überblick zu behalten? Eine sinnvolle Einteilung, ein *System*, wäre nützlich.

So könnte man beispielsweise die Säugetiere nach Lebensräumen, etwa in die Tiere des Waldes, der Wiese usw. einteilen. Hierbei ergeben sich aber Schwierigkeiten. Rehe halten sich zum Beispiel bei der Nahrungssuche auf der Wiese auf, ziehen sich dann aber wieder in den Schutz des Waldes zurück. Diese Einteilung ist also unzuverlässig.

Einfacher wird die Sache, wenn man Tiere, die sich ähnlich sehen, in einer *Gruppe* zusammenfasst. So sehen sich Löwen und Katzen ähnlicher als Löwen und Pferde. Pferde und Rinder haben mehr Gemeinsamkeiten als Schimpansen und Igel.

Auf welche Merkmale muss man dabei achten? Auf der rechten Seite sind 32 Tiere abgebildet, von denen jeweils vier zusammengehören und eine Säugetiergruppe bilden. Wenn man ein Kartenspiel mit 32 Karten daraus macht, kann man insgesamt acht Quartette bilden. *Eichhörnchen, Murmeltier, Hamster* und *Biber* sind schon zu einem Quartett angeordnet. Diese vier Tiere besitzen als gemeinsames Merkmal ein *Nagetiergebiss*. Das unterscheidet sie eindeutig von anderen Säugetieren. Alle Tiere, die ein solches Gebiss haben, werden deshalb zu einer Gruppe, nämlich der *Ordnung der Nagetiere* zusammengefasst.

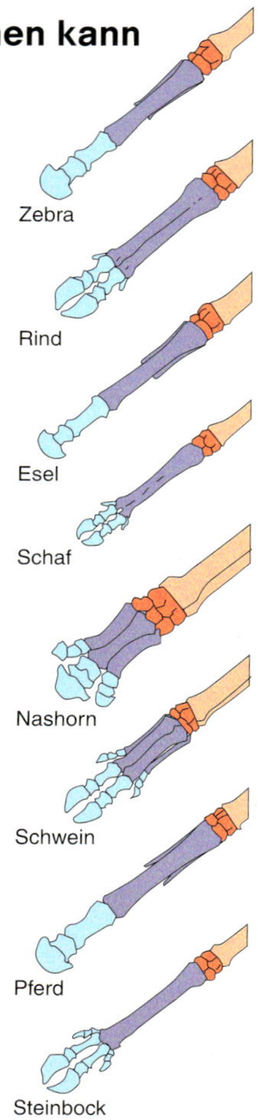

Sieben Quartette fehlen dir nun noch. Sie stellen andere Säugetierordnungen dar. Mithilfe der nachstehenden Aufgaben und dem, was du über Säugetiere in den vorhergehenden Kapiteln gelernt hast, kannst du die letzten Sieben zusammenstellen.

Aufgaben

① Unter den 32 Tieren der Abbildung gibt es noch vier, die gut nagen können. Sie haben allerdings nicht nur 4, sondern 6 Nagezähne: 4 im Ober- und 2 im Unterkiefer. Wie könnte diese Ordnung heißen?

② In der Randspalte sind 8 Fußskelette von verschiedenen Huftieren abgebildet. Wenn du genau hinsiehst, hast du zwei weitere Quartette gefunden.
Wie heißen diese Huftierordnungen?

③ Vergleiche Igel und Maulwurf in Bezug auf ihre Nahrung. Finde einen passenden Namen für diese Gruppe und vervollständige sie zum Quartett.

④ Katzen und Hunde besitzen Raubtiergebisse. Mit zwei weiteren Raubtieren ist das nächste Quartett vollständig.

⑤ Jetzt bleiben noch acht Tiere übrig. Gruppiere sie zu zwei Quartetten und gib ihnen einen sinnvollen Namen.

In einer Ordnung sind natürlich nicht nur vier Tiere wie beim Quartett zusammengefasst, sondern oft einige hundert. Zur Ordnung der Paarhufer gehören zum Beispiel Tiere mit Hörnern (Rind, Steinbock), Tiere mit Geweihen (Reh, Damhirsch) oder auch Schweine, die weder Hörner noch Geweihe besitzen. Diese Unterschiede dienen dazu, die Tiere nach ihrer Ähnlichkeit zu kleineren Gruppen, nämlich *Familien*, zusammenzufassen. Jede Familie enthält unterschiedliche *Gattungen*; jede Gattung schließlich wird in verschiedene *Arten* unterteilt. Wie das gemeint ist, zeigt die Tabelle auf dieser Seite.

Merkmale des Tieres	Bezeichnung	Weitere Beispiele
Milchdrüsen, mit denen die Jungen gesäugt werden.	**Klasse** Säugetiere	Andere *Wirbeltierklassen* sind: Fische, Lurche, Kriechtiere, Vögel.
Zehenspitzengänger mit zwei (oder vier) Hufen am Fuß.	**Ordnung** Paarhufer	Andere *Säugetierordnungen*: Nagetiere, Rüsseltiere, Raubtiere, Unpaarhufer, . . .
Am Kopf der Tiere sitzen zwei Hörner auf Knochenzapfen.	**Familie** Hornträger	Andere *Paarhuferfamilien*: Flusspferde, Schweine, Giraffen, Hirsche, . . .
Muskulöser Nacken, Wamme, das Maul ist immer feucht, . . .	**Gattung** Rinder	Andere *Hornträgergattungen*: Gämsen, Ziegen, Schafe, Antilopen, Gazellen, . . .
Wird zur Milch- und Fleischgewinnung gehalten.	**Art** Hausrind	Andere *Rinderarten*: Auerochse (ausgestorben), Yak, Gaur, . . .

Das erste Quartett ist fertig

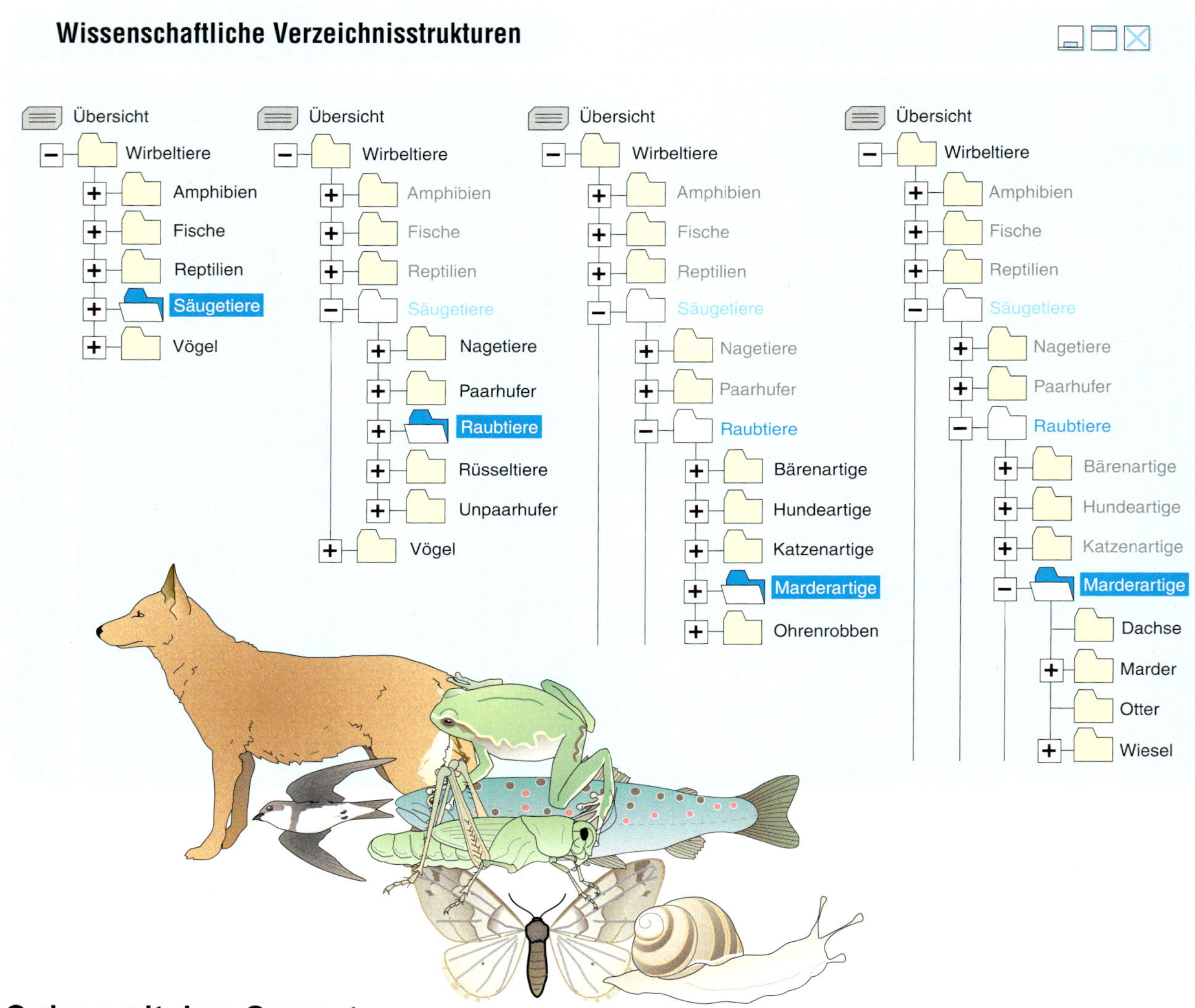

Ordnen mit dem Computer

Namen von Tierarten, z. B. von Säugetieren, die man nicht kennt, kann man mithilfe eines Bestimmungsbuches ermitteln. Dabei muss man an einem Tier bestimmte Merkmale untersuchen, anhand derer es einer bestimmten Säugetiergruppe zugeordnet wird.

Tiere, die eine Wirbelsäule besitzen – Wirbeltiere – werden in fünf *Klassen* unterteilt. Die Einteilung ist wie die Verzeichnisstruktur bei einem Computer. Die Tierklassen sind wiederum in verschiedene Unterverzeichnisse unterteilt. So gibt es zum Beispiel bei den Säugetieren verschiedene *Tierordnungen*. Wählt man die Ordnung der Raubtiere, findet man weitere Unterverzeichnisse, die *Tierfamilien*. So trifft man bei der Familie der Marderartigen erneut auf Unterverzeichnisse mit unterschiedlichen *Gattungen*. Zuletzt werden diese nochmals unterteilt in die einzelnen *Arten*. Hätte man hingegen bei der Ordnung der Raubtiere die Familie der Hundeartigen angeschaut, so wäre man auf Gattungen wie Fuchs, Wolf, Windhund und Schakal gestoßen. Bei der Gattung Fuchs findet man schließlich Arten wie z. B. den Rotfuchs *(Vulpes vulpes)* oder den Tibetfuchs *(Vulpes ferrilata)*.

Das System der Wissenschaftler bei der Namensgebung wird besonders bei den lateinischen Namen der Tierarten deutlich. Der lateinische Name besteht zunächst aus dem Namen der Gattung und als zweites aus dem Artnamen. Deshalb lässt sich schnell die Zugehörigkeit von Rotfuchs und Tibetfuchs zur gleichen Gattung erkennen. Auch deren Verwandtschaft zum Sandfuchs *(vulpes ruepelli)* kann bereits durch den Namen abgelesen werden.

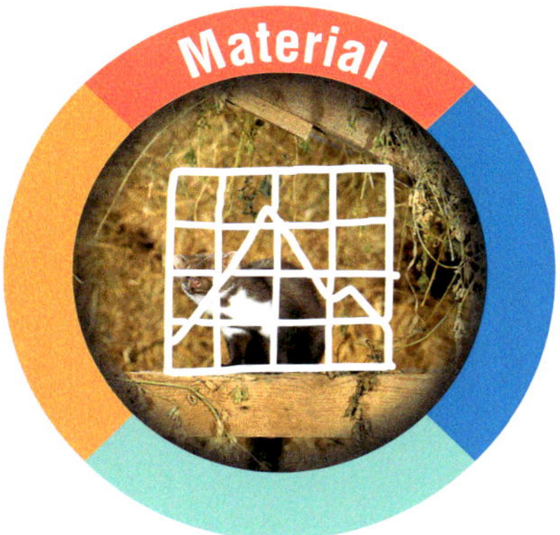

Steckbriefe der Marderartigen

Aufgaben

① Die Fotos der Steckbriefe sind vertauscht. Durch den Vergleich der Kennzeichen mit den Fotos kannst du sie richtig zuordnen.
② Erstelle anhand des Lexikons „einheimische Wildtiere" auf Seite 50 den Fischottersteckbrief.
③ Zeichne das Verzeichnis der Gattung der Marderartigen (Seite 60) ab und füge die acht Marderarten ein.

Baummarder *(Martes martes)*

Steckbrief

Kennzeichen: Das hell- bis dunkelbraune Fell des Baummarders besitzt einen gelblichen Kehlfleck, der fast bis zu den Vorderbeinen reicht. Die relativ langen, abgerundeten Ohren weisen am Rand ebenfalls eine gelbliche Färbung auf.

Lebensweise: Wälder und größere Parkanlagen gehören zu ihren bevorzugten Lebensräumen. Er kann ausgezeichnet klettern und von Baum zu Baum springen. Er ernährt sich von kleineren Beutetieren, wie z. B. von Kleinsäugetieren, Vögeln oder Insekten, er frisst aber auch Obst, Beeren und Bucheckern.

Dachs *(Meles meles)*

Steckbrief

Kennzeichen: Er besitzt deutlich voneinander abgesetzte schwarze und weiße Streifen entlang des Kopfes. Sein Fell ist an der Oberseite meist grau bis gelbbraun.

Lebensweise: Der Dachs ist ein nacht- bzw. dämmerungsaktiver Allesfresser. Er findet im Wald Deckung und gräbt dort bis zu 80 m lange Gangsysteme.

Hermelin *(Mustela erminea)*

Steckbrief

Kennzeichen: Das Fell des Hermelins ist im Winter weiß, während es im Sommer an der Oberseite hellbraun und in Brust- und Bauchbereich gelbweiß ist. Die Schwanzspitze ist zu jeder Jahreszeit schwarz.

Lebensweise: Hermeline sind dämmerungs- und nachtaktive Einzelgänger. Die Nahrung besteht überwiegend aus kleinen Säugetieren.

Mauswiesel *(Mustela nivalis)*

Steckbrief

Kennzeichen: Das Mauswiesel hat ein braunes Fell mit weißer Unterseite. Häufig befindet sich ein brauner Fleck am Mundwinkel.

Lebensweise: Dieser flinke und äußerst erfolgreiche Mäusejäger lebt in fast allen Lebensräumen. Er ernährt sich hauptsächlich von kleinen Nagetieren.

Walditis *(Mustela putorius)*

Steckbrief

Kennzeichen: Das Fell des Iltis ist dunkelbraun und an der Unterseite fast schwärzlich. Auffallend ist sein helles Gesicht mit der dunklen Maske.

Lebensweise: Im Gegensatz zu seinem Namen meidet er größere Waldgebiete und bevorzugt Siedlungen und Gewässer. Seine Nahrung besteht aus Insekten, Würmern, Amphibien, bis hin zu Kleinsäugetieren, Aas und Früchten.

Nerz *(Mustela lutreola)*

Steckbrief

Kennzeichen: Das weiche, glänzende Fell ist durchgängig braun gefärbt.

Lebensweise: Bei den heute hier frei lebenden Nerzen handelt es sich um „Ausreißer" aus Pelztierfarmen *(Mustela vison)*. Ihre Nahrung besteht aus kleineren Beutetieren.

Steinmarder *(Martes foina)*

Steckbrief

Kennzeichen: Das Aussehen des Steinmarders gleicht dem des Baummarders. Sein Kehlfleck reicht aber bis auf die beiden Vorderpfoten hinab.

Lebensweise: Der Steinmarder bewohnt nahezu alle Lebensräume und meidet menschliche Siedlungen nicht. Er ernährt sich hauptsächlich von kleineren Nagetieren, Früchten und Beeren, die er in Bodennähe aufspürt.

Der Mensch

Der Körper des Menschen besteht aus vielen Organen mit den unterschiedlichsten Aufgaben. Doch meist bemerken wir ihre ständige Tätigkeit gar nicht.

Nur in besonderen Situationen spüren wir einzelne Organe, die besonders beansprucht werden, sehr deutlich. Zum Beispiel nehmen wir beim Dauerlauf die anstrengende Tätigkeit der Muskulatur wahr und bei jedem Auftreten die Knochen, die unseren ganzen Körper stützen. Bereits nach kurzer Laufzeit atmen wir heftig und spüren ein Pochen in Kopf und Brust. Bei starker körperlicher Belastung ist also auch die Arbeit von Lunge und Herz wahrnehmbar.

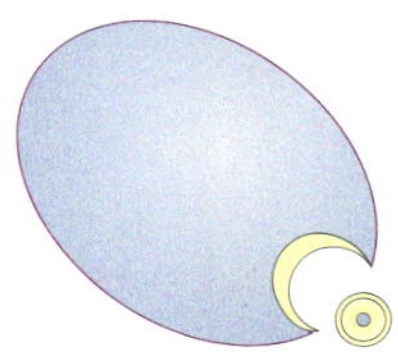

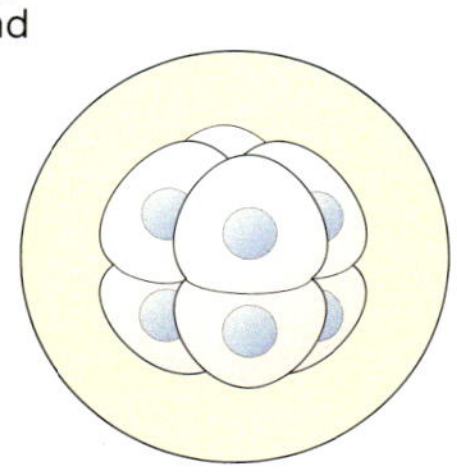

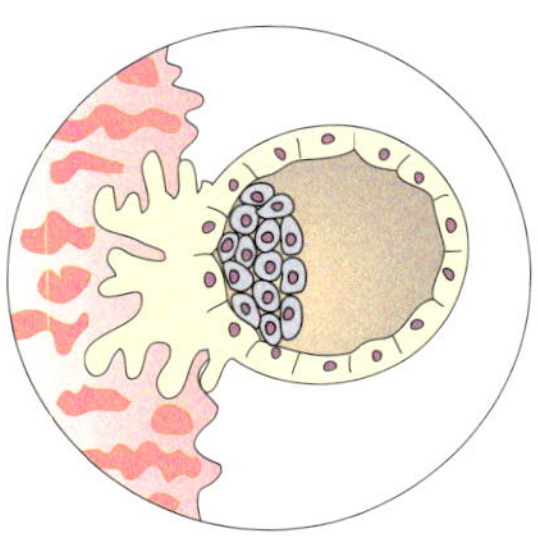

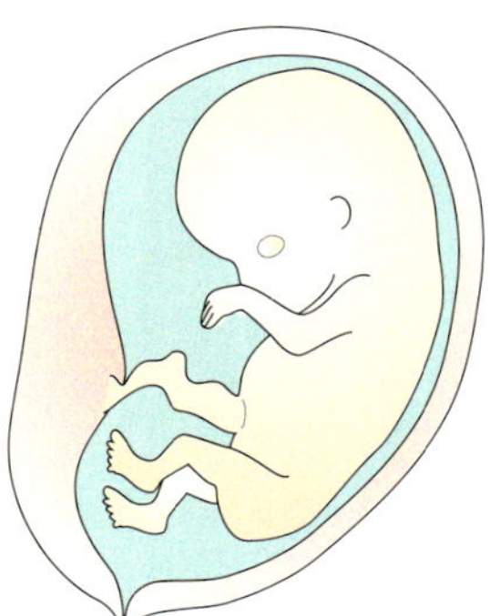

Fort-pflanzung

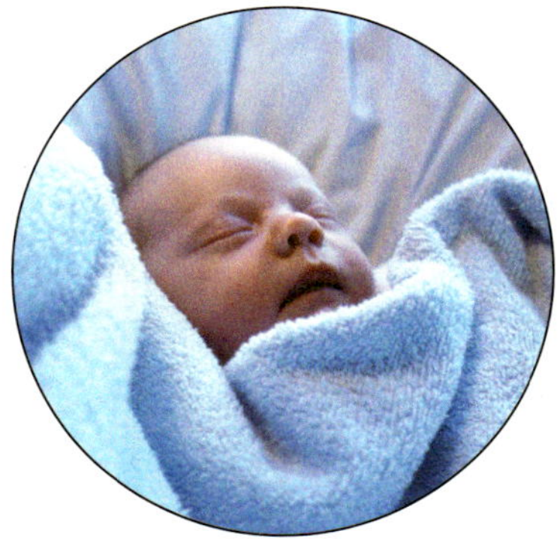

Entwicklung

Körperbau

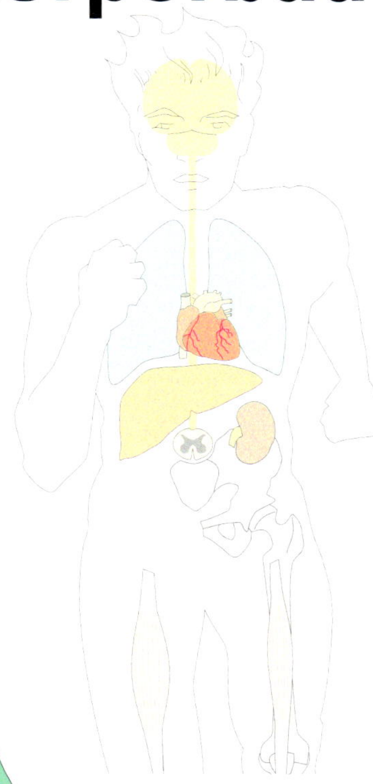

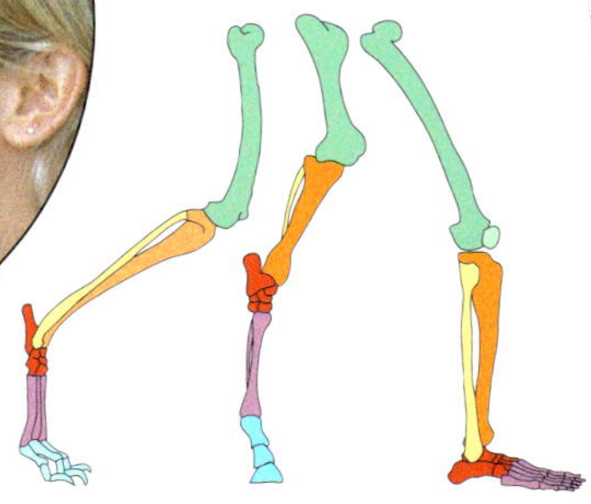

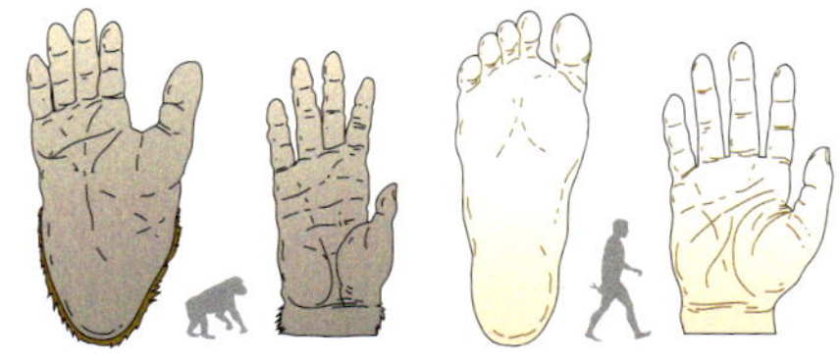

Organe des Menschen im Überblick

Der Mensch kann gehen, laufen, springen, klettern, kriechen, und schwimmen. Zwar können wir im Vergleich zu Tieren nichts besonders gut, jedoch kann sich kaum eine Tierart auf so vielfältige Art fortbewegen wie der Mensch. Die Vielfalt an Bewegungsweisen ermöglichen uns der Aufbau unseres Skeletts und die Muskulatur des Körpers.

Das *Skelett* des Menschen unterscheidet sich nicht grundsätzlich von dem anderer Säugetiere. Am oberen Ende der *Wirbelsäule* ist der knöcherne *Schädel*. Darunter befinden sich die Knochen des *Schultergürtels*, an die sich *Armskelett* und *Handskelett* anschließen. Am unteren Ende der Wirbelsäule ist das *Becken*. Danach folgen Bein- und Fußskelett. Zwischen den Knochen sind *Gelenke*. Sie ermöglichen Bewegungen.

Im Vergleich zu Skeletten von Tieren zeigt das menschliche Skelett jedoch einige Besonderheiten. Unter den Säugetieren ist der Mensch das einzige Lebewesen, das sich normalerweise zweibeinig und aufgerichtet fortbewegt. Dass wir nicht ständig in der Gefahr sind umzukippen, liegt vor allem an der besonderen Krümmung der Wirbelsäule, der Form des Beckens und dem flachen Brustkorb.

Im Gegensatz zu vielen Säugetieren, bei denen sich das Skelett von Vorder- und Hinterbeinen wenig unterscheidet, sind beim Menschen große Unterschiede zwischen Armen und Beinen erkennbar. Die Beinknochen sind wesentlich dicker als die Armknochen. Das Fußskelett bildet ein Fußgewölbe, das beim Auftreten federnd Belastungen vermindert. Die große Fläche, mit der wir auftreten, die Sohle, ermöglicht sicheren Stand. Der Mensch ist ein *Sohlengänger*.

Die *Hände* sind im Gegensatz zu Tieren nicht für die Fortbewegung notwendig. Doch wenn nötig, können auch sie zum Klettern oder Schwimmen eingesetzt werden. Mit den langen beweglichen Fingern sind die Hände mit *Universalwerkzeugen* zu vergleichen. Zum einen ermöglichen sie festes Zupacken und Zugreifen, zum anderen können damit feinste Arbeiten erledigt werden. Sogar die Fingernägel können wie eine Pinzette eingesetzt werden.

Beim Bewegen werden die *Muskeln* aktiv, die mit dem Skelett verbunden sind. Insgesamt erlauben 639 Skelettmuskeln eine Vielfalt an Bewegungsabläufen. Schon die große Zahl der Sportarten, die Menschen ausüben, zeigt die vielfältigen Bewegungsmöglichkeiten des Körpers.

Viele Bewegungen beim Gehen oder Greifen erfolgen zielgerichtet. Das gelingt, indem wir Informationen über unsere Umwelt erhalten. Hierbei nehmen *Sinnesorgane* Reize auf. Sie bewirken, dass im Körper Signale über Nerven zum Gehirn geleitet werden. Für die Orientierung des Menschen sind vor allem die Augen wichtig. Von ihnen gelangen Signale über Sehnerven in das *Gehirn*. Die Signale liefern dem Gehirn Informationen über die Umwelt, die es verarbeitet. Je nach dem Ergebnis der Informationsverarbeitung, sendet das Gehirn Signale in einen dicken Nervenstrang. Es ist das *Rückenmark*, das in der Wirbelsäule verläuft. Das Rückenmark besitzt viele Abzweigungen, die zu allen Skelettmuskeln ziehen. Gelangen die Signale des Gehirns über Nerven zu den Muskeln, so ziehen sie sich zusammen. Nun wird das zugehörige Körperteil bewegt. Über die ständige Kontrolle mit den Augen werden gezielte Bewegungsabläufe möglich.

Bei körperlicher Anstrengung, wie etwa einem Dauerlauf, spüren wir nach kurzer Zeit die Tätigkeit der *inneren Organe*. Die *Atmung* wird tiefer und schneller. Nach kurzer Zeit ist sogar der Herzschlag zu spüren. Mit diesen Veränderungen wird der Körper auf die erhöhte Belastung eingestellt. Durch das Einatmen gelangt über die Luftröhre Luft in die *Lunge*. Sie besteht aus zwei Lungenflügeln. In ihnen tritt der Sauerstoff in das Blut über. Durch den Sauerstoff nimmt es eine hellrote Farbe an.

Längere körperliche Anstrengung macht hungrig. Beim Verspeisen von Nahrung gelangt sie über die *Speiseröhre* zu den *Verdauungsorganen*. Die erste Station ist der *Magen*, wo durch Magensaft die Nahrung teilweise zersetzt wird. Dabei entsteht ein Speisebrei, der nun in den *Dünndarm* gelangt. Mithilfe weiterer Verdauungssäfte findet die vollständige Zersetzung der Nahrungsbestandteile statt. Die dabei entstehenden Stoffe treten vom Dünndarm durch die Darmwand ins Blut über. Unverdauliche Nahrungsreste gelangen vom Dünndarm in den *Dickdarm* und werden schließlich durch den *After* ausgeschieden.

Das Blut fließt nur in Adern, die man auch *Blutgefäße* nennt. Beim Menschen liegt, wie bei allen Säugetieren, ein *geschlossener Blutkreislauf* vor. Das Blut wird vom *Herz* angetrieben. Es arbeitet als Pumpe und erzeugt im gesamten Körper einen Blutstrom. Durch Verzweigungen der Blutgefäße in immer feinere Gefäße werden alle Organe durch das fließende Blut mit Nährstoffen und Sauerstoff versorgt. Bei der Sauerstoffabgabe verfärbt es sich. Es wird es dunkelrot, fast bläulich. Betrachtet man zum Beispiel Adern am Handrücken oder am Unterarm, so kann man ein wenig von der dunkelrot, bläulichen Farbe des Bluts sehen.

Der Mensch im Vergleich ...

Skelett

Dem Menschen sind Schimpansen sehr ähnlich. Man bezeichnet diese deswegen auch als *Menschenaffen*. Beim Fortbewegen am Boden können sie für kurze Zeit auf zwei Beinen gehen. Aber meist stützen sie sich beim Laufen mit den Händen am Boden ab. Beobachtet man die Schimpansen, wenn sie beispielsweise auf einen Baum klettern, so sieht man, dass sie dabei viel schneller als ein Mensch sind und geschickt Hände und Füße einsetzen. In ihrem natürlichen Lebensraum verbringen sie die Nacht im Geäst von Bäumen.

Schimpansen essen gerne Bananen, die sie meist vor dem Verzehren schälen. Das sieht recht unbeholfen aus. Sie benötigen zum Entfernen der Schale deutlich mehr Zeit als ein Mensch.

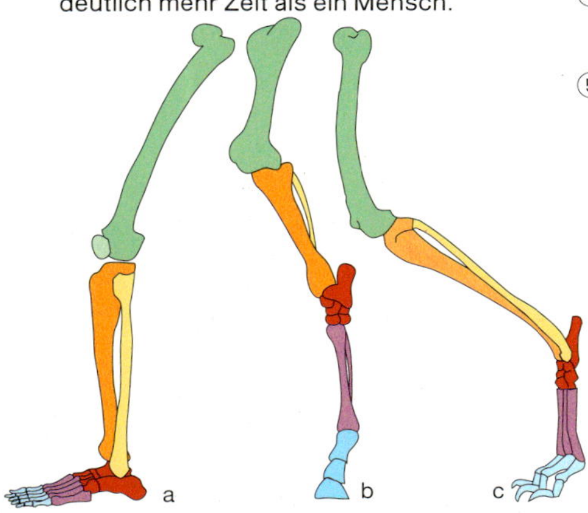

1

Wirbeltiere treten beim Laufen mit unterschiedlichen Teilen des Fußes auf. Abbildung 1 zeigt die Bein- und Fußknochen des Menschen sowie zweier Säugetiere.

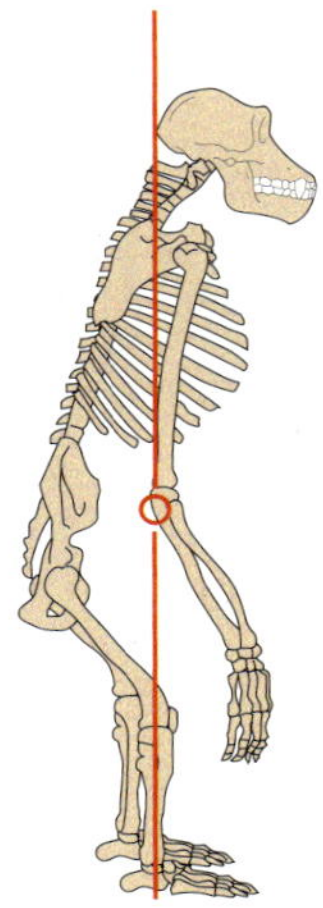

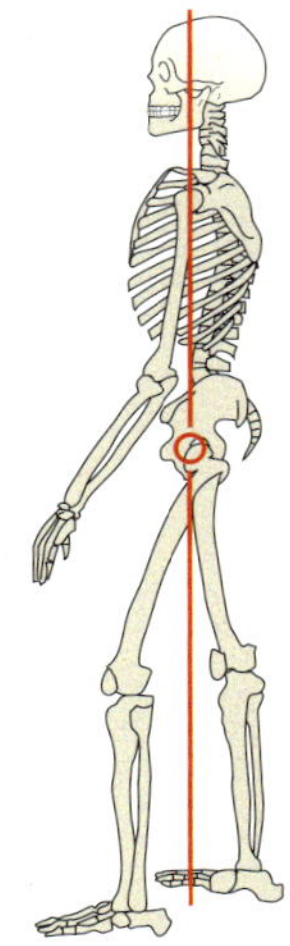

2

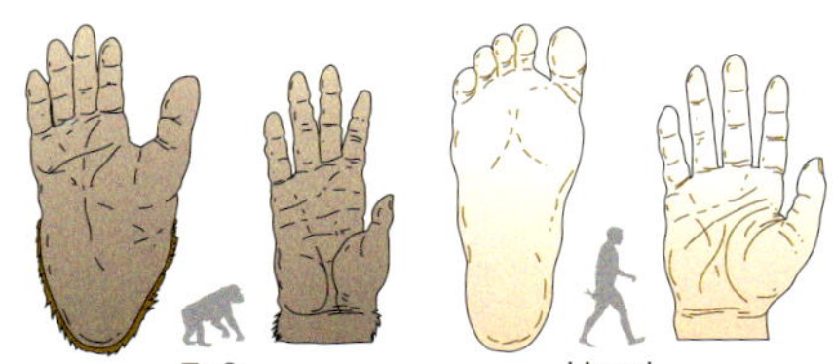

3

Aufgaben

① Vergleiche das Skelett von Mensch und Schimpanse. Suche nach Unterschieden, die erklären, weshalb der Mensch besser aufrecht gehen kann als der Schimpanse.

② Abbildung 3 zeigt Fuß und Hand von Mensch und Schimpanse. Erkläre daran die Unterschiede zwischen Mensch und Schimpanse beim Klettern und beim Schälen von Bananen.

③ Zu welchen Tieren gehören die Fußskelette b und c in Abb. 1?

④ Gib an, mit welchem Teil des Fußes der Mensch und mit welchem die Tiere auftreten.

⑤ Bewege dich auf allen Vieren durch den Raum. Trete dabei mit Füßen genauso auf wie beim normalen Aufrechtgehen. Setze die Hände mit den ganzen Handflächen auf.
Bewege dich nochmals auf Händen und Füßen. Versuche dabei möglichst schnell zu sein.
Mit welchem Teil der Füße und der Hände trittst du nun auf? Zu welcher Abbildung passt das? Begründe deine Ansicht.

⑥ Nasse Füße hinterlassen auf dem Boden Fußabdrücke, die das Fußgewölbe erkennen lassen. Bei manchen Menschen gibt es Fehlstellungen des Fußgewölbes. Beim *Hohlfuß* ist das Gewölbe stärker, beim *Senkfuß* viel schwächer ausgeprägt als beim normalen Fuß. Ordne die drei Fußabdrücke und die Gewölbeformen in Abbildung 4 den drei Fußformen zu und begründe deine Zuordnung.

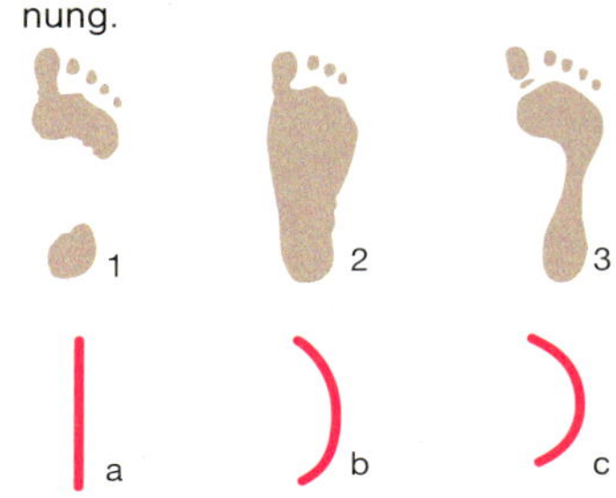

4

Gebiss

Das Gebiss von Tier und Mensch dient dem Abbeißen und Zerkleinern der Nahrung. Bereits von der Form der Zähne kann man auf die Ernährung schließen. Die Abbildungen zeigen die Gebisse von zwei Säugetieren und das Gebiss des Menschen mit den bleibenden Zähnen. Die hintersten Zähne im menschlichen Gebiss, die *Weisheitszähne*, kommen spät heraus, oft erst nach dem 20. Lebensjahr. Bei manchen Menschen treten sie gar nicht hervor oder sind überhaupt nicht vorhanden.

⑦ Wie viele Zähne hat der Mensch höchstens?
Gib für das Gebiss des Menschen die Zahnformel an.

⑧ Zu welchen Tieren gehören die anderen Gebisse? Beschreibe, wie man am Gebiss erkennen kann, wovon sich diese Tiere vorwiegend ernähren. Wie nennt man diese Gebisse?

⑨ Stelle dir vor, du isst ganz einen Apfel und kaust gründlich. Beschreibe, welche Zähne du dabei vorwiegend benötigst.
Stelle dir vor, du beißt ein Stück einer Hartwurst ab. Welche Zähne sind dabei vorwiegend im Einsatz?
Das Gebiss des Menschen wird als „Allesessergebiss“ bezeichnet. Erkläre dies anhand der Zahntypen.

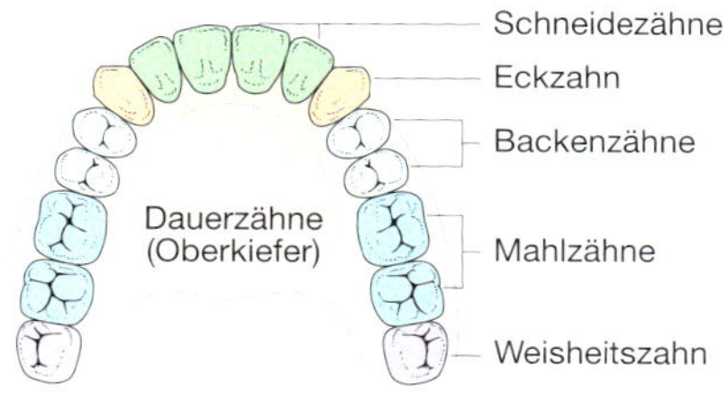

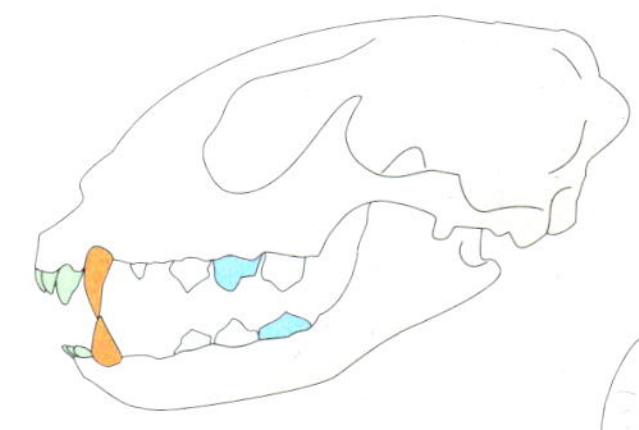

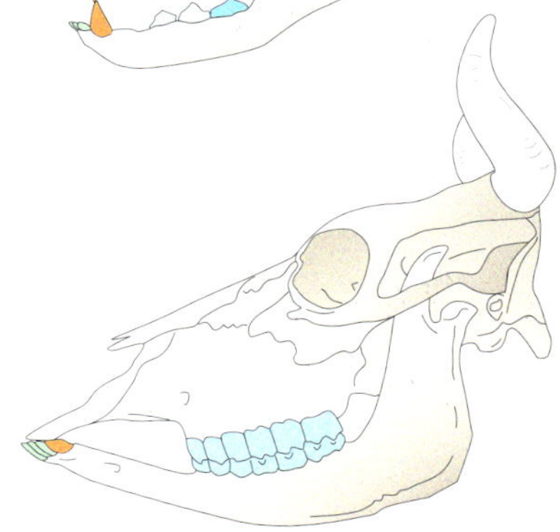

Körperbedeckung

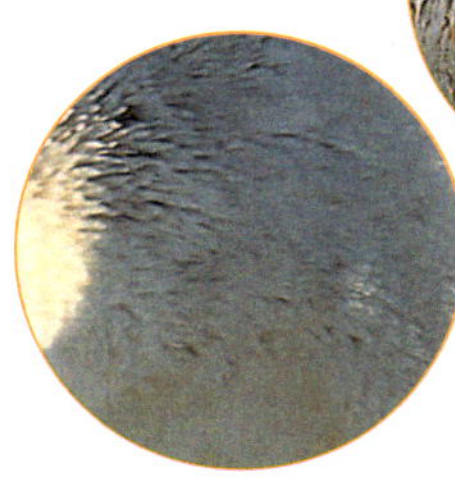

Ein kennzeichnendes Merkmal der Säugetiere ist ihr *Fell*. Es hat bei verschiedenen Tieren mehrere Aufgaben.

⑩ Beschreibe anhand der Abbildungen die Bedeutung des Fells für die jeweiligen Tiere.

⑪ Der Mensch besitzt kein Fell. Welchen Ersatz hat er sich selbst dafür geschaffen?

⑫ Es gibt auch Säugetiere ohne Fell. Nenne Beispiele und erkläre, warum sie in ihrem Lebensraum ohne Fell auskommen können.

Pubertät — Reifezeit vom Kind zum Erwachsenen

Hast du schon bemerkt, dass sich mit der Zeit dein Körper verändert ? Im Alter von 10 bis 13 Jahren beginnt ein Vorgang, bei dem sich bei Mädchen und Jungen neue Merkmale ausbilden und andere sich verändern. Dies ist ein Zeichen für den Eintritt in die Reifezeit, die als *Pubertät* bezeichnet wird. Sie wird oft von einem starken Wachstumsschub begleitet. Bei beiden Geschlechtern entwickelt sich jetzt die Achsel- und Schambehaarung. Bei den Jungen setzt langsam der Bartwuchs ein, die Stimme wird tiefer und es bildet sich eine kräftige Muskulatur aus. Die Schultern verbreitern sich. Die Hüften bleiben dagegen vergleichsweise schmal. Bei den Mädchen bilden sich in der Pubertät die Brüste, die Schultern bleiben schmal und das Becken wird breiter. In dieser Entwicklungszeit entstehen die Merkmale, an denen wir Frauen und Männer sofort unterscheiden können. Man bezeichnet diese Unterscheidungsmerkmale als *sekundäre Geschlechtsmerkmale*.

Bei Kleinkindern kann es recht schwer sein zu entscheiden, ob es ein Junge oder ein Mädchen ist — es sei denn, sie sind ohne Bekleidung. Dann fallen die unterschiedlichen Geschlechtsorgane auf. Die äußerlich sichtbaren Geschlechtsorgane sind bereits bei der Geburt vorhanden und bilden das erste Merkmal, an dem sich Junge und Mädchen unterscheiden lassen. Man nennt sie daher auch die *primären Geschlechtsmerkmale*. Während der Pubertät entwickeln sich die Geschlechtsorgane weiter; sie werden größer und erlangen ihre Funktionsfähigkeit. Jungen können dann Kinder zeugen — sie sind dann Männer. Mädchen können Kinder gebären — sie sind nun Frauen.

Die Pubertät der Mädchen beginnt durchschnittlich mit 11 Jahren, bei den Jungen etwa 2 Jahre später. Sie ist erst mit 17 bis 19 Jahren abgeschlossen. Beginn und Dauer der Pubertät können von Mensch zu Mensch sehr unterschiedlich sein. Es ist auch normal, wenn die Pubertät mit 10 Jahren beginnt oder erst mit 21 Jahren endet.

In der Reifezeit verändern Jugendliche ihr Verhalten. Viele wollen anders sein als ihre Eltern. Jugendliche entwickeln in dieser Zeit viele eigene Ideen und Vorstellungen, die sie durchsetzen möchten. Außerdem will man alles einmal besser machen. So kann

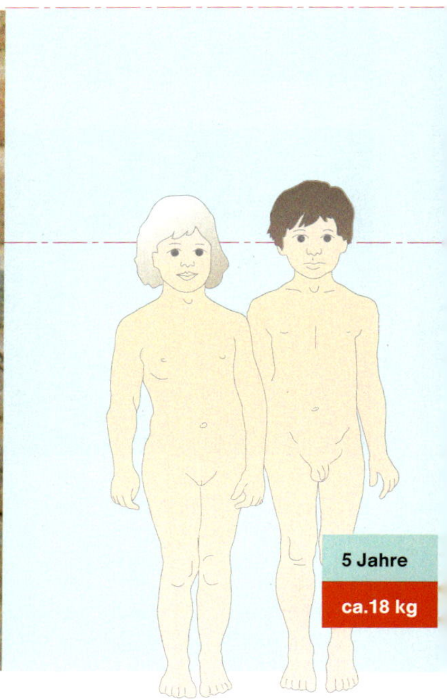

es immer wieder zu Konflikten und Streitigkeiten zwischen Jugendlichen und ihren Eltern kommen. Gelegentlich nennt man diese Zeit auch Flegeljahre, weil das Verhalten häufig wechselhaft und unwirsch ist. Diese Zeit ist für alle Beteiligten nicht einfach und muss durchlebt werden. Konflikte lassen sich leichter bewältigen, wenn jeder bereit ist, die Meinung und Ansicht des anderen in einem gewissen Maß zu respektieren. Oft ist das Verhalten, das zu Konflikten führt, auch ein Ausdruck von Unsicherheit, wenn man in eine neue Rolle hineinwächst. Das ist normal und gehört zum Sich-selbst-Finden und zum Erwachsenwerden dazu.

Für die persönliche Reifung ist es wichtig, dass sich Jugendliche mit Gleichaltrigen zusammenfinden. Zunächst entstehen Gruppen, die nur aus Mädchen oder Jungen bestehen. Hier entstehen neue Interessen. Die Jugendlichen beschäftigen sich mit Musik, Kleidung, Fahrzeugen, Computer usw. Dabei entwickeln sie ihre eigene Welt und verbringen oft viel Zeit mit dem Neuen. In der Schule können dann die Leistungen nachlassen.

Nach und nach zeigen die Jungen und Mädchen Interesse für einander. Anfangs ist das Verhalten gegenüber dem anderen Geschlecht meist recht unsicher. Man muss erst lernen, mit den sich bildenden Gefühlen umzugehen und die Reaktionen des anderen kennen zu lernen. Die Jugendlichen suchen in dieser Zeit Zuneigung und Zärtlichkeit und wollen geliebt werden. Sie sind aber häufig noch nicht in der Lage, dies auszudrücken. Weil sie oft nicht verstanden werden, bleiben sie allein mit ihren Gefühlen und Problemen. So kommt es häufig zu launischen und aggressiven Stimmungen. Dies sind Stationen der seelischen Reifung, die sich nicht umgehen lassen und einen Teil der Entwicklung darstellen. Im Laufe der Zeit entsteht aber ein natürliches Verhältnis zum anderen Geschlecht. Zwischen Jungen und Mädchen entwickeln sich Freundschaften, die aber auch wieder gelöst werden können, wenn man sich nicht mehr so gut versteht.

Aufgaben

① Erkläre mit eigenen Worten die Entwicklung vom Jungen zum Mann und vom Mädchen zur Frau. Welche Veränderungen sind bei Jungen und Mädchen gleich, wo gibt es Unterschiede?

② Beim Stimmbruch verändert sich die Stimme der Jungen von der hohen, kindlichen zur tiefen, männlichen. Welche äußerlich sichtbare Veränderung ist die Ursache?

③ In der 6. Klasse sind viele Mädchen größer als die Jungen. Anders in der 9. Klasse. Da sind die Unterschiede meist gering. Findest du eine Erklärung dafür?

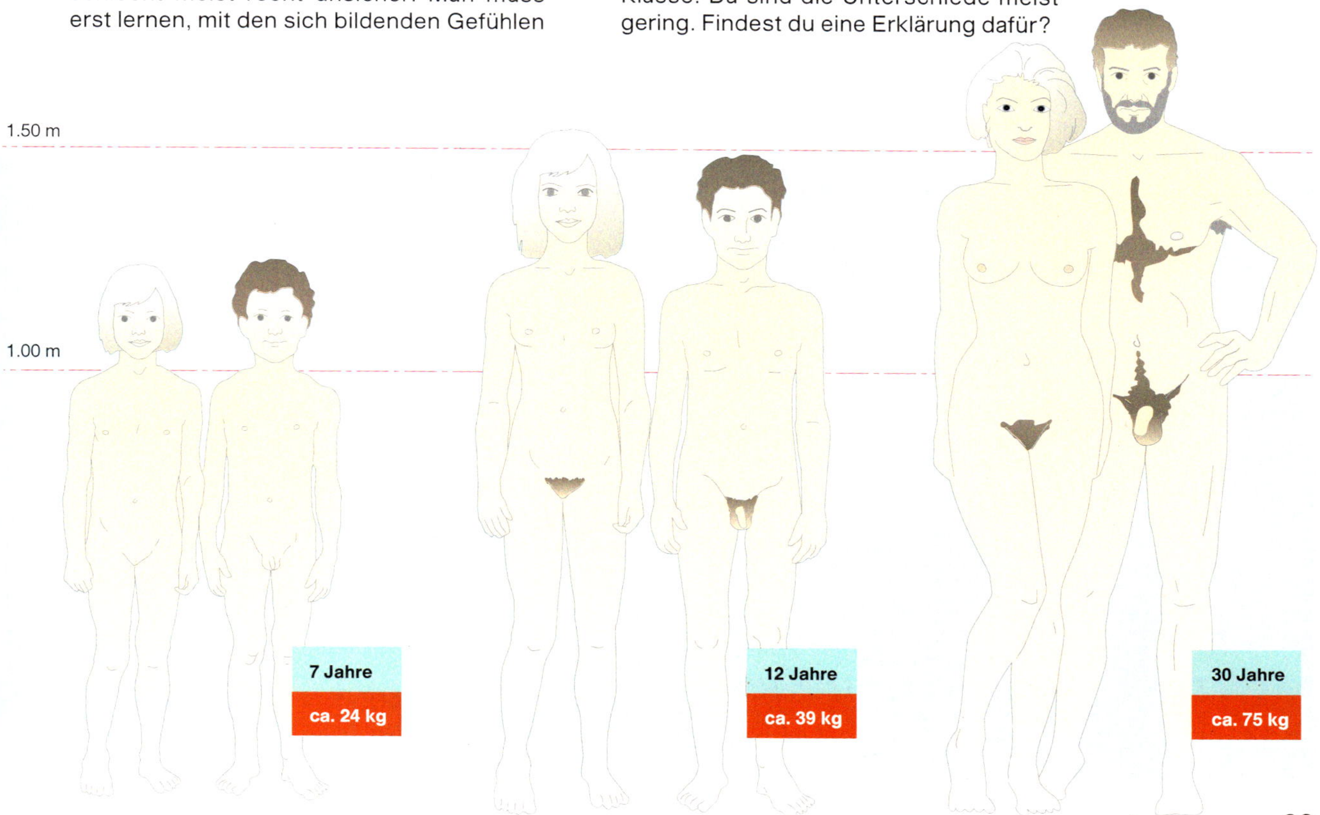

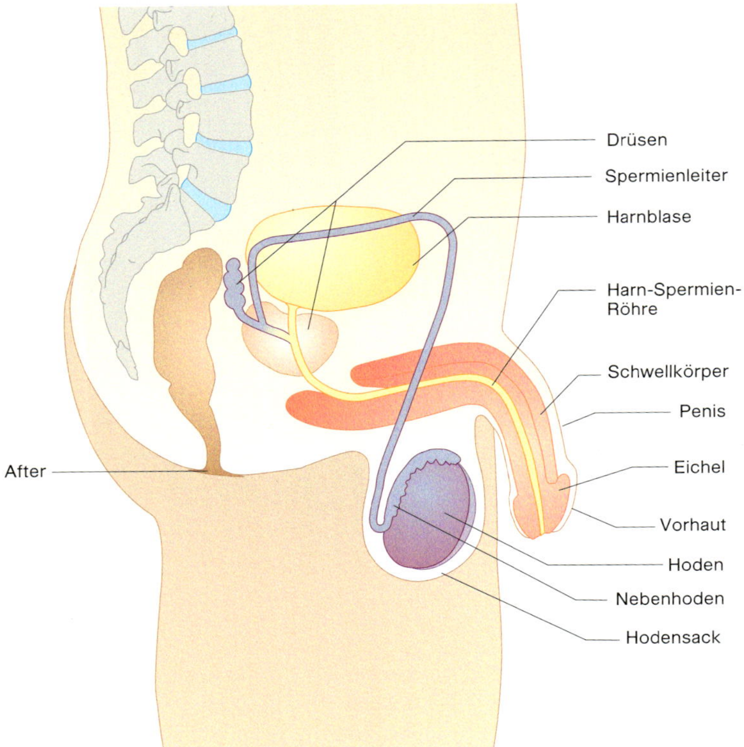

1 Die Geschlechtsorgane des Mannes

Die Geschlechtsorgane des Mannes

Die äußerlich sichtbaren Teile der männlichen Geschlechtsorgane sind der *Penis* und der *Hodensack* mit den beiden *Hoden*. Der Penis, auch Glied genannt, besteht aus einem *Schaft* mit *Schwellkörpern* und der *Eichel*. Sie wird von einer verschiebbaren *Vorhaut* bedeckt. Durch das Glied verläuft die *Harn-Spermien-Röhre*. Unter der Vorhaut liegen zahlreiche Talgdrüsen, die fettende Stoffe abgeben. Deshalb sollte das Glied in die tägliche Körperpflege einbezogen werden. Dazu wird die Vorhaut zurückgezogen und die Eichel und der übrige Teil des Gliedes mit warmem Wasser und Seife gewaschen.

Im Hodensack befinden sich die zwei eiförmigen Hoden. In ihnen entstehen *Spermien*. Das sind die *männlichen Keimzellen*. Sie sind etwa 0,06 mm lang und bestehen aus dem *Kopfstück* mit *Zellkern*, einem beweglichen Zwischenstück und dem *Schwanzfaden*. Mit ihm können die Zellen hin und her schlagen und sich fortbewegen. Sie erreichen für ihre Größe beachtliche Geschwindigkeiten; sie können sich bis zu 2,6 mm je Minute vorwärts bewegen. Die Spermienbildung beginnt in der Pubertät. In den Hoden des Mannes entstehen während des gesamten Lebens ständig Keimzellen. Es sind mehrere Millionen täglich, die in den beiden *Nebenhoden* gespeichert werden.

Von den Nebenhoden führt je ein *Spermienleiter* zur Harn-Spermien-Röhre. Zwei besondere *Drüsen* geben Flüssigkeiten ab, die man zusammen mit den Keimzellen als *Spermienflüssigkeit* oder *Sperma* bezeichnet. Bei Versteifung des Glieds kann ein *Spermienerguss* erfolgen. Dabei wird das Sperma ausgeschleudert.

Der erste Spermienerguss findet in der Pubertät manchmal unbewusst im Schlaf statt *(Pollution)*. Das ist ein völlig normaler Vorgang, der zeigt, dass der Junge geschlechtsreif geworden ist. Die Spermienabgabe kann vom Jungen durch Reizung des Penis auch selbst herbeigeführt werden. Dies nennt man *Selbstbefriedigung*.

Wenn die Schwellkörper im Penis mit Blut gefüllt sind, ist dieser ganz steif. Dann kann der Mann mit dem Penis in die Scheide der Frau eindringen und dort das Sperma ausstoßen. Scheide und Penis sind so beschaffen, dass sie genau zueinander passen. Beim Eindringen in die Scheide entsteht ein angenehmes Gefühl bei Mann und Frau. Den Höhepunkt dieser gefühlsmäßigen Erregung während des Geschlechtsverkehrs nennt man *Orgasmus*. Die Vereinigung und das Erleben des Orgasmus verstärken die Zuneigung und Liebe der Partner.

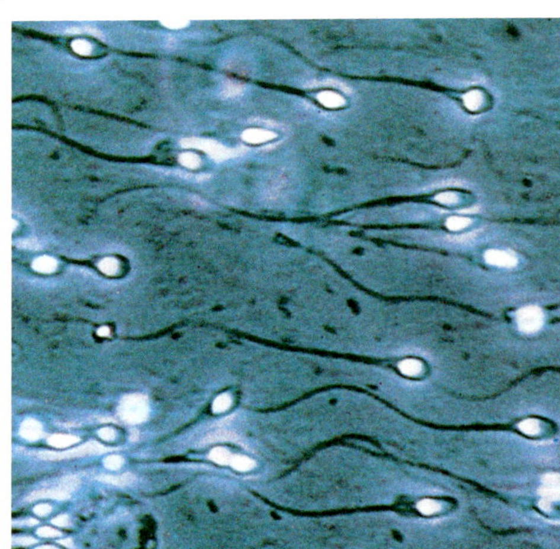

2 Menschliche Spermien (1000 x vergr.)

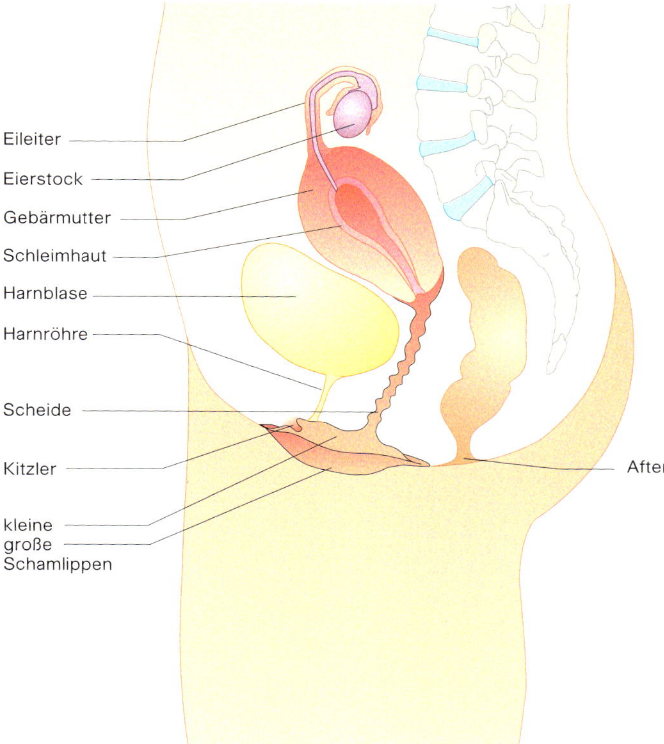

1 Die Geschlechtsorgane der Frau

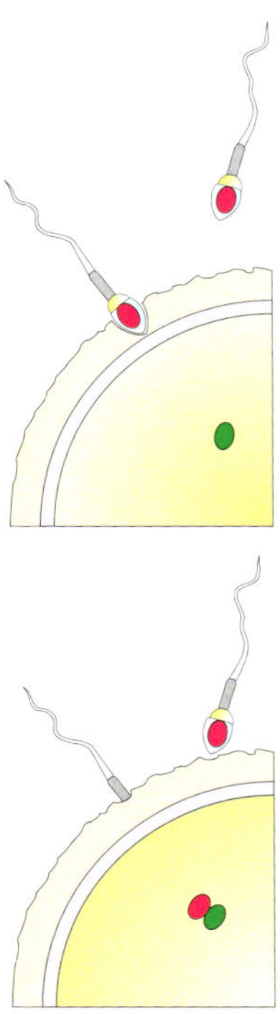

Die Geschlechtsorgane der Frau

Von den primären Geschlechtsorganen einer Frau sind nur die *Schamlippen* äußerlich sichtbar. Diese großen, paarigen Hautfalten umschließen die Scheide, die Harnröhrenöffnung und den *Kitzler*. Kitzler und Schamlippen reagieren empfindlich auf Berührungsreize, sodass sich Mädchen durch Streicheln selbst befriedigen können. Zwischen den Schamlippen führt die Scheide nach innen zur *Gebärmutter*. Die jeweils paarigen *Eileiter* und *Eierstöcke* schließen sich dann an. Die Gebärmutter ist ein faustgroßer Hohlmuskel, der so dehnbar ist, dass sich in ihm ein Kind bis zur Geburt entwickeln kann. Vor den Eierstöcken erweitert sich jeder Eileiter zum *Eitrichter*.

In den Eierstöcken liegen die *Eizellen*, die *weiblichen Keimzellen*. Schon von Geburt eines Mädchens an sind hier etwa 400 000 Eizellen vorhanden, von denen nur 400 – 500 im Laufe des Lebens heranreifen können.

Eine Eizelle ist mit einem Durchmesser von 0,2 mm wesentlich größer als ein Spermium. Sie enthält Nährstoffe, darunter viel Dotter. Im Gegensatz zu einem Spermium kann sich eine Eizelle nicht selbst fortbewegen. Durch die Bewegung feinster Härchen an der Innenwand des Eileiters wird sie in Richtung Gebärmutter transportiert. Wenn die Eizelle auf ein Spermium trifft, wird sie befruchtet. Das Spermium dringt dabei in die Eizelle ein und die Zellkerne der beiden Keimzellen verschmelzen miteinander. Dabei entsteht ein *Keim*, der in die Schleimhaut der Gebärmutter einwachsen kann. Aus der *befruchteten Eizelle* entsteht dann während der etwa 9-monatigen Schwangerschaft ein Kind.

Beim Mädchen kann der Scheidenausgang von einem dünnen Häutchen (*Jungfernhäutchen* oder *Hymen*) fast vollständig verschlossen sein. Die inneren Teile der Scheide werden so vor dem Eindringen von Schmutzstoffen und Krankheitserregern besser geschützt.

Daneben gibt es noch andere Schutzeinrichtungen für die weiblichen Geschlechtsorgane. Die Scheidenwände sind sehr elastisch und ziehen sich zusammen, sodass sie aufeinander liegen. Sie sind mit einer *Schleimhaut* versehen, die eingedrungene Bakterien abtöten kann. Zusätzlich sitzt vor der Gebärmutter noch ein *Schleimpfropfen*. Er verhindert das Vordringen vieler Krankheitserreger, kann aber von den beweglichen Spermien durchdrungen werden. Durch die Absonderungen der Schleimdrüsen ist auch bei der Frau eine gründliche Reinigung der äußeren Geschlechtsorgane erforderlich. Häufiger Wechsel der Unterwäsche sollte ebenfalls selbstverständlich sein.

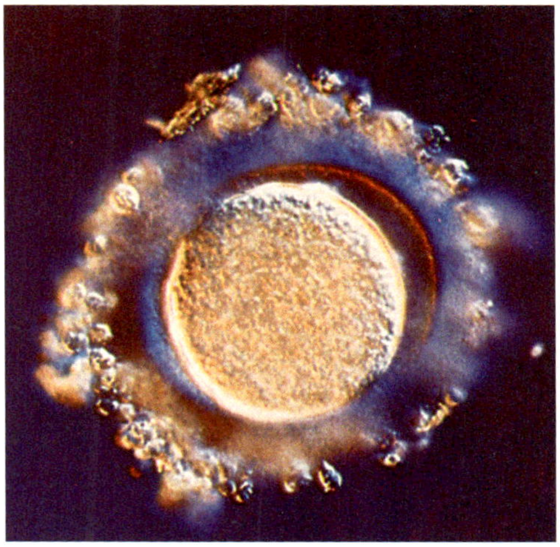

2 Menschliche Eizelle im Eileiter (270 x vergr.)

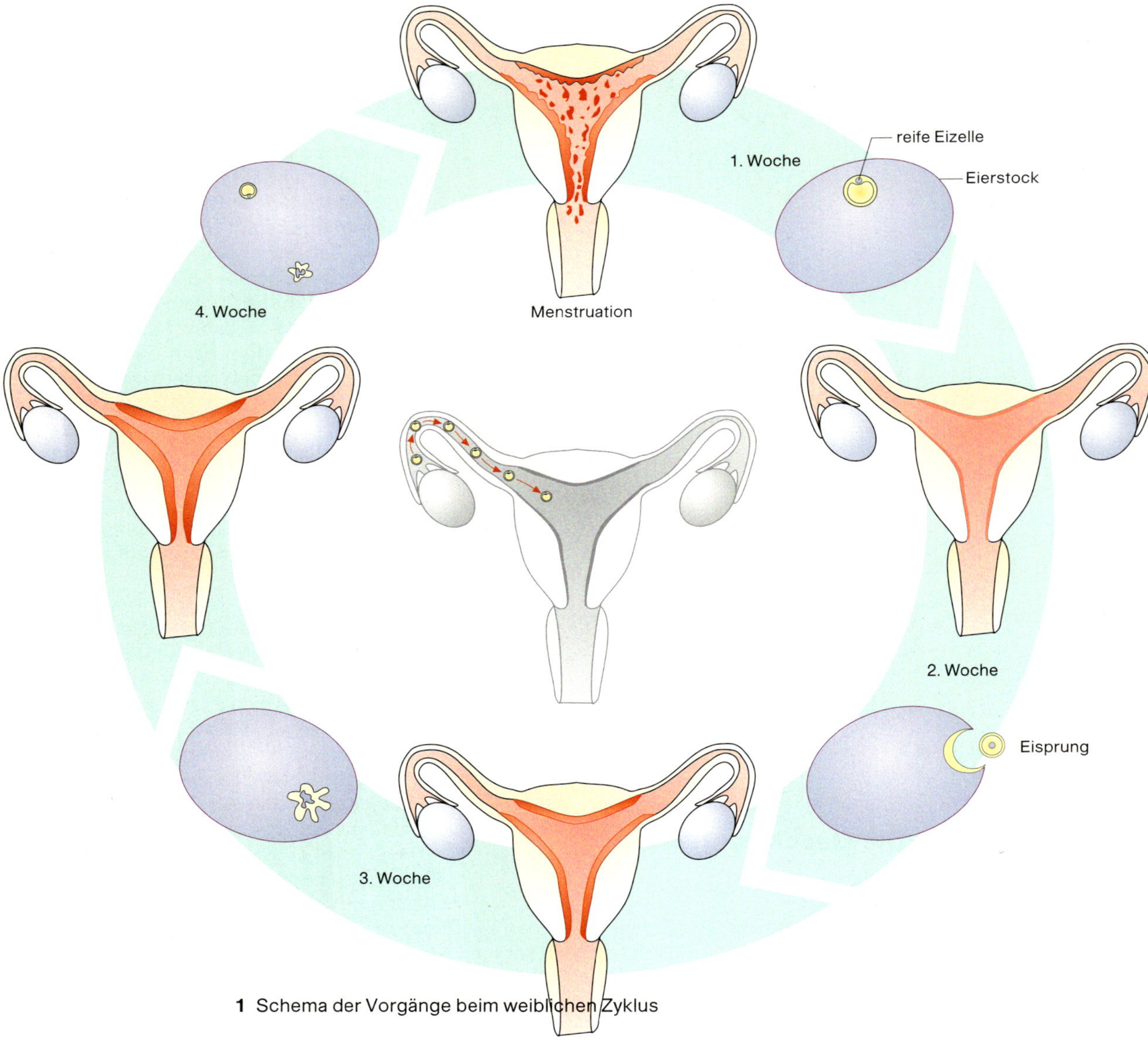

1 Schema der Vorgänge beim weiblichen Zyklus

Der weibliche Zyklus

Zwischen dem 11. und 14. Lebensjahr bekommen Mädchen meist ihre erste *Regelblutung*. Sie dauert vier bis sechs Tage und wiederholt sich später regelmäßig. Mit dem Auftreten dieser monatlichen Blutung, auch *Menstruation* oder *Periode* genannt, ist das Mädchen geschlechtsreif geworden.

Alle vier Wochen reift nun abwechselnd in einem der beiden Eierstöcke in einem *Eibläschen* eine Eizelle heran. Die Eireifung dauert 14 Tage. Dann platzt das Eibläschen auf, und die Eizelle wird freigesetzt. Diesen Vorgang nennt man *Eisprung*. Die Eizelle gelangt in den Eileiter, in dem es Flimmerhärchen zur Gebärmutter transportieren.

Während der Eireifung ist die *Gebärmutterschleimhaut* gewachsen. Sie ist bereit zur Aufnahme eines Keims. Erfolgt keine Befruchtung, löst sich die Schleimhaut etwa zwei Wochen später wieder ab. Das Ablösen der Schleimhaut hat Blutungen zur Folge. Blut und Schleimhautreste werden durch die Scheide abgegeben. Die Blutmenge ist gering, es sind etwa 50 – 150 ml Blut in vier bis sechs Tagen.

Schon während die Schleimhaut abgelöst wird, reift ein neues Ei in einem der Eierstöcke heran, sodass der ganze Ablauf von neuem beginnt. Man nennt diesen sich wiederholenden Kreislauf den weiblichen *Zyklus*.

Menstruation und Hygiene

Zu Beginn der Pubertät ist der Zyklus meist unregelmäßig und es gibt auch unterschiedliche Zykluslängen. Deshalb ist es zu empfehlen, einen *Menstruationskalender* zu führen. Man kennzeichnet zumindest den ersten Tag der Blutung. So kann normalerweise leicht der Zeitpunkt der nächsten Regelblutung vorausberechnet werden. Vom ersten Tag einer Blutung bis zum Tag vor der nächsten Blutung dauert es durchschnittlich 28 Tage. Vor allem in jungen Jahren können die Menstruationsblutungen mit Schmerzen und Unwohlsein verbunden sein. Bei starken Schmerzen ist es empfehlenswert, einen Arzt um Rat zu fragen.

Ein Kind entsteht

Lieben sich ein Mann und eine Frau, so tauschen sie Zärtlichkeiten untereinander aus. Es kann zu einer körperlichen Vereinigung von Mann und Frau *(Beischlaf, Koitus)* kommen. Beim Geschlechtsverkehr gelangen viele Millionen Spermien in die Scheide. Nun schwimmen sie zur Eizelle.

Die Lebensdauer einer Eizelle beträgt nach dem Eisprung etwa 12 Stunden. Nur in diesem Zeitraum kann sie befruchtet werden. Die Spermien schwimmen mithilfe ihres Schwanzfadens zum Ei. Nur das erste Spermium, das ankommt, kann in die Eizelle eindringen und mit ihr verschmelzen *(Befruchtung*, S. 278). Dann umgibt sich die Eizelle mit einer Hülle, die die Befruchtung durch weitere Spermien verhindert.

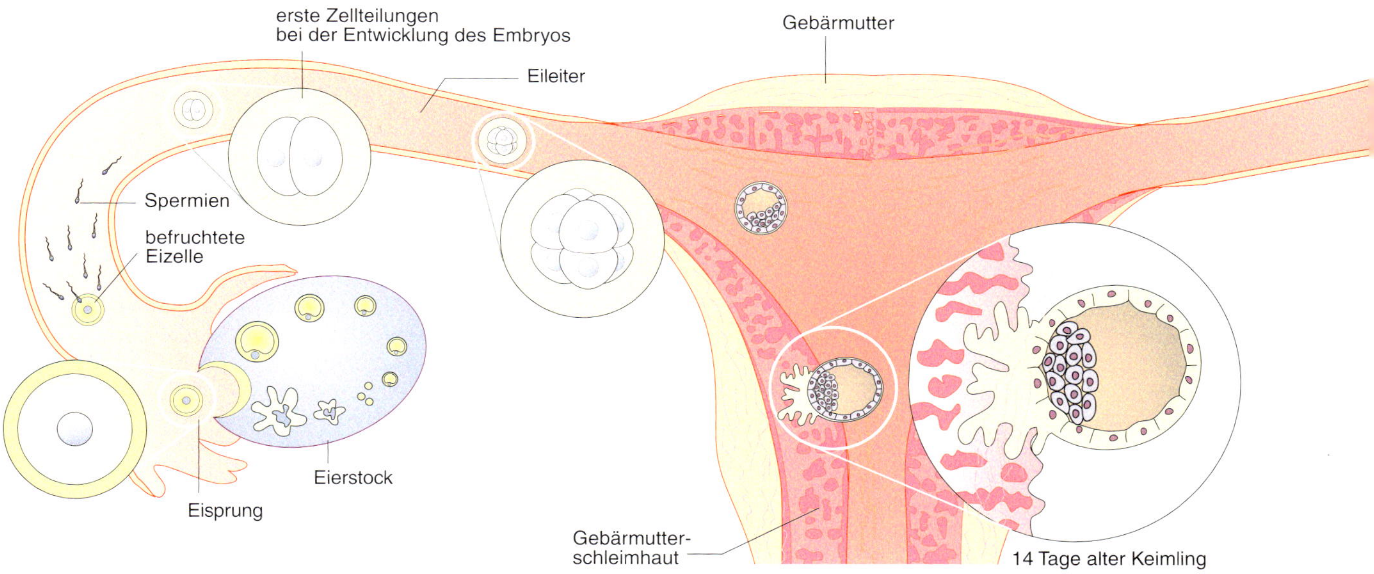

1 Befruchtung einer Eizelle und Einnistung des Keimes

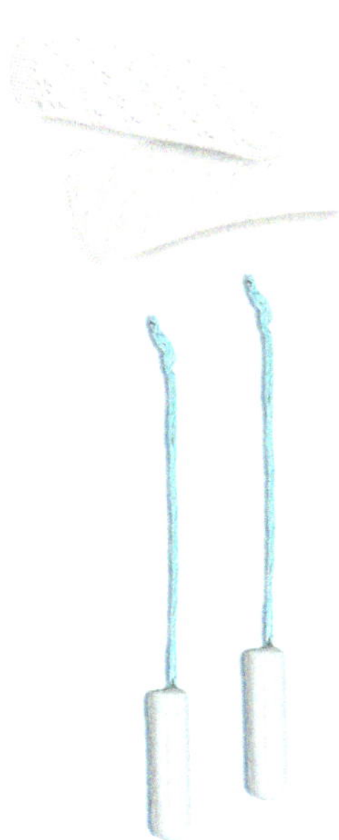

Die Gebärmutter ist in der Zeit zwischen den Monatsblutungen durch einen Schleimpfropf vor eindringenden Krankheitserregern geschützt. Während der Menstruation ist dieser Schutz nicht vorhanden. In dieser Zeit muss deshalb besonders auf gründliche *Hygiene* geachtet werden, da Blut und Schleimhautreste ein guter Nährboden für Krankheitserreger sind.

Ausfließendes Blut kann mit saugfähigen Binden oder Tampons, die regelmäßig gewechselt werden, aufgefangen werden. Die Binden werden in die Unterwäsche eingelegt, die Tampons in die Scheide eingeführt.

Während der Menstruation kann zur Reinigung der äußeren Geschlechtsorgane ohne Bedenken geduscht werden.

Im Eileiter teilt sich die befruchtete Eizelle mehrmals. Nach fünf Tagen kommt ein vielzelliger *Keim* in der Gebärmutter an und nistet sich in der Schleimhaut ein. Sie übernimmt die Versorgung des Keims. Nun ist die Frau schwanger. Während der Schwangerschaft entwickelt sich das Kind in der Gebärmutter, die Schleimhaut wird nicht abgestoßen; die Regelblutung bleibt aus.

In den *Wechseljahren*, ab etwa 45 Jahren, verlaufen Eireifung und Blutungen immer unregelmäßiger. Nach einigen Jahren bleiben sie schließlich aus. Die Frau kann nun keine Kinder mehr bekommen.

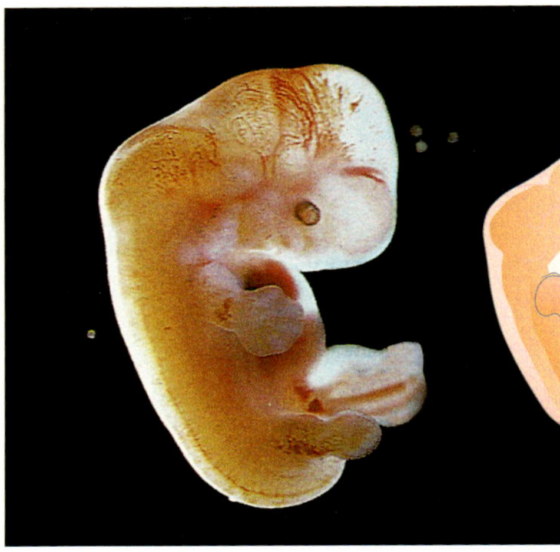

1 Embryo

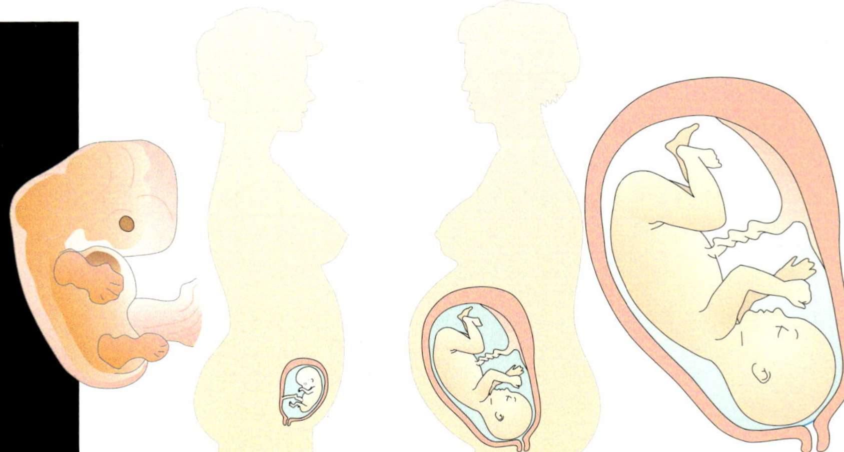

2 Entwicklung vom Embryo zum Fetus

Entwicklung im Mutterleib

Die *Schwangerschaft* der Frau dauert etwa 40 Wochen, also 9 Monate. Ist der Beginn der letzten Menstruation bekannt, kann der Arzt den voraussichtlichen Geburtstermin berechnen.

Der Keim lebt auf seinem tagelangen Weg durch den Eileiter nur von den Nährstoffen, die in der Eizelle gespeichert waren. Durch Zellteilungen entstehen zwar immer mehr Zellen, aber der Keim wächst in dieser Zeit nicht. Erst mit der Einnistung in der Gebärmutterschleimhaut beginnt seine Versorgung durch den Körper der Mutter und nun auch das Wachstum.

Teile des Keimes, die *Keimzotten*, dringen in die Schleimhaut der Gebärmutter ein und verwachsen mit ihr zum Mutterkuchen *(Plazenta)*. Der Keim wird jetzt *Embryo* genannt. Über eine Verwachsungsstelle, die sich später zur Nabelschnur entwickelt, ist er mit der Plazenta verbunden. Alle Nährstoffe und den Sauerstoff erhält der Embryo vom mütterlichen Blut. Dorthin gibt er auch Abfallstoffe und Kohlenstoffdioxid wieder ab. Dieser Stoffaustausch zwischen dem Blutkreislauf des Kindes und der Mutter findet in der Plazenta statt. Hier sind kindliches und mütterliches Blut nur durch eine dünne, durchlässige Haut voneinander getrennt.

Der Embryo wächst schnell heran. Er liegt geschützt in einer *Fruchtblase*, die mit *Fruchtwasser* gefüllt ist. Schon im ersten Monat bildet sich der Kopfbereich mit den Anlagen des Nervensystems aus, dann folgen Lunge, Herz und Gliedmaßen. Am Ende des zweiten Monats sind auch Leber, Nieren und Gehirn entwickelt. Der Embryo ist jetzt etwa 4 cm lang und 1 g schwer.

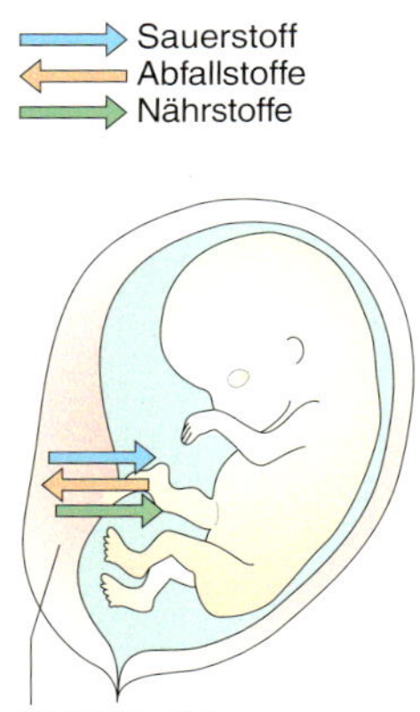

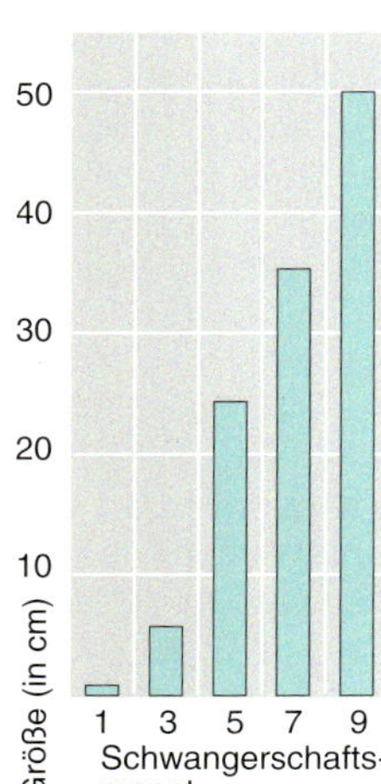

Im Laufe des dritten Monats werden Augen, Ohren, Nase und Mund weiter ausgebildet und die Geschlechtsorgane werden erkennbar. Bereits zu diesem Zeitpunkt sind also alle Organe angelegt, die ein erwachsener Mensch auch besitzt. Jetzt lässt sich erkennen, ob es ein Mädchen oder ein Junge ist. In der Folgezeit entwickeln die Organe ihre Funktionsfähigkeit. Ab dem dritten Monat, wenn das Kind sehr rasch wächst, nennt man es *Fetus*. Nach fünf Monaten ist der Fetus etwa 25 cm lang und 500 g schwer. Er kann nun auch Geräusche wahrnehmen.

Obwohl im Fetus schon alle Organe vorhanden sind, ist er noch nicht selbstständig lebensfähig. Erst mit sieben Monaten sind die Organe so leistungsfähig, dass ein *Frühchen* auch außerhalb des Mutterleibs überleben könnte. Im Normalfall ist die Entwicklung nach neun Monaten abgeschlossen. Der Fetus ist dann etwa 50 cm groß und wiegt 2500 bis 5000 g.

Aufgaben

① Fülle einen Plastikbeutel mit Wasser, gib ein rohes Ei hinzu und gib dem Beutel einen Stoß. Beobachte und beschreibe die Bedeutung der Fruchtblase.

② Beschreibe, wie Keim, Embryo und Fetus ernährt werden.

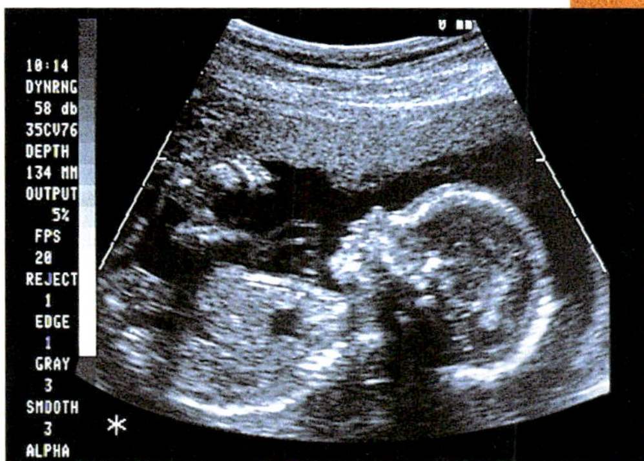

1 Ultraschallbild

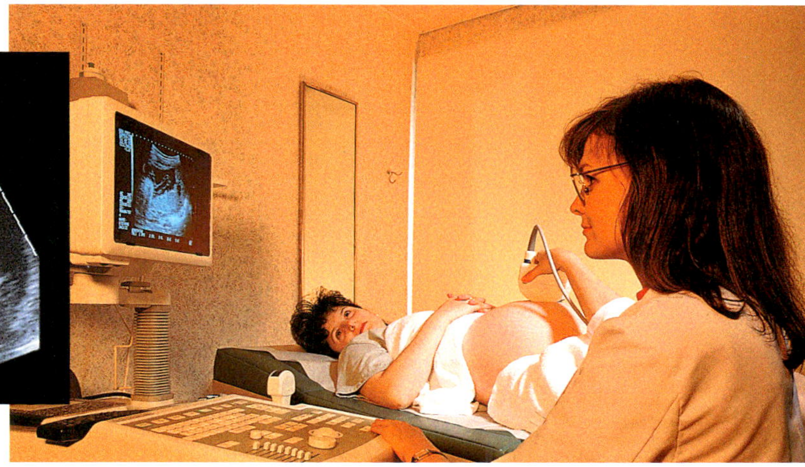

2 Vorsorgeuntersuchung

Schwangerschaft bedeutet Verantwortung für das Kind

Die *Schwangerschaft* bringt für die Frau körperliche und seelische Veränderungen. Um mögliche Probleme während der Schwangerschaft rechtzeitig zu erkennen, geht sie regelmäßig zu *Vorsorgeuntersuchungen*. Mit Ultraschalluntersuchungen kann man das Kind und seine Entwicklung beobachten.

Schwangere Frauen sollten ihre Lebensweise verantwortungsbewusst gestalten, damit sie ihr Kind nicht gefährden. Das heißt nicht rauchen, keinen Alkohol trinken und keine Drogen nehmen. Dies alles kann für den Embryo eine starke Gefährdung darstellen. Auch Medikamente dürfen nur nach ärztlicher Absprache eingenommen werden. Bei einer Rötelnerkrankung der Mutter kann der Embryo schwer geschädigt werden. Daher sollten sich alle Mädchen vor der Pubertät gegen Röteln impfen lassen.

Mit dem wachsenden Fetus wird auch die Gebärmutter immer größer. Der Leibesumfang der werdenden Mutter nimmt zu. In den letzten Monaten vor der Geburt fallen ihr ansonsten leichte Tätigkeiten immer schwerer und sie bedarf der besonderen Rücksichtnahme.

Manchmal stellt sich im Verlauf der Schwangerschaft heraus, dass zwei Kinder heranwachsen. Meist sind es *zweieiige Zwillinge*. Sie entstehen, wenn ausnahmsweise zwei Eizellen zugleich ausreifen und befruchtet werden. Sehr selten treten *eineiige Zwillinge* auf. Sie stammen von einer Eizelle, die sich nach der Befruchtung vollständig teilt. Eineiige Zwillinge sehen sich deshalb sehr ähnlich und haben immer dasselbe Geschlecht. Zweieiige Zwillinge sind einander in demselben Maße ähnlich wie andere Geschwister auch.

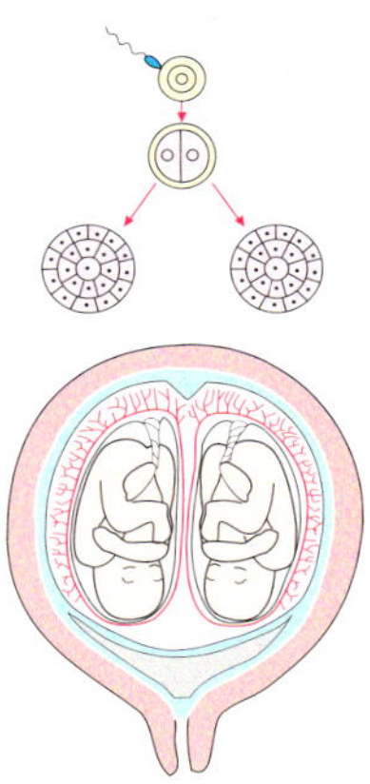

1 Eineiige Zwillinge

Zettelkasten

Familienplanung

Kinder bedürfen der Pflege, der liebevollen Zuwendung und der Erziehung. Das gehört zu den zeitaufwendigen Pflichten von Eltern. Auch benötigt eine Familie mehr Wohnraum als ein kinderloses Paar. Kann oder will ein Paar die Verantwortung für ein Kind nicht übernehmen, so sollten die Partner Methoden zur *Empfängnisverhütung* anwenden.

Die Verschmelzung von Eizelle und Spermien zu verhindern, ist das Ziel einiger Methoden. Dazu kann der Mann ein *Kondom* über sein versteiftes Glied ziehen. Dieser Gummiüberzug fängt beim Geschlechtsverkehr Spermien auf und verhindert, dass sie in den Körper der Frau eindringen. Ein Kondom vermindert zugleich das Risiko der Übertragung von Geschlechtskrankheiten oder des AIDS-Erregers.

Frauen können eine ungewollte Schwangerschaft z. B. mit der *Antibabypille* verhindern. Der Frauenarzt berät die Frau und verschreibt die Pille. Bei regelmäßiger Einnahme verhindert sie den Eisprung.

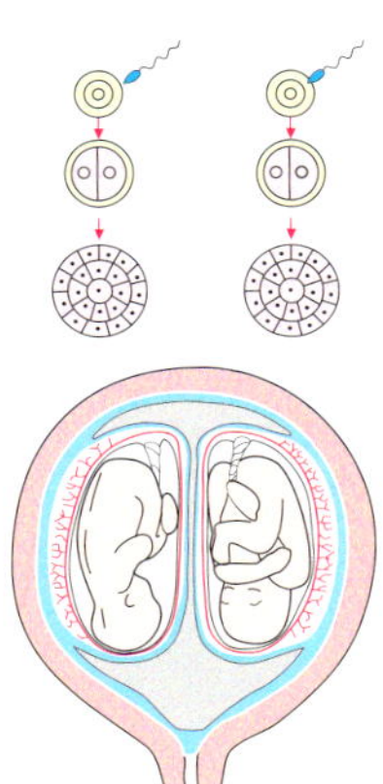

Die Geburt

Schon einige Tage vor der Geburt spürt die werdende Mutter ein verstärktes Ziehen im Rücken und im Bauchraum. Das sind die *Vorwehen*. Sie rühren daher, dass sich die Muskulatur der Gebärmutter zusammenzieht. Dadurch wird der enge, vom knöchernen Becken umgebene *Geburtskanal* geweitet. Er führt durch den Gebärmuttermund und die Scheide nach außen.

Kurz vor der Geburt setzen die eigentlichen *Wehen* ein; in regelmäßigen, zunächst etwa 10-minütigen Abständen, wird das Kind von der Muskulatur der Gebärmutter kräftig mit dem Kopf in Richtung Scheidenausgang gedrückt. Dabei öffnet sich der Gebärmuttermund und die Fruchtblase, die das Kind während der Schwangerschaft geschützt hat, platzt auf. Das Fruchtwasser läuft aus. Die Wehen werden dann noch stärker und häufiger. Die Mutter hilft in der anschließenden *Austreibungsphase* mit, indem sie die Bauchmuskulatur anspannt. So wird das Kind mit dem Kopf voran aus dem Körper gepresst. Der Vater kann bei der Geburt anwesend sein und die werdende Mutter unterstützen.

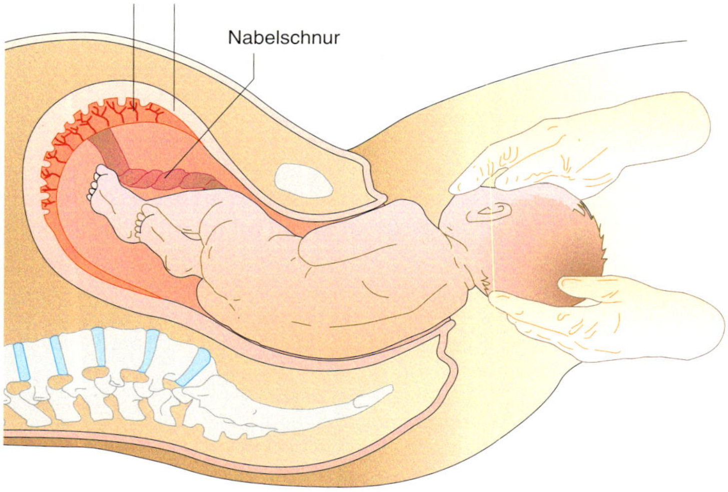

1 Kind mit Oberkörper im Geburtskanal

Arzt und Hebamme helfen mit, bis das Kind geboren ist. Es hängt nur noch an der Nabelschnur, durch die nun aber kein Blut mehr fließt. Die Sauerstoffversorgung durch die Mutter hört auf. Das Neugeborene macht seinen ersten Atemzug, oftmals ausgelöst von einem Klaps auf den Po, und schreit.

Das Abtrennen der Nabelschnur bereitet keine Schmerzen. Sie wird an zwei Stellen abgebunden und dazwischen durchschnitten. Die eigentliche *Entbindung* findet statt. Die Plazenta wird bald darauf als *Nachgeburt* abgestoßen.

Das Kind wird gewaschen und dann der Mutter in die Arme gelegt. Das Neugeborene kann sofort Suchbewegungen nach der Mutterbrust ausführen. Sobald die Lippen die Brustwarzen berühren, beginnt es zu saugen. Die *Brustdrüsen* der Mutter sind schon während der Schwangerschaft angeschwollen und beginnen bald nach der Geburt Milch zu bilden. Die *Muttermilch* ist für das Kind zunächst die einzige Nahrung.

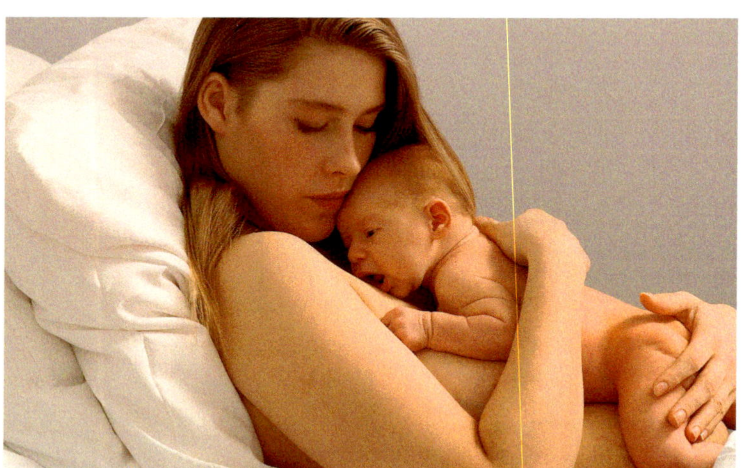
2 Mutter mit Neugeborenem

Der Körperkontakt zur Mutter ist wichtig. Das Kind spürt die Körperwärme und nimmt den Herzschlag der Mutter und die vertraute Stimme wahr. Es fühlt sich geborgen. Auch für die Mutter ist dieser Kontakt wichtig, denn auf diese Weise entwickelt sich eine enge Beziehung zum Kind.

Heute werden die meisten Entbindungen in Krankenhäusern vorgenommen. Der Arzt kann dann bei eventuell auftretenden Schwierigkeiten schnell helfen. Wenn beispielsweise der Geburtskanal zu eng ist oder das Kind quer liegt, muss durch *Kaiserschnitt* entbunden werden. Dazu öffnet man die Bauchdecke und die Gebärmutter und holt das Kind mit der Fruchtblase und der Plazenta aus dem Mutterleib. Für die Mutter kann in einem solchen Fall im Krankenhaus am besten gesorgt werden.

Die Lebensabschnitte

Der erste Abschnitt im langen Leben eines Menschen beginnt mit der *Geburt* und dem sich anschließenden *Säuglings-* und *Kleinkindalter.* In diesen ersten beiden Jahren muss das Kind Greifen, Sitzen, Krabbeln, Stehen, Gehen, Sprechen und Verstehen lernen und ist voll auf die Pflege und Fürsorge seiner Eltern bzw. einer festen Bezugsperson angewiesen. Aus diesen festen Beziehungen in der Anfangsphase des Lebens erwächst für das Kind ein *Urvertrauen,* das eine wesentliche Voraussetzung für die Entwicklung gesunder sozialer Bezüge zu anderen Menschen darstellt.

Im *Kleinkindalter* werden die Bewegungsabläufe und die geistigen Fähigkeiten weiter geübt und entfaltet. Gleichzeitig nimmt das Kleinkind wichtige Kontakte mit Gleichaltrigen auf und übt sich im Umgang mit anderen Menschen. Die Anzahl dieser sozialen Kontakte nimmt im Kindergarten noch weiter zu.

Mit der *Einschulung* beginnt der zweite wichtige Abschnitt im Leben eines jungen Menschen, die *Schulzeit.* Lesen, Schreiben, Rechnen und Umgang mit dem Computer – die Grundvoraussetzungen, um in unserer Welt zurechtzukommen – werden gelernt. In der weiterführenden Schule steht das Erlernen von Fachinhalten, das Auseinandersetzen mit Ideen und der Gedankenaustausch mit anderen Menschen an erster Stelle. In dieser Zeit beginnt auch die *Pubertät*, in der die *Jugendlichen* ihre Geschlechterrolle und ihre Persönlichkeit finden und entwickeln müssen. Diese teilweise als sehr schwer empfundene Zeit endet für die jungen Menschen mit dem Schulabschluss, mit der Berufswahl, der Lehre oder mit dem Studium.

In seinem dritten Lebensabschnitt als *Erwachsener* ist der Mensch geistig und körperlich voll entwickelt. Er sollte nun in der Lage und dazu fähig sein, sein Leben eigenverantwortlich und selbstständig zu führen, Verantwortung für Andere zu übernehmen und zum Beispiel eine Familie zu gründen. Die Fähigkeit, Zeit unseres Lebens zu lernen, ermöglicht es uns Menschen, selbst bis ins hohe *Alter* hinein geistige (intellektuelle) Höchstleistungen zu vollbringen.

Im Laufe des Lebens durchlaufen wir Menschen unterschiedliche biologische, kulturelle und soziale Phasen. Sie gehören ebenso unauflöslich zum Leben wie Geburt und Tod, Jugend und Alter.

Aufgabe

① „Jedes Alter hat Vor- und Nachteile." Nennt Argumente zu dieser Aussage.

Vögel
Eroberer der Luft

Lebensraum-Spezialisten

Ernährungs-Spezialisten

Entwicklung

Heimtiere

Beobachtung

Perlhuhn

Pirol

Gans

Fasan

Specht

Woran erkennst du Vögel?
Der Körper der Vögel ist mit Federn bedeckt, sie haben Flügel und die meisten Vögel können damit fliegen.

Faszinierend sind Bilder und Filme, die Vögel beim Fliegen zeigen. Ist es nicht verblüffend, dass Vögel auf dem Vogelzug mehrere tausend Kilometer zurücklegen.

Nicht nur die Hühner legen kalkschalige Eier, die bebrütet werden und aus denen die Jungen schlüpfen. Viele Vögel betreiben eine aufwändige Brutpflege für ihre Jungen.

Vögel haben nicht nur den Luftraum erobert, sondern auch andere Lebensräume. Bei Wasservögeln sind z. B. zwischen ihren Zehen Schwimmhäute zum Rudern oder lange Stelzenbeine zum Waten in weichen Untergründen ausgebildet. Mit den Schnäbeln haben sie unterschiedliche Nahrungsquellen erschlossen, Papageien können mit ihrem Schnabel Nüsse knacken, Grasmücken nehmen mit ihrem Schnabel wie mit einer Pinzette Insekten auf.

Viele Menschen beschäftigen sich in ihrer Freizeit mit Vögeln. Manche halten, andere beobachten als ehrenamtliche Mitarbeiter von Naturschutzverbänden Wildvögel. Was interessiert dich am meisten an den Vögeln?

1 Haustaube

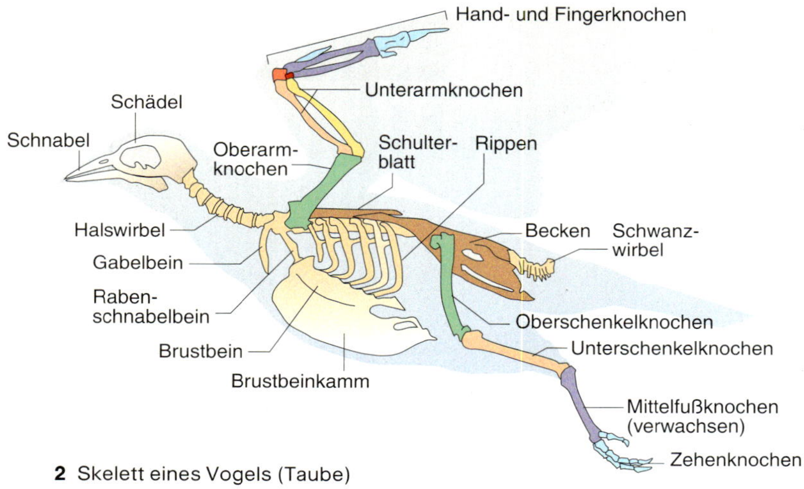

2 Skelett eines Vogels (Taube)

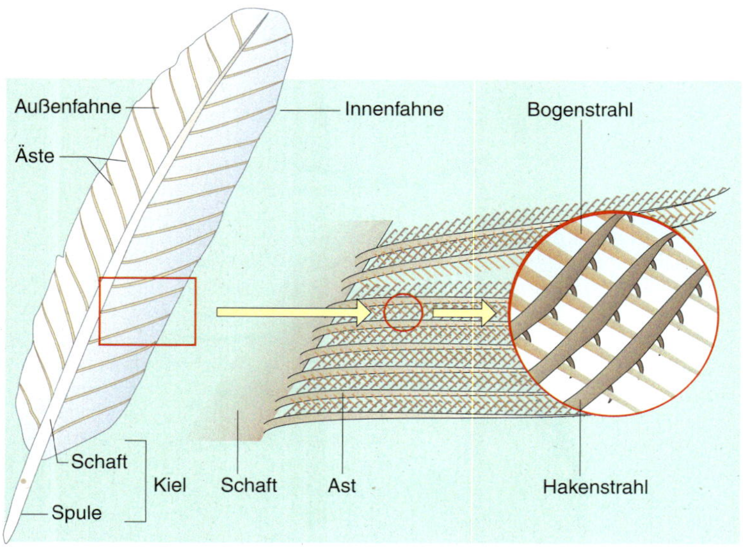

3 Aufbau einer Vogelfeder

Angepasstheiten des Vogelkörpers an den Flug

Jauchzend rennt ein kleines Kind auf einen Taubenschwarm zu. Doch bevor es ihn erreicht, erheben sich die Vögel mit wenigen Flügelschlägen in die Luft und gleiten einige Meter weiter wieder zu Boden.

Das **Fliegen** ist ein herausragendes Kennzeichen der Vögel. Diese besondere Fortbewegungsweise erfordert bestimmte *Voraussetzungen im Körperbau.* Die verschiedenen *Angepasstheiten* an das Fliegen lernst du am Beispiel der Tauben kennen (S. 270).

Eine *Taube* wiegt ungefähr 500 g, ein gleich großer Igel jedoch bis zu 1 000 g. Vögel sind also leichter gebaut als vergleichbare Säugetiere. Ein Grund für das geringere Gewicht der Vögel sind ihre *hohlen, luftgefüllten Röhrenknochen*, die kein Mark enthalten.

Wenn die Flügel beim Flug auf- und abschlagen, treten starke Kräfte auf. Dies erfordert eine hohe Festigkeit des *Rumpfes.* Er wird durch die fest miteinander verwachsene Einheit von Brust- und Lendenwirbeln sowie der Beckenknochen und dem Brustkorb, der aus dem Brustbein und den Rippen besteht, gebildet. Die *Gabelbeine* und die *Rabenschnabelbeine* des Schultergürtels versteifen den Rumpf noch zusätzlich. Dieser starre und feste Rumpf dient den Flügeln als Widerlager. Am breiten *Brustbeinkamm* setzen die kräftigen Flugmuskeln an, welche die Flügel bewegen. Der große Brustmuskel bewirkt den Abschlag, der kleine Brustmuskel hebt die Flügel nach dem *Gegenspielerprinzip* beim Aufschlag.

Die **Federn** sind das wichtigste Kennzeichen der Vögel. Der *Kiel* gibt einer Feder, die mit ihrer *Spule* in der Haut steckt, durch seinen röhrenförmigen Aufbau Festigkeit. Die *Fahne* wird durch kleine *Äste* gebildet, die von zwei Seiten des *Schaftes* abzweigen. Von jedem Ast gehen nach der einen Seite bogenförmige Strahlen ab, nach der anderen Seite solche mit kleinen Häkchen. Diese *Bogen-* und *Hakenstrahlen* benachbarter Äste verhaken miteinander wie bei einem Klettverschluss und bilden eine zusammenhängende, luftundurchlässige Fläche.

Man unterscheidet vier verschiedene Federtypen. Die *Schwungfedern* bilden als Hand-

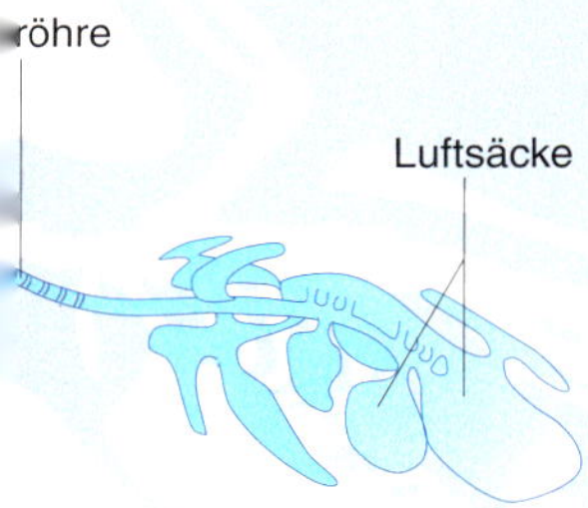

Atmungsorgane beim Vogel

und Armschwingen die Tragflächen des Flügels. Mit den großen *Schwanzfedern* steuert die Taube den Flug und bremst bei der Landung. Die *Deckfedern* verkleiden den Rumpf stromlinienförmig und schützen ihn vor Verletzungen. Die *Daunen* oder *Dunenfedern* liegen unter den Deckfedern. Sie umschließen durch ihren lockeren Aufbau viel Luft. Da Luft ein schlechter Wärmeleiter ist, verringert das Gefieder Wärmeverluste. Vögel benötigen eine gleich bleibende Körpertemperatur von etwa 41 °C.

Vögel haben beim Fliegen auch einen erhöhten *Sauerstoffbedarf*. Mithilfe besonderer *Luftsäcke*, die mit den *Lungen* in Verbindung stehen, können sie doppelt so viel Atemluft aufnehmen wie ein vergleichbares Säugetier. Die Lungen bestehen aus vielen dünnwandigen, feinverzweigten Röhrchen. Diese geben an parallel verlaufende kleine Blutgefäße rasch Sauerstoff ab und nehmen von diesen Kohlenstoffdioxid auf. Die Atemluft in den Lungen und Luftsäcken kühlt die Wärme erzeugenden Muskeln im gesamten Rumpf. Das im Vergleich zu den Säugetieren größere Herz der Vögel pumpt so viel Blut durch den Körper, dass jederzeit ausreichende Sauerstoffmengen für den Flug transportiert werden können.

Schwungfeder

Das *Gewicht* der Vögel wird auch durch Anpassungen bei Fortpflanzung und Entwicklung der Jungvögel niedrig gehalten. Die Weibchen legen die *Eier* in bestimmten Abständen nacheinander ab. Deshalb werden sie beim Fliegen jeweils nur durch das Gewicht eines Eies belastet. Die weitere Entwicklung der Nachkommen erfolgt nach der Eiablage außerhalb des Körpers im *Nest*.

Daune

Mit dem *zahnlosen Schnabel* aus leichtem *Horn* nimmt die Taube Nahrung auf, die überwiegend aus Samen, Blättern und Beeren besteht. Im *Kropf* werden die Körner eingeweicht und im *Kaumagen* zerkleinert. Die energiereiche, wasserarme Nahrung wird schnell verdaut und belastet damit nur kurze Zeit den Vogelkörper.

Deckfeder

Schwanzfeder

Aufgaben

① Fasse die Angepasstheiten des Vogelkörpers und ihre Bedeutung in einer Tabelle zusammen.

② Welche wilden Taubenarten bewohnen neben den Haustauben unsere Städte? Schlage in einem Vogelbestimmungsbuch die Merkmale im Vergleich zu denen der Haustauben nach. Berichte.

Zettelkasten

Taubenplage in Großstädten

In den Großstädten sind *verwilderte Haustauben* zu einem Problem geworden. Ihr ätzender Kot nagt an Häusern und Baudenkmälern. Sie übertragen mit ihrem Kot Krankheitserreger, die Infektionskrankheiten auslösen können. In Sandkästen, die mit Taubenkot verunreinigt sind, können sich dann Kinder anstecken.

Da viele Menschen die Tauben aus Tierliebe füttern, können die verwilderten Haustauben praktisch das ganze Jahr über Junge aufziehen. Sie kommen auf bis zu fünf Bruten in zwölf Monaten. Ihre lockeren Nester aus Zweigen errichten sie auf Vorsprüngen oder in Nischen von Gebäuden. Die Weibchen legen jeweils zwei Eier, die von beiden Eltern abwechselnd 18 Tage lang bebrütet werden. Die blinden Jungen werden anfangs mit *Kropfmilch*, einem käseartigen Brei aus dem Kropf der Eltern, später mit Körnerfutter aufgezogen. Die Jungtauben wachsen sehr schnell. Wenn sie dann nach etwa drei Wochen ausfliegen, bereiten die Altvögel schon die nächste Brut vor.

Da natürliche Feinde, wie Wanderfalke und Habicht, in Städten normalerweise fehlen, kommt es oft zu einer sehr starken Vermehrung der Tauben. Die vom Menschen ergriffenen Maßnahmen zur Verringerung der Taubenzahl in den Städten waren in vielen Fällen nur wenig erfolgreich.

Aufgabe

① Welche Maßnahmen zur Verringerung der Taubenanzahl sind euch bekannt? Diskutiert in der Klasse mögliche Auswirkungen.

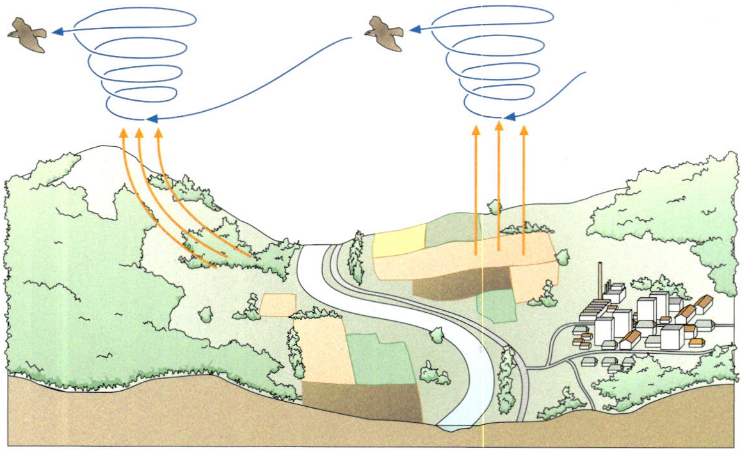

1 Der Segelflug des Mäusebussards

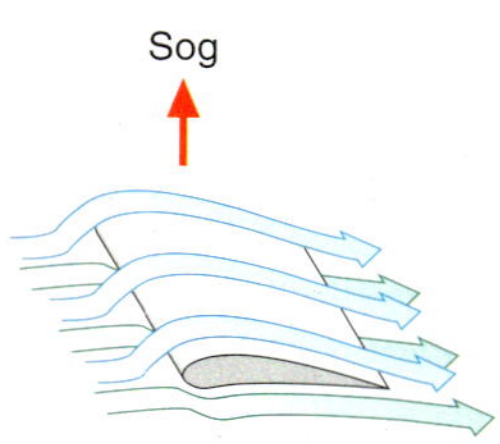

Flügelquerschnitt mit Luftströmung

Wie Vögel fliegen

Ohne sichtbaren Flügelschlag gleitet ein *Mäusebussard* auf einen Zaunpfahl zu und landet auf ihm. Erst kurz vor dem Aufsetzen schlägt er mit den Flügeln, um zu bremsen. Diese einfachste Flugform der Vögel bezeichnet man als **Gleitflug**. Dabei kommen die Vögel mit ausgebreiteten Flügeln ohne Flügelschlag, jedoch unter langsamem Höhenverlust, vorwärts. Wie ist so ein Flug möglich?

Am Flügel des Bussards erkennt man im Querschnitt eine deutlich ausgebildete *Wölbung*. Im folgenden Versuch wird ihre Bedeutung für den Flug klar. Über ein vergleichbar gewölbtes Blatt Papier wird die Luft geblasen. Dabei entsteht ein *Sog*, der das Blatt nach oben zieht. Dieser *Auftrieb* tritt in gleicher Weise am Flügel des Bussards auf, wenn beim Gleitflug Luft darüber strömt.

Welche Faktoren wirken beim Gleitflug mit? In einem Versuch ermittelten Wissenschaftler die *Gleitstrecken* von drei Vogelarten bei Windstille und einer Anfangshöhe von 10 m (s. Abb. 2) sowie jeweils deren Flügelfläche und das Körpergewicht (s. Tabelle in der Randspalte). Aus dem Vergleich der Werte kann man schließen: je größer die Flügelfläche, umso größer der Auftrieb. Aber auch je höher das Körpergewicht ist, desto stärker wird der Vogel von der Schwerkraft zu Boden gezogen. Daneben wirken weitere Faktoren mit.

Wie kann nun aber ein Mäusebussard minutenlang in der Luft bleiben und den Höhenverlust ausgleichen, ohne mit den Flügeln zu schlagen? Ein Versuch macht uns eine wichtige Voraussetzung für diese Flugform klar. Über einer brennenden Kerze steigt warme Luft auf. Bringt man in die aufsteigende Luft eine Daunenfeder, wird sie von der warmen Luft nach oben getragen.

Mithilfe dieser Beobachtung können wir die obige Frage beantworten. Der Mäusebussard segelt mit ausgebreiteten Flügeln **(Segelflug)** in aufsteigender Luft, die einen Auftrieb bewirkt. Ist der Auftrieb stark genug, so steigen die Vögel im Segelflug sogar noch weiter empor. Aufsteigende Luft entsteht an Berghängen oder infolge der unterschiedlichen Erwärmung von Landschaftsteilen. So erwärmen sich dunkle Flächen wie abgeerntete Felder schneller als etwa Wälder.

Vögel mit großflächigen, annähernd rechteckigen Flügeln besitzen gute Segelflugeigenschaften über Land (Mäusebussard, Steinadler). Gute Segelflieger über dem Meer, wie die Möwen und der Albatros, haben ebenfalls große, aber schmale Flügelflächen, die zum Ende hin spitz zulaufen. Diese Flügelform ist bei den böigen Winden über dem Meer stabiler.

Die häufigste Flugart bei Vögeln ist aber der **Ruderflug**. Hierbei werden die Flügel auf- und abgeschlagen. So entsteht auch in ruhender Luft ein Auftrieb. Indem die Flügel bei der Abwärtsbewegung nach hinten bewegt werden, wird auch Vortrieb erzeugt.

	Flügelfläche (in cm^2)	Körpergewicht (in kg)
Taube	680	0,3
Adler	5930	4,2
Bussard	2030	0,9

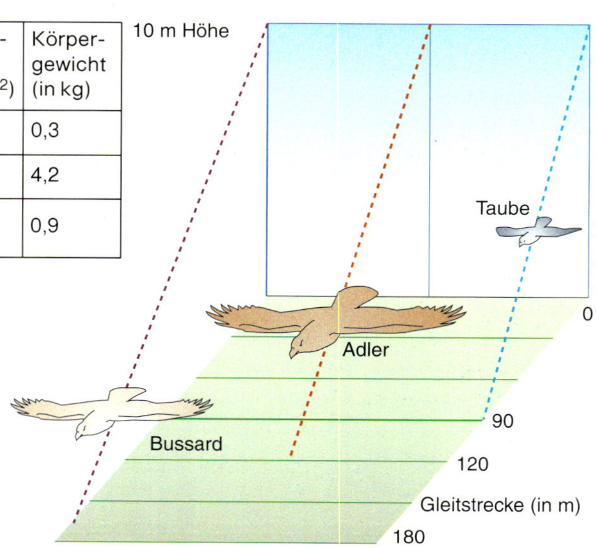

2 Gleitstrecken verschiedener Vogelarten

Federn und Vogelflug

Fast mühelos bewegen sich Vögel in der Luft. Wie kommt der Vogelflug zustande? Welche Rolle spielt das Federkleid dabei?

Der Stoff, aus dem die Federn sind

(1) Halte mit einer Zange eine kleine Feder in die Flamme eines Bunsenbrenners (Vorsicht!). Beschreibe den Geruch!

Wie schwer ist eine Feder?

(2) Lege eine Feder auf ein Blatt Millimeterpapier. Fahre den Umriss mit einem Bleistift nach. Schneide anschließend die gezeichnete Papierfeder aus. Wiege jetzt die Papierfeder und die Vogelfeder. Erkläre das Ergebnis!

(3) Bestimme die Fläche der Papierfeder. Schneide so lange von der Papierfeder etwas ab, bis sie mit dem Gewicht der Vogelfeder übereinstimmt. Zähle die Fläche auf dem Millimeterpapier aus. Erkläre das Ergebnis!

Federsammlung

(4) Im Wald findest du häufig Federn von der Mauser oder von einem Vogel, der von einem Beutegreifer getötet wurde, und im Zoo kann man auch farbenprächtige Federn von tropischen Vögeln entdecken.

(5) Versucht, Ordnung in euren Fund zu bringen, klebt anschließend die Federn auf einen Karton auf und legt zusammen in der Schule eine Federsammlung an.

Notiere zu den Funden die Vogelart, den Federntyp, Fundort und Datum.

Wie sind die Federn aufgebaut

(6) Streiche mit deinen Fingern an einer Federkante auf und ab. Beschreibe die Beobachtung.

(7) Untersuche eine Feder mit dem Mikroskop und zeichne sie an einer auseinander gerissenen Stelle.

(8) Versuche, eine brennende Kerze durch eine Schwungfeder auszublasen. Gib das Ergebnis an.

Der Flügel beim Fliegen

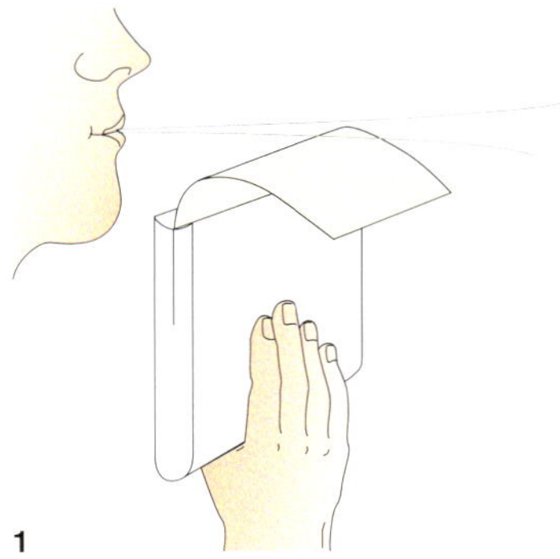
1

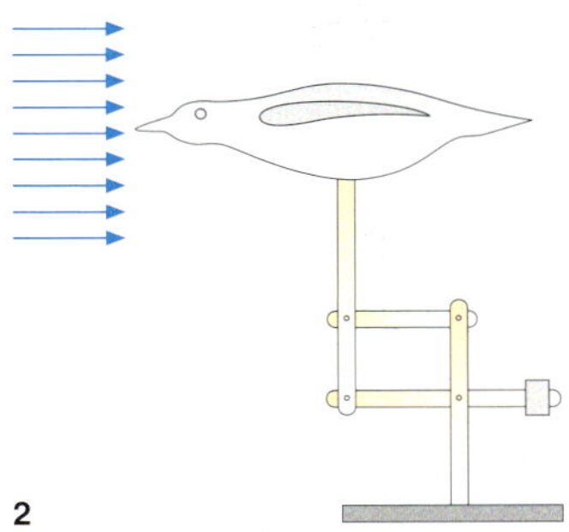
2

(9) Klemme in dein Biologiebuch ein Blatt Papier so ein, dass es nach vorne überhängt (Abb. 1). Blase jetzt kräftig über das Papier. Beschreibe das Ergebnis. Übertrage das Ergebnis auf einen Vogelflügel.

(10) Befestige einen Balsaholzgleiter oder einen Vogelbalg mit ausgebreiteten Flügeln auf einer Briefwaage (Abb. 2). Blase die Flügel von vorne mit einem Fön an. Beschreibe und deute das Ergebnis in deinem Heft.

(11) Gib zu dem Luftstrom Rauch. Wie streicht der Luftstrom über die Oberseite und die Unterseite des Flügels?

Warme Luft und Fliegen

(12) Spanne ein Glasrohr senkrecht an einem Stativ ein (Abb. 3). Stelle unter das Glasrohr eine brennende Kerze.

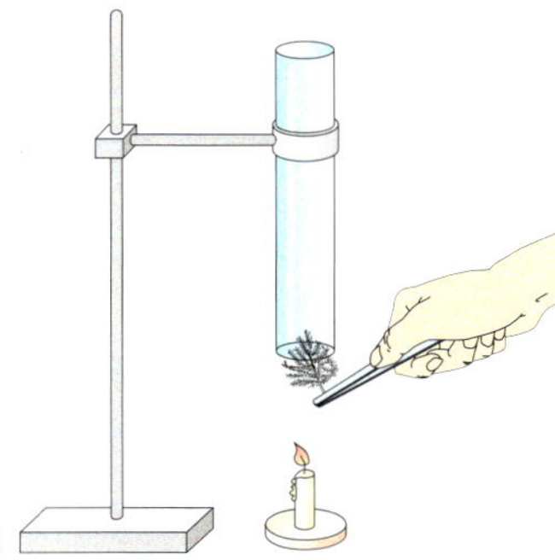
3

Bringe mit einer Pinzette eine kleine Daunenfeder oberhalb der Flamme in das Rohr. Beschreibe und deute das Ergebnis für den Vogelflug.

Isolieren Federn?

(13) Fülle in zwei große Reagenzgläser ca. 40 °C warmes Wasser ein. Verschließe sie mit durchbohrten Gummistopfen. Durch die Öffnung wird vorher mit etwas Vaseline jeweils ein Thermometer gesteckt. Fülle 2 Ein-Liter-Bechergläser mit ca. 15 °C warmen Leitungswasser. Stelle das eine Reagenzglas so in das Becherglas, während das zweite in ein Würstchenglas mit einer Füllung von Daunenfedern eingebracht wird (Abb. 4).

(14) Bringe die Versuchsansätze gleichzeitig in die Bechergläser. Schalte eine Stoppuhr ein. Notiere nach jeweils einer Minute (über 10 Minuten) die Temperatur der beiden Gläser.

(15) Deute das Ergebnis für Vögel im Winter und auf dem Wasser.

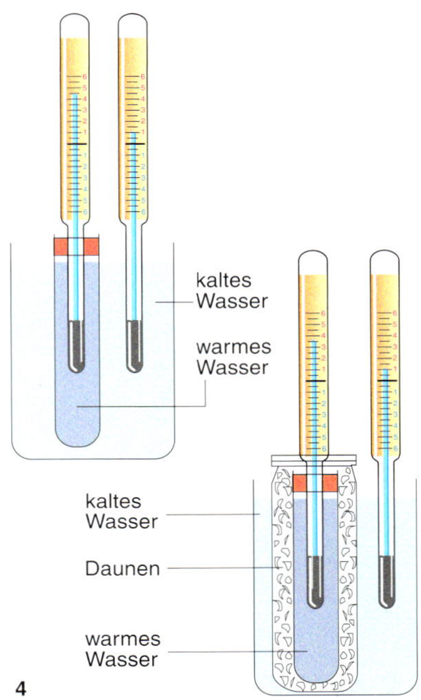

4

1 Haushühner auf dem Bauernhof

Das Haushuhn — Fortpflanzung und Entwicklung bei Vögeln

Balz
Besonderes Verhalten von Männchen und Weibchen, das die Paarbildung einleitet und festigt.

Kloake
letzter Abschnitt des Enddarmes, in den die Ausgänge von Harnblase und Eierstock oder Hoden münden.

Wenn auf einem Bauernhof Hühner im freien Auslauf gehalten werden, kann man dort manchmal folgendes *Verhalten* beobachten. Ein *Hahn* lockt mit Futter im Schnabel eine *Henne* an. Nähert sich diese, umtanzt er sie mit kurzen Schritten. Er senkt und spreizt dabei den von ihr abgewandten Flügel, sodass es aussieht, als ob er stolpere. Duckt sich die Henne nach diesen *Balzhandlungen*, steigt der Hahn auf und presst seine *Kloake* auf die der Henne. Diese geschlechtliche Vereinigung der Hühner nennt man *Treten.* Die Spermien, die beim Treten übertragen werden, schwimmen in den oberen Teil des Eileiters. Verschmilzt jetzt der Zellkern eines Spermiums mit dem einer Eizelle, ist die *Befruchtung* erfolgt (S. 278).

Die verschiedenen Teile des **Hühnereis** werden auf dem Weg durch den *Eileiter* gebildet (Abb. 2). Aus der *befruchteten Eizelle* entsteht durch Teilungen die *Keimscheibe*, die auf der Dotterkugel schwimmt. Der Dotter dient zur Ernährung des Hühnerembryos, der sich aus der Keimscheibe entwickelt. Das *Eiklar*, die *Hagelschnüre* und zwei *Schalenhäute* werden von Teilen des Eileiters um den Dotter gebildet. Zum Schluss erhält das Ei in der *Schalendrüse* die *Kalkschale*. Diese Schale besitzt viele *Poren*, durch die später Luft für die Atmung des Vogelembryos hindurch kann. 24 Stunden nach der Befruchtung wird das Ei aus der Kloake ausgepresst.

Hühner, die in sogenannten *Legebatterien* gehalten werden, legen fast jeden Tag ein unbefruchtetes Ei. 250 Eier werden von einer Henne im Durchschnitt pro Jahr gelegt. Die hohe Legeleistung wird durch das regelmäßige Entfernen der Eier möglich. So erreicht die Henne nie ein vollständiges *Gelege*, was unter normalen Bedingungen die Eiablage stoppen würde.

Aufgaben

① Schneide mit dem Messer vorsichtig ein hart gekochtes Ei längs durch. Zeichne und beschrifte alle erkennbaren Teile unter Verwendung von Abbildung 2.

② Nimm ein Stückchen Kalkschale und betrachte es mit der Lupe. Was kannst du erkennen?

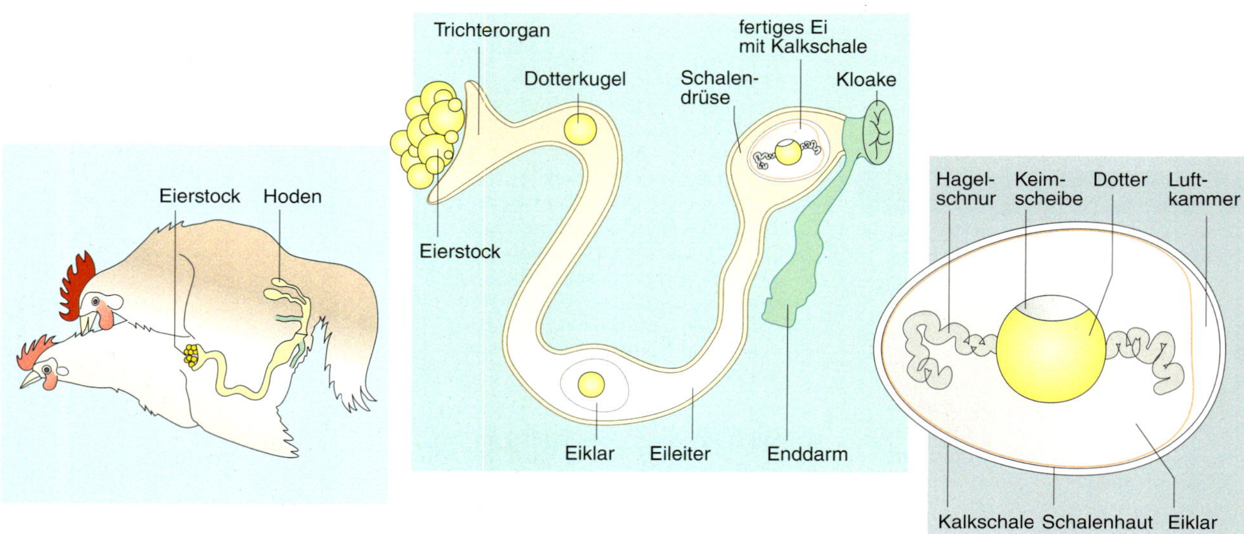

2 Schematische Darstellung der Begattung bei Hühnern und zur Bildung des Hühnereis

Vom Ei zum Küken

Glucke
Henne, die Eier ausbrütet bzw. Küken führt.

Nur aus einem befruchteten Ei kann ein *Küken* entstehen. Das Ei enthält alle Stoffe, die der Hühnerembryo zur Entwicklung benötigt. Der Dotter enthält Fett und Eiweiße, das Eiklar speichert Wasser, Eiweiß, Vitamine und Salze. Sobald die *Glucke* die Eier bebrütet, setzt die Entwicklung des Embryos ein.

Die Glucke überträgt ihre Wärme durch den *Brutfleck*, einer federlosen Stelle auf der Bauchseite, auf die Eier. Sie wendet die Eier regelmäßig mit ihrem Schnabel, sodass diese gleichmäßig gewärmt werden. Die Hagelschnüre halten die Dotterkugel stets so, dass die Keimscheibe oben bleibt.

Nach 3 Tagen kann man auf der Dotterscheibe *Adern* erkennen, die den *Keim* mit Nährstoffen aus Dotter und Eiklar versorgen. Nach 6 Tagen werden Kopf, Augen und die spätere Wirbelsäule sichtbar. Nach 14 Tagen sind Kopf, Schnabel und Augen bereits weit entwickelt. Man sieht jetzt auch deutlich die Flügel und die ersten Federn. Am 21. Bruttag durchbricht das Küken mithilfe des *Eizahnes*, das ist ein Kalkaufsatz am Oberschnabel, die Eischale und schlüpft aus.

Nach kurzer Zeit ist das Daunenkleid trocken. Danach verlässt das Küken das Nest für immer. Es kann sofort sehen und unter der Führung der Glucke Futter suchen. Hühnerküken sind **Nestflüchter**.

Nesthocker (Taube)

Junge Tauben dagegen liegen in den ersten Tagen ihres Lebens nackt und blind im Nest. Sie sind, wie viele andere Vögel auch, **Nesthocker**, die bis zum Ausfliegen auf die Altvögel angewiesen sind.

Aufgaben

① Lege ein rohes Ei waagrecht in eine Vertiefung eines Eierkartons. Stich mit einer Einwegspritze durch die Kalkschale und sauge ca. 1,5 ml Eiklar ab. Nun kannst du das Ei von oben mit Schere und Pinzette öffnen, ohne dass es ausläuft.
   a) Was erkennst du im Inneren?
   b) Versuche mit Präpariernadel und Pinzette den Dotter zu drehen bzw. zu wenden. Was geschieht?

② Beschreibe die Entwicklung des Hühnchens im Ei nach den Fotos auf dieser Seite.

③ Fasse die Unterschiede zwischen Nesthockern und Nestflüchtern in einer Tabelle zusammen.

Nestflüchter (Huhn)

1 Entwicklung eines Kükens im Ei

2 Zum Verhalten der Vögel

1 Kampfverhalten bei Junghähnen

Verhalten der Hühner

Hühnerküken müssen das Bild ihrer Mutter in den ersten Lebensstunden kennen lernen, um ihr folgen zu können. Dieses *Lernen* läuft so schnell und unveränderlich ab, wie wenn du deine Hand in feuchten Gips drückst. Nach dem Trocknen bleibt der Abdruck der Hand erhalten. Diese Form des Lernens bezeichnet man als **Prägung**.

Mit den „gluck, gluck, gluck"-Lauten lockt die Glucke ihre Küken zum Futter und hält die Schar zusammen. Verliert ein Küken den Anschluss, piepst es und die Glucke führt es zu den anderen zurück. Werden die Küken angegriffen, ist die Glucke sofort zur Verteidigung bereit.

Die Hühnerküken picken in den ersten Tagen nach allen Gegenständen, die wie ein Korn oder Wurm aussehen oder wie Wasser glänzen. So *lernen* sie durch *Probieren* Genießbares und Ungenießbares voneinander zu unterscheiden.

Im Alter von drei Wochen finden erste *Kämpfe* statt. Ein Küken hackt wie spielerisch nach einem anderen, das andere weicht zurück. Wiederholt sich der Vorgang, so ist das zurückweichende Küken dem anderen unterlegen. Bis zum Alter von 15 Wochen haben alle Hühner einer *Schar* ihre Positionen zueinander eingenommen und jedes Huhn hat nun einen festen Platz in der **Rang**- oder **Hackordnung** der Gemeinschaft.

Ranghohe Hennen fressen zuerst und nehmen die besten Schlafplätze auf den Sitzstangen ein. Rangniedere Hennen müssen auch beim *Staubbaden* und am Legenest hinter den Ranghöheren zurückstehen. Der Vorteil der festgelegten Rangordnung liegt für die Schar darin, dass es dann nur noch selten zu Kämpfen kommt (S. 274).

Aufgaben

① Erkläre nun mit dem, was du über das Verhalten der Hühner erfahren hast, die Ergebnisse der folgenden Experimente.
   a) Ein Küken wird unter eine Glashaube gesteckt. Das Küken flattert ängstlich umher und piepst. Die Glucke reagiert nicht.
   b) Ein Küken wird unter einem Korb versteckt. Sobald das Küken piepst, gluckt die Henne erregt. Sie geht umher und pickt gegen den Korb.

② Eine ranghohe Henne wird aus der Schar herausgefangen und ihr Gesicht mit Farbe angemalt. Wenn sie zur Schar zurückgesetzt wird, reagieren die anderen Hühner so, als sei sie ihnen fremd. Nach einer Weile greift eine rangniedere Henne an. Doch die ursprünglich Ranghöhere wehrt sich so heftig, dass die Angreiferin ablässt. Erkläre die Beobachtungen.

③ Auch junge Hähne kämpfen untereinander eine Rangfolge aus. Beschreibe mit eigenen Worten die in der Abbildung 1 erkennbaren Verhaltensweisen.

Hühnerhaltung

Man unterscheidet heute hauptsächlich zwei Formen der Hühnerhaltung, die *Bodenhaltung* und die *Legebatterien*. Bei der Bodenhaltung wird eine große Zahl von Hühnern auf Streu in einem Stall gehalten. Durchschnittlich sechs Hennen halten sich auf einem Quadratmeter auf. Sie können frei auf der Streu herumlaufen, picken und scharren, Futter und Wasser aufnehmen sowie ihre Eier in Nester ablegen.

Die meisten Hühner leben aber in Batteriehaltung. Dabei sind Tausende von Käfigen mit je vier Hennen in großen Ställen neben- und übereinander gestapelt. Die Hennen werden automatisch gefüttert und getränkt und haben nur sehr wenig Bewegungsfreiheit. Die Eier fallen durch den Drahtboden in eine Sammelrinne und kommen so nicht mit dem Kot, der mit Fließbändern abtransportiert wird, in Berührung. Die Ställe sind klimatisiert und 16 Stunden am Tag gleichmäßig beleuchtet, somit fressen die Hühner ständig und legen viele Eier.

In **Legebatterien** leben jeweils vier Hennen in einem Käfig, der meist weniger als einen halben Quadratmeter groß ist. Damit steht jedem Tier etwa die Größe dieser Buchseite als Platz zur Verfügung.

Ab dem Jahr 2003 dürfen keine Legebatterien mehr eingerichtet werden. Ab 2012 werden sie ganz abgeschafft.

Aufgabe

(1) Diskutiert Pro und Contra der Boden- bzw. der Legebatterien-Haltung.

1 Bodenhaltung

2 Legebatterie

Zettelkasten

Paduaner Zwerghuhn

Antwerpener Barthuhn

Bankivahahn

Bankivahenne

Wyandotte

Seidenhuhn

Vom Bankivahuhn zu den Hochleistungsrassen

Alle Haushuhnrassen sind durch *Züchtung* aus dem Bankivahuhn entstanden. Bankivahühner leben heute noch wild in den Wäldern Südostasiens. Sie fressen Samen und Knospen und scharren im Boden nach Würmern und Insekten. Zur Gefiederpflege baden sie häufig im Sand. Abends fliegen sie in das Geäst von Bäumen und übernachten dort. Die Henne legt einmal im Jahr 8 – 12 Eier. Unsere Hochleistungsrassen dagegen erreichen heute eine Legeleistung von über 300 Eiern pro Jahr.

Zum Verhalten der Amsel

Amseln kommen häufig in Wäldern, Gärten, Parks und Ortschaften vor. In der Nähe menschlicher Siedlungen finden sie gute Überlebensmöglichkeiten; sie sind Kulturfolger. Amseln kann man leicht beobachten, da sie nicht so rasch fliehen wie viele andere Wildtiere. Solche Freilandbeobachtungen lassen sehr zuverlässige Aussagen über das natürliche Verhalten der Tiere zu. Im Gegensatz zu Experimenten in Gefangenschaft wird das Verhalten nicht durch den Menschen beeinflusst.

Ein Vorteil ist auch, dass erwachsene Männchen und Weibchen leicht zu unterscheiden sind. Das Weibchen ist einfarbig erdbraun mit einer heller gefleckten Kehle. Der Schnabel ist braun. Männliche Amseln besitzen ein einfarbiges kohlschwarzes Gefieder. Im ersten Winter färbt sich der Schnabel der männlichen Jungvögel orangegelb und der Augenring wird auffallend gelb.

Das Verhalten der Amsel ist nicht zu jeder Jahreszeit gleich. Wenn du vorhast, das Verhalten der Amseln im Garten zu studieren, ist es wichtig vorher zu überlegen, welche Verhaltensweisen in der jeweiligen Jahreszeit zu erwarten sind.

Neben einigen besonderen Verhaltensweisen im Jahresverlauf zeigen die Amseln jedoch auch einige Verhaltensweisen über das ganze Jahr hinweg.

Folgendes Material kann bei den Beobachtungen hilfreich sein: Großformatige Grundstückskarte; Schreibunterlage, Stift (Einzeichnen von Revieren, Nist- und Gesangsplätzen), Notizblock, Uhr, Fotoapparat, Tonbandgerät, Feldstecher.

① Betrachte die Grafik zum Jahresverlauf und nenne besondere Verhaltensweisen, die du zur Zeit bei der Amsel beobachten könntest.
② Beobachte mehrmals zu unterschiedlichen Zeiten und Tagen die Amseln deiner Umgebung und fülle die Tabelle aus.

Datum			
Start-/Endzeit	–	–	–
Temperatur	....	....	....
Wetter	....	....	....
♂ gesamt	....	....	....
♀ gesamt	....	....	....
♂,♀ gesamt	....	....	....

Gesangsverhalten

Von Februar bis Juli erklingt der Frühlingsgesang der Amseln und von September bis Oktober kann man den deutlich leiseren Herbstgesang hören.

③ Welches Geschlecht haben die singenden Amseln?
④ Markiere die Stellen, an denen du eine singende Amsel beobachtet hast. Haben diese Stellen etwas gemeinsam?

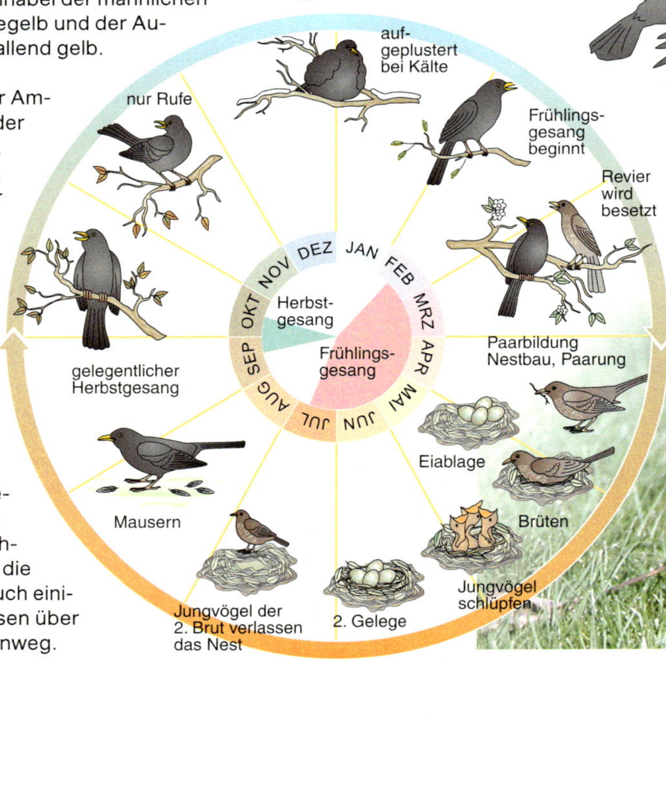

Nahrungssuche/-aufnahme

Große Rasenflächen (z. B. Sportplätze), Beete und fruchttragende Bäume und Sträucher bieten gute Möglichkeiten, Amseln bei der Nahrungsaufnahme zu beobachten.

⑤ Welche Nahrung nimmt die Amsel zu sich?
⑥ Wie bewegt sich die Amsel bei der Nahrungsaufnahme?
⑦ Wie behandelt die Amsel ihre Nahrung oder die Beute?
⑧ Wie erfolgt die Nahrungssuche, z. B. in Laubhaufen?

Eine besondere Situation zur Beobachtung der Amsel bei der Nahrungsaufnahme ergibt sich im Winter an einem Vogelbrett oder Vogelhäuschen, da dies die einzige Stelle sein kann, an der die Amseln etwas zu fressen finden.

Bei allen Beobachtungen ist es wichtig, dass du deine Ergebnisse mit denen deiner Mitschüler vergleichst. Unterschiedliche Ergebnisse lassen sich erklären, wenn man vorher die Probleme aufgeschrieben hat, die sich bei der Beobachtung der Amseln ergeben haben.

Revier- und Brutverhalten bei Amseln

Im zeitigen Frühjahr hört man häufig den Gesang von Amselmännchen. An ihrem tiefschwarzen Gefieder und dem gelben Schnabel sind sie leicht erkennbar. Der Gesang zeigt weiblichen Amseln an, dass ein paarungsbereiter Amselhahn ein *Revier* besetzt hat. Wird ein Weibchen angelockt, balzt er und die beiden bilden ein Amselpaar. Der gleiche Gesang wirkt auf einen anderen Amselhahn jedoch ganz anders: Er signalisiert ihm, dass hier eine Rivale ist, der sein Revier verteidigen wird. Missachtet der fremde Amselhahn diese Warnung, bedrohen sich beide Vögel gegenseitig. Gibt keiner nach, kommt es sogar zum Kampf. Männchen oder Weibchen anderer Vogelarten reagieren auf den Gesang des Amselhahns nicht.

Haben weibliche und männliche Amsel ein Paar gebildet, so suchen sie einen Nistplatz und beginnen mit dem Bau eines Nestes. Die Eier werden abgelegt. Sie zeigen eine bestimmte Färbung und ein bestimmtes Muster, an denen die Altvögel sie erkennen und mit der *Brut* beginnen. Nach etwa zwei Wochen schlüpfen die Jungen. Diese sind zunächst blind und liegen ruhig im Nest. Sobald ein Elterntier am Nest landet, strecken die Jungen die Hälse nach oben und reißen ihre Schnäbel weit auf, sodass der rote Schlund sichtbar wird. Dieses Verhalten nennt man *Sperren*. Gleichzeitig piepen sie. Für das Elterntier ist dieses Verhalten das Signal, den Jungen die mitgebrachte Nahrung in den Rachen zu stopfen. Sobald die Jungen sehen können, zeigen sie das Sperren, wenn sie ein Elterntier erblicken.

Aus dem Revier- und Brutverhalten der Amseln kann man schlussfolgern:
- Amseln können sich untereinander verständigen. Selbstverständlich benutzen sie dazu keine Wortsprache wie wir Menschen, sondern andere Signale.
- Als Signale dienen bestimmte Laute (z. B. der Gesang des Amselhahns), bestimmte Körpermerkmale (z. B. der rote Rachen der Jungen) oder bestimmte Verhaltensweisen (z. B. das Sperren).
- Die Signale werden von einem Sender (z. B. dem Amselmännchen) abgegeben und von einem Empfänger (z. B. dem Amselweibchen) aufgenommen.
- Wie ein Signal wirkt, hängt nicht nur vom Signal selbst ab, sondern auch vom Empfänger. Beispielsweise werden Amselweibchen durch den Gesang angelockt, andere Amselmännchen werden abgeschreckt. Für eine hungrige Katze ist es unwichtig, ob ein singender Amselhahn gerade sein Revier verteidigt, für sie ist er nur eine Beute.
- Nur Signale, die für den Empfänger wichtig sind, lösen eine erkennbare Reaktion aus. Beispielsweise reagieren Jungvögel auf den Gesang eines Amselhahns nicht, da sie mit ihm weder um Weibchen noch um Reviere konkurrieren.

Die beschriebenen Verhaltensweisen nennt man *Kommunikation*. Untersucht man dies bei den verschiedensten Tierarten, so kann man ein allgemein gültiges **Prinzip** erkennen: Bei der **Kommunikation** kommt es zu einer Informationsweitergabe zwischen einem Sender und einem Empfänger (S. 274).

1 Amselnest mit Eiern

2 Amselmännchen mit Jungen

Aufgaben

① Welches Signal löst das Sperren der noch blinden Jungamseln aus?

② Forscher zeigten jungen Amseln das aus Pappe ausgeschnittene Umrissbild einer erwachsenen Amsel – die Jungen sperrten. Das Bild der erwachsenen Amsel wurde immer mehr vereinfacht, die Abbildung in der Randspalte zeigt das Ergebnis. Von welcher Fragestellung könnten die Forscher ausgegangen sein? Erläutere das Ergebnis der Versuche.

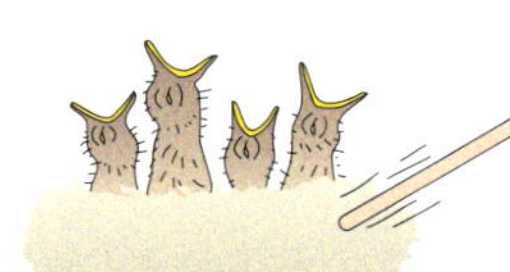

③ Auch das Verhalten der Altvögel beim Füttern wird durch bestimmte Signale ausgelöst. Schlage Versuche vor, mit denen man diesüberprüfen könnte.

④ Nenne andere Beispiele für Kommunikation unter Tieren.

1 Haussperling bei der Fütterung

2 Haussperling — Weibchen und Männchen

Der Haussperling — ein Kulturfolger

Feldsperling

„Tschilp! Tschilp!" schmettert das Männchen des Haussperlings sein Lied. Es sitzt auf der Dachrinne eines Hauses, nahe bei dem Dachziegel, unter den es die letzten Tage Grashalme eintrug. Das Männchen versucht, mit seinem lauten Tschilpen ein Weibchen anzulocken, was aber misslingt. Es fliegt ab und sammelt erneut Nistmaterial. Nun singt es mit dem Nistmaterial im Schnabel. Da nähert sich ein Weibchen und begutachtet das Nest unter dem Dachziegel. Das Männchen putzt und plustert sich indessen auf. Es *balzt* das Weibchen an. Das Weibchen duckt sich und zeigt Flügelzittern. Die Haussperlinge paaren sich nun mehrfach hintereinander.

Die Balz der Haussperlinge, die auch *Spatzen* genannt werden, setzt in der zweiten Februarhälfte ein und erreicht Ende März ihren Höhepunkt. Das Weibchen legt einige Zeit nach der Begattung bis Mitte April die ersten Eier. Das Nest wird aus trockenen Halmen nach oben geschlossen gebaut. Das Gelege umfasst 3—6 Eier. Während der 14-tägigen Brutzeit kennzeichnet das Männchen mit lautem Tschilpen sein Revier. Die Jungen schlüpfen als nackte und blinde *Nesthocker*. Das Spatzenpärchen füttert seine Jungen durchschnittlich 300-mal pro Tag mit Würmern, Insekten und deren Larven. Nach 17 Tagen verlassen die Jungspatzen das Nest, werden aber von den Alten noch weiter ernährt. Sie müssen erst durch Nachahmung lernen, selbst Samen zu sammeln. Haussperlinge ziehen pro Jahr 2—3 Bruten auf.

Die Spatzen können mit ihrem kräftigen Kegelschnabel Samen von Wildkräutern und Getreidekörner aufquetschen und fressen. Sie nehmen auch Abfälle des Menschen, Obst oder Insekten. Haussperlinge haben sich als *Kulturfolger* dem Menschen eng angeschlossen. Als Lebensraum bevorzugen sie Wohnsiedlungen, besonders eingegrünte Altbauviertel der Städte, aber auch in Dörfern oder Industrieanlagen leben sie. Lediglich geschlossene Wälder werden gemieden.

Als Niststandorte werden Hohlräume unter Dachpfannen von Häusern oder Scheunen, Mauerlöcher und mit Efeu bewachsene Hauswände, aber auch Nistkästen genutzt.

Bereits im Juni bilden die Spatzen große *Schwärme*. Mit der Reife von Gersten- und Weizenfeldern können 500 bis zu 6000 Haussperlinge zusammen beobachtet werden. Da ein Sperlingspaar bei 3 Bruten und bis zu 300 Fütterungen pro Tag umgerechnet bis zu 50000 Blattläuse pro Jahr verfüttert, sollte man Sperlinge als *biologische Schädlingsbekämpfer* ansehen.

Gemeinsam ruhen sie laut tschilpend im Gebüsch und nehmen zusammen ein Staub- oder Wasserbad. Auch an Schlafplätzen kann man Ballungen von Sperlingen finden: 1600 Vögel in einer mit Efeu bewachsenen Hauswand. Im Frühjahr lösen sich die Schwärme auf und die Partner des Vorjahres finden wieder zusammen. Die Haussperlinge bleiben das ganze Jahr in unserer Region. Sie sind *Standvögel*.

Vögel in Gärten und Parkanlagen

Die **Kohlmeise** ist ein häufiger Jahresvogel. Charakteristisch ist ihr schwarzer Kopf mit weißen Wangen sowie die gelbe Unterseite. Wie alle Meisen brütet auch die Kohlmeise in *Höhlen*. Ihr Nest besteht aus Moos und wird mit Haaren und Federn ausgepolstert. Meist legt das Kohlmeisenweibchen in einer Brut bis zu 12 Eier. Insekten bilden die Hauptnahrung. Typisch im Gesang der Vögel sind sich wiederholende Strophen: „zi-zi-be-zi-zi-be".

Die **Blaumeise** ist kleiner als die Kohlmeise. Unverwechselbar ist das blaugelbe Gefieder. Sie sucht Insekten, deren Larven und Spinnen an den Zweigspitzen von Laubbäumen. Größere Samen hält sie mit dem Fuß fest und bearbeitet sie mit dem spitzen Schnabel. Das Gelege besteht aus 7 – 13 Eiern. Die Rufe der Blaumeise klingen wie „tsi-tsi-tsi-tsit".

Die **Tannenmeise** kommt in Nadel- und Mischwäldern sowie Gärten und Parkanlagen mit Nadelbäumen vor. Ihre Nahrung besteht aus Nadelbaumsamen und Nüssen, aber auch Insekten, deren Larven und Spinnen. Sie baut die Nester in Baumhöhlen oder Mäuselöchern. Meist hat sie zwei Bruten mit 6 – 10 Eiern. Die Tannenmeise ist, wie die Blaumeise, ein Vogel, der das ganze Jahr über bei uns bleibt.

Der **Kleiber** bewohnt Eichenwälder, kommt aber auch in Gärten und Parks vor. Er hat seinen Namen einer besonderen Eigenart beim Nestbau zu verdanken: Die Weibchen kleben den Eingang der Nisthöhle so lange mit lehmiger Erde zu, bis nur noch eine körpergroße Öffnung übrig bleibt. Seine Nahrung sucht der Kleiber am Baumstamm. Er ist der einzige einheimische Vogel, der dabei mit dem Kopf voran abwärts klettern kann. Im Sommer bilden Insekten, im Winter fetthaltige Baumsamen die Hauptnahrungsquelle.

Der **Gartenbaumläufer** klettert in kleinen Sprüngen, meist spiralig, am Stamm hoch. Mit seinem langen, gebogenen Schnabel liest der Vogel Insekten und deren Larven sowie Spinnen aus Spalten der Rinde ab. Das Nest für die 5 – 7 Eier baut er hinter abstehenden Rindenstücken oder in Baumspalten. Bis in die Höhenlagen brütet der ihm ähnliche *Waldbaumläufer*. Beide Arten lassen sich am besten an ihrem Gesang unterscheiden.

Der **Zaunkönig** ist ein kleiner, rundlicher brauner Vogel mit fast ständig steil aufgerichtetem Schwanz. Im kugelförmigen Nest in Bodennähe werden zwei Bruten mit 5 – 7 Jungen aufgezogen. Auffällig sind sein geradliniger, schnurrender Flug in Bodennähe, sein lauter Gesang sowie sein äußerst lebendiges Verhalten. Die Stimme des nur 8,5 g schweren Vogels ist bereits im ausgehenden Winter zu hören. Auf der Suche nach Nahrung, die aus Insekten, deren Larven, Würmern und Spinnen besteht, durchstöbert er das Gestrüpp und bewegt sich hierbei wie ein Kleinsäuger. Viele Zaunkönige überwintern bei uns, manche ziehen in der kalten Jahreszeit bis in den Mittelmeerraum.

1

2

3

4

5

6

7

8

9

10

Der Kuckuck ist ein Brutschmarotzer

Der Tierfotograf Paul Trötschel berichtet, wie er die *Entwicklung des Kuckucks* fotografiert hat (Seite 92). „Zuerst holte ich eine Sondergenehmigung bei der Naturschutzbehörde zum Fotografieren am Nest. Dann fuhren wir in ein sumpfiges Gelände mit Brennnesselbeständen und stellten dort unser Tarnzelt auf. Wir befanden uns in einer *Kolonie* von etwa 100 *Sumpfrohrsängernestern.* Aus dem Zelt konnten wir, ohne die Vögel zu stören, ein Sumpfrohrsängernest beobachten. Würde ein Kuckuck ausgerechnet in dieses Nest ein Ei legen? Nun begann das Warten, 8 bis 10 Stunden am Tag. Endlich, am 6. Tag, tauchte ein Kuckucksweibchen auf, nachdem das Rohrsängerweibchen gerade das Nest zur Futtersuche verlassen hatte. Das Kuckucksweibchen verschluckte schnell ein Ei und legte dafür ein eigenes in das Nest. Dann flog es mit einem weiteren Rohrsängerei im Schnabel davon. In diesen wenigen Sekunden hatte die Motorkamera den ganzen Film belichtet. Der Aufwand hatte sich gelohnt."

Das Sumpfrohrsängerweibchen brütet nach seiner Rückkehr weiter, ohne sich an den Veränderungen im Nest zu stören. Das Kuckucksei hat ungefähr gleiche Färbung und Fleckung, es ist aber etwas größer. Dieser Kuckuck wird — wegen der Ähnlichkeit im Aussehen der Eier — immer Sumpfrohrsänger als *Pflegeeltern* aufsuchen. Die *Wirtsvögel* ziehen dann seine Nachkommen auf.

Nach 12 Tagen schlüpft — kurz vor den Sumpfrohrsängern — das Kuckucksjunge aus. Wenige Stunden nach dem Schlüpfen bewegt sich der junge Kuckuck im Nest unruhig hin und her. Er versucht sich unter alle Gegenstände zu schieben, die er im Nest findet (Eier, Nestgeschwister oder hineingelegte Stoffbällchen). Er nimmt die Gegenstände auf den Rücken und wirft sie über den Nestrand hinaus. Dieses Verhalten ist angeboren und läuft ganz automatisch ab. Man sagt, es ist ein *Instinktverhalten.* Nach fünf Tagen erlischt diese Handlungsbereitschaft zum Hinauswerfen.

Der Kuckuck benötigt bei seinem starken Wachstum das ganze Futter, das seine Pflegeeltern herbeischaffen. Er öffnet unermüdlich seinen Schnabel. Der große, orangerote *Sperrrachen* ist dabei ein wirksamer *Schlüsselreiz* für die Elterntiere. Das lässt sich mit *Attrappenversuchen* nachweisen (vgl. Abbildungen in der Randspalte).

20 Tage nach dem Schlüpfen ist dem jungen Kuckuck das Nest zu klein. Er verlässt es, wird aber außerhalb noch drei Wochen von seinen Pflegeeltern weitergefüttert. Weil der Kuckuck seine Eier in die Nester anderer Vögel legt, sie dort ausbrüten und die Jungvögel von anderen aufziehen lässt, bezeichnet man ihn als *Brutschmarotzer* (S. 276). Im Spätsommer zieht der Kuckuck zur Überwinterung nach Zentral- oder Südafrika.

Aufgaben

① Beschreibe mit eigenen Worten die Verhaltensweisen des Kuckucks anhand der Fotografien.

② Diskutiert, ob das Verhalten des Kuckucks grausam ist, wenn er seine Nestgeschwister hinauswirft.

③ Erkläre, warum der junge Kuckuck auch Stoffbällchen aus dem Nest wirft.

Zettelkasten

Sumpfrohrsänger füttert seine Jungen

Ein Kuckuckswirt stellt sich vor: Der Sumpfrohrsänger

Sumpfrohrsänger sind an der Oberseite olivbraun und besitzen einen hellen Augenstreif. Auf der Unterseite ist das Gefieder schmutzig weißlich. Sie ernähren sich von Insekten und im Herbst auch von Beeren. Sumpfrohrsänger bauen ihr Nest an die Stängel mehrerer Pflanzen, z. B. in dichten Brennnesselbeständen. Die Weibchen legen etwa fünf bläulich weiß gefleckte Eier. Die Brutdauer beträgt 13 Tage. Danach bleiben die Nesthocker noch 10—13 Tage im Nest. Sumpfrohrsänger sind eine eher seltene Wirtsart des Kuckucks; häufiger sind Teichrohrsänger, Bachstelzen, Haus- und Gartenrotschwanz, sowie der Neuntöter.

Der Vogelzug — zum Überwintern in den Süden

Mauersegler

Anfang August sammeln sich in Mitteleuropa die *Mauersegler* und ziehen nach Afrika. Dort überwintern sie südlich der Sahara, weil sie bei uns im Winter keine Insekten als Nahrung finden. Solche jährlich wandernden Vögel werden als **Zugvögel** bezeichnet.

Woher wissen wir eigentlich, wohin die Zugvögel ziehen und auf welchem Weg dies geschieht? Erste Ergebnisse bei der Erforschung des Vogelzuges brachte ab 1899 die *Methode der Beringung* von Vögeln mit Aluminiumringen. Mitarbeiter von Instituten für wissenschaftliche Vogelkunde *(Vogelwarten)* legen bei Jungvögeln im Nest oder bei gefangenen Vögeln mit einer Beringungszange jeweils passende Ringe an. Sie notieren in Beringungslisten die Vogelart, das Geschlecht, den Zeitpunkt und Ort der Beringung unter der Nummer, die der Vogel erhalten hat. Die Beringungsliste wird an die Vogelwarte geschickt, für die der Beringer arbeitet. Zusätzlich sammeln viele Vogelfreunde *Ankunfts-* und *Abreisedaten* von heimischen Zugvögeln.

Von einhundert beringten Vögeln erhalten die Vogelwarten allerdings nur etwa fünf Rückmeldungen. Falls du also einen toten, beringten Vogel finden solltest, dann schicke den Ring an eine der beiden deutschen Vogelwarten *(Helgoland* oder *Radolfzell am Bodensee)*. Du gibst dazu Fundort, Datum, Fundumstände, Name und Adresse des Finders an. Bei einem verletzten Vogel schreibst du alle Angaben vom Ring ab und sendest sie mit den gleichen Beschreibungen wie oben an die Vogelwarte. Den verletzten Vogel bringst du zu einer Vogelpflegestation oder zu einem Tierarzt.

Eine andere Methode der Vogelzugforschung ist die *Radarbeobachtung*. Damit können nachts ziehende Vögel überwacht werden. Über große Entfernungen sammelt man Daten von Vögeln, die auf ihrem Rücken einen kleinen Sender tragen. Dessen Funksignale werden von einem Satelliten empfangen und an die Vogelwarte rückgemeldet.

Aus allen Rückmeldungen erstellen die Wissenschaftler dann *Zugkarten* für die einzelnen Vogelarten, die das *Brutgebiet*, den *Zugweg* und die *Überwinterungsgebiete* ausweisen.

Zu den Zugvögeln gehören viele bei uns heimische Arten, wie zum Beispiel Rauchschwalbe, Mehlschwalbe, Kuckuck und Weißstorch. Die Vögel, die das ganze Jahr an ihrem Standort bleiben, wie Haussperling, Dompfaff, Kleiber und Amsel, nennt man **Standvögel**. Die Vögel, die nur für kurze Zeit ungünstigen Lebensbedingungen ausweichen, gehören zu den **Strichvögeln**. Beispiele für diese Gruppe sind Kohlmeise, Blaumeise, Buchfink und Star. Nur wenn in strengen Wintern in Nordeuropa die Beerennahrung knapp wird, kommen Bergfinken, Tannenhäher oder Seidenschwänze plötzlich in großen Schwärmen zu uns. Solche Vögel, die in Schwärmen, aber nicht jeden Winter zu uns kommen, werden **Invasionsvögel** genannt.

Zettelkasten

1 Mehlschwalbe

2 Rauchschwalbe

Die Schwalben

Mehlschwalben bauen ihre Nester an Außenwänden von Gebäuden. In den Winkel von senkrechten und waagerechten Flächen kleben sie ihr rundliches Nest aus feuchtem Lehm und Stroh. Mehlschwalben bebrüten zweimal im Jahr ein Gelege von jeweils 4—6 Eiern. Sie ernähren sich von im Flug gefangenen Insekten. Mehlschwalben sind auf der Oberseite glänzend schwarzblau, am Bürzel und unterseits weiß. Der Schwanz ist kurz gegabelt.
Im Gegensatz dazu tragen die Rauchschwalben am gegabelten Schwanz noch lange äußere Schwanzfedern. Bei ihnen sind Stirn und Kehle rostfarben. Rauchschwalben nisten innerhalb von Gebäuden. Deshalb benötigen sie Einflugöffnungen, um in die Gebäude zu gelangen.

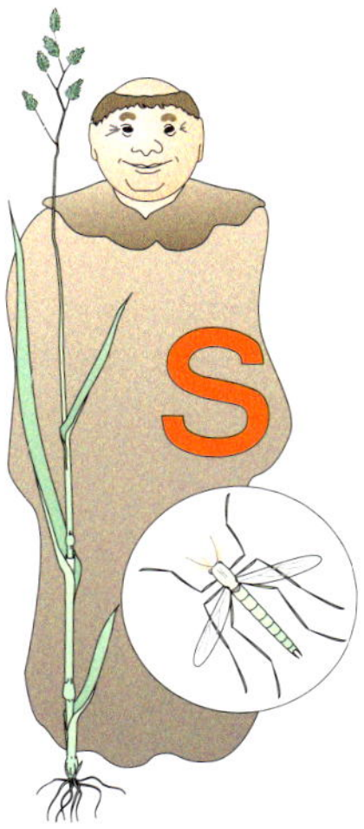

Welches sind die auslösenden Faktoren für den Vogelzug?

Bei Strichvögeln wie dem Star wird der Zug durch Nahrungsverknappung und schlechtes Wetter ausgelöst. Schwalben, Mauersegler und Störche ziehen aber schon nach Süden, bevor Nahrungsmangel oder Wetter die dazu zwingen. Um herauszufinden, ob Vögel in ihrem Zugverhalten von der Lichtmenge im Laufes des Tages ausgelöst werden, hielt man Vögel im Labor unter verschiedenen, konstanten Tageslängen. Alle Versuchstiere zeigten zur gleichen Zeit wie ihre frei lebenden Artgenossen Zugunruhe. Bei diesen Vögeln werden der Wegzug, der Federwechsel und die Fortpflanzung durch eine *innere* Uhr gesteuert.

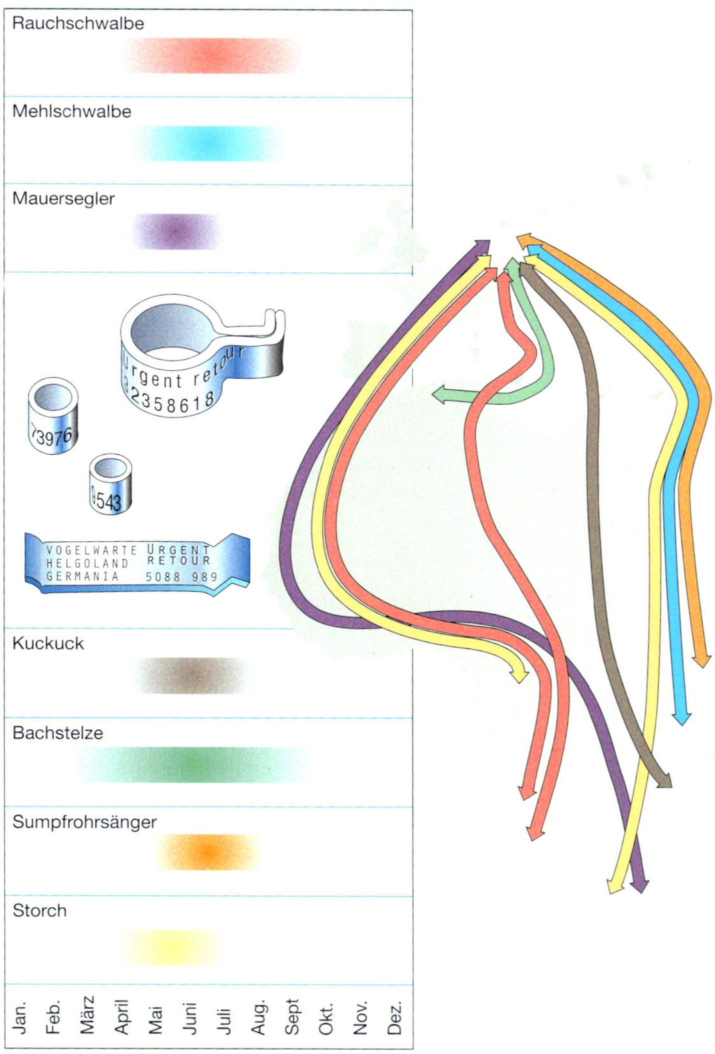

1 Aufenthaltsdauer und Zugwege von heimischen Zugvögeln

Wie orientieren sich die Vögel während des Vogelzugs?

Versuche haben gezeigt, dass man zwischen einer *Richtungsorientierung* und einer *Zielorientierung* unterscheiden muss. Am Tage ziehende Vogelarten versuchen auch im Labor zur Zugzeit im Herbst immer wieder nach Südwesten abzufliegen. Dies entspricht der natürlichen Zugrichtung. Man hat auch beobachtet, dass Jungkuckucke, die nachts und alleine ziehen, sicher ihr Überwinterungsgebiet in Afrika erreichen. Aus beiden Beobachtungen folgt, dass die Zugrichtung angeboren sein muss.

Am Tage ziehende Vögel richten sich dabei nach der Sonne *(Sonnenkompass)*. Sie verwenden zur Richtungsorientierung zusätzlich auffällige Oberflächenstrukturen der Erde, wie Küsten, Gebirge und Flüsse. Bei nachts ziehenden Grasmücken fand man im Planetarium heraus, dass sie ihre Zugrichtung mithilfe der Sterne festlegen (*Sternenkompass)*. An Rotkehlchen konnte man in Versuchen zeigen, dass sie sich noch nach dem Erdmagnetfeld orientieren können *(Magnetkompass)*, wenn man die Orientierung nach der Sonne und den Sternen verhinderte.

Aufgaben

① Was ist der für eine Bestimmung wichtige Unterschied im Flugbild von Mehl- und Rauchschwalbe?

② Wie ist es möglich, mithilfe der Beringung Angaben über das Zugziel, ja sogar über die Reisegeschwindigkeit eines Zugvogels zu erhalten?

③ Das Bildrätsel in der Randspalte gibt eine weitere Zugvogelart an. Welche?

④ Entnimm dem Vogelzugkalender aus Abbildung 1, wie lange sich die einzelnen Arten in ihrem Brutgebiet in Mitteleuropa aufhalten. Stelle die Zeiten in einer Tabelle zusammen.

⑤ Beschreibe die häufigsten Zugwege der bei uns heimischen Arten anhand der Abbildung 1.

⑥ Erkläre, warum Feuchtgebiete auf dem Zugweg für viele Zugvögel von großer Bedeutung sind.

⑦ Viele Zugvögel kommen nicht aus ihrem Winterquartier zu uns zurück. Überlegt gemeinsam, welche Gefahren die ziehenden Vögel bedrohen.

⑧ Sicher habt ihr noch andere Ideen, wie man den Vogelzug erforschen kann. Schreibt eure Vorschläge auf und diskutiert in der Klasse darüber.

Wintersnot — Vögel auf Nahrungssuche

Solange kein Frost auftritt und kein Schnee liegt, können die gesunden und kräftigen *Standvögel* den Winter selbst überstehen. Erst bei geschlossener Schneedecke ist die Nahrung (Samen, Früchte und überwinternde Insekten) für die Vögel unerreichbar. Dann kannst du ein Futterhäuschen mit Sonnenblumenkernen, Samen und Früchten, die du im Sommer gesammelt hast, füllen. Für solch eine Vorratshaltung eignen sich Samen von Disteln und Löwenzahn, Früchte von Eberesche, Holunder und Weißdorn.

Bald wirst du am Futterplatz Sperlinge, Buchfinken, Grünfinken und manchmal auch Bergfinken beobachten können. Diese Vögel besitzen dicke, kegelförmige Schnäbel, mit denen sie hartschalige Samen aufschneiden oder quetschen können. Man bezeichnet sie als *Körnerfresser*. Die Meisen müssen z. B. Sonnenblumenkerne regelrecht aufmeißeln, um den Samen herausholen zu können. Rotkehlchen, Amseln und Zaunkönige bevorzugen normalerweise Insekten, Spinnen und Würmer. Für diese *Weichtierfresser* kannst du an einer geschützten Bodenfutterstelle ein Fettfuttergemisch und getrocknete Beeren anbieten.

Wenn mit der Winterführung begonnen wird, muss sie auch durchgehalten werden. Auf keinen Fall gehören auf Vogelfutterstellen gesalzene, menschliche Nahrungsmittel. Alle Futterplätze müssen regelmäßig gereinigt werden, damit durch den Vogelkot keine Krankheitskeime auf das Futter gelangen.

Aufgaben

(1) Auf nebenstehender Abbildung sind häufige Wintergäste unserer Futterhäuschen zu sehen:

1 Kohlmeise	7 Bergfink
2 Blaumeise	8 Amsel
3 Sumpfmeise	9 Rotkehlchen
4 Grünling	10 Haussperling
5 Distelfink	11 Feldsperling
6 Seidenschwanz	

Welche Vogelarten hast du schon an einem Futterhäuschen beobachtet?

(2) Stellt gemeinsam Regeln für eine vernünftige Winterfütterung auf.

(3) Diskutiert in der Klasse das Für und Wider der Winterfütterung von Vögeln.

(4) Erkundige dich in einem Fachgeschäft nach geeignetem Futter für die Winterfütterung.

Vögel als Heimtiere

Am Futterhäuschen kannst du sicher Interessantes aus dem Verhalten der Vögel beobachten. Sehr viel mehr Möglichkeiten bietet die Haltung, Pflege und Beobachtung von Stubenvögeln. Bevor ein Vogel in eure Familie aufgenommen wird, solltest du dich ernsthaft mit allen Fragen auseinander setzen, die am Anfang des Lexikons Heimtiere (Seite 30) gestellt werden.

Alle vorgestellten *Heimvögel* leben als Wildtiere außerhalb der Brutzeit gemeinsam in Schwärmen. Häufig sind sie ihrem Partner treu. Man sollte deshalb alle Arten nur paarweise halten. Bei Einzelhaltung benötigen die Vögel anstelle des Partners regelmäßige menschliche Betreuung. Alle Rassen der Heimvögel kann man gut auf Ausstellungen oder über Züchtungsvereinigungen kennen lernen.

Bei Käfighaltung sollte man sie regelmäßig baden und frei fliegen lassen. (Vorsicht bei angeschalteten Herdplatten, offenen Aquarien und bei giftigen Topfpflanzen!) Der Standort des Käfigs sollte ruhig, licht und etwas oberhalb der Augenhöhe in einem Raum sein, in dem du dich häufig aufhältst. Aus hygienischen Gründen sind Wasser- und Futtersilos gegenüber offenen Gefäßen zu bevorzugen. Sie sollten täglich kontrolliert, gereinigt und aufgefüllt und der Käfig zweimal wöchentlich gereinigt werden.

Papageien

Steckbrief

Papageien. Die farbenprächtigen Vögel mit dem gekrümmten Schnabel und den Kletterfüßen werden wegen ihrer Sprachkünste vom Menschen gehalten. Viele Arten sind im Freiland ihrer tropischen Heimatländer vom Aussterben bedroht, weil die Tiere in die USA und Europa exportiert werden. Beim Transport sterben sie in großer Zahl. Deshalb ist nach dem *Washingtoner Artenschutzabkommen* der internationale Handel mit allen Papageien bis auf Wellen-, Halsband- und **Nymphensittiche** verboten. Der beste Schutz für die Papageien ist der Verzicht auf die Haltung der Tiere in den reichen Industrienationen.

Kanarienvögel

Steckbrief

Sie stammen vom Kanariengirlitz auf den Kanarischen Inseln ab, von denen sie die Spanier Ende des 15. Jahrhunderts nach Europa brachten. Seither werden sie als Stubenvögel gehalten und nach Gesang, Färbung und Gestalt gezüchtet. Die Männchen der 12 – 13 cm großen Vögel bilden in ihrer Heimat im Frühjahr Reviere aus, die sie mit ihrem Gesang verteidigen. Tiroler Bergleute brachten Kanarienvögel in den Harz und züchteten daraus die bekannte Rasse der *Harzer Roller*.

Haltung: Rechteckiger Käfig mit einer Mindestgröße von 60 cm Breite, 50 cm Höhe und 40 cm Tiefe und mit 3 geschlossenen Käfigseiten, die gegen Zugluft und Sicht schützen. Kanarienvögel werden mindestens 10 Jahre alt.

Ernährung: Täglich einen Teelöffel Kanarienmischfutter, zusätzlich etwas Gemüse und Obst.

Zebrafinken

Steckbrief

Sie sind hervorragend an das Leben in den Trockengebieten ihrer Heimat Australien angepasst: sie können monatelange Dürrezeiten ohne Wasseraufnahme überstehen. Zebrafinken werden seit 100 Jahren vom Menschen gezüchtet, werden aber nicht handzahm.

Haltung: Möglichst in Zimmervolieren mit mehreren Paaren. Volieren sind große Vogelkäfige, in denen die Vögel auch fliegen können. Pro Pärchen braucht man mindestens einen Käfig von 100 x 40 x 50 cm und zwei Schlaf- und Brutnester aus Peddigrohr oder ausgehöhlten Kokosnüssen. Die Vögel können in Gefangenschaft bis ca. 10 Jahre alt werden.

Ernährung: Sie erhalten eine ausgewogene Körnermischung aus verschiedenen Hirsesorten. Zusätzlich werden angekeimte Körner, Samen von Wildgräsern, Obst und Weichfutter gegeben.

Wellensittiche

Steckbrief

Sie leben im australischen Buschland und werden ca. 18 cm lang. Wellensittiche werden seit 100 Jahren wegen ihres farbenprächtigen Gefieders, vor allem aber wegen ihrer Fähigkeit, die Sprache nachzuahmen, in Käfigen gehalten. Die Jungvögel werden rasch zahm.

Haltung: Sie sollten in einem großen Flugkäfig (Länge 75 cm, Breite 40 cm und Höhe 50 cm) gehalten werden. Sie werden 12 – 14 Jahre alt.

Ernährung: Hirse, Glanzsamen, Hafer, Obst und Gemüse.

Impulse

Den Vögeln auf der Spur

Vogelspuren

Du hast wahrscheinlich schon Fußabdrücke und andere Überbleibsel von der Lebenstätigkeit von Vögeln entdeckt. Je aufmerksamer du auf die Spuren achtest, um so mehr wirst du über das Leben der Gefiederten erfahren.

Buchfink

Auf feuchtem Schlamm oder im Neuschnee kann man die Laufspuren oder die Hüpfspuren von Vögeln am besten erkennen.
Wie bewegt sich die Gans am Boden vorwärts? Was verrät dir die Spur? Wie sieht die Fortbewegung eines Buchfinks am Boden aus?
Leichte Singvögel, wie Buchfink oder Haussperling, hüpfen leichtfüßig über den Boden und lassen feine Spuren zurück.

Gans

Kennst du die Spuren von Greifvögeln und dem Graureiher? Was solltest du beachten, wenn du Fußabdrücke durch Fotografien, Zeichnungen oder Gipsabgüsse festhalten möchtest?

Nester

Als Spuren der zurückliegenden Brutsaison kannst du im Herbst, wenn die Blätter von Bäumen und Sträuchern gefallen sind, z. B. in Astgabeln die Nester von Vögeln entdecken.

Teichrohrsänger errichten ihr napfförmiges Nest an einigen Halmen des Schilfrohres. Hier füttert ein Teichrohrsänger seine Jungen.

Nester werden mit den unterschiedlichsten Materialien und Konstruktionen erbaut. Schwalben z. B. bauen Lehmnester, die sie an Wände kleben.

Die afrikanischen Webervögel, Verwandte unseres Haussperlings, flechten ein kunstvolles glockenförmiges Nest. Es können in einer Kolonie Hunderte an einem Akazienbaum hängen.

Welche Nester hast du schon gefunden? Wie sahen sie aus?
Welche unterschiedlichen Nistmaterialien sind zum Bau verwandt worden?
Welche Vogelarten hatten sie errichtet?
Wie könntest du mit Zeichnungen und Fotografien eine Ausstellung von Nestern gestalten?

Nest des Gartenrotschwanzes

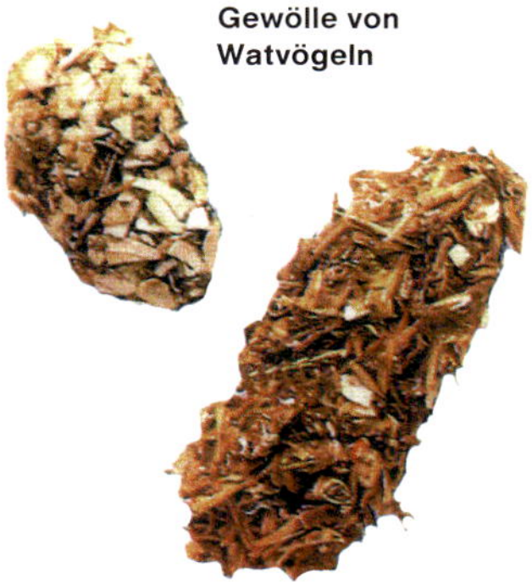

Gewölle von Watvögeln

Gewölle

Nicht nur Eulen und Greifvögel würgen unverdauliche Reste ihrer Nahrung als Gewölle aus.
Auch Krähen würgen Reste von kleinen Säugetieren, Eischalen, Insektenpanzer und unterschiedliche Pflanzenmaterialien hervor. Gewölle von Möwen und Watvögeln enthalten Schalenreste von Muscheln und manchmal auch Nahrungsreste von Müllkippen.

Wo könntest du bei dir in der Umgebung Gewölle von Saatkrähen, Dohlen oder Elstern finden?
Gibt es bei dir in der Nähe eine Kolonie von Möwen? Suche dort nach Spuren!

Gewölle von Krähen

geschlossener Nistkasten

Nisthilfen und Futterhäuschen

Gartenbesitzer möchten häufig Vögel zum Bleiben veranlassen. Dazu bauen sie ihnen Nistkästen und hängen diese an geeigneten Stellen, geschützt vor Katzen, auf. Andere Gartenbesitzer locken im kalten Winter Vögel mit Futterhäuschen an, um sie besser beobachten zu können. Was kann man aus den hinterlassenen Spuren erschließen?

Was verrät die Größe der Nistkästen und deren Öffnungen über ihre Bewohner?
Wer bevorzugt Halbhöhlen?
Nach welcher Himmelsrichtung sollte die Öffnung der Nistkästen gerichtet sein?
Warum sollte erst bei geschlossener Schneedecke gefüttert werden?

Halbhöhle

Eier

Amselnest

Eier der Küstenseeschwalbe

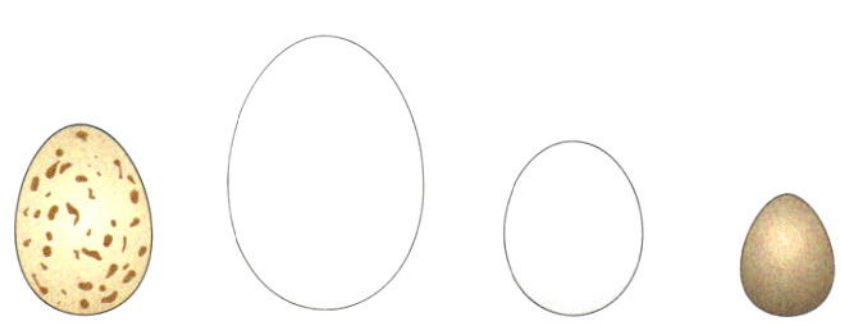

Die Eier von Schleiereulen, die in Höhlen brüten, sind weiß. Kleine Landvögel, wie die Kohl- und die Blaumeise, legen zwar kleine Eier, aber bis 15 an der Zahl pro Gelege. Die Eier sind überwiegend weiß und zeigen fast keinen Tarneffekt, da sie in einem Nest liegen. Der Sandregenpfeifer legt seine Eier im Uferbereich zwischen Kies und Geröll. Deren sandfarbene, mit braunen Flecken gesprenkelte Eier sind vor der Entdeckung durch Feinde getarnt und damit geschützt.

Warnung!!!
Du darfst keine Eier aus Nestern entfernen!
Versuche über Vogelbestimmungsbücher herauszufinden, wie die Eier von Rotkehlchen, Heckenbraunelle, Ringeltaube und Waldkauz aussehen?
Hat ein Naturkundemuseum in deiner Nähe eine Sammlung von Eiern ausgestellt?
Konntest du schon einmal in einem Zoologischen Garten eine Brutstation für Vogeleier besuchen?

Futtersilo

1 Abfliegende Schleiereule

2 Schleiereule mit Jungen

3 Eulengewölle (rechts zerlegt)

Die Schleiereule — lautloser Jäger in der Nacht

Schleiereulen waren ursprünglich Felsenbewohner, leben heute aber in Mitteleuropa in der Nähe des Menschen. Sie bewohnen ruhige Schlupfwinkel in Scheunen, Dachböden, Kirchtürmen und zerfallenen Häusern als *Tagesruhesitz* und *Brutplatz*.

Die Schleiereulen jagen hauptsächlich nachts nach Mäusen. Die großen Augen sind so lichtempfindlich, dass sich die Eulen auch bei schwachem Mondlicht gut orientieren können. Die Unbeweglichkeit der Augen gleichen die Eulen durch die enorme Drehbarkeit des Kopfes bis zu 270° aus.

Eulenfuß mit Wendezehe

Der herzförmige *Gesichtsschleier* lenkt Schallwellen auf die verdeckten Ohröffnungen. Die Ohren sind der *Leitsinn* bei der Jagd. Schleiereulen können bei absoluter Dunkelheit nur nach Geräuschen Mäuse anfliegen und schlagen. Eine weitere Voraussetzung für diese ungewöhnliche Gehörleistung liegt im Aufbau des Gefieders. Das sehr weiche Gefieder und der fransenartige Kamm an der Außenfahne der Handschwingen verhindern die Entstehung von Windgeräuschen beim Flug. So kann die Eule die Beutetiere orten, die Mäuse dagegen werden nicht durch Geräusche gewarnt.

Hat die Schleiereule eine Maus von einem Ansitz aus erkannt, gleitet sie lautlos zur Erde und greift sie mit den spitz bekrallten Greiffüßen. Dabei stehen zwei Zehen nach vorne und zwei nach hinten. Von den drei nach vorne gerichteten Zehen der Eulen kann eine gedreht werden *(Wendezehe)*. Die Maus hat kaum eine Chance zu entkommen. Im Hakenschnabel wird die Beute zum Brut- oder Kröpfplatz getragen. Dort wird sie mit dem Kopf voran unzerkleinert verschlungen. Einige Stunden nach der Mahlzeit würgt die Eule Unverdauliches (z. B. Haare, Federn, Knochen) als Gewölle wieder aus.

Lang anhaltende Winter mit geschlossener Schneedecke bedeuten für viele Schleiereulen den Tod. Sie können nur geringe Fettreserven anlegen, die schnell verbraucht sind, wenn sie keine Beute machen können. Die Anzahl der Eulen nimmt in Jahren mit vielen Mäusen schnell wieder zu. Die Weibchen legen statt 4 bis 7 dann bis zu 12 Eier. Dazu kommt manchmal noch eine zweite Brut im selben Jahr. Das Weibchen brütet vom ersten Ei an 30 bis 34 Tage. Die Jungen schlüpfen im Abstand von jeweils ein bis zwei Tagen. Nach ungefähr 60 Tagen fliegen sie aus und suchen ein eigenes Revier.

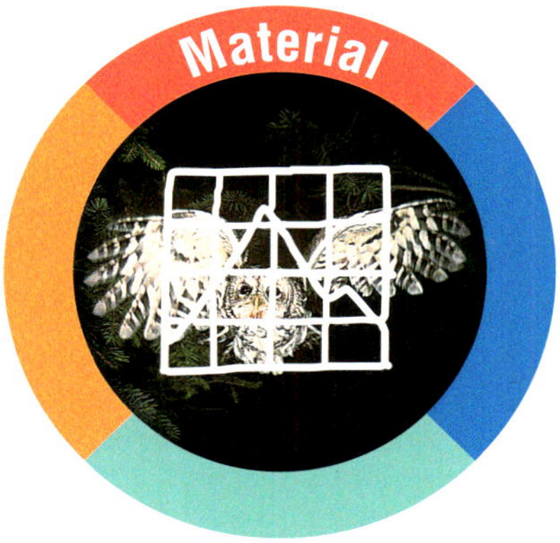

Gewölleuntersuchung

Man kann die Eulen nachts bei der Jagd schlecht beobachten. Die *Zusammensetzung der Nahrung* kann man aber durch eine Untersuchung herausfinden. Anhand der Knochen in den Gewöllen kann die Zusammensetzung der Beutetiere bestimmt werden.

1. Vor der Untersuchung werden die Gewölle in einem Backofen über mehrere Stunden bei 150 °C erhitzt, um eventuell vorhandene Krankheitskeime abzutöten. Dann kannst du die getrockneten Gewölle auf Zeitungspapier mit Präpariernadeln und spitzen Pinzetten zerzupfen.
2. Versuche zunächst anhand der Bestimmungstabelle herauszufinden, von welcher Eulenart das Gewölle stammt.
3. Versuche die Beutetiere und deren Anzahl nach den gefundenen Schädeln und Kieferteilen zu bestimmen. Nach den Untersuchungen musst du deine Hände waschen!
4. Sammelt die Ergebnisse der ganzen Klasse in einer Tabelle!
   Kleine Wühlmäuse ....
   echte Mäuse ....
   Spitzmäuse ....
   Vögel ....
   Lurche ....
   Restbeute ....
5. Forscher haben die Zusammensetzung der Eulennahrung anhand von Gewöllen ermittelt. Die Ergebnisse sind in der Tabelle dargestellt. Vergleiche eure Ergebnisse mit der Tabelle.
6. Gib die Unterschiede und Gemeinsamkeiten in der Nahrung der vier Eulenarten an.
7. Versuche aus den Knochen der Gewölle nach der Vorlage ein vollständiges Mäuseskelett auf ein Blatt Papier aufzukleben. Dein Ergebnis kannst du mit einer selbst klebenden, durchsichtigen Klarsichtfolie schützen.

	Schleiereule	Waldohreule	Waldkauz	Steinkauz
Bestimmungstabelle Eulengewölle				
Länge (in cm)	2–8	4–7	3–8	3–5
Dicke (in cm)	2–3	2–3		
Form	glatt, groß, abgerundet	schlank, walzenförmig	dick, unregelmäßig	besonders schlank
Farbe	schwarz	grau	grau	grau
Fundort	Kirchen, Scheunen, Häuser	Waldrand, Feldgehölze	Wald, Park	Kirchen, Steinbrüche
Zusammensetzung von Gewöllen (Tausend Gewölle enthalten durchschnittlich):				
kleine Wühlmäuse	558	880	499	786
echte Mäuse	144	83	140	106
Spitzmäuse	253	4	36	22
Vögel	38	88	139	25
Lurche	6	–	111	54
Restbeute	13	5	75	7

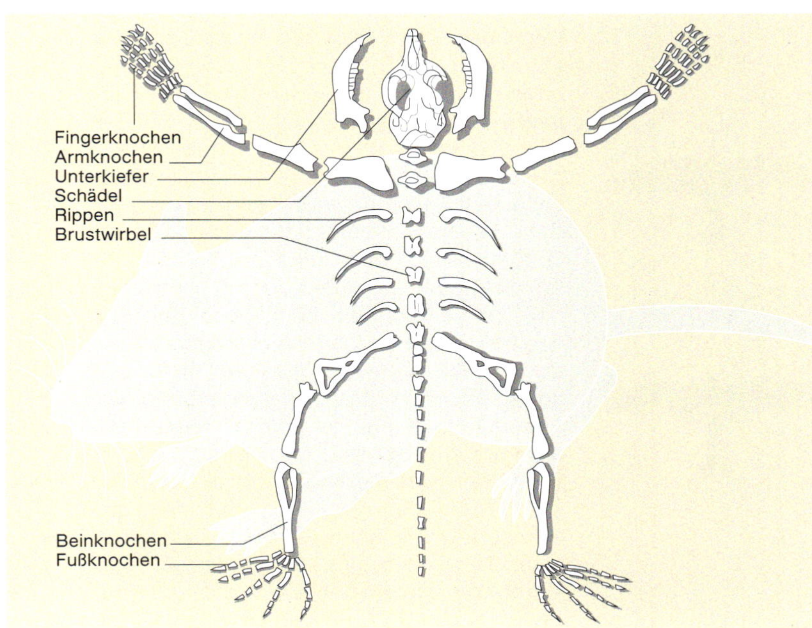

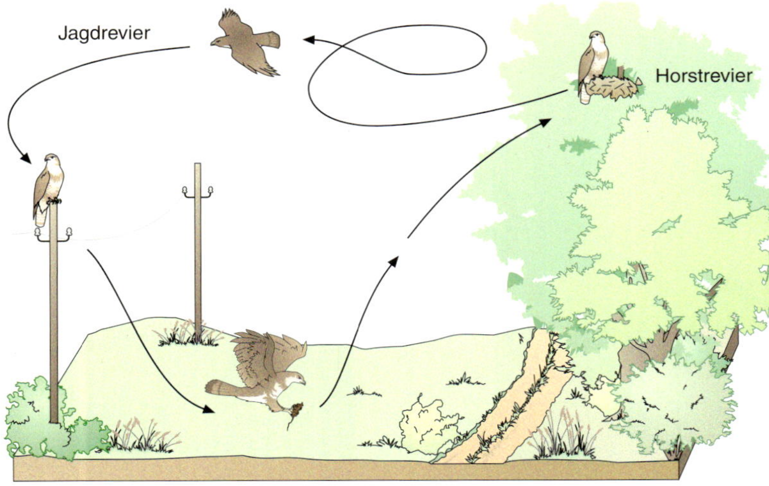

1 Lebensraum des Mäusebussards

Der Mäusebussard — ein Greifvogel jagt

Bei schönem Wetter kann man über offenen Landschaften häufig ein miauendes „Hiäh, Hiäh“ hören. Wenn du dann zum Himmel schaust, entdeckst du einen im Kreis segelnden Vogel mit breiten Flügeln und kurzem Schwanz. Es ist ein *Mäusebussard.*

Bussard

Manchmal schlägt der Mäusebussard die Flügel schnell auf und nieder, bleibt mit voll gespreizten Schwanzfedern und schräg gehaltenem Körper im Rüttelflug scheinbar in der Luft stehen. Dann lässt er sich nach unten fallen. Mit voll ausgebreiteten Flügeln bremst er kurz vor dem Boden, streckt die Beine nach vorn und ergreift eine Maus. Der Mäusebussard tötet die Beute meist sofort mit den spitzen Krallen seiner Greiffüße, die man als *Fänge* bezeichnet.

Turmfalke

Anschließend fliegt er zu einem festen Platz in seinem Revier. Er *kröpft* sie und reißt mit dem Hakenschnabel Stücke aus der Beute. Losgerissene Stücke kann er mit der scharfen Schneide des Ober- und Unterschnabels zerkleinern. Die Beute wird mit Haut und Haaren verschlungen. Im Magen zersetzen Verdauungssäfte die Fleischteile und sogar Knochen. Unverdauliche Reste, wie Federn und Haare, werden im Magen zusammengepresst und nach einem Tag als Speiballen *(Gewölle)* herausgewürgt. Aus Gewölleuntersuchungen weiß man, dass der Mäusebussard hauptsächlich Feldmäuse frisst. Zu seiner Nahrung gehören außerdem Maulwürfe, Junghasen, Singvögel und Frösche.

Habicht

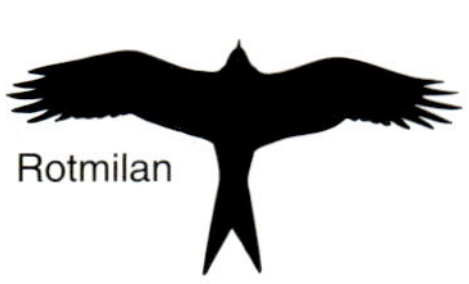
Rotmilan

Das *Jagdrevier* des Mäusebussards liegt im offenen Feld- und Wiesengelände. Häufig beobachtet der Mäusebussard auf einem Pfahl sitzend. Mit dem guten Sehvermögen seiner großen Augen kann er kleine Beutetiere, wie zum Beispiel Feldmäuse, leicht erkennen. Die Beute greift er dann aus dem Gleitflug auf.

Das Bussardpaar baut sein hoch liegendes Nest, das man als *Horst* bezeichnet, aus Ästen, Reisig und Moos in einem hohen Baum am Rande eines Waldstückes. Dort liegt das *Horstrevier*, in dem nicht gejagt wird. Das Weibchen legt im Abstand von jeweils zwei bis drei Tagen zwei oder drei weißlich braun gefleckte Eier. Nach 33 bis 34 Tagen schlüpft das erste Junge, ein *Nesthocker* mit einem weißlichen Dunenkleid. Die Eltern füttern die Jungen zunächst mit Beuteteilen und später mit ganzen Mäusen. 46 Tage nach dem Schlüpfen können die jungen Bussarde fliegen.

Alle **Greifvögel** besitzen gemeinsame Körpermerkmale, die für einen Beuteerwerb wichtig sind: Einen *Hakenschnabel, Greiffüße* und *große, scharfsichtige Augen.* Sie jagen tagsüber und speien von den unverdaulichen Resten *Gewölle* aus. Die Weibchen sind meist größer als die Männchen. Die Jungen sind *Nesthocker.*

Aufgabe

① Gib anhand der Flugbilder in der Randspalte an, wie man die abgebildeten vier Greifvogelarten im Flug unterscheiden kann.

2 Mäusebussard

Greifvögel

Rotmilan

Schwarzmilan

Rotmilan und **Schwarzmilan** unterscheiden sich von den anderen Greifvögeln durch einen gegabelten Schwanz. Der Rotmilan ist etwas größer als ein Bussard und hat rötlich braune Schwanzfedern. Der Schwarzmilan ist bussardgroß und im Gefieder schwarzbraun. Als Nahrung nimmt der Rotmilan Aas, aber auch Vögel, Kleinsäuger, Amphibien und Fische. Er lebt in abwechslungsreichen Landschaften, während der Schwarzmilan mehr in der Nähe von Gewässern zu finden ist. Für beide Milanarten sind eingebrachte Stofffetzen im Horst typisch.

Wanderfalken sind stark vom Aussterben bedroht. Ihre Nahrung besteht fast nur aus Vögeln bis zur Größe eines Eichelhähers, die sie im Flug über offenem Gelände erbeuten. Die Wanderfalken erreichen im steilen *Stoßflug* auf die Beutetiere eine Geschwindigkeit bis zu 300 km/h. Diese Falkenart brütet in steilen Felswänden.

Turmfalken sind die häufigsten Greifvögel Europas. Die etwa taubengroßen Vögel sind auf dem Rücken rotbraun gefärbt. Ihre Flügel sind schmal und spitz zulaufend. Das Schwanzgefieder ist lang und schmal. Charakteristisch ist der *Rüttelflug* in geringer Höhe, bei dem die Falken nach Beute spähen. Haben sie die Beute erkannt, lassen sie sich im *Sturzflug* zur Erde fallen. Zum Schluss bremsen sie mit ausgebreiteten Flügel- und Schwanzfedern ab. Die Beute ergreifen die Turmfalken mit den Fängen und töten sie mit einem Biss des Hakenschnabels in den Nacken. Turmfalken ernähren sich hauptsächlich von Mäusen und anderen Kleinsäugern sowie Jungvögeln, Insekten und Larven. Sie nutzen als Beuterevier offenes Gelände und kommen dabei sogar in Parkanlagen von Großstädten. Ihre Horste legen sie auf Bäumen in alten Krähennestern an oder nutzen Nischen in Gebäuden bzw. Nistkästen.

Der **Habicht** ist bei uns nicht mehr so häufig wie früher. Sein Gefieder ist oberseits graubraun und auf der Unterseite weiß mit graubrauner Querbänderung. In der Nähe von abwechslungsreichen Feldflächen stößt der Habicht überraschend aus der Deckung am Waldrand auf seine Beute zu. Die Beute sind überwiegend Vögel (Tauben, Elstern, Drosseln, Stare, Rebhühner) und Säugetiere (Hasen, Kaninchen, Eichhörnchen). Der Horst wird vorzugsweise in der Krone von Nadelbäumen angelegt.

Der **Steinadler** ist der größte Taggreifvogel Europas, der durch langjährige Bejagung stark gefährdet ist. In den bayerischen Alpen brüten z. B. nur noch wenige Paare. Der Steinadler erkundet im *Segelflug* in großer Höhe sein Jagdgebiet. Der eigentliche Angriff erfolgt dicht über dem Boden. Im Überraschungsangriff ergreift er seine Beute aus einem rasanten *Stoßflug*. Die Nahrung besteht aus Murmeltieren, Schneehühnern, Reptilien und Aas. Der umfangreiche Horst aus Knüppeln und Reisern befindet sich gewöhnlich auf einem Absatz einer senkrechten Felswand, selten auf Bäumen.

1 Stockentenweibchen mit Jungen

Die Stockente — ein typischer Schwimmvogel

Auf einem Teich kann man oft zahlreiche *Wasservögel* sehen. Neben den weißen, ruhig schwimmenden Höckerschwänen fallen die zahlreichen, pechschwarzen Blässrallen mit weißem Stirnfleck und Schnabel auf. Vereinzelt sieht man Teichrallen, Haubentaucher und Reiherenten. Doch in den meisten Fällen sind **Stockenten** am häufigsten vertreten.

Stockenten sind als typische *Schwimmvögel* besonders gut an das Leben im Wasser angepasst. Ihren kahnförmigen Körper treiben sie im Wasser mit *Schwimmfüßen* voran. Zwischen den drei nach vorne gerichteten Zehen befinden sich *Schwimmhäute*. Beim Rückwärtsschlag eines Fußes sind die Schwimmhäute ausgebreitet und drücken die Ente vorwärts. Der andere Fuß wird gleichzeitig mit zusammengelegten Zehen nach vorne gezogen.

Die Stockenten werden im Wasser, ähnlich wie ein Schlauchboot, von einem Luftpolster getragen. Die Luft hält sich zwischen dem lockeren Dunengefieder. Die Deckfedern schließen das Dunengefieder nach außen ab. Stockenten fetten ihre Federn mit *Talgabscheidungen* aus der an der Schwanzwurzel liegenden *Bürzeldrüse* ein und machen das Gefieder dadurch wasserabstoßend. Da Luft und Fett schlechte Wärmeleiter sind, geht kaum Körperwärme an das Wasser verloren. Zusammen mit dem Fettpolster unter der Haut verhindert die eingeschlossene Luftschicht, dass die Enten im Wasser auskühlen (S. 268).

Erpel
männliche Ente

Im Herbst lassen sich manchmal die *Balz* und Paarbildung der Stockenten beobachten. Die *Begattung* erfolgt erst im darauf folgenden Frühjahr. Das Weibchen legt dann im April oder Mai 7 bis 11 grünlich bräunliche Eier in das *Bodennest*. Nach 28 Tagen schlüpfen die Jungen aus und folgen der Mutter sofort auf das Wasser. Die kleinen *Nestflüchter* können gleich schwimmen und ernähren sich selbstständig. Das Weibchen betreut die Jungen noch acht Wochen, bis sie auch fliegen können.

Am flachen Ufer des Teiches kann man Enten oft beim *Gründeln* beobachten. Dabei ragt ihr Hinterkörper senkrecht aus dem Wasser. Mit dem Kopf unter Wasser nehmen sie nahrungshaltigen Schlamm auf. Die Enten pressen dann mit der Zunge das Wasser durch die Hornleisten des Schnabels und die gefransten Ränder der Zunge nach außen. Diese Teile des Schnabels wirken wie ein Küchensieb. Man spricht von einem *Seihschnabel*. Darin bleiben Würmer, Insektenlarven, Schnecken, Laich und Wasserpflanzen als Nahrung zurück und werden verschluckt.

Nach der Art der Nahrungssuche unterscheidet man bei den Enten **Schwimmenten**, die gründeln, und **Tauchenten**, die tiefer im Wasser liegen und tauchend ihre Nahrung suchen. Zu den Schwimmenten gehören neben der Stockente auch die selteneren *Krick-* und *Knäkenten*. Beispiele für heimische Tauchenten sind *Tafel-*, *Reiher-* und *Schellente*.

Wasservögel

Die **Teichralle** läuft mit ihren *Stelzfüßen* geschickt über große Blätter von Schwimmpflanzen und pickt von diesen Insekten, Schnecken und Froschlaich auf. Ihr Nest baut sie versteckt im Gebüsch am Ufer. Das Weibchen legt 8 – 10 Eier in das Nest.

Die **Blessralle** trägt an drei Zehen Schwimmlappen. Mit diesem *Lappenfuß* kann sie sehr schnell schwimmen und auch sprungtauchen. Sie ernährt sich hauptsächlich von Wasserpflanzen, Insekten und deren Larven. Blessrallen bauen ihre Nester versteckt im Schilf. Das Gelege besteht aus 7 – 9 Eiern.

Der **Haubentaucher** lebt auf den freien Wasserflächen größerer Seen. Er taucht normalerweise bis zu 6 m tief und bis zu einer Minute lang, um unter Wasser Fische zu fangen. Sein *Schwimmnest* aus faulenden Pflanzenteilen liegt am Rande des Schilfgürtels. Beim Verlassen des Nestes tarnt das Weibchen die 4 Eier jeweils mit losen Halmen und Blättern. An Land wirken Haubentaucher sehr unbeholfen, da die weit hinten am Körper ansetzenden Beine nur ein schwerfälliges Gehen ermöglichen.

Höckerschwäne zählen mit einem Gewicht bis zu 13 kg zu den größten flugfähigen Vögeln. Sie brüten an stehenden und langsam fließenden Gewässern mit reichlich Wasserpflanzen am Ufer. Der Schwan erreicht die Pflanzen mit seinem langen Hals bis in 1,5 m Wassertiefe und rupft sie ab. Das Weibchen baut das Nest aus groben Pflanzenteilen, die es in der Umgebung abreißt. Im Inneren des Nestes verwendet es zusätzlich feineres Material und einige Dunen. Das Weibchen bebrütet die 5 – 7 Eier alleine, das Männchen bewacht und verteidigt in dieser Zeit den Brutplatz. Nach 35 Tagen schlüpfen die zunächst grauen *Dunenjungen*. Sie bleiben dann noch wochenlang mit den Altvögeln als Familie zusammen.

Die **Tafelente** gehört zu den Tauchenten. Das Männchen ist in seinem *Prachtkleid* an Kopf und Hals rosarot, an der Vorderbrust schwarz gefärbt. Nach der Nahrung (hauptsächlich Blätter und Triebe von Wasserpflanzen, auch Weichtiere und Insekten) tauchen Tafelenten bist zu 5 m tief. Das Nest mit 6 – 13 Eiern befindet sich im Röhricht oder ist ein *Schwimmnest*.

Die **Reiherente** ist kleiner als die Stockente. Der Erpel ist in seinem *Prachtkleid* an Kopf, Brust und Rücken schwarz. Reiherenten tauchen nach Schnecken, Muscheln und Würmern. In das Nest, das sie an Land zwischen Seggen und Binsen bauen, legt das Weibchen 5 – 12 Eier.

Spechte — die Zimmerleute des Waldes

Im Frühjahr kann man bei Spaziergängen im Wald oft kurze *Trommelwirbel* hören. Geht man dem Geräusch nach, entdeckt man beim Näherkommen manchmal einen **Buntspecht**, der gerade einen trockenen Ast mit schnell aufeinander folgenden Schnabelhieben bearbeitet. Mit diesem Trommelwirbel kennzeichnet der Vogel sein *Revier* und versucht ein Weibchen anzulocken.

An die Fortbewegung auf Bäumen, auch an senkrecht stehenden Ästen oder am Stamm, sind Spechte besonders gut angepasst. Wenn der Buntspecht mit kurzen Sprüngen den Baumstamm hinaufklettert, geben die Krallen des *Kletterfußes* dem Vogel Halt in der Rinde. Ein Abrutschen nach unten wird zusätzlich durch den *Stützschwanz* verhindert.

Spechtspuren

Bei der Nahrungssuche legt der Buntspecht mit dem harten, keilförmigen Schnabel Insekten unter der Borke oder im morschen Holz frei. Weil der Oberschnabel den Unterschnabel nach vorne mit einer senkrechten Schneide überragt, kann der Specht wie mit einer Axt Span um Span vom Holz abmeißeln *(Meißelschnabel)*. So kann der Buntspecht auch Insekten und Larven erreichen, die tiefer im Holz leben.

Während des Meißelns presst der Specht seine Schwanzfedern gegen den Baumstamm, sodass sie ein Widerlager für die federnden Körperbewegungen bilden. Hat der Buntspecht Insekten gefunden, schnellt er die lange, biegsame *Zunge* aus dem Schnabel heraus und zieht die Beute unter der Rinde hervor.

Im Spätherbst und im Winter, wenn die Insekten als Nahrung fehlen, ernährt sich der Buntspecht überwiegend von den ölhaltigen Samen der Zapfen von Nadelbäumen. Dazu klemmt er die Zapfen in geeignete Baumspalten und hämmert so lange auf sie ein, bis die Samen frei liegen. Unter solchen *Spechtschmieden* findet man zahlreiche Überreste seiner Mahlzeiten. Bei ihrem großen Nahrungsbedarf benötigen Buntspechte sehr große Reviere.

Spechte schlafen und brüten in Höhlen, deshalb bezeichnet man sie als *Höhlenbrüter*. Ein Buntspechtpaar zimmert mit den Meißelschnäbeln in zwei bis vier Wochen die Bruthöhle bevorzugt in faule Baumstämme.

1 Buntspecht

Ein kurzer, waagerechter Gang führt in die senkrecht in den Stamm geschlagene Höhle. Das Weibchen des Buntspechtes legt 4 bis 7 weiße Eier auf die Holzspäne am Grund der Höhle. Männchen und Weibchen brüten gemeinsam. Nach 8 bis 12 Tragen schlüpfen Ende Mai oder Anfang Juni die nackten und blinden Jungen. Die Nesthocker werden dann 23 bis 24 Tage von den Altvögeln versorgt, bevor sie flügge sind.

Die krähengroßen **Schwarzspechte**, die nur in großen, zusammenhängenden Waldgebieten leben, besitzen einen langen und kräftigen Hackschnabel zum Freilegen der Larvengänge unter der Rinde. Am Boden der Wälder finden sie Ameisen, bei der Zerkleinerung von Baumstümpfen Holzameisen und an Baumstämmen Käferlarven als Nahrung.

Grünspechte halten sich häufiger am Boden auf als andere Spechte. Sie schlagen mit ihren Schnäbeln Löcher in Ameisenbauten und löffeln mit ihren Zungen die Ameisen und ihre Puppen auf. Grünspechte können dazu ihre Zunge über zehn Zentimeter aus dem Schnabel herausstrecken. Das beruht darauf, dass die Zunge in einem Muskelschlauch um den Schädel vor- und zurückgleiten kann.

Die große Bedeutung der Spechte für die Forstwirtschaft besteht darin, dass sie viele Forstschädlinge fressen, befallene Bäume entrinden und damit den Schädlingen die Lebensmöglichkeiten nehmen. Außerdem werden verlassene Spechthöhlen von vielen anderen Höhlenbrütern benutzt.

1 Grünspecht

Spechte — Dickschädel mit spitzer Zunge

Die Füße der Spechte weisen eine ungewöhnliche Stellung der Zehen auf: Die erste und die vierte Zehe sind nach hinten gerichtet, die zweite und dritte nach vorne. Die Krallen sind stark gekrümmt und sehr spitz. Der Spechtfuß erinnert in seinem Aussehen an ein Steigeisen, wie es der Mensch als Hilfsmittel beim Klettern verwendet. Der besondere Bau ihrer *Kletterfüße* ermöglicht den Spechten, geschickt an Bäumen auf und ab zu klettern. Wie perfekt die Füße der Spechte gebaut sind, zeigt das folgende Beispiel: Muss sich ein Specht auf einer glatten, senkrechten Oberfläche bewegen, so kann er die vierte Zehe nach vorne stellen und damit verhindern, dass er abrutscht.

Auch der Schwanz der Spechte weist Besonderheiten auf: Die Schwanzfedern sind ungewöhnlich fest, aber auch elastisch. Sie sind unten zugespitzt und bilden den keilförmigen *Stützschwanz*, der den Specht beim Klettern und Hämmern abstützt.

Der *Schädel* der Spechte, speziell das Stirnbein über dem Schnabel, ist verglichen mit dem anderer Vögel besonders verstärkt. Muskeln an Schnabel und Kiefergelenk wirken wie Stoßdämpfer bei einem Auto. Diese besonderen Strukturen ermöglichen es den Spechten, kräftig zu hämmern, ohne sich selbst k.o. zu schlagen.

Hat es ein Specht durch das Hämmern geschafft, an ein Beutetier zu gelangen, so muss er es noch aus seinem Versteck herausziehen können. Dazu kann er seine lange, spitze Zunge mithilfe eines speziellen Muskels weit aus dem Schnabel herausstrecken. Betrachtet man die *Zungen* verschiedener Spechtarten, so kann man deutliche Unterschiede in deren Bau und Verwendung erkennen:

Beim *Buntspecht* ist die Zungenspitze stark verhornt, die Borsten sind nach hinten gerichtet und wirken deshalb wie Widerhaken. Der Buntspecht ist ein Baumspecht. Er spießt mit den Widerhaken der spitzen Zunge Larven auf und holt sie unter der Borke hervor.

Der *Grünspecht* hat eine auffällig lange Leimrutenzunge, d. h. die Zunge ist mit zähflüssigem Schleim bedeckt. Seine Zungenspitze ist rundlich und erinnert an einen Löffel. Der Grünspecht ist ein Bodenspecht, d. h. er sucht seine Nahrung, hauptsächlich Ameisen, am Boden. Mit seiner löffelähnlichen Zungenspitze kann er sie leicht aufnehmen. Berührt ein Insekt den Schleim der Zunge, bleibt es daran kleben.

Bei den *Saftleckerspechten* aus Amerika ist die Zunge relativ kurz. Sie ist ausgefranst und sieht pinselartig aus. Saftleckerspechte können mit ihrer Zunge Baumsäfte aufsaugen.

An den Beispielen kann man sehen, dass der Bau eines bestimmten Organs die Erfüllung einer bestimmten Aufgabe ermöglicht. Wie viele weitere Beispiele bei anderen Tieren und Pflanzen zeigen, handelt es sich bei dieser Erkenntnis um ein allgemein gültiges **Prinzip:** Eine bestimmte **Struktur** erfüllt eine bestimmte **Funktion** (S. 268).

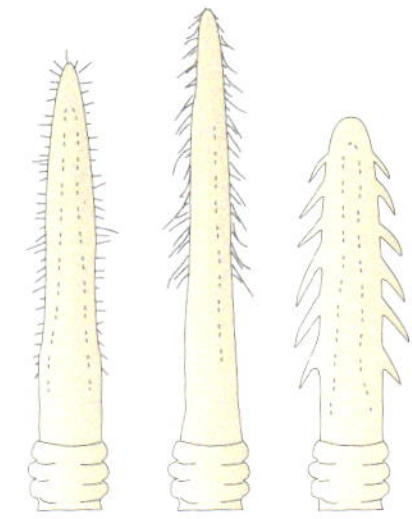

Verhornte Zungenspitzen

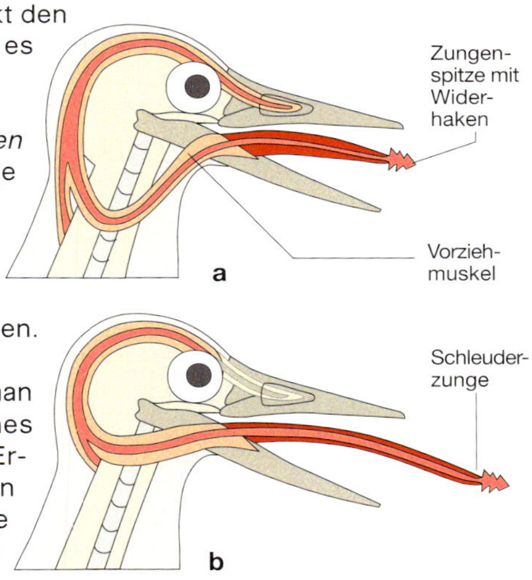

Arbeitsweise der Spechtzunge (Schema)

Aufgaben

① Welche besonderen Strukturen ihres Körpers ermöglichen den Spechten das Leben auf Bäumen?

② Beschreibe weitere Beispiele, an denen der Zusammenhang zwischen der Struktur eines Organs und seiner Funktion erkennbar wird.

③ Gibt es auch Beispiele dafür, dass nicht nur ein bestimmtes Organ, sondern ein ganzes Lebewesen an eine bestimmte Aufgabe angepasst ist?

Kletterfuß eines Spechtes

Schnäbel und Füße verraten sie

Vögel halten sich in den verschiedensten Lebensräumen auf. Für jeden Lebensraum sind andere Angepasstheiten erforderlich, um sich ernähren und fortbewegen zu können (S. 270). Die Angepasstheiten werden deutlich, wenn du die *Fußtypen* in Beziehung zur typischen Fortbewegungsweise setzt und überprüfst, wie der *Schnabeltyp* zum Fressen der bevorzugten Nahrung als Werkzeug dienen kann (S. 268).

Strauß

Strauße sind Laufvögel der afrikanischen Savanne. Männchen werden bis 150 kg schwer und 3 m hoch. Sie sind also die größten lebenden Vögel. Mit den langen Beinen erreicht der Strauß Schrittlängen von 3 bis 4 Meter und eine Geschwindigkeit bis zu 80 km pro Stunde. Die Beine sind durch einen langen Lauf und nur 2 Zehen gekennzeichnet *(Lauffuß)*. Strauße leben mit Antilopen, Zebras und Gnus in großen Herden zusammen. Nähern sich Feinde, warnen Strauße, wenn sie diese mit ihrem guten Sehvermögen ausmachen. Strauße fressen Pflanzen, Wurzeln, auch Insekten, Reptilien und kleine Nagetiere.

Rosapelikan

Der Rosapelikan fischt in Gruppen. In fischreichen Seen Ostafrikas schwimmen 6 bis 10 Vögel hufeisenförmig — angetrieben durch ihre Schwimmfüße — auf das Ufer zu. Dabei tauchen ihre Schnäbel, die auf der Unterseite einen weit dehnbaren Kehlsack besitzen, im Gleichtakt in das Wasser. Mit dem Kehlsack werden die Fische wie mit einem Netz herausgefischt.
Der Haken am Oberschnabel verhindert, dass Fische aus dem Kehlsack entweichen können.

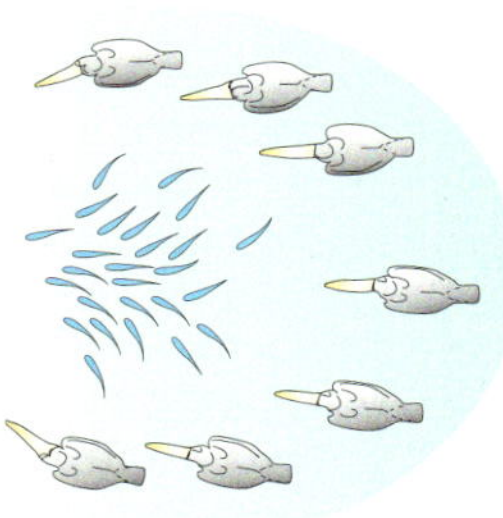

Zwergflamingo

Der Zwergflamingo seiht und brütet in Kolonien. Im Nakuru-See leben über 2 Millionen Tiere zusammen. Sie laufen beim Start zum Flug mit ihren Stelzenbeinen über die Wasseroberfläche, dabei sind die Schwimmhäute zwischen den drei vorderen Zehen des Schwimmfußes ausgebreitet. Zur Nahrungsaufnahme waten die Flamingos durch das flache Wasser. Sie halten den Kopf mit dem abgeknickten Oberschnabel nach unten in den Schlamm und wühlen ihn auf. Mit zurückgezogener Zunge und Pumpbewegungen des Halses werden durch die Schnabelspitze Wasser und Schlamm eingesogen und danach mit der Zunge das Wasser bei geschlossenem Schnabel wieder nach außen gedrückt. Auf der Innenseite des Oberschnabels und in den Haken der Zunge bleiben Algen und Krebschen hängen und werden geschluckt. Der Farbstoff Carotin der Krebschen färbt das Gefieder rosa.

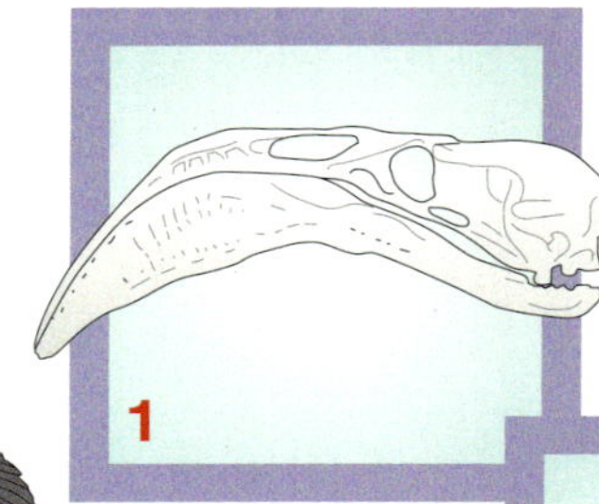

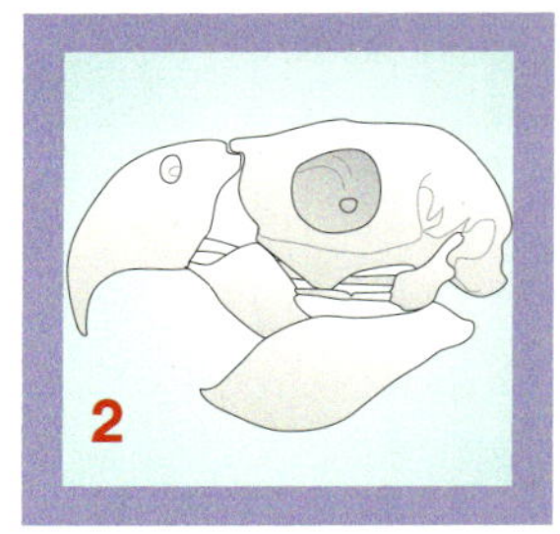

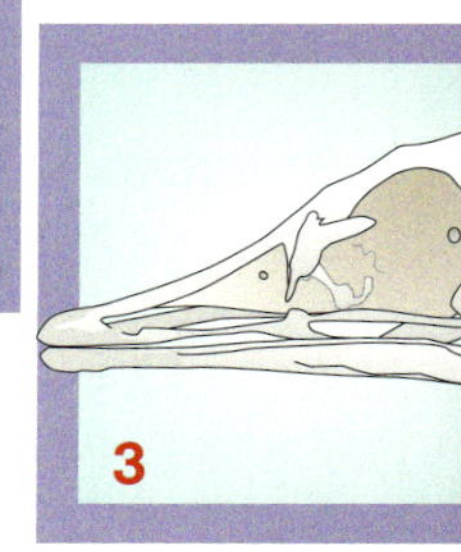

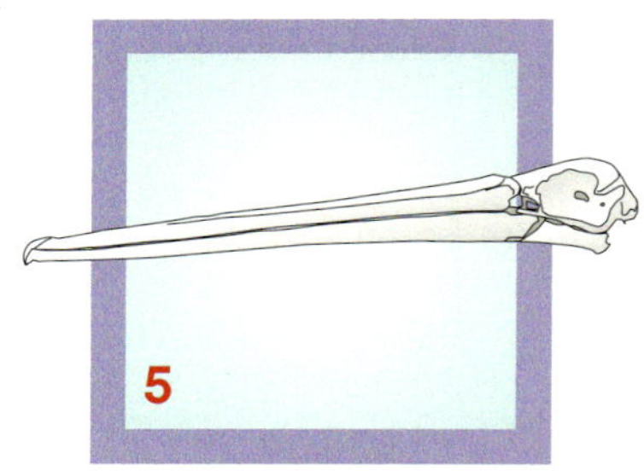

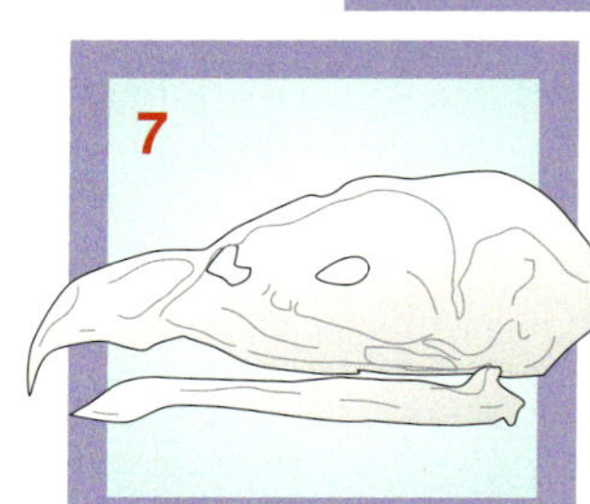

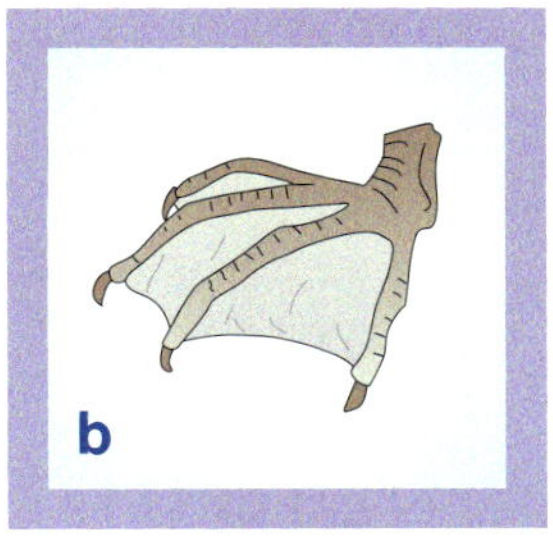

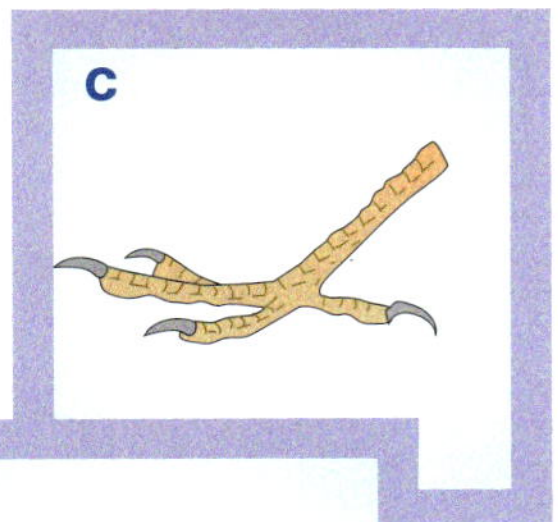

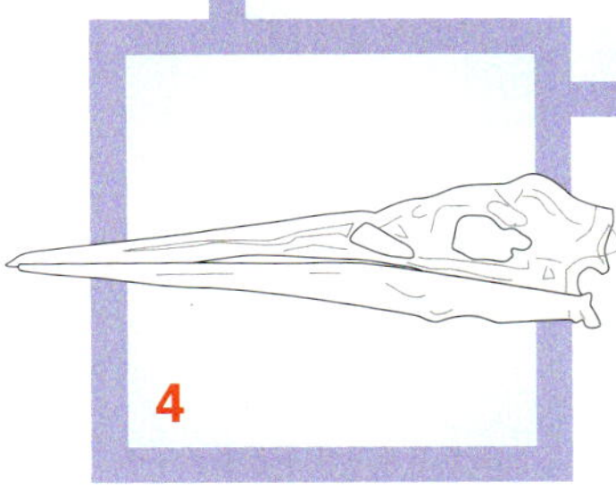

Grünling

Der Grünling frisst bevorzugt Pflanzennahrung. Dieser *Grünfink* ist ungefähr sperlingsgroß und überwiegend grün gefärbt. Er baut in dichtem Gebüsch von Gärten und Parkanlagen Mitteleuropas seine napfförmigen Nester. Dazu sitzt er sicher auf einem Zweig, ohne Muskelkraft zu benötigen. Seine Gelenke an Knie und Lauf beugen sich, die Sehnen werden gespannt, sodass die Zehen den Zweig automatisch umklammern *(Sitzfuß)*.

Der Schnabel des Grünfinks ist kegelförmig. Er ist geeignet, Samen aufzuknacken und heißt deshalb *Körnerfresserschnabel*. Neben Samen von Gräsern, Kräutern und Bäumen bevorzugen diese Finken Beeren und Früchte. Lediglich für die eigene Brut, die Nestlinge, tragen die Eltern kleine Insekten als Nahrung ein.

Gelbhaubenkakadu

Der Gelbhaubenkakadu ist ein Kletterkünstler aus Australien. Seinen Namen verdankt er dem gelben Federschopf am Kopf. In Schwärmen suchen die Kakadus nach Nahrung. Sie besteht im Wesentlichen aus Grassamen, aber auch aus Früchten, Beeren und Nüssen. In dem kürzeren, etwas breiteren Unterschnabel kann eine Nuss lagern, die dann im Zusammenwirken mit dem hakenförmigen, beweglichen Oberschnabel geknackt wird *(Nussknackerschnabel)*. Mit der Zunge und dem Schnabel löst der Papagei geschickt das Fruchtfleisch aus den Samenhüllen. Zum Festhalten der Nahrung setzt der Papagei auch seine Füße ein. Er kann einen der drei Vorderzehen nach hinten schwenken, sodass sich je zwei Zehen gegenüberstehen. Diese Anordnung ist auch zum Klettern sehr hilfreich *(Kletterfüße)*.

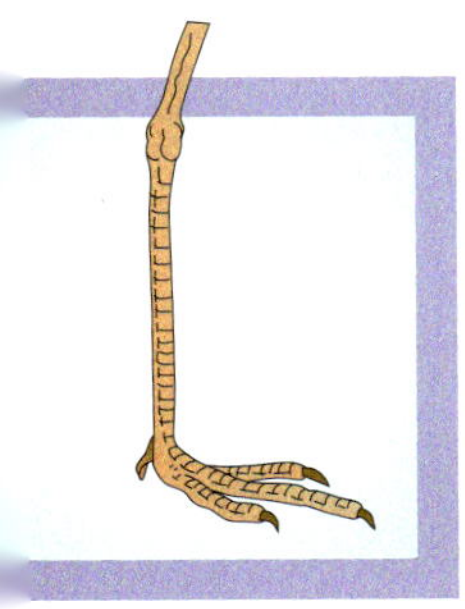

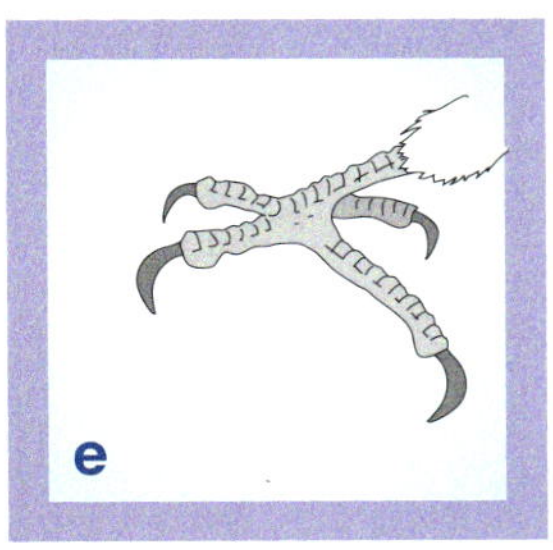

Steinadler

Der Steinadler — ein Greifvogel — jagt in den Alpen. Aus einem Überraschungsangriff über dem Boden ergreift er mit den langen spitzen Krallen seiner Zehen Murmeltiere als Beute. Mit dem Reißhaken und dem kräftigen Schnabel *(Hakenschnabel)* zerteilt er leicht seine tierische Nahrung.

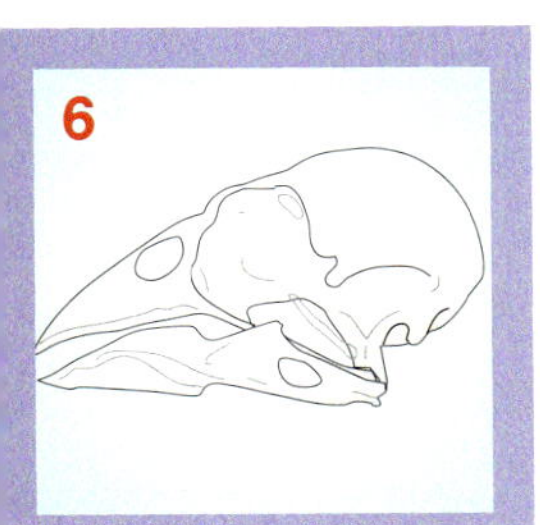

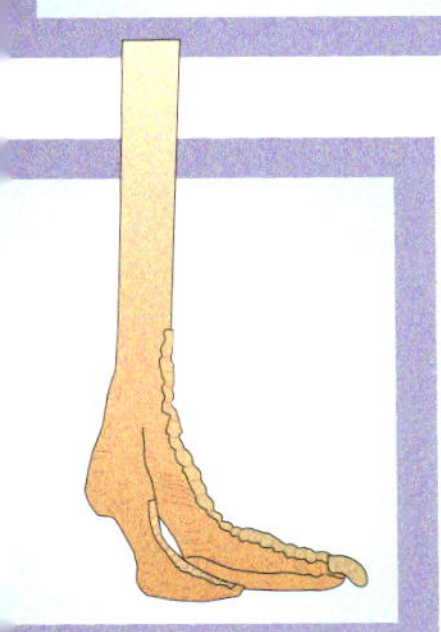

Graureiher

Der Graureiher fischt in den Uferzonen von Seen. Still steht ein Graureiher am Ufer eines deutschen Sees. Die drei langen Vorderzehen sind am Stelzenbein weit auseinander gespreizt und verhindern das Einsinken in den weichen Untergrund. Der s-förmig gebogene Hals ist völlig im Gefieder verborgen. Plötzlich stößt der Reiher seinen Kopf explosionsartig vor, der Hals scheint sich zu verlängern und mit dem langen spitz zulaufenden Schnabel *(Pinzettenschabel)* greift er den Fisch. Auf feuchten Wiesen fängt er auch Lurche, Insekten und Mäuse. In der Umgebung der Seen errichten die Reiher meist in Kolonien auf hohen Bäumen ihre Nester.

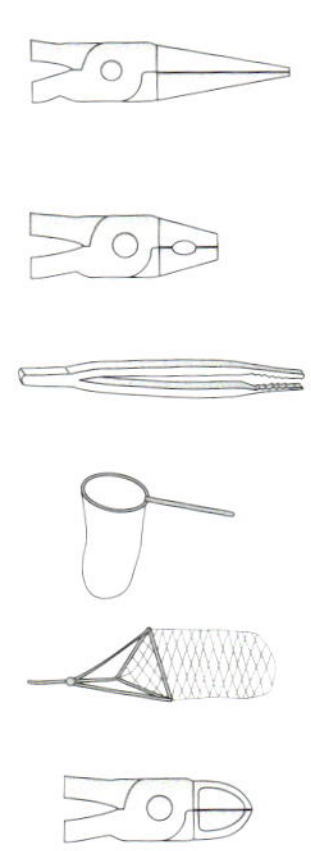

Aufgaben

① Die Reihenfolge der Texte, Schädel mit Schnäbeln und die Fußabbildungen sind durcheinander geraten. Versuche, jeder beschriebenen Vogelart den richtigen Schnabel und den richtigen Fuß zuzuordnen.

② Fasse die Ergebnisse in einer Tabelle nach folgendem Muster zusammen: Vogelart, Erdteil, Schnabeltyp, Fußtyp.

③ Links findest du auch Abbildungen von Werkzeugen. Erkläre für alle Werkzeugbeispiele, wie Vögel die vergleichbaren Leistungen mit ihren Schnäbeln vollbringen.

Vom Wasser zum Land

Fische

Lurche

Kriechtiere

Trotz der großen Vielfalt unter den Fischen, Lurchen und Kriechtieren lassen sich bei ihnen jeweils gemeinsame Merkmale finden. So besitzen zum Beispiel Fische Flossen, Lurche und Kriechtiere dagegen vier Gliedmaßen, Kriechtiere haben als charakteristisches Merkmal eine trockene Hornschuppenhaut, usw. Diese charakteristischen Merkmale sind die Folge einer Entwicklung über viele Millionen Jahre.

Evolution

Stammes-geschichte

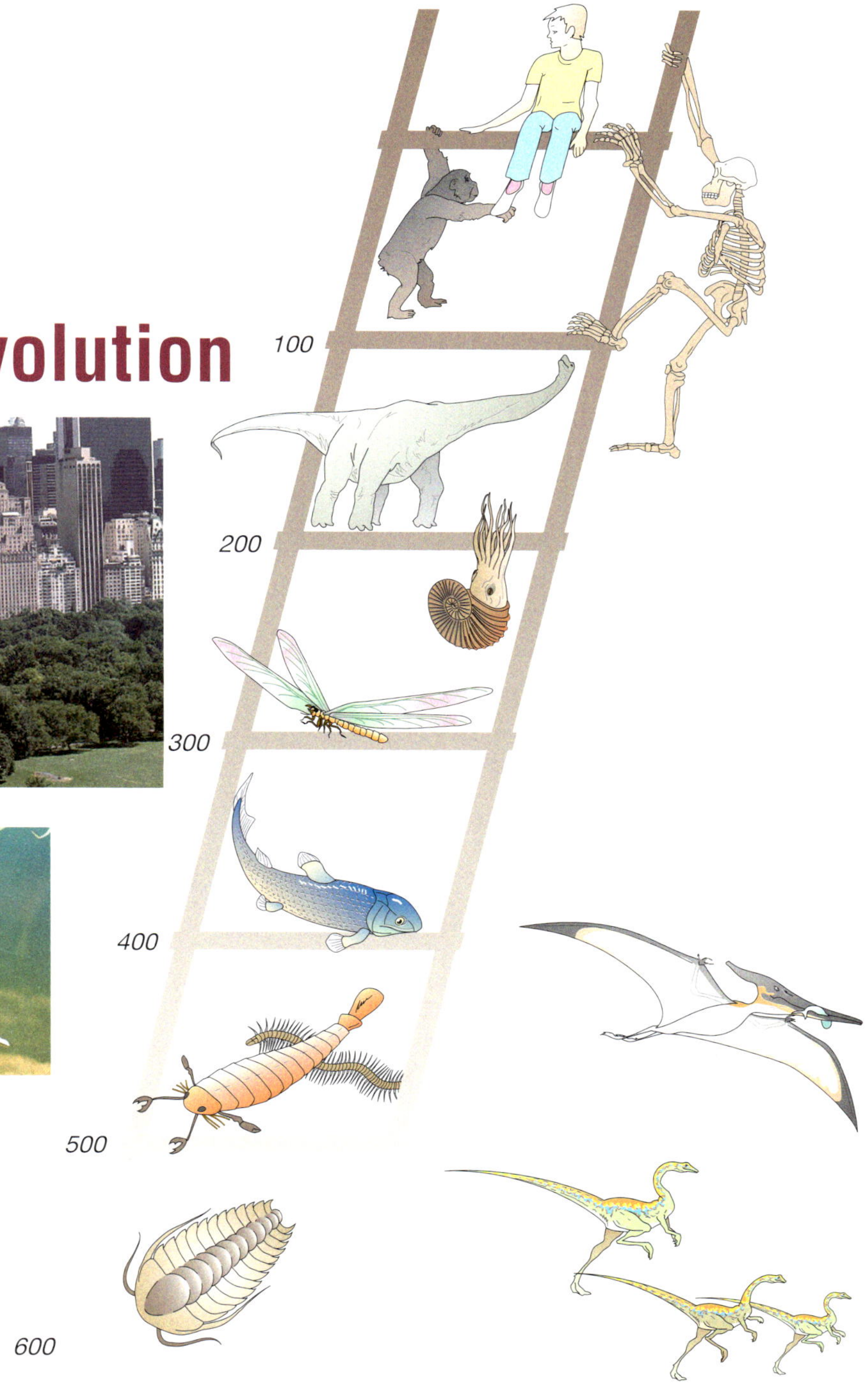

Der Vergleich von Fischen, Lurchen und Kriechtieren zeigt uns aber auch, wie sich aus im Wasser lebenden Organismen die an Land lebenden Organismen entwickelt haben könnten. Dieser Weg vom Wasser zum Land war Voraussetzung für die spätere Entstehung der Vögel und Säugetiere und damit auch des Menschen.

1 Fische — ein Leben im Wasser

1 Karpfen

Der Körperbau eines Fisches

Der *Karpfen* lebt in stehenden und langsam fließenden Gewässern. Am Boden und auf Pflanzen lebende Kleintiere und auch Pflanzen sind Hauptbestandteile seiner Nahrung. Am Beispiel des Karpfens kann man gut erkennen, wie Fische an das dauernde Leben im Wasser angepasst sind. Mit der lang gestreckten, am Kopf- und Schwanzende zugespitzten Gestalt gleitet er ruhig durch das Wasser. Sein Körper ist außerdem mit zahlreichen Knochenplättchen, den *Schuppen*, bedeckt, die dachziegelartig übereinander liegen. Darüber liegt noch eine zarte Haut, die seine gesamte Körperoberfläche überzieht. Viele kleine Hautdrüsen sondern einen Schleim ab, der die Oberfläche glitschig macht. Dieser Schleim verringert zusammen mit der stromlinienförmigen Gestalt den Wasserwiderstand beim Schwimmen und erleichtert so die Fortbewegung im Wasser. Außerdem schützt der Schleim den Fisch auch vor Pilzkrankheiten der Haut.

Aus dem Schuppenkleid ragen die *Flossen* heraus. Sie dienen dem Antrieb und der Steuerung. Die Flossen bestehen aus *Flossenstrahlen* und einer Haut, die sie miteinander verbindet. Sie können durch Muskeln ausgebreitet und wieder zusammengelegt werden.

Bei genauerer Betrachtung erkennt man an den Seiten des Fischkörpers eine leicht geschwungene, punktierte Linie. Das ist die *Seitenlinie* — ein Sinnesorgan. Die Punkte sind winzige Öffnungen, die in einen feinen Kanal unter den Schuppen münden. In diesen Kanal strömt ständig Wasser ein, wodurch die Sinneshärchen bewegt werden. Mithilfe des *Seitenlinienorgans* können Fische feinste Änderungen der Wasserströmung wahrnehmen, z. B. können sie mit diesem Strömungssinn heran schwimmende Feinde oder Beute „erkennen".

Unter der Wirbelsäule liegt die luftgefüllte *Schwimmblase,* ein nur bei Fischen vorkommendes Organ. Vergrößert oder verringert der Fisch die Luftmenge in der Schwimmblase, nimmt der Auftrieb im Wasser zu oder ab. Die Fische können dadurch in unterschiedlichen Wassertiefen schweben.

Aufgaben

① Zeichne die Umrisse eines Fisches in dein Heft.
② Setze bei den Ziffern 1 – 5 in Abbildung 2 folgende Begriffe ein: Afterflosse, Schwanzflosse, Bauchflosse, Rückenflosse, Brustflosse.
③ Welche Flossen sind paarig?
④ Auch andere Wirbeltiere haben stromlinienförmige Gestalt. Welche kennst du?

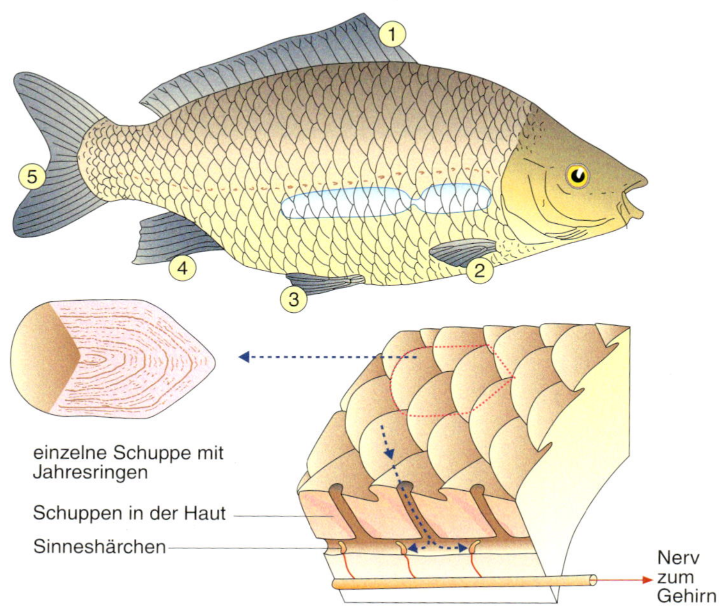

2 Karpfen — Körperbau, Körperbedeckung und Seitenlinienorgan

Atmen unter Wasser

Tauchen ist für den Menschen nur für kurze Zeit möglich. Dann muss er an die Oberfläche kommen, um Luft zu holen. Fische können dagegen im Wasser atmen, denn sie besitzen als Atmungsorgane *Kiemen*.

Diese liegen unter dem schützenden *Kiemendeckel*. Dort kann man vier hintereinander liegende *Kiemenbögen* mit vielen hauchdünnen *Kiemenblättchen* erkennen. Ihre rote Farbe verrät, dass sie gut durchblutet sind. Jeder der halbrunden, knöchernen Kiemenbögen besitzt eine Reihe solcher zweizipfeliger Kiemenblättchen. Von den Kiemenbögen stehen außerdem zahlreiche, mit den Zinken eines Kammes oder Rechens vergleichbare Fortsätze ab, die *Kiemenreusen*. Sie verhindern, dass die zarten Kiemen verletzt werden. Bei einigen Fischarten halten sie wie ein *Filter* im Wasser schwebende, kleinste Nahrungsteilchen zurück.

Das *Herz* pumpt sauerstoffarmes Blut in die Kiemenblättchen. Gleichzeitig strömt außen an den Kiemenblättchen ständig Wasser vorbei. Das im Blut gelöste Kohlenstoffdioxid wird an das Wasser abgegeben und gleichzeitig, in umgekehrter Richtung, der im Wasser gelöste Sauerstoff in die Adern aufgenommen. Das nun sauerstoffreiche Blut gelangt weiter in den Körper, wo es an die Organe Sauerstoff abgibt. Diese geben umgekehrt Kohlenstoffdioxid an das Blut ab. Danach fließt das sauerstoffarme Blut wieder zum Herzen und zu den Kiemen zurück.

Aufgaben

1. Erkläre mithilfe der Abbildungen die Atembewegungen und den dabei auftretenden Wasserstrom bei der Kiemenatmung.
2. Der in der Luft enthaltene Sauerstoff ist im Wasser gelöst. Beschreibe den Weg des Sauerstoffs, bis er in die Blutbahn gelangt. Nimm hierzu Abbildung 2 zu Hilfe.
3. Manchmal tritt nach einer langen, sehr warmen Wetterphase im Hochsommer ein Fischsterben vor allem in flachen, stehenden Gewässern auf. Erläutere mithilfe der Abbildung in der Mittelspalte einen möglichen Grund dafür.
4. An der Luft verkleben die Kiemenblättchen miteinander und trocknen schnell aus. Deshalb müssen Fische an der Luft ersticken. Erkläre den Zusammenhang.
5. Ordne den Ziffern in der Abbildung 1 die entsprechenden Begriffe zu.

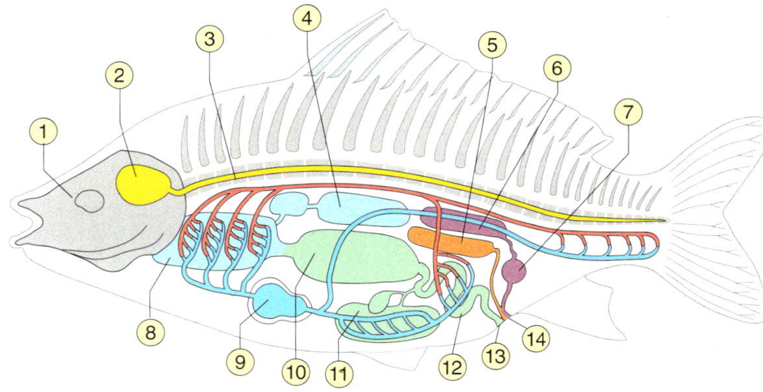

1 Innere Organe eines Fisches

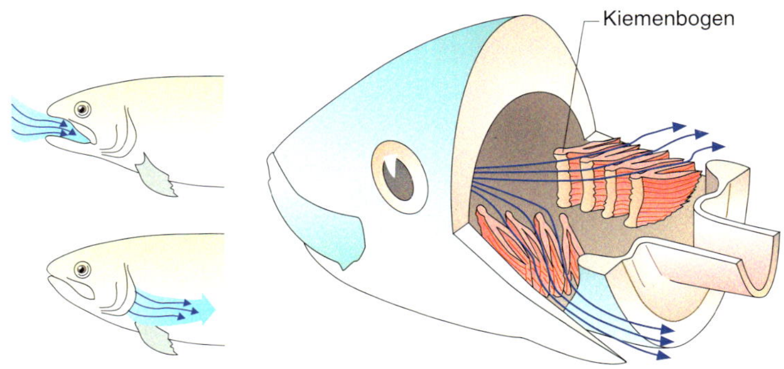

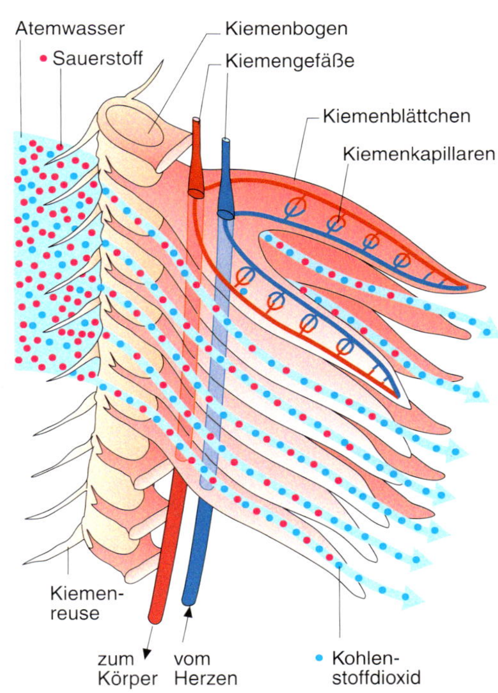

2 Aufbau der Kiemen

1 Bachforelle

Die Bachforelle — ein Bewohner kalter Gewässer

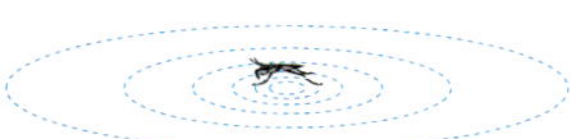

An den Lebensraum des Baches und des Gebirgsflusses ist die Bachforelle hervorragend angepasst. Ihr *spindelförmiger Körper* verleiht ihr eine fast ideale *Stromlinienform*, sodass der Wasserwiderstand im schnell fließenden Wasser stark verringert wird. Mit leichten, kaum wahrnehmbaren Schlägen der kräftigen Schwanzflosse erzeugt die Bachforelle gerade so viel Vortrieb, dass sie im fließenden Wasser zu „stehen" scheint. Die übrigen Flossen helfen dabei, eine ruhige Gleichgewichtslage zu halten. Auf diese Weise wartet die Bachforelle z. B. auf Insekten, die auf der Wasseroberfläche herantreiben. Sie schießt blitzschnell auf diese zu, verschluckt sie und kehrt anschließend in ihre Lauerstellung zurück.

Das tief gespaltene Maul weist die Bachforelle als *Raubfisch* aus. Zu ihrer Nahrung gehören nicht nur Insekten, sondern auch kleine Fische und Larven von Insekten, die untergetaucht im Wasser leben. Neben geeigneter Nahrung muss der Lebensraum der Bachforelle ihr weitere Bedingungen bieten: Am wichtigsten ist ein hoher Sauerstoffgehalt des Wassers. Dieser ist nur dann hoch genug, wenn das Wasser kalt ist. Bei Temperaturen über 18 °C stirbt die Bachforelle, da dann der Sauerstoffgehalt zu gering wird. Die gleiche Wirkung haben Verunreinigungen, die in das Gewässer gelangen. Das erklärt, weshalb Bachforellen nur in Bächen mit kaltem Quellwasser und Gebirgsflüssen vorkommen, die nicht verunreinigt sind.

Im Winter, in der die Laichzeit der Bachforelle liegt, wandern die fortpflanzungsfähigen Tiere stromaufwärts zu ihren Laichplätzen im Oberlauf des Baches. Dort ist das Wasser noch kälter und sauerstoffreicher. Vor dem Ablaichen heben die Weibchen eine muldenförmige *Laichgrube* im kiesigen Untergrund aus, indem sie mit kräftigen Schlägen der Schwanzflosse Sand und Kies zur Seite fegen. Die Männchen fechten untereinander Rivalenkämpfe aus. Der Sieger kommt schließlich zur Fortpflanzung, indem er seine *Spermienflüssigkeit* über die vom Weibchen in die Laichgrube abgelegten Eier abgibt. Die Eier werden also außerhalb des Körpers befruchtet *(äußere Befruchtung,* S. 278). Das Weibchen bedeckt anschließend die Laichgrube mit Kies und verlässt diese. Zwei bis drei weitere Laichgruben mit bis zu 1 500 Eiern können angelegt werden.

Die aus den Eiern im April bis Mai schlüpfenden *Fischlarven* ernähren sich zunächst vom Nährstoffvorrat des *Dottersackes*. Nach dessen Verbrauch verlassen die ca. 2,5 cm großen Jungfische die Laichgrube und müssen selbst auf die Jagd nach Beutetieren gehen, um heranwachsen zu können.

Bachforellen sind geschätzte Speisefische, die allerdings nur langsam heranwachsen. Aus diesem Grund züchtet man heute in Teichen eine Verwandte der Bachforelle, die *Regenbogenforelle*. Sie stammt aus Nordamerika, verträgt höhere Temperaturen und wächst schneller heran. Zwei weitere Formen, die *See-* und *Meerforelle,* sind Rassen der Bachforelle. Während die Seeforelle in kalten Gebirgsseen vorkommt, lebt die Meerforelle vor den Meeresküsten und wandert zum Ablaichen die Geburtsflüsse hinauf.

2 Entwicklungsstadien der Bachforelle

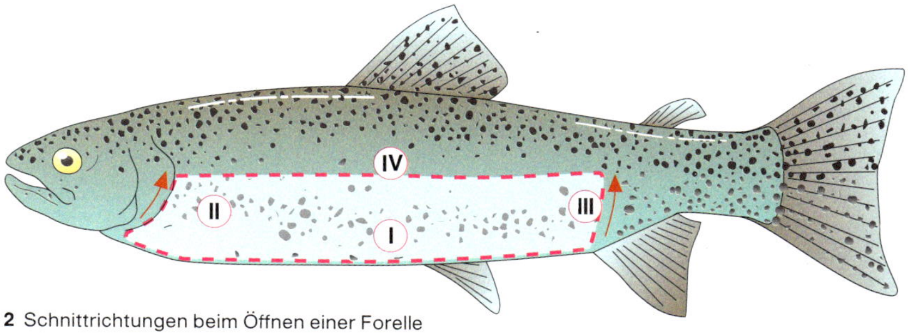

2 Schnittrichtungen beim Öffnen einer Forelle

Fischpräparation

Die Untersuchung einer Forelle zeigt viele Organe, die denen von Säugern und Vögeln ähneln, aber auch Organe, die diese Tiere nicht besitzen. Dabei handelt es sich vor allem um Organe, die eine Anpassung an das Leben im Wasser darstellen.

Für die Untersuchung und Präparation der Forelle brauchst du folgende Hilfsmittel: Alte Zeitungen als Unterlage, spitze Schere, Pinzette, Lupe, Sonde.

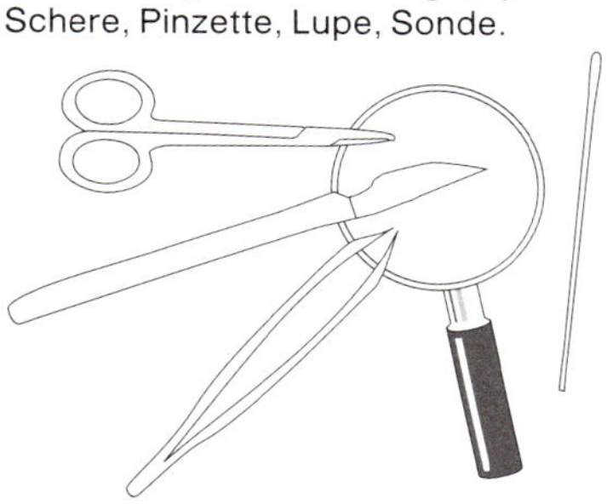

1 Präparationsbesteck

Untersuchung von außen

① Suche bei dem Fisch folgende Körperteile und beschreibe in deinem Heft deren Form und Beschaffenheit: Haut, Nase, Augen, Zähne, Seitenlinie, Flossen, Kiemendeckel, hintere Körperöffnungen.

Untersuchung der Kiemenhöhle

② Lege den Fisch auf die Zeitungen. Trenne mit der Schere den linken Kiemendeckel und die ganze Wand des Mundraumes ab. Welche Teile werden dabei sichtbar?

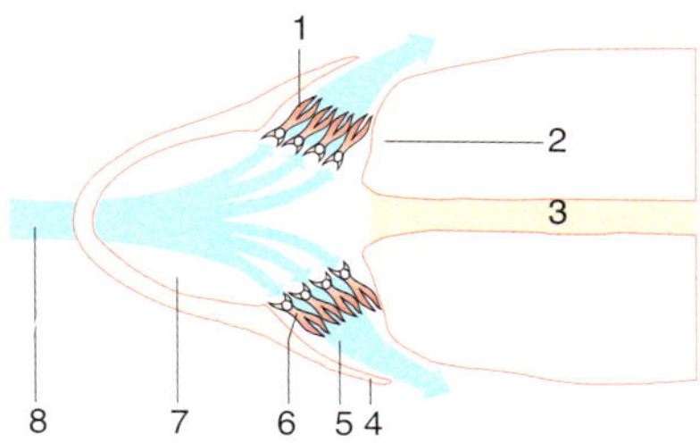

3 Der Weg des Atemwassers

③ Ordne in deinem Heft den Ziffern der Abbildung 3 folgende Begriffe zu: Mundraum, Kiemendeckel, Kiemenbogen, Kiemenblättchen, Rumpfmuskeln, Speiseröhre, Atemwasser, Kiemenraum.

④ Suche den Weg des Atemwassers und notiere in deinem Heft die Ziffern der Abbildung 3 in der Reihenfolge dieses Weges. Suche und notiere in gleicher Weise den Weg der Nahrung.

Untersuchung der Bauchhöhle

⑤ Schneide, wie in der oberen Abbildung eingezeichnet, ein Fenster seitlich aus der Bauchwand:

I. Längsschnitt vom After zum Rand der Kiemenhöhle, Schere möglichst flach führen, um keine inneren Organe zu treffen.
II. Bogenschnitt am hinteren Rand der Kiemenhöhle entlang.
III. Bogenschnitt vom After aus nach oben.
IV. Körpermitte aufklappen und abtrennen.

⑥ Nun liegen die inneren Organe offen. Versuche sie anhand der Beschreibung und der Abbildung 4 zu finden. Der obere Bereich der Bauchhöhle wird von der großen, gasgefüllten Schwimmblase ausgefüllt, die zum Teil vom Eierstock bzw. Hoden verdeckt ist. Befindet sich der aufpräparierte Fisch unter Wasser, sieht man die Schwimmblase zur Oberfläche treiben. Weiter rückenwärts befindet sich nur noch die Niere.

⑦ Mit einer stumpfen Pinzette versuchen wir, den Darm etwas aus dem Fisch zu lösen, um seinen Verlauf besser zu erkennen. Er ist von drei Leberlappen umgeben.

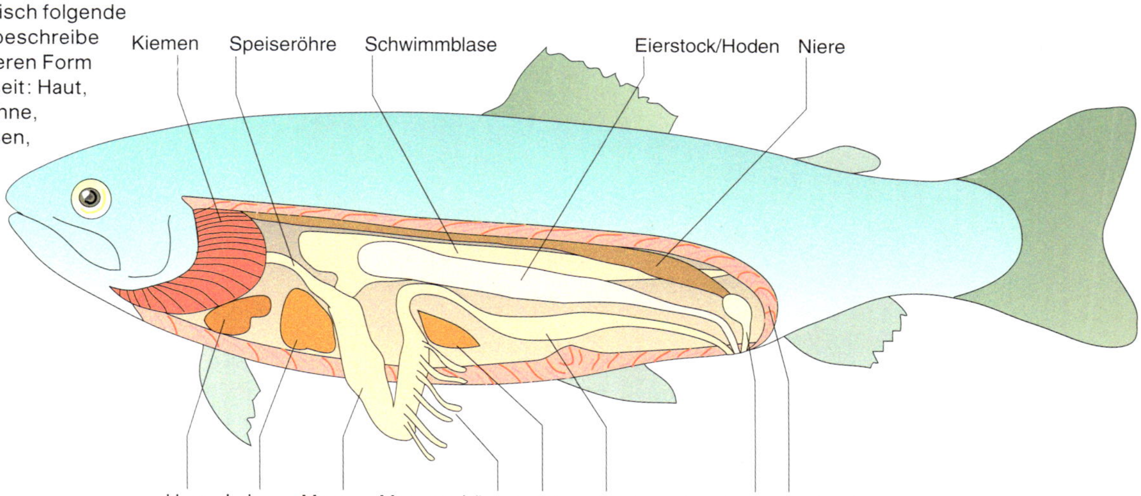

4 Die Organe der Forelle

1 Aquarium

Haltung und Pflege von Fischen im Aquarium

Ein Aquarium bietet die Möglichkeit, das interessante Verhalten der Fische in ihrem Lebensraum zu beobachten. Tropische Süßwasserfische, wie Guppys, Schwertträger, Panzerwelse und Purpurbrachtbarsche, sind besonders für angehende Aquarianer geeignet, da sie recht einfach zu pflegen sind und viele Besonderheiten im Verhalten zeigen. Bei der Einrichtung des Aquariums und der Auswahl von Fischen und Pflanzen musst du sorgfältig vorgehen.

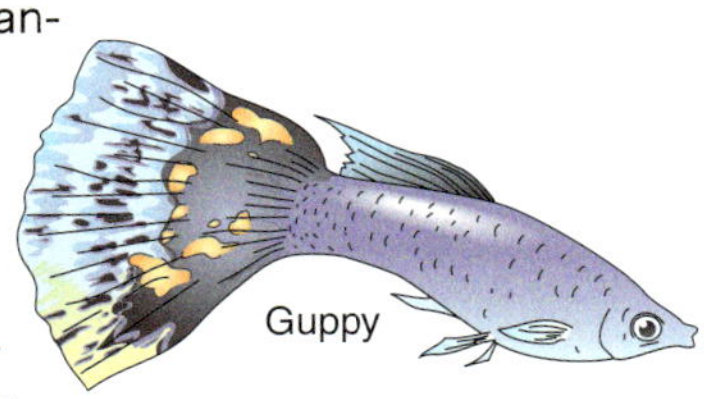

Guppy

Leopard-Panzerwels

Purpurprachtbarsch

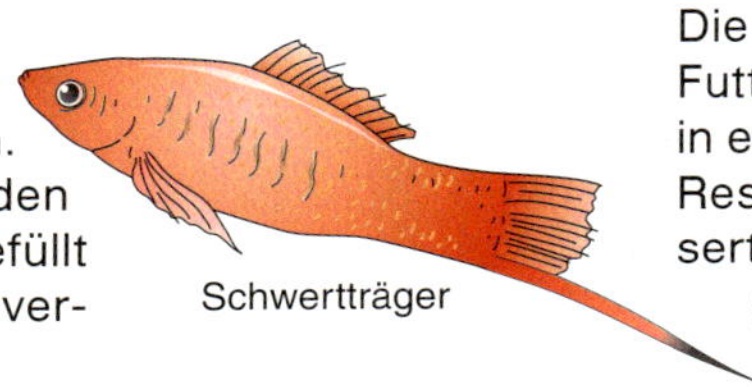

Schwertträger

Den Boden bedecken wir einige Zentimeter hoch mit gewaschenem Sand und geben darüber eine Schicht mit ebenfalls mehrfach gewaschenem Kies. Dieser muss unbedingt kalkfrei sein, da sonst die meisten Wasserpflanzen nicht richtig wachsen. Günstig ist es, wenn wir ein leichtes Gefälle von hinten nach vorn in den Boden modellieren, da wir dann Schmutz leichter entfernen können. Größere Steine oder eine geeignete Wurzel als Versteck für die Tiere setzen wir anschließend gleich an die vorgesehenen Stellen.

Damit unsere Aquarienlandschaft nicht sofort wieder zerstört wird, muss das Wasser vorsichtig mit kleinen Gefäßen eingegossen werden. Man kann es aber auch durch einen Schlauch aus einem hochgestellten Eimer einlaufen lassen. Dazu wird der Schlauch mit beiden Enden in die Hand genommen, mit Wasser gefüllt und anschließend mit dem Daumen verschlossen. Ein Ende halten wir nun in den gefüllten Eimer, das andere in unser Aquarium über einen kleinen Teller, der das herauslaufende Wasser abbremst.

Größere Pflanzen setzen wir nach hinten, kleinere in den Vordergrund. Je mehr Pflanzen wir einsetzen, desto weniger Algen werden sich entwickeln, da die Pflanzen überschüssige Nährstoffe aus dem Wasser nehmen. Das Einpflanzen ist recht einfach. Die Stängel werden nur mit den Fingern oder einem Pflanzenstab in den Boden gedrückt und mit Kies beschwert.

Falls ihr ein Warmwasseraquarium einrichtet, benötigt ihr eine Heizung. Diese besteht meistens aus einem Heizstab und einem Thermostaten, der die Wassertemperatur überwacht. Man stellt die Heizung auf 24 bis 25 °C ein. Ein Filtergerät mit Pumpe sorgt stets für sauberes Wasser. Wird mit Aquarientorf gefiltert, so reichert ihr das Wasser dadurch mit Humussäure an und bereitet es besonders gut auf. Für die Pflanzen ist eine künstliche Beleuchtung vorteilhaft. Gleichzeitig deckt sie das Aquarium ab, sodass kein Fisch herausspringen kann.

Einen oder zwei Tage später werden die Fische eingesetzt, da erst dann das Wasser die richtigen Eigenschaften besitzt. Zu Beginn solltet ihr jedoch nur unempfindliche Arten wählen, die sich leicht halten lassen, aber dennoch interessante Beobachtungen zulassen. Dazu zählen besonders die Guppys, die sich leicht vermehren. Aber auch Platy und Schwertträger kommen in Frage. Hier solltet ihr euch von einem erfahrenen Aquarianer beraten lassen. Wichtig ist jedoch, dass nur wenige Fische (höchstens 1 Fisch auf 5 Liter Wasser) eingesetzt werden, da sonst das Wasser ständig gewechselt werden muss. Außerdem benötigen einige Arten genügend Platz für ihre Reviere.

Ein Aquarium bedarf regelmäßiger Pflege. Etwa jede zweite Woche sollte ein Teil des Wassers gewechselt werden. Kräftig nachwachsende Pflanzen müssen gekürzt werden. Algen an den Scheiben werden abgeschabt und Schmutzstoffe vom Boden abgesaugt. Starkes Grünalgenwachstum kann mit zu viel Lichteinstrahlung zusammenhängen.
Die meisten Aquarienfische erhalten zu viel Futter! Man gibt ihnen nur die Menge, die sie in etwa 5 bis 10 Minuten vollständig fressen. Reste verderben unnötig das Wasser. Wassertemperatur und Filterleistung werden regelmäßig überprüft.

Schwimmen – Schweben – Sinken

Körperform und Geschwindigkeit

Die Form der Fische kann ganz unterschiedlich sein. So gibt es Fischarten mit schlanken, spindelförmigen Körpern, aber auch solche mit einem hochgewölbten Rücken und Bauch. Davon hängt es unter anderem ab, ob eine Fischart zu den Schnellschwimmern gehört oder nicht.

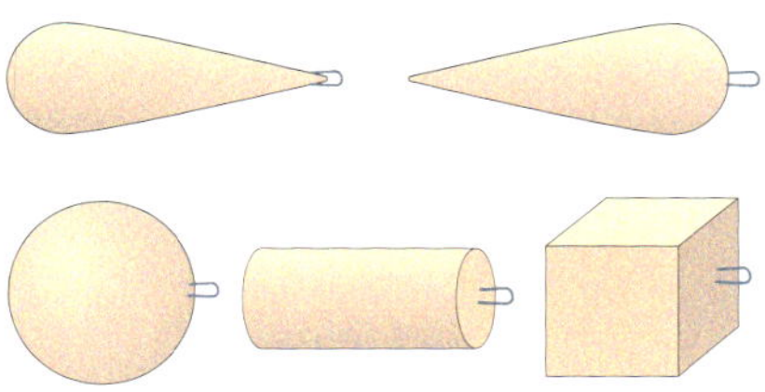

Um genau herauszufinden, welchen Einfluss die Körperform auf den Wasserwiderstand beim Schwimmen hat, kannst du ein Experiment machen.
Forme dazu entsprechend der Abbildung aus Knetmasse verschieden geformte Körper. Bei der Herstellung der Schwimmkörper wird eine Drahtöse in diesen eingeschlossen. Damit sich die Drahtösen während des Experiments nicht herausziehen, muss der vom Schwimmkörper umschlossene Draht in einem Winkel gebogen sein. Achte außerdem darauf, dass die verschiedenen Körper die selbe Masse haben, z. B. 5 Gramm (Waage!). An den Ösen werden jeweils gleich lange Fäden befestigt, die ungefähr 20 cm länger sind als das Versuchsbecken. Am anderen Ende des Fadens bringst du eine Öse an. Eines der so vorbereiteten Modelle wird entsprechend der Abbildung in ein längeres, mit Wasser gefülltes Becken gebracht und an die Öse ein Wägestück angehängt. Markiere am oder im Becken eine Start- und Ziellinie. Das am Faden hängende Modell wird nun auf die Ziellinie gebracht und das Wägestück über die Beckenkante gehängt. Das Wägestück wird so festgehalten, dass der Faden nicht durchhängt. Miss nun mithilfe einer Stoppuhr die Zeit, die nach Loslassen des Wägestücks bis zum Erreichen der Ziellinie vergeht. Bei der Auswahl des Wägestücks ist darauf zu achten, dass der Körper relativ langsam durch das Wasser gezogen wird. Führe den gleichen Versuch mit den übrigen Körpern durch.

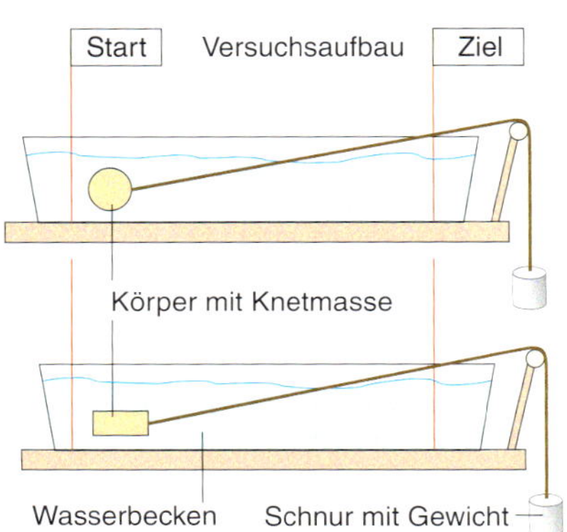

① Notiere deine Messwerte in einer Tabelle und erläutere sie. Kennst du Fische, die einem der Modelle ähneln?

Schwimmblase und Schweben

Die Aufgabe der Schwimmblase wird mit folgendem Experiment deutlich: Bereite einen Glaskolben so vor, wie er in der Zeichnung dargestellt ist. Fülle den Kolben ganz mit Wasser, tauche ihn dann in ein mit Wasser gefülltes (Glas-)Becken, blase langsam Luft in den Schlauch und lasse sie anschließend wieder ab. Wiederhole dieses ein- bis zweimal, bevor du versuchst, gerade so viel Luft in den Ballon zu blasen, dass der Kolben in der Schwebe bleibt.

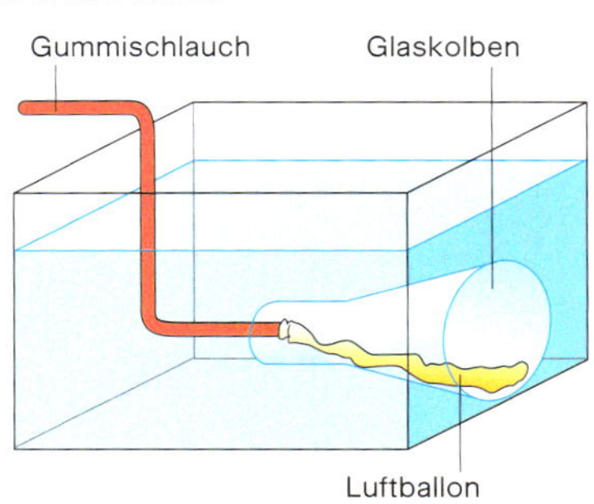

② Notiere deine Beobachtungen und versuche, das Ergebnis dieses Experiments zu deuten.

Schwimmblase und Wasserdruck

Schwimmt ein Fisch nach oben, verringert sich der Wasserdruck. Die Schwimmblase wird dann größer, weil sie nicht mehr so stark zusammengedrückt wird. Da der Fisch dadurch mehr Auftrieb erhält, muss er so viel Gas aus der Schwimmblase entfernen, dass sie wieder die ursprüngliche Größe besitzt. Dann schwebt der Fisch erneut im Gleichgewicht, nur etwas höher. Schwimmt ein Fisch nach unten, nimmt der Wasserdruck zu, die Schwimmblase wird dadurch kleiner und der Auftrieb nimmt ab. Um erneut im Gleichgewicht schweben zu können, jetzt nur etwas tiefer, muss der Fisch so lange Gas in die Schwimmblase aufnehmen, bis der Auftrieb im Wasser wieder so groß ist wie zuvor.

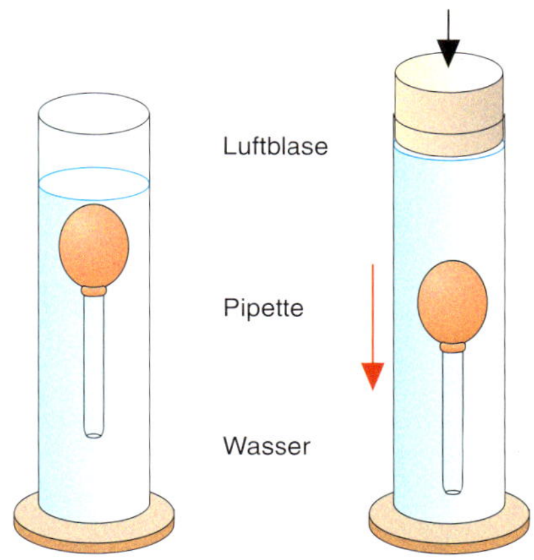

Ein Experiment kann dir dieses zum Teil veranschaulichen. Fülle dazu eine Pipette mit Gummihütchen vollständig mit Wasser. Drücke nun über Wasser so viel Wasser aus der Pipette heraus und sauge dafür Luft an, dass die Pipette mitsamt Luftbläschen im Standzylinder gerade noch an der Wasseroberfläche schwimmt. Durch Ausprobieren bekommst du die richtige Menge heraus. Fülle nun den Standzylinder fast vollständig mit Wasser und drücke den Gummistopfen langsam in die Öffnung und lockere ihn wieder.

③ Notiere deine Beobachtungen

Durch Druck auf den Stopfen wird auch der Druck im Standzylinder erhöht. Entsprechendes gilt umgekehrt.

④ Wie verändert sich dabei das Volumen der im Pipettenhütchen eingeschlossenen Luft? Welche Folgen hat das?

⑤ Wie würde sich bei einem Fisch dabei das Luftvolumen in der Schwimmblase verändern, um dem Absinken bzw. Steigen entgegenzuwirken?

1 Bär fängt springenden Lachs

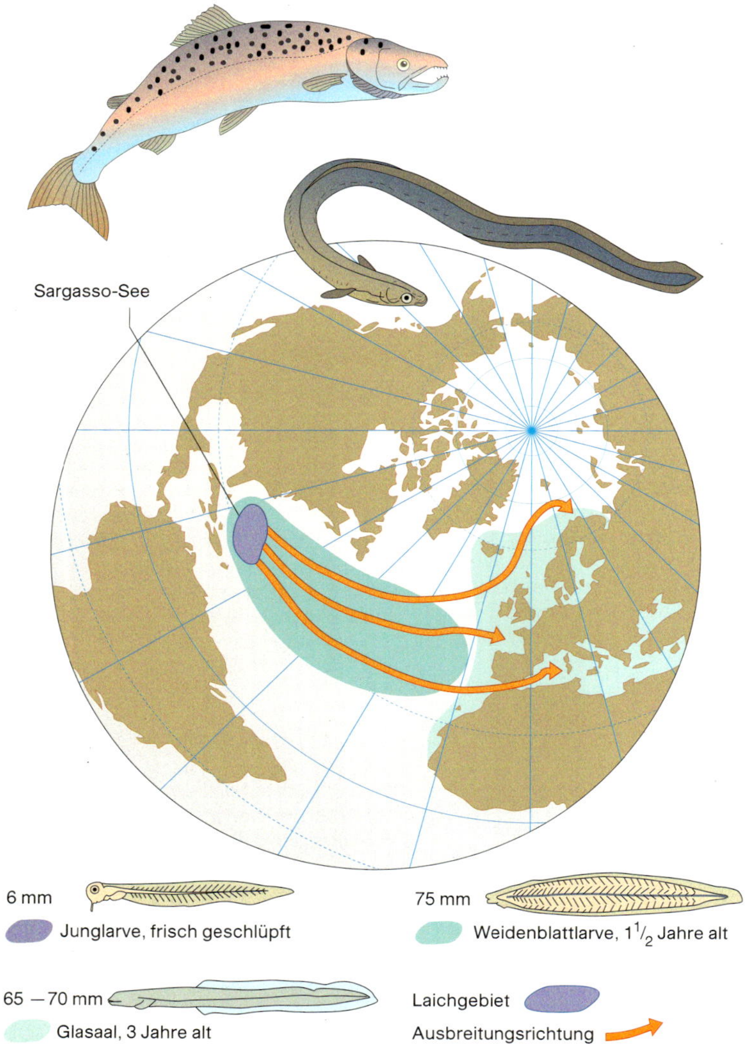

2 Weg des europäischen Aals

Lachs und Aal sind Wanderfische

Viele einheimische Fischarten bleiben zeitlebens in dem Gewässer, in dem sie herangewachsen sind. Man nennt sie deshalb *Standfische*. Beispiele dafür sind *Hecht* und *Karpfen*. Andere Arten unternehmen weite Wanderungen zu ihren Nahrungs- oder Laichgründen. Solche Fische nennt man *Wanderfische*. Zu ihnen gehören Aal und Lachs, die zwischen Meer und Süßwasser wandern.

Den größten Teil ihres Lebens verbringen die **Lachse** im Meer. Dort leben sie räuberisch und wachsen innerhalb von zwei Jahren zu geschlechtsreifen Tieren heran. Sie sind dann bis 1,20 m lang und 45 kg schwer. Die Lachse wandern von Juli bis September aus dem Meer in die *Oberläufe* der Flüsse zu ihren *Laichplätzen*. Man weiß aus Markierungsversuchen, dass die erwachsenen Lachse stets das Gewässer ihrer Jugendentwicklung aufsuchen. Beim Aufsteigen überwinden die Lachse auch Hindernisse wie Staustufen oder Wasserfälle. Im Winter laichen sie dann in der Nähe der Quelle sauberer Flüsse ab. Die Alttiere treiben danach erschöpft flussabwärts. Erst im Frühjahr schlüpfen die Jungtiere aus. Sie leben einige Zeit im Süßwasser, bevor sie dann flussabwärts ins Meer wandern.

Weit besser als beim Lachs sind die Laichwanderungen des europäischen **Aals** untersucht. Er lebt 6 – 12 Jahre lang in Seen, Bächen oder Gräben und wird bis zu 1,50 m lang. Im Herbst wandern die geschlechtsreifen Tiere *flussabwärts* in den Atlantik. Sie schwimmen dem Golfstrom entgegen bis in die Sargasso-See vor der amerikanischen Küste. Das sind zwischen 6 000 und 8 000 km Wanderweg! Nach dem Ablaichen sterben die Alttiere. Die geschlüpften *Aallarven* treiben mit dem Golfstrom im Laufe von drei Jahren nach Europa zurück. Als durchsichtige *Glasaale* wandern sie dann wieder in die Flüsse ein. Man weiß, dass weder die erwachsenen Lachse noch die erwachsenen Aale auf ihren Laichwanderungen Nahrung zu sich nehmen. Sie müssen sich also durch die Anlage von Fettreserven auf die Wanderungen vorbereiten.

Aufgaben

① In welchem Punkt unterscheiden sich die Laichwanderungen von Lachs und Aal?

② Gestaltet in der Klasse eine Wandzeitung zum Thema „Lebenskalender“ von Lachs bzw. Aal.

1 Heringsschwarm und **2** Arbeit auf einem Fangschiff

Das Meer — ein wichtiger Nahrungslieferant

Wer schon einmal eine Fahrt mit einem Krabbenkutter auf der Nordsee mitgemacht hat, wird mit Spannung das Heraufholen der Netze verfolgt haben. Verschiedene Meerestiere, einige in großer Zahl, kommen zum Vorschein, zum Beispiel Garnelen, Seesterne und kleinere Fische. Sie und andere Meerestiere finden in den nährstoffreichen Küstengewässern eine optimale Nahrungsgrundlage. Solche Bedingungen sind im Atlantischen Ozean, zum Beispiel auch vor den Küsten Islands, vor der Westküste Großbritanniens und vor den Küsten Neufundlands, gegeben. Dort können viele Algen gedeihen, die zum Beispiel Nahrung von Kleinkrebsen sind. Diese bilden die Nahrungsgrundlage für Fische, die bei gutem Nahrungsangebot in großen Schwärmen vorkommen können, zum Beispiel die Heringe. Diese fallen wiederum größeren Räubern zum Opfer, zum Beispiel *Thunfischen*.

Aus solchen nährstoffreichen Meeresgebieten kommen die meisten der Seefische, die als *Speisefische* zu uns gelangen. Eine wichtige Rolle spielen der *Dorsch* oder *Kabeljau* und die *Makrele*. Beide leben in großen Schwärmen. Dorsche werden meist zu Filets verarbeitet, Makrelen werden oft geräuchert angeboten. Weitere bekannte Seefische sind der *Rotbarsch* und der *Hering* sowie die verschiedenen Plattfischarten, zum Beispiel *Scholle* und *Steinbutt*. Plattfische sind durch die seitliche Abflachung ihres Körpers an das Leben auf dem Meeresboden hervorragend angepasst.

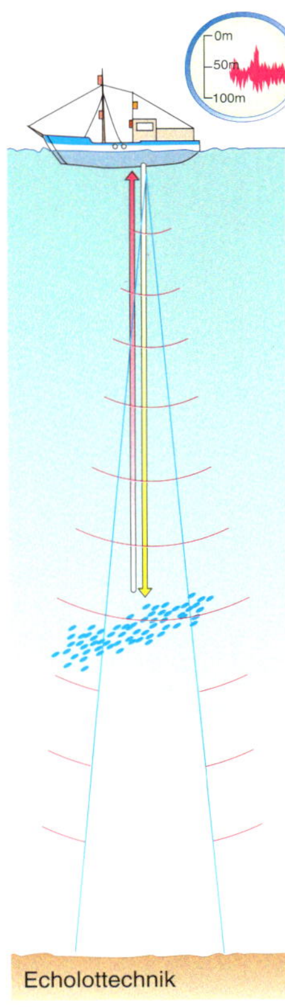

Echolottechnik

Grundschleppnetz

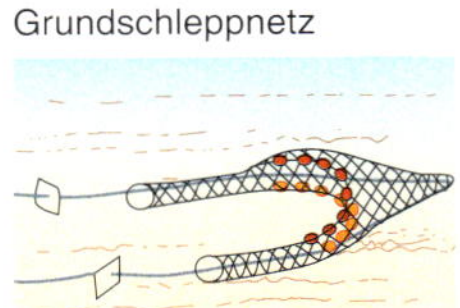

Moderne Fischereischiffe können Fischschwärme mithilfe der *Echolottechnik* genau orten. Die von einem Sender abgegebenen Ultraschallwellen werden vom Fischschwarm zurückgeworfen und von einem Empfänger aufgezeichnet. Mit ringförmig angeordneten Netzen *(Ringwaden)* fängt man große Fischschwärme, die sich in der Nähe der Oberfläche aufhalten. Mit *Schleppnetzen (Trawl)* fischt man auf oder dicht über dem Meeresboden lebende Fische, wie Dorsche und Plattfische. Fischfangflotten können heute Fischschwärme fast vollständig dem Meer entnehmen, sodass die Weltmeere heute sehr stark überfischt sind. Der Bestand mehrerer wichtiger Nutzfischarten ist bereits deutlich zurückgegangen.

Trotzdem nimmt die Menge der jährlich gefangenen Meeresfische wegen der zunehmend intensiven Befischung weltweit noch zu. Die Menge der weltweit gefangenen Seefische stieg von etwa 14 Mio. Tonnen im Jahr 1950 um mehr als das Dreifache im Jahr 2000. Der Gefährdung der Fischbestände versucht man durch Festlegung von Fangquoten und dem Verbot bestimmter Fangmethoden entgegenzuwirken. So ist in allen Ländern der Europäischen Union die Fischerei mit Treibnetzen verboten. Die *Treibnetzfischerei* mit kilometerlangen Netzen ist besonders schädlich, da in den 10 bis 15 Meter hohen Netzen auch viele nicht gewünschte Fische hängen bleiben. Außerdem verfangen sich in ihnen zum Beispiel auch Delfine, die dann ertrinken müssen.

Fische

Fische bewohnen sowohl das Süßwasser mit den Bächen, Flüssen und Seen als auch das Meer, in dem etwa 35 g Salz in einem Liter Wasser gelöst sind. Viele Fischarten weichen in ihrer Körperform von der „normalen" Fischform ab. Manche haben zur Sicherung der Fortpflanzung besondere Verhaltensweisen entwickelt, wie die Brutpflege oder die Fähigkeit zu weiten Wanderungen. Das alles sind Anpassungen dieser Fische an die unterschiedlichen Lebensbedingungen in ihren Lebensräumen (S. 270).

Süßwasserfische

Rotauge. Dieser Fisch, der auch Plötze genannt wird, besiedelt langsam fließende oder stehende Gewässer, wo er meist in Schwärmen lebt. Rotaugen ernähren sich von verschiedenen Kleintieren, z. B. von Würmern und Insektenlarven. Aber auch Pflanzen und Pflanzenteile gehören zu ihrer Nahrung. Rotaugen sind eine wichtige Beute von Barsch und Hecht.

Wels oder **Waller**. Er ist einer der größten heimischen Süßwasserfische. Welse können bis 3 m lang, 150 kg schwer und 80 Jahre alt werden. Als Lebensraum braucht der Wels Seen und Flüsse mit weichem Boden. Hier ruht er tagsüber in Höhlen oder unter Überhängen am Ufer. Am Maul stehen zwei lange und vier kurze *Barteln*. Sie

helfen in der Dämmerung und Nacht, die Nahrung (Fische, Frösche und sogar Wasservögel) aufzuspüren.

Flussbarbe. Dieser gesellig lebende Bodenfisch wird in der Dämmerung aktiv und sucht dann mit den vier Bartfäden *(Barteln)* an seinem Maul den Boden nach Laich, Fischbrut, Würmern und Kleinkrebsen ab. Zum Laichen ziehen die Fische in großen Schwärmen kurze Strecken stromauf, wo der goldgelbe, giftige Laich über kiesigem Grund abgesetzt wird. Die Flussbarbe wird bis zu 90 cm lang.

Flussbarsch. Dieser Raubfisch jagt in kleinen Trupps nach Krebsen und Fischen. Er kommt in Bächen, Flüssen und Seen vor und ist gut an der stacheligen vorderen Rückenflosse und an den roten Bauch-, After- und Schwanzflossen zu erkennen. Barsche werden bis 50 cm lang.

Hecht. Mit einer Körperlänge von bis zu 1,50 m ist der Hecht der größte Raubfisch unserer heimischen Gewässer. Durch seine Streifenzeichnung perfekt getarnt, lauert der Hecht oft im dichten Pflanzenwuchs auf Beute. Zu seiner Beute gehören nicht nur Fische, sondern auch Frösche, Ratten und Wasservögel. Nähert sich ein Tier, schießt er mit weit aufgerissenem Maul hervor und packt seine Beute.

Stichling. Die verschiedenen Arten dieses kleinen Fisches kommen in Teichen, Bächen, Flüssen, selbst im Brackwasser und im Meer vor. Stichlinge leben die meiste Zeit des Jahres in Schwärmen. Zur Fortpflanzungszeit jedoch besetzen die Männchen in flachem, warmem Süßwasser ein Brutrevier. Sie verteidigen es und bauen ein Nest. Durch Balztänze werden trächtige Weibchen zum Ablaichen im Nest veranlasst. Das Männchen versorgt die Brut allein.

Bitterling. Dieser nur wenige Zentimeter lange Fisch benötigt sandigen Untergrund, in dem Teich- oder Malermuscheln leben. Auf diese ist er nämlich bei der Fortpflanzung angewiesen. Die Weibchen geben dabei mithilfe ihrer langen Legeröhre Eier in die Ausströmöffnung der Muschel ab. Die Spermazellen der Männchen gelangen über die Einströmöffnung zu den Eiern. Da die Muschelbestände bei uns zurückgehen, ist dadurch auch der Bitterling gefährdet.

Meeresfische

Kabeljau. Die Schwärme dieses 1,5 m langen Fisches sind im ganzen Nordatlantik, der Nord- und Ostsee zu finden. Die Jungfische fressen Tierplankton, zum Beispiel kleine Krebstiere. Der erwachsene Kabeljau oder *Dorsch* ist ein räuberischer Allesfresser, der von Krebsen, Würmern und Weichtieren lebt und auch Jagd auf Heringe macht. Die Weibchen legen jeweils 3 bis 4 Mio. Eier. Der Verlust unter den Jungfischen ist sehr groß.

Rotbarsch. Er sieht zwar barschähnlich aus, gehört aber zur Gruppe der „Drachenköpfe". In 400 bis 600 m Tiefe jagt der bis zu 1 m lange, schmackhafte Speisefisch vorwiegend Heringe und Dorsche, frisst aber auch Garnelen und Muscheln. Sein Lebensraum sind die küstennahen Gebiete des Nordatlantiks.

Flunder. Sie ist ein Bewohner der Küstengewässer und ist für Beutetiere und Feinde wegen ihrer Tarnfarbe und Körperform nur schwer zu entdecken. Ihre „praktische" Form hat die Flunder jedoch nicht von Geburt an. Eine frisch aus dem Ei geschlüpfte Flunderlarve hat zunächst die Form eines normalen Fisches. Erst im Laufe der Entwicklung entsteht der *Plattfisch*, indem sich das linke Auge und das Maul auf die rechte Seite, die spätere Oberseite, verlagern und das Tier sich auf die linke Seite legt.

Zu den Plattfischen gehören noch die bis zu 40 cm große *Scholle*, der 1 m lange *Steinbutt*, der bis zu 3 m lange *Heilbutt* und die etwa schollengroßen Arten *Flunder* und *Seezunge*. Da Plattfische keine Schwärme bilden, ist ihre Fangmenge vergleichsweise gering, obwohl sie als Speisefische sehr geschätzt werden.

Muränen. Diese Fische besiedeln gemäßigt bis tropisch warme Meere und besitzen einen aalförmigen, schuppenlosen Körper, Kiemendeckel fehlen. Stattdessen haben Muränen seitliche Kiemenöffnungen. Rücken-, After- und Schwanzflosse bilden einen Flossensaum, Brust- und Bauchflossen fehlen. So sind diese Meeresfische an das Leben in Spalten und Höhlen von Riffen oder Felsküsten angepasst. Ihr tief gespaltenes Maul kennzeichnet die Muränen als Räuber. Sie sind nachtaktiv und finden ihre Beute, zum Beispiel schlafende Fische, mithilfe ihres feinen Geruchssinnes. Zahlreiche nadelspitze Zähne ermöglichen das Ergreifen und Festhalten der Beute.

Thunfisch. Dieser Meeresfisch ist ein begehrter Speisefisch und kann bis zu 5 m lang werden. Seine kräftige Muskulatur und die Stromlinienform ermöglichen ihm Geschwindigkeiten bis zu 50 km/h, wenn er in kleinen Gruppen nach Schwarmfischen, z. B. Makrelen, oder nach Tintenfischen jagt. Die Hauptlaichplätze des Thunfischs liegen im Mittelmeer, wo seit altersher mit Harpunen oder Reusen nach ihm gefischt wird. Im Winter unternimmt er weite Wanderzüge und ist dann auch in der Nordsee anzutreffen.

Haie. Alle Haie sind *Knorpelfische*. Sie besitzen einige besondere Merkmale, die sie von den Knochenfischen unterscheiden. Die knorpelige Wirbelsäule der Haie trägt nur kurze Wirbelfortsätze. Die Kiemen sitzen an den Wänden von beiderseits fünf Kiemenspalten. Haie besitzen keine Schwimmblase. In den Kiefern vieler Haiarten stehen messerscharfe, dreieckig geformte Zähne in mehreren Reihen hintereinander. In der vorderen Reihe ausfallende Zähne werden durch die in den hinteren Zahnreihen ersetzt. Von den etwa 350 Haiarten sind für den Menschen nur wenige wirklich gefährlich. Einige Arten, wie der Walhai, filtern ihre Nahrung mithilfe des weit geöffneten Mauls aus dem Wasser. Sie sind völlig ungefährlich.

Rochen. Sie gehören wie die Haie zu den Knorpelfischen. Charakteristisch ist ihr tellerförmig abgeflachter Körper. Am bekanntesten ist der **Teufelsrochen**. Seinen Namen hat er von den beiden von der Schnauze ausgehenden Verlängerungen, die wie Hörner aussehen. Die größten Arten leben im Pazifischen Ozean und erreichen eine Spannweite von bis zu 6 Metern. Mithilfe ihrer flügelförmigen Brustflossen sind sie elegante Schwimmer. Bei geöffnetem Maul nehmen sie Kleinlebewesen auf, die ihre Nahrung bilden.

Sammelt farbige Abbildungen von Fischen und klebt sie auf einer Weltkarte auf! Schreibt den Lebensraum dazu! Beschreibt das Aussehen (Farbe und Form, Maulstellung, Lage der Augen usw.) der Fischarten!
Welche Bedeutung könnten farbige Streifen, unregelmäßige Muster oder einzelne große Farbflecken haben?

Vielfalt der Fische

Auf wie viele Fische kommst du, wenn du darüber nachdenkst? Schreibe die Namen der Fische auf und vergleiche mit deinen Mitschülern!

Wahrscheinlich ergibt sich eine Liste, in der die große Vielfalt der Fische sichtbar wird. Hier sind einige Beispiele: Haifisch, Goldfisch, Seepferdchen, Hering, Tintenfisch, Karpfen, Plattfisch, Forelle, Walfisch, Fischstäbchen . . . .
Aber genau aufpassen, ob in der Liste alles stimmt!

Nahrungserwerb

Die Schützenfische Hinterindiens fangen ihre Beute aus der Luft. Sie besitzen durch die spezialisierte Gestaltung des Maules die Fähigkeit, Insekten mit einer gezielten Ladung Wasser von einem Ast oder Schilfrohr „herunter zu schießen".

Der Fetzenfisch schwimmt träge zwischen Seegras und Tang umher. Er ist mit 30 cm Länge eine der größten Seepferdchenarten und lebt in den warmen Meeresbuchten vor Australien und Asien.

Fortpflanzung

Das Seepferdchen besitzt als einziger Fisch einen Greifschwanz. Eine weitere Besonderheit ist die Brutpflege — so tragen die Männchen die Eier in einer Bruttasche, bis die Jungen ausschlüpfen.

Färbung

Fische können sehr unterschiedlich gefärbt sein. Viele haben einen silbrigen Bauch und einen dunklen Rücken. Dadurch sind sie besser getarnt. Kannst du erklären, warum? Suche nach Beispielen!

Die farbenprächtigsten Fischarten kommen in tropischen Gewässern vor. Manche kann man auch in den Aquarien von zoologischen Gärten bewundern. Es lohnt sich ein Ausflug in den Zoo, um sich die Vielfalt der Farben und der Muster einmal anzusehen. Vielleicht solltet ihr einmal mit einem Zoolehrer über dieses Thema sprechen.

Am Kopf hat der Schmetterlingsfisch einen senkrechten, schwarzen Streifen, in dem das Auge verborgen liegt. Ein Zick-Zack-Muster überzieht seinen Körper und ein dunkler Fleck liegt am Ende der Rückenflosse. Eigenwilliger hätte es sich auch ein Künstler kaum ausdenken können.

Fliegende Fische können bis zu 50 m weit fliegen und erreichen eine Geschwindigkeit von etwa 50 km/h. Ihre Flughöhe beträgt ungefähr 1 Meter.

Anglerfische sehen oft sehr merkwürdig aus, falls man sie überhaupt findet. Wo ist die Angel? Wie und warum funktioniert sie?

Fortbewegung

Bei vielen Fischen dient nicht die Schwanzflosse dem Hauptantrieb, sondern andere Flossen, wie zum Beispiel die Brustflossen bei den Doktorfischen, die Rücken- und Afterflosse bei den Drückerfischen. Das ist, wie auch die Fischgestalt, eine Anpassung an ihren Lebensraum und ihre Ernährungsweise.

Informiere dich über Doktor- und Drückerfische. Überlege, welche Flossen für die auf dieser Seite abgebildeten Fische den Hauptantrieb bilden könnten.

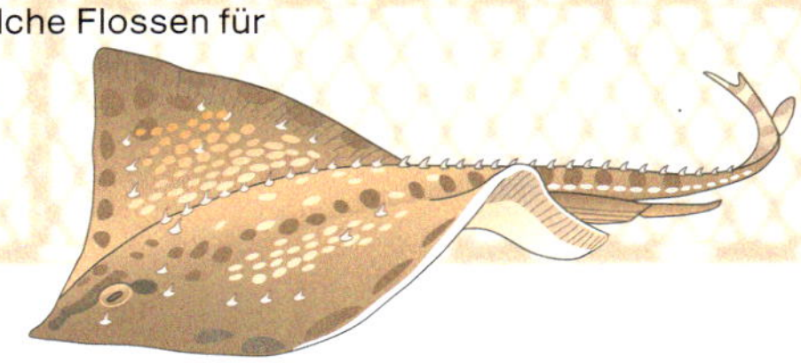

Fischgestalten

Nicht alle Fische besitzen einen stromlinienförmigen Körper. Es gibt zum Beispiel lang gestreckte Seenadeln, kugelrunde Igelfische, flache Seezungen, geflügelte Rochen und fast rechteckige Kofferfische. Manchmal versetzt die Gestalt eines Fisches den Beobachter in Erstaunen.
Offenbar gibt es Gründe dafür, dass Fische manchmal gar nicht fischförmig aussehen. Kannst du eine Erklärung dafür finden?

Weitere Informationen kannst du zum Beispiel in Büchereien finden. Suche nach Beispielen von Fischen mit besonderer Gestalt und berichte darüber.

Lebensraum

Fische leben im Wasser. Sie kommen im Süßwasser von Seen und Flüssen vor, im Salzwasser der Meere oder im Brackwasser. Es gibt Spezialisten für die Tiefsee und für flache Gewässer, für das Eingraben im Sand und das Leben in engen Zwischenräumen, usw.

Suche jeweils nach Beispielen!
Gibt es Fische, die sowohl im Salzwaser als auch im Süßwasser leben können?
Wo leben fliegende Fische?
Was weißt du über Tiefseefische?
Stelle selbst weitere Fragen und suche nach Antworten dafür.

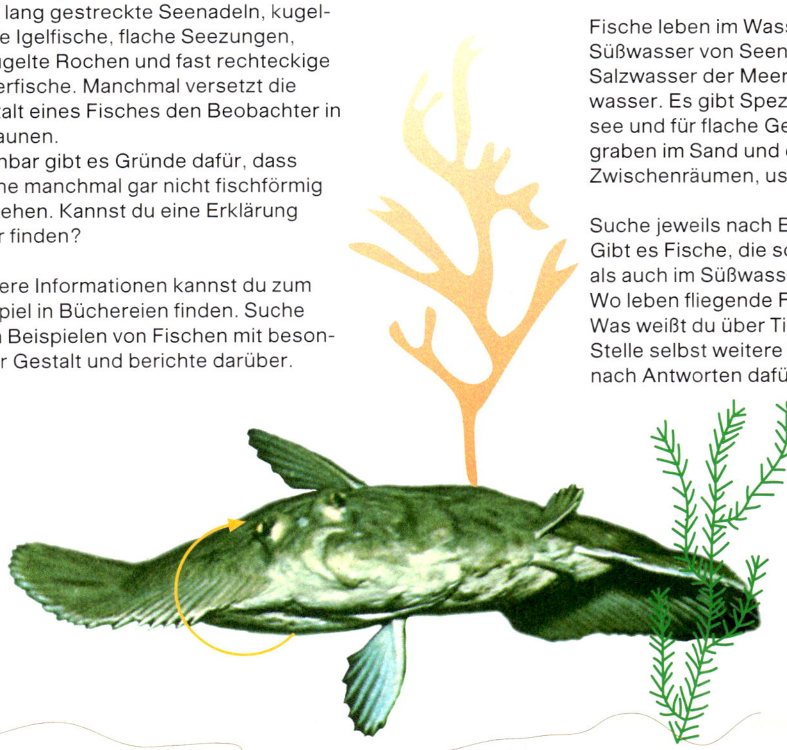

Bei der Scholle ist die linke Körperseite zur Ober— und die rechte zur Unterseite geworden. Auch das Auge wandert bei der Entwicklung der Jungfische so über den Rücken von einer Körperseite zur anderen.

2 Lurche sind Feuchtlufttiere

1 Grasfrösche im Laichgewässer

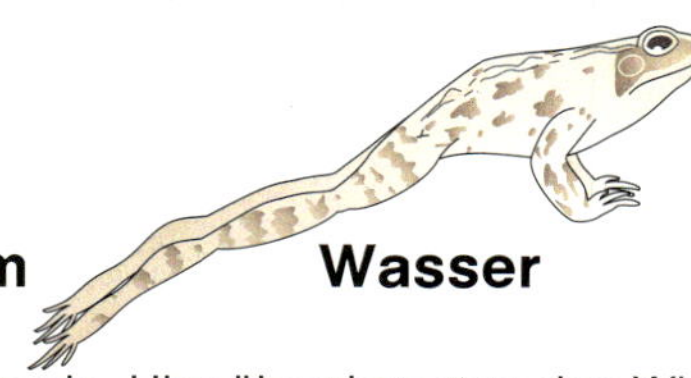

Der Grasfrosch — ein Leben an Land und im Wasser

Der Grasfrosch jagt in feuchten Wiesen, Gräben und dichten Gebüschen nach Insekten, Regenwürmern und Schnecken.

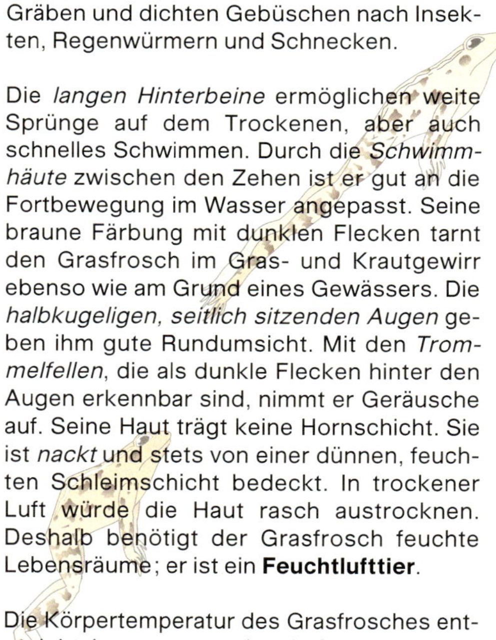

Die *langen Hinterbeine* ermöglichen weite Sprünge auf dem Trockenen, aber auch schnelles Schwimmen. Durch die *Schwimmhäute* zwischen den Zehen ist er gut an die Fortbewegung im Wasser angepasst. Seine braune Färbung mit dunklen Flecken tarnt den Grasfrosch im Gras- und Krautgewirr ebenso wie am Grund eines Gewässers. Die *halbkugeligen, seitlich sitzenden Augen* geben ihm gute Rundumsicht. Mit den *Trommelfellen*, die als dunkle Flecken hinter den Augen erkennbar sind, nimmt er Geräusche auf. Seine Haut trägt keine Hornschicht. Sie ist *nackt* und stets von einer dünnen, feuchten Schleimschicht bedeckt. In trockener Luft würde die Haut rasch austrocknen. Deshalb benötigt der Grasfrosch feuchte Lebensräume; er ist ein **Feuchtlufttier**.

Die Körpertemperatur des Grasfrosches entspricht immer etwa der Außentemperatur und schwankt mit ihr. Er ist **wechselwarm**. Wenn es im Herbst dauerhaft kühler wird, bewegt er sich immer langsamer. Schließlich verkriecht er sich in ein Erdversteck oder er gräbt sich im Schlamm auf dem Grund von Gewässern ein. Hier überdauert er den Winter regungslos in *Winterstarre*. Im Frühjahr, wenn die Außentemperaturen wieder steigen, wandert er zur *Paarung* in das Gewässer, in dem er aufgewachsen ist (S. 278).

Die Männchen treffen zuerst am Tümpel ein. Dort warten sie dann quakend auf die Weibchen, die sich aber bis zu einer Woche Zeit mit ihrer Ankunft lassen. Das Grasfroschweibchen erkennt das Grasfroschmännchen an seinen *Rufen*. Ist es einem der „Sänger“ nah genug gekommen, klettert dieser auf den Rücken des Weibchens und klammert sich fest. Kämpfe um ein Weibchen gibt es bei den Grasfröschen nicht. Das Männchen wird einige Tage herumgetragen, bis die Eier des Weibchens herangereift sind. An flachen Stellen mit Pflanzenbewuchs presst das Froschweibchen bis zu 4000 Eier, den *Laich*, ins Wasser und das Männchen gibt seine milchige Spermienflüssigkeit dazu. Man spricht von *äußerer Befruchtung*, da die Spermien außerhalb des Körpers in die Eizellen eindringen. Die das Ei umgebende *Gallerthülle* quillt zu einer dicken Schutzschicht auf. Das Ei darin dreht sich mit der dunklen Seite nach oben. Der schwarze Farbstoff nimmt die Sonnenwärme auf und schützt vor der gefährlichen UV-Strahlung.

Von der Kaulquappe zum Frosch

Drei Wochen nach der Befruchtung schlüpft die *Froschlarve* aus der Eihülle. Larven nennt man alle Jungtiere, die nach dem Schlüpfen eine andere Gestalt haben als ihre Eltern.

Die Froschlarve heftet sich zunächst an Pflanzen oder Steinen fest und zehrt von ihrem *Eidottervorrat* am Bauch. Sie atmet über büschelige *Außenkiemen* am Kopf. Nach 10 Tagen hat die Larve die bekannte Gestalt einer *Kaulquappe*. Die Kiemen sind nun von einer Hautfalte überwachsen *(Innenkiemen)*. Der Schwanz mit dem breiten Flossensaum ermöglicht das Schwimmen. Mit Hornleisten am Mund weidet die Kaulquappe die Algen von Steinen und Wasserpflanzen ab. Sie ist ein reiner *Pflanzenfresser*.

Ende Mai, Anfang Juni schwimmt das Tier immer häufiger zur Oberfläche und schluckt Luft. Es hat sich eine einfache Lunge gebildet. Schließlich verlässt ein kleiner Frosch das Wasser. Er hat noch einen kleinen Stummelschwanz, der aber nach kurzer Zeit verschwindet. Sobald der Frosch seine Kinderstube verlassen hat, ernährt er sich nur noch von Kleintieren, Fliegen, Mücken und Würmern. Er ist zum *Fleischfresser* geworden. Wenn der Grasfrosch bei der Reviersuche nicht von einem Feind gefressen oder überfahren wird, kehrt er im dritten Frühjahr zur Paarung wieder in sein Geburtsgewässer zurück.

Kennzeichnend für die gesamte Tierklasse der Lurche ist, dass die Jungtiere im Wasser lebende, mit Kiemen atmende Larven sind. Bei der Entwicklung der Larven zum erwachsenen Lurch vollzieht sich ein Form- und Gestaltwandel, die **Metamorphose**. Dabei entwickelt sich die Fähigkeit zum Landleben durch die Ausbildung der Lunge und die Kiemenrückbildung. Stets ist der Körper von einer nackten, schleimbedeckten Haut umhüllt. Der wissenschaftliche Name der Lurche ist *Amphibien* (griech., *amphi* = beide, zwei; *bios* = Leben), d.h. Wasser und Land sind wechselweise ihr Lebensraum.

Aufgaben

① Beschreibe die Veränderungen der Larve während der Metamorphose (Abb. 1–4).
② Stelle Unterschiede zwischen Kaulquappe und Frosch zusammen.
③ Stelle in einer Tabelle Anpassungsmerkmale des Grasfrosches an das Land- und Wasserleben einander gegenüber.

1 Laich und geschlüpfte Kaulquappen

2 Junge Kaulquappe

3 Ältere Kaulquappe

4 Junger Grasfrosch

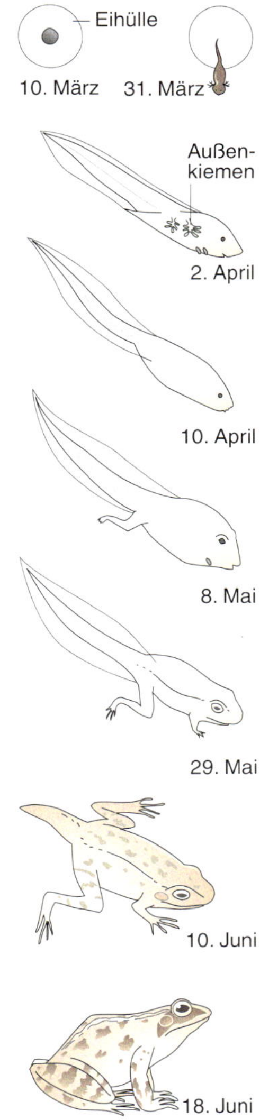

1 Erdkröte

Funktionsweise der Schleuderzunge

2 Erdkröte erbeutet ein Insekt

Grasfrosch und Erdkröte sind Froschlurche

Seine braune *Tarnfärbung* schützt den **Grasfrosch** meistens vor Entdeckung (S. 276). Man wird erst dann auf ihn aufmerksam, wenn er sich mit einem *Fluchtsprung* in Sicherheit bringen will. Blitzschnell streckt er die Hinterbeine und schnellt vorwärts. Bei einem Sprung ins Wasser zeigt er, dass er auch ein guter Schwimmer ist. Die Vorderbeine werden eng an den Körper angelegt, sodass der Wasserwiderstand gering wird. Mit den Hinterbeinen drückt er sich im Wasser ab, wobei er beide Beine zugleich anzieht und danach wieder streckt, vergleichbar unseren Beinbewegungen beim Brustschwimmen. Schwimmhäute zwischen den Zehen sorgen für größere Wasserverdrängung und damit für verstärkte Antriebskraft.

Wie der Grasfrosch, ist auch die **Erdkröte** in ihrem Lebensraum mit ihrer warzigen braunen Haut gut getarnt. Ihre Hinterbeine sind jedoch kürzer als die des Frosches. Sie ist ein schlechter Springer und bewegt sich eher behäbig vorwärts. Vor Feinden, wie Rabenkrähen, Ringelnattern oder Mardern, schützen sie *Giftdrüsen*. Diese sitzen in den Warzen der Haut und in Wülsten hinter den Augen. Das Gift brennt unangenehm auf Augen-, Mund- und Nasenschleimhäuten eines Angreifers. So konnte man beobachten, dass eine Ringelnatter eine verschlungene Erdkröte wieder ausgewürgt hat. Die Kröte flieht bei der Begegnung mit dem Feind nicht. Sie richtet sich hoch auf und schaukelt mit dem Körper hin und her: Sie *droht*.

Skelett eines Froschlurches

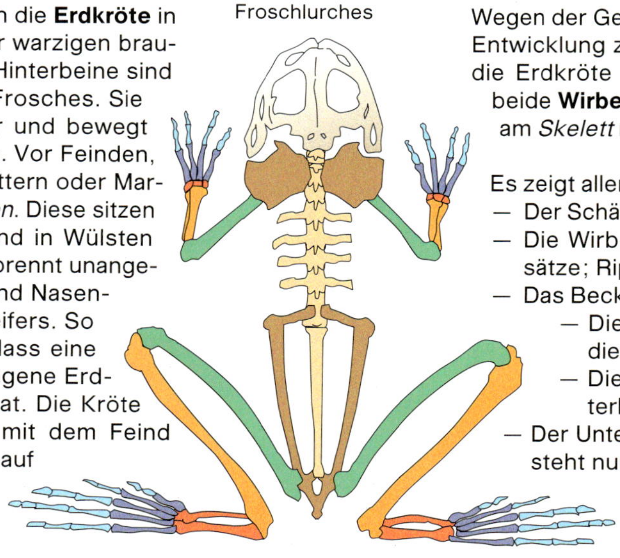

Wie die Frösche, brauchen auch die Kröten zur Fortpflanzung einen Teich oder Tümpel. Hier wachsen ihre Pflanzen fressenden *Kaulquappen* heran. Sie schlüpfen nicht aus Laichballen, sondern aus bis zu 5 m langen *Laichschnüren*, die das Erdkrötenweibchen im flachen Wasser wie lange Perlenketten zwischen die Pflanzen spannt.

Erdkröte und Grasfrosch sind nützliche *Schädlingsvertilger*. Sie fressen Kleintiere, wie Insekten, Würmer und Nacktschnecken, die sie mit ihrer klebrigen *Schleuderzunge* zielsicher erbeuten. Beide sind nur in der Dämmerung und nachts aktiv. Tagsüber bleiben diese *Feuchtlufttiere* in ihren sicheren Verstecken.

Wegen der Gemeinsamkeit in Körperbau und Entwicklung zählt man den Grasfrosch und die Erdkröte zu den **Froschlurchen**. Dass beide **Wirbeltiere** sind, erkennt man leicht am *Skelett* mit seiner Wirbelsäule.

Es zeigt allerdings einige Besonderheiten:
- Der Schädel ist dreieckförmig und flach.
- Die Wirbel haben nur kleine Querfortsätze; Rippen sind nicht vorhanden.
- Das Becken ist lang gestreckt.
- Die Vorderbeine sind kürzer als die Hinterbeine.
- Die Fußwurzelknochen der Hinterbeine sind sehr lang.
- Der Unterschenkel der Hinterbeine besteht nur aus einem Knochen; Schien- und Wadenbein sind miteinander verwachsen.

1 Feuersalamander

Larve des Feuersalamanders

Bewegungsphasen des Feuersalamanders

2 Kammmolch

Feuersalamander und Kammmolch sind Schwanzlurche

Feuersalamander bewohnen schattige, kühle Laubwälder mit Bächen. Erst abends kommen sie aus ihrem feuchten Versteck hervor, denn tagsüber ist die Luftfeuchtigkeit meist zu gering und ihre schleimige Haut könnte austrocknen. Der gedrungene Körper mit drehrundem Schwanz schlängelt sich langsam vorwärts, wobei die plumpen Beine mitbewegt werden. Feuersalamander ernähren sich von Würmern, Schnecken, Spinnen und Insekten, die sie mit ihrem gut entwickelten Geruchssinn aufspüren.

Wenn ein Räuber versucht, einen Feuersalamander zu fressen, bekommt ihm das schlecht. In der Haut hat der Feuersalamander *Giftdrüsen*, aus denen Gift in die Mundschleimhaut des Räubers eindringt und Schmerzen verursacht. Die auffällige gelbschwarze Färbung des Feuersalamanders dient als *Warnung* für seine Fressfeinde.

Feuersalamander paaren sich auf dem Land. Im Mai nimmt das Weibchen ein vom Männchen abgesetztes Spermienpaket mit der Kloake auf. Befruchtung und Entwicklung der Eier erfolgen im Körper des Weibchens. Erst im folgenden Frühjahr setzt das Weibchen Larven, die bereits einen Ruderschwanz, vier Beine und kurze Kiemenbüschel besitzen, in ein Gewässer ab. Die Larven ernähren sich von Kleintieren. Nach einer Entwicklungszeit, die je nach Nahrungsangebot und Wassertemperatur bis zu zwei Jahre betragen kann, verlassen Feuersalamander für immer das Wasser.

Skelett eines Schwanzlurches

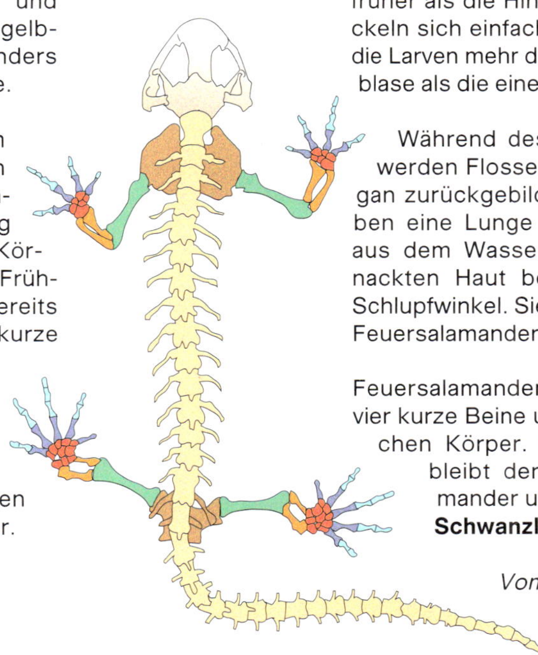

Kammmolche sind zur Fortpflanzungszeit von März bis Mai im Wasser anzutreffen. Sie besitzen einen seitlich abgeflachten *Ruderschwanz* und ein *Seitenlinienorgan*, vergleichbar dem der Fische. Die Männchen sind in der Paarungszeit bunt gefärbt und tragen einen hohen, stark gezackten Rückenkamm. Das kammlose, unscheinbar gefärbte Weibchen nimmt nach einem Balzspiel ein Spermienpaket in die Kloake auf. Es kommt im *Körperinnern* zur *Befruchtung* (S. 278). Die befruchteten Eier heftet das Weibchen einzeln an Wasserpflanzen.

Die geschwänzten Larven ernähren sich von Kleintieren. Sie tragen bis zur Umwandlung äußere Kiemen. Ihre Vorderbeine entstehen früher als die Hinterbeine. Sehr bald entwickeln sich einfache Lungen. Sie erfüllen für die Larven mehr die Aufgabe einer Schwimmblase als die eines Atmungsorgans.

Während des Landlebens der Molche werden Flossensaum und Seitenlinienorgan zurückgebildet. Erwachsene Tiere haben eine Lunge und müssen zum Atmen aus dem Wasser auftauchen. Wegen der nackten Haut benötigen Molche feuchte Schlupfwinkel. Sie ernähren sich ähnlich wie Feuersalamander.

Feuersalamander und Kammmolch haben vier kurze Beine und einen schmalen, länglichen Körper. Nach der Metamorphose bleibt der Schwanz erhalten. Salamander und Molche gehören zu den **Schwanzlurchen**.

Der Bauplan der Lurche

Vergleicht man die Körperumrisse von Frosch- und Schwanzlurchen, so zeigen sie kaum Gemeinsamkeiten, denn ihre Skelette unterscheiden sich deutlich. Froschlurche haben Besonderheiten im Bereich des Beckens und der Hinterbeine. Das hängt damit zusammen, dass sie für die Fortbewegung meist nur die Hinterbeine einsetzen, während sich Schwanzlurche vierbeinig fortbewegen. Jedoch zeigt der innere Aufbau der beiden Tiergruppen, der **Bauplan**, viele gemeinsame Merkmale.

Lurche sind *Wirbeltiere* und besitzen die entsprechenden Skelettmerkmale. An Schulter- und Beckengürtel setzen die vier Gliedmaßen an. Sie stützen den Körper und ermöglichen die Fortbewegung. Kennzeichnend für die Lurche ist, dass normalerweise die vorderen Beine 4, die hinteren dagegen 5 Zehen besitzen. Statt Rippen weist die Wirbelsäule nur kurze Querfortsätze auf.

Auch die *inneren Organe* der Lurche lassen sich mit denen der anderen Wirbeltiere vergleichen. Lurche besitzen ein Gehirn mit daran anschließendem Rückenmark und je nach Lebensweise unterschiedlich gut ausgeprägte Sinnesorgane. Ein Verdauungssystem mit Magen und Darm ist ebenso vorhanden wie Nieren und Geschlechtsorgane. Die Ausfuhrgänge dieser Organe münden alle in einer gemeinsamen Körperöffnung, der *Kloake*. Das Herz besitzt zwei Vorkammern und eine Hauptkammer. Es treibt das Blut durch einen geschlossenen Kreislauf.

Die *Larven* der Schwanz- und Froschlurche leben während ihrer gesamten Entwicklung im Wasser. Sie tragen *Kiemen* als Atmungsorgane. Erwachsene Lurche sind Lungenatmer. Sowohl an Land als auch im Wasser können sie außerdem über die gut durchblutete, feuchte Haut atmen. Diese *Hautatmung* ist nicht mehr möglich, wenn die Haut austrocknet. Die notwendige Hautfeuchtigkeit wird durch eine Schleimschicht aufrecht erhalten, die die Haut völlig bedeckt. Der Hautschleim der Lurche entsteht in Drüsen der Unterhaut. Hier sind auch Giftdrüsen zu finden. Die Schleimschicht und die feuchte Haut wären ein guter Nährboden für Krankheitserreger, das eingelagerte Gift verhindert aber deren Ansiedlung. Bei manchen Arten ist das Gift so stark, dass es Fressfeinde fernhält und sogar für den Menschen gefährlich sein kann.

Alle Lurche sind *wechselwarme Tiere*, bei denen die Körpertemperatur immer nur wenig über der Außentemperatur liegt. Wenn die kalte Jahreszeit beginnt, sinkt auch ihre Körpertemperatur und sie bewegen sich immer langsamer. Im Winter, bei weit gesunkenen Temperaturen, werden sie schließlich regungslos; sie fallen in *Kältestarre*.

Aufgaben

① Fertige eine Tabelle und liste darin die Unterschiede zu den Skeletten der Säugetiere und Vögel auf.

② Ergänze die Tabelle dann noch durch einen Vergleich der inneren Organe und der Hautbedeckung.

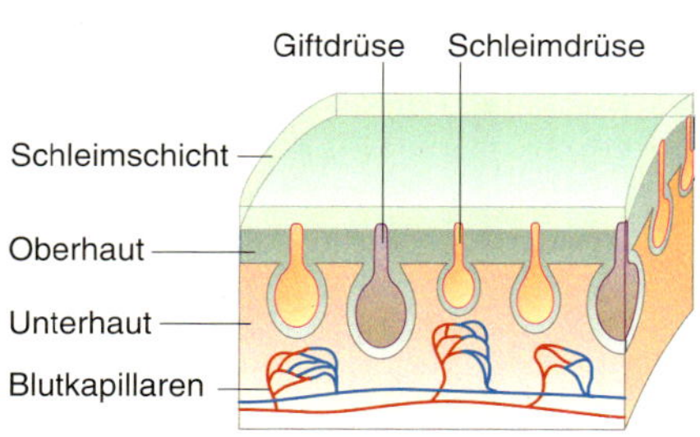

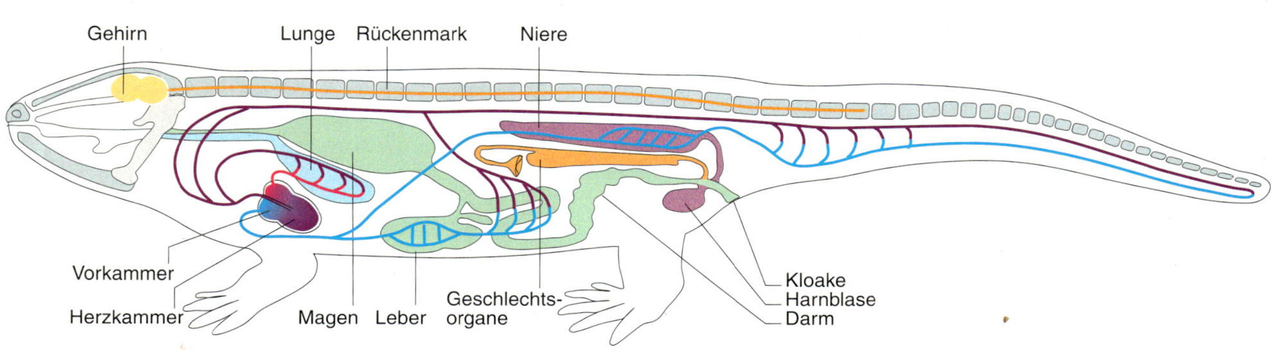

1 Haut und innere Organe eines Schwanzlurches

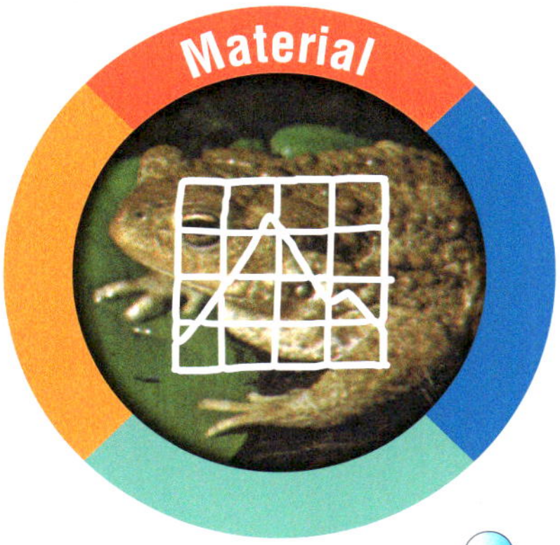

Atmung bei Lurchen

Wie alle Tiere, so müssen auch Frösche und Molche ständig atmen. Dabei nehmen sie Sauerstoff auf und geben Kohlenstoffdioxid an die Umgebung ab. Die Menge des Sauerstoffs, der je Minute benötigt wird, kann bei ein und demselben Tier verschieden sein.

Bei vielen Tieren, die mit Lungen atmen, lassen sich die Atembewegungen direkt beobachten, so auch bei Fröschen. Sie bewegen dazu den unteren Teil des Mundes, den *Mundboden*. So wird der luftgefüllte Mundraum vergrößert bzw. verkleinert.

Aufgaben

① Betrachte die Abbildung 1. Bei welcher Bewegung des Mundbodens atmet ein Frosch ein, bei welcher aus?

② Frösche haben weder Zwerchfell noch Rippen. Erkläre damit die Bedeutung der Mundbodenbewegung.

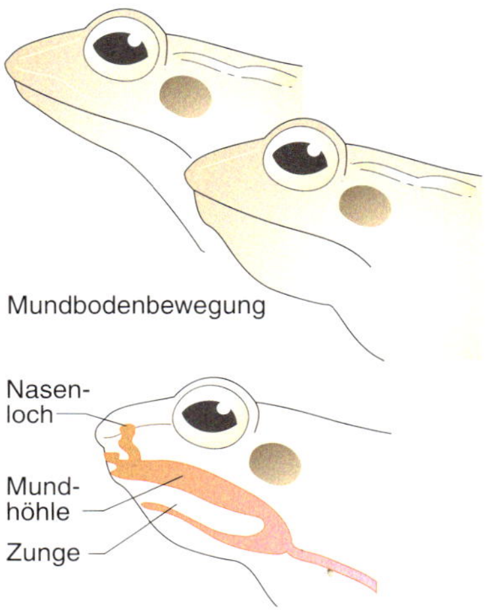

1 Kopf des Grasfrosches mit Mundhöhle

Beobachtungen zeigen, dass Frösche je nach Umgebungstemperatur unterschiedlich rasch atmen. In einem Experiment wird das genauer untersucht. Die Abbildung zeigt dazu eine Versuchsanordnung, mit der an einem Frosch untersucht wird, wie die Atmung von der Temperatur abhängt.

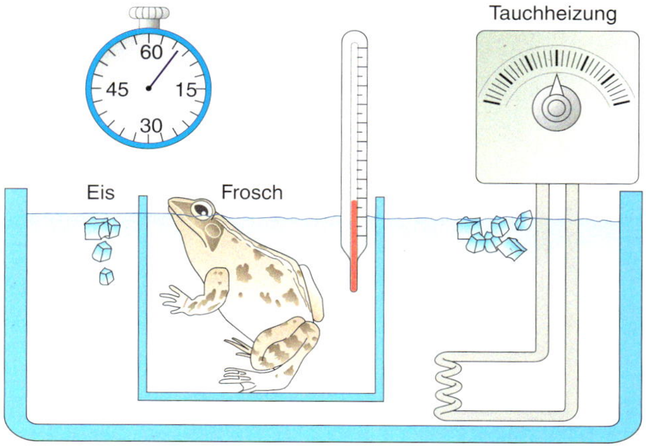

③ Beschreibe den Versuchsaufbau der Abbildung oben. Erkläre, wie man vorgehen muss, damit die Atmung in einem Temperaturbereich von 0 °C bis 30 °C damit untersucht werden kann. Welche Temperatur wird tatsächlich gemessen und was darf man über die Körpertemperatur des Tieres dabei annehmen?

Temperatur (in °C)	Atemzüge (je Minute)
0	0
5	0
10	0
15	4
20	10
25	30
30	90

④ Die Tabelle zeigt das Ergebnis des Versuchs. Beschreibe es. Was fällt daran auf? Wie lässt sich damit die Veränderung der Atmung zwischen 15 °C und 30 °C deuten?

⑤ Das Tier benötigt auch im Temperaturbereich zwischen 0 °C und 10 °C Sauerstoff.
Auf welchem Weg gelangt Sauerstoff in den Körper? Erkläre.

⑥ Der benötigte Sauerstoff kann von den Lurchen nicht vollständig über die Lunge aufgenommen werden. Jedoch ist der Anteil der Lungenatmung nicht bei allen Lurchen gleich groß. Er beträgt bei der Erdkröte $^3/_4$, beim Feuersalamander $^1/_2$ und beim Kammmolch $^1/_4$ an der gesamten Atmung.
Die drei Abbildungen a – c zeigen den Bau der Lungen der drei Tierarten. Welche Lunge gehört zur Erdkröte, welche zum Feuersalamander, welche zum Kammmolch? Begründe deine Zuordnung.

⑦ Schwanz- und Froschlurche überwintern in Erdhöhlen oder am Grunde von Gewässern. In der Kältestarre sind sie völlig bewegungslos. Dennoch leben sie, haben einen Stoffwechsel und benötigen Sauerstoff. Erkläre, weshalb sie auch ohne Atembewegungen nicht ersticken.

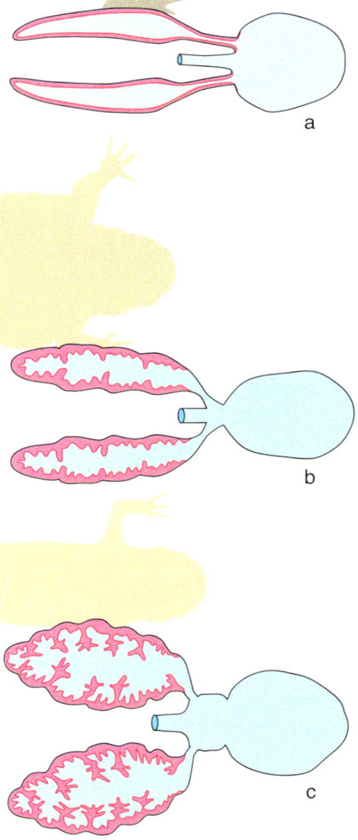

2 Lungenbau verschiedener Lurcharten

1 Erdkrötenpaar auf der Laichwanderung

2 So wird den Kröten geholfen

Schutzmaßnahmen für Erdkröten

Wenn du an einem milden Frühjahrsabend in der Nähe eines Gewässers unterwegs bist, ist es durchaus nichts Ungewöhnliches, wenn du auf der Straße zahlreiche *Erdkröten* entdeckst. Es scheint, als seien sie vom Himmel gefallen.

In der Zeit von Mitte März bis April verlassen die Erdkröten in Nächten mit milder und feuchter Witterung fast gleichzeitig ihr Winterquartier und beginnen ihre *Frühjahrswanderung*. Den Winter haben sie in einem feuchten Erdloch im Wald in der *Kältestarre* zugebracht. Jetzt wandern sie, wie jedes Jahr, bis zu zwei Kilometer weit zu ihrem Laichgewässer. Dabei suchen sie nicht irgendeinen Teich oder Tümpel auf, sondern sie gehen nur in das Gewässer, in dem sie selbst aus dem Ei geschlüpft sind. Sie sind *laichplatztreu*.

Die Männchen ziehen meist etwas früher los und warten in einigem Abstand vor den Laichgewässern auf die Weibchen. Kommt ein Weibchen vorbei, klammert sich ein Männchen auf dem Rücken des Weibchens fest. So wird es von diesem den letzten Teil des Weges bis zum Wasser getragen.

Am flachen Ufer eines Teiches legen die Weibchen den Laich ab und die Männchen geben ihre Spermien dazu. Einige Tage später wandern die Tiere nach und nach in ihre *Sommerquartiere*. Diese liegen in Wiesen, Wäldern, Gebüschen oder Hecken.

Häufig sind Erdkröten auf ihrer Hochzeitsreise zu den Laichgewässern der Gefahr ausgesetzt, überfahren zu werden. Beim Bau von Straßen, auch von großen Bundesstraßen, wurde häufig nicht beachtet, dass die meisten Erdkröten nur in ihr Laichgewässer zurückkehren und Ersatzgewässer kaum aufgesucht werden. So zerschneiden teilweise stark befahrene Verkehrswege die Lebensräume dieser Lurche. Es ist schon vorgekommen, dass an einem Tag die Hälfte eines Bestandes getötet wurde, weil alle Tiere fast gleichzeitig wandern.

Naturschützer haben deshalb in den letzten Jahren an vielen Orten Schutzmaßnahmen für die Erdkröten und andere Lurche ergriffen. Mit Plastikfolie und Stöcken werden behelfsmäßig Fangzäune an Straßenabschnitten errichtet, die von vielen Erdkröten überquert werden. In regelmäßigen Abständen werden hinter dem Zaum Eimer eingegraben, in die die Erdkröten hineinfallen. Mehrmals täglich entleeren Helfer die Eimer auf der anderen Straßenseite, sodass die Erdkröten unversehrt weiterwandern können. Kurzzeitig können von der Polizeit auch Straßen während der Frühjahrswanderung der Amphibien gesperrt werden.

So wie die Erdkröten, sind auch andere Lurche gefährdet. Was könnte für einen dauerhaften Schutz getan werden? Das Beste wäre, deren Lebensraum zum *Naturschutzgebiet* zu erklären und bei der Planung von Straßen oder Industriegebieten zu prüfen, ob Lebensräume der Amphibien zerschnitten oder zerstört werden. Wäre dies der Fall, müsste zukünftig eine Beeinträchtigung dieser Lebensräume unterbleiben.

Diese weitgehenden Maßnahmen lassen sich nicht immer schnell verwirklichen. Deshalb errichtet man zunächst entlang der Wanderwege dieser Amphibien behelfsmäßige *Schutzzäune*. Wenn man die Erdkröten in den Fangeimern zählt und die Verteilung der Amphibien entlang der Straße über einen längeren Zeitraum protokolliert, kann man daraus die Hauptwanderwege erschließen. An den Kreuzungsstellen mit den Straßen können dann feste Schutzzäune aus feinmaschigem Draht aufgestellt und unter den Straßen Röhren eingebaut werden. Die Zäune leiten die wandernden Erdkröten dann zu den Röhren, die den Tieren als ungefährliche Wege zur Unterquerung der Straßen dienen können.

Eine andere Ausgleichsmaßnahme zum Schutz der Lurche ist die Anlage neuer Laichgewässer *(Ersatzlebensräume)* auf der Straßenseite der Winterquartiere. In diese neuen Teiche bringt man wandernde Amphibien und hindert sie durch eine Umzäunung daran, abzuwandern. Sie laichen dann dort ab. Die Amphibien, die aus den befruchteten Eizellen entstehen, werden später immer wieder zu ihrem Geburtsgewässer zurückkommen.

Bei der Anlage der Teiche muss darauf geachtet werden, dass in neu angelegten Gewässern keine Fische ausgesetzt werden, da sie die Amphibienlarven fressen würden.

Aufgaben

(1) Erkläre, warum erwachsene Erdkröten, die man zum Ablaichen in Ersatzgewässer gebracht hatte, im nächsten Jahr zu ihren ursprünglichen Laichgewässern zurückkehrten.

(2) Die Abbildung zeigt den Lebensraum von Amphibien im Verlauf mehrerer Jahre.
   a) Beschreibe die ursprünglichen Wanderungswege der Amphibien im natürlichen Lebensraum.
   b) Welche Veränderungen erfährt die Landschaft im Laufe der Zeit? Welche Auswirkungen hat das für die Amphibienwanderung?
   c) Beschreibe die Maßnahmen, die in den Einzelabbildungen rechts zum Schutz der Amphibien dargestellt sind.

(3) Erkundige dich bei Naturschutzverbänden, ob in deiner Umgebung Maßnahmen zum Schutz von Amphibien durchgeführt werden. Hier hast du eine Möglichkeit, aktiv mitzuarbeiten. Berichte in der Klasse über Schutzmaßnahmen für Amphibien.

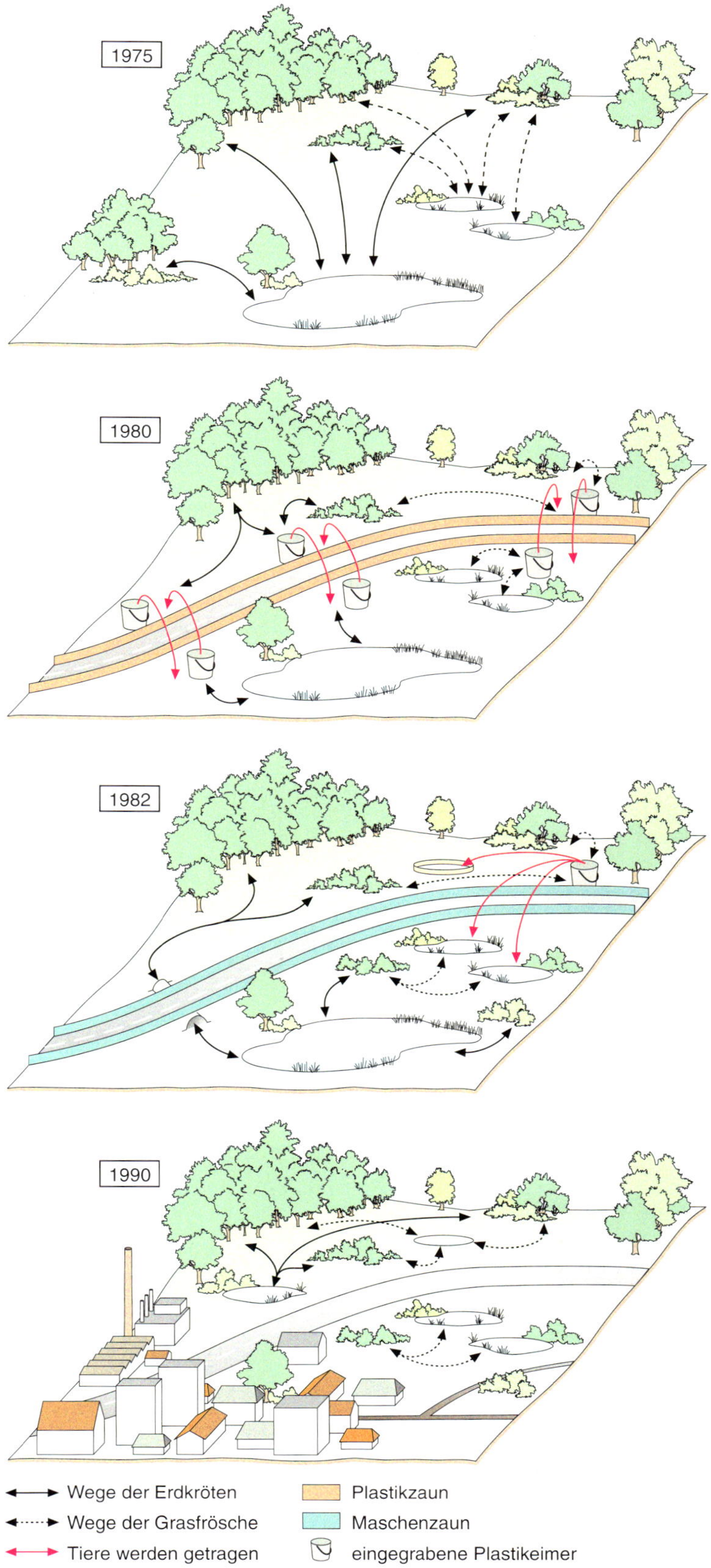

Bestimmungsschlüssel einheimischer Lurche

Noch vor wenigen Jahrzehnten wimmelte es im Frühjahr in allen Gewässern von Millionen von Kaulquappen. Heute sind Lurche so selten geworden, dass alle einheimischen Arten unter *Naturschutz* gestellt wurden.

Von den 19 einheimischen Lurcharten wirst du voraussichtlich nur einige in der Natur beobachten können. Anhand der Abbildungen und Kurztexte kannst du die Tiere kennen lernen und bestimmen.

Aufgabe

① Verwende den hier aufgezeigten Bestimmungsschlüssel zur Benennung der auf der Seite 133 abgebildeten Lurcharten! Zur Bestimmung jedes Tieres musst du den Linien wie einem Straßennetz folgen. An jeder Weggabelung stehen Wegweiser, die dir Hinweise geben, welchen Weg du nehmen musst!

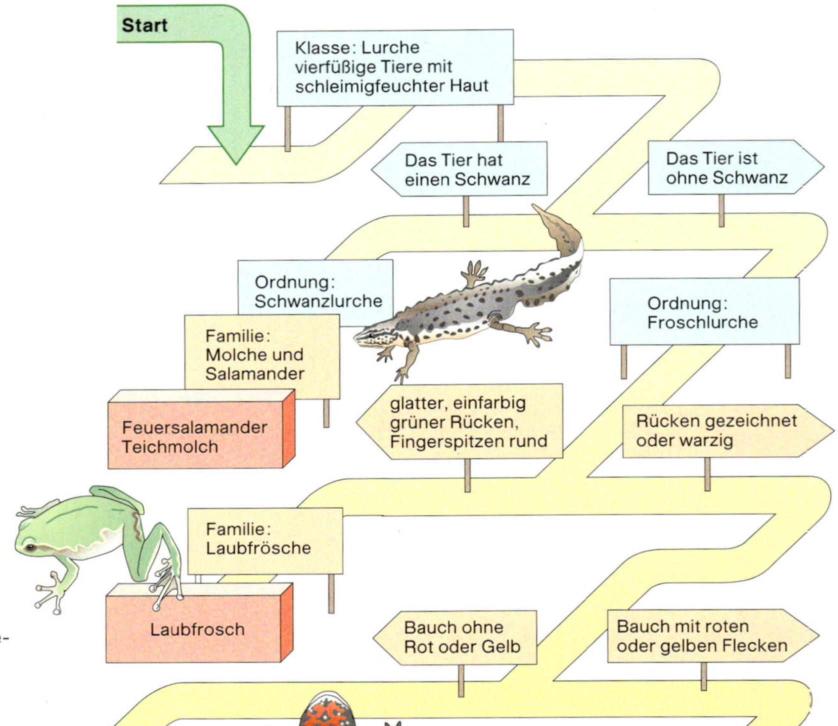

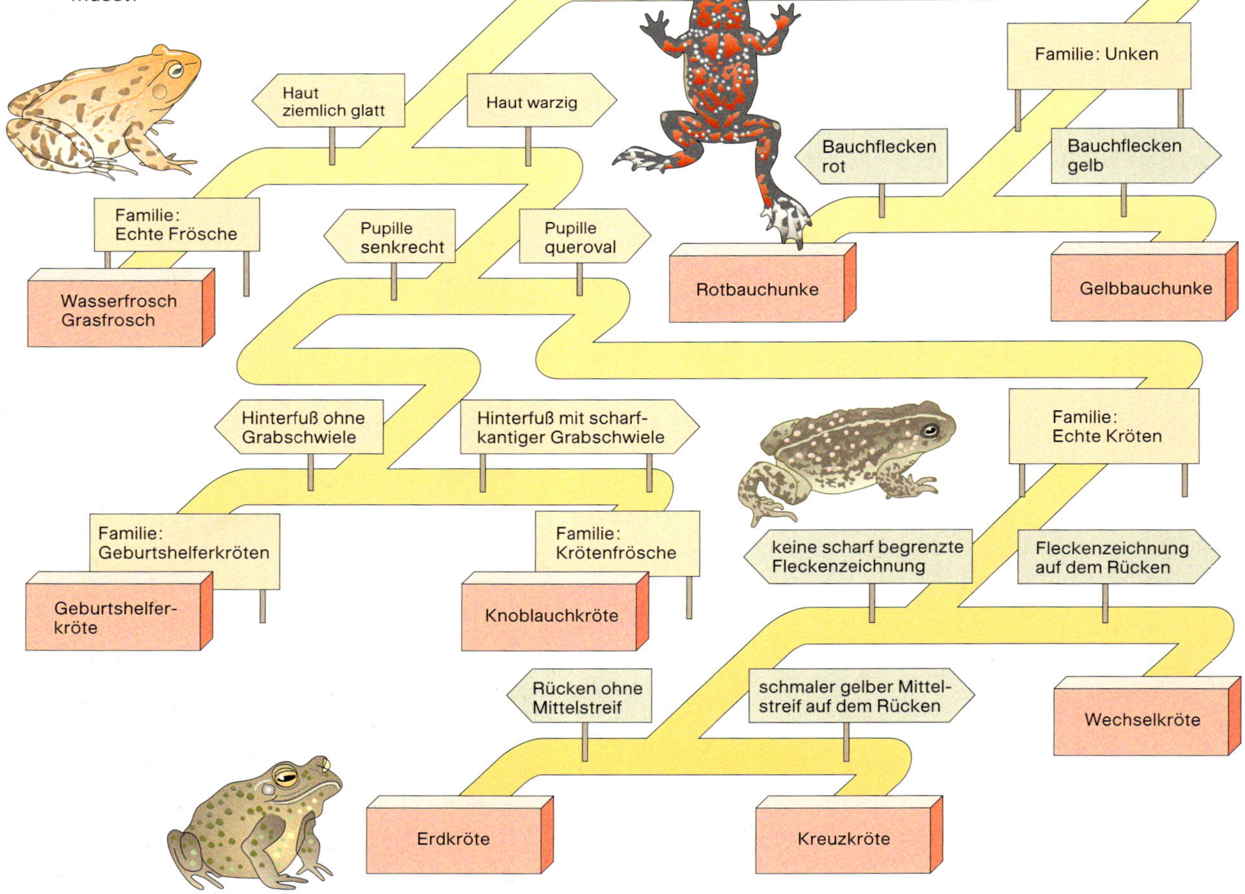

1 Das kurzbeinige Tier hüpft kaum, sondern rennt streckenweise. Der Chorgesang der Männchen schallt bis zu 2 km. Es ist in verschiedenen Lebensräumen zu finden.

2 Mit den Grabschwielen am Hinterfuß wird ein Versteck gegraben. Das aufgeschreckte Tier droht hoch aufgereckt und springt den Feind mit offenem Maul an.

3 Die Haftscheiben an Fingern und Zehen erlauben kletternde Lebensweise. Die Fähigkeit zum Farbwechsel sichert dabei stets eine optimale Tarnung.

4 Dieser Lurch bewohnt auch recht trockene Lebensräume, wenn ein feuchtes Tagversteck vorhanden ist. Mit dem braunen Rücken ist er bestens getarnt.

5 Das Tier lebt im oder am Wasser oft gesellig. Die zwei großen, seitlichen Schallblasen dienen der Schallverstärkung und sind ausgestülpte Mundschleimhaut.

6 Bei Gefahr wird der Bauch mit der auffälligen Warnfarbe gezeigt. Das Hautsekret hat Reizwirkung auf die Schleimhäute. Tagaktiv.
Vorkommen: In Kleingewässern.

7 Auch in trockeneren, sandigen Lebensräumen bis in Dörfer hinein ist das Tier vorwiegend nachts beim Insektenfang zu finden. Der Ruf erinnert an Grillenzirpen.

8 Während der Laichzeit erleichtern Schwimmsaum und Seitenlinienorgan das Leben im Wasser. Die Eier werden einzeln an Pflanzen geklebt. Die Tiere sind stumm.

9 Die Tiere paaren sich an Land, das Männchen schlingt die Laichschnüre um die Hinterbeine und hält sie feucht. Erst zum Schlupf der Larven streift es sie im flachen Wasser ab.

3 Kriechtiere bewohnen vielfältige Lebensräume

1 Zauneidechse in Drohstellung

4 Zauneidechse häutet sich

5 Junge Zauneidechse im Ei

2 Männchen der Zauneidechse

3 Weibchen der Zauneidechse

6 Schlüpfende Zauneidechse

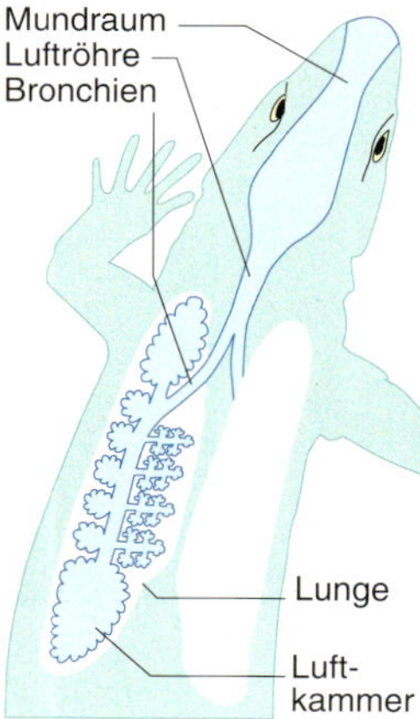

Lungen der Zauneidechse

Aus dem Leben der Zauneidechse

Wenn es im Frühjahr wärmer wird, kommen die Eidechsen aus ihrem *Winterquartier*, einer frostgeschützten Höhle, gekrochen. Die Männchen der Zauneidechse sind zu dieser Zeit an den Seiten auffällig grün gefärbt. Während sie normalerweise einzeln leben und keine Artgenossen in ihrem *Revier* dulden, beginnt nun die *Werbung* um ein Weibchen.

Nach einer Reihe immer gleich ablaufender *Balzhandlungen* erfolgt die Begattung. Die Befruchtung findet im Körper des Weibchens statt. Es ist also eine *innere Befruchtung*. Nach der Begattung beißt das Weibchen das Männchen weg und beide leben wieder als *Einzelgänger* (S. 278).

Die Eier reifen im Bauch des Weibchens und bekommen eine derbe, pergamentartige Hülle. Mitte Juni gräbt das trächtige Tier mit den Krallen der Hinterbeine ein Loch in feuchte Erde und legt 5 bis 15 Eier hinein. Das Gelege wird anschließend zugescharrt und verlassen.

Im Schutz der *Eihäute* entwickeln sich die Jungen. Der große Dottervorrat liefert Nährstoffe, die Sonne und faulendes Laub die nötige Brutwärme für die Entwicklung der Tiere. Nach etwa 6 Wochen ritzen fertig entwickelte kleine Eidechsen mit einem *Eizahn* die Schale auf. Die 5 cm langen Tiere wühlen sich an die Erdoberfläche. Sie sind sofort selbstständig.

Kältestarre

Merkmale der Kriechtiere
- Hornschuppenhaut
- Lungenatmung
- meist Eier legend
- Fortpflanzung und Entwicklung an Land

Der Körper der Zauneidechse ist von einer *trockenen, schuppigen Hornhaut* bedeckt. Sie schützt das Tier gegen Austrocknung und Verletzung. Die Zellen der Hornhaut sind abgestorben, sie können nicht mehr wachsen oder sich erneuern. Deshalb wird sie von Zeit zu Zeit abgestreift. Vor dieser *Häutung* haben sich unter der alten Haut bereits neue Hornschuppen gebildet.

Die Hornschuppenhaut erlaubt keine Hautatmung. Die Eidechse ist allein auf *Lungenatmung* angewiesen. Das Innere der Lunge ist durch viele Einfaltungen stark vergrößert und kann die gesamte Sauerstoffversorgung des Körpers übernehmen. Die Ein- und Ausatmung erfolgen, ähnlich wie bei Säugetieren, durch Ausdehnen und Zusammenpressen des Brustkorbs, der Rippen aufweist.

Wenn eine Eidechse morgens aus ihrem Schlupfloch kommt, sucht sie zunächst einen Sonnenplatz auf. Sie legt sich flach auf einen Stein und lässt sich aufwärmen. Dann erst kann das *wechselwarme* Tier flink laufen und klettern. Dabei streift der Bauch fast auf dem Boden. Neben Verstecken und Sonnenplätzen findet man in ihrem Revier abwechslungsreichen Bewuchs, in dem auch ihre Beutetiere, kleine Spinnen, Schnecken, Insekten und deren Larven, leben.

Die Eidechse hat gute Augen, die ihr bei der Jagd helfen. Zusätzlich *züngelt* sie. Dabei nimmt sie Geruchsstoffe mit ihrer gespaltenen Zunge auf und drückt sie dann innen gegen den Gaumen, wo ihr Riechorgan sitzt. Die Nasenlöcher dienen nur zum Luftholen.

Die Feinde der Zauneidechse sind Igel, Wiesel, Iltis, Krähen und Elstern. Doch die Eidechse besitzt eine wirksame Fluchthilfe: Wenn sie am Schwanz gepackt wird, wirft sie einen Teil ab, der dann noch kräftig zuckt. Einige Zeit später wächst ein kürzerer Schwanz nach. Dieser kann allerdings nicht mehr abgeworfen werden.

Am Abend, wenn die Temperaturen absinken, kühlt der Körper der Zauneidechse ab. Bei Kälte wird sie steif und unbeweglich. Im Spätsommer fressen sich die Zauneidechsen Reservestoffe für die Überwinterung an. Sie verkriechen sich schließlich in einer Erdhöhle und fallen in *Kältestarre*. So verharren sie den Winter über regungslos. Dabei schlägt das Herz ganz langsam und auch die Atmung ist stark herabgesetzt. Wenn dann die Temperaturen im Frühling ansteigen, wird auch die Zauneidechse wieder aktiv.

Eidechsen gehören, wie alle auf den folgenden Seiten behandelten Tiere, zu den **Kriechtieren** oder *Reptilien*. In Körperbau und Lebensweise gibt es bei ihnen einige wichtige Unterschiede zu den Fischen und Lurchen, den anderen wechselwarmen Wirbeltieren.

Aufgaben

① Eidechsen leben zwischen Steinhaufen, an Böschungen, Hecken und Zäunen. Welche Vorteile bietet dieser Lebensraum der Eidechse?

② Vergleiche Eidechse und Molch in Körperbau und Lebensweise. Welche Unterschiede kannst du nennen?

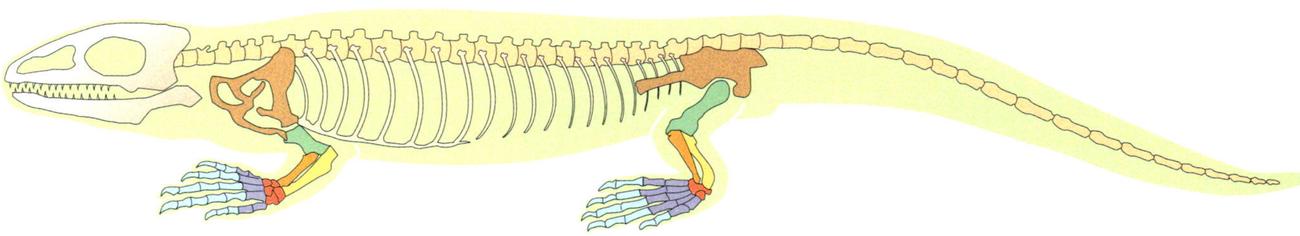

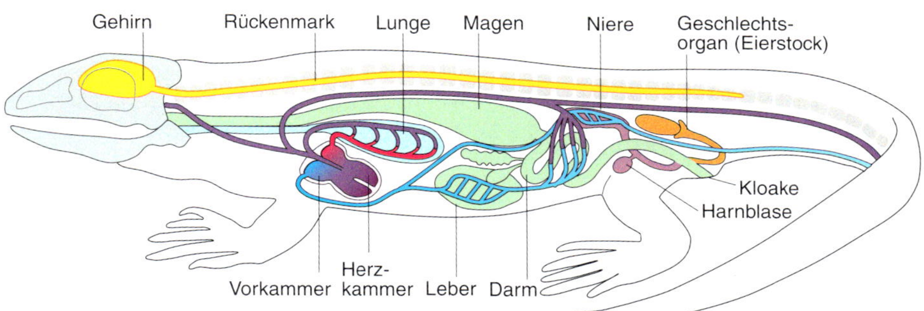

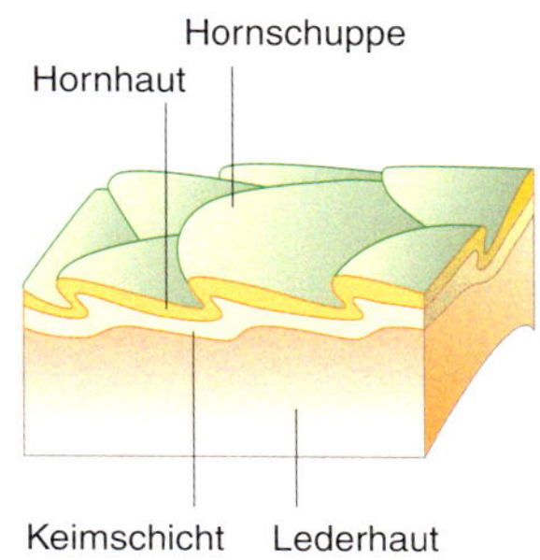

1 Skelett, Haut und die inneren Organe einer Eidechse

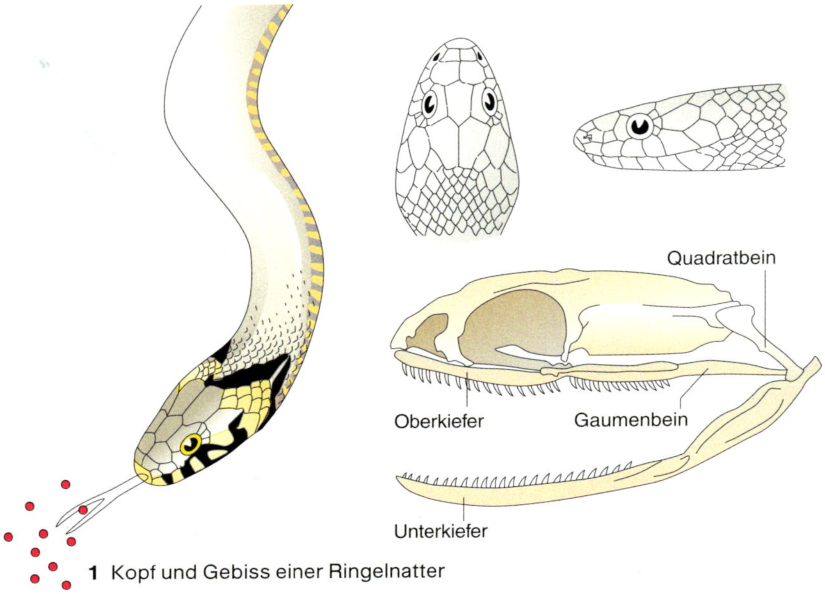

1 Kopf und Gebiss einer Ringelnatter

2 Ringelnatter

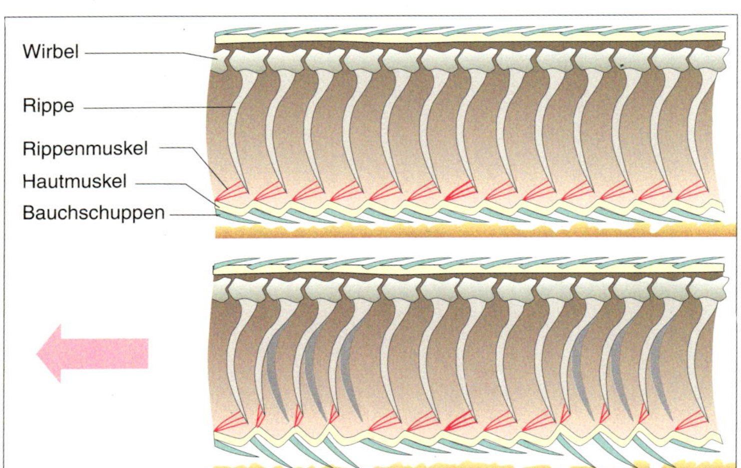

3 Fortbewegung bei der Ringelnatter

Schlangen — Jäger ohne Beine

Die Ringelnatter

Langsam und lautlos gleitet die 1,20 m lange Schlange durch das dichte Röhricht. Sie ist auf der Jagd. Immer wieder schnellt ihre zweizipfelige Zunge vor: Die Schlange *züngelt*. Wie bei den Eidechsen nehmen die Zungenspitzen *Duftstoffe* auf und bringen sie an das eigentliche *Riechorgan* im Gaumen. Ein ruhig sitzender Frosch wird von ihr nicht als Beute erkannt, weil sie nur sich bewegende Objekte wahrnehmen kann. Sie erkennt den Frosch also erst, wenn er mit einem Fluchtsprung im Wasser verschwindet. Sie verfolgt ihn und erweist sich dabei als geschickte Schwimmerin. Schließlich hat sie Erfolg. Mit schnellem Zustoß verbeißt sie sich in den Frosch. Aus ihrem *Fanggebiss* gibt es kein Entrinnen. Sie zieht das lebende Tier an Land und beginnt es zu verschlingen.

Die Natter kann, wie alle Schlangen, Tiere verschlingen, die dicker und größer als der Schlangenkopf sind. Das ist möglich, weil die beiden Unterkieferhälften über einen weiteren Knochen, das *Quadratbein*, beweglich am Schädel befestigt und vorne nur durch ein elastisches Band miteinander verbunden sind (Abb. 1). So können linker und rechter Unterkiefer abwechselnd nach vorne geschoben werden. Die spitzen, nach hinten gerichteten Zähne verhaken sich dabei in der Beute und ziehen sie in den Schlund. Speiseröhre und Magen sind sehr dehnbar und da die Rippen nicht mit einem Brustbein verwachsen sind, können sie weit auseinander gespreizt werden. Die Luftröhre mündet weit vorne im Maul und bleibt zum Atmen stets frei. Nach der Mahlzeit zieht sich die Natter zu einer mehrtägigen Verdauungsruhe in ein Versteck zurück.

Die *Schuppenhaut* der Ringelnatter zeigt, dass sie ein *Reptil* ist. Bei der Häutung wird die alte Haut zusammen mit den verwachsenen, durchsichtigen Augenlidern in einem Stück als *Natternhemd* abgestreift. An ihm kann man deutlich erkennen, dass sich die *Bauchschuppen*, die der Fortbewegung dienen, deutlich von den anderen Schuppen unterscheiden. Sie sind schmal, liegen quer zur Körperachse und können einzeln abgespreizt werden. Dieses Abstützen am Untergrund ermöglicht der Schlange die gleitende Bewegung. Die Schuppenbewegung kommt durch Muskeln zustande, welche die Rippen gegeneinander verschieben (Abb. 3).

Die Kreuzotter

Reglos beobachtet die *Kreuzotter* eine Maus. Der Schlangenhals ist s-förmig gekrümmt. Plötzlich schnellt der Schlangenkopf blitzschnell vor. Das weit aufgerissene Maul schnappt zu und die Giftzähne bohren sich tief in das Opfer ein. Sofort zieht sich die Schlange zurück. Die Maus flieht, doch nach ein paar Sprüngen bleibt sie reglos liegen. Die Schlange verfolgt züngelnd ihre Spur, betastet die Beute und verschlingt sie.

Die etwa 70 cm lange Kreuzotter gehört zu den wenigen *Giftschlangen* in Europa. Sie tötet ihre Beute durch einen Biss, bei dem Gift in das Opfer eingespritzt wird. Ein Paar besonders langer Giftzähne liegt bei geschlossenem Maul eingeklappt am Gaumen. Beim Öffnen des Mauls richten sie sich automatisch auf. Sie sind von einem Kanal durchgezogen, durch den das Gift von der Giftdrüse im Kopf in das Beutetier gespritzt wird (S. 268).

Eine Kreuzotter greift Menschen nur dann an, wenn sie gereizt wird. Einen Biss erkennt man an den zwei eng beieinander liegenden Einstichstellen der Giftzähne. Dann muss sofort ein Arzt aufgesucht werden, der ein Gegengift spritzt. Ein unbehandelter Biss kann Schäden an Herz und Kreislauf zur Folge haben.

Aufgabe

① Vergleiche Ringelnatter und Kreuzotter. Stelle Unterscheidungsmerkmale in einer Tabelle zusammen.

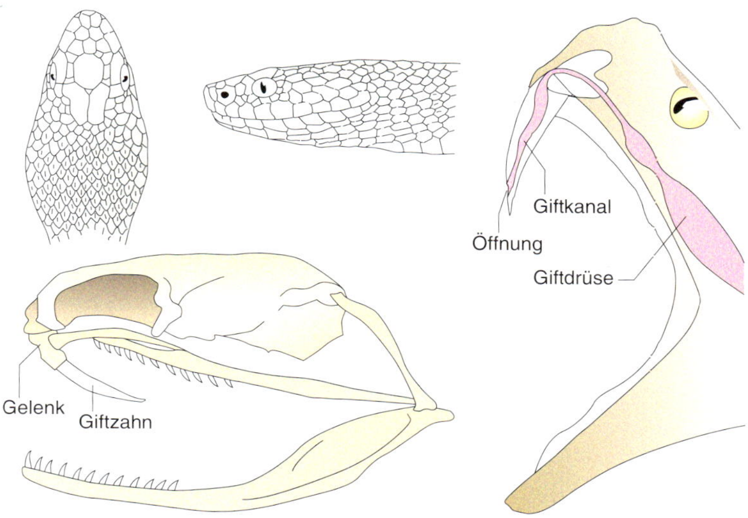

1 Kopf und Gebiss einer Kreuzotter

2 Kreuzotter

Zettelkasten

Schlangengifte

Die gefährlichsten Giftschlangen leben in den warmen Klimazonen außerhalb Europas. Dort sind manche Giftschlangen sehr gefürchtet, z. B. die Kobra, die *Lanzenotter* (Abb. oben links) und die *Schwarze Mamba* (Abb. unten links). Die Giftwirkung hängt einerseits von der Menge des in das Opfer eingespritzten Giftes ab, andererseits auch von der Art des Giftes. So produziert die Schwarze Mamba ein stark wirkendes Nervengift, das zur Muskellähmung und damit zum Atemstillstand führt. Das Gift der Lanzenotter dagegen enthält größere Mengen Verdauungsenzyme. Dieses wirkt gewebezerstörend, es löst zum Beispiel die Wände der Blutgefäße auf.

Vor allem in Asien werden Giftschlangen in Schlangenfarmen gehalten. Dort wird ihnen regelmäßig Gift entnommen („Melken"), um ein entsprechendes Gegengift *(Antiserum)* herstellen zu können. Mit diesem kann man bei rechtzeitiger Behandlung Menschen helfen, die von einer Giftschlange gebissen wurden.

1 Nilkrokodil

Europäische Sumpfschildkröte

Geierschildkröten leben im Süßwasser und ködern ihre Beute mit dem zweizipfligen Fortsatz auf der Zunge, der wie ein Wurm zuckt.

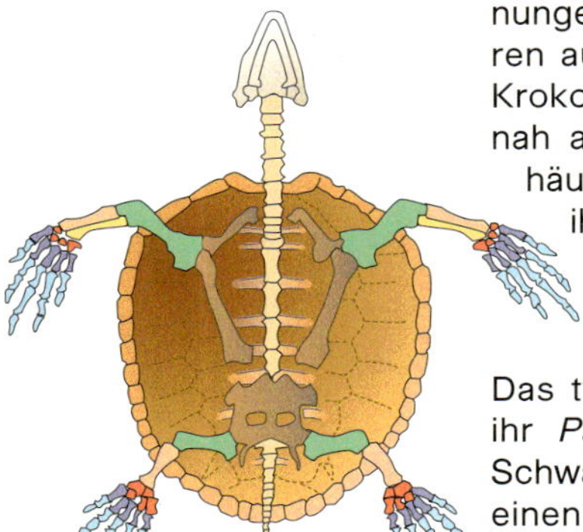

Skelett einer Schildkröte

Krokodile und Schildkröten

Krokodile, wie das *Nilkrokodil* mit bis zu 7 Metern Länge, sind die größten lebenden Reptilien. Unter der mit Hornplatten besetzten Haut liegen dicke Knochenplatten, die das Tier schützen. Die Heimat des Nilkrokodils ist Afrika, wo es in heißen Gebieten im Uferbereich von Flüssen und Seen lebt. An Land rutscht es auf dem Bauch, kann aber auch, ohne mit dem Bauch den Boden zu berühren, hochbeinig und schnell laufen. Sein Körperbau ist aber mehr an die Fortbewegung im Wasser angepasst (S. 270). Die *Schwimmhäute* zwischen den Zehen und der seitlich abgeflachte *Ruderschwanz* sind Merkmale dafür. Wuchtige Schläge mit dem Schwanz treiben das Krokodil schnell durch das Wasser oder es gleitet mit leichten Schlängelbewegungen langsam dahin. Dabei liegen die Beine dicht am Körper an. Es kann auch bewegungslos an der Wasseroberfläche schweben, wobei nur Nasenöffnungen, Augen und die schlitzförmigen Ohren aus dem Wasser ragen. Dadurch sind Krokodile hervorragend getarnt und können nah an ihre Beute herankommen, die sie häufig am Gewässerrand überwältigen. Zu ihrer Beute zählen deswegen neben Fischen häufig Antilopen, die zum Trinken ans Gewässer kommen.

Das typische Merkmal der **Schildkröte** ist ihr *Panzer*, in den sie Kopf, Beine und Schwanz einziehen kann. Dieser Panzer, der einen wirksamen Schutz gegen natürliche Feinde bietet, ist kein lebloses Gehäuse. Er besteht an seiner Außenseite aus Hornschildern, die die darunter liegenden Knochenplatten bedecken. Der knöcherne Teil des Bauchpanzers ist teilweise aus verbreiterten Rippen hervorgegangen und über Knochenbrücken mit dem Rückenpanzer verbunden. Die Wirbelsäule ist mit dem Rückenpanzer verwachsen, dessen Knochenplatten aus Hautschichten entstehen.

Im Gegensatz zu den Krokodilen kommen Schildkröten auch in Europa vor, z. B. die *Europäische Sumpfschildkröte*, ein Allesfresser, und die Pflanzen fressende *Griechische Landschildkröte*. Beide Arten sind infolge der Zerstörung ihrer Lebensräume gefährdet und stehen auf der Roten Liste. Der Handel mit ihnen ist verboten.

2 Griechische Landschildkröte

Vielfalt der Reptilien

Während in Deutschland nur wenige Reptilienarten vorkommen, haben sie vor allem in den Tropen ideale Lebensbedingungen.

Echsen (ca. 3000 Arten)

Die *Zauneidechse* wurde in diesem Kapitel bereits vorgestellt. Zu ihren Verwandten gehören, neben den übrigen Eidechsen, u.a. die *Schleichen* und *Chamäleons*, aber auch die mächtigen *Komodo-Warane*.

„Huch, eine Schlange!" hört man häufig, wenn sich eine **Blindschleiche** über den Weg schlängelt. Sie gehört aber nicht zu den Schlangen, sondern zu den Echsen. Zwei bewegliche Augenlider sowie Reste eines Beckens und eines Schultergürtels im Skelett sind Hinweise darauf. Blindschleichen ernähren sich hauptsächlich von Würmern, Schnecken und Insekten und bringen lebende Jungen zur Welt.

Zu den seltsamsten Formen der Reptilien gehört das **Chamäleon**. Der hochrückige, seitlich zusammengedrückte Körper wird von dünnen Beinen mit zangenartigen Klammerfüßen getragen. Der runde Wickelschwanz kann zum Festhalten benutzt werden. Einmalig im Tierreich sind die unabhängig voneinander drehbaren Augen und die lange Schleuderzunge dieser Echsen. Die Fähigkeit zum Farbwechsel dient der Tarnung.

Schlangen (ca. 2000 Arten)

Die bei uns heimische **Glattnatter** wird sehr oft mit der Kreuzotter verwechselt, denn sie richtet sich bei Gefahr auch hoch auf, zischt und beißt zu. Die winzigen Zähnchen dieser 75 cm langen, lebendgebärenden Natter sind für uns jedoch vollkommen ungefährlich. Sie macht ihre Beute (Eidechsen, Blindschleichen und Mäuse) durch Umschlingen wehrlos.

Der **Felsenpython** gehört zu den Riesenschlangen. Er umschlingt seine Beute so fest, dass sie erstickt *(Würgeschlange)*. Ein ausgewachsener Felsenpyhton (Länge über 5 m) kann z.B. Antilopen von über 30 kg Gewicht verschlingen. In entsprechender Weise ernähren sich die übrigen Riesenschlangen, zu denen neben den Pythonschlangen auch die *Boaschlangen* gehören. Eine bekannte Vertreterin davon ist z.B. die *Anakonda*.

Krokodile

Die Krokodile oder *Panzerechsen* sind über die wärmeren Regionen unserer Erde verbreitet. Einige Verwandte des *Nilkrokodils*, das zu den *Echten Krokodilen* zählt, leben in Südamerika, wie zum Beispiel das *Orinoko-Krokodil*. Ebenfalls Verwandte der Echten Krokodile kommen an den Küsten Australiens vor, wie das sehr groß werdende *Leistenkrokodil*. In Amerika gibt es eine weitere Krokodilgruppe, die *Alligatoren*. Der *Hechtalligator* und *Kaimane* gehören dazu.

Der bis zu 6,5 m lange **Gavial** kommt von Nord- und Ostindien bis nach Pakistan und Bangladesh vor. Er ist der einzige noch lebende Vertreter der nach ihm benannten Krokodilgruppe. Das charakteristische Merkmal ist seine im Vergleich zu allen anderen Krokodilen sehr schmale Schnauze. Gaviale leben entlang der Flüsse, wo sie sich zum größten Teil von Fischen ernähren. Der Gavial ist heute in seinem Bestand gefährdet. Durch Zucht- und Auswilderungsprogramme versucht man den Gavial zu retten. Den Menschen wird er nicht gefährlich.

Schildkröten

Schildkröten haben ganz unterschiedliche Lebensräume erobert, so auch das Meer. Dafür ist die **Karettschildkröte** ein Beispiel. Ihr im Gegensatz zu

den Landschildkröten stark abgeflachter Panzer ist stromlinienförmig, sodass der Wasserwiderstand beim Schwimmen kleiner wird. Ihre stark abgeflachten, paddelförmigen Beine sind ebenfalls eine Anpassung an das Leben im Wasser. Sie kommen, wie auch die übrigen Meeresschildkröten, nur noch zur Eiablage an Land. An Sandstränden vergraben die Weibchen ihre Eier und überlassen der Sonnenwärme das Ausbrüten.

Wir vergleichen Wirbeltiere

Trotz ihrer äußerlich starken Verschiedenartigkeit weisen Fische, Amphibien, Reptilien, Vögel und Säugetiere ein auffälliges gemeinsames Merkmal auf, die *Wirbelsäule*. Man fasst sie deshalb zum **Stamm der Wirbeltiere** zusammen. Die Wirbelsäule ist Teil des Stützsystems des Körpers und bietet dem empfindlichen Rückenmark Schutz. Viele, hintereinander liegende Wirbelkörper verleihen ihr die nötige Beweglichkeit. So besitzen alle Säuger 7 Halswirbel, 12 Brustwirbel und 5 Lendenwirbel, die Giraffe ebenso wie eine Maus. Aufgrund solcher gemeinsamen Merkmale sagt man auch, die Säuger bilden eine eigene *Wirbeltierklasse*. Auch die übrigen Wirbeltierklassen haben jeweils einen gemeinsamen *Bauplan*. Am deutlichsten werden die Unterschiede und Gemeinsamkeiten, wenn man bestimmte Merkmale bei Säugetiere, Vögeln, Fischen, Lurchen und Kriechtieren miteinander vergleicht.

Die **Fortbewegungsorgane** sind bei Fischen die *Flossen*. Bei Lurchen, Kriechtieren, Vögeln und Säugern sind es 4 *Gliedmaßen*, die meist 5 *Finger* bzw. *Zehen* an den Enden tragen. Fische mit ihren Flossen sind Wasserbewohner, die übrigen Wirbeltiere mit ihren 4 Gliedmaßen besiedeln meist das Land. Die Fortbewegungsorgane können jedoch auch abgewandelt sein. So werden zum Beispiel die beiden seitlichen Flossensäume bei einem Rochen von den beiden Brustflossen gebildet. Ähnliches gibt es auch bei den Gliedmaßen der übrigen Wirbeltierklassen. Die Vordergliedmaßen sind bei Vögeln zu Flügeln umgewandelt. Robben besitzen flossenförmige Arme und Beine, bei Walen fehlen die Hintergliedmaßen.

In der **Körperbedeckung** fallen die Unterschiede meist leicht auf. Alle Säugetiere besitzen ein aus Haaren bestehendes *Fell*. Auch bei den Walen sind noch einige Haare als Tasthaare erhalten geblieben. Vögel besitzen dagegen ein *Federkleid*. Sowohl Federkleid als auch Fell schützen hervorragend gegen Kälte und Hitze, da in ihnen Luft eingeschlossen werden kann. Das ist bei den übrigen Vertretern der Wirbeltiere nicht der Fall. Kriechtiere tragen eine trockene *Hornschuppenhaut*. Die Schildkröten besitzen unter ihrer verhornten Oberfläche einen Knochenpanzer, der zum größten Teil aus ihren Rippen gebildet wird. Das Kennzei-

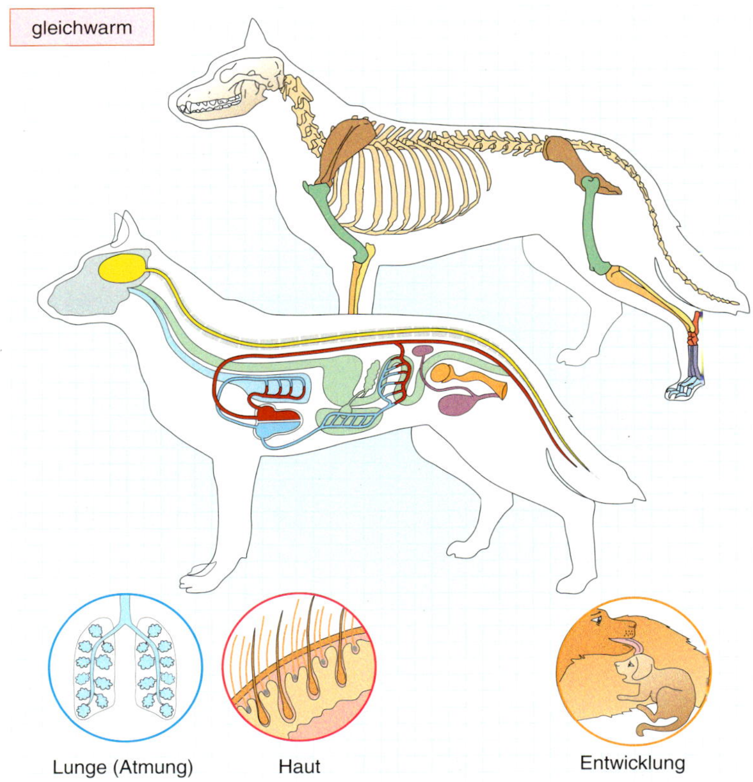

1 Bau und innere Organe der Säugetiere

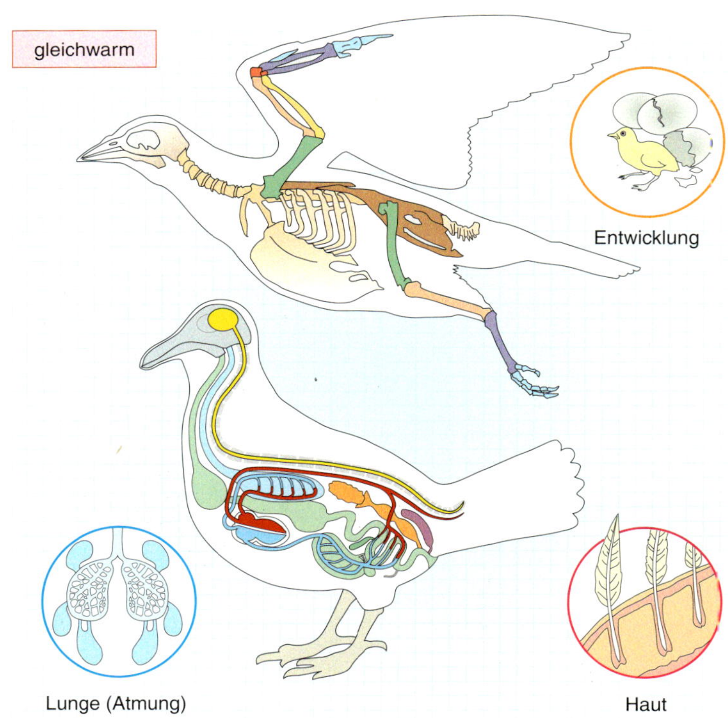

2 Bau und innere Organe der Vögel

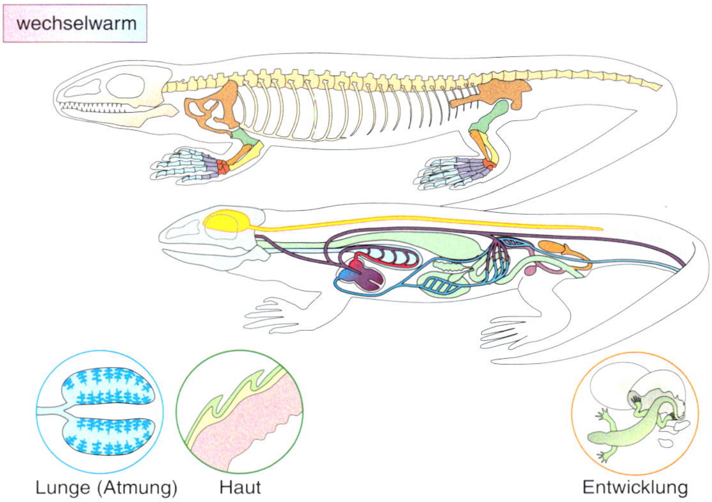

3 Bau und innere Organe der Reptilien

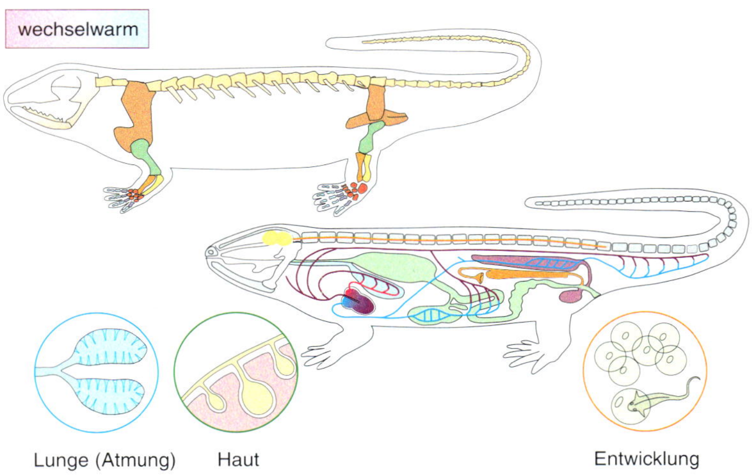

4 Bau und innere Organe der Lurche

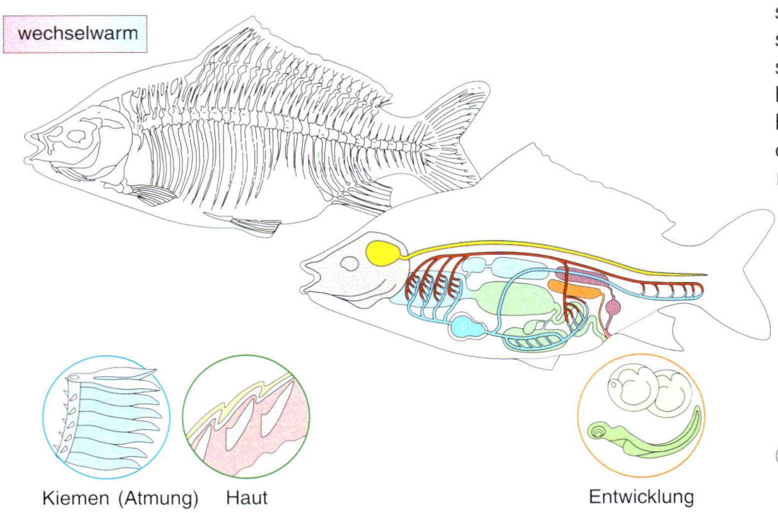

5 Bau und innere Organe der Fische

chen der Lurche ist die meist dünne *Haut*, in der sich zahlreiche *Drüsen* befinden. Sie verleihen der Haut Feuchtigkeit und bilden bei einigen Lurchen sehr starke Gifte, wie bei den Pfeilgiftfröschen aus dem südamerikanischen Regenwald. Bei den Fischen finden wird meist eine mit Schleim bedeckte *schuppige* Haut.

Säuger und Vögel sind zur **Regulation der Körpertemperatur** befähigt. Sie halten unabhängig von der Außentemperatur ihre Körpertemperatur bei zum Beispiel 37 °C konstant. Sie sind also *gleichwarm*. Fische, Lurche und Kriechtiere sind dagegen *wechselwarm*. Ihre Körpertemperatur entspricht weitgehend der Außentemperatur.

Bei den **Atmungsorganen** wird die Anpassung an die Atmung im Wasser oder in der Luft sichtbar. Die *Kiemen* der Fische können mit ihren stark durchbluteten Kiemenblättchen Sauerstoff nur aus dem Wasser aufnehmen. Die *Lungen* der übrigen Wirbeltiere können nur aus der Luft hinreichend Sauerstoff an das Blut weitergeben.

Bei der **Fortpflanzung und Entwicklung** werden die Unterschiede besonders deutlich. Bei Fischen und Lurchen werden die in der Regel sehr zahlreichen Eizellen und Spermien meist frei ins Wasser abgegeben. Aus dem befruchteten Ei entwickelt sich eine Larve, die bei den Lurchen im Gegensatz zu den Fischen gegen Ende ihrer Entwicklung eine Verwandlung *(Metamorphose)* zum eigentlichen Lurch durchmacht. Bei Fröschen entsteht aus der Kaulquappe der Frosch. Die von einer pergamentartigen Schale umgebenen Eier von Kriechtieren sind schon wesentlich besser gegen Austrocknung geschützt. Die Entwicklung findet in der Eischale statt. Erst dann durchbricht das junge Kriechttier die Schale. Ähnlich verläuft die Entwicklung bei Vögeln. Bei ihnen ist die dicke Kalkschale noch fester und schützt noch besser vor Austrocknung. Die Eier werden außerdem bebrütet, was bei den Kriechtieren meist nicht der Fall ist. Bei den Säugetieren entwickeln sich die Jungen im Mutterleib und sind dadurch gut geschützt. Sie werden nach der Geburt abgenabelt und gesäugt (S. 278).

Aufgabe

① Stelle in einer Tabelle übersichtlich die Merkmale der Wirbeltiere im Vergleich dar. Verwende dazu die im Text fett gedruckten Begriffe.

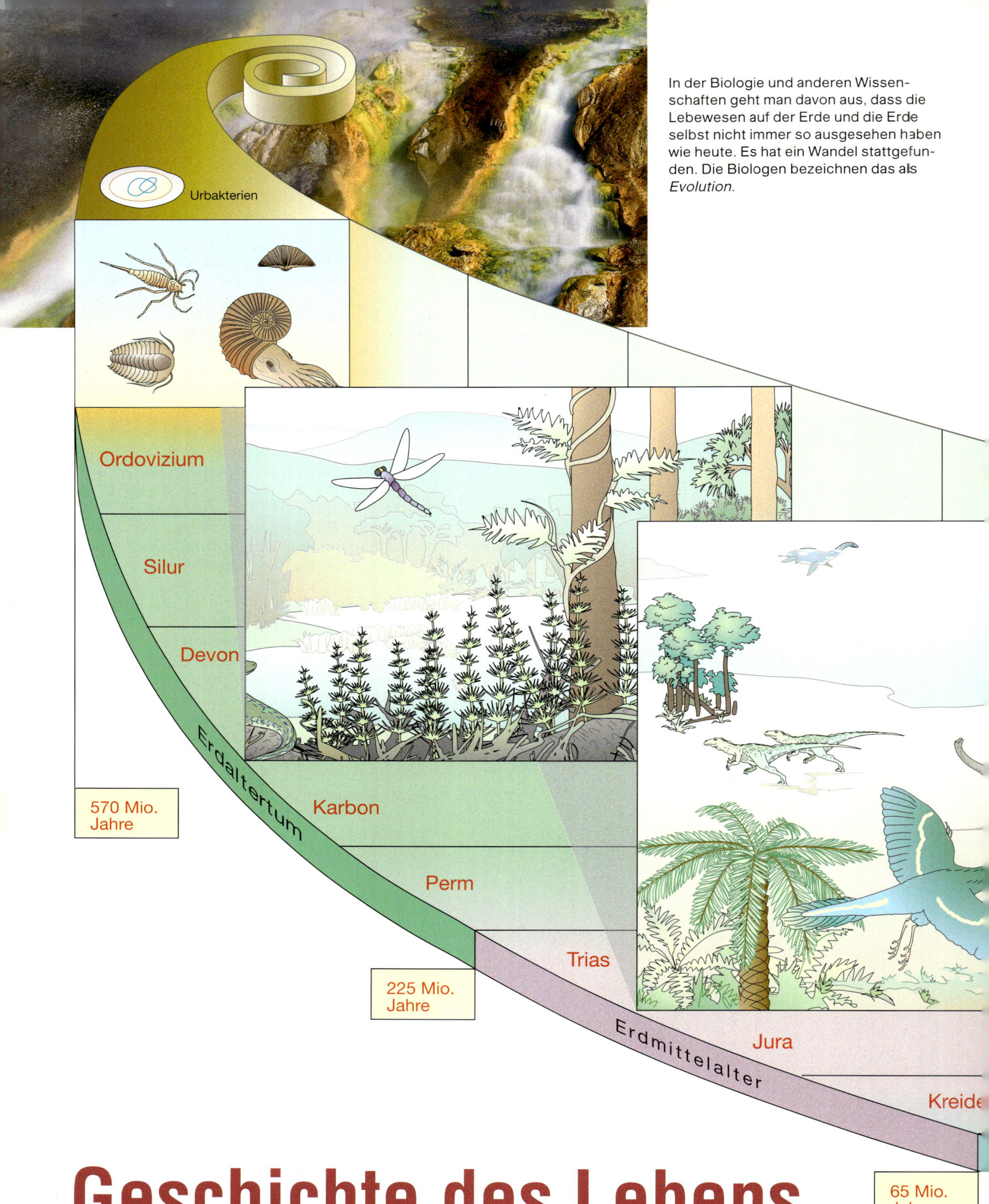

In der Biologie und anderen Wissenschaften geht man davon aus, dass die Lebewesen auf der Erde und die Erde selbst nicht immer so ausgesehen haben wie heute. Es hat ein Wandel stattgefunden. Die Biologen bezeichnen das als *Evolution*.

Geschichte des Lebens

Die ersten Lebewesen

Nach ihrer Entstehung war die Erde ein glutheißer Planet. Noch heute, Milliarden Jahre später, ist das Erdinnere heiß und flüssig. Bei Vulkanausbrüchen gelangte geschmolzenes Gestein als Lava an die Oberfläche. Das Leben konnte erst nach Abkühlen und Erstarren der Erdoberfläche entstehen. Einzellige Lebwesen haben als erste die Erde besiedelt. Sie waren aufgebaut wie heutige Bakterien, die in heißen, salzhaltigen Quellen vorkommen. Diese sind so klein, dass man sie nur mit dem Mikroskop sehen kann. Es ist mehr als drei Milliarden Jahre her, dass die Urbakterien die wasserbedeckten Bereiche der Urerde besiedelt haben.

Die große Vielfalt

Aus den einfachen Lebewesen sind in unvorstellbar langen Zeiträumen immer mehr Formen entstanden; immer weiter entwickelte Lebewesen – die heutigen Tiere, die Pflanzen und die Pilze sind daraus hervorgegangen.

Könnten wir die Erde anschauen, wie sie vor Millionen von Jahren ausgesehen hat, so würde sie uns fremd und unwirklich erscheinen. Die meisten Lebewesen, die jemals die Erde besiedelt haben, sind wieder ausgestorben. Wir müssen davon ausgehen, dass die Evolution nicht zum Stillstand gekommen ist. Die Entwicklung verläuft weiter und die heutige Zeit ist eine Station auf dem weiteren Weg.

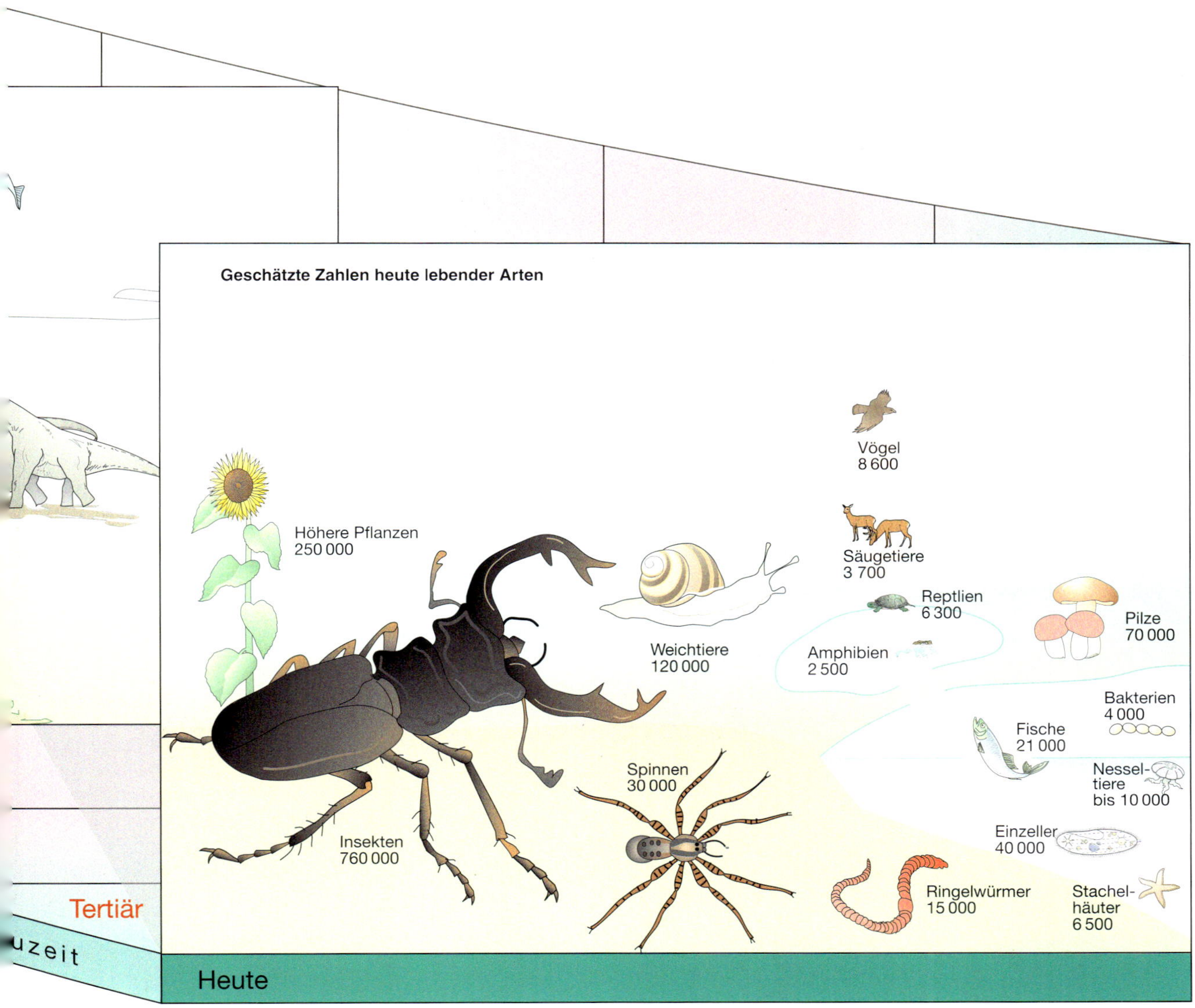

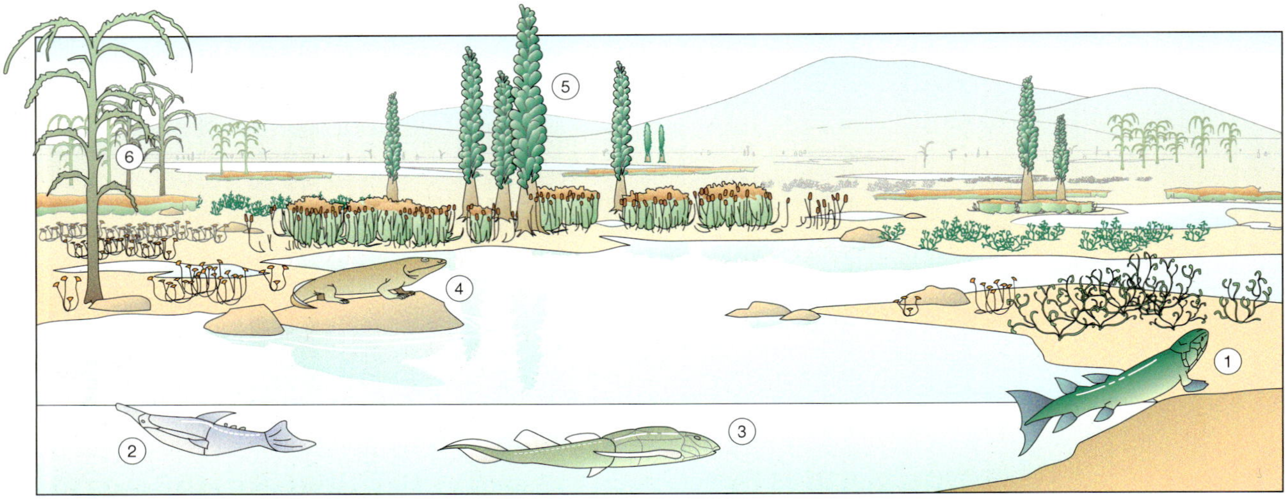

1 Küstenlandschaft vor 350 Mio. Jahren

① Quastenflosser
② Kieferloser Fisch
③ Panzerfisch
④ Fischschädellurch „Ichthyostega“
⑤ Duisbergia (Bärlapp- oder Farngewächs)
⑥ Archaeosigillaria (Baumtyp)

Vom Wasser zum Land

Die Erde entstand vor mehr als 4,5 Mrd. Jahren, aber erst nach 4 Mrd. Jahren wurde das Land aus dem Wasser heraus besiedelt. Während dieser Zeit kühlte sich die Erde ab und die Urozeane entstanden. In diesen sollen sich die ersten einzelligen Lebewesen entwickelt haben, aus denen sehr langsam nach und nach komplizierter gebaute Organismen, wie Pflanzen und Tiere, entstanden. Doch darüber weiß man nur sehr wenig, da es von den Lebewesen, die vor etwa 600 Millionen Jahren lebten, nur wenige Spuren gibt. Man weiß nur, dass es unter den ersten einfachen vielzelligen Pflanzen und Tieren *Algen* und *Quallen* gab. Von den Lebewesen, die danach entstanden sind, hat man zahlreiche Informationen durch *Fossilien*. Das sind Reste oder Spuren von Organismen, die vor langer Zeit gelebt haben und bis heute erhalten geblieben sind, z. B. als *Versteinerungen*. Daher ist man sicher, dass in der Zeit vor 600 bis 500 Mio. Jahren bereits bis auf die Wirbeltiere alle Tierstämme existierten.

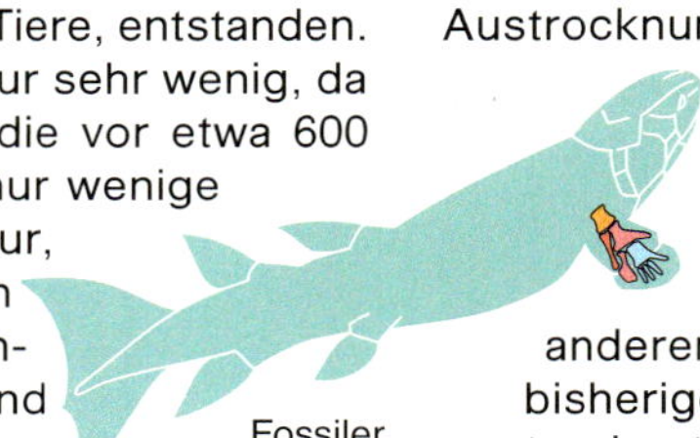

Fossiler Quastenflosser

Die ersten Wirbeltiere entstehen

Erst danach entwickelten sich also die ersten *Wirbeltiere*. Dazu gehörten die *Panzerfische*. Diese drangen als erste Wirbeltiere aus dem Meer in das Süßwasser (Flüsse und Seen) vor. Später entstanden *Quastenflosser* und *Lungenfische*, die zum ersten Mal ein knöchernes Innenskelett ausbildeten. Neben ihren Kiemen besaßen sie außerdem einfach gebaute Lungen. Dadurch waren sie befähigt, auch in sehr flachem, sauerstoffarmen Wasser zu überleben, wenn durch Austrocknung der Wasserspiegel stark gesunken war. Die meisten Forscher glauben heute, dass es damals Quastenflosser waren, die als Fische sogar über Land gingen und zum Beispiel einen anderen Tümpel suchten, wenn das bisherige Wohngewässer ganz ausgetrocknet war. Denn sie besaßen von Knochen gestützte Brust- und Bauchflossen, die vielleicht für kurze Zeit als Beine an Land benutzt werden konnten.

Erste Wirbeltiere besiedeln das Land

Aus der Zeit der Quastenflosser lassen sich auch Fossilien der ersten Landpflanzen nachweisen. In den Gezeitenzonen der Meere oder dort, wo sich durch Bildung neuer Gebirge der Wasserspiegel langsam änderte, konnten sich wahrscheinlich einige Pflanzenarten behaupten, die von hier aus allmählich das Festland besiedelten. Im Gewirr von Flussarmen, Sümpfen, Tümpeln und Schwemm-

1 Waldmoor vor 300 Mio. Jahren

land mit reichem Pflanzenbewuchs gab es nun auch für Wirbeltiere, die häufig an Land lebten, genügend Nahrung. Die ersten Landwirbeltiere waren *Luche*. Sie ernährten sich von Tausendfüßern, Schaben, Fliegen, Skorpionen, Spinnen und Libellen. In einem solchen Lebensraum fanden sie ideale Lebensbedingungen. Das beweisen Fossilfunde, die etwa 350 Mio. Jahre alt sind. Darunter ist auch der Fischschädellurch *Ichthyostega* zu finden. Bei diesem Tier zeugen seine Gestalt und einige Körpermerkmale davon, dass seine Vorfahren Fische waren.

In vielen Merkmalen gleicht der Fischschädellurch dem Quastenflosser. Wie der Quastenflosser hatte er Hautschuppen, Seitenlinienorgane am Kopf und einen Flossensaum am Schwanz. Allerdings war Ichthyostega ein *Vierfüßer*. Seine Beine waren über die Beckenknochen bzw. den Schultergürtel mit der Wirbelsäule verbunden. Im Erwachsenenzustand fehlten ihm die Kiemen, obwohl er wahrscheinlich die meiste Zeit im Wasser verbrachte. Ein solches Tier, welches Merkmale zweier Tierklassen besitzt, nennt man *Brückentier*.

Das Land wird dauerhaft besiedelbar

Die ersten Lurche waren sicher noch sehr stark an das Wasser gebunden, da sie kaum gegen Austrocknung geschützt waren. Das feuchtwarme Klima der damaligen Zeit begünstigte andererseits den Aufenthalt an Land. Dort breiteten sich weite Sumpflandlandschaften mit üppigem Bewuchs aus. In dieser Zeit entwickelten sich nach und nach die heute lebenden Lurche, aber bereits vor etwa 330 Mio. Jahren auch die ersten *Kriechtiere*.

Die ersten Kriechtiere legten ihre Eier nicht mehr wie die Lurche ins Wasser. Die Eier besaßen eine feste Schale, die sie vor Austrocknung besser schützte. Damit waren die Kriechtiere als eine neue, weitere Tierklasse entstanden, die zur Fortpflanzung nicht mehr das Wasser aufsuchen mussten wie die Lurche. Sie konnte deswegen große Teile des Festlandes, sogar die Wüsten, erobern. Das zeigen uns die heute noch lebenden Kriechtiere (Echsen, Schlangen, Schildkröten und Krokodile). Die bekanntesten Vertreter der Kriechtiere waren die *Saurier*, die bis zu ihrem Aussterben fast alle Lebensräume besiedelten. Aus Saurier-Vorfahren entwickelten sich bereits vor etwa 200 Mio. Jahren die ersten *Säugetiere* und *Vögel*. Deren heute lebende Nachfahren konnten sich nach dem Aussterben der Saurier in einer großen Vielfalt entwickeln und besiedeln heute ebenfalls fast alle Lebensräume der Erde.

① Breitschädellurch
② Panzerlurch
③ Stammreptil
④ Urlibelle „Meganeura“
⑤ Schuppenbäume
⑥ Schachtelhalme
⑦ Siegelbäume
⑧ mit Lianenart

Fossilien — Spuren aus der Vergangenheit des Lebens

In einem Steinbruch wird aus grauem Schiefergestein eine Platte herausgelöst. Ein Wissenschaftler bearbeitet das Fundstück fachmännisch weiter. Immer mehr wird erkennbar, dass in dieser Steinplatte etwas eingeschlossen ist. Die weitere Bearbeitung erfolgt dann im Labor. Mit feinen Meißeln werden die versteinerten Knochen eines riesigen Tieres aus dem Schiefer herausgeschält. Erst nach Wochen sorgfältiger Arbeit wird das ganze Skelett eines *Fischsauriers* sichtbar.

Meist sind die *Versteinerungen* kleiner und nicht so gut erhalten wie in unserem Beispiel. Sie geben Auskunft über die in der Vergangenheit lebenden Organismen. Solche Zeugnisse aus der Vergangenheit müssen aber nicht immer versteinerte Knochen ausgestorbener Tiere sein. Einschlüsse von Organismen in Bernstein, Mumien in Wüstengebieten oder tiefgefrorene Mammuts aus dem Dauerfrostboden Sibiriens gehören ebenso dazu. In der Gesamtheit nennt man solche Fundstücke **Fossilien**.

Wie entstehen nun Fossilien? Am Beispiel des versteinerten Fischsauriers soll dies erklärt werden. Nach seinem Tod wäre der Fischsaurier unter normalen Bedingungen, d. h. bei Anwesenheit von Sauerstoff und Mikroorganismen, wie das fast immer der Fall ist, verwest, sodass keine Reste übrig geblieben wären.

Wird aber der Fischsaurier bald nach seinem Tode von abgelagertem Sand oder Schlick überdeckt, kann er wegen Sauerstoffmangels nicht vollständig zersetzt werden. Im Laufe der folgenden Jahrmillionen verdichten sich die über ihm liegenden Ablagerungen zu Gestein *(Ablagerungs-* oder *Sedimentgestein)*. Hartteile des Fischsauriers, wie Knochen, können lange Zeit erhalten bleiben und werden später oft infolge chemischer Vorgänge durch abgeschiedenes Gestein ersetzt. Der Vorgang der Versteinerung ist dann abgeschlossen. Bei anderen Organismen können auch Panzer oder Gehäuse versteinern.

Aber weshalb findet man solche Versteinerungen auf dem Land und manchmal in größerer Tiefe? Die Ursache dafür ist, dass sich im Lauf von Jahrmillionen über dem Fossil langsam weitere Gesteinsablagerungen bilden können. Wenn sich ein solches Gebiet langsam hebt und schließlich über den Meeresspiegel herausragt, ist das abgelagerte Gestein den Klimaeinflüssen ausgesetzt und kann verwittern. Auf diese Weise werden immer wieder Fossilien mehr oder weniger freigelegt, die dann nur noch gefunden werden müssen.

Bei der Entdeckung der ersten Fossilien war den Forschern nicht klar, dass es sich dabei um Spuren von Lebewesen handelte. Manche Fossilien, wie Belemniten, Ammoniten oder Trilobiten, zeigen keine Ähnlichkeiten zu heutigen Lebewesen. Auch konnte man sich früher nicht vorstellen, dass sich die Tier- und Pflanzenwelt im Laufe der Zeit verändert haben könnte. Durch den Vergleich mit heute lebenden Tieren und Pflanzen weiß man sicher, dass Fossilien Überreste früherer Lebewesen sind.

1 Versteinertes Skelett eines Fischsauriers

Herstellung von Fossilien

Man kann keine echten Fossilien herstellen, denn sie können nur auf natürlichem Wege entstehen. Allerdings lassen sich die Vorgänge, die zur Entstehung von Fossilien geführt haben, modellhaft nachahmen. Wir arbeiten also mit Modellfossilien.

Besorge dir dazu Laubblätter und Muschelschalen, Schneckengehäuse oder Knochen von Hühnchen. Diese Objekte eignen sich gut als Modellfossilien.

Material:
Gips, Kies, Sand, Wasser, leere 1-Liter-Getränketüte (Tetrapack), großer Spatel, Mischgefäß (z. B. 500-ml-Jogurtbecher), 100-ml-Messzylinder, Vaseline, Hammer.

Durchführung:
Nimm drei Objekte, die du als Modellfossilien vorgesehen hast. Streiche davon zwei gut von allen Seiten mit Vaseline ein. Entferne den oberen Teil einer Getränketüte, sodass ein offenes Gefäß entsteht.

Stelle die Mischung 1 zusammen:
Fülle dazu in das Mischgefäß 50 ml Gips, 50 ml Kies und gib unter Rühren etwa 40 bis 60 ml Wasser zu. Durchmische die Zutaten gründlich, bis ein zähflüssiger Brei entsteht.

Gieße diese Mischung 1 in die Getränketüte und warte kurz, bis die Oberfläche leicht verfestigt ist. Lege jetzt ein Modellfossil mit Vaselineschicht und eines ohne Vaselineschicht darauf. Stelle nochmals die Mischung 1 zusammen und gieße sie darüber (die Mischung 1 muss zweimal hergestellt werden, da sie sehr schnell aushärtet).

Fertige nun die Mischung 2 an:
Gib dazu in das Mischgefäß 50 ml Gips, 50 ml roten Sand oder Erde und schütte unter Rühren etwa 50 bis 70 ml Wasser dazu. Gieße dann die Mischung 2 in die Getränketüte. Lege das dritte Objekt darauf, wenn die Oberfläche leicht verfestigt ist.

Fertige nochmals die Mischung 2 an und gieße sie darüber. Lasse nun den Gipsblock in der Tüte mehrere Tage gut durchtrocknen.

Aufgaben

① Entferne die Getränketüte vom Gipsblock und kratze anschließend mit einem Messer oder einem Spatel flach von oben bis unten seitwärts über eine Oberfläche des Gipsblocks. Betrachte die freigekratzte Seitenfläche. Beschreibe und notiere ihr Aussehen.
Welcher natürliche Vorgang im Zusammenhang mit der Bildung von Fossilien wurde durch das Einbringen der Mischungen in die Getränktetüte nachgeahmt?

② Welchen natürlichen Verhältnissen entspricht die Verwendung verschiedener Mischungen?

③ Klopfe mit dem Hammer sanft, dann immer stärker auf den Gipsblock, bis er zerspringt. An welchen Stellen bricht er besonders leicht?

④ Suche nach deinen „Fossilien" und lege sie frei. Welche Funktion hat die Vaseline?

⑤ Beschreibe, weshalb man richtige Fossilien nicht so leicht freilegen kann wie unsere Modellfossilien.

⑥ Als Fossilien bezeichnet man nicht nur Reste von Lebewesen. Zu Fossilien zählen auch Spuren verstorbener Lebewesen.
Findest du solche Spuren in deinem Gipsblock?

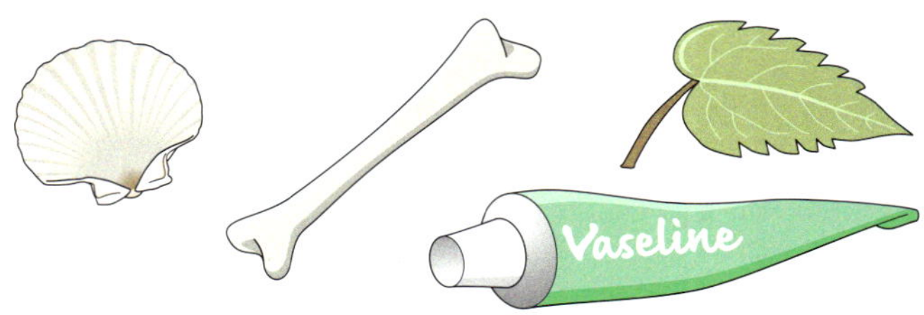

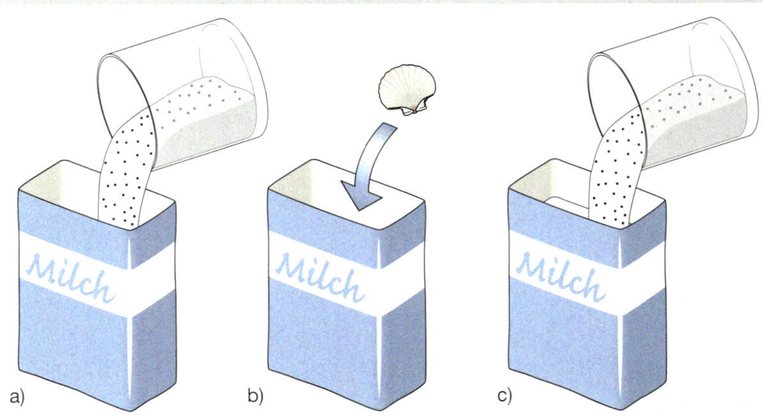

Saurier

Echsen aus der Urzeit

Obwohl die Saurier längst ausgestorben sind, kennt sie doch jeder. Viele sind fasziniert vom Anblick eines Saurierskeletts in einem Museum, vor allem, wenn es von einem der ganz großen Saurier stammt, die eine Körperlänge von über 20 Metern erreichten. Ganz unwillkürlich stellt sich die Frage, wie die Saurier gelebt haben mögen. Diese Frage hat die Phantasie der Menschen so stark beflügelt, dass die Saurier in einer Reihe von Filmen die Titelhelden waren.

Fossilien – Zeugnisse aus der Vergangenheit

Woher weiß man, dass es Saurier gab? Woher weiß man, wie sie aussahen? Die einzigen Hinweise auf ihre Existenz haben wir durch *Fossilien.* Meistens handelt es sich um versteinerte Skelettteile. Manchmal werden aber auch fast vollständige Skelette gefunden. Aber auch versteinerte Fußabdrücke und Nester sind erhalten geblieben.

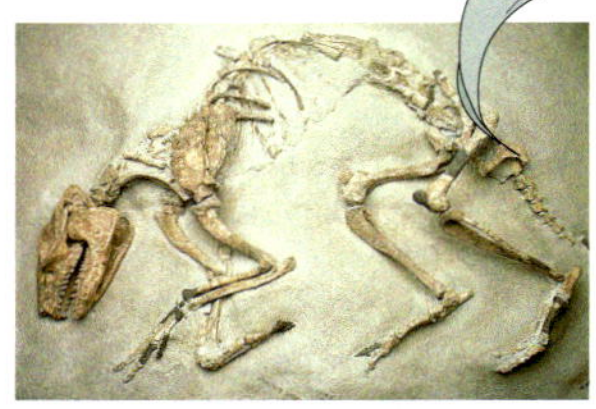

Meistens befinden sich die Knochen bei einem Fossilfund nicht mehr in der richtigen Lage zueinander. Trotzdem ist es häufig möglich, die Lage der Knochen zueinander und die richtige Körperhaltung zu rekonstruieren. Kannst du dir vorstellen, mithilfe welcher Merkmale dieses möglich sein könnte. Vergleiche dazu auch mit der Körperhaltung und den Skeletten lebender Tiere, z. B. einer Eidechse und einem Hund.

Weißt du, wie Fossilien entstehen? Wann lebten Saurier und wo lebten sie? Antworten darauf findest du z. B. in einem Lexikon oder in einem Museum, in dem ausgestorbene Tiere zu sehen sind.

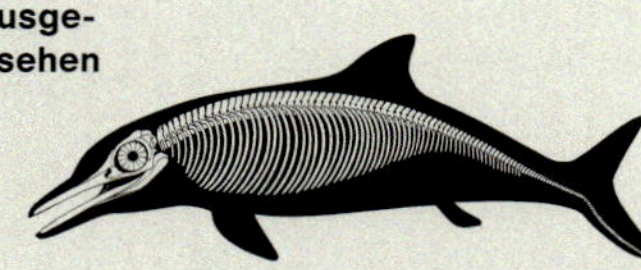

Oft gibt es zwischen den Sauriern und heute lebenden Tieren Ähnlichkeiten in der Lebensweise und der Fortbewegung. Suche nach Beispielen.

Vielfalt der Saurier

Saurier haben viele Millionen Jahre lang das Leben auf der Erde weitgehend beherrscht. Das Land wurde von einer Vielzahl von Dinosauriern besiedelt. Es gab kleine, vogelgroße, aber auch riesige Arten, die entweder Pflanzenfresser oder gefährliche Raubtiere waren. Sie bewegten sich als Vierbeiner, aber auch als Zweibeiner fort. Außerdem existierten viele wasserlebende Saurier, aber auch Flugsaurier.

Suche Abbildungen von Sauriern und notiere ihren Namen. Versuche sie zu ordnen und herauszufinden, wann und wo sie lebten.

Lebensraum und Lebensweise

Die Wissenschaftler nehmen an, dass im Zeitalter der Dinosaurier das Klima wärmer und ausgeglichener war als heute. Eine üppige Pflanzenwelt konnte dadurch gedeihen. Kannst du dir vorstellen, warum das die Grundlage für die großen Pflanzenfresser unter den Sauriern war, aber auch für die großen und schnellen Räuber, die von ihnen lebten?

Aus den Nestern, die man gefunden hat, hat man den Schluss gezogen, dass es zumindest bei einigen Saurierarten *Brutpflege* gab. Suche zum Vergleich nach heute lebenden Tieren, die Brutpflege betreiben.

Stelle zusammen, was du über die Lebensweise als Jäger und Gejagte erfahren kannst. Welche Möglichkeiten zur Verteidigung hatten die Gejagten?

Das Aussterben der Saurier

Dass die Saurier vor ungefähr 65 Mio. Jahren ausgestorben sind, weiß man ziemlich sicher. Über die Ursachen dafür gibt es keine gesicherten Erkenntnisse.

Viele Wissenschaftler glauben, dass eine weltweite Abkühlung zu einer Verschlechterung der Lebensbedingungen für die Saurier geführt hat. Der Einschlag eines großen Meteoriten oder heftige Vulkanausbrüche könnten zusätzlich die Lebensbedingungen für die Saurier so stark verschlechtert haben, dass sie schließlich ausstarben.

Skelett und Umriss von Iguanodon. Im Hintergrund Umriss von Brachiosaurus und Größenvergleich zum Menschen.

Heute ist man sich sicher, dass unsere Vögel aus Sauriervorfahren hervorgegangen sind. Ein wichtiger Beleg für diese Annahme ist der Urvogel Archaeopteryx, den man als Versteinerung gefunden hat.

Saurier – Vorfahren der Vögel

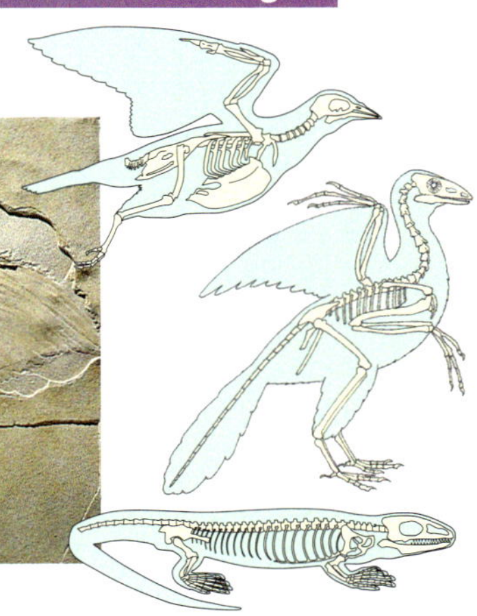

Der Archaeopteryx ist zwar kein direkter Vorfahre unserer heutigen Vögel, aber er besitzt Merkmale von zwei Tiergruppen: Von den zu den Reptilien gehörenden Sauriern und von den Vögeln. Vergleiche.

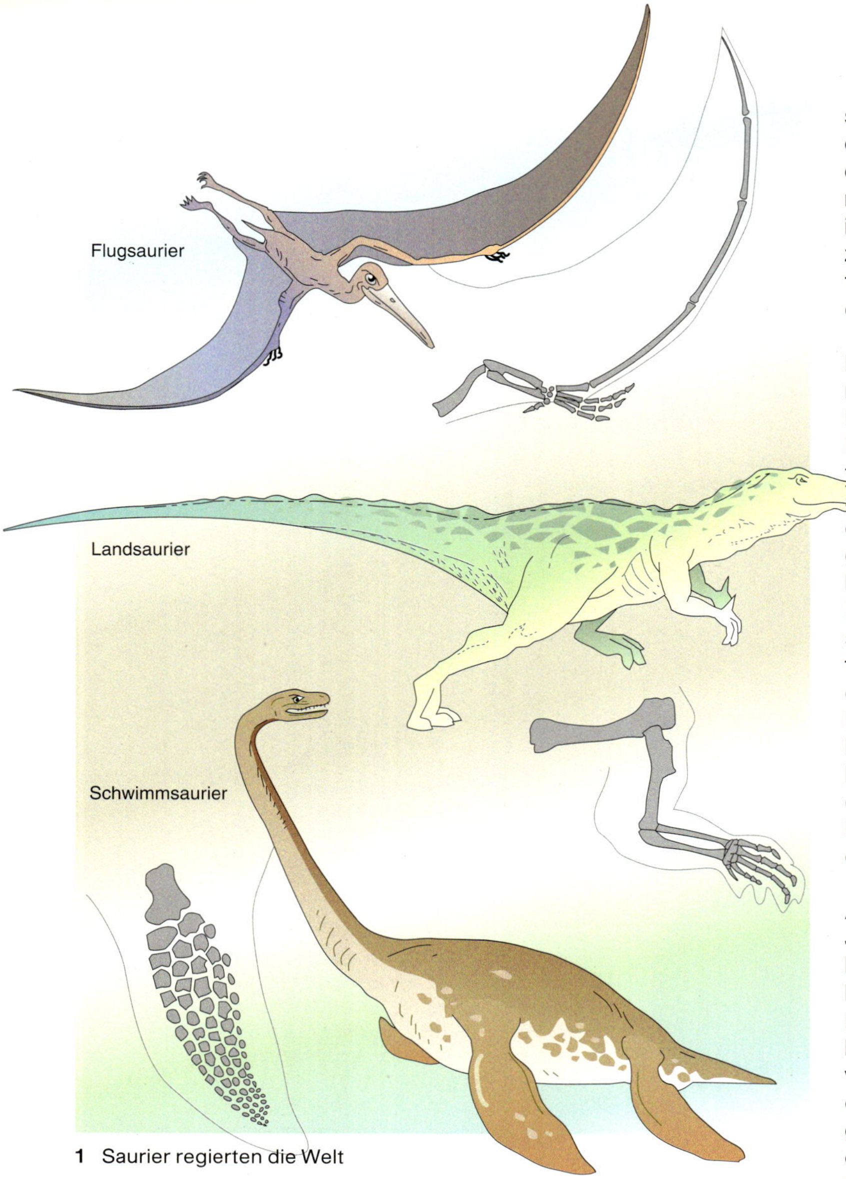

1 Saurier regierten die Welt

Reptilien der Kreidezeit

Im Erdmittelalter, vor allem in der *Kreidezeit* (vor 135 bis 65 Millionen Jahren), hatten die Reptilien mit den *Sauriern* den Höhepunkt ihrer Entwicklung erreicht. Sie waren die beherrschenden Organismen auf dem Land, in der Luft und auch im Wasser. Die Zahl der verschiedenen Saurierarten war größer als die der heute lebenden Säugetiere. Säugetiere und Vögel gab es damals zwar auch schon, aber sie spielten noch eine untergeordnete Rolle.

Alle Saurier gehen auf kleine, eidechsenartige Vorfahren zurück, die im Karbon lebten. Vor 180 bis 225 Mio. Jahren, in der Trias, gab es die ersten Saurier. Die Saurier konnten sich über alle Erdteile ausbreiten, weil diese damals noch zusammenhingen und einen einzigen Urkontinent bildeten. Deshalb können wir heute die Spuren der ersten Saurier in allen Erdteilen finden. Später zerbrach der zusammenhängende Urkontinent in die heutigen Kontinente, die sich langsam auseinander bewegten.

Diese riesigen Lebensräume boten den Sauriern vielfältigste Umweltbedingungen und Lebensmöglichkeiten. Das ermöglichte die Entstehung ganz unterschiedlich angepasster Saurier. Aus relativ wenigen Arten entstand eine große Anzahl von Saurierarten, die fast alle Lebensräume besiedelten. Es gab neben den land- auch wasser- und luftlebende Saurierarten mit den vielfältigsten Ernährungsweisen, zum Beispiel Allesfresser oder spezialisierte Pflanzen- und Fleischfresser. Die jeweiligen Angepasstheiten an die unterschiedlichen Fortbewegungs- und Ernährungsweisen erkennt man an Merkmalen im Körperbau. So hat sich die ursprüngliche Form des Arm- bzw. Beinskeletts mehr oder weniger deutlich abgewandelt, zum Beispiel zu flossenförmigen Fortbewegungsorganen.

Am Ende der Kreidezeit, vor etwa 65 Mio. Jahren, starben die Saurier innerhalb relativ kurzer Zeit aus. Das ist erstaunlich, immerhin hatten die Saurier doch zuvor über 150 Mio. Jahre lang die Erde bevölkert und beherrscht. Viele Wissenschaftler gehen heute von einer furchtbaren Naturkatastrophe durch einen Meteoriteneinschlag im heutigen Mexiko aus. Er soll einen Großteil des damaligen Lebens ausgelöscht haben. Unabhängig davon, ob diese oder eine andere Hypothese über das Aussterben der Saurier richtig ist, steht fest, dass auch andere Organismenarten das Ende der Kreidezeit nicht überlebten. An die neuen Umweltbedingungen waren diese wie auch die Saurier nicht mehr angepasst. Der Niedergang der bis dahin die Erde beherrschenden Saurier schuf die Voraussetzungen dafür, dass die Säugetiere neue Lebensräume besiedeln und die große Vielfalt ausbilden konnten, wie wir sie heute kennen.

Aufgabe

① Informiere dich über die Vielfalt der Saurier. Stelle in einer Tabelle Daten zu mehreren Sauriern übersichtlich zusammen (Größe, Vorkommen, Angepasstheiten an Fortbewegung, Lebensweise und Lebensraum, Zeitalter ...).

Lebende Zeugen der Evolution

Quastenflosser und Lungenfisch — zwei lebende Fossilien

Bis 1938 war man der Meinung, dass **Quastenflosser** vor ca. 65 Mio. Jahren, etwa gleichzeitig mit den Sauriern, ausgestorben seien, bis ein Fischkutter vor der Ostküste Südafrikas einen bisher nicht gesehenen Fisch mitbrachte. Der Fang war für die Biologen eine Sensation, hatten sie doch nun ein echtes Exemplar der Fischgruppe in den Händen, aus der die Amphibien hervorgegangen sein sollten. Seine Körperbaumerkmale glichen denen der fossilen Quastenflosser sehr stark. Offenbar hatte sich die gefundene Art der Gattung *Latimeria* seit Jahrmillionen fast gar nicht verändert, man hatte ein *lebendes Fossil* entdeckt. Latimeria ist allerdings mit einer Länge von 1,8 Metern größer als viele der fossilen Formen, lebt im Meer und nicht im Süßwasser. Fossile Quastenflosser besaßen eine Lunge, während Latimeria eine mit Fett gefüllte Lunge besitzt.

Zu den lebenden Fossilien zählt ein weiterer Fisch, der **Australische Lungenfisch**. Dieser besitzt eine Lunge, die an der Stelle entspringt, an der

sich die Schwimmblase der später entstandenen Knochenfische befindet. Da seine Kiemen für die Atmung nicht ausreichen, muss der Fisch in regelmäßigen Abständen an der Wasseroberfläche seine Lunge mit Luft füllen.

Das Schnabeltier — ein Säugetier

1791 tauchte zum ersten Mal in Europa ein Tier mit einem Fell und einem Schnabel auf. Man dachte zunächst an einen Scherz, denn Säugetiere mit dem sie kennzeichnenden Fell kannte man bisher nicht mit einem Schnabel. Erst Untersuchungen an vollständigen Tieren und Beobachtungen dieser **Schnabeltiere** in ihrer australischen Heimat brachten Licht ins Dunkel. Das Schnabeltier besitzt noch sehr ursprüngliche Merkmale, die denen von Reptilien ähneln. Kot, Harn und beim Weibchen die Eier verlassen den Körper durch eine einzige Öffnung, die *Kloake*. Die Eier sind zudem dotterreich und weichschalig. Auch an verschiedenen Stellen des Skeletts konnte man Ähnlichkeiten mit Reptilien nachweisen. Dies deutet man als einen Hinweis auf die Abstammung der Säugetiere von Reptilien. Andererseits besitzen Schnabeltiere jedoch eindeutig Merkmale der Säuger: ein Fell, Milchdrüsen (allerdings ohne Zitzen) und eine gleich bleibende Körpertemperatur. Die aus den Eiern schlüpfenden,

sehr kleinen Jungtiere klammern sich im Bereich der Milchdrüsen im dichten Haar fest und wachsen schnell heran.

Der Schlammspringer — ein Grenzgänger zwischen Wasser und Land

Die **Schlammspringer** besiedeln die tropischen Küsten Afrikas, Asiens und Australiens. Ihr Lebensraum ist den Gezeiten ausgesetzt. Während der Ebbe fällt der Schlickboden trocken. In dieser Zeit sind die Schlammspringer aktiv und suchen ihre Nahrung. Während der Flut wird der Boden wieder vom Meerwasser und darin enthaltener Nahrung überspült. In dieser Zeit halten sich viele Arten an Land auf. Manche besitzen zu einem Saugnapf umgewandelte Bauchflossen, mit dem sie sich auf dem Untergrund festsetzen. Während der Aktivitätsphase robben Schlammspringer auf dem Schlick hin und her, indem sie ihre verstärkten Brustflossen als „Gehwerkzeuge" benutzen. Ab und zu machen sie Luftsprünge, indem sie sich mit der Schwanzflosse vom Boden abdrücken. Oder sie wälzen ihren Körper in Gezeitenpfützen und halten ihn dadurch feucht.

Schwimmt der Schlammspringer unter Wasser, erkennt man, dass er trotz seiner amphibischen Lebensweise ein Fisch ist. Flossen und Kiemendeckel sind gut zu erkennen. An Land verkleben die Kiemenblättchen, sodass die Atmung nicht mehr hinreichend möglich ist. Diese Schwierigkeit meistert der Fisch, weil er einen geringen Feuchtigkeitsvorrat in seiner Kiemenhöhle mitnehmen kann. In dieser befinden sich sackartige Kammern, die stark durchblutet sind und auch ständig feucht gehalten werden. Neben dem Problem der Austrocknung und Fortbewegung hat der Schlammspringer somit auch das Problem der Atmung an Land gelöst. Er ist zwar nicht der Vorfahr der Landtiere, zeigt aber, wie beim Übergang vom Wasser- zum Landleben Anpassungen entstehen können.

1 Früherer Vorfahr der Wale bei der Jagd (Rekonstruktion)

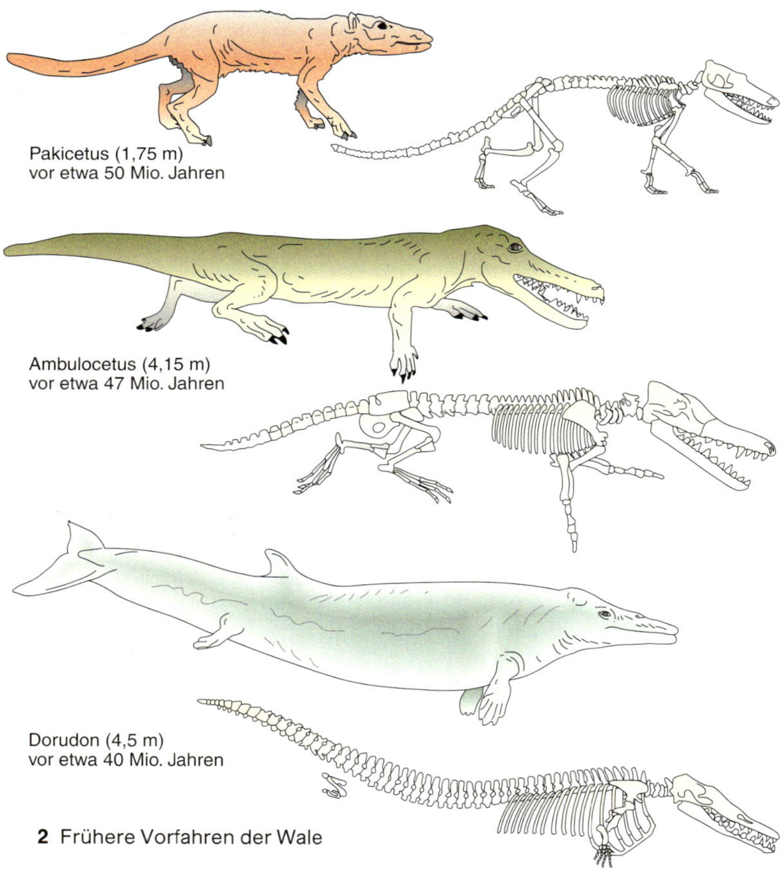

2 Frühere Vorfahren der Wale

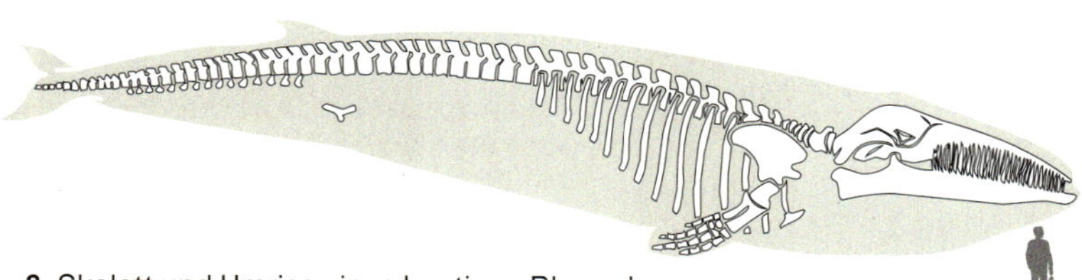

3 Skelett und Umriss eines heutigen Blauwals

Wale – vom Land ins Wasser

Säugetiere gibt es seit etwa 200 Mio. Jahren, Wale sind sehr viel später entstanden. Erst als die alle Lebensräume beherrschenden Saurier vor ca. 65 Mio. Jahren ausstarben, konnten die landlebenden Vorfahren der Wale den Lebensraum Meer nach und nach besiedeln. Im heutigen Pakistan, Indien und Ägypten fanden Forscher eine große Zahl von *Fossilien*, die uns zeigen, dass die Wal-Vorfahren tatsächlich Landtiere waren. Diese bildeten nach und nach besondere Merkmale aus, durch die sie vollständig an den Lebensraum Wasser angepasst waren. Da bei allen Lebewesen Merkmale zu finden sind, durch die sie an ihren Lebensraum angepasst sind, spricht man allgemein vom **Prinzip der Angepasstheit** (S. 270).

Einer der ersten Wal-Vorfahren war *Pakicetus*, ein etwa wolfsgroßes, räuberisch lebendes Tier, das mit den Huftieren verwandt ist. Pakicetus jagte noch an Land. Möglicherweise lauerte er jedoch Tieren auf, die zum Trinken ans Wasser kamen. Die Lebensweise der Nachfahren *(Ambulocetus)* von Pakicetus war wahrscheinlich bereits krokodilähnlich. Aus dem Wasser heraus erbeuteten sie zum Trinken ans Wasser kommende Tiere. Die vergleichsweise kurzen Beine, die Schwimmhäute zwischen den Zehen und der muskulöse Schwanz deuten darauf hin. Diese krokodilähnlichen *Urwale* veränderten sich in nur wenigen Millonen Jahren so, dass die Hinterbeine immer kleiner und die Vordergliedmaßen flossenähnlich wurden. Gleichzeitig übernahm vor allem die Schwanzwirbelsäule mit den daran befestigten kräftigen Muskeln die Fortbewegung, indem sie auf und ab bewegt wurde.

Diese Entwicklung brachte Tiere hervor, die das Wasser nicht mehr verlassen konnten, wie zum Beispiel *Dorudon*, der wahrscheinlich am Schwanzende schon eine *Fluke* und auf dem Rücken eine *Finne* besaß. Das Haarkleid war zurückgebildet, unter der Haut gab es eine dicke Fettschicht. Aus Dorudon und seinen Verwandten gingen die heute lebenden *Zahnwale*, zu denen die Delfine gehören, und die *Bartenwale* hervor. Sie besitzen keine Hinterbeine mehr.

Aufgabe

① Erläutere die Veränderung der Körperform, der Fortbewegungsorgane und des Kälteschutzes der Wale und Delfine mithilfe der genannten Vorfahren.

Vom Land zum Wasser

Neben den Walen gibt es weitere Wirbeltiere, die zumindest einen großen Teil ihres Lebens im Wasser verbringen. Dazu zählen die *Robben* und *Pinguine*. Aber auch Kriechtiere, wie die *Krokodile* und *Meeresschildkröten*, gehören dazu. Sie alle haben besondere Merkmale ausgebildet, durch die sie an den Lebensraum Wasser angepasst sind.

Seebären

Seebären besiedeln in großen Kolonien die Küsten kalter Meere. Im Wasser sind sie geschickte Schwimmer. Als Antrieb benutzen sie die flossenförmigen Vordergliedmaßen (Armschwimmer). Ihr wasserdichtes Haarkleid besteht aus dicht stehenden *Unterhaaren* und dicken *Grannenhaaren*. Zwischen den Haaren bleibt so ein Luftpolster eingeschlossen. Sie besitzen außerdem eine Fettschicht unter der Haut, die aber nicht so dick ist wie beim Seehund. Seebären verbringen nur einen Teil ihres Lebens im Wasser.

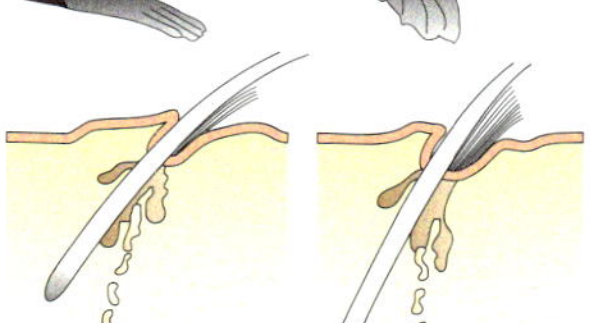

Pinguine

Pinguine sind sehr schnelle Schwimmer. Dabei bewegen sie ihre Vordergliedmaßen wie ein Vogel seine Flügel. Nur die Flügelflächen sind kleiner. Pinguine besitzen ein sehr dichtes Federkleid. Die einzelnen Federn sind klein, an der Innenseite dunenartig, außen jedoch fest. Sie liegen schuppenartig übereinander und sorgen für eine glatte Körperoberfläche. Ist es ihnen an Land zu warm, können Pinguine ihre Federn stärker abstellen.

Krokodile und Schildkröten

Krokodile jagen im oder aus dem Wasser heraus. Dabei gleiten sie unbemerkt an ihre Beute heran, bevor sie blitzschnell zustoßen. Im Wasser bewegen sie sich mühelos fort, im Gegensatz zur Fortbewegung an Land.

Landschildkröte

Meeresschildkröte

Meeresschildkröten verbringen den größten Teil ihres Lebens im Meer. Nur zur Eiablage kommen sie an Land, wo sie sich nur mühsam fortbewegen können. Im Wasser jedoch sind sie elegante Schwimmer.

Aufgaben

1. Vergleiche die äußeren Merkmale des Seebären (Körperform, Kopf, Sinnesorgane, Körperbedeckung und Gliedmaßen) mit dem Seehund (S. 52). Fertige dazu eine Tabelle an.
2. Erläutere mithilfe dieses Vergleichs, weshalb Wissenschaftler heute annehmen, dass Seehund und Seebär unterschiedliche Landvorfahren hatten. Wer von den beiden ist besser an das Wasserleben angepasst?
3. Zu welcher Tiergruppe gehören die Pinguine. Begründe!
4. Erläutere die Funktion der Federn beim Pinguin mithilfe des Fotos und der übrigen Abbildungen.
5. Beschreibe die Art der Fortbewegung und die Lage der Sinnesorgane bei einem an der Oberfläche treibenden Krokodil. Inwiefern kannst du dies als Angepasstheit deuten?
6. Vergleiche eine Landschildkröte mit einer Meeresschildkröte (Panzerform, Bau der Gliedmaßen, Rückziehbarkeit des Kopfes und der Gliedmaßen in den Panzer). Stelle deine Ergebnisse in einer Tabelle dar. Erläutere die Bedeutung der Merkmale der Meeresschildkröte.

Stammbaum der Wirbeltiere

Die genaue Untersuchung von *Fossilien* (z. B. Versteinerungen) hat gezeigt, dass Wirbeltiere bereits seit etwa 500 Mio. Jahren auf der Erde existieren.
Damals gab es ausschließlich *Fische*. Zu den ältesten Fischen gehören kieferlose Fische und Panzerfische, die es heute nicht mehr gibt. Ungefähr 100 Mio. Jahre später entwickelten sich die ersten Knorpelfische, Quastenflosser und Lungenfische, von denen es heute noch lebende Formen gibt. Die Knochenfische entstanden erst später. Vor über 350 Mio. Jahren entwickelten sich aus Fischvorfahren die ersten Lurche, aus diesen vor ungefähr 330 Mio. Jahren die ersten Kriechtiere, zu denen auch die vor ungefähr 270 Mio. Jahren auftauchenden Saurier gehörten. Aus ihnen gingen die heute lebenden Kriechtiere hervor, aber auch vor etwa 220 Mio. Jahren die ersten Säuger und vor etwa 195 Mio. Jahren die ersten vogelartigen Tiere, die heute in einer großen Vielfalt die Erde besiedeln.

Eine solche zeitliche Abfolge wird in einem Stammbaum auf der senkrechten Achse dargestellt, die im Laufe der Zeit auftretenden Veränderungen auf der waagerechten Achse. Der Stammbaum zeigt, dass alle Wirbeltiere auf einen *gemeinsamen Ursprung* zurückgehen. Alle Wirbeltiere stammen von Fisch-Vorfahren ab. Genaueren Aufschluss über die Entstehung einer neuen Wirbeltierklasse liefern *Brückentiere*, zum Beispiel der Urlurch Ichthyostega. Er besaß sowohl Fischmerkmale als auch Merkmale eines Lurches.

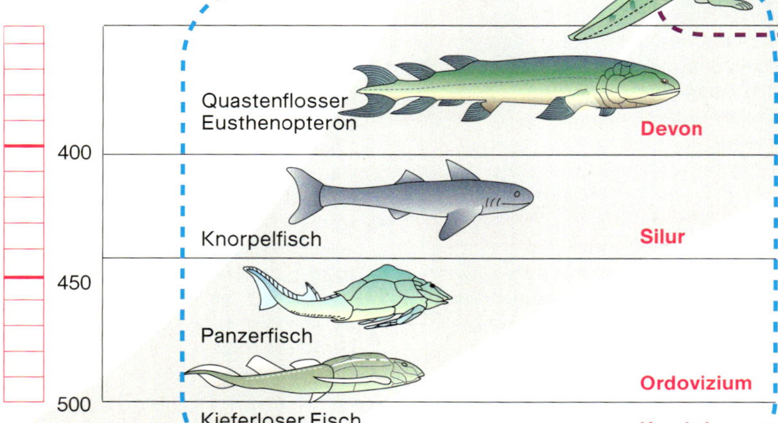

Entwicklungslinien

Die Entwicklung neuer Wirbeltierklassen war verbunden mit der Besiedlung neuer Lebensräume. Ausgehend vom Wasser haben sich über ufernahe Feuchtgebiete schließlich land- bzw. luftlebende Wirbeltiere entwickelt. Der Weg zurück ins Wasser war allerdings nicht unmöglich, wie das Beispiel der Pinguine, Robben und Wale zeigt. Die Eroberung neuer Lebensräume war gekoppelt mit der Entwicklung neuer Merkmale, durch die der Körper der Tiere an den jeweiligen Lebensraum angepasst ist.

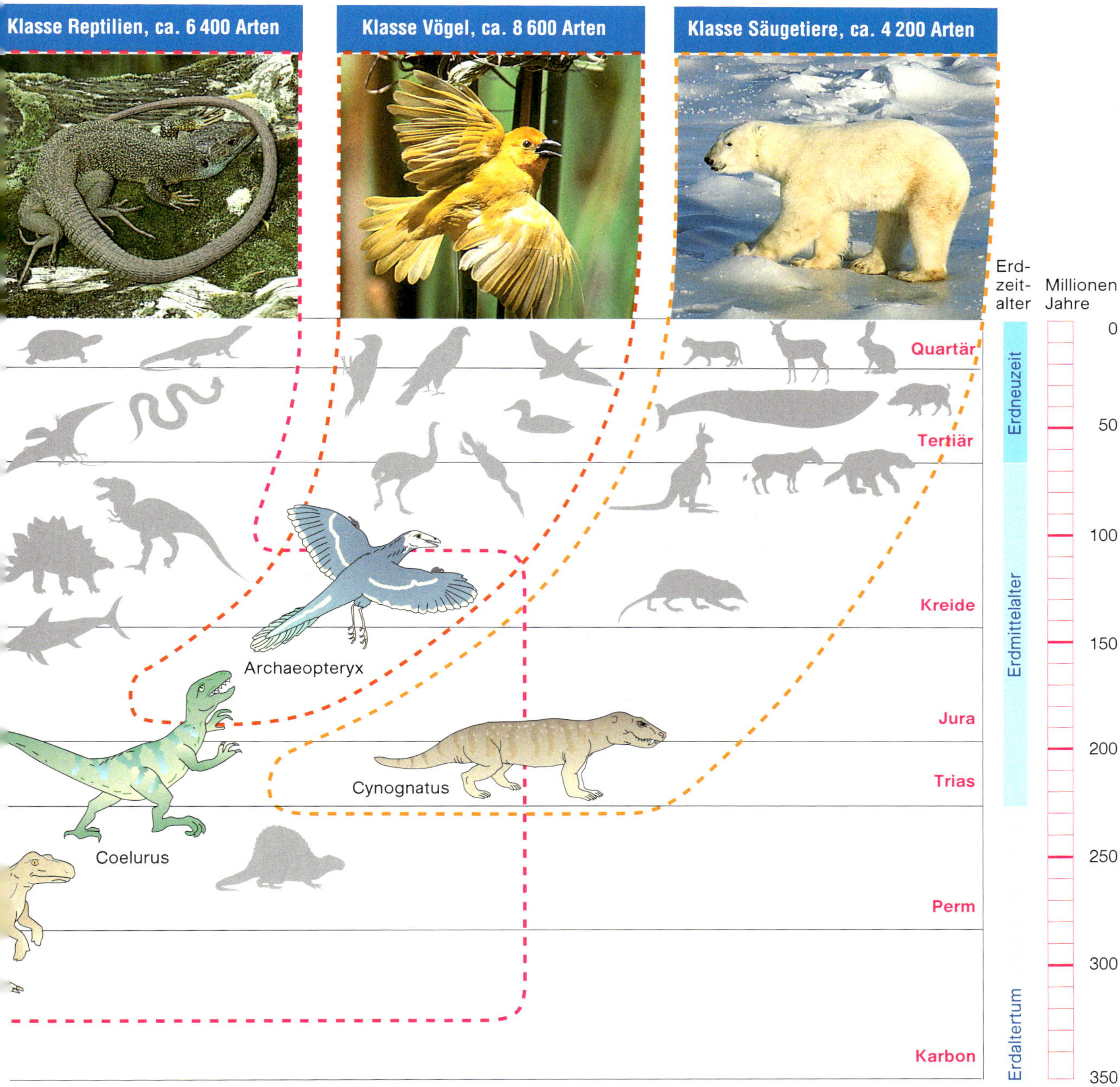

Fische sind vollständig an den Lebensraum Wasser gebunden. Ihre Fortbewegungsorgane (Flossen), Atmung (Kiemen), Fortpflanzung (äußere Befruchtung), Körperform und Körperbedeckung sind den entsprechenden Umweltbedingungen angepasst.

Die **Lurche** haben das Land erobert (4 Gliedmaßen, Lungen), sind aber bei der Fortpflanzung noch auf das Wasser angewiesen. In der Regel entwickelt sich das befruchtete Ei zu einer kiementragenden Larve, aus der erst nach der Verwandlung der zum Landleben befähigte Lurch entsteht.

Kriechtiere, Säuger und **Vögel** sind weitgehend vom Lebensraum Wasser unabhängig geworden. Ihre Fortpflanzung ist gekennzeichnet durch eine *innere Befruchtung*. Die Embryonen der Kriechtiere und Vögel entwickeln sich in festen Eischalen, die der Säuger im Mutterleib. Auch die Körper der Kriechtiere, Säuger und Vögel sind durch die Beschaffenheit der Haut und Körperbedeckung gut gegen Austrocknung geschützt. Wüstenbewohner, wie z. B. die Wüstenspringmaus, sind so gut gegen Austrocknung geschützt, dass sie kaum Wasser aufzunehmen brauchen.

Säuger und Vögel besitzen hoch entwickelte Lungen und Herz-Kreislauf-Systeme. Sie sind, im Gegensatz zu den übrigen, wechselwarmen Wirbeltieren, gleichwarm. Gegen Kälte schützt die Säuger das Fell und die Vögel das Federkleid. Die Gliedmaßen sind häufig spezialisiert und an die jeweilige Art der Bewegung angepasst. So besitzen zum Beispiel Robben flossenförmige Gliedmaßen. Diese und andere Anpassungen haben es ihnen ermöglicht, fast alle Lebensräume der Erde zu erobern, wie zum Beispiel die Pinguine die Antarktis und die Wale die Weiten der Meere.

Wirbellose Tiere

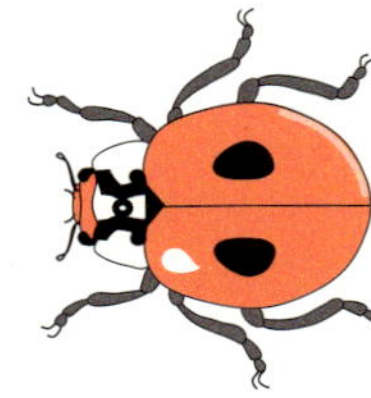

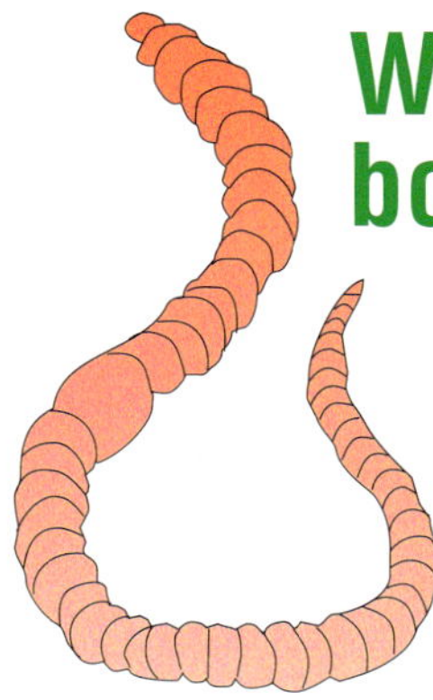

Wenig-
borster

Tausendfüßer

Kopffüßer

Spinnentiere

Krebstiere

Schnecken

Hier sieht man einen kleinen Ausschnitt aus der riesigen Vielfalt der Tiere, die kriechen, krabbeln, laufen, hüpfen, fliegen, schwimmen oder tauchen können. Wir fassen diese keineswegs einheitlich gebauten Lebewesen als Gruppe der Wirbellosen zusammen. Sie haben keine Wirbelsäule und man kann sie daher ganz gut von den Wirbeltieren unterscheiden.

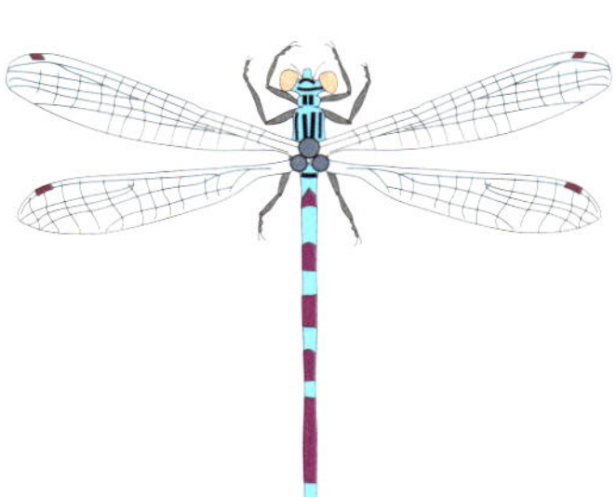

Insekten

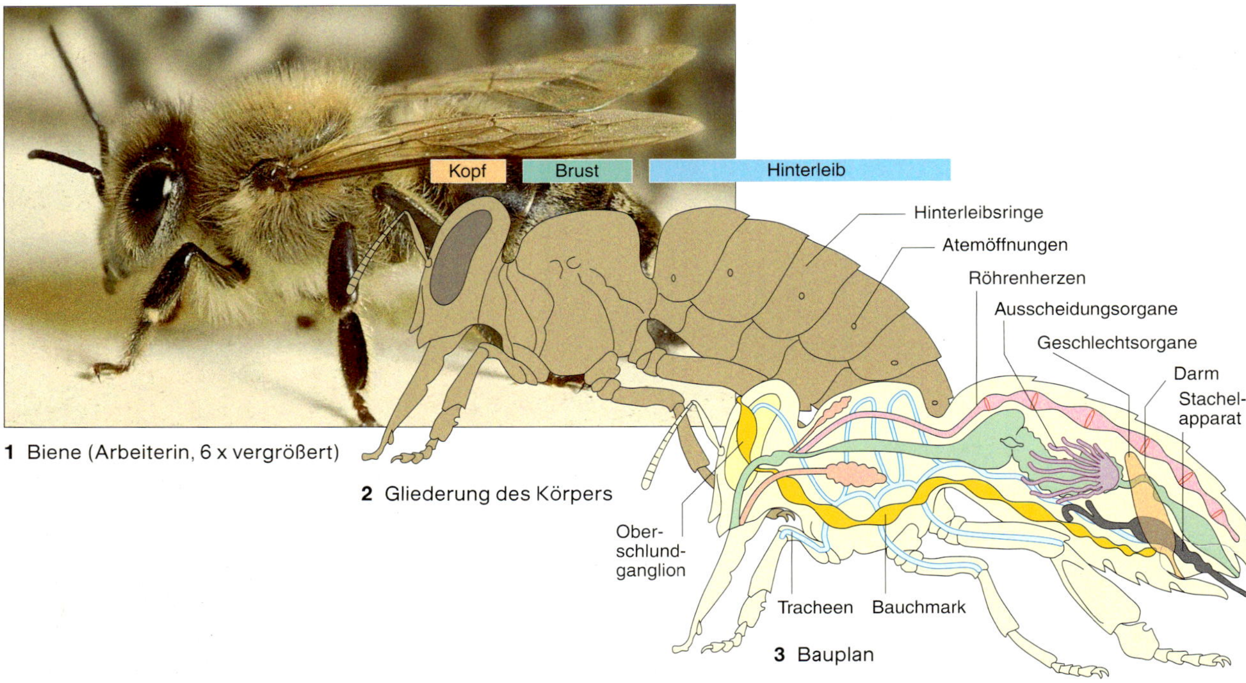

1 Biene (Arbeiterin, 6 x vergrößert)

2 Gliederung des Körpers

3 Bauplan

Die Honigbiene — ein Insekt als Haustier

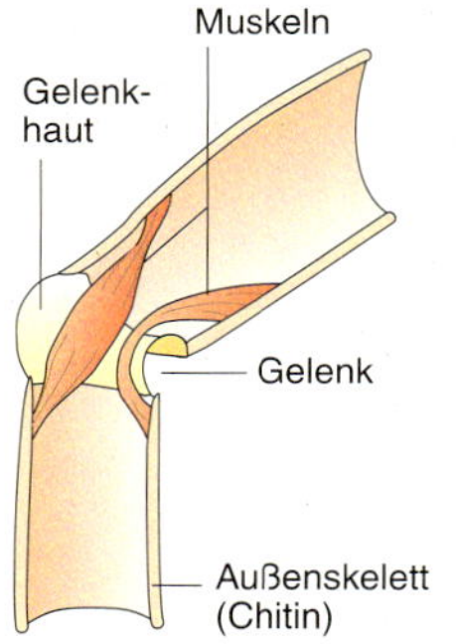

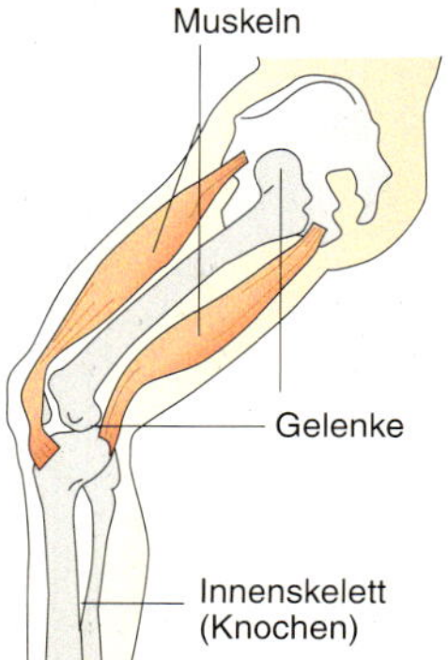

Drei Viertel aller bekannten Tierarten sind *Insekten*. Sie spielen im Naturhaushalt eine wichtige Rolle: Für viele Singvögel zum Beispiel sind Insekten Hauptbestandteil der Nahrung und auch manche Kleinsäuger und Lurche sind auf Insekten als Nahrungsquelle angewiesen. Für uns Menschen spielen die Insekten keine direkte Rolle als Ernährungsgrundlage. Wir erfreuen uns eher an der Farben- und Formenvielfalt dieser Tiere, sind verärgert, wenn wir uns ihrer nicht erwehren können oder geraten sogar in Panik, weil wir einen Biss oder Stich befürchten. Dabei verkennen wir nur allzu oft den Nutzen, den die Insekten auch für uns haben, z. B. bei der Bestäubung unserer Obstbäume.

Ein Insekt, das der Mensch schon seit langem schätzt, ist die *Honigbiene*. Sie ist, neben dem Seidenspinner, das einzige Haustier aus der großen Klasse der Insekten. Die Bienenhaltung bringt einige Vorteile, nicht nur, weil die Honigbiene Wild- und Nutzpflanzen bestäubt. Sie stellt auch Wachs her, ihr Gift findet als Heilmittel Verwendung und sie liefert uns den begehrten *Honig*. Weil der Mensch die Bienen in seine Nähe geholt hat, wissen wir auch mehr über sie als über andere Insekten. Das Verhalten der Bienen wurde intensiv erforscht, sodass heute der Aufbau eines *Bienenstaates* genau bekannt ist. Da man von einem *Imker* auch leicht einige Tiere zur Beobachtung und Untersuchung erhalten kann, ist die Honigbiene ein geeignetes Beispiel, um die Merkmale der Insekten kennen zu lernen.

Der Körperbau der Biene

Der Körper einer Biene zeigt uns den Grundaufbau eines Insekts. Deutlich sind drei Körperabschnitte zu erkennen, die durch Einschnürungen voneinander abgesetzt sind. Der *Kopf* trägt die Fühler (Antennen), Augen und Mundwerkzeuge, am *Brustabschnitt* befinden sich Beine und Flügel und im *Hinterleib* liegen die meisten inneren Organe.

Betastet man eine tote Biene, ist deutlich ihr *Chitinpanzer* zu spüren, der den Körper wie eine Rüstung schützt. Eine Vielzahl von *Segmenten*, die durch biegsame Gelenkhäute miteinander verbunden sind, machen dieses *Außenskelett* beweglich. Die Biene hat, wie alle Insekten, *drei Beinpaare*, wobei jedes Bein aus fünf Gliedern besteht.

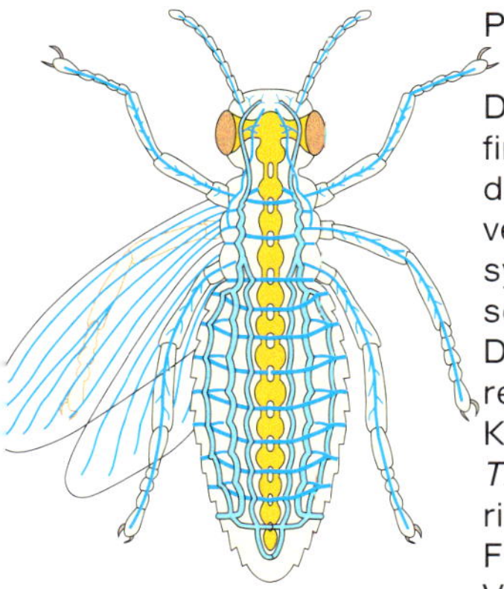

Aber nicht alle Insekten bewegen sich nur auf Beinen fort. Die Honigbiene z. B. gehört zu den geflügelten Insekten und besitzt zwei Paar durchsichtige, dünnhäutige *Flügel*.

Die äußere Gliederung des Bienenkörpers findet man im inneren Bauplan wieder. In jedem Segment liegt im Bauchraum ein Nervenknoten *(Ganglion)* des Strickleiternervensystems. An den Seiten jedes Hinterleibsegments sieht man die Atemöffnungen. Diese *Stigmen* sind die Eingänge in ein Röhrensystem, das fein verzweigt den ganzen Körper durchzieht. Die Röhren werden als *Tracheen* bezeichnet. Im Innern zeigen sie ring- und spiralförmige Versteifungen, die Festigkeit und Elastizität verleihen. Mit jeder Verzweigung werden die Tracheen kleiner, die kleinsten sind nur noch ein tausendstel Millimeter dick. Durch sie gelangt Sauerstoff zu allen Organen. Große Insekten, wie Bienen, können mit der Muskulatur die großen Tracheen zusammenpressen. Beim Ausdehnen pumpen sie frische Luft in den Körper.

Die farblose Blutflüssigkeit wird von mehreren Herzen gepumpt. Sie bilden ein Röhre, die das Blut zum Kopf transportiert. Hier strömt es aus, gelangt in die Leibeshöhle, umspült die Organe und gelangt in den Hinterleib. Durch seitliche Öffnungen der Röhrenherzen wird es wieder aufgenommen. Auf diesem Weg nimmt das Blut Nährstoffe aus der Darmwand auf und gibt Abfallstoffe an die Ausscheidungsorgane ab. Insekten haben einen *offenen Blutkreislauf*; ihr Blut wird nicht in Gefäßen geführt.

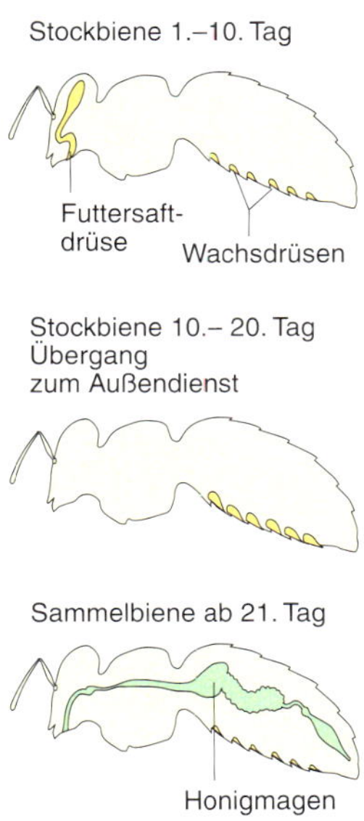

Veränderungen der inneren Organe

Aufgaben einer Arbeiterin im Bienenstaat

Die Honigbienen zählen zu den *Staaten bildenden Insekten*, wobei in jedem Bienenstock bis zu 70 000 Einzeltiere zusammenleben. Die Bienen, die wir draußen herumfliegen sehen, sind in der Regel *Arbeiterinnen*. In ihrem etwa fünfwöchigen Leben haben sie nacheinander ganz bestimmte Aufgaben zu erfüllen, auf die ihr äußerer und innerer Körperbau genau abgestimmt sind. Eine frisch geschlüpfte Arbeitsbiene ist ca. 21 Tage lang *Stockbiene*. Die ersten beiden Tage putzt sie leere Zellen, die folgenden 3 Tage füttert sie als *Amme* ältere Larven mit Pollen und Honig. Vom 6. bis 10. Tag versorgt sie junge Larven mit körpereigenem Futtersaft. Dann beginnen ihre Wachsdrüsen zu arbeiten. Mit den aus ihrem Hinterleib ausgeschiedenen Wachsplättchen verdeckelt sie bis zum 16. Tag Brut- und Vorratszellen oder errichtet neue Waben.

1 Honigbiene

2 Sammelbein einer Honigbiene

Ab dem 17. Tag erhält die Stockbiene Kontakt mit der Außenwelt. Am Flugloch nimmt sie Pollen und Nektar entgegen; der Pollen wird in den Vorratswaben eingestampft, der Nektar durch Befächeln eingedickt. Steigt die Stocktemperatur über 35 °C, so erzeugen die Bienen durch Fächeln einen kühlen Luftstrom. Am Ende des Stockdienstes prüft die Biene als *Wehrbiene* am Flugloch den Geruch aller ankommenden Tiere. Fremde Bienen und andere Feinde werden mithilfe des *Giftstachels* abgewehrt, der sich aus einem Chitinpanzer wieder herausziehen lässt. In der elastischen Haut von Säugetieren bleibt er jedoch stecken. Beim Wegfliegen reißt sich die Biene Stachel, Giftblase und Giftdrüse heraus; sie verletzt sich tödlich.

Vom 21. Tag an bis ans Ende ihres Lebens ist die Arbeiterin *Sammelbiene*. Beim Blütenbesuch saugt sie Nektar in ihren *Honigmagen*; Pollen bleibt in ihren dichten Haaren hängen. Während des Heimflugs wird der Pollen mit der *Bürste* des Hinterbeins herausgebürstet und anschließend mit dem *Kamm* ins *Körbchen* geschoben. Von Blüte zu Blüte wachsen die gelben Pollenpakete, die man *Höschen* nennt.

1 Bienen an Weiselzelle

2 Imker fängt den Schwarm ein

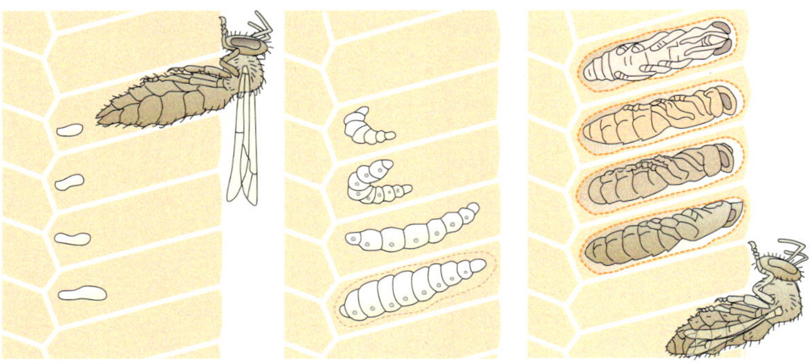

1.– 3. Tag Ei

4.– 11. Tag Larve

12.– 20. Tag Puppe

Entwicklung der Honigbiene

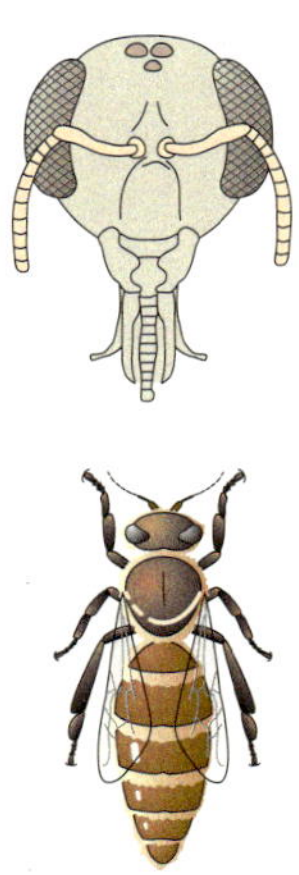

Königin bis 20 mm

Das Bienenjahr

So wie das Leben einer Arbeiterin nach einem festgelegten Zyklus verläuft, haben auch die beiden anderen im Bienenstaat lebenden Bienenwesen ganz bestimmte Aufgaben. Die *Königin* als „Mutter" des Bienenvolkes sorgt für den Erhalt ihres Stockes, indem sie bis zu 2000 Eier pro Tag legt. Die Aufgabe der männlichen Bienen, der *Drohnen*, besteht darin, die Königin zu begatten (S. 278). Versorgt werden Königin, Drohnen und Brut von den Arbeiterinnen. Jedes Einzeltier ist also mitverantwortlich für die Existenz des gesamten Volkes. Der Staat dieser *sozialen Insekten* ist wiederum eingebunden in einen Rhythmus, den die Natur vorgibt.

Den Winter überlebt nur ein Teil der Arbeiterinnen und die Königin. Sobald im Frühjahr das Futterangebot groß genug ist und die Vorratszellen mit Pollen und Nektar wieder aufgefüllt werden können, beginnt die Königin mit der Eiablage. Sie bestiftet die verschieden großen *Brutzellen* mit *befruchteten* Eiern – aus ihnen können sich Arbeiterinnen und Königinnen entwickeln – und *unbefruchteten* Eiern, aus denen die Drohnen entstehen. Ab dem vierten Tag schlüpfen aus den Eiern die ersten *Larven*, die zunächst alle mit einem speziellen Futtersaft der Ammenbienen, dem *Gelée royale*, gefüttert werden. Zukünftige Arbeiterinnen und Drohnen erhalten dann nur noch Pollen und Nektar. In den größeren, zapfenförmigen *Weiselzellen*, die am Rand der Wabe liegen, entwickeln sich Königinnenlarven. Bis zur *Verpuppung* werden sie weiterhin mit dem Futtersaft ernährt.

Kurz vor dem Schlüpfen der ersten jungen Königin lässt die Betriebsamkeit im Stock nach. Das halbe Volk sammelt sich am Flugloch und raubt eines Tages die Vorratszellen aus. Danach fliegt es mit der alten Königin davon, lässt sich als *Schwarmtraube* in der Nähe des Stockes nieder und sucht von dort aus eine neue Behausung. Der zurückgebliebene Teil des Volkes muss die Vorräte wieder ergänzen und ist einige Tage ohne Königin. Dann schlüpft die erste Prinzessin. Sie unternimmt mit den schon vor ihr geschlüpften Drohnen mehrere *Hochzeitsflüge*, paart sich dabei mit sechs bis acht Drohnen und speichert deren Spermienzellen in ihren *Spermataschen*. Dieser Vorrat reicht für ihr vier- bis fünfjähriges Leben.

Ist das im Stock gebliebene Volk groß genug, so bildet es mit der zurückgekehrten jungen Königin einen *Nachschwarm*. Entschieden wird dies von den Arbeiterinnen, die die weiteren Prinzessinnen durch einen Schlitz im Zellendeckel füttern. Schlüpfen dann mehrere Prinzessinnen, so kämpfen sie um die Vorherrschaft. Ist jedoch das Volk für einen Nachschwarm zu klein, werden die übrigen Prinzessinnen in ihren Weiselzellen getötet.

Im Spätsommer bereitet sich das Volk auf den Winter vor. Alle überflüssigen Esser – Drohnen und Drohnenbrut – werden während einer sogenannten *Drohnenschlacht* vertrieben oder getötet. Nur die Königin und gesunde Arbeiterinnen verharren als *Wintertraube* bis zum nächsten Frühjahr im Bienenstock.

Untersuchungen an der Honigbiene

Die Versuche 1 bis 5 werden nur mit toten Bienen durchgeführt. Sie sind in ausreichender Zahl beim Imker (siehe Branchen-Telefonbuch) zu bekommen. Meist erhält man getrocknete Tiere. Um die Gelenke frei beweglich zu machen, muss man die Tiere kurz in heißes Wasser legen. Zum Aufbewahren legt man sie in 70-80%igen Alkohol. Diese Methode hat den Vorteil, dass feine Strukturen nicht abbrechen.
Wenn man zur Betrachtung ein Mikroskop verwendet, sollte man das Tier von oben mit einer Tischlampe beleuchten.

Übersicht

Lege einige tote Bienen unter ein Mikroskop oder Binokular. Kannst du verschiedene Bienenwesen unterscheiden?

Wähle ein Tier aus und betrachte seine Körperabschnitte. Fertige eine Umrissskizze an. Nach der Übersichtszeichnung soll der Körper der Biene näher untersucht werden.

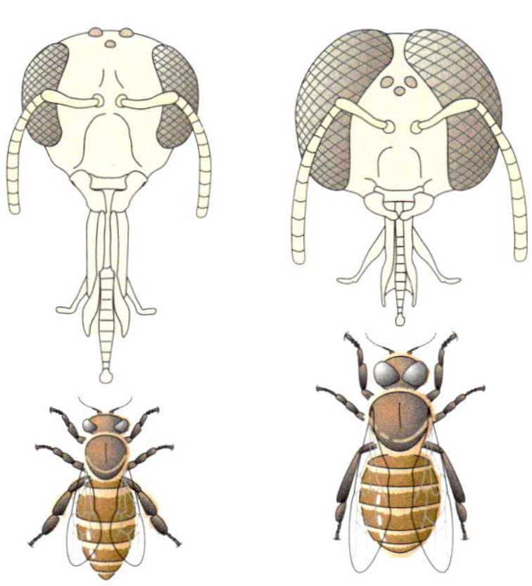

Arbeiterin bis 14 mm

Drohn bis 18 mm

Präparation der Mundwerkzeuge

Betrachte den Kopf zunächst am unbearbeiteten Präparat, damit du einen Überblick über die Lage der Mundwerkzeuge bekommst. Trenne nun den Kopf mit einer feinen Schere ab und lege ihn in ein Blockschälchen. Mit zwei Präpariernadeln kannst du die Mundteile auseinander spreizen. Vergleiche das Objekt mit der unten stehenden Abbildung. Zeichne selbst. Beschrifte die Teile.

Löse die Mundteile mit einer spitzen Pinzette von der Kopfkapsel und ordne die Teile auf einem Objektträger, wie sie der Lage am Insekt entsprechen. Wenn du auf die Teile einen transparenten Klebestreifen auflegst, kannst du die Anordnung in dein Heft einkleben.

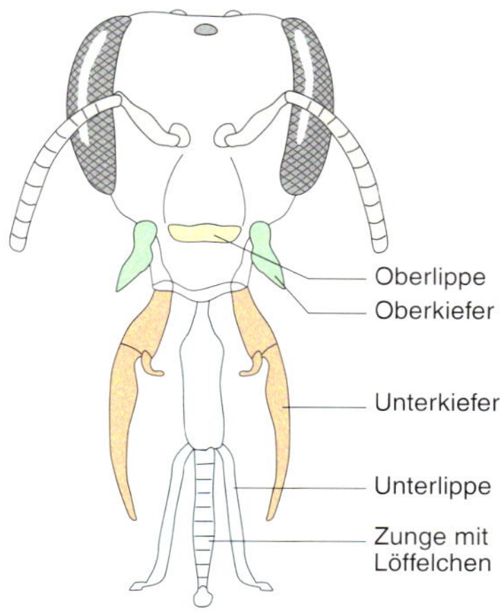

Präparation der Beine

Dazu werden Arbeitsbienen benötigt. Sie sind kleiner als die Drohnen. Trenne mit einer kleinen Pinzette die Beine auf einer Seite nahe am Körper ab; merke dir die Reihenfolge. Die Untersuchung findet wieder mit dem Mikroskop oder Binokular statt. Vergleiche den Bau der drei Beine. Zeichne und beschrifte das vordere Bein (s. Seite 166).

Suche am Hinterbein die Einrichtungen zum Pollentransport, wie sie in der Abbildung 159. 2 zu sehen sind.

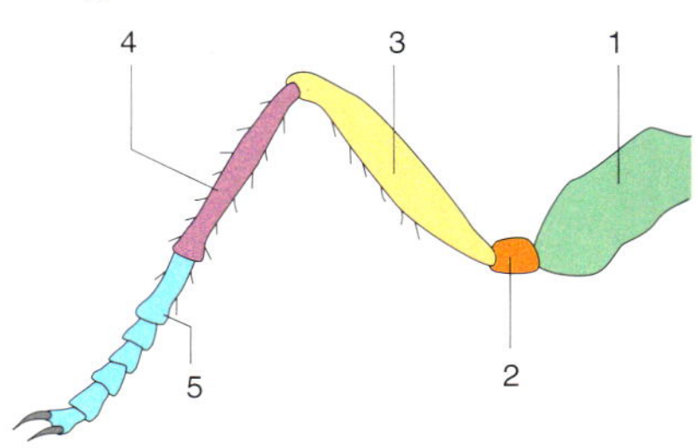

Präparation der Flügel

Schneide nun die Flügel einer Seite nahe am Körper mit einer spitzen Schere ab. Vertausche Vorder- und Hinterflügel nicht. Suche den vorderen Rand des Hinterflügels und den hinteren Rand des Vorderflügels nach auffälligen Strukturen ab. Beschreibe sie und fertige eine Zeichnung an.

Präparation eines Fühlers

Gute Beobachtungsmöglichkeiten bietet das 6. Fühlerglied (von der Kopfkapsel aus gezählt). Versuche den angegebenen Bereich zu finden. Suche einen Fühler durch vorsichtiges Drehen am Feintrieb des Mikroskops ab. Welche Strukturen erkennst du auf dem Fühler?

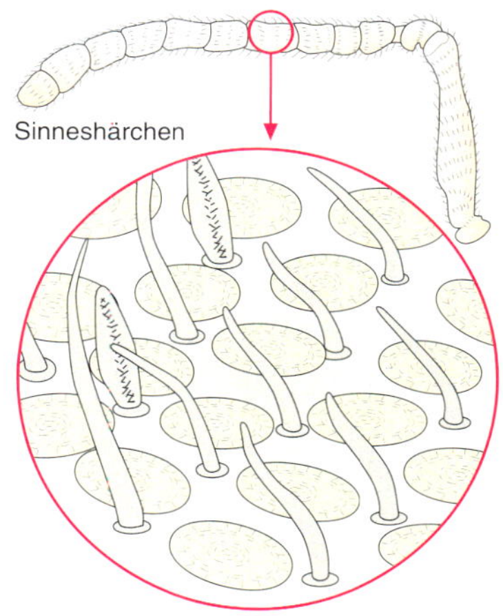

Besuch beim Imker

Besuche einen Imker und informiere dich über die Bienenhaltung. Nachfolgend sind einige Fragen aufgelistet, die du ihm stellen kannst.
Werte die Antworten aus und berichte in einem Referat vor der Klasse.

a) Welche wöchentliche Arbeitszeit muss ein Imker für ein Volk ansetzen? Wann hat er viel Arbeit, wann weniger?
b) Welche Regeln muss man beim Umgang mit Bienen beachten?
c) Wie überwintern Bienen? Wann schwärmen sie und warum?
d) Was nennt der Imker „Beute"?
e) Wie wird der Honig gewonnen?
f) Wie groß ist die Honigmenge pro Staat und pro Jahr?
g) Was ist „Gelée royale"?
h) Welcher Zusammenhang besteht zwischen Honigertrag und Witterung?
i) Wie kommen die verschiedenen Honigsorten zustande?

Die Tanzsprache — Verständigung im Bienenstaat

Der Bienenforscher KARL VON FRISCH saß eines Morgens in der Nähe eines blühenden Kirschbaumes. Er sah auf einem herunterhängenden Ast eine einzelne Biene. Eine halbe Stunde später summte und brummte es am Baum. Jetzt sammelten sehr viele Bienen Nektar. VON FRISCH vermutete, dass die Bienen ihren Stockgenossinnen Futterquellen mitteilen können.

1 Der Verhaltensforscher KARL VON FRISCH

KARL VON FRISCH (1886 – 1982), österreichischer Zoologe, der eine Fülle von Arbeiten über die Sinne von Tieren veröffentlichte und die Bienensprache entdeckte. 1973 erhielt er den Nobelpreis für Medizin.

Diese Vermutung wollte der Forscher nun überprüfen. Er stellte dazu ein Schälchen mit Zuckerwasser auf einen Futtertisch. Dieser stand 50 m von einem Bienenstock entfernt. In diesem vorbereiteten *Beobachtungsstock* waren die Waben nebeneinander angeordnet und durch ein Glasfenster ließ sich das Geschehen im Inneren beobachten. Sobald die Bienen von dem Zuckerwasser tranken, markierte VON FRISCH die erste mit einem weißen, die zweite mit einem roten Farbfleck usw.

Die rot markierte Biene entdeckte er kurz darauf im Beobachtungsstock. Sie würgte zunächst einen Tropfen Zuckerwasser vor den Mund. Der Tropfen wurde ihr von drei anderen Bienen mit dem Rüssel unter wechselseitigem *Fühlerbetrillern* abgenommen. Bald darauf lief die heimgekehrte Biene auf der Wabe einen oder höchstens zwei Kreisbögen linksherum, dann änderte sie die Richtung des Laufes rechtsherum. Benachbarte Bienen folgten der im Kreis laufenden Sammlerin im dunklen Bienenstock, indem sie mit den Fühlern Kontakt an deren Hinterleib hielten. Zwischen den Bewegungen, die wie ein Tanz aussahen, verfütterte die markierte Biene weiteres Zuckerwasser an die nachfolgenden Bienen. Plötzlich eilte sie zum Flugloch und flog davon. Bald darauf verließen die Bienen, die ihr im Tanz nachgelaufen waren, den Stock. Am Futterplatz konnte VON FRISCH die zahlreich eintreffenden Bienen ebenfalls kennzeichnen. Im Stock zeigten diese bald darauf die gleichen Bewegungen, die als *Rundtanz* bezeichnet werden.

2 Bienen (markiert) beim Schwänzeltanz

Als VON FRISCH den Futtertisch 150 Meter vom Stock entfernt aufstellte, entdeckte er, dass die Bienen nun in anderer Form die Futterquelle meldeten. Eine heimgekehrte Sammlerin lief jetzt auf einer senkrecht stehenden Wabe zuerst ein Stück geradeaus, wobei sie mit dem Hinterleib hin- und herschwänzelte. Danach bewegte sie sich in einem Halbkreis nach links, dann wieder mit Schwänzelbewegungen geradeaus, ehe sich ein Halbkreis nach rechts anschloss. Auch bei dieser Tänzerin hielten andere Arbeiterinnen mit den Fühlern Kontakt zum Hinterleib und folgten ihr. Kurze Zeit später trafen am Futterplatz weitere Sammlerinnen ein, die von der markierten Biene informiert worden waren. Diese Form der Verständigung nannte VON FRISCH *Schwänzeltanz*.

Heimgekehrte Sammlerin gibt Nektar ab

Als er die Futterschälchen bei weiteren Versuchen in anderen Himmelsrichtungen aufstellte, tanzten die Bienen der verschiedenen Futterplätze jeweils auch mit ihrer Schwänzelstrecke in eine andere Richtung. Was diese Schwänzeltänze bedeuteten, verstand VON FRISCH, als er Bienen beobachtete, die auf dem Brettchen vor dem Flugloch tanzten. Sie wiesen mit der Schwänzelstrecke direkt zur Futterquelle, indem sie die gleiche Richtung zur Sonne einnahmen wie bei ihrem Flug zum Flutterplatz.

Aus dieser Beobachtung folgerte er, dass die Bienen im Stock mit einer Schwänzelrichtung in der Senkrechten nach oben (entgegen der Schwerkraft) eine Futterquelle in Richtung zur Sonne angeben. Weist der Schwänzeltanz nach unten, bedeutet dies, dass die Bienen die Futterquelle entgegengesetzt zur Sonnenrichtung finden. Weicht die Richtung der Schwänzelstrecke von der Schwerkraftachse ab, so entspricht der Winkel zwischen Schwerkraftachse und Schwänzelstrecke dem Winkel zwischen Sonnenstand und Futterplatz.

Außerdem enthält der Schwänzeltanz noch eine *Entfernungsangabe:* Die Tanzbewegungen sind umso langsamer, je weiter die Futterquelle vom Stock entfernt liegt. Die Ergiebigkeit des Futterplatzes geben die Sammlerinnen durch die Häufigkeit der Tänze an. Je ergiebiger die Futterquelle ist, umso länger tanzen die Bienen. Die Qualität des Futters erfahren die Stockgenossinnen bei der gegenseitigen Fütterung. Den Duft der Futterquelle nehmen sie beim Nachlaufen mit ihren Geruchssinnesorganen am Hinterleib der Tänzerin wahr (S. 274).

Aufgaben

(1) Welche Informationen über die Bienentänze kannst du aus Abb. 1 entnehmen?
(2) Welche Informationen über die Futterquelle werden dabei übermittelt?

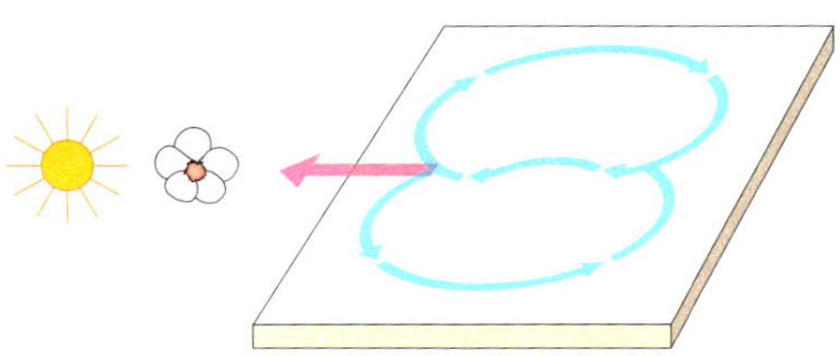

Schwänzeltanz auf dem waagerechten Anflugbrett

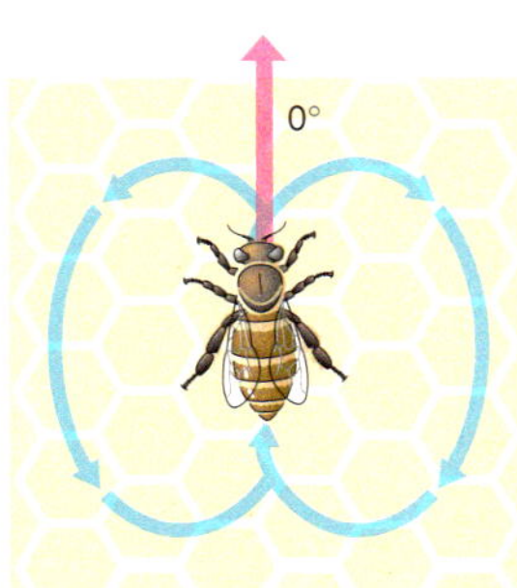

Schwänzeltanz auf der senkrechten Wabe im Dunkeln des Stockes

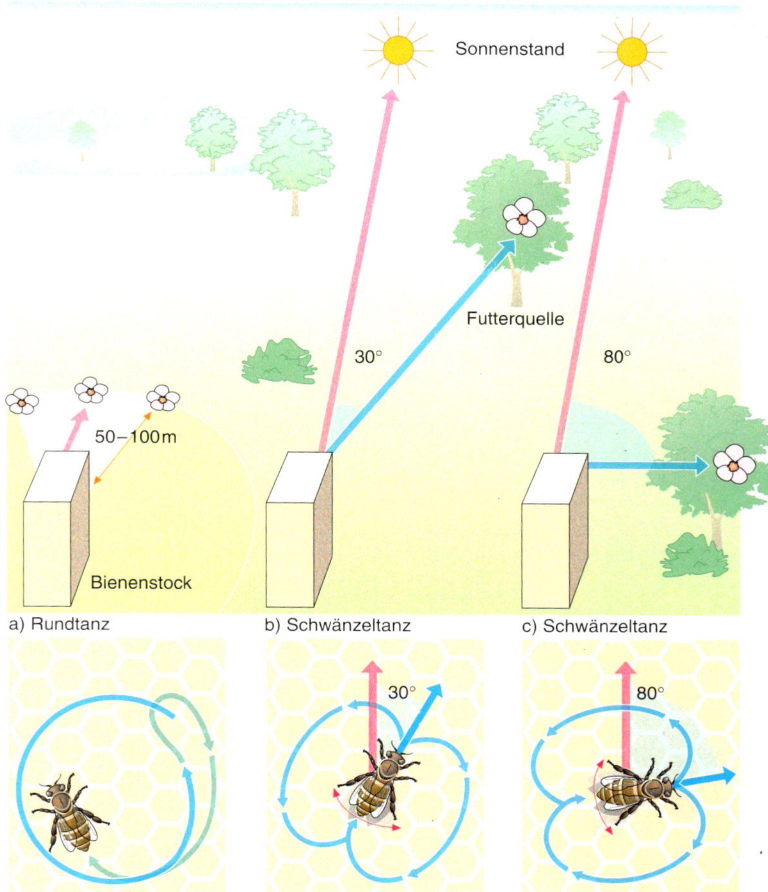

1 Schema des Bienentanzes (**a** Rundtanz, **b** und **c** Schwänzeltanz)

Zettelkasten

Bastelanleitung für einen Bienenkompass

Übertrage und vergrößere die Abbildung der *Sonnenscheibe* auf einen Durchmesser von 10 cm auf Zeichenkarton. Die *Tanzscheibe* vergrößerst du ebenfalls auf einen Durchmesser von 10 cm und überträgst ihn auf Folie. Beide Scheiben werden in der Mitte mit einer Briefklammer drehbar verbunden. Halte den Bienenkompass senkrecht, sodass der Sonnenpfeil nach oben zeigt. Stelle die Winkel zur Futterquelle ein, die in den Abbildungen 1 b und c angegeben sind. Denk dir Futterplätze und Sonnenstand in anderer Lage und ermittle mit dem Bienenkompass die Richtung des Schwänzellaufs.

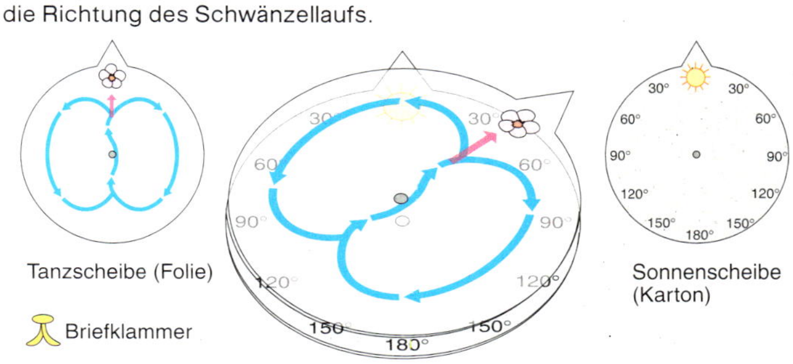

Staaten bildende Insekten

Nicht nur Honigbienen, auch andere Bienen sowie Ameisen und Termiten leben in mehrjährigen Staaten. Wespen und Hummeln dagegen bilden Staaten, die nur einen Sommer überdauern.

Die Organisation des Ameisenstaates

Ameisen besiedeln fast alle Lebensräume der Erde. Zwei bekannte einheimische Arten sind die *Schwarze Wegameise* und die kleine **Rote Waldameise**. Die Schwarze Wegameise legt unterirdische Nester an. Auf die auffälligen, bis zu 1,5 m hohen Nesthügel der kleinen Roten Waldameise trifft man manchmal beim Waldspaziergang. Sie bestehen hauptsächlich aus Nadeln und Reisig. Der Bau besitzt zahlreiche Öffnungen, die in ein weit verzweigtes Gangsystem führen. Dieses führt in

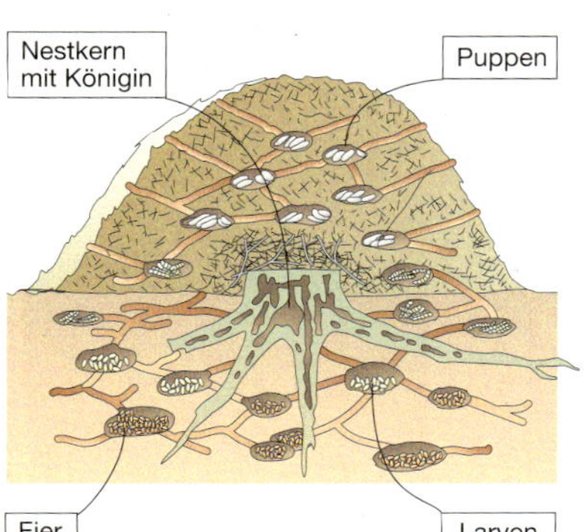

den meist größeren unterirdischen Teil hinab, wo sich die Gänge mit zahlreichen unterirdischen Kammern bis 2 m tief ins Erdreich fortsetzen.

In einem Staat der kleinen Roten Waldameise leben mehrere hunderttausend, manchmal sogar über eine Million Tiere. Jedes Volk hat einen bestimmten Nestgeruch, an dem sich die Mitglieder erkennen. Den größten Teil des Jahres besteht der Ameisenstaat aus mehreren hundert *Königinnen* und unfruchtbaren Weibchen, den *Arbeiterinnen*. Zwischen den Arbeiterinnen gibt es eine Arbeitsteilung. *Sammlerinnen* schaffen die Nahrung herbei. *Wächterinnen* mit etwas kräftigeren Kiefern bewachen und verteidigen das Nest. Andere Arbeiterinnen regeln die Nesttemperatur, indem sie sich in der Sonne aufheizen und die Wärme vom Körper an das Nest abgeben oder durch das Anlegen neuer Öffnungen für Kühlung sorgen. So schwankt die Temperatur im Inneren des Nests nur wenig. Eier, Larven und Puppen werden von *Pflegerinnen* jeweils zu den Stellen transportiert, die für ihre Entwicklung besonders günstig sind.

Den Winter überdauern die Ameisen im unterirdischen Teil des Nests. Die Königinnen legen im Frühjahr befruchtete und unbefruchtete Eier, aus denen Weibchen bzw. Männchen hervorgehen. Diese Geschlechtstiere sind geflügelt und verlassen das Nest. Nach der Begattung sterben die Männchen. Die begatteten Weibchen kehren in der Regel ins Nest zurück und werfen ihre Flügel ab. Auf diese Weise wird das Volk der kleinen Roten Waldameise immer wieder verjüngt, sodass ihre Nester über viele Jahre Bestand haben. Außerhalb der Fortpflanzungszeit entstehen ausschließlich Arbeiterinnen. Neue Völker können dadurch entstehen, dass Tochterkolonien gebildet werden. Ein Teil der Königinnen baut dann mit einem Teil des Volkes an einer anderen geeigneten Stelle ein neues Nest.

Die kleine Rote Waldameise steht unter Naturschutz, als Vertilger von Schädlingen ist sie für den Wald von großer Bedeutung. In Jahren mit starkem Schädlingsbefall werden von den Bewohnern eines mittelgroßen Nestes bis zu 8 Mio. Schadinsekten erbeutet!

Wespen bilden Sommerstaaten

Der Wespenstaat wird im Frühjahr von einer begatteten Königin gegründet. Das Nest, dessen Waben stockwerkartig übereinander stehen, wird aus einer papierartigen Masse gebaut, die die Wespen aus zerkautem Holz herstellen. Zunächst schlüpfen nur unfruchtbare Weibchen. Sie bauen neue Zellen und übernehmen die Aufzucht der nachfolgenden Bruten. Die Königin ist damit von der Brutpflege entlastet und legt fortan nur noch Eier. Die Larven werden mit Beuteinsekten gefüttert. Ausgewachsene Wespen ernähren sich von Nektar und zuckerhaltigen Früchten. Im Spätsommer treten Männchen und fortpflanzungsfähige Weibchen auf. Im Herbst stirbt der Staat ab, nur die begatteten Weibchen, die zukünftigen Königinnen, überwintern.

Hummeln bauen einjährige Erdnester

Hummeln bauen ihre Nester aus Wachs und Baumharz in ausgediente Mauselöcher oder an Böschungen. Wie bei den Wespen überwintern nur die begatteten Königinnen und gründen im Frühjahr ein neues Volk. Mit ihrem langen Saugrüssel sind Hummeln an Blüten mit langen Blütenröhren angepasst, hier sammeln sie Nektar und Pollen. Hummeln sind stark gefährdet, da geeignete Nistplätze und auch ihre bevorzugten Nahrungspflanzen immer seltener werden.

Verständigung bei Insekten

In einem Insektenstaat erfolgt ein reger Austausch von Information. Sehr gut untersucht ist die *Tanzsprache* der Bienen. Durch bestimmte Tanzfiguren werden Stockgenossinnen über Richtung und Entfernung einer Futterquelle informiert (s. Seite 162).

Ein wichtiges Mittel zur Verständigung sind Duftstoffe *(Pheromone)*. Der Körper bildet in verschiedenen Drüsen eine Vielzahl von chemischen Stoffen, die das Verhalten der Tiere steuern. Für die Aufnahme dieser Duftstoffe sind die Antennen der Insekten verantwortlich, die mit zahlreichen Sinneshärchen besetzt sind.

Alle Mitglieder eines Insektenstaats haben einen eigenen *Nestgeruch*, eine Art „Duftuniform". Er kommt durch den gegenseitigen Kontakt beim Betasten, beim Putzen oder auch der Futterübergabe zustande. So erkennen Wächterinnen an den Nesteingängen die Angehörigen des eigenen Staates.

Sich betastende Ameisen

Duftstoffe werden für *Wegmarkierungen* verwendet. Eine Ameise, die Nahrung gefunden hat, scheidet beispielsweise Duftstoffe aus und legt so eine Duftspur zum Nest. Andere Arbeiterinnen folgen dieser Spur und geben ebenfalls Duftstoffe ab, sodass der Duft immer intensiver wird und weitere Ameisen anzieht. Es entstehen „Ameisenstraßen". Geht die Nahrung aus, verflüchtigt sich der Duft und die Straße löst sich auf. Die Duftstoffe wirken bereits in geringsten Mengen: Mit einem tausendstel Gramm dieses Stoffes könnte eine Spur dreimal um die Erde gelegt werden.

Bei drohender Gefahr, etwa durch Räuber, können Insekten ihre Artgenossen durch *Alarmstoffe* warnen, sodass diese sich durch Flucht in Sicherheit bringen können. Bemerken Wächterinnen einen Eindringling, alarmieren sie ihre Artgenossen im Inneren des Nests. Andere Duftstoffe rufen Artgenossen herbei, wenn Hilfe notwendig ist, etwa beim Tragen einer großen Beute.

Chemische Stoffe entscheiden auch über die Zugehörigkeit zu den einzelnen Gruppen im Insektenstaat. Die Königin gibt einen Hemmstoff ab, der die Arbeiterinnen von der Aufzucht weiterer Königinnen abhält. Wird

1 Kopf und Fühler des Mondflecks

das Volk zu groß, erreicht der Hemmstoff nicht mehr die erforderliche Konzentration und es werden weitere Königinnen nachgezogen.

Geschlechtsreife Insekten leben meist nicht lange und müssen daher rasch und sicher einen Geschlechtspartner finden, mit dem sie sich paaren und fortpflanzen können. Auch bei der Partnersuche spielen Duftstoffe eine bedeutende Rolle. Bei Schmetterlingen, wie dem nachtaktiven *Mondfleck*, geben die Weibchen aus speziellen Hinterleibsdrüsen bestimmte arteigene *Sexuallockstoffe* ab, durch die Männchen der gleichen Art aus kilometerweiter Entfernung angelockt werden.

Heuschreckenmännchen locken ihre Weibchen durch *Zirplaute* an. Bei Laubheuschrecken sitzt auf der Unterseite des linken Deckflügels eine Reihe von Zähnchen. Streicht diese Schrillleiste über die Schrillkante an der Oberseite des unteren rechten Deckflügels, entsteht das bekannte Zirpen. Die Weibchen nehmen es mit ihren Hörorganen in den Schienen der Vorderbeine auf.

Diese Beispiele zeigen deutlich, dass ein Informationsaustausch eine wesentliche Voraussetzung für die Partnerfindung ist. Auch für die Futtersuche ist er von entscheidender Bedeutung. Ein Zusammenleben im Insektenstaat mit Arbeitsteilung wäre ohne eine Verständigung unter den Mitgliedern nicht möglich. Eine solche Kommunikation findet man nicht nur bei Insekten; die unterschiedlichsten Formen der **Kommunikation** sind im Tierreich weit verbreitet. Daher spricht man hier von einem **Prinzip** (S. 274).

Die Beine der Insekten

Insekten gehören zum Stamm der **Gliederfüßer**. Ihre Beine sind in verschiedene Abschnitte gegliedert. Obwohl Insektenbeine unterschiedlichste Formen aufweisen, kann man sehen, dass sie alle nach einem einheitlichen Muster aufgebaut sind.

Am deutlichsten wird dieser Grundbauplan bei dem sogenannten *Laufbein*, das wir als Vorderbein der Honigbiene, bei den Laufkäfern, den Ameisen, aber auch bei der abgebildeten Kleinlibelle finden: Mit dem Brustsegment ist das Bein über die *Hüfte* verbunden. Darauf folgt der *Schenkelring* und der *Schenkel*, an dem die *Schiene* anschließt. Sie trägt den mehrgliedrigen *Fuß*, der in einem Krallen tragenden Glied endet.

Der Gelbrandkäfer lebt im Wasser. Seine langen, kräftigen Hinterbeine haben ruderartige Gestalt. Alle Beinabschnitte sind abgeflacht und die Fußglieder sind vergleichsweise groß. Sie sind mit zahlreichen, sehr dicht stehenden Borsten besetzt, die beim Schwimmen abgespreizt werden und dadurch die Ruderfläche erheblich vergrößern.

Bei den Arbeiterinnen der Honigbiene sind die Hinterbeine zu *Sammelbeinen* entwickelt (s. Seite 159). Die Königin und die Drohnen, die nicht zur Nahrungssuche ausfliegen, haben keine solchen spezialisierten Beine.

1 Kleinlibellen

3 Maulwurfsgrille

5 Gelbrandkäfer

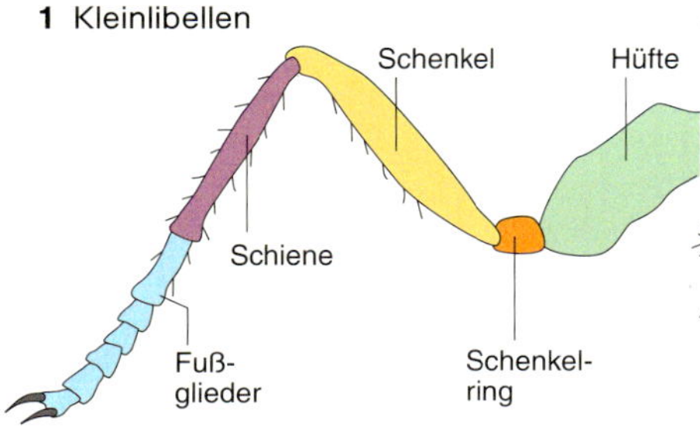

2 Laufbein

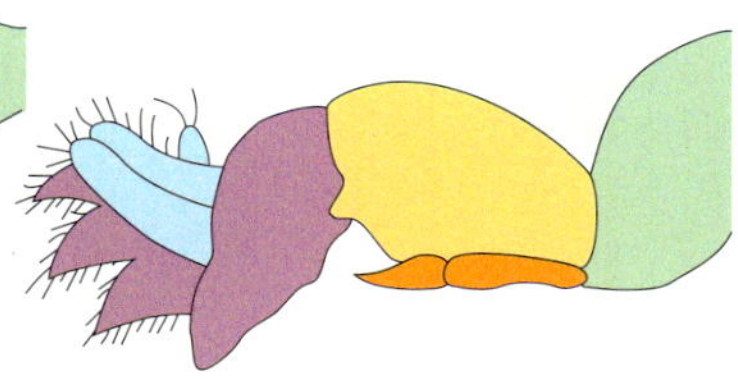

4 Grabbein

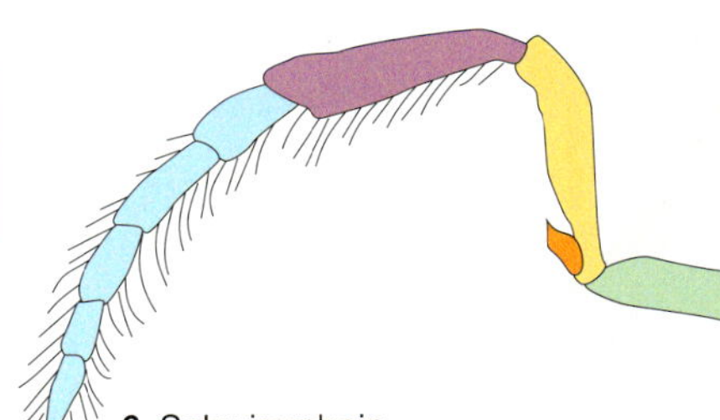

6 Schwimmbein

Die Maulwurfsgrille hat kurze, kräftige Vorderbeine. Schenkel, Schiene und die ersten beiden Fußglieder sind schaufelartig verbreitert. Ihr unterer Teil endet in vier breiten Chitinzacken. Dieses *Grabbein* eignet sich, um Gänge in den Boden zu graben (S. 268).

Diese Beispiele zeigen, dass Extremitäten an die jeweiligen Lebensbedingungen im Lebensraum angepasst sind und der Bewältigung spezieller Aufgaben dienen (S. 270).

Aufgabe

① Zeichne das Sprungbein der Heuschrecke (s. Abb. 173.1). Vergleiche es mit dem Grundbauplan eines Laufbeins.

Die Mundwerkzeuge der Insekten

Die Vorfahren der heutigen Insekten lebten als Bodenbewohner von Tier- und Pflanzenresten. Nach und nach erschlossen sie weitere Nahrungsquellen. Sie besiedelten dabei verschiedene Lebensräume und entwickelten viele Arten stark spezialisierter *Mundwerkzeuge* (S. 270).

Die Mundwerkzeuge der Insekten liegen nicht wie bei den Wirbeltieren im Kopf, sondern sie sitzen außen. Sie bestehen zum größten Teil aus *Chitin*. Dieser Stoff ist hart und verleiht eine ausreichende Festigkeit, um Nahrungsstücke abschneiden und aufnehmen zu können.

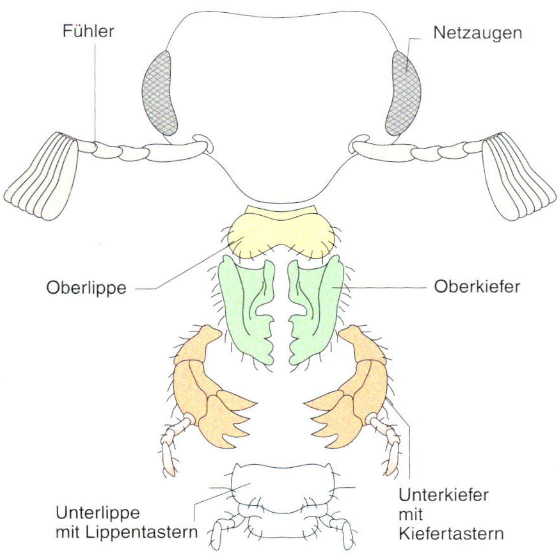

1 Mundwerkzeuge eines Maikäfers (Schema)

Pflanzen fressende und räuberisch lebende Insekten müssen ihre Nahrung zerkleinern. Ein typischer Vertreter dieser Gruppe ist der Maikäfer, der in der Hauptsache die Blätter von Laubbäumen frisst. Mit seinen kräftigen *Oberkiefern* beißt er Stücke aus dem Blatt, zerkleinert sie mit den *Unterkiefern* und schiebt sie mithilfe der *Unterlippe* in den Schlund. Die *Kiefer-* und *Lippentaster* überprüfen die Nahrung auf ihre Genießbarkeit.

Viele weitere Käfer und deren Larven haben ähnlich gebaute Mundwerkzeuge, die man entsprechend ihrer Arbeitsweise als *beißende Mundwerkzeuge* bezeichnet. Man geht davon aus, dass dies der Grundtyp ist, aus dem sich alle anderen Formen der Mundwerkzeuge entwickelt haben.

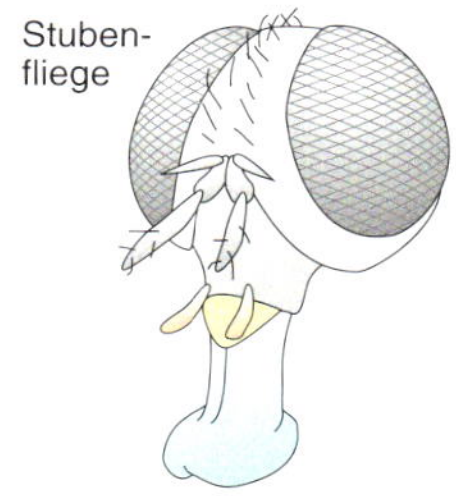

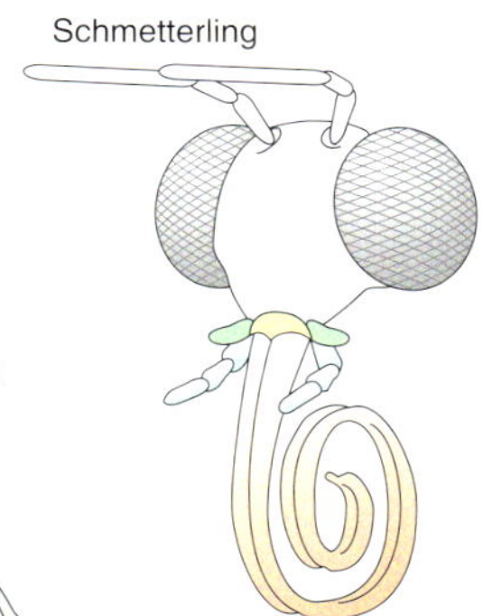

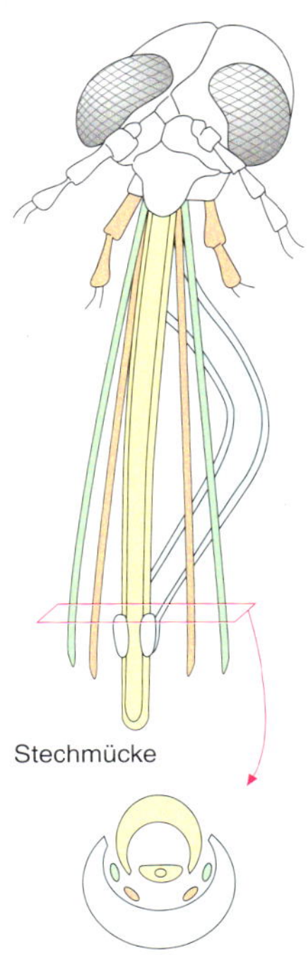

Um Nektar aufzunehmen, sind beißende Mundwerkzeuge ungeeignet. Blütenbesucher, wie Bienen und Hummeln, einige Fliegen und vor allem die Schmetterlinge, zeigen *leckend-saugende Mundwerkzeuge*, die die Aufnahme von Nektar und anderen Flüssigkeiten ermöglichen (S. 268).

Bei den Schmetterlingen ist der Oberkiefer völlig zurückgebildet, die Unterkiefer sind stark verlängert und halbröhrenförmig gebogen. Sie liegen eng zusammen und bilden ein *Saugrohr*. Viele Fliegen haben einen *Tupf-* und *Saugrüssel*. Ein zweigeteilter, weichhäutiger Stempel mit zahlreichen Rinnen dient dem Aufsaugen von flüssiger oder im Speichel gelöster Nahrung.

2 Kopf eines Maikäfers

Auch Bienen haben leckend-saugende Mundwerkzeuge. Die Unterlippe ist sehr lang und bildet einen röhrenförmigen Saugrüssel, in dem sich eine „Zunge" auf und ab bewegt. Sie endet in einem Löffelchen. Mit den kleinen, glatten Oberkiefern wird beim Wabenbau Wachs geknetet und geformt (s. Seite 161).

Bei den *stechend-saugenden Mundwerkzeugen* der Stechmücken sind alle Mundteile sehr lang und dünn. Ober- und Unterkiefer sind als *Stechborsten* ausgebildet, die von der rinnenförmigen Unterlippe beim Stich geführt werden. Die Stechborsten aus Ober- und Innenlippe bilden das Saugrohr, in dem, eingebettet in der Innenlippe, der *Speichelkanal* verläuft. Durch ihn fließt Speichel in die Stichwunde, der die Blutgerinnung hemmt.

Die Sinnesorgane

Betrachtet man das Auge eines Insekts mit der Lupe, erkennt man eine Vielzahl von kleinen Sechsecken, die wie die Zellen einer Bienenwabe aneinander hängen. Jedes Sechseck ist die Oberfläche eines Einzelauges, das eine *Chitinlinse* und einen *Kristallkegel* enthält. Durch sie wird das Licht auf eine Gruppe von lichtempfindlichen Zellen gebündelt. Die Pigmentschicht schirmt störendes Seitenlicht von benachbarten Einzelaugen ab. Das gesamte Organ heißt *Komplex-* oder *Facettenauge*. Viele geflügelte Insekten besitzen zudem am Kopf meist drei Punktaugen. Da deren Aufbau nur Hell-Dunkel-Wahrnehmung ermöglicht, dienen sie u. a. der raschen Reaktion auf Änderungen der Lichtstärke.

hat der überwiegend im Dunkeln lebende Ohrwurm 270 Einzelaugen, dagegen eine Libelle, die während ihres rasanten Fluges sogar Beute fängt, bis zu 28 000 Einzelaugen.

Der *Geruchssinn* spielt z. B. beim Aaskäfer eine große Rolle: er leitet den Käfer direkt zu seiner Nahrung, da dieser den Geruch toter Tiere erkennt. Die Geruchssinnesorgane liegen in den sogenannten *Antennen*. Sie weisen von Art zu Art unterschiedlichste Formen auf.

Geschmackstoffe nehmen die Insekten mithilfe von Sinneszellen wahr, die sich in den Mundwerkzeugen und an der Mundöffnung befinden. Daneben findet man zum Beispiel

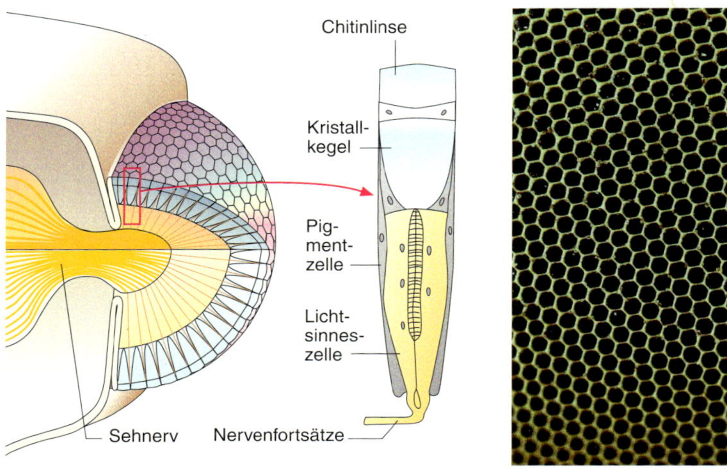

1 Bau eines Insektenauges (Foto ca. 750 x vergr. und Schema)

Abgedunkelte Punktaugen bewirken bei Bienen, dass sie morgens später mit dem Sammeln beginnen und abends früher aufhören.

Das Bildsehen ermöglichen die Facettenaugen. Von einem Gegenstand im Blickfeld übermittelt ein Einzelauge einen kleinen Ausschnitt – einen Bildpunkt – an das Gehirn. Hier entsteht das Gesamtbild, mosaikartig zusammensetzt aus den vielen Bildpunkten der Einzelaugen. Man nimmt an, dass das Bild im Insektengehirn den groben Rastern eines Zeitungsfotos ähnelt. Je mehr Einzelaugen in einem Facettenauge zusammengeschaltet sind, um so feiner wird das Raster. Wahrscheinlich hängt die Anzahl der Einzelaugen mit der Lebensweise der jeweiligen Insektenart zusammen. Beispielsweise

bei den Schmetterlingen und den Fliegen auch *Geschmackssinneszellen* in den Fußgliedern.

Viele Insekten besitzen kein *Hörvermögen*. Einige Insekten reagieren auf Schall, haben dafür aber kein besonders ausgebildetes Hörorgan. So dienen Schmetterlingsraupen die langen beweglichen Körperhaare als Hörhaare, wenn sie durch Schall in Schwingungen versetzt werden. Dagegen befinden sich in den Antennen der Stechmücken kompliziert gebaute, leistungsfähige Hörorgane. Bei Laubheuschrecken sitzen die Hörorgane in einem Beinabschnitt, der *Schiene*. Mit der Lupe kann man zwei spaltförmige Öffnungen erkennen, durch die der Schall in das Hörorgan eintritt.

Schiene der Laubheuschrecke

Die Flugeinrichtungen der Insekten

Die Insekten sind neben den Vögeln und Fledermäusen die einzigen Lebewesen, die aktiv fliegen können. Ihre *Flügel* entwickeln sich aus zarten Hautfalten der Rückenplatten des zweiten und dritten Brustsegments. Vor dem ersten Flug pumpt das frisch geschlüpfte Insekt, bei dem die Chitinhülle des Körpers noch weich ist, Körperflüssigkeit in die Hautfalten. Dadurch straffen sich die Flügel, die von Flügeladern durchzogen sind. In ihren Hohlräumen verlaufen Tracheen und Nerven. Die entfalteten Flügel härten an der Luft aus. Das Insekt ist jetzt flugfähig.

Geflügelte Insekten tragen meist zwei Flügelpaare, die oft unterschiedlich ausgebildet sind. Bei der Honigbiene verhaken sich die Hinterflügel während des Flugs an einer Leiste des Vorderflügels und die vier Flügel arbeiten wie ein Flügelpaar. Häufig wird zum Fliegen nur ein Flügelpaar benutzt. Bei der Stubenfliege sind es die Vorderflügel. Statt der Hinterflügel hat sie sogenannte *Schwingkölbchen*, die der Stabilisierung des Flugs dienen. Ein Kennzeichen der Käfer sind ihre Vorderflügel. Sie sind zu kräftigen, undurchsichtigen, häufig schillernd gefärbten *Deckflügeln* umgebildet, die sich schützend über den Brustabschnitt, den Hinterleib und die häutigen Hinterflügel legen. Die Ohrwürmer tragen ein sehr kurzes erstes Flügelpaar. Darunter liegt stark zusammengefaltet das zweite Paar. Manche Arten sind nicht flugfähig.

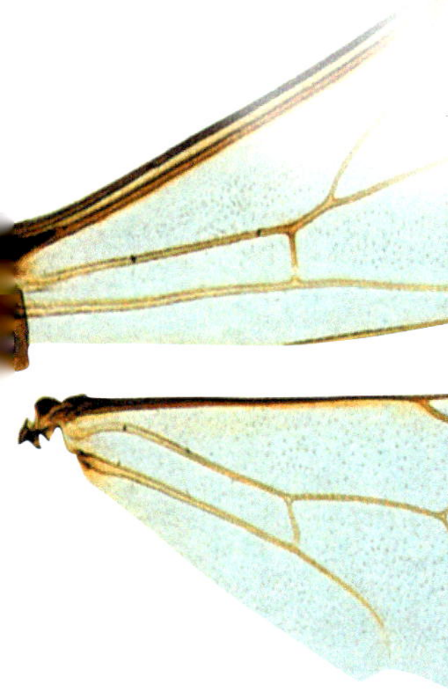

2 Verhakungsstrukturen bei Bienenflügeln

1 Fliegende Hummel

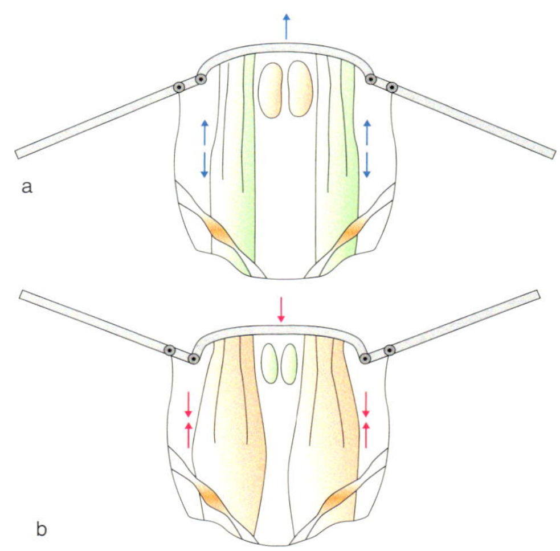

3 Schema der indirekten Flügelbewegung

Bei den meisten Insektenarten werden die Flügel **indirekt** bewegt. Die Flugmuskulatur setzt nicht am Flügel, sondern am elastisch verformbaren Chitinskelett des Brustabschnitts an. Im Körper des Skeletts arbeiten zwei Muskelpaare – *Heber* und *Senker* – als Gegenspieler. Ziehen sich die längs laufenden Senker zusammen, verkürzt sich der Brustabschnitt, die Rückenplatte wölbt sich nach oben und zieht dabei den kurzen Hebelarm der Flügel mit hoch. Dadurch werden die Flügel gesenkt. Ziehen sich die zwischen Rückenplatte und Bauchdecke verlaufenden Heber zusammen, werden über den kurzen Hebelarm die Flügel angehoben. Weitere Muskeln sorgen gleichzeitig für die richtige Flügelstellung bei Auf- und Abschlag.

Bei den regelmäßig auftretenden Formveränderungen des Körpers durch die arbeitende Flugmuskulatur werden bei großen Insekten die elastischen Tracheen immer wieder zusammengepresst. Sobald der Druck nachlässt, nehmen die Tracheen wieder die Ausgangsform an. So entsteht bei jedem Flügelschlag ein Pumpvorgang, durch den der Insektenkörper mit frischer Luft versorgt wird.

Auch schon zur Vorbereitung des Flugs muss der Insektenkörper verstärkt mit Sauerstoff versorgt werden. Dabei wird der Hinterleib des Tieres rhythmisch zusammengepresst und entspannt. Dieser Vorgang lässt sich zum Beispiel bei den Marienkäfern gut beobachten.

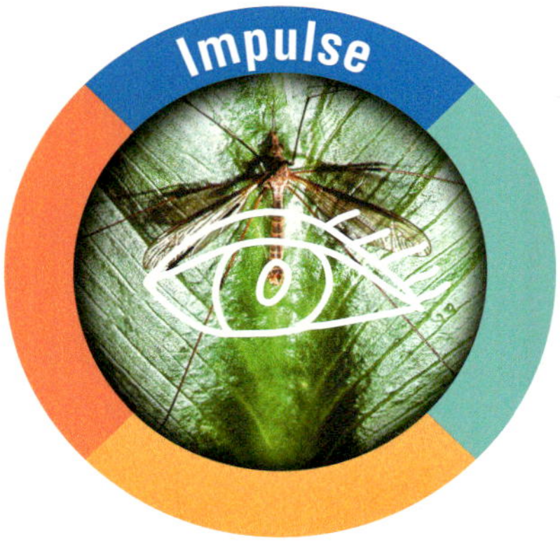

Insektenflug

Die Flügel

Ohne Flügel kein Insektenflug. Aber nicht alle geflügelten Insekten haben die gleiche Anzahl Flügel. Bei manchen Insekten, wie den Libellen, kann man sie leicht sehen und zählen. Aber weißt du auch, wie viele es bei Schmetterlingen, Wespen und Fliegen sind?

Das Tagpfauenauge (rechts) ist ein Schmetterling. Wie kommt das Tier zu seinem Namen?

Wer ist die Beste?

Tabelle 1

	größte Last (in mg)	Körpergewicht (in mg)
Libelle	619	873
Honigbiene	65	85
Stubenfliege	23	13

Die Tabelle gibt an, wie groß die höchste Last ist, die diese Insekten beim Fliegen mitnehmen können.
Ordnet man die Insekten nach ihrer Fähigkeit Lasten zu transportieren, kommt man zu der Rangfolge, die man in der Tabelle sieht.

Vergleicht man nun aber das Transportvermögen mit dem Körpergewicht, so kommt man zu einer anderen Reihenfolge. Kannst du die Insekten nach dem neuen Gesichtspunkt ordnen?

Summ, Summ, Summ,

Oft hört man ein Insekt, bevor man es sieht. Der Flügelschlag verursacht ein Geräusch, das auch bei kleinen Tieren beachtliche Lautstärke erreichen kann. Welche Tiere erzeugen ein lautes Fluggeräusch?
Was sagt die Tabelle über das Fluggeräusch aus? Bei welchen Tieren kannst du das Schlagen der Flügel richtig sehen?

Tabelle 2

Insekt	Flügelschläge je Sekunde
Honigbiene	207 – 285
Kohlweißling	9 – 12
Libelle (Plattbauch)	20
Maikäfer	46
Schmeißfliege	155
Spinner	8
Stechmücke	300
Wespe	110

Käfer – Flieger mit eigener Techn

Was ist denn das Besondere am Flug der Käfer? Sicher hast du schon einen Schmetterling beim Fliegen beobachtet. Findest du Unterschiede zur Flugtechnik der Käfer?

Tabelle 3

Insekt	Geschwindigeit (in km / h)
Stechmücke	1,4
Florfliege	2,2
?	8,2
Maikäfer	11
Kohlweißling	14
Wanderheuschrecke	16
?	18
Hornisse	22
Honigbiene	29
?	30

In der Tabelle sind Libelle, Stubenfliege und Hummel nicht eingeordnet. Was meinst du, an welche Stelle gehören sie?

Die ältesten Insekten

Libellen sind die ältesten Fluginsekten. Es gibt sie seit der Karbonzeit, also seit etwa 300 Millionen Jahren. Seither hat sich ihre Gestalt nur wenig verändert. Ob sie wohl im Karbon im Luftraum allein waren? Gab es damals Vögel?

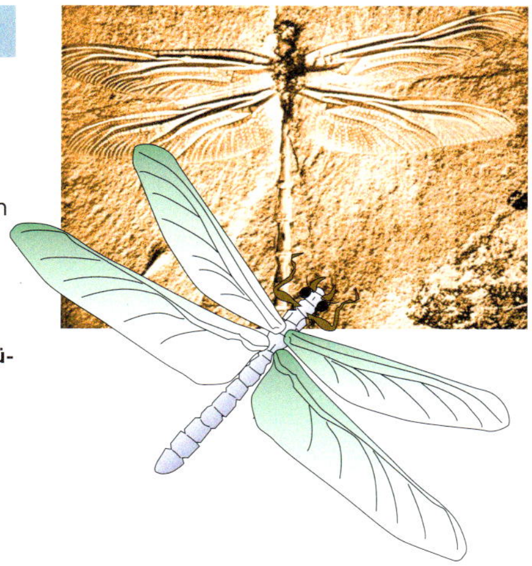

Die Urlibelle Meganeura hatte eine Flügelspannweite von 70 cm.

Flugmotoren der Insekten

Die Flugmuskulatur kann man als Flugmotoren der Insekten betrachten. Allerdings arbeitet der Flugmotor einer Libelle in anderer Weise als bei einer Fliege (siehe Seite 169). Findest du die Unterschiede? Baue ein Modell für den Flugapparat der Fliegen oder der Libellen. Verwende beispielsweise Karton für Chitinskelett und Flügel sowie Gummiringe für die Muskulatur.

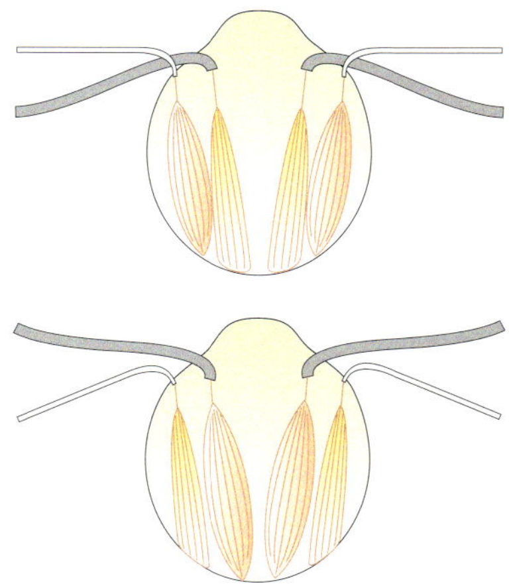

Natur und Technik

Erst lange Zeit nachdem sich die ersten fliegenden Tiere entwickelt haben, hat der Mensch Flugmaschinen konstruiert und gebaut.
Allerdings gibt es beim Antrieb zwischen Tieren und Flugmaschinen erhebliche Unterschiede. Worin liegen sie?

Die Vielflieger

Dass Zugvögel bei ihrem jährlichen Zug in die Winterquartiere große Strecken zurücklegen, ist dir sicher bekannt. Aber wusstest du auch, dass einige Insekten sehr weit fliegen können?
Beispielsweise legen afrikanische Wanderheuschrecken bei der Nahrungssuche in bestimmten Jahreszeiten pro Tag mehr als 300 Kilometer zurück. Insgesamt fliegt ein Tier bei dieser Wanderung 2000 bis 3000 Kilometer weit.
Es gibt noch andere Vielflieger unter den Insekten, die erstaunliche Leistungen vollbringen. Informiere dich über Wanderfalter.

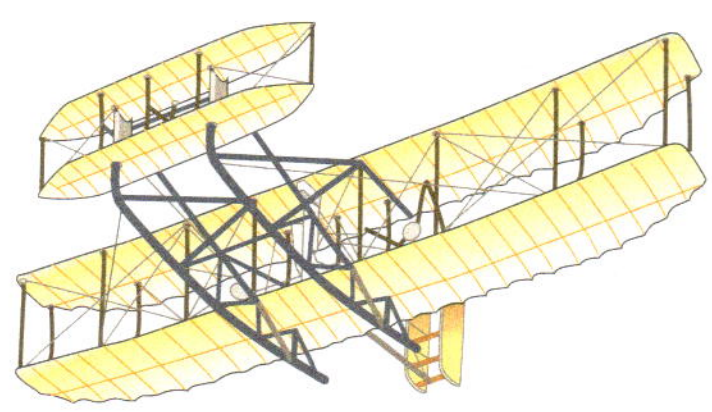

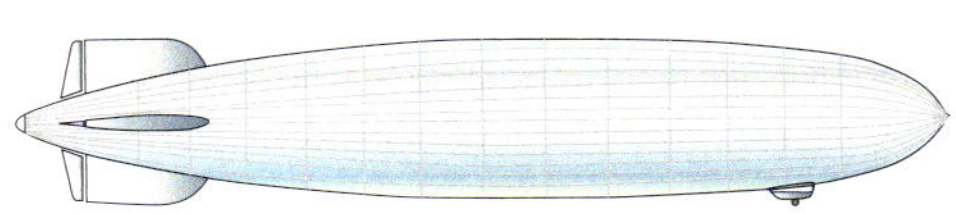

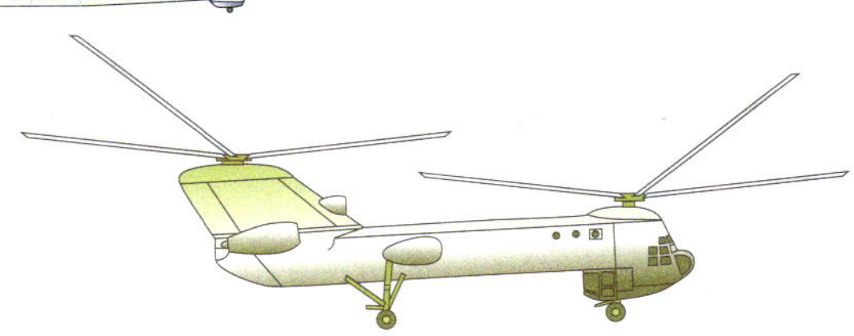

Menschen in Afrika fürchten sich seit langer Zeit vor der Wanderheuschrecke. Weißt du warum?

Entwicklung der Insekten

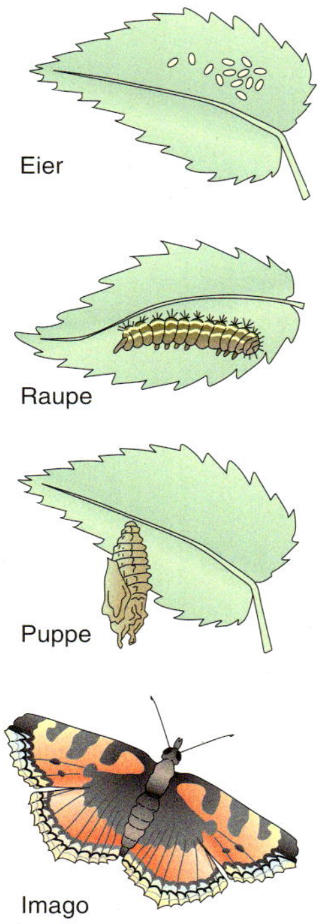

Entwicklung des Kleinen Fuchses

Die vollständige Verwandlung

Schon im Mai legt das Weibchen des *Kleinen Fuchses* nach der Paarung seine Eier an Brennnesseln ab. Ihre Blätter sind die einzige Nahrung für die Raupen, die etwa 14 Tage später schlüpfen. Die *Raupe* ist das Jugendstadium des Schmetterlings, eine *Larve*. Der walzenförmige Körper der Raupen ist schwarzgelb gefärbt und trägt in Büscheln abstehende Haare, die der langsamen Raupe Schutz vor Fressfeinden bieten.

Auch an der Larve sind wesentliche Merkmale der Insekten erkennbar, jedoch besitzt sie als Jugendstadium keine Geschlechtsorgane. Der Körper ist in Segmente gegliedert und zeigt drei Abschnitte. Nach dem Kopf folgt der Brustabschnitt, an dem drei Beinpaare ansetzen. Darauf folgt der Hinterleib. Die Raupe besitzt hier weitere Beine. Diese Ausstülpungen des Chitinskeletts, die der Fortbewegung dienen, nennt man *Bauchfüße*. Dagegen sind die Fortsätze am Hinterende Haftorgane, die *Nachschieber*.

Am fühler- und augenlosen Kopf sitzen gut entwickelte beißende Mundwerkzeuge. Fressen ist die Hauptbeschäftigung der Insektenlarve, denn das Larvenstadium dient dem Wachstum. Da die Chitinhülle des Körpers weder sehr elastisch ist noch mitwächst, häutet sich die Larve vor den Wachstumsphasen. Nach vier bis fünf Häutungen *verpuppt* sich die Raupe. Sie bildet einen Faden und hängt sich mit ihrem Hinterende an einem Blatt frei nach unten auf. Diese Puppenform nennt man *Stürzpuppe*.

1 Kleiner Fuchs

Nach einer etwa 20-tägigen Puppenruhe, in der das Tier äußerlich völlig reglos ist und keine Nahrung aufnimmt, schlüpft die *Imago*, der fertige Schmetterling, aus der Puppenhülle und entfaltet ihre Flügel. Nach vier bis fünf Stunden sind sie ausgehärtet und der Falter fliegt davon.

Äußerlich nicht erkennbar hat im Inneren der Puppenhülle ein tief greifender Umwandlungsprozess, eine **Metamorphose**, stattgefunden. Aus der flügellosen Raupe ist ein geflügelter, geschlechtsreifer Schmetterling entstanden, mit saugenden Mundwerkzeugen für die Nektaraufnahme. Diese Entwicklung, vom Ei über mehrere Larvenstadien und ein Puppenstadium zur Imago, bezeichnet man als *vollständige Verwandlung*.

Zettelkasten

Weitere Insektenlarven

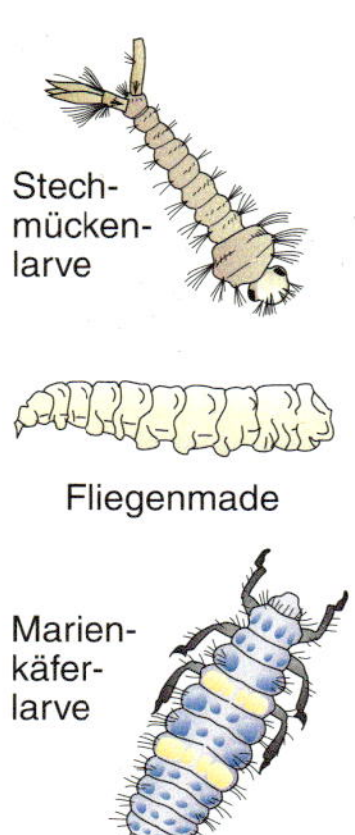

Völlig anders als die Schmetterlingsraupen sehen die Larven mancher Käfer aus. So besitzt die bewegliche, räuberisch lebende, sechsbeinige Larve des Marienkäfers eine deutlich ausgeprägte Kopfkapsel mit kräftigen Mundwerkzeugen, Antennen und Augen. Während die bunt gefärbte Larve des Marienkäfers frei auf Pflanzen lebt und sich von Insekten ernährt, findet man manch andere Käferlarve mit rötlicher, bräunlicher oder schwarzer Grundfärbung unter Steinen und lockerer Baumrinde. Diese Larven zeigen meist einen flachen Körperbau.

Als *Maden* bezeichnet man beinlose Larven. Sie besitzen eine kaum erkennbare Kopfkapsel. Statt komplizierter Mundwerkzeuge tragen sie nur einen Mundhaken. Im Volksmund werden Maden häufig, jedoch fälschlicherweise, als „Würmer" bezeichnet. Dabei handelt es sich aber um Insekten, wie man nach der Metamorphose problemlos erkennen kann: Aus ihrer Puppe schlüpfen Fliegen oder bestimmte Käferarten.

Mit der Metamorphose geht bei den Stechmücken eine interessante Veränderung einher. Ihre beinlosen Larven entwickeln sich im Wasser, wo sie sich von pflanzlichen Schwebteilchen ernähren. Zum Atmen hängen sie sich mit ihrem Hinterende an die Wasseroberfläche. Auch die Puppe schwimmt im Wasser. Erst nach der Metamorphose wechseln sie Lebensraum und Nahrung. Die geflügelten Insekten leben an Land und in der Luft; die Weibchen ernähren sich vom Blut der Säugetiere.

Die unvollständige Verwandlung

Die *Laubheuschrecke* nennt man auch Heupferd, ein Name, den sie ihrem pferdeähnlich geformten Kopf verdankt. Während sich beispielsweise Schmetterlinge einer Art nur wenig in ihrer Größe unterscheiden, kennen wir von der Laubheuschrecke sehr große, aber auch ziemlich kleine Tiere. Woher kommt dieser Unterschied?

Laubheuschrecken zeigen eine andere Entwicklung als Schmetterlinge. Nach der Paarung im Herbst legt das Weibchen mit dem kräftigen *Legestachel* bis zu 100 Eier in den Boden. Im nächsten Frühjahr schlüpfen daraus die Larven, die dem fertigen Insekt bereits sehr ähnlich sind, jedoch noch keine Flügel besitzen. Die Larven haben denselben Lebensraum und dieselbe Ernährungsweise wie die erwachsenen Tiere.

Das Wachstum ist von Häutungen begleitet. Mit jeder Häutung werden die Larven den fertigen Insekten immer ähnlicher. Nach der dritten von insgesamt fünf Häutungen erscheinen die Flügelanlagen, die Fühler werden länger und bei den Weibchen wird der Legestachel sichtbar. Nach der letzten Häutung sind die Jungtiere geschlechtsreif. Diese Entwicklung – ohne Puppenstadium und Metamorphose – bezeichnet man als *unvollständige Verwandlung*.

Diese Entwicklungsform findet man beispielsweise bei Schaben, Termiten, Ohrwümern, Grillen, Läusen und Wanzen. Ihre Larven sind landlebend. Dagegen entwickeln sich die Larven von Libellen, Eintagsfliegen und Steinfliegen in Gewässern.

2 Eintagsfliege

1 Laubheuschrecke

In Seen und Teichen jagen *Libellenlarven* nach Kleintieren mithilfe ihrer *Fangmaske*. Sie ist aus der Unterlippe entstanden und kann blitzartig vorschnellen. Der Fanghaken am Vorderende hält selbst Kaulquappen oder Kleinfische fest. Bei den älteren Larvenstadien sind schon die Flügelanlagen erkennbar. Kurz vor der letzten der 7 – 10 Häutungen verlassen die Larven das Wasser. Aus der letzten Larvenhaut schlüpft die Libelle.

Larven der *Eintagsfliegen* findet man in sauberen Fließgewässern. Sie besitzen kräftige Beine und ernähren sich von abgestorbenen Pflanzenteilen oder Tieren. Entsprechend ihrer Nahrung haben sie kräftige beißende Mundwerkzeuge.

Ihre unvollständige Verwandlung dauert ein bis zwei Jahre. Nach der letzten Häutung verlassen sie das Wasser und leben an Land an Pflanzen. Die Beine sind nun stark zurückgebildet und die Mundwerkzeuge verkümmert; Nahrung nehmen sie nicht mehr auf. Sie leben nun nur noch einige Tage, manchmal auch nur Stunden. Die einzige biologische Funktion des Vollinsekts besteht darin, sich zu paaren und die Fortpflanzung zu erreichen. Die befruchteten Eier werden von den Weibchen häufig im Flug über dem Wasser abgeworfen. Manche Arten legen sie durch Eintupfen des Hinterleibendes ins Wasser ab.

Dieses Beispiel zeigt, dass das Larvendasein der Insekten das Wachstums- und Fressstadium darstellt, während die oft wesentlich kürzere Lebensphase des Vollinsekts auf die Fortpflanzung ausgerichtet ist.

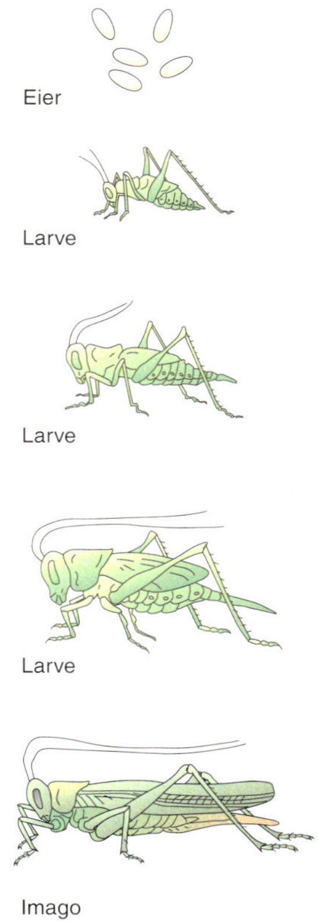

Entwicklung der Laubheuschrecke

Libellenlarve mit Fangmaske

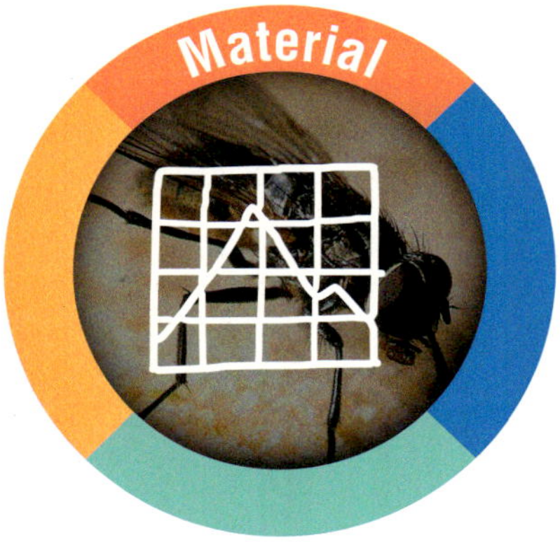

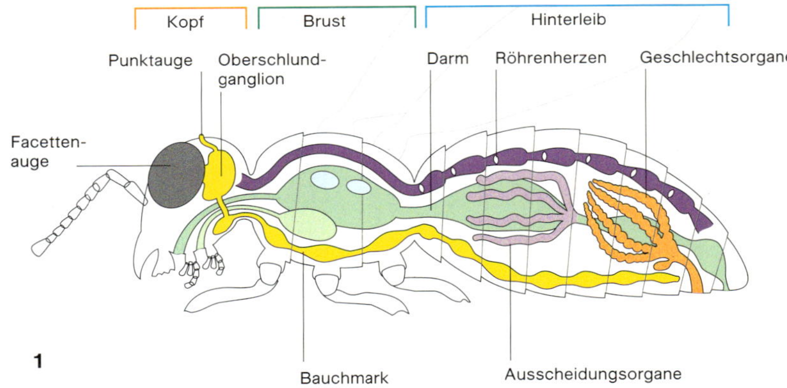

1

Insekten und Säugetiere im Vergleich

Insekten unterscheiden sich in vielen Körpermerkmalen und im Körperbau sehr deutlich von Säugetieren. Doch trotz des völlig anderen Körperbauplans sind bei Insekten und Säugetieren vergleichbare Körperfunktionen vorhanden. Dazu gehören Sinnesleistungen, Nahrungsaufnahme, Verdauung, Ausscheidung, Atmung und Fortbewegung.

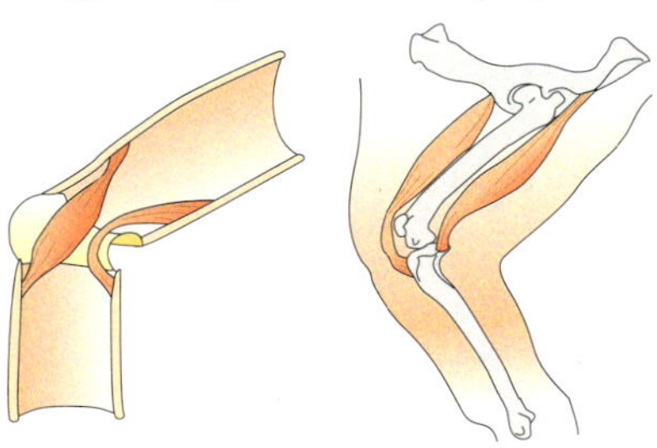

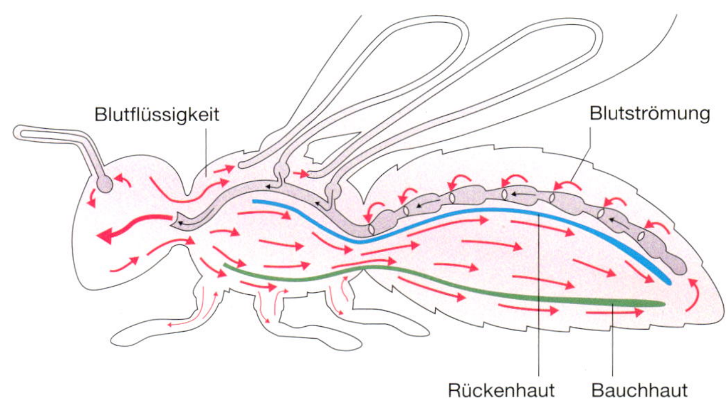

3

Sowohl Insekten als auch Säugetiere besitzen ein Skelett, das dem Körper Festigkeit, Beweglichkeit und Gestalt verleiht. Große Unterschiede findet man beim Blutkreislaufsystem. Es ist bei Insekten völlig anders aufgebaut als bei Säugetieren. Die Rückenherzen der Insekten pumpen die farblose Blutflüssigkeit zum Kopf. Hier tritt sie aus. Durch zwei dünne Hautfalten, die Rücken- und Bauchbereich durchziehen, sowie durch Häute in den Beinen wird die Blutflüssigkeit geleitet und umspült dabei alle Organe. Von den seitlichen Öffnungen der Herzen wird sie wieder angesaugt und erneut in Kopfrichtung gepumpt. Die Atmungssysteme der beiden Tiergruppen weisen gleichfalls große Unterschiede auf.

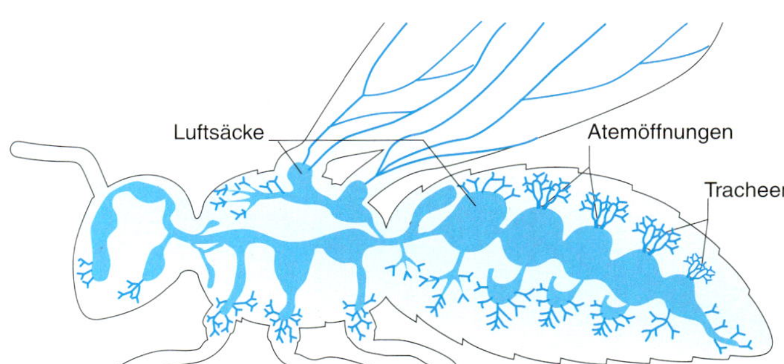

5

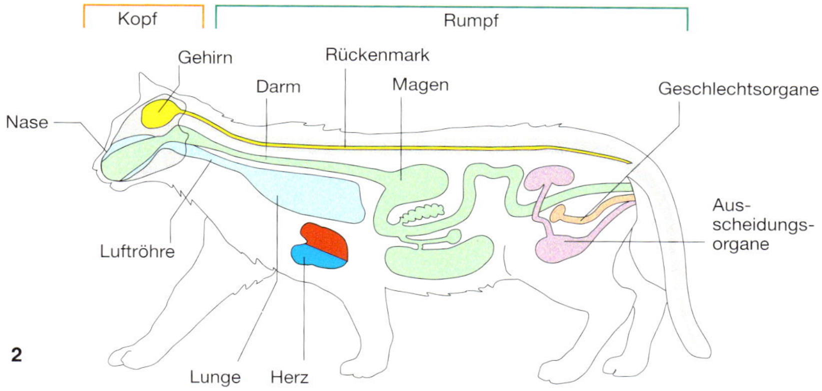

2

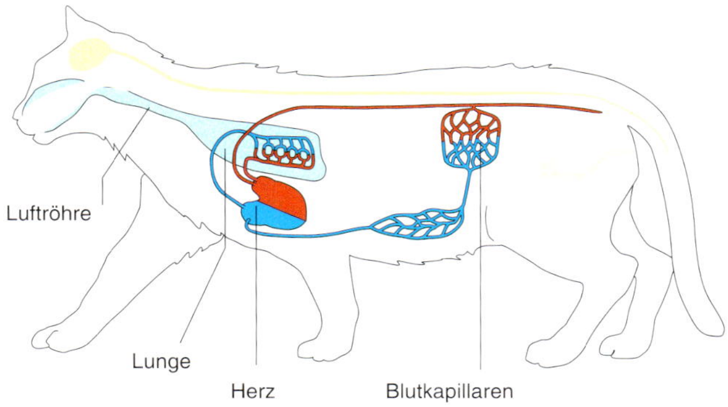

4

Tierart	Anzahl Eier bzw. Junge pro Wurf	Geschlechtsreife	Höchstalter
Stubenfliege	75 – 100	9 – 31 Tage	76 Tage
Mehlkäfer	250 – 300	5 – 6 Monate	9 Monate
Heuschrecke	300 – 400	3 – 4 Monate	6 Monate
Kaninchen	4 – 12	5 – 9 Monate	18 Jahre
Löwe	2 – 6	3 – 5 Jahre	30 Jahre
Mensch	1	12 – 18 Jahre	118 Jahre

Aufgaben

① Stelle den äußeren Bau von Insekt und Säugetier einander gegenüber. Vergleiche die Körpergliederung sowie Art und Anzahl der Fortbewegungsorgane.

② Welche Funktionen erfüllt das Skelett für einen Organismus? Vergleiche die auf Seite 174 abgebildeten Beinskelette von Insekt und Säugetier. Erstelle dazu eine Tabelle, in der folgende Merkmale gegenüber gestellt sind: Skelettsubstanz, Lage des Skeletts, Gelenkaufbau und Veränderung beim Wachstum.

③ Säugetiere sind *gleichwarme Tiere*, die Insekten gehören dagegen zu den *wechselwarmen Tieren*. Erkläre, was mit diesen Begriffen gemeint ist.

④ Vergleiche die Baupläne von Säugetier und Insekt. Welche inneren Organe, die Säugetiere besitzen, lassen sich im Körper der Insekten nicht finden?

⑤ Beschreibe anhand der Abbildungen 3 und 4 den Kreislauf des Blutes im Körper von Insekten und von Säugetieren. Suche Unterschiede und Gemeinsamkeiten.

⑥ Die Atemorgane der Insekten unterscheiden sich grundlegend von denen der Säugetiere. Beschreibe, wie der Sauerstoff der Atemluft jeweils zu den verschiedenen Organen gelangt.

⑦ In Abb. 167. 2 sind die Mundwerkzeuge eines Maikäfers gut zu sehen. Vergleiche sie mit dem Gebiss des Löwen bezüglich ihrer Funktion, ihrer Lage im Körper und ihres Materials. Welche Unterschiede und Gemeinsamkeiten stellst du fest?

⑧ Auf Seite 174 siehst du Fotos von Insekten. Welche Sinnesorgane kannst du erkennen? Nenne weitere Sinnesorgane, die bei Insekten auftreten können. Gib ihre Lage an und die Reize, die sie aufnehmen können. Welche vergleichbaren Sinnesorgane besitzt ein Säugetier?

⑨ Fledermäuse sind flugfähige Säugetiere. Ihre „Flügel" unterscheiden sich von denen eines Insektes. Nenne Unterschiede. Wodurch erlangen die Flügel jeweils ihre Festigkeit?

⑩ Die Entwicklung von Insekt und Säugetier verläuft sehr unterschiedlich. Vergleiche anhand folgender Fragen:
a) Wo und wie läuft sie ab?
b) Wie groß ist die Anzahl der Nachkommen?
c) Inwieweit kümmern sich die Eltern um ihre Nachkommen?
d) Wie lange dauert die Entwicklung im Vergleich zur Gesamtlebenszeit?

Ein Grundbauplan wird abgewandelt

Die grundlegende Gliederung und Organisation eines Insekts haben wir kennen gelernt. Bereits bei den behandelten Arten ist aufgefallen, dass die **Klasse der Insekten** im Aussehen sehr uneinheitlich ist; der Grundbauplan liegt in vielfältig abgeänderter Form vor. Die verschiedenen *Ordnungen*, von denen *Schmetterlinge* und *Käfer* die bekanntesten sind, unterscheiden sich stark voneinander (S. 272).

Die Gruppe der Geradflügler hat ihre Bezeichnung von der typischen Flügelform. Das auffallende Körpermerkmal der *Feldgrille* sind ein Paar Schwanzborsten. Im Gegensatz zu den verwandten **Heuschrecken** können Grillen nicht springen, aber sehr schnell laufen. Viele Geradflüglermännchen locken mit ihrem Zirpgesang Weibchen an. Bei Grillen werden, wie bei den Laubheuschrecken, die Laute durch Aneinanderreiben der Vorderflügel erzeugt.

Wanzen werden wegen ihrer Form und Farbe oft mit Käfern verwechselt. Wichtige Erkennungsmerkmale sind das dreieckige Schildchen zwischen den Vorderflügeln und der einklappbare, schnabelähnliche Stechrüssel. Daher kommt auch die Bezeichnung **Schnabelkerfe**. Wanzen haben verschiedenste Lebensweisen: Die *Feuerwanzen* saugen z. B. an Lindenfrüchten und toten Insekten, die *Wasserläufer* machen auf der Wasseroberfläche Jagd auf ins Wasser gefallene Gliederfüßer, *Wasserskorpione* jagen ihre Beute unter Wasser und *Bettwanzen* sind Blut saugende Parasiten. Zu den Schnabelkerfen gehören auch *Blattläuse* und *Zikaden*. Alle haben eine *unvollständige Verwandlung*.

Libellen lebten bereits vor 350 Millionen Jahren in den Steinkohlewäldern. Einige Arten hatten etwa 70 cm Flügelspannweite. Libellen jagen ihre Beute im Flug. Vor allem **Großlibellen** sind ausgezeichnete Flieger. Sie lassen sich von *Kleinlibellen* leicht unterscheiden: Großlibellen haben breitere Hinterflügel und legen beim Sitzen ihre Flügel waagrecht aus. Kleinlibellen klappen ihre gleich gestalteten Flügel nach oben. Libellen durchlaufen eine *unvollständige Verwandlung*, ihre Larven leben im Wasser.

Hautflügler haben vier wenig geäderte, häutig durchsichtige Flügel. Der Hinterleib ist durch die „Wespentaille" scharf abgegrenzt. *Hummeln*, *Bienen* und *Wespen* sind die bekanntesten Vertreter dieser Ordnung. Die Weibchen der Hautflügler tragen einen Giftstachel, weshalb vor allem die Hornissen gefürchtet werden. Doch wird bei deren Angriffslust und Gefährlichkeit meist übertrieben. Die nützlichen **Schlupfwespen** verwenden ihren Stachel als Eilegeapparat, mit dem sie andere Insekten mit Eiern „impfen". Auch die Staaten bildenden *Ameisen*, die wir meist flügellos sehen, sind Hautflügler.

Zweiflügler scheinen nur ein Paar Flügel zu besitzen. Die Vorderflügel sind richtige Hautflügel, während die Hinterflügel zu Schwingkölbchen umgebildet sind, das sind hoch empfindliche Organe für die Steuerung der Fluglage. Bei den Zweiflüglern gibt es zwei Unterordnungen: Die *Mücken* (*Stechmücken* und *Schnaken*) und die Fliegen. Letztere sind kräftiger gebaut und haben große Augen. Die wendigsten Flieger sind die Schwebfliegen, die sekundenlang in der Luft stehen bleiben und dann ruckartig seitwärts wegfliegen. Fliegen durchlaufen bei ihrer Entwicklung eine *vollständige Verwandlung*.

Köcherfliegen sind nicht leicht zu beobachten. Eine Generation lebt meist weniger als ein Jahr, wobei das Larvenstadium etwa 9 — 10 Monate dauert, die Puppenruhe nur wenige Tage beträgt und das fertige Insekt nur selten länger als eine Woche lebt. Die Larven bauen teilweise Köcher, in denen sie sich verpuppen. Köcherfliegen besitzen sehr lange Antennen. Die Flügel sind länger als der Körper und in Ruhe dachartig über dem Körper gefaltet. Köcherfliegen erkennt man sicher am Haarbesatz, den sie auf ihren Flügeln tragen. Die Körpergröße der Arten schwankt zwischen 2 und 30 Millimeter.

Netzflügler entsprechen mit Flügelform und -aderung urtümlichen Fluginsekten. Fortschrittlich ist dagegen ihre Entwicklung, die vollständige Verwandlung. Am bekanntesten ist die hellgrüne **Florfliege**, weil sie abends oft Lichtquellen anfliegt. Sie und ihre Larve sind nützliche Blattlausvertilger. Eine Verwandte ist die *Ameisenjungfer*. Ihre Larve, der *Ameisenlöwe*, lauert in einem Trichter aus lockerem Sand auf Ameisen, die in diesen Trichter rutschen.

Urinsekten sind kleine, flügellose Tiere mit einer direkten Entwicklung, die man nicht einmal als Verwandlung bezeichnet. In dieser Gruppe findet man mehrere Ordnungen zusammengefasst. Bekannt sind die 1 mm großen *Springschwänze*, die man häufig auf Blumenerde findet. Gleichermaßen kennt man die **Silberfischchen**, harmlose Insekten, die sich in feuchten, dunklen Ecken des Hauses aufhalten. Sie leben von Abfallstoffen.

Schmetterlinge und Käfer

Schmetterlinge, die fast alle unter Naturschutz stehen, haben zwei Paar großflächige oftmals farbige Flügel. Die Mundwerkzeuge der Schmetterlinge sind saugend, bei manchen Arten sind sie völlig zurückgebildet. Man unterscheidet zwischen Tagfaltern, Nachtfaltern und Kleinschmetterlingen (z. B. Kleidermotte). Zu den Nachtfaltern zählt man Schwärmer, Spinner, Eulen und Spanner (S. 272).

Da die Raupen des **Großen Kohlweißlings**, massenhaft auftretend, enormen Schaden anrichten können, wird er als Schadinsekt angesehen.

Der **Schwalbenschwanz** ist ein seltener Gast unserer Wiesen. Die Hinterflügel der meisten Schwalbenschwänze haben eine schwanzartige Verlängerung. Die grün-blaurot gestreiften Raupen können hinter dem Kopf eine leuchtend gefärbte Gabel ausstülpen, die Feinde abschreckt.

Schwärmer haben dicke, stromlinienförmige Körper mit schmalen Vorderflügeln. Sie sind dämmerungsaktiv und besitzen als Raupe ein auffälliges Horn am Hinterende.

Der Saugrüssel des **Windenschwärmers** erreicht eine Länge von 10 cm. Mit ihm ist er in der Lage, den Nektar aus den tiefsten Blütenkelchen zu saugen. Wie ein Kolibri steht der Windenschwärmer mit schwirrenden Flügeln vor der Blüte in der Luft.

Spinner sind allgemein plump und wollig behaart. Sie legen in Ruhe ihre Flügel dachartig übereinander. Ihre Puppen sind von einem Kokon umsponnen, daher der Name dieser Familie.

Der **Seidenspinner** gehört neben der Honigbiene zu den wenigen Insekten, die der Mensch als Haustier hält. Seit

Jahrtausenden wird in China Seidenraupenzucht betrieben, wo Maulbeerbäume gedeihen, deren Blätter die Seidenraupen fressen. Die Raupe besitzt am Kopf zwei Ausgänge der Spinndrüsen. Gelangt der darin erzeugte Stoff an die Luft, erhärtet er und bildet einen Faden, mit dem sich die Raupe zur Verpuppung einspinnt. Etwa 3000 m Faden werden für einen **Kokon** benötigt. Aus den Puppenkokons wird Rohseide gewonnen.

Eulen sind die artenreichste Familie der Schmetterlinge. Ihr Aussehen erinnert an das der Spinner, wobei sie im Gegensatz zu den Spinnern dünne, nicht kammartige Fühler besitzen.

Das **Rote Ordensband** ist durch seine Vorderflügel gut getarnt. Die auffällig gefärbten Hinterflügel schrecken Feinde ab.

Spanner sind tagfalterähnlich, recht klein und unauffällig. Bemerkenswert ist die Fortbewegung der Spannerraupen, die sich bogenförmig zusammenkrümmen, sich nach vorne strecken um später die Hinterbeine nach vorne nachzuziehen.

Der weit verbreitete **Birkenspanner** bevorzugt als Futterpflanze neben den namengebenden Birken andere Hartholz- und Straucharten. Die weißlichen Flügel mit dunklen Punkten ähneln einer flechtenbewachsenen Baumrinde und dienen als vorzügliche Tarnung.

Käfer bilden die größte Insektenordnung. Mehr als 350 000 Arten sind beschrieben, das sind über 40 % aller Insektenarten. Kennzeichnend für Käfer sind die beißenden Mundwerkzeuge und die harten, schützenden Flügeldecken, die über den zusammengefalteten, häutigen Hinterflügeln liegen. Nur die Hinterflügel sind die Flugorgane der Käfer.

Der **Feld-Sandlaufkäfer** ist ein typischer Laufkäfer mit langen, kräftigen Laufbeinen. Im Gegensatz zu vielen anderen Laufkäfern mit verkümmerten Flügeln kann der Feld-Sandlaufkäfer in Gefahrensituationen davonfliegen. Er vertilgt so manches Schadinsekt, indem er seine Kiefer in die Beute schlägt und einen Verdauungssaft in die Wunde absondert. Die außerhalb des Körpers aufgelöste Nahrung (*Außenverdauung)* wird dann aufgesaugt.

Der **Moschusbock** ist mit über 3 cm Länge ein großer Vertreter der Familie der *Bockkäfer*. Er sucht vor allem Weidenbäume, Erlen und Pappeln auf und strömt einen starken, moschusartigen Geruch aus. Bockkäfer erkennt man an den langen, grob gegliederten Fühlern und dem schmalen langen Körper. Die Larven vieler Bockkäfer entwickeln sich im Holz und schädigen deshalb den Wald, aber auch hölzerne Bauwerke und Gegenstände. Stark befallene Bäume sterben nach einigen Jahren ab.

Wie alle *Rüsselkäfer* hat auch der **Haselnussbohrer** einen rüsselförmig verlängerten Kopf. Obwohl er sich von Blättern verschiedenster Laubbäume und Sträucher ernährt, ist er auf Auenwälder, Waldränder, Gärten und Parks mit Haselnussvorkommen angewiesen. Bereits im Mai, wenn die Schalen der grünen Haselnüsse noch weich sind, sticht das Weibchen die Nuss an und bringt darin ein Ei unter.

Der **Kolbenwasserkäfer** gehört mit 5 cm zu unseren größten Käferarten. Er ist ein friedlicher Pflanzenfresser, während seine Larve räuberisch lebt. Eine Reihe von Anpassungen befähigt ihn zum Leben unter Wasser. Haare an der Unterseite halten Luftblasen, Fühler dienen als eine Art Schnorchel, Stromlinienform und Schwimmbeine dienen der Fortbewegung. Seine Eier schwimmen, in einem Kokon zusammengefasst und mit einem Schnorchel versehen, unter der Wasseroberfläche.

Der **Gemeine Mistkäfer** oder **Rosskäfer** ernährt sich von Kot und abgestorbenem, faulen Pflanzenmaterial. Mistkäfer betreiben Brutfürsorge, indem sie ihre Eier in Höhlen in und unter einem Kothaufen anlegen. Sie sind verwandt mit den selten gewordenen Maikäfern, den metallisch glänzenden Rosenkäfern und den Pillendrehern, die als Nahrung für ihre Larven Kot zu großen Kugeln formen. Sie alle besitzen Fühler mit blattartig verbreiterten Endgliedern, die fächerartig auseinandergespreizt werden können, und gehören deshalb zur Familie der Blatthornkäfer.

Der **Marienkäfer** gehört zu den nützlichen Insekten, da er und seine Larven Schild- und Blattläusen nachstellen. Die Gemeinsamkeiten der verschiedenen Arten sind die geringe Größe, die halbkugelige Körperform und die meist auffälligen Farben. Die Punktzahl und auch die Farbzusammenstellungen sind sehr unterschiedlich. Trotz der kurzen Beine sind diese Käfer gute Läufer. Bei Gefahr stellt sich der Marienkäfer tot *(Schreckstarre)*, lässt sich fallen und sondert einen gelblichen, übelriechenden Saft ab.

Der **große Leuchtkäfer** strahlt bei Nacht ein grünliches Licht aus. Am Hinterleib sitzen Organe, die durch chemische Vorgänge Licht erzeugen. Die Männchen fliegen in warmen Sommernächten umher und senden arteigene Leuchtzeichen aus. Mit einem entsprechend „passenden“, für die jeweilige Art kennzeichnenden Blinken antworten paarungsbereite Weibchen. Den Weibchen („Glühwürmchen“) fehlen die Flügel, sie sitzen im Gras und locken mithilfe des Lichts die Männchen an.

Die Kreuzspinne

Die in Hecken häufig vorkommende *Kreuzspinne* erkennt man an einer weißen, kreuzähnlichen Zeichnung auf ihrem Hinterleib, die sich deutlich von der braungelben Färbung des übrigen Spinnenkörpers abhebt. Der Körper der Kreuzspinne besteht aus zwei gut zu unterscheidenden Abschnitten: Dem *Vorderkörper* – auch *Kopfbrust* genannt, weil er eine Verwachsung von Kopf und Brustteil darstellt – und dem *Hinterkörper*, der auch als *Hinterleib* bezeichnet wird. Am Vorderkörper sitzen sechs oder acht *Punktaugen*, darunter die paarigen *Kieferklauen* und *Kiefertaster*. Letztere tragen Sinnesorgane und Borsten, mit denen die Kreuzspinne ihre Beute überprüft. Die Kieferklauen sind am Ende spitz wie Nadeln. In ihnen münden die Ausführgänge von *Giftdrüsen*. In Ruhe sind diese Giftklauen wie die Klingen eines Taschenmessers eingeklappt. Am hinteren Teil des Vorderkörpers setzen die vier gegliederten Beinpaare an, die alle Haken und kammförmigen Klauen tragen.

1 Kreuzspinne

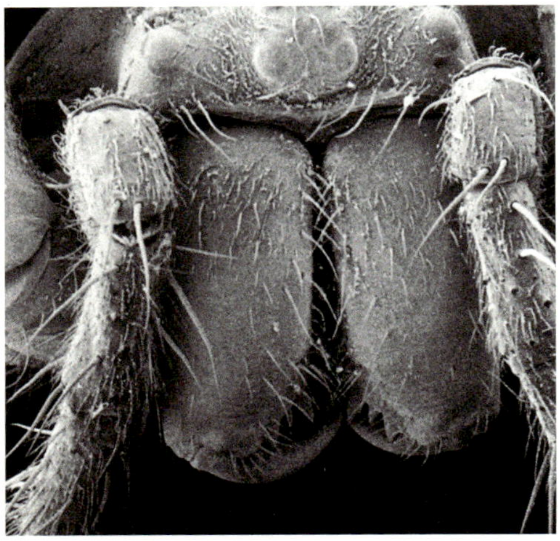

2 Kopf einer Kreuzspinne (25 x vergrößert)

Auf der Bauchseite des Hinterkörpers erkennt man zwei schlitzförmige *Atemöffnungen* und daneben, leicht erhaben, die sechs *Spinnwarzen*. In diesen Spinnwarzen sind etliche Drüsen eingelassen, aus denen eine klebrige Flüssigkeit abgeschieden werden kann.

Der Bauplan zeigt, dass das Nervensystem nur im *Vorderkörper* angelegt ist. Dieses *Strickleiternervensystem* ist durch Vergrößerung der Nervenknoten und Verkürzung der dazwischen liegenden Verbindungen stark verdichtet.

Ein *Darmrohr*, dessen Vorderabschnitt wie eine Saugpumpe arbeitet, durchzieht den ganzen Körper. Der Hinterkörper enthält den Herzschlauch, die Ausscheidungs- und Fortpflanzungsorgane sowie *Fächertracheen*. Dieses Atemorgan besteht aus einer Atemhöhle, in die dünnhäutige Lamellen hineinragen. Hier findet der Gasaustausch statt. Daneben atmen Spinnen mit luftgefüllten Kanälchen, den *Röhrentracheen*.

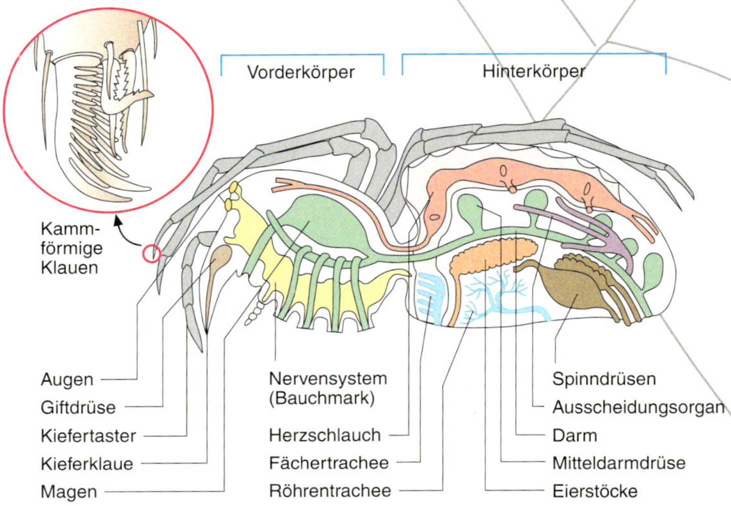

3 Bauplan einer Spinne

Netzbau und Beutefang

Die Kreuzspinne ernährt sich in der Hauptsache von Insekten. Sie stellt ihrer Beute aber nicht am Boden nach, sondern baut etwa zwei Meter über dem Boden, zwischen Ästen aufgehängte, kunstvolle *Radnetze*. Beobachtet man mehrere Spinnen beim Netzbau, so wird deutlich, dass sie ihr Netz stets nach demselben Grundmuster aufbauen.

Das Material für die zwischen 20 cm und 50 cm großen Fallen liefern die *Spinndrüsen*. Der Spinnstoff wird flüssig ausgestoßen und zu einem Faden gezogen, der an der Luft sofort aushärtet. Mehrere solcher Einzelfäden ergeben den für uns sichtbaren Spinnfaden.

Für den Netzbau benötigt die Kreuzspinne als Erstes eine Verbindung der Punkte, zwischen denen das Netz ausgespannt werden soll. Dafür erzeugt sie zunächst einen langen Faden. Das freie Ende wird von Luftbewegungen hin und her bewegt, bis es sich irgendwo verfängt. Auf dieser Seilbrücke läuft die Spinne bis zur Mitte und lässt sich mit einem neuen Faden soweit herab, bis sie einen dritten Haltepunkt findet, an dem der Faden befestigt wird. Danach spinnt sie *Rahmenfäden* um das Y-förmige Gerüst und zieht Speichen ein. Wenige Spiralen in der Netzmitte halten die Speichen zusammen. Nun wird eine *Hilfsspirale* angelegt. Für das Gerüst und die Hilfsspirale verarbeitet die Spinne nur trockene Fäden. Von außen nach innen trägt sie jetzt die *klebrige Fangspirale* auf und frisst gleichzeitig die Fäden der Hilfsspirale. Jetzt ist das Netz fangbereit.

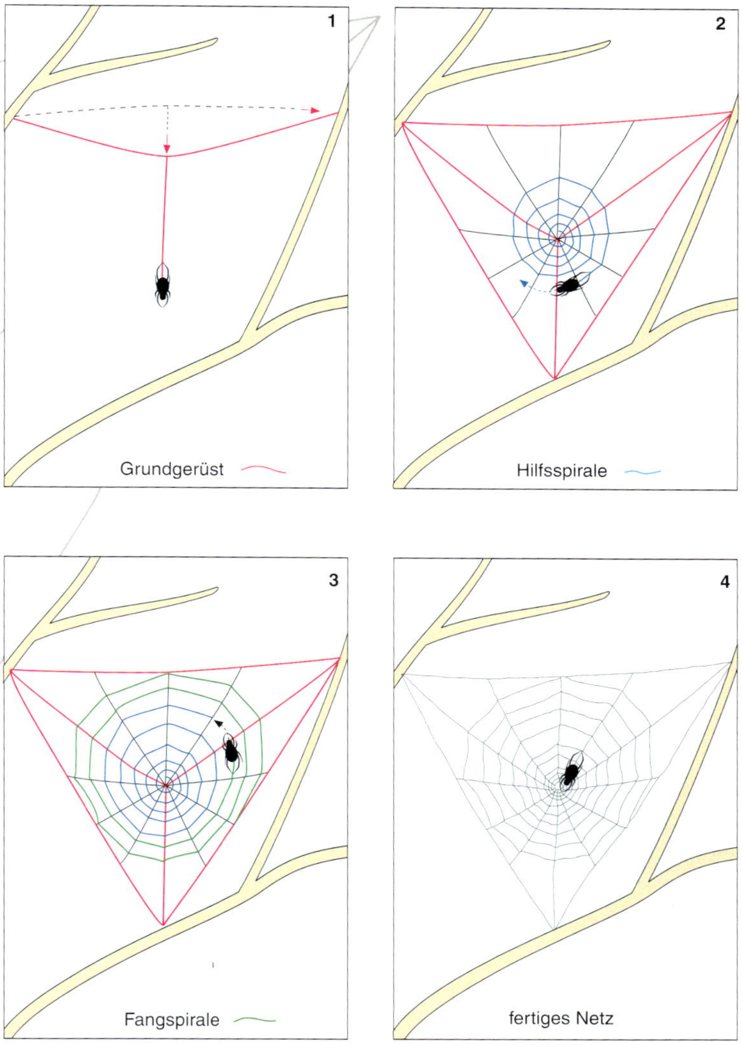

1 Netzbau der Kreuzspinne

Fadenlänge
des Netzes: bis 20 m

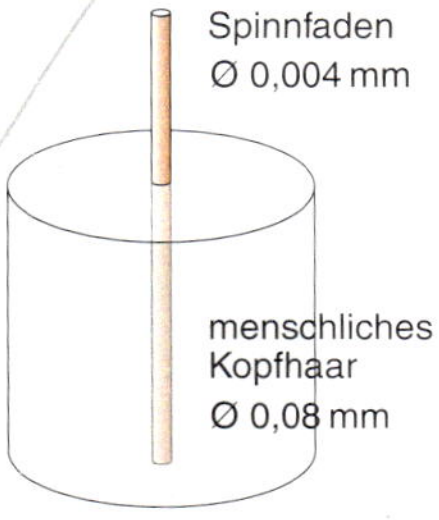

Durchmesser
eines Einzelfadens
= 0,004 mm

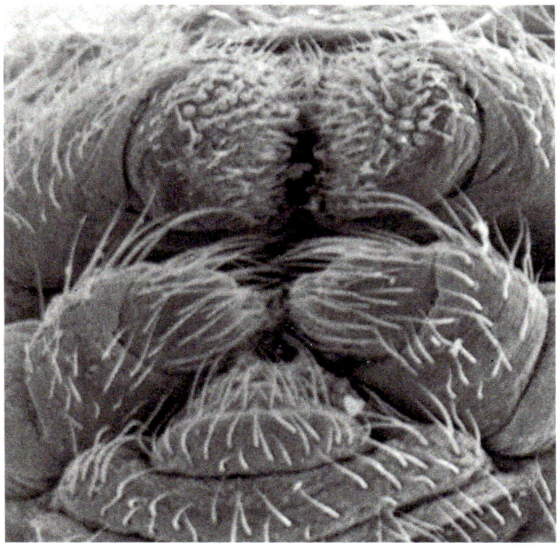

2 Spinnwarzen (30 x vergrößert)

Zappelt ein Beutetier im Netz, eilt die Kreuzspinne aus der Netzmitte, ihrer *Warte*, herbei und überprüft die Beute mit den Kiefertastern. Wird sie für gut befunden, stößt die Spinne ihre giftigen Kieferklauen hinein, dreht das gelähmte Opfer in ein Gespinst und transportiert es zur Warte. Dort sondert sie Verdauungssäfte in die Beute ab und saugt anschließend die verflüssigten Weichteile auf. Da die Verdauung bereits außerhalb des Spinnenkörpers vonstatten geht, spricht man von *Außenverdauung*.

Aufgabe

① Wie viele Spinnfäden müsste man nebeneinander legen, um die Dicke eines menschlichen Kopfhaars zu erhalten?

Weitere Spinnen — Jäger sind sie alle

Die 1 bis 2 cm lange **Wasserspinne** lebt in stehenden oder langsam fließenden Gewässern. Hier spinnt sie zwischen Pflanzen flache Netze aus vielen Lagen von Spinnfäden, die sie dann mit Luft füllt. Dazu streckt die Wasserspinne ihren behaarten Hinterleib über den Wasserspiegel und taucht wieder abwärts. Sie streift die von den Härchen festgehaltene Luft unter den Netzen ab, die sich durch die aufsteigende Luft zum *Glockennetz* wölben. Mehrmals am Tag tankt die Wasserspinne auf diese Weise Sauerstoff in ihre Wohnglocke nach. Von hier aus begibt sie sich auch auf die Jagd nach Kleinkrebsen, Insektenlarven und Wasserasseln. Die Beute bringt sie immer in ihre Wohnglocke zurück, denn nur in der Glockenluft kann die außerhalb des Körpers verflüssigte Nahrung von der Spinne aufgenommen werden.

1 Wasserspinne unter ihrer Taucherglocke

2 Tarantel mit erbeuteter Rinderbremse

Die **Tarantel** gehört zu den frei umherziehenden, am Boden lebenden *Wolfsspinnen*. Ihr erdfarbener Körper bietet eine perfekte Tarnung, wenn sie in ausgesponnenen Erdlöchern auf Beute lauert. Fangnetze webt sie nicht. Das Gespinst in ihren Verstecken verwenden Tarantelweibchen, um die Eiballen an ihrem Hinterleib anzuheften. Bis zum Schlüpfen der Jungen werden sie herumgetragen. Danach klettern die kleinen Spinnen auf den Rücken der Mutter, die sie so lange betreut, bis sie selbstständig sind. Diese Form der *Brutpflege* findet man auch bei anderen Spinnentieren. Im Mittelalter glaubte man, dass ihr Gift die rasende Tanzsucht (Veitstanz) hervorrufen würde. Aber die Spinne ist für den Menschen ungefährlich.

Die Heimat der **Gemeinen Vogelspinne** sind die tropischen Länder, aus denen sie manchmal, in Bananenstauden verborgen, zu uns „importiert" wird. Die ca. 6 cm lange Spinne ist dunkelbraun bis schwarz gefärbt und filzig behaart. Bei Tag hält sie sich in Höhlen, Mauerlücken oder selbst gegrabenen Gängen auf. Erst nach Einbruch der Dämmerung wird sie aktiv und macht Jagd auf Schaben, Skorpione und Schnecken. Ab und zu gelingt es ihr auch, einen schwachen Nestvogel (Name) zu überwältigen. In übertriebenen Berichten wird sie oft als gefährlich abgestempelt, wobei ihre Giftigkeit sehr überschätzt wird. Ihr Biss ist für Menschen nicht lebensbedrohend, verursacht jedoch starken Juckreiz. Nur wenige ihrer Artgenossinnen können uns wirklich Schaden zufügen.

3 Vogelspinne

Spinnentiere

Wie die echten Spinnen haben auch die anderen Vertreter dieser Tierklasse vier gegliederte Beinpaare, acht Punktaugen und sind in Vorderkörper und Hinterkörper gegliedert. Spinnentiere gehören zum Tierstamm der *Gliederfüßer* (S. 272).

Weberknechte leben auf modernden Baumstümpfen, zwischen Sträuchern, an Mauern und in Höhlen. Auffallend sind die im Verhältnis zum kleinen Körper sehr langen, dünnen Beine. Im Unterschied zu den echten Spinnen haben die Weberknechte keine Einschnürung zwischen Vorderkörper und Hinterkörper. Auch Spinndrüsen fehlen. Den wehrlosen Tieren dienen *Stinkdrüsen* zur Abschreckung. Erfasst dennoch ein Feind ein Bein, wird es abgeworfen, zuckt noch ein wenig und der Weberknecht kann entkommen. Seine Nahrung besteht vorwiegend aus kleinen Würmern, Insekten und deren Larven, aber auch auf dem Boden liegendes Obst wird nicht verschmäht.

Skorpione sind Spinnenverwandte, die sich in wesentlichen Merkmalen von den echten Spinnen unterscheiden. Ihre Kiefertaster sind zu großen *Kieferscheren* umgebildet und der gegliederte Hinterleib trägt am letzten Chitinring einen *Giftstachel*, der über den Rücken nach vorne geschlagen werden kann. Beutetiere können damit getötet werden. Die Giftwirkung eines Skorpionstiches ist mit dem eines Bienenstichs vergleichbar, d. h. er ist für den Menschen im Allgemeinen nicht gefährlich. Nur wenige Arten produzieren ein Nervengift, das auch einen Menschen töten kann. Die Skorpione sind Einzelgänger, nur in der Paarungszeit bemühen sich die Männchen um ein Weibchen. Dabei versucht das Männchen, die Partnerin durch einen Balztanz zu besänftigen, um dem für ihn tödlichen Stich zu entgehen.

Milben sind die formenreichste Gruppe der Spinnentiere. Der Vielfalt ihrer Lebensweise entsprechend ist auch ihre Gestalt sehr unterschiedlich. Neben frei lebenden räuberischen Formen findet man viele, meist winzige Arten, die parasitisch an den verschiedensten Pflanzen und Tieren (auf unserem Foto an einem Weberknecht) leben.

Der **Holzbock** ist die häufigste und bekannteste einheimische *Zecke*. In hungrigem Zustand ist dieser lästige Plagegeist nur 1 mm bis 4 mm groß. Von niedrigen Bäumen oder Büschen lassen sich die Zeckenweibchen auf vorbeikommende Tiere oder Menschen herunterfallen, um dort an unbedeckten Hautstellen Blut zu saugen. Auf der Haut verankern sie sich zu-

nächst mit ihrem Stech-Saug-Rüssel und dem ersten ihrer vier Beinpaare. Der Stechapparat selbst ist mit Widerhaken versehen, die in der Haut abgespreizt werden. Deshalb kann man eine Zecke nicht so leicht aus der Haut entfernen. Hat die Zecke Gelegenheit, sich ungestört vollzusaugen, schwillt ihr Hinterleib stark an. Nach beendeter Mahlzeit klappt sie die Widerhaken ein, lässt sich auf den Boden fallen und verkriecht sich dann in einem Versteck. Von dem Blutvorrat kann sie über 18 Monate lang zehren. Männliche Zecken saugen kein Blut, sondern suchen einen Warmblüter nur deshalb auf, um dort ein Weibchen zu finden und zu begatten.
Achtung! In manchen Gegenden Deutschlands gibt es Zecken, die den Erreger der gefährlichen *Hirnhautentzündung* übertragen. Wer sich oft im Wald oder Garten aufhält, sollte sich vorbeugend impfen lassen.

Die **Gemeine Krätzmilbe** ist ein nur Millimeter großes Spinnentier, das in der Haut des Menschen lebt. Das Weibchen bohrt ein Loch in die Hornschicht der menschlichen Haut, schlüpft hinein und legt unter der Hornschicht einen waagrecht verlaufenden, bis zu 5 cm

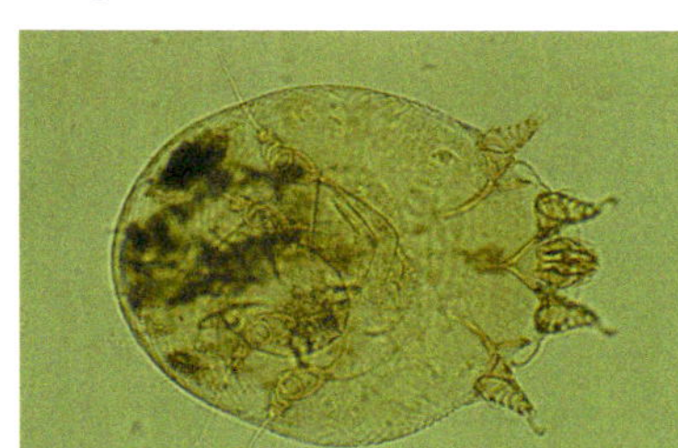

langen Gang an. Äußerlich ist der Gang als gerötete Linie erkennbar. In diesen Gang legt das Weibchen nach und nach bis zu 50 Eier. Die daraus hervorgehenden Larven fressen nun Seitengänge in die Haut, was zu quälendem Juckreiz führt.

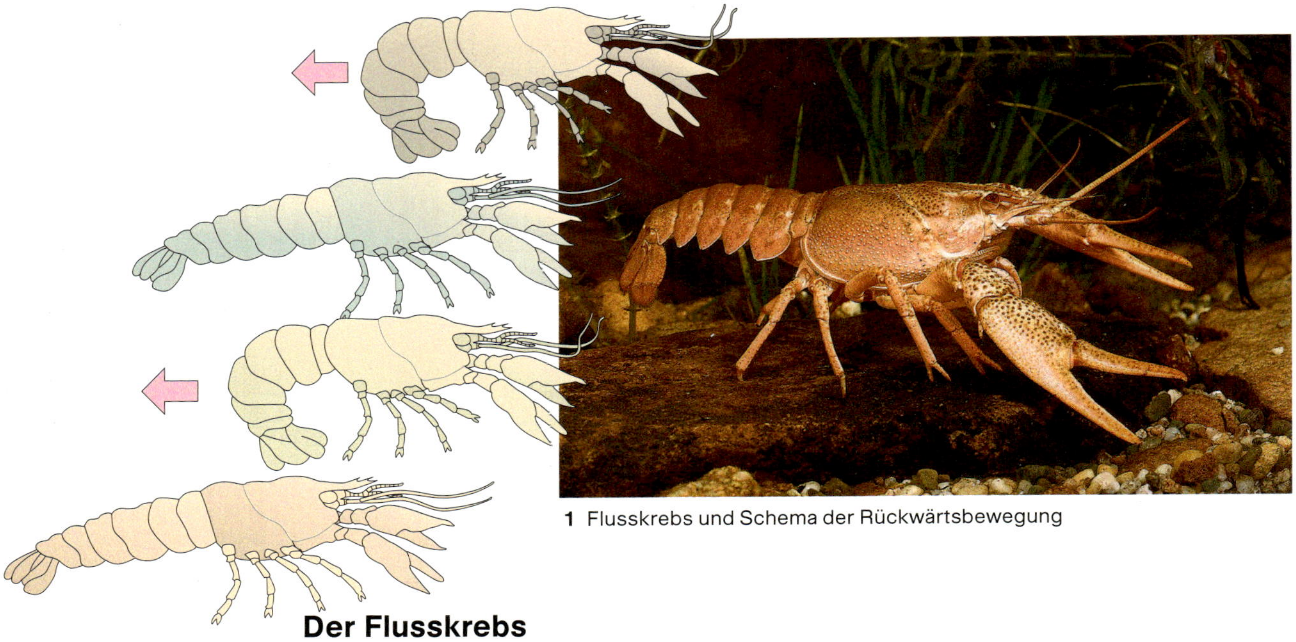

1 Flusskrebs und Schema der Rückwärtsbewegung

Der Flusskrebs

Der Europäische Flusskrebs oder Edelkrebs ist in kleineren Fließgewässern heimisch. Er benötigt saubere, nicht zu schnell fließende Gewässer mit Versteckmöglichkeiten in Ufernähe. Auswaschungen und unterspülte Weidenwurzeln bilden ideale Wohnhöhlen, die auch im Winter den notwendigen Schutz bieten. Um 1870 vernichtete eine Pilzkrankheit, die *Krebspest*, fast alle Tiere in Europa. Heute wird ihr geringer Bestand durch Flussregulierungen und -verunreinigungen bei uns erneut ernsthaft bedroht.

In der Dämmerung verlassen die Flusskrebse ihre Höhlen. Auf ihren *vier gegliederten Gehbeinpaaren* kommen sie nur langsam voran. Wird ein Krebs gestört, schwimmt er rasch rückwärts davon. Als Antrieb benützt er seinen *Schwanzfächer*, den er mehrmals kräftig gegen den Bauch schlägt. Die auf beweglichen Stielen sitzenden Augen ermöglichen ein weites Gesichtsfeld. Mit dem ersten Fühlerpaar tastet er die Umgebung ab. Riechsinneszellen an den kürzeren zweiten Antennen erleichtern das Aufspüren von Pflanzen und Beutetieren. Schnecken, Würmer und kleine Fische werden von den mächtigen Scheren des zu *Greifzangen* umgestalteten ersten Laufbeinpaares gepackt, zerkleinert und in die Nähe der Mundöffnung geführt. *Kieferbeine* stopfen die Nahrung in den Mund, verwertbare Bestandteile gelangen über den Darm ins Blut.

Vor Verletzungen schützt den Flusskrebs sein fester Panzer aus Kalk und Chitin. Dieses *Außenskelett* gibt dem Körper eine feste Form und dient nach innen als Ansatzstelle für die Muskeln. Gehirn und Herz liegen im starren *Kopfbruststück*. Den beweglichen Hinterleib schützen Chitinspangen, die *Hinterleibsringe*, die über Gelenkhäute miteinander verbunden sind. An ihnen setzen je ein Paar Afterfüße *(Spaltfüße)* an, die meistens unter den Hinterleib geklappt sind.

Weibliche Krebse tragen an den Afterfüßen ihre Eipakete. Frisch geschlüpfte Krebse halten sich an den Afterfüßen des Muttertieres fest. Durch leichte Bewegungen der Spaltfüße wird ein Wasserstrom erzeugt, der das Muttertier, die Eier und Jungkrebse mit sauerstoffreichem Frischwasser versorgt.

Der Flusskrebs atmet mit *Kiemen*. Dies sind fadenförmige Anhänge des oberen Teils der Beine. Diese *Kiemenbüschel* liegen unter einer Ausbuchtung des Rückenschildes. Ein röhrenförmiges *Rückenherz* befördert das sauerstoffreiche Blut zum Kopf, von wo aus es in einem *offenen Blutkreislauf* durch den Körper zum Herz zurückfließt.

Das Außenskelett kann mit dem Tier nicht mitwachsen und muss von Zeit zu Zeit gewechselt werden. Dieser Vorgang heißt *Häutung*. Dazu platzt eine vorgesehene Nahtstelle des Panzers auf und er wird innerhalb von einigen Minuten abgestreift. Der zunächst weichhäutige und schutzlose Krebs *(Butterkrebs)* muss sich vor Feinden so lange verbergen, bis sein Panzer ausgehärtet ist, was etwa 10 Tage dauert.

Übersicht zum Tierstamm der Gliederfüßer

Der Stamm der Gliederfüßer ist mit weit über einer Million Tierarten der größte Tierstamm überhaupt. Mehr als drei Viertel aller heute bekannten Tiere sind Gliederfüßer! Gemeinsames Baumerkmal aller Gliederfüßer ist das *Außenskelett*, das den Körper schützt und stützt. Der Name *Gliederfüßer* bezieht sich auf die Gliederung der Beine und des Chitinpanzers.

Die Entwicklung der Gliederfüßer verläuft über *Eier* und *Larven*. Bei vollständiger Verwandlung wird zusätzlich noch ein *Puppenstadium* durchlaufen. Das Chitinskelett kann nicht wachsen; es wird durch Häutungen mehrfach abgestoßen und ersetzt. Im Stamm der Gliederfüßer gibt es mehrere **Tierklassen**. Ein Tier lässt sich anhand der Anzahl seiner Beine einer Klasse zuordnen (S. 272).

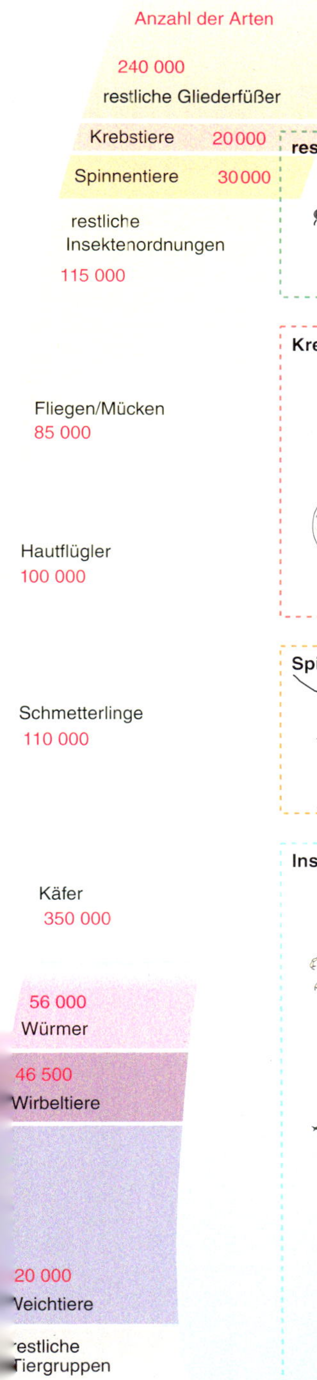

Tausendfüßer besitzen lang gestreckte Körper aus einer Vielzahl von Segmenten und mehr als 16 Beinen. Wirklich tausend Füße hat aber keiner. Die wendigen *Hundertfüßer* leben meist räuberisch, die *Doppelfüßer* dagegen ernähren sich hauptsächlich von abgestorbenen Pflanzenteilen und spielen beim Abbau der Laubstreu im Wald eine wichtige Rolle.

Krebse bilden eine formenreiche Klasse. Sie leben zum überwiegenden Teil im Wasser und atmen mit Kiemen. Die meisten Arten leben im Meer. Die größeren Krebse besitzen fünf Laufbeinpaare. Bei den nur wenige Millimeter großen Kleinkrebsen, wie *Blattfußkrebsen* und *Hüpferlingen,* ist der Grundbauplan schwer erkennbar. Die Anzahl ihrer Beine kann stark variieren, beträgt jedoch selten mehr als 14.

Spinnentiere besitzen vier Beinpaare, ein Paar Beintaster und ein Paar Kieferklauen. Viele Spinnentiere töten ihre Beute mit einem giftigen Biss oder Stich. *Milben* sind sehr kleine Spinnentiere, die häufig als Schmarotzer von Pflanzen, Tieren oder Menschen auftreten. Bei *Skorpionen* sind die Beintaster mit Scheren ausgestattet. Skorpionähnliche Tiere waren die ersten Landtiere überhaupt.

Insekten sind an ihren drei Beinpaaren zu erkennen. Auch die meisten Larven, die oft mit Würmern verwechselt werden, erkennt man daran. Es gibt geflügelte und ungeflügelte Insekten. Pflanzenfresser, Fleischfresser und schmarotzende Formen kommen vor. Durch Spezialisierung haben Insekten alle Lebensräume erobert. Dies zeigt sich besonders deutlich an der Vielfalt von Beinen, Mundwerkzeugen und Körperformen.

Regenwürmer sind Bodenbewohner

Nach einem Regenschauer sieht man auf Garten- und Feldwegen oft zahlreiche *Regenwürmer.* Das versickernde Regenwasser hat ihre unterirdischen Wohnröhren überflutet und sie nach oben getrieben, sonst wären sie im Boden erstickt. Bald sind sie jedoch wieder verschwunden. Die Eile ist verständlich, denn auch Licht und Trockenheit sind für diese Tiere tödlich: Die UV-Strahlung der Sonne verbrennt ihre dünne, schleimige Haut. An der Luft trocknen sie rasch aus. Regenwürmer sind an das Leben im Boden angepasste *Feuchtlufttiere.*

1 Regenwurm mit Gürtel

Oberflächlich betrachtet ist der Regenwurm ein bis zu 30 cm langes, gliedmaßenloses Lebewesen, bei dem man auf den ersten Blick weder vorn noch hinten unterscheiden kann. Beim genaueren Hinsehen zeigt sich aber, dass der Regenwurm einige, für ihn charakteristische Besonderheiten hat.

Das auffälligste Merkmal sind die bis zu 150 Körperringe oder *Segmente*, in die er unterteilt ist. Wegen dieser Gliederung gehört der Regenwurm zu den **Ringelwürmern**. Ein lappig vorgezogenes Segment an einem Körperende ist der *Kopflappen*, der die *Mundöffnung* überdeckt. In jedem der folgenden Segmente sind vier Paar *Chitinborsten* eingelassen, die die Fortbewegung unterstützen. Im vorderen Körperdrittel fällt noch eine hell gefärbte Verdickung auf, der *Gürtel*. Er spielt bei der Fortpflanzung eine große Rolle. Das Hinterende, an dem der *After* liegt, ist abgeflacht und läuft spitz aus.

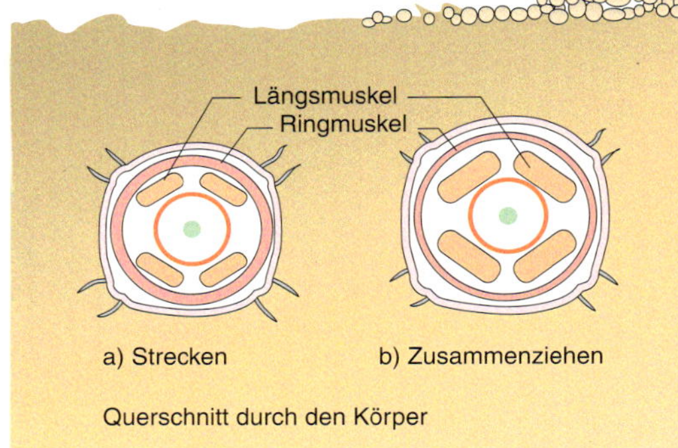

2 Schema der Muskulatur beim Regenwurm

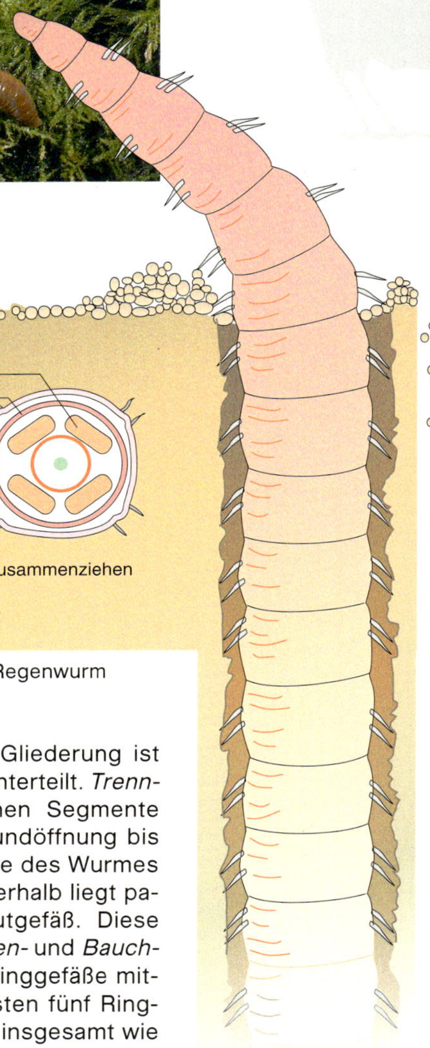

Bei einem kriechenden Regenwurm kann man wellenförmige Bewegungen beobachten, die — je nachdem, in welche Richtung das Tier kriecht — von vorne nach hinten oder von hinten nach vorne über den Körper laufen. Dies bewirken zwei Muskelschichten, die mit der Oberhaut zum *Haut-Muskel-Schlauch* verwachsen sind. Durch das Zusammenziehen der inneren *Längsmuskelschicht* kann sich der Wurm verkürzen, der Körper wird dicker. Zieht sich die äußere *Ringmuskelschicht* zusammen, wird er lang und dünn. Beide Bewegungen erfolgen abwechselnd. Die Chitinborsten verankern dabei das Tier im Boden oder auf der Unterlage und verhindern ein Zurückrutschen. Auf diese Weise kann der Regenwurm auch in seinen engen Erdröhren auf- und absteigen.

Entsprechend der äußeren Gliederung ist der Regenwurm auch innen unterteilt. *Trennwände* grenzen die einzelnen Segmente voneinander ab. Von der Mundöffnung bis zum After verläuft in der Mitte des Wurmes der Darm. Oberhalb und unterhalb liegt parallel zum Darm je ein Blutgefäß. Diese Adern, nach ihrer Lage *Rücken-* und *Bauchgefäß* genannt, sind durch Ringgefäße miteinander verbunden. Die ersten fünf Ringgefäße pulsieren und wirken insgesamt wie ein Herz. Feine Haargefäße zweigen von den Ringgefäßen ab. Über sie wird der Körper mit Sauerstoff und Nährstoffen versorgt. Regenwürmer besitzen rotes Blut wie die Wirbeltiere. Da es ausschließlich in Adern fließt, spricht man von einem *geschlossenen Blutkreislauf.* In der Körperflüssigkeit gelöste

sich paarende Regenwürmer

ausschlüpfender Regenwurm

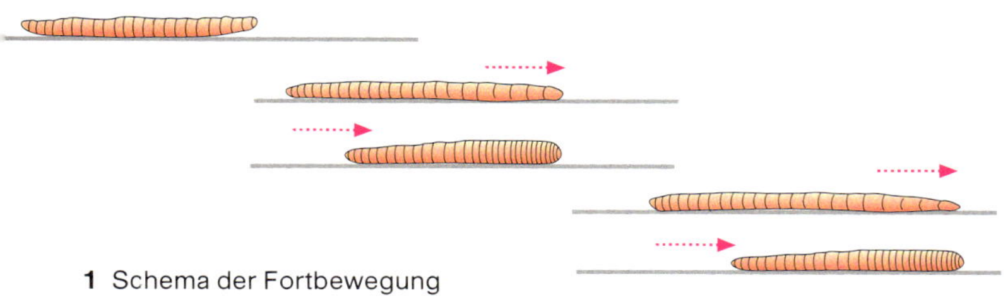

1 Schema der Fortbewegung

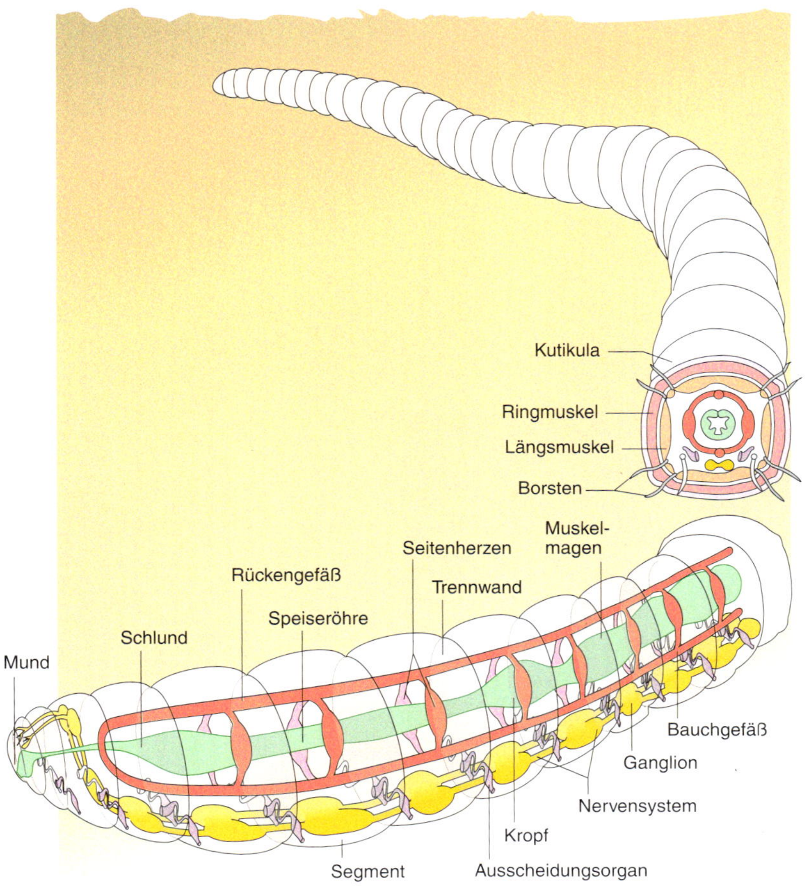

2 Bauplan eines Regenwurms

Abfallstoffe werden von zwei *Ausscheidungsorganen* pro Segment aufgenommen und über Kanäle nach außen geleitet.

Auf der Bauchseite liegen in jedem Segment zwei Nervenknoten, *Ganglien*, die durch Querverbindungen miteinander verschaltet sind. Über längs verlaufende Nervenfasern haben sie Kontakt zu dem Ganglienpaar im nächsten Segment. Nach seiner Lage wird dieses Nervensystem *Bauchmark* genannt oder, weil sein Bau an eine Strickleiter erinnert, auch *Strickleiternervensystem*.

Obwohl der Regenwurm keine Sinnesorgane besitzt, ist er zu erstaunlichen *Reizwahrnehmungen* und *Reaktionen* fähig: Er kann riechen, schmecken und verschiedene Temperaturbereiche unterscheiden. Über die gesamte Körperoberfläche verteilte lichtempfindliche Zellen ermöglichen es ihm, Sonnenlicht zu meiden.

Regenwürmer sind *Zwitter*, d. h. für die Fortpflanzung bildet jeder Wurm sowohl Eizellen als auch Spermien. Sie befruchten sich allerdings nicht selbst, auch sie paaren sich (S. 278). Vorteilhaft ist, dass bei den überwiegend unterirdisch lebenden Tieren, die sich kaum an der Erdoberfläche aufhalten und sich nur selten begegnen, die Paarung zwischen zwei beliebigen Tieren möglich ist. Dabei liegen die Partner Kopf an Körperende nebeneinander und tauschen ihre Spermien aus, die in einem Vorratsbehälter im Körperinnern gespeichert werden. Sobald die Eizellen reif sind, sondert der *Gürtel* eine Schleimmanschette ab, in die der Wurm ein Eipaket abgibt. Während sich das Tier aus der Manschette herauswindet, befruchten die gespeicherten Spermien die Eizellen. Die abgestreifte Manschette erhärtet an der Luft und nach wenigen Wochen schlüpfen aus diesem Kokon die etwa einen Zentimeter langen Jungtiere.

Aufgaben

① Grabe einen Regenwurm aus, spüle die Erde ab und betrachte ihn. Achte darauf, dass das Tier nicht trocken wird.

② Versuche herauszufinden, wo vorne und hinten bei einem Regenwurm ist. Nimm das Tier locker in die geschlossene Hand.

③ Streiche mit einem Finger in beide Längsrichtungen über den Körper des Wurmes. Was spürst du?

④ Lasse den Wurm über Pergamentpapier und eine Glasplatte kriechen. Beobachte und beschreibe sein Verhalten.

Regenwürmer verbessern den Boden

Unter einem Quadratmeter Wiese können, je nach Bodenart, zwischen 100 und 400 Regenwürmer leben und ihre engen Röhren und Gänge durch die Erde fressen. Die Röhrenwände werden beim Durchkriechen mit Schleim und Kot austapeziert. Dieser Wandbelag trocknet nach einiger Zeit aus und verleiht den Röhren eine gewisse Festigkeit. Man findet bis zu 450 senkrechte Gänge pro m^2, die bis zu einer Tiefe von 2 m und mehr reichen. Durch sie wird der Boden lockerer, das Regenwasser verteilt sich besser und kann leichter abfließen. Nachts ziehen die Regenwürmer welke Blätter und Grashalme in ihre Röhren und beschleunigen so die Zersetzung abgestorbener Pflanzenteile.

Regenwürmer fressen Pflanzenreste und Erde. Die enthaltenen organischen Stoffe werden verdaut und unverdauliche Bestandteile als Kothäufchen auf der Erdoberfläche abgesetzt. Sie enthalten in hoher Konzentration Mineralstoffe, die unverzichtbar für das Gedeihen der Pflanzen sind. Ihr Wachstum und damit auch der Ernteertrag insgesamt wird durch die Tätigkeit der Regenwürmer gesteigert. Nach Berechnungen des Naturforschers CHARLES DARWIN (1809 – 1882) fressen pro 1000 m^2 Boden die Regenwürmer im Jahr bis zu 4,5 t Erde!

Die Anzahl der Würmer im Ackerboden hängt von der Bodenbearbeitung ab. Bei nur leichter Lockerung der Bodenoberfläche schätzt man ca. 10 000 Regenwürmer pro 100 m^2. Beim Einsatz eines Pflugs, der tiefer als 30 cm eindringt, ist ihre Zahl wesentlich geringer.

Beim Umgraben im Garten mit dem Spaten kann es geschehen, dass ein Regenwurm durchtrennt wird. Die einzelnen Teile bewegen sich weiter. Allerdings kann nur der vordere Teil überleben, wenn er aus mehr als 40 Segmenten besteht. In diesem Fall wird an ihm das fehlende Ende neu gebildet.

Das Ersetzen verlorener Körperteile nennt man *Regeneration*. Der Regenwurm ist dazu fähig, weil mit dem abgetrennten Hinterende zwar Organe verloren gehen, jedoch in jedem Körpersegment diese Organe nochmals vorhanden sind.

Aufgaben

① Nenne Gründe, warum die Anzahl der Würmer bei einer tiefen Bodenbearbeitung vermindert ist.

② Erkläre die unterschiedlich starke Kotproduktion der Regenwürmer einer Wiese im Jahresverlauf (siehe Abbildung).

Blätter in Wurmröhren

Wurmkot

Wurmkot düngt

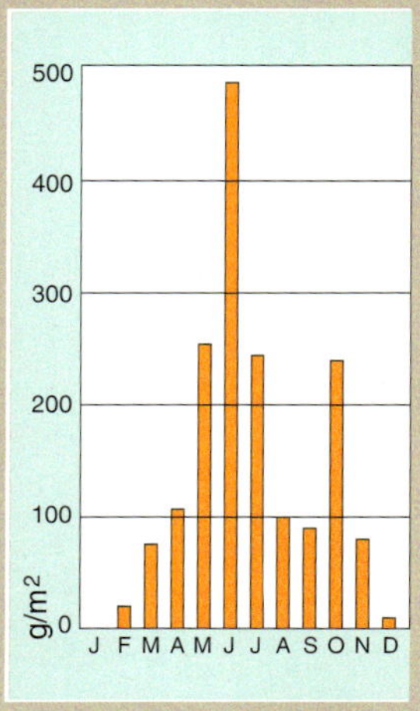

Kotproduktion im Jahresablauf

Beobachtungen am Regenwurm

Der Umgang mit lebenden Tieren verlangt ein hohes Maß an Verantwortungsgefühl und Kenntnis der Bedürfnisse der betreffenden Tierart. Quäle nie ein Tier! Gönne jedem Versuchstier Ruhepausen, sonst gibt es durch Ermüdungserscheinungen falsche Ergebnisse.

Bauch-Rücken-Test

Drehe einen Regenwurm im Dämmerlicht auf den Rücken (dunklere Seite) und lege ihn auf einen Tisch. Beleuchte ihn von oben. Wie reagiert er? Welche biologische Bedeutung hat diese Reaktion?

Glasrohrtest

Schiebe einen sauberen, mit Zellstoff abgetupften Regenwurm, der im Dunkeln gehalten wurde, in eine 30 cm lange Glasröhre. Sie muss so bemessen sein, dass das Tier gut hindurchgeht, sich aber nicht herumdrehen kann. Schiebe über das Glas eine Papphülse, die in der Mitte ein ca. 1 cm^2 großes Fenster hat. Verschiebe die Papphülse so, dass du mit einer Taschenlampe zuerst das Vorderende des Tieres beleuchten kannst, dann das Hinterende und zuletzt die Körpermitte. Stoppe die Zeit vom Einschalten der Lampe bis zur Reaktion. Vergleiche die Reaktionszeiten und überlege dir die biologische Bedeutung der unterschiedlichen Reaktionsgeschwindigkeit.

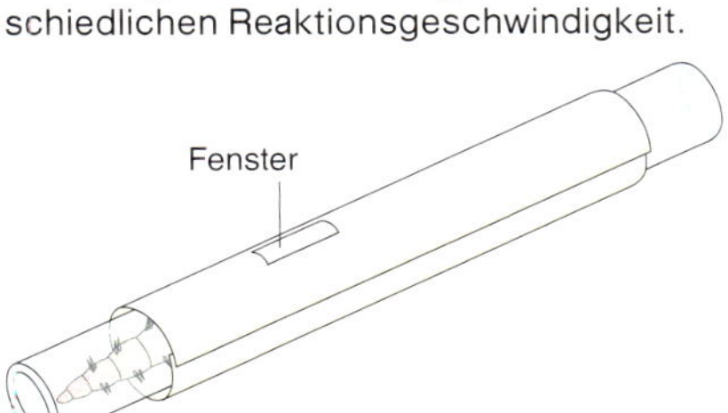

Lerntest

Baue die abgebildete oder eine ähnliche Bahn aus Sperrholz nach. Als Abdeckung dient eine Glasscheibe oder eine starke, klare Folie. Den Lerntest musst du 5 Tage lang jeweils fünfmal durchführen.
Bringe bei Weg 2 ein mit verdünntem Essig getränktes Filterpapier über der Kriechbahn an.
Kriecht der Wurm in den Weg 2, so nimm ihn heraus und setze ihn wieder an den Start. Der Weg 3 führt in einen Erdbehälter. Führe bei jedem Versuch Protokoll. Der Versuch gelingt nur bei stark abgedunkeltem Raum. Grund?
Welche Fehlerquellen können auftreten?

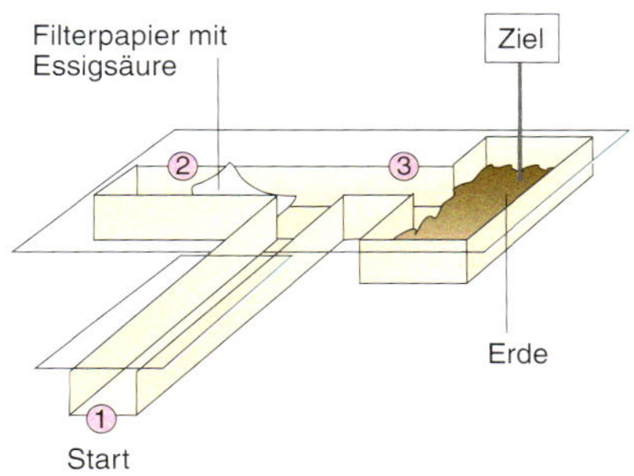

Durchmischungsversuch

Fülle zwei Einmachgläser abwechselnd mit Lagen aus 3 cm hellem Sand und 5 cm dunkler Gartenerde. Lege in das eine Glas zwei Regenwürmer. Binde beide Gläser mit Gaze zu und stelle beide für vier Wochen in eine dunkle und kühle Kellerecke.

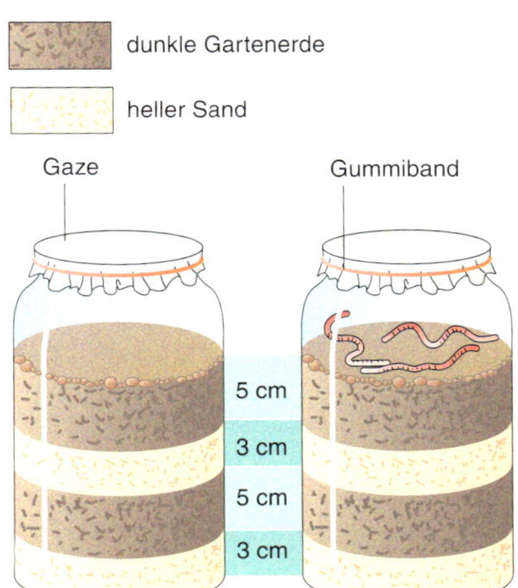

Feuchte die Erde alle 2 Tage bei jeder Fütterung ein bisschen an. Als Nahrung haben sich Haferflocken bewährt. Vergleiche nach vier Wochen die Schichten der Böden.

Feldversuch

Untersuche verschiedene Böden, z. B. Wiese und Rasen, Acker und Garten, Laub- und Nadelwald, auf Regenwurmaktivitäten und vergleiche die Ergebnisse. Dazu musst du stets gleich große Flächen nach Wurmhäufchen absuchen und sie zählen. Um gleich große Flächen zu erhalten, baut man sich einen Schnurzirkel (r = 0,8 m).

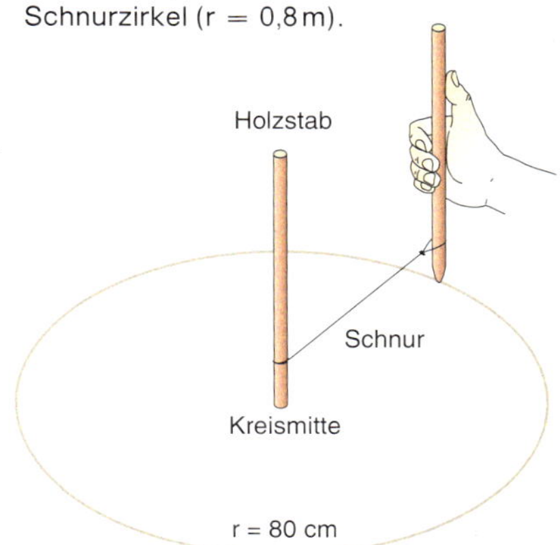

Bodenproben

Stich mit dem Spaten aus den Vergleichsböden ca. 20 cm x 30 cm große Blöcke aus. Beschreibe die Unterschiede der Proben. Schneide vorsichtig Scheiben herunter und suche nach Regenwurmgängen. Welche Folgen hat ihr Verlauf für die Luft und eindringendes Wasser? Suche nach Wurzeln von Pflanzen. Wo verlaufen sie?

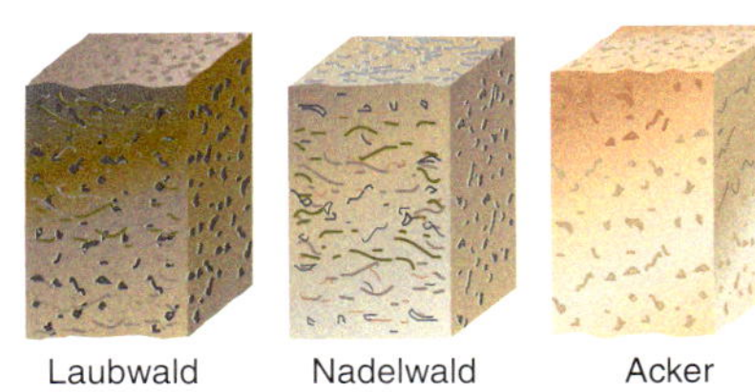

5 Schnecken

Die Weinbergschnecke

Weinbergschnecken ruhen tagsüber meist an geschützten Stellen und kriechen erst abends oder nach einem Regenschauer umher. Die Tiere sondern dauernd Schleim ab, der die Feuchtigkeit aus der Luft anzieht. Dadurch sind sie ständig mit einem Wasserfilm umgeben. In den Vertiefungen der runzligen Haut verdunstet das Wasser langsamer als an glatten Flächen. Bei Trockenheit verschließen die Schnecken ihr Gehäuse mit eingetrocknetem Schleim. Den Winter überdauern sie in *Winterstarre*. Sie wühlen sich in lockeren Boden ein und kapseln ihr Gehäuse mit einem dicken Kalkdeckel ab. Das Gehäuse dient nur dem Schutz und hat keine Stützfunktion.

Auf nebenstehender Abbildung erkennt man die äußere Unterteilung der Weinbergschnecke in *Gehäuse* und *Weichkörper*. Der Bauplan zeigt, dass der Weichkörper in *Kopf*, *Fuß*, *Eingeweidesack* und *Mantel* gegliedert ist. Ein Außen- oder Innenskelett fehlen. Deshalb gehört die Schnecke – trotz des harten Gehäuses – zum Tierstamm der **Weichtiere** oder *Mollusken*.

Am Kopf sitzen zwei verschieden lange *Fühlerpaare*. Das Vordere ist kurz und dient als Tastorgan. An der Spitze des oberen langen Fühlerpaars sitzen dunkle Punkte. Es sind einfache Augen, mit denen die Schnecke Hell und Dunkel, aber auch grobe Umrisse unterscheiden kann. Bei der geringsten Berührung werden die Fühler eingezogen.

Der muskulöse Fuß ist als *Kriechsohle* ausgebildet. Fortlaufende Muskelwellen schieben das Tier auf einer Schleimbahn vorwärts. Bei Gefahr oder Berührung zieht es sich mit seinem *Rückziehmuskel*, der vom Kopf durch den ganzen Weichkörper verläuft, völlig in sein Gehäuse hinein. Neben Tast- und Lichtsinn verfügt das Tier noch über Temperatur-, Lage-, Feuchtigkeits- und Geruchssinne. Die Sinneszellen liegen überwiegend in der Haut des Fußes verstreut.

Der Mantel ist von außen an einem gelben Wulst zu erkennen und umhüllt den Eingeweidesack. Eine Öffnung im Mantelrand, das *Atemloch*, führt zur *Atemhöhle*, wo der Gasaustausch mit dem farblosen Blut stattfindet. Teilweise wird der Sauerstoffbedarf auch noch durch Hautatmung gedeckt. Ein mehrkammeriges *Rückenherz* presst das sauerstoffhaltige Blut durch den Körper, wo es die inneren Organe frei umspült. Es liegt also ein *offener Blutkreislauf* vor.

Die Weinbergschnecke ist ein Pflanzenfresser. Mit ihrem harten Oberkiefer kann sie Pflanzenteile abschneiden. Die Raspelzunge *(Radula)*, die mit vielen Chitinzähnchen besetzt ist, raspelt die Pflanzenteile in den Mund. Größere Stücke können zwischen Oberkiefer und Radula festgeklemmt und abgerissen werden. Auch die weitere Zerkleinerung übernimmt die Radula. Verdauungssäfte aus den *Speicheldrüsen* und der *Mitteldarmdrüse* zerlegen auf chemischem Weg die Nahrungsbestandteile. Die Zersetzungsprodukte wandern in die Mitteldarmdrüse und werden hier noch weiter verdaut.

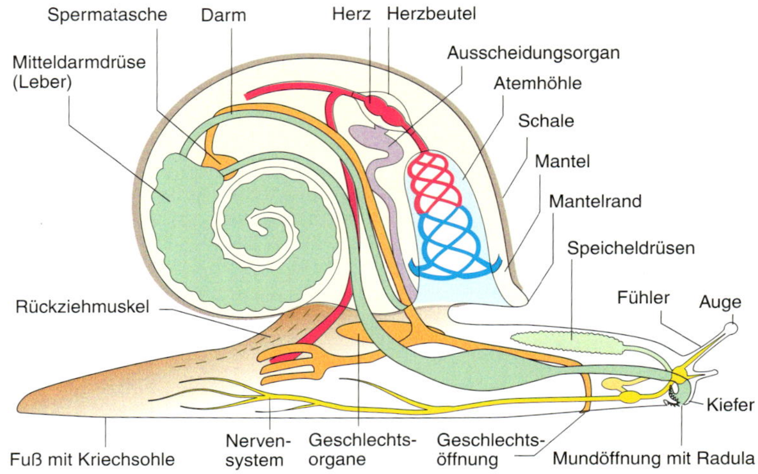

1 Bauplan einer Schnecke

2 Weinbergschnecke (Atemloch geöffnet)

Schnecke in Winterstarre

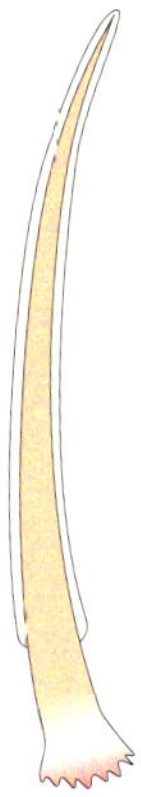

Liebespfeil

1 Weinbergschnecken bei der Paarung

4 Radula (vergrößerter Ausschnitt)

2 Eiablage einer Weinbergschnecke

3 Frisch geschlüpfte Weinbergschnecken

Fortpflanzung

Jede Weinbergschnecke hat einen männlichen und weiblichen Geschlechtsapparat, sie ist ein *Zwitter* (S. 278). Doch wie beim Regenwurm findet keine Selbstbefruchtung statt; auch die Weinbergschnecken paaren sich. Der Begattung geht ein langes Werben und Prüfen voraus: Die geschlechtsreifen Tiere betasten sich, bevor sie sich aneinander aufrichten. Nun reiben sie ihre Sohlen gegeneinander und stoßen sich gegenseitig eine ungefähr 1 cm lange Kalknadel, den *Liebespfeil*, in den Fuß. Erst jetzt können die Spermienpakete ausgetauscht und in den Spermataschen gespeichert werden. Danach fällt die Kalknadel ab.

Einen Monat später erfolgt die Eiablage. Dazu wühlt die Schnecke mit dem Fuß eine bis zu 12 cm tiefe Erdhöhle, in die dann ungefähr 80 erbsengroße Eier gelegt werden. Wenn die Jungen nach wenigen Wochen schlüpfen, tragen sie bereits ein durchsichtiges Gehäuse, das mit den Weichteilen mitwächst. Das Baumaterial des Gehäuses besteht zu über 95 % aus *Kalk*, der mit der Nahrung aufgenommen werden muss. Deshalb sind die Gehäuseschnecken so zahlreich auf kalkreichen Böden, z. B. von Weinbergen (Name) und Laubwäldern, anzutreffen. Der aufgenommene Kalk wird vom drüsenreichen Mantelrand, der die Gehäuseöffnung umgibt, in gelöster Form ausgeschieden. Gleichzeitig sondern andere Drüsen Farbstoffe ab. An der Luft kristallisiert der Kalk aus. So erhält das Gehäuse seine Festigkeit und Zeichnung.

Die Zeichnung und Größe des Gehäuses sind für jede Schneckenart charakteristisch. Will man eine unbekannte Gehäuseschnecke bestimmen, sind diese arteigenen Merkmale eine große Hilfe bei der Zuordnung.

Aufgaben

① Welche Eigenschaften haben die Lebensräume der Weinbergschnecken?
② Weinbergschnecken besitzen zwei Paar Fühler. Beschreibe ihre Funktionen.
③ Es gibt auch gehäuselose Schnecken, wie etwa die Rote Wegschnecke.
   a) Bei welchen Wetterverhältnissen begegnet man den Tieren häufig? Erkläre.
   b) Betrachte eine Rote Wegschnecke. Welche typischen Merkmale des Molluskenkörpers kannst du an ihr entdecken? Suche die Atemöffnung.

Versuche mit Schnecken

Die folgenden Versuche lassen sich gut mit Weinbergschnecken durchführen. Die Tiere kann man problemlos am Gehäuse anfassen. Sollten keine Weinbergschnecken zur Verfügung stehen, so lassen sich die Experimente auch mit Bänderschnecken durchführen. Bei allen Experimenten muss mit Behutsamkeit vorgegangen werden. Nach dem Anfassen sind die Tiere kurze Zeit in Schreckstarre und man muss eine Weile warten, bis man mit einem Experiment beginnen kann.
Nach Durchführung der Experimente werden die Schnecken wieder an dem Ort ausgesetzt, an dem sie gefangen wurden.

Körperbau

① Betrachte die Schnecke genau. Fertige eines Zeichnung des Tieres an.
② Welche Teile des Körpers kannst du erkennen? Beschrifte deine Zeichnung. Fertige eine Tabelle an, in der das jeweilige Körperteil und seine Funktion einander gegenübergestellt werden.

Körperteil	Funktion
Gehäuse	Schutz vor Fressfeinden und Austrocknung
...	...

③ Betrachte die Haut der Schnecke mit einer Lupe. Zeichne einen kleinen Hautabschnitt und beschreibe ihn.

Fortbewegung

Sollten sich die Tiere weitgehend unbeweglich zeigen, so kann man sie für die folgenden Versuche durch ein kurzes Bad in lauwarmem Wasser (10 Sekunden) zu größerer Aktivität bringen.

④ Lasse eine Schnecke über eine Glasplatte kriechen. Betrachte die Kriechsohle von der Seite und von unten. Beschreibe, wie sich das Tier fortbewegt. Erkläre die Fortbewegung mithilfe der Abbildungen.

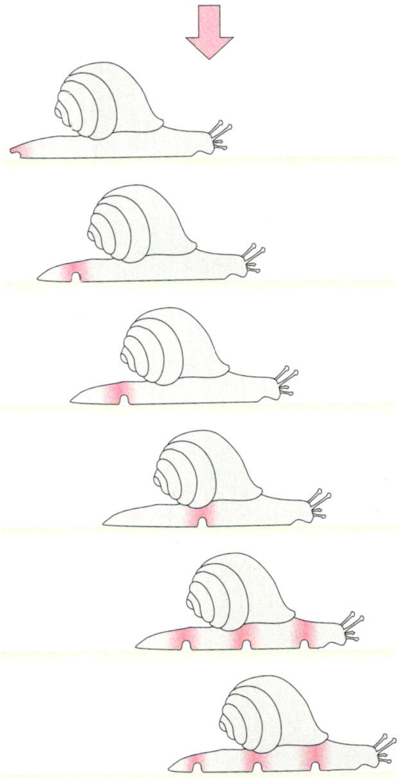

⑤ Setze die Schnecke in eine Petrischale. Locke sie – z. B. mit einem Salatblatt – nach außen. Beobachte, wie sich die Schnecke bewegt, wenn sie die Petrischale verlässt. Notiere deine Beobachtung.
⑥ Lass mehrere Schnecken der gleichen Art 20 cm weit über eine Glasplatte laufen und notiere für jedes Tier die benötigte Zeit. Berechne für jedes Tier die Kriechgeschwindigkeit in cm pro Minute und den Mittelwert aller Geschwindigkeiten. Fertige eine Tabelle an:

	Zeit für 20 cm in Sekunden	Geschwindigkeit in cm/s
1. Tier	...	...
2. Tier	...	...
...	...	...

Ermittle das Schneckentempo, indem du berechnest, welche Strecke deine schnellste Schnecke innerhalb einer Stunde zurücklegen würde, wenn sie immer gleich schnell wäre. Wiederhole die Versuchsreihe und verwende als Unterlage statt der Glasplatte Schmirgelpapier. Vergleiche die Ergebnisse der beiden Versuchsreihen.

Sinne

⑦ Untersuche, ob die Schnecke über einen Geruchsinn verfügt. Du hast dazu eine Salzlösung und Essig zur Verfügung.
Welche der beiden Flüssigkeiten eignet sich dazu?
Plane ein Experiment und führe es durch. Notiere deine Beobachtungen und ziehe die Schlussfolgerung.
⑧ Setze deine Schnecke auf einer Glascheibe vor ein Salatblatt. Beobachte sie von unten. Was ist zu sehen? Nimm auch eine Lupe zu Hilfe. Kannst du hören, dass die Schnecke frisst?
⑨ Setze eine Schnecke auf die Glasplatte, ziehe mit einem Deostift einen nicht völlig geschlossenen Kreis mit Radius 5 cm um sie. Wie verhält sich das Tier, wenn es an die mit dem Deostift gezogenen Kreislinie kommt? Beobachte und notiere. Was lässt sich mithilfe dieses Experiments über die Sinne der Schnecke aussagen ?
⑩ Setze eine Schnecke auf ein Brettchen und setze darauf eine schwingenden Stimmgabel. Beobachte das Tier. Welche Schlussfolgerung ist möglich?

Bemerkenswertes

⑪ Die Abbildung unten zeigt eine Schnecke, die über die Schneide eines Messers kriecht. Wie ist es zu erklären, dass sich das Tier dabei nicht verletzt?

Bestimmung von Schnecken

Schnecken bestimmt man meist — ausgenommen Nacktschnecken — anhand der Gehäusemerkmale. Neben Höhe und Breite des Gehäuses ist die Ausbildung des Mundsaums für die Bestimmung wichtig. Manche Gehäuse zeigen einen *Nabel*. Das ist ein kleiner Hohlraum entlang der Spindel zwischen der kleinsten (letzten) Gehäusewindung und der Mündung.
Mit dem nachstehenden Bestimmungsschlüssel kannst du einige einheimische Arten bestimmen.

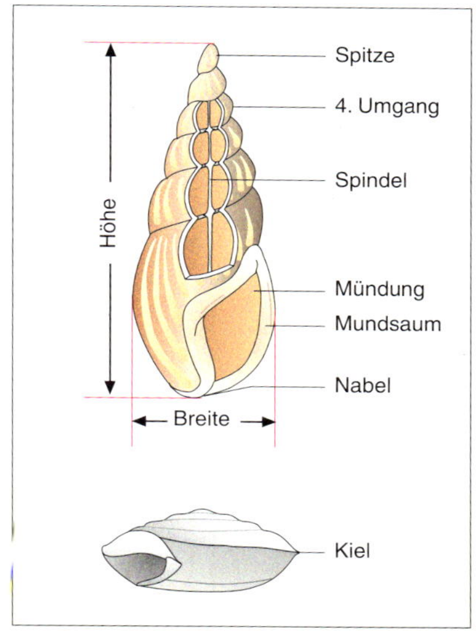

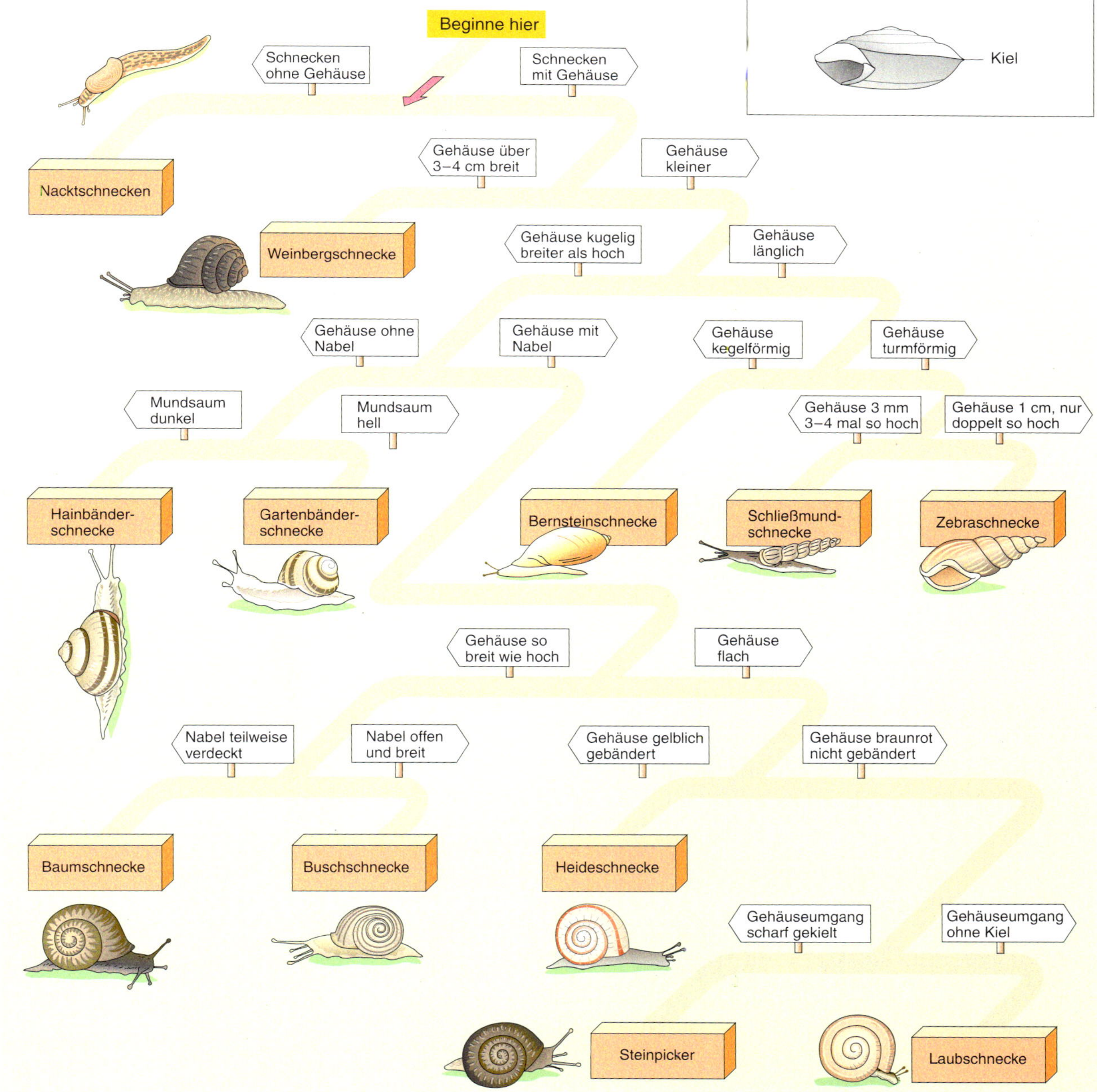

Blüte

Blütenpflanzen

Bau und Leistung

Bestäubung

Befruchtung

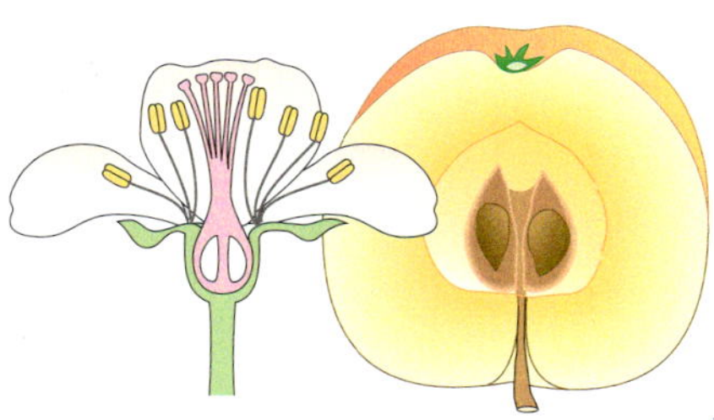

Frucht

„Pflanzen sind langweilig!" Ähnliche Bemerkungen kann man häufig hören, wenn es darum geht, Pflanzenkunde in der Schule zu beginnen. Das mag zwar bei oberflächlicher Betrachtung so erscheinen, denn Pflanzen sind unbeweglich und werden von manchen Menschen deshalb noch nicht einmal für Lebewesen gehalten.

Doch der Schein trügt. Obwohl Pflanzen nur aus wenigen Grundorganen bestehen, zeigen sie doch eine große Vielfalt in der Ausgestaltung von Sprossachse, Blatt und Wurzel. Diese Organe ermöglichen es den Pflanzen, sich zu ernähren, zu wachsen und sich fortzupflanzen. Weißt du, wie das alles geschieht?

Blatt

Spross

Wurzel

Wuchsform

1 Aufbau einer Blütenpflanze

1 Steckbrief des Ackersenfs

Blüte

Die Blüte besteht aus vier grünen, waagerecht abstehenden Kelchblättern, vier gelben Blütenblättern, zwei kurzen und vier langen Staubblättern sowie dem Stempel. Aus der Blüte entwickelt sich die Frucht, eine Schote.

Sprossachse

Der grüne, krautige Stängel, auch Sprossachse genannt, kann etwa 50 cm lang werden. Er ist rundlich, borstig behaart und bei kräftigen Pflanzen stark verzweigt. Der Stängel trägt die Blüten und Blätter.

Blatt

Die länglichen Laubblätter sitzen unregelmäßig am Stängel. Sie sind tief eingebuchtet; der Blattrand ist gezähnt. Die Blattadern verlaufen wie die Fäden eines Netzes. Das Blatt heißt deshalb netzadrig. Die unteren Blätter besitzen nur einen kleinen Blattstiel.

Wurzel

Die Wurzel ist gelblich bis braun gefärbt, niemals grün. Von der dicken Hauptwurzel zweigen viele dünnere Nebenwurzeln ab.

Der Ackersenf — Steckbrief einer Blütenpflanze

Im Unterricht der Grundschule hast du sicherlich schon einige *Blütenpflanzen* und ihren Aufbau kennen gelernt. Am Beispiel des Ackersenfs kannst du nun wiederholen, was du noch weißt.

Blühenden *Ackersenf* kannst du von Mai bis September auf Schuttplätzen, Äckern und an Wegrändern finden. An seinen gelben Blüten ist er leicht zu erkennen. Grabe eine gut entwickelte Pflanze aus und spüle das Erdreich ab. Stelle sie in ein wassergefülltes Glas und notiere alle Einzelheiten, die dir auffallen. So erhältst du den Steckbrief des Ackersenfs, wie er oben abgedruckt ist.

Die *Blüten* sind bei einer Pflanze meist besonders auffällig. Ohne Blüten würdest du den Ackersenf sicher nicht so leicht erkennen. Deshalb wollen wir zunächst den Aufbau der Blüte und ihrer Bestandteile untersuchen. Zum Zergliedern der Blüte benötigst du eine Präpariernadel und eine Pinzette, für das Erkennen von Einzelheiten eine Lupe.

Die Blüte:

eine Kreuzblüte

Der Blütenstand:

eine Traube

Die Frucht:

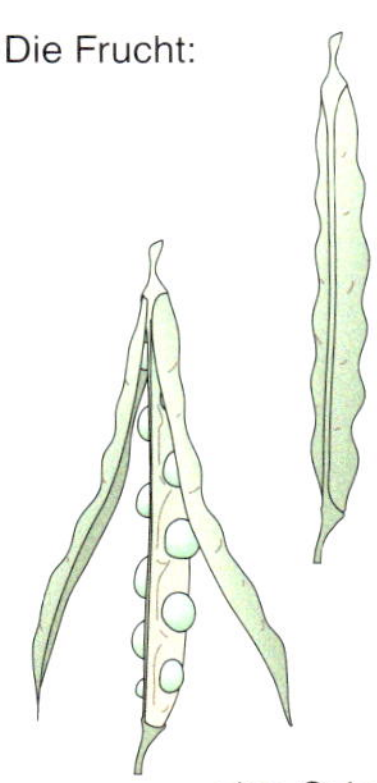

eine Schote

Aufbau einer Blüte

Als äußere Hülle erkennt man an den Blütenknospen vier grüne *Kelchblätter*. Sie umgeben schützend die übrigen Blütenbestandteile. Bei der geöffneten Blüte stehen die Kelchblätter waagerecht ab. Versetzt dazu folgen weiter nach innen vier gelbe *Blütenblätter*, die auch als *Kronblätter* bezeichnet werden. Man kann bei ihnen einen breiten oberen Teil und einen schmalen, nach unten abknickenden Teil unterscheiden.

Auf die Blütenblätter folgen zwei kurze und viele lange *Staubblätter*. Jedes besteht aus dem *Staubfaden* und einem verdickten *Staubbeutel*. Im Mittelpunkt der Blüte befindet sich der keulenförmige *Stempel*. Der obere, schmale Teil des Stempels heißt *Griffel*. Der Stempel endet in der knopfförmigen *Narbe*. Er wird aus zwei miteinander verwachsenen *Fruchtblättern* gebildet. Das wird deutlich, wenn man den Stempel im unteren Drittel, dem *Fruchtknoten*, quer durchschneidet. Dann erkennt man im Inneren zwei getrennte Fächer.

Das Legebild (Abb. 2) und der Blütengrundriss (Abb. 3) zeigen deutlich die Anordnung und Anzahl der einzelnen Blütenbestandteile. Wegen der Form nennt man die Blüte des Ackersenfs eine *Kreuzblüte*. Entsprechend der Anzahl von Kelch- und Blütenblättern bezeichnet man sie als *vierzählig*.

Am Ende eines jeden Triebes sitzen viele kurzgestielte Einzelblüten übereinander. Sie bilden gemeinsam einen *Blütenstand*, der wegen seiner Form *Traube* heißt. Jede Blüte bleibt etwa zwei Tage lang geöffnet. Dann entwickelt sie sich weiter zu einer länglichen Frucht. Wenn diese reif ist, springen die zwei Klappen der Frucht auf, sodass die runden, schwarzen Samen herausfallen können. Eine solche Frucht mit zwei Samenfächern heißt *Schote*.

Aufgaben

1. Zergliedere eine Ackersenfblüte. Klebe die Teile entsprechend Abbildung 2 in dein Heft und beschrifte.
2. Gib für einige Schoten die Anzahl der Samen an. Zähle die Blüten und Früchte an einer gut entwickelten Pflanze. Rechne aus, wie viele Samen diese Pflanze in einem Jahr erzeugen könnte.
3. Schneide eine Knospe quer durch und vergleiche mit dem Blütengrundriss.
4. Versuche herauszubekommen, woraus Senf hergestellt wird und berichte davon.

1 Einzelblüte des Ackersenfs

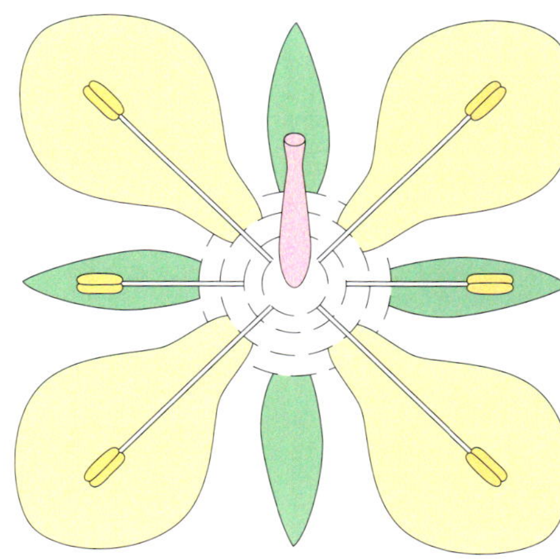

2 Legebild der Ackersenfblüte

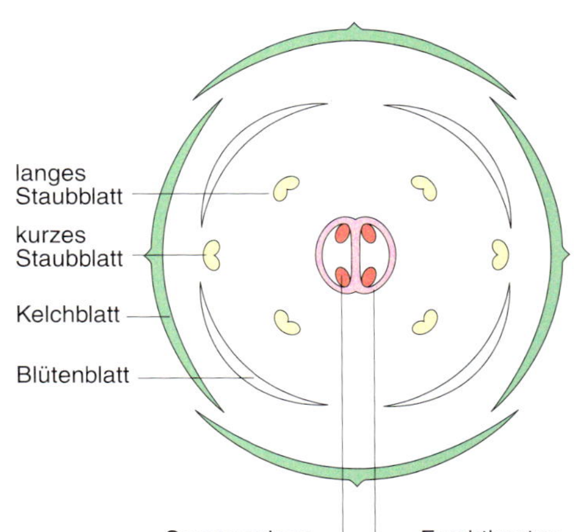

3 Blütengrundriss

Zettelkasten

Wildtulpen

Die Herkunft der Gartentulpe

Die *Gartentulpe* stammt von Wildformen ab, die in den Steppengebieten Vorderasiens beheimatet sind. Aber auch bei uns kommt in Obstgärten und Weinbergen eine weißgelb blühende *Wildtulpe* vor, die unter Naturschutz steht.

In Vorderasien wurde die Tulpe schon vor 4000 Jahren gezüchtet. Später wurde diese Tradition in den Gärten der türkischen Sultane weitergeführt. Ihren Namen verdankt diese Blume der turbanähnlichen Blüte (*Turban* = türk. *tülbend*). Nach Europa kamen die ersten „Turbanblumen" dann im 16. Jahrhundert. Besonders in den Niederlanden begeisterten sich die Menschen für diese Pflanzen und zahlten viel Geld für Zwiebeln einer neuen Sorte. Seither hat die Tulpe in Holland eine neue Heimat gefunden. Viele Menschen dort leben von der Zucht und vom Handel mit Tulpen und Tulpenzwiebeln.

Verschiedene Sorten von Gartentulpen

Die Gartentulpe — ein weiterer Pflanzensteckbrief

Von März bis Mai blühen in Gärten und Parkanlagen die Gartentulpen. Es gibt sie in vielen verschiedenen Sorten, die sich vor allem in Farbe und Form ihrer Blüten, aber auch in der Wuchshöhe unterscheiden. Wir wollen den Bau der Gartentulpe von der Wurzel bis zur Blüte hin beschreiben.

An den hellbraunen *Wurzeln* sind keine Haupt- und Nebenwurzeln zu unterscheiden. Alle Wurzeln sehen gleich aus; sie sind fadenförmig und unverzweigt. Sie entspringen an der Unterseite der Zwiebel.

Oben aus der Zwiebel wächst der runde *Stängel* heraus. Er ist unverzweigt und trägt außer den Blättern die große, auffällig gefärbte Blüte. Die *Laubblätter* sind wechselständig angeordnet. Die Blattadern verlaufen parallel zueinander; solche Blätter nennt man *paralleladrig*. Sie sitzen ohne Stiel direkt am Stängel und umfassen ihn. Bei Regen perlen Wassertropfen auf der wachsüberzogenen Blattoberfläche ab und fließen am Stängel abwärts. So gelangt das Wasser schnell in den Bereich der Wurzeln.

Die Blütenknospe der Gartentulpe ist zunächst grün gefärbt. Wenn die Pflanze zu blühen beginnt, werden alle sechs Blütenblätter farbig. An ihren Rändern überdecken sich die Blütenblätter. Drei von ihnen umhüllen die Blüte von außen; auf Lücke dazwischen stehen die drei inneren. Kelchblätter sind keine vorhanden. Ebenso wie die Blütenblätter, sind auch die sechs Staubblätter in Kreisen zu je drei angeordnet. Die Tulpenblüte heißt wegen dieses Blütengrundrisses *dreizählig*.

Jedes Staubblatt besteht aus Staubfaden und Staubbeutel, in dem sich der *Pollen* (Blütenstaub) befindet. In der Mitte der Blüte steht der *Stempel*. Seine dreizipfelige Narbe sitzt auf einem länglichen Fruchtknoten. Ein deutlicher Griffel fehlt. Wenn man den Fruchtknoten quer durchschneidet, erkennt man, dass der Stempel aus drei Fruchtblättern verwachsen ist. In jedem der drei Fächer befinden sich viele *Samenanlagen*.

Wenn die Tulpe verblüht ist, verdickt sich der Stempel. Aus ihm entsteht die Frucht, eine *Kapsel*. Zur Zeit der Samenreife platzt sie dreiklappig auf und die vielen Samen fallen heraus. Aus ihnen können sich neue Tulpenpflanzen entwickeln.

Untersuchung einer Gartentulpe

Beschreibung der Tulpenpflanze

Besorge dir aus einer Gärtnerei eine vollständige Tulpenpflanze. Spüle anhaftendes Erdreich ab und bearbeite daran die folgenden Aufgaben.

① Beschreibe das Aussehen von Wurzel, Zwiebel, Stängel, Blatt und Blüte möglichst genau. Gib die Anzahl der Blütenbestandteile an.
② Zeichne, ohne die Blüte zu zerlegen, ein Staubblatt und den Stempel. Beschrifte die Teile.
③ Fertige, ähnlich wie beim Ackersenf, einen Steckbrief der Tulpenpflanze an.
④ Benetze die Oberseite eines Laubblattes der Tulpe mit einigen Tropfen Wasser. Beobachte und beschreibe das Verhalten der Wassertropfen. Was kannst du aus dem Ergebnis schließen?
⑤ Reibe mehrmals mit dem Finger über die Blattfläche und wiederhole den Versuch. Beschreibe und deute das Versuchsergebnis.

Der Grundriss der Tulpenblüte

Um den Blütengrundriss der Tulpe zu entwickeln, muss die Blüte zergliedert werden. Gehe dabei folgendermaßen vor.

Lege etwa in der Mitte eines DIN A4-Blattes einen Punkt fest. Schlage um diesen Mittelpunkt vier Kreise mit den Radien 1, 1,5, 2,5 und 3 cm. Halte nun die Blüte senkrecht über den Mittelpunkt und beginne von außen her, ein Blütenblatt nach dem anderen abzuzupfen. Das erste

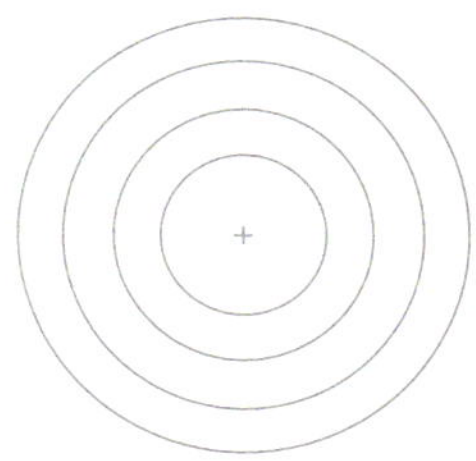

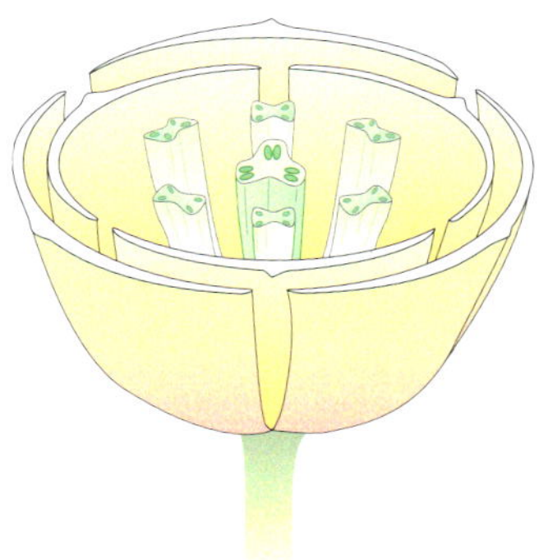

Blatt legst du auf den äußeren Kreis, genau in der Richtung, in der es in der Blüte gestanden hat. Bei dem nächsten verfährst du ebenso, bis alle äußeren Blätter gelegt sind. Dann beginnst du mit dem zweiten Kreis. Es folgen dann in gleicher Weise die Staubblätter. Schneide schließlich den oberen Teil des Stempels ab und lege ihn auf den Mittelpunkt. Achte dabei auf die Richtung der Narbenzipfel.

⑥ Klebe alle Teile mit Klebefolie fest. Du erhältst so das Legebild der Tulpenblüte.
⑦ Stehen die Blütenteile hintereinander oder auf Lücke? Beschreibe genau.
⑧ Schneide den Fruchtknoten mit einem scharfen Messer quer durch. Wie viele Fruchtblätter kannst du erkennen?
⑨ Die Narbenzipfel geben die Lage der Fruchtblätter an. Wie ist ihre Stellung innerhalb des Legebildes?
⑩ Den Blütengrundriss der Tulpe erhältst du, indem du noch einmal die vier Kreise nach dem angegebenen Muster in dein Heft zeichnest. Trage dann die Blüten-, Staub- und Fruchtblätter entsprechend ihrer Lage ein. Verwende folgende Symbole:

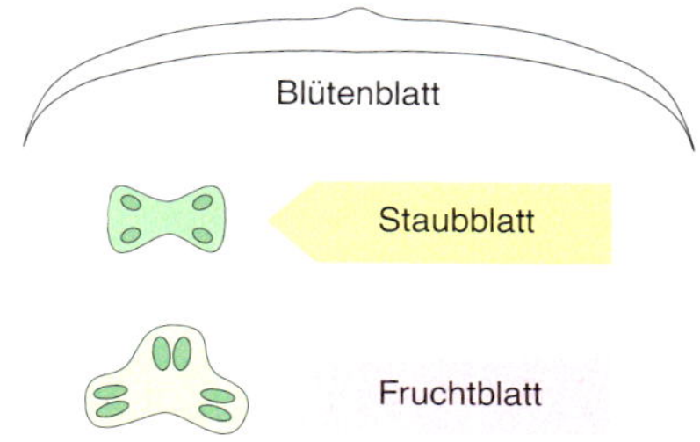

Untersuchung der Zwiebel

Trenne die Zwiebel von deiner Pflanze ab und führe folgende Untersuchungen durch.

⑪ Schneide die Zwiebel längs durch und zeichne, was du erkennst. Vergleiche deine Zeichnung mit der Abbildung und beschrifte entsprechend.

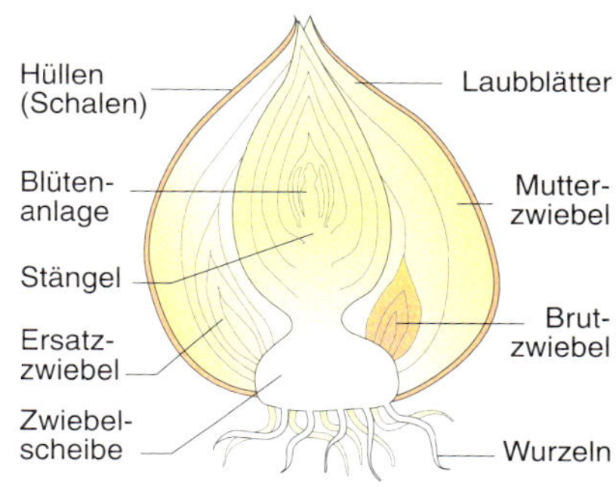

⑫ Bringe einen Tropfen Iodkaliumiodid auf den Längsschnitt. Beschreibe und deute das Ergebnis.
⑬ Die Karikatur gibt einen Hinweis darauf, dass die Zwiebel der Tulpe keine Wurzel ist. Gib an, aus welchen Pflanzenteilen demnach eine Zwiebel besteht.

Die Heckenrose ist ein Strauch

Die *Heckenrose* findet man häufig an sonnigen Wegrändern. Der Strauch wird etwa 2 m hoch und beginnt im Juni zu blühen. Eine Blüte besitzt fünf *Kelchblätter*, auf Lücke dazwischen stehen fünf rosafarbene, herzförmig eingekerbte *Blütenblätter*. Die Blüte ist also *fünfzählig*.

In der Mitte der Blüte erkennt man eine große Zahl *Staubblätter*. Es können bis zu hundert Stück sein. Beim genauen Hinsehen entdeckt man ganz im Inneren viele hellgelbe Fäden. Das sind die *Griffel*, auf denen die Narbe sitzt. Die zugehörigen *Fruchtknoten* liegen versteckt in einem krugförmigen *Blütenboden* und sind von silbrigen Haaren umgeben.

Aus der Blüte entwickeln sich im Herbst die *Sammelfrüchte* der Heckenrose, die *Hagebutten*. In ihrem Innern befindet sich eine Vielzahl kleiner Einzelfrüchte. Das rote Fleisch der Hagebutte ist sehr vitaminreich. Man kann es zu Marmelade verarbeiten oder getrocknet als Tee verwenden.

Das *Blatt* der Heckenrose besitzt einen kurzen *Blattstiel*. An seinem unteren Ende, dem *Blattgrund*, befinden sich kleine *Nebenblätter*. Die *Blattspreite* besteht aus mehreren *Fiederblättchen*; in der Regel sind es sieben, seltener neun oder fünf. Da immer eine ungerade Anzahl Fiederblättchen vorliegt, nennt man das Blatt *unpaarig gefiedert*. Der Rand der Fiederblättchen ist gesägt.

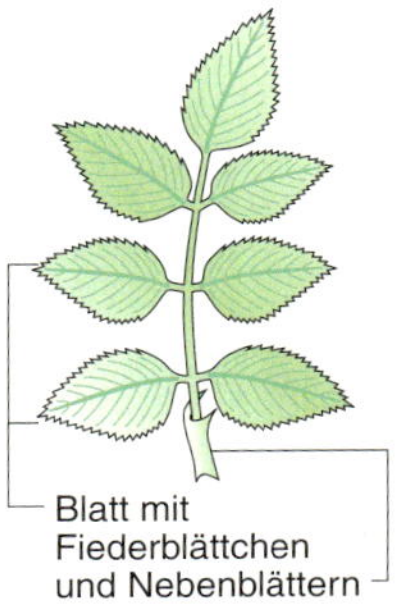

Aufgaben

1. Besorge dir einen blühenden Zweig der Heckenrose. Zeichne eine Blüte und ein Blatt in dein Heft und beschrifte.
2. Zergliedere eine Blüte der Heckenrose und stelle ein Legebild her. Zeichne danach den Blütengrundriss und beschrifte.
3. Gib an, welche Aufgabe die Stacheln der Heckenrose haben können.

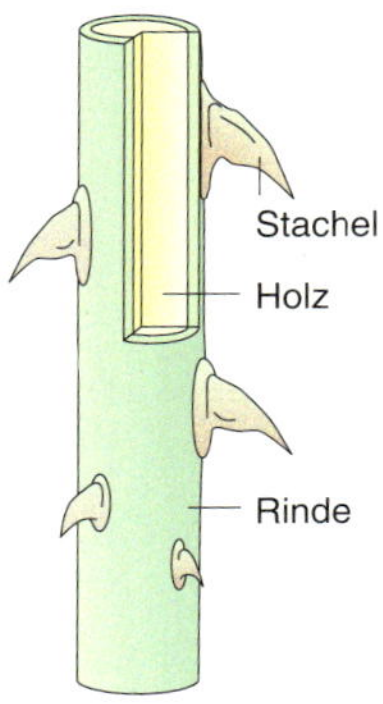

1 Blüten der Heckenrose

2 Hagebutten

Zettelkasten

3 Blühender Weißdorn

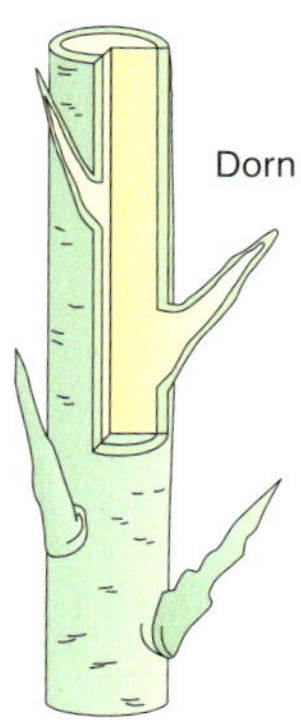

Dorn und Stachel

Auch wenn es in einer oft benutzten Redewendung heißt „Keine Rose ohne Dornen!", so ist dieser Satz falsch, denn eine Rose besitzt keinen einzigen echten Dorn. Die spitzen Auswüchse auf der Rinde der Heckenrose nennt der Biologe Stacheln. Sie lassen sich leicht ablösen und hinterlassen an der Rinde nur eine kleine Narbe. Das Märchen vom „Dornröschen" müsste also eigentlich „Stachelröschen" heißen.

Aufgabe

1. Ein häufig in Hecken vorkommender Strauch ist der *Weißdorn*. Er besitzt Dornen. Beschreibe anhand der Abbildungen in der Mittelspalte und im Kasten den Unterschied zwischen einem Stachel und einem Dorn.

Baum, Strauch und Kraut — Wuchsformen im Vergleich

Pflanzen begegnen dir in vielen verschiedenen Formen: als Apfelbaum, als Rosenstrauch oder als Petersilienkraut. Bäume, Sträucher und Kräuter scheinen auf den ersten Blick kaum Gemeinsamkeiten zu besitzen. Aber der Anschein trügt. Die Grundorgane einer Blütenpflanze, nämlich Wurzel, Sprossachse und Blatt, sind immer gleich, nur ihr Aussehen kann je nach Aufgabe und Lebensraum unterschiedlich sein.

Bäume, Sträucher und Kräuter unterscheiden sich vor allem im Bau der Sprossachse. Je nach Pflanzenart heißt sie auch Stängel, Halm oder Stamm. Bei einem Kraut wird der Spross nicht holzig; er bleibt — wie der Name schon sagt — krautig. Sträucher und Bäume dagegen bilden festes Holz aus. Sie unterscheiden sich allerdings deutlich in ihrer Wuchsform.

Bäume besitzen einen aufrechten Stamm, der die Krone mit den kräftigen Ästen trägt. An den Zweigen entwickeln sich in jedem Jahr neue Triebe mit Blättern und Blüten. So vergrößert sich die Krone fortwährend und auch der Stamm nimmt ständig an Dicke zu. Manche Bäume werden sehr groß und alt. Der Mammutbaum kann 132 m hoch und bis zu 4 000 Jahre alt werden. Der Stammdurchmesser beträgt dann etwa 8 m. Wenn du viermal um diesen Baum herumgelaufen bist, hast du einen Hundertmeterlauf hinter dir. Noch älter, nämlich mehr als 4 500 Jahre alt, wird die Borstenkiefer.

Bei einem Strauch stellen die Spitzen der Zweige ihr Wachstum häufig ein. Die neuen Schösslinge treiben vor allem kurz über dem Boden seitlich an der älteren Pflanze aus. Deshalb besitzen Sträucher meistens viele Stämmchen. So wachsen sie mehr in die Breite und werden nicht so hoch wie Bäume.

Nicht immer muss eine krautige Pflanze klein und eine Holzpflanze groß sein. Es gibt Weidensträucher in den Alpen, die sich nur 1 bis 2 cm über den Erdboden erheben; die Bananenstaude dagegen, die wie ein Baum wirkt, aber unverholzt ist, wird bis zu 5 m hoch.

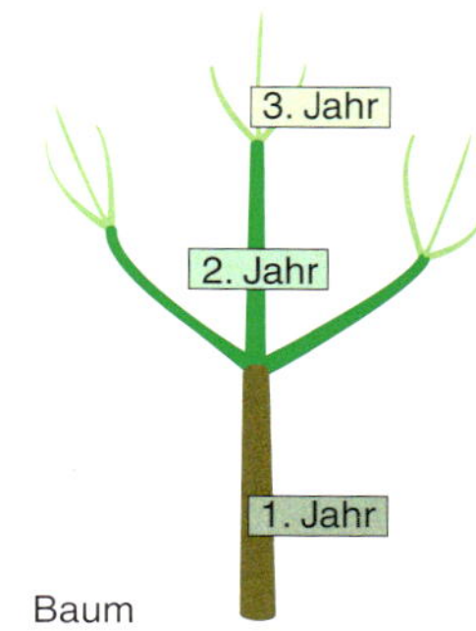

Aufgaben

1. Ein Kirschbaum und ein Heckenrosenstrauch sind 20 cm über dem Boden abgesägt worden. Wird sich wieder ein Baum bzw. ein Strauch entwickeln? Begründe die Antwort.
2. Jemand hat vor 20 Jahren einen Meter über dem Erdboden seinen Namen in die Rinde eines jungen Kirschbaums geritzt. Wo wird er die Buchstaben heute an dem Baumstamm wiederfinden?
3. Ein Roggenhalm hat am Boden einen Durchmesser von 0,5 cm und er ist 1 m hoch. Bei einem Fernsehturm sollen Dicke und Höhe im gleichen Verhältnis stehen. Wie hoch müsste er sein, wenn der untere Durchmesser 25 m beträgt?
4. Manche krautigen Pflanzen — aber nicht alle — werden als Stauden bezeichnet. Versuche herauszubekommen, wann man von einer Staude spricht.

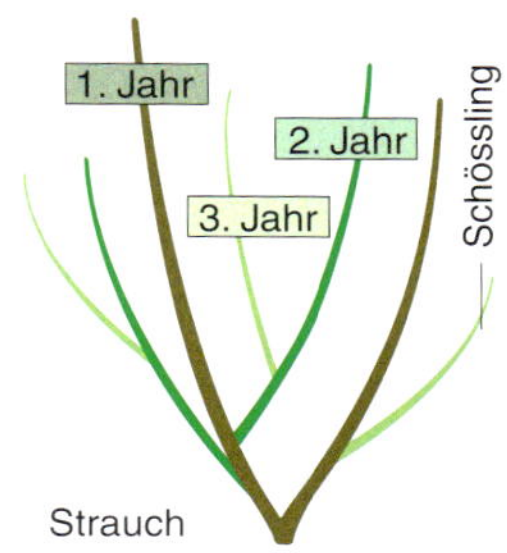

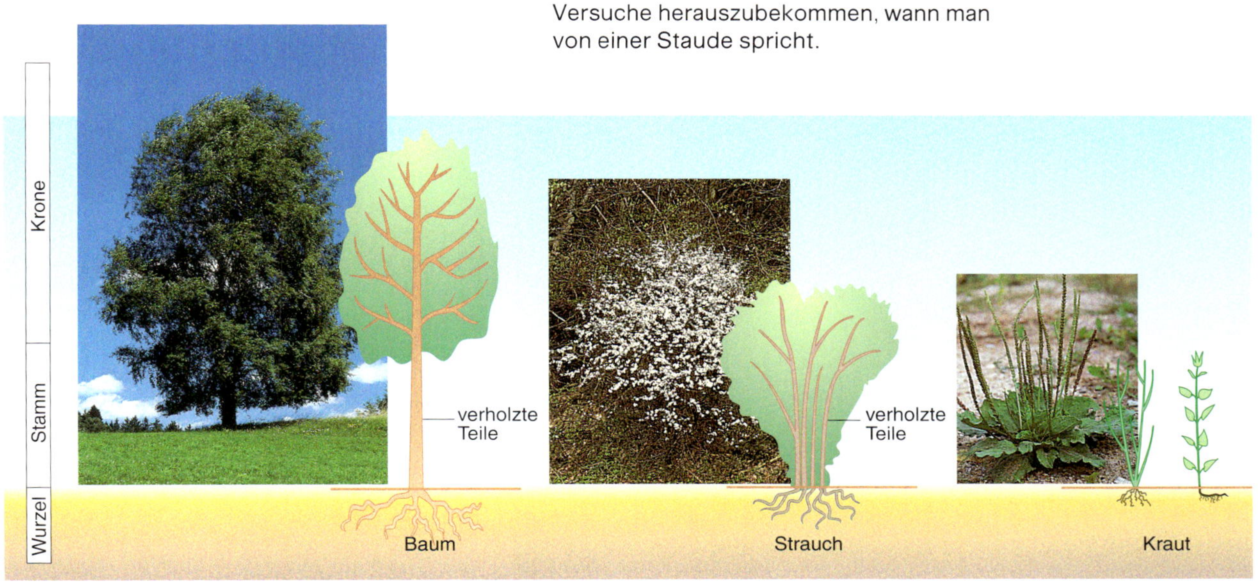

1 Wuchsformen von Baum, Strauch und Kraut im Vergleich

2 Von der Blüte zur Frucht

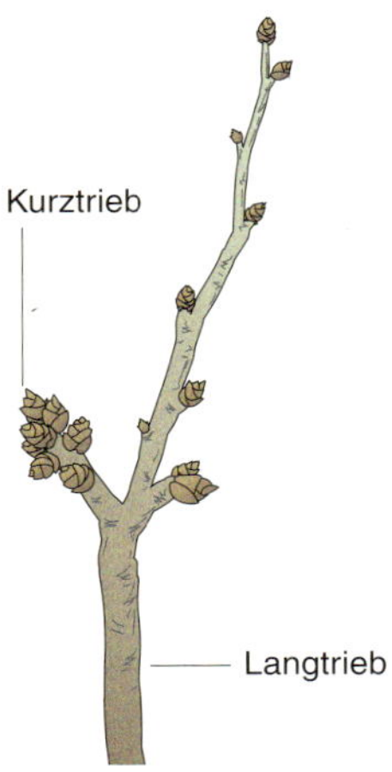

Entwicklung der Kirsche

Herr Knaut ist *Wanderimker*. Er fährt mit seinen Bienenvölkern durchs Land. An blühenden Obstplantagen, Rapsfeldern oder Wiesen baut er seine Bienenstöcke auf. Die Bienen fliegen dann auf Nahrungssuche von Blüte zu Blüte. Er ist überall gern gesehen. Zum Beispiel erhält er von dem Besitzer einer Kirschplantage jährlich eine Prämie, damit er seine Bienenstöcke zwischen den blühenden Bäumen aufstellt. Der Kirschbauer weiß nämlich, dass der Ertrag seiner Bäume vom Blütenbesuch der Bienen abhängt. Eine Schulklasse besucht Herrn Knaut in der Kirschplantage und lässt sich den Zusammenhang erklären.

„Wir wollen uns zunächst einmal den Aufbau der Blüten ansehen," sagt der Imker und schneidet einen Zweig von einem Baum ab. Daran sitzen viele Blüten. Laubblätter sind noch nicht vorhanden. Herr Knaut verteilt einige Blüten zur näheren Betrachtung an die Schüler und erklärt dann weiter: „Die *Winterknospen* stehen in Büscheln an den *Kurztrieben*. Aus jeder dieser Knospen haben sich mehrere lang gestielte Blüten entwickelt. Der grüne Blütenboden ist becherförmig gewölbt. An seinem oberen Rand sitzen fünf grüne Kelchblätter und fünf weiße Blütenblätter. Die Blüte ist also *fünfzählig*. Zwanzig bis dreißig unterschiedlich lange Staubblätter sind mit ihren Staubfäden ebenfalls am Rand des Blütenbodens angewachsen. Ihre Staubbeutel platzen im reifen Zustand und gelber Blütenstaub, *Pollen* genannt, quillt heraus.

In der Mitte der Blüte befindet sich der Stempel. Wenn ihr die Blüte mit dem Fingernagel aufschlitzt, liegt der Stempel frei. Dann erkennt ihr den langen Griffel und die knopfförmige, manchmal klebrige Narbe. Der kugelförmige Fruchtknoten ist vom Blütenboden umhüllt. Hier befindet sich eine zuckerhaltige Flüssigkeit, der *Nektar*, durch den die Bienen zum Blütenbesuch angelockt werden."

„Und jetzt komme ich auf die Frage nach der Entstehung von Früchten zurück," sagt Herr Knaut. „Wenn meine Bienen nämlich Nektar und Pollen sammeln, bleiben im Haarpelz ihres Körpers einige Pollenkörner hängen. Bei der nächsten Blüte streift die Biene zufällig an der klebrigen Narbe entlang und der Blütenstaub bleibt daran haften. Dieser Vorgang, bei dem Pollen auf die Narbe gelangt, heißt **Bestäubung**.

Bis hierhin ist alles noch einfach zu verstehen. Aber das, was nun weiter geschieht, kann man nur unter dem Mikroskop beobachten. Aus jedem *Pollenkorn* wächst ein *Pollenschlauch* heraus. Dieser dringt in das Narbengewebe ein und wächst weiter durch den Griffel bis ins Innere des Fruchtknotens. Hier liegt die *Samenanlage*, in der sich eine *Eizelle* befindet. Der erste Pollenschlauch, der in die Samenanlage eindringt, platzt auf. Dabei wird ein Zellkern frei, der sich mit dem Kern der Eizelle vereinigt. Dieser Vorgang heißt **Befruchtung**."

Herr Knaut hält inne, um sich zu vergewissern, ob die Schüler alles richtig verstanden haben. Dann fährt er fort: „Erst jetzt, nachdem die Befruchtung erfolgt ist, entwickelt sich eine *Kirsche*. Die Blütenblätter welken

1 In einer Kirschplantage

2 Honigbiene vor einer Kirschblüte

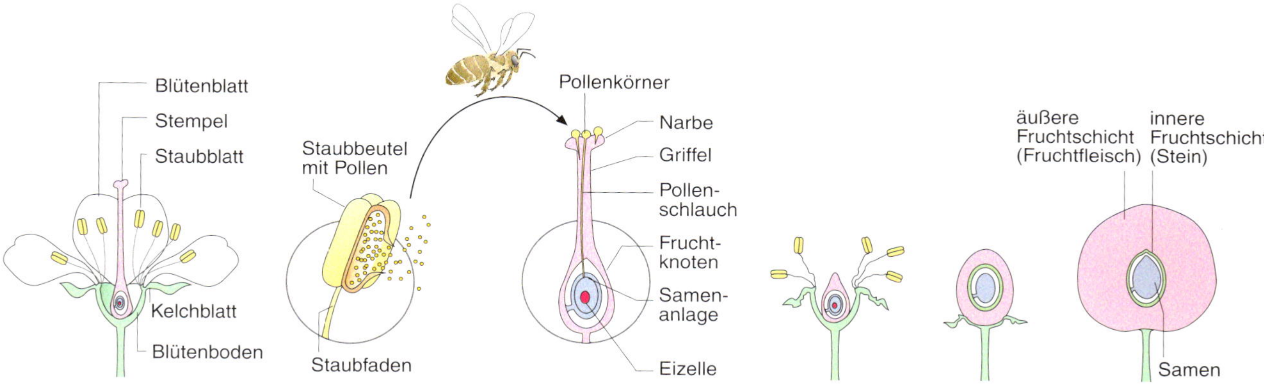

1 Von der Blüte zur Frucht: Bestäubung, Befruchtung und Fruchtentwicklung bei der Kirsche

2 Kirschblüten

3 Unreife Früchte

4 Reife Früchte

und der grüne Fruchtknoten schwillt gewaltig an. Der becherförmige Teil des Blütenbodens wird gesprengt und fällt mitsamt den eingetrockneten Kelch- und Staubblättern ab. Die *Frucht* reift heran. Aus der Wand des Fruchtknotens entsteht sowohl das rote *Fruchtfleisch* als auch der harte *Kirschstein*. Aus der Samenanlage mit der befruchteten Eizelle wird der *Samen*, der sich im Inneren des Steines befindet. Wenn die reife Kirsche zu Boden fällt, kann der Samen im nächsten Frühjahr auskeimen und zu einem neuen Kirschbaum heranwachsen.

Ihr seht also, dass Bestäubung und Befruchtung der Fortpflanzung dienen. Das Staubblatt mit dem Pollen ist das männliche, der Stempel mit Samenanlage und Eizelle das weibliche Fortpflanzungsorgan. Da sich in der Kirschblüte männliche und weibliche Organe befinden, heißt die Blüte *zweigeschlechtig* oder *zwittrig* (S. 278).

Ihr könntet nun einwenden, dass die Bienen für die Bestäubung einer Zwitterblüte gar nicht notwendig sind, weil sie sich doch selbst bestäuben könnte. Weit gefehlt! Ihr müsst nämlich wissen, dass in jeder einzelnen Kirschblüte zunächst die Narbe klebrig ist, d. h. die Eizelle ist dann reif: Die Staubbeutel sind zu dieser Zeit noch geschlossen; der Pollen reift später heran. Es muss deshalb eine *Fremdbestäubung* erfolgen. Den besten Ertrag erhält man, wenn die Blüten eines Kirschbaumes durch Pollen eines anderen bestäubt werden."

Herr Knaut merkt, dass seinen Zuhörern der Kopf von den vielen Begriffen brummt. Er lässt sich von den Schülern alles noch einmal wiederholen und schließt dann seinen Vortrag mit den Worten: „Nun vergesst ihr hoffentlich nicht mehr, wie meine Bienen dazu beitragen, dass ihr im Sommer Kirschen essen könnt."

Aufgaben

① Zeichne einen Längsschnitt durch die Kirschblüte in dein Heft. Beschrifte deine Zeichnung.
② Erkläre anhand von Abbildung 1 die Vorgänge bei Bestäubung, Befruchtung und Fruchtentwicklung.

1 Karthäusernelke

2 Goldnessel

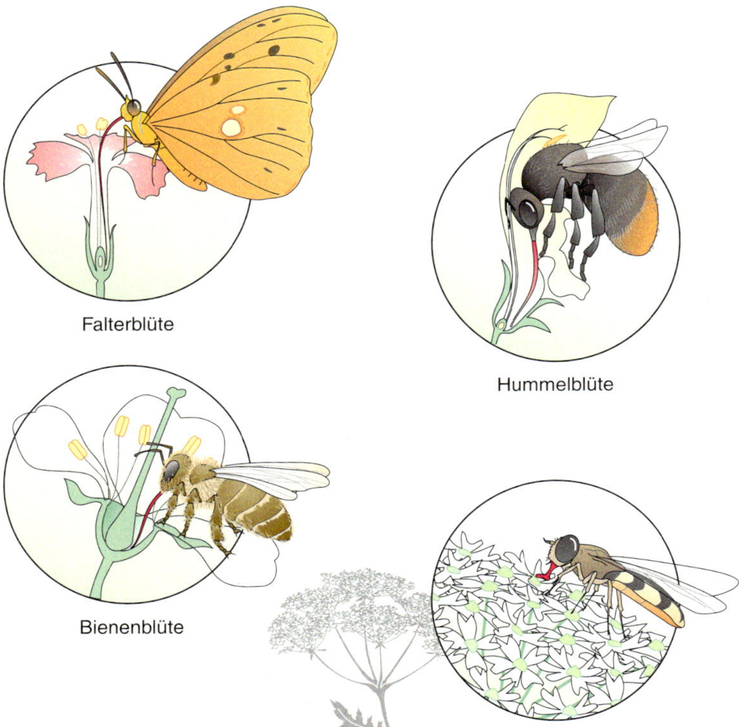

3 Bestäubung unterschiedlicher Blüten durch Insekten

4 Schlehdorn

5 Bärenklau

Formen der Bestäubung

Bei vielen Pflanzen verhält es sich ähnlich wie bei der Kirsche: nur *Fremdbestäubung* führt mit Sicherheit zu Befruchtung und Samenbildung. Deshalb müssen die unbeweglichen Pollenkörner von einer Pflanze zur anderen transportiert werden. Es nützt aber nichts, wenn Pollen einer Taubnessel auf der Narbe einer Karthäusernelke landet oder umgekehrt. Die Befruchtung ist nämlich nur innerhalb einer Pflanzenart möglich. Doch wie wird das erreicht?

Insekten helfen bei der Bestäubung

Es fällt auf, dass viele Insekten nur an ganz bestimmten Pflanzenarten anzutreffen sind; sie sind *blütenstet*. Einige Beispiele sollen verdeutlichen, wie Insekten und Blüten einander angepasst sind.

Die *Karthäusernelke* wird von verschiedenen *Tagfaltern* besucht. Die Blütenröhre der Karthäusernelke ist sehr lang gestreckt. Der enge Innenraum ist von Staubfäden und dem Stempel so dicht erfüllt, dass nur ein sehr langer und dünner Saugrüssel bis zum Blütengrund und damit zum Nektar vordringen kann. Solch einen langen Saugrüssel besitzen nur die Schmetterlinge.

Die *Goldnessel* bietet durch ihre Blütenform einen guten Landeplatz für eine *Hummel*. Während das Insekt mit seinem langen Saugrüssel in der Tiefe der Blütenröhre nach Nektar sucht, streift es mit seinem pelzigen Rücken an den Staubbeuteln entlang und wird mit Pollen eingepudert. Die nächste Blüte kann nun damit bestäubt werden.

Der *Schlehdorn* besitzt wie die Kirsche eine Blüte, die besonders *Bienen* anlockt. Auf den radförmig ausgebreiteten Blütenblättern können diese Insekten landen. Der Blütenboden ist nur wenig eingesenkt. Dadurch erreichen Bienen mit ihrem kurzen Rüssel den dort gebildeten Nektar. Die vielen Staubblätter werden dabei zur Seite gebogen und Pollen bleibt am haarigen Körper der Insekten haften. Gleichzeitig kann die Narbe durch den bereits mitgebrachten Pollen bestäubt werden.

Der *Bärenklau* lockt durch den uns unangenehmen, aasähnlichen Geruch seiner Blüten vor allem *Fliegen* und *Käfer* an. Diese Insekten besitzen zwar nur kurze Mundwerkzeuge, aber der Nektar liegt hier auch leicht zugänglich wie auf einem flachen Teller (S. 276).

Die *Salweide* blüht im Vorfrühling und wird hauptsächlich durch *Bienen* bestäubt. Ihre unscheinbaren Blüten sind zu einem Blütenstand, dem *Kätzchen*, vereinigt. Es gibt gelb blühende männliche und grüne weibliche Kätzchen. Die Blüten der Salweide sind also nicht zwittrig, sondern *getrenntgeschlechtlich*. Die männliche Einzelblüte besitzt auf einem schuppenförmigen Blättchen zwei Staubblätter, die weibliche einen Stempel. Kelch- und Blütenblätter fehlen.

Bei der Salweide sitzen die beiden Geschlechter auf verschiedenen Sträuchern; eine Pflanze ist also entweder männlich oder weiblich. Die Salweide ist *zweihäusig* (S. 278). Im Frühjahr kann man die Sträucher von weitem an ihren gelblichen bzw. grünlichen Kätzchen unterscheiden. Ihr Nektar und Pollen gehören zur ersten Bienennahrung im Jahr. Deshalb soll man blühende Weidenzweige nicht mutwillig abbrechen.

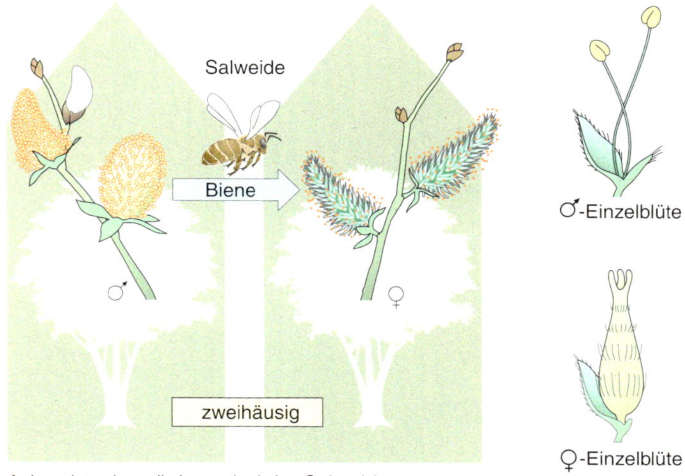

1 Insektenbestäubung bei der Salweide

Aufgaben

① Wiederhole anhand der Abbildung 204. 3, wie Blütenform und Insekt einander angepasst sind.

② Achte bei blühenden Pflanzen darauf, von welchen Insekten sie besucht werden. Schreibe die Pflanzennamen auf und ordne nach Falter-, Hummel-, Bienen- oder Fliegenblüten.

③ Den Haselstrauch bezeichnet man als einhäusig, seine Blüten als getrenntgeschlechtig. Erkläre beide Begriffe.

④ Besorge dir Pollen von verschiedenen Pflanzen. Mikroskopiere und zeichne einige Pollenkörner. Schreibe den Namen der Pflanze dazu.

Bestäubung durch den Wind

Ende Februar lockern sich die bräunlichen Kätzchen des *Haselstrauches* und entlassen bei der kleinsten Windbewegung ganze Wolken von gelbem Blütenstaub. Wenn wir ein Kätzchen untersuchen, so finden wir in regelmäßiger Anordnung drei Schuppenblättchen und darunter acht Staubbeutel. Stempel sind im ganzen Blütenstand nicht vorhanden. Die weiblichen Blüten entdecken wir, getrennt von den männlichen, am gleichen Strauch. Sie sind nur an den roten klebrigen Narbenzipfeln zu erkennen, die aus der Spitze einiger Knospen herausragen. Die zugehörigen Fruchtknoten liegen im Inneren der Knospe.

Die *Bestäubung* erfolgt beim Haselstrauch nicht durch Insekten, sondern durch den *Wind*. Das ist möglich, weil Haselpollen sehr trocken und leicht sind und deshalb kilometerweit verweht werden können. Die *Windbestäubung* wird zusätzlich dadurch gesichert, dass die Hasel blüht, bevor sich ihre Laubblätter entwickeln und den Pollenflug behindern. Aus dem gleichen Grund sind die Narben besonders groß und klebrig. Außerdem bildet die Hasel gewaltige Mengen an Pollen: mehr als 2 Millionen Pollenkörner kommen auf eine einzige Eizelle.

Nicht nur durch Insekten oder Wind werden Pollen übertragen. In tropischen Gebieten können manche Pflanzen auch von Kolibris, Nektarvögeln oder Fledermäusen bestäubt werden.

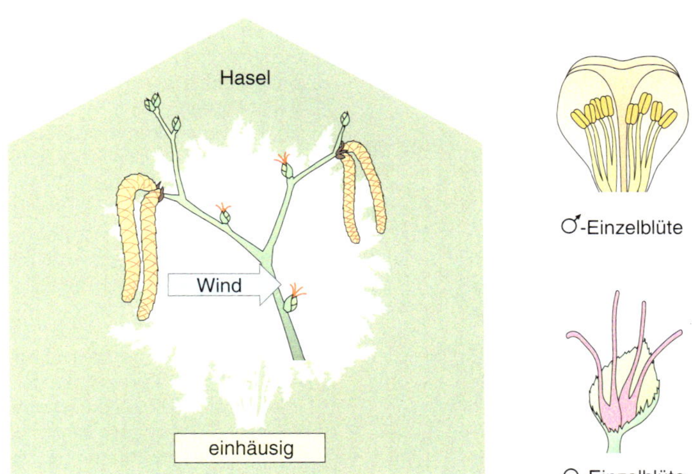

2 Windbestäubung bei der Hasel

Beziehungen zwischen Blüte und Insekt

Insekten sind wichtige Helfer bei der Bestäubung der Pflanzen. Damit das gut funktioniert, besitzen sowohl die Insekten als auch umgekehrt die Pflanzen entsprechende Einrichtungen.

Die Pollenpumpe der Lupine

Von den fünf Blütenblättern der **Lupine** sind zwei schiffchenförmig miteinander verwachsen. An ihrer Spitze befindet sich eine kleine Öffnung, an der die Staubbeutel ihren Pollen entleeren. Wenn eine Hummel beim Blütenbesuch darauf drückt, pressen die kolbenförmig verdickten Staubfäden den Blütenstaub gegen den Bauch des Tieres. Wenn der gesamte Pollen abgeholt ist, wächst der Griffel aus der Öffnung und kann mit fremden Pollen bestäubt werden.

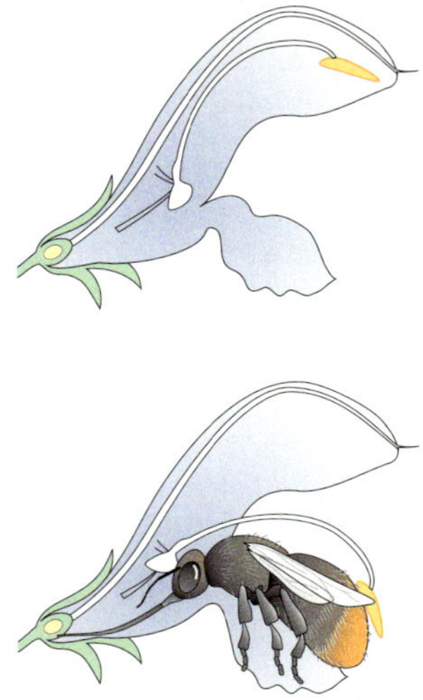

Der Schlagbaum des Wiesensalbeis

Beim **Wiesensalbei** sind die Blütenblätter, die in einem fünfzipfeligen Kelch sitzen, miteinander verwachsen. Sie erinnern in ihrer Form an zwei Lippen. Man spricht deshalb von einer *Lippenblüte*. Bei einer jungen Blüte ragt nur das Griffelende mit der zweizipfeligen Narbe unter der Oberlippe hervor. Auf der Unterlippe landen häufig Bienen oder Hummeln. Um an den Nektar zu gelangen, drängen sie ihren Kopf ins Innere der Blütenblattröhre. Wie von Zauberhand bewegt, schlagen plötzlich die beiden Staubblätter, die bisher unter der helmförmigen Oberlippe verborgen waren, wie ein Schlagbaum auf den Rücken des Insekts und pudern es mit Pollen ein.

Für den Beobachter unsichtbar, geschieht im Innern der Blüte Folgendes: Der Saugrüssel des Insekts kann nicht ungehindert zum Nektar gelangen. Er muss links und rechts eine Platte, die leicht beweglich am Staubfaden befestigt ist, nach hinten wegdrücken. Der Staubbeutel sitzt am oberen Ende eines langen Hebels und ist so mit der Platte verbunden. Die Bewegungen des Insekts übertragen sich auf den Hebel und setzen so den Schlagbaummechanismus in Bewegung.

Ältere Blüten stäuben nicht mehr. Bei ihnen ist der Griffel in die Länge gewachsen und ragt weit aus der Oberlippe heraus. Die beiden Narbenenden haben sich gespreizt. Erst in diesem Zustand kann die Narbe bestäubt werden. Auf diese Weise wird Selbstbestäubung vermieden.

Bewegliche Staubblätter beim Sauerdorn

Die gelben Blüten des **Sauerdorns**, auch *Berberitze genannt,* erscheinen im Mai. Die Blütenblätter und die Staubblätter sind wie eine kleine Schüssel geöffnet. Am Blütenboden befindet sich Nektar, der vor allem

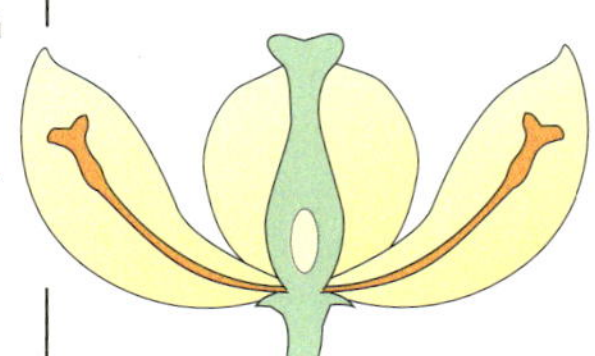

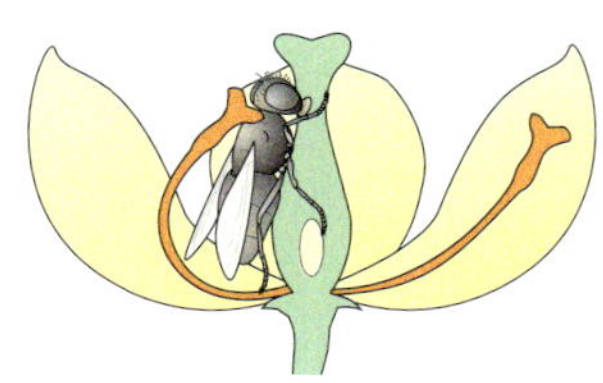

Fliegen anlockt. Berührt ein Insekt die Ansatzstelle der Staubblätter, dann klappen sie nach innen und bepudern das Tier. So wird der Pollen sicher zur nächsten Blüte mitgenommen. Reizbare Staubblätter besitzt auch die bei uns leider selten gewordene Kornblume. Bei Berührung zieht sie die ganze Staubblattröhre zusammen. Die mit Pollen beladene Griffelspitze schiebt sich heraus und drückt den Blütenstaub gegen das auf ihr sitzende Insekt.

Die Pollenbürste der Glockenblume

Bei der **Rundblättrigen Glockenblume** reifen die Staubbeutel schon in der Knospe. Sie liegen dem Griffel dicht an und platzen auf. Wenn der behaarte Griffel in die Länge wächst, bürstet er die Pollen heraus. Jetzt können Insekten den Pollen abholen. Deshalb ist bei der vollständig entwickelten Blüte kaum noch Blütenstaub zu finden. Erst zu diesem Zeitpunkt spreizen sich die drei Teile der Narbe nach außen und können mit Pollen bestäubt werden, den Insekten von jungen Blüten mitbringen.

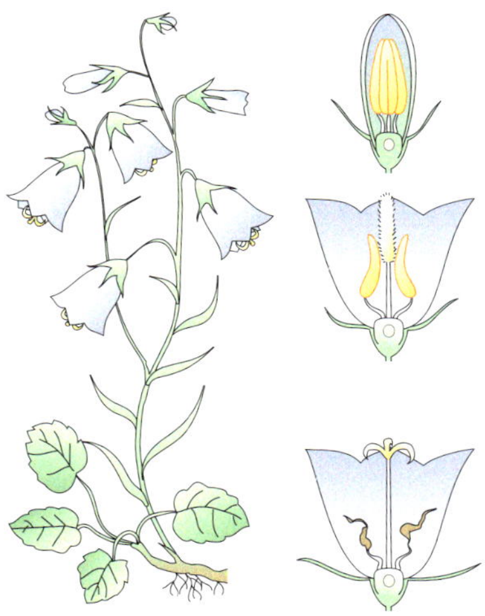

Die Schlüsselblume — Bestäubung in verschiedenen Etagen

Die gelben Blütenröhren der **Schlüsselblume** werden von Schmetterlingen und langrüsseligen Hummeln besucht. Wenn man einige Pflanzen untersucht, kann man eine Überraschung erleben. Es gibt nämlich zwei verschiedene Blüten.

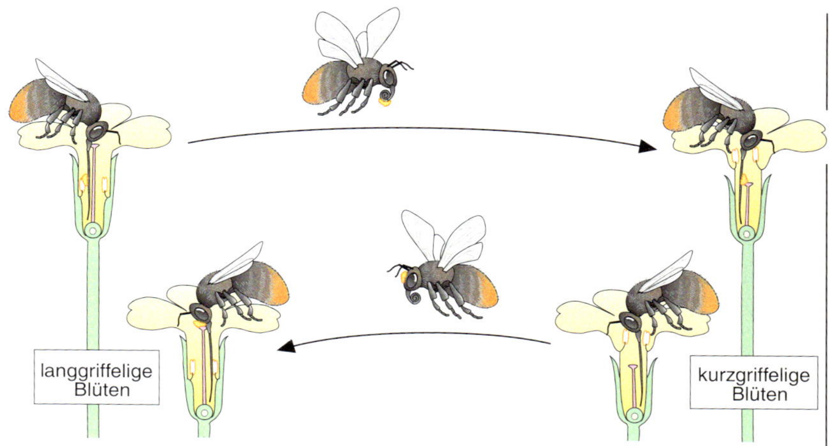

Ein Teil der Blüten besitzt einen kurzen Griffel und die fünf Staubblätter sind am oberen Rand der Blütenröhre angewachsen. Bei anderen Blüten ist der Griffel so lang, dass die Narbe aus der Blütenröhre herausragt. Die Staubblätter sitzen hier eine Etage tiefer. Landet eine Hummel auf einer kurzgriffligen Blüte, um am Grund der Blütenröhre nach Nektar zu suchen, so bleibt Pollen von den hoch sitzenden Staubbeuteln an ihrem Kopf haften. Fliegt sie weiter zu einer langgriffligen Blüte, so wird dieser Blütenstaub auf der herausragenden Narbe abgeladen. Dabei nimmt das Insekt wiederum Pollen mit, diesmal an seinem Saugrüssel. Dieser muss nämlich bei der Suche nach Nektar tief in die Blütenröhre hineingesenkt werden. Bei weiteren Blütenbesuchen streift das Insekt diesen Pollen auf der Narbe einer Blüte mit kurzem Griffel ab. So wird durch die verschiedenen Griffellängen Fremdbestäubung gesichert.

Die Gleitfalle des Aronstabs

Der Kolben des Aronstabs riecht wie Kot oder Aas und lockt dadurch Fliegen und Käfer an. Das Hüllblatt und der Kolben sind glattwandig. Insekten, die darauf zu landen versuchen, gleiten ab und rutschen in den Kessel. Hier befinden sich, getrennt übereinander, männliche und weibliche Blütenstände. Anfangs, wenn der Kolben besonders stinkt, sind nur die weiblichen Blüten reif. Hineinfallende Fliegen können mitgebrachten Pollen auf den weißlichen Narben abladen. Ein schleimiger Saft, der am Grund der Blüten abgeschieden wird, dient den Insekten als Nahrung. Das ist nötig, denn die glatten Wände und eine Vielzahl von Sperrborsten halten die Tiere einige Zeit gefangen.

Ein bis zwei Tage später trocknen die Narben und die Sperrborsten welken. Gleichzeitig öffnen sich die Staubbeutel und die Fliegen und Käfer werden mit Pollen eingestäubt. Jetzt wird auch die glatte Wand des Kessels für die eingesperrten Insekten wieder begehbar und sie können entweichen. In der Nähe lockt dann oft schon die nächste Gleitfalle zur Bestäubung.

Diese Beispiele zeigen, wie Blüte und Insekt wechselseitig aneinander angepasst sind, sei es durch die Blütenform oder durch den Duft, der nur bestimmte Insekten anlockt. Der Vorteil für die Pflanze liegt in der Sicherung ihrer Bestäubung, das Insekt erhält für den Pollentransport eine nahrhafte Belohnung. Je genauer die Partner dabei ihre Aufgabe erfüllen, desto besser ist dieses **Prinzip der Wechselwirkung** für beide (S. 276).

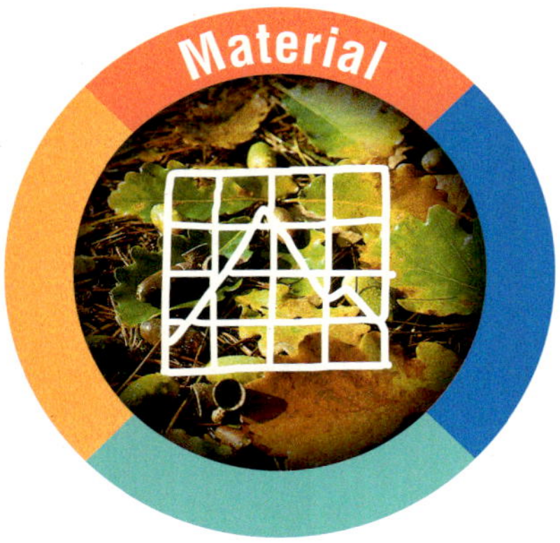

Früchte- und Samenverbreitung

Die Vogelinsel Memmert liegt vor der ostfriesischen Küste zwischen Juist und Borkum. Sie wird nur von einem Vogelwärter bewohnt. Im 19. Jahrhundert war diese Insel noch eine öde Sandbank. Mit Beginn des 20. Jahrhunderts ist es gelungen, durch das Anpflanzen von Strandhafer die Dünen zu befestigen. Seit 1888 beobachtete und zählte man die Pflanzenarten, die sich nach und nach ohne Eingriff des Menschen auf der Insel ansiedelten.

Jahr	Artenzahl
1888	6
1890	16
1891	32
1895	79
1900	100
1910	190
1920	284
1955	360

Aufgaben

① Welche Aussagen kann man anhand der Tabelle machen?

② Memmert liegt 13 km vom Festland entfernt. Nenne Möglichkeiten, wie die Pflanzenarten auf die Insel gelangt sein könnten.

Ahornfrüchte werden zunächst unversehrt aus einer Höhe von 5 Metern fallengelassen. Die Fallzeit und die waagerechte Entfernung vom Startpunkt bis zum Auftreffen auf dem Boden (Driftstrecke) werden gemessen. Danach werden die Flugeinrichtungen der Samen entfernt und das Experiment wird wiederholt. Beides wird einmal bei Windstille und einmal bei kräftigem Wind durchgeführt.

Aufgaben

③ Beschreibe anhand der nebenstehenden Tabelle das Ergebnis der Versuche und begründe die Unterschiede.

④ Plane selbst ähnliche Versuche.

Es gibt eine Vielzahl von Möglichkeiten, wie Früchte und Samen verbreitet werden. Die nebenstehende Abbildung zeigt einige Früchte, die du sicher schon einmal gesehen hast.

Aufgaben

⑤ Beschreibe das Aussehen der Früchte und äußere begründet Vermutungen über die Art ihrer Verbreitung.

⑥ Lies die Seite 209 durch und gib an, wie eine Frucht wegen ihrer Verbreitungsform mit dem Fachbegriff genannt wird.

⑦ Fertige dann eine Tabelle nach folgendem Muster an:

Name der Pflanze	Form der Verbreitung	Art der Frucht
Linde	Windverbreitung	Schraubenflieger
Eiche		
Pappel		

⑧ Samen hoher Bäume und Wiesenpflanzen werden häufig durch den Wind verbreitet, dagegen sind bei Sträuchern und niedrigen Bäumen eher Lockfrüchte anzutreffen. Gib an, welche Gründe das haben könnte.

Die unten stehende Abbildung gibt an, wie viele Samen einer Pflanzenart ein Gramm wiegen. Beachte, dass es sich bei den genannten Beispielen nicht um die Masse der ganzen Frucht handelt, sondern dass nur die Massen für einen einzelnen Samen angegeben ist.

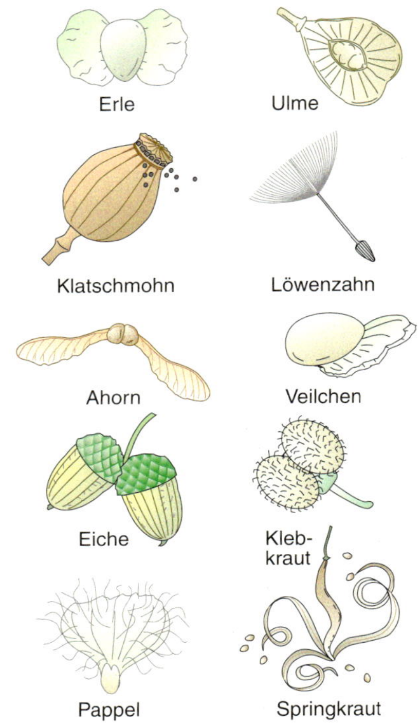

Aufgaben

⑨ Erkennst du einen Zusammenhang zwischen der Masse eines Samens und der Verbreitungsart?

⑩ Berechne, welche Masse 1000 Samen der genannten Pflanzenarten haben. Man bezeichnet diesen Wert als das „Tausendkorn-Gewicht“.

⑪ Eine Bohnenhülse enthält etwa zehn Samen, die Frucht einer Orchidee dagegen fast eine Million. Worin können deiner Meinung nach Gründe für diesen Unterschied liegen?

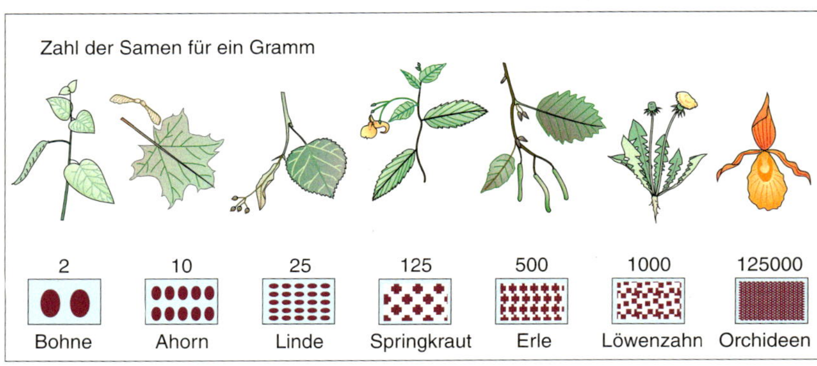

Pflanzenart Ahorn	Fallzeit (in s) ganze Frucht	Fallzeit (in s) Samen allein	Driftstrecke (in m) ganze Frucht	Driftstrecke (in m) Samen allein
bei Windstille	5,8	1,1	2,30	0,06
bei starkem Wind	11,1	1,9	15,30	1,05

Fallzeit und Driftstrecke von Samen bei unterschiedlichen Windverhältnissen

Verbreitung von Früchten und Samen

Wenn ihr im Schulgarten arbeitet, ärgert ihr euch sicher manchmal, dass in den Beeten Pflanzen keimen, die niemand gesät hat. Wo kommen ihre Samen her? Einige habt ihr selbst mitgebracht, ohne es zu wissen. Der Vogelknöterich zum Beispiel besitzt *Haftfrüchte*. Sie sind bei Nässe klebrig und können an den Schuhen hängen bleiben und dadurch verschleppt werden. Es gibt allerdings noch viele andere Möglichkeiten, wie Früchte und Samen verbreitet werden können.

Verbreitung durch Tiere: Manche Pflanzen besitzen auffällig gefärbte Früchte. Diese *Lockfrüchte* werden vor allem von Vögeln gefressen. Die unverdaulichen Samen werden später mit dem Kot wieder ausgeschieden und können — weit entfernt von der Mutterpflanze und gut gedüngt durch den Vogelkot — keimen. Schneeball, Holunder und Eberesche besitzen solche Lockfrüchte. Bucheckern, Eicheln, Kastanien und Haselnüsse sind *Trockenfrüchte*. Sie dienen zum Beispiel Eichhörnchen und Siebenschläfer als Nahrung. Beim Sammeln verlieren sie einige davon und verbreiten so die Samen. Auch Ameisen sind an der Verbreitung von Pflanzen beteiligt. Schöllkraut, Veilchen und Taubnessel besitzen *Ameisenfrüchte*. Ein kleines, fetthaltiges Anhängsel lockt die Tiere bei der Nahrungssuche an. Dabei werden die Samen verschleppt. Die *Klettfrüchte* des Labkrauts und der Klette besitzen hakenförmige Fortsätze, die sich im Fell von Säugetieren oder im Gefieder von Vögeln verfangen. So reisen die Früchte als ,,blinde Passagiere" mit (S. 276).

Flugsamen von Zanonia (Originalgröße)

1 Eine Singdrossel frisst die Lockfrüchte vom Schneeballstrauch

Verbreitung durch den Wind: Viele Samen oder Früchte haben gute Flugeigenschaften. Die Samen des Klatschmohns sind *Körnchenflieger*. In der reifen Frucht liegen sie wie in einem Salzstreuer. Bei trockenem Wetter bläst der Wind die Samen aus der schwankenden Kapsel heraus. Besonders leicht sind die Samen einiger Orchideen, die deshalb als *Staubflieger* bezeichnet werden. Die Früchte von Ulme und Birke sind kleinen fliegenden Untertassen vergleichbar. Wegen ihrer Form heißen sie *Scheibenflieger*. Bei den *Schraubenfliegern* von Ahorn, Hainbuche, Linde oder Kiefer bewegen sich die Früchte wie Propeller durch die Luft und legen so größere Strecken zurück. Die Samen der mit unserem Kürbis verwandten tropischen Pflanze Zanonia besitzen große, flügelförmige Tragflächen, die sie zu *Gleitfliegern* machen. Auch haarähnliche Fortsätze ermöglichen vielen Früchten ein langes Schweben in der Luft. Die Früchte der Waldrebe sind *Federschweifflieger*. Weide und Pappel besitzen *Schopfflieger*. Bei ihnen sind die Früchte wie von einem Haarschopf umgeben. Die ,,Pusteblume" des Löwenzahns ist jedem bekannt. Diese *Schirmflieger* sind die Fallschirmspringer unter den Früchten.

Selbstverbreitung von Früchten: Aus den gelben Blüten des Springkrautes entwickeln sich *Schleuderfrüchte*. Wenn man eine reife Kapsel berührt, rollen sich die fünf Fruchtblätter so schnell ein, dass die Samen drei bis fünf Meter weit weggeschleudert werden. Bei Ginster und Hornklee platzen die Hülsen manchmal mit einem vernehmlichen Knall auf. Die Fruchtblätter rollen sich spiralig auf und schleudern die Samen aus.

Verbreitung durch Wasser: Wasser- bzw. Uferpflanzen wie Seerose und Erle besitzen *Schwimmsamen*. Luftgefüllte Hohlräume verhindern das Untergehen und sie können durch die Wasserströmung sehr weit verbreitet werden. Die Kokospalme ist dank ihrer *Schwimmfrüchte* auf den entlegensten Inseln der Südsee anzutreffen.

Aufgaben

① Sammle Früchte und Samen und ordne sie nach der Art ihrer Verbreitung.

② In Nordamerika wurde der Breitwegerich von europäischen Siedlern eingeschleppt. Erkläre, warum die Indianer die fremde Pflanze „Fußstapfen des Weißen Mannes" nannten.

Früchte

Wenn die Samen heranreifen, verändert sich das Aussehen der Blüte. Aus dem Fruchtknoten entwickelt sich die Frucht. Bei einer Schließfrucht (*Nuss, Beere, Steinfrucht*) bleiben die Samen in der reifen Frucht eingeschlossen. Eine Streufrucht *(Kapsel, Hülse)* öffnet sich und die Samen werden ausgestreut. Daneben gibt es noch einige andere Fruchtformen.

Nuss

Die **Haselnuss** ist ein typisches Beispiel für eine Nuss. Bei ihr entwickelt sich die Fruchtknotenwand zu einer trockenen, manchmal sehr harten Schale. Im Inneren befindet sich in der Regel nur ein einziger Samen.

Esskastanie *(Marone)*, *Buchecker* und *Eichel* sind ebenso Nussfrüchte wie *Sonnenblumenkerne.* Nüsse sind nicht immer groß und essbar. Auch die Früchte vom *Hahnenfuß* und die Flugfrüchte vom *Löwenzahn* sind Nüsschen.

Beere

Früchte, bei denen die Wand des Fruchtknotens insgesamt fleischig bleibt, heißen *Beeren.* Im Inneren befinden sich häufig viele Samen. Dir sind sicher einige einheimische Beerensträucher bekannt. Zu ihnen gehören beispielsweise *Heidel-* und *Preiselbeere.* Im Garten werden *Stachel-* und **Johannisbeeren** gezogen. Sie liefern schmackhaftes Beerenobst.

Beeren sind nicht immer so klein wie die oben genannten Arten. *Gurke*, *Kürbis* und *Melone* sind besonders große Beerenfrüchte. Hättest du gewusst, dass auch *Tomaten* und *Paprika* Beeren sind, genauso wie die grünen Früchte der *Kartoffel*? Auch *Zitrone*, *Orange* und *Pampelmuse* sind Beerenfrüchte, allerdings ist das äußere Fruchtfleisch lederartig. Beeren enthalten in der Regel viele Samen. Ausnahmen sind die *Weinbeere*, in der sich nur wenige Samen befinden, und die *Dattel.* Sie ist eine Beere mit einem einzigen Samen.

Nicht alle Beeren sind essbar. Der **Bittersüße Nachtschatten** besitzt ungenießbare, leicht giftige Beeren. Deshalb solltest du niemals unbekannte Wildfrüchte essen, auch wenn sie noch so appetitlich aussehen.

Steinfrucht

Die Früchte des **Schlehdorns**, die erst spät im Jahr reifen und säuerlich schmecken, sind ein Beispiel für *Steinfrüchte.* Bei ihnen wird der Fruchtknoten in seinem äußeren Teil fleischig; sein Inneres entwickelt sich zu einer steinharten Schicht, die den Samen einschließt. Steinfrüchte besitzen sowohl Eigenschaften von Beeren als auch von Nüssen.

Pfirsich, *Kirsche*, *Pflaume* und *Aprikose* sind unter dem Begriff *Steinobst* bekannt. Bei ihnen wird nur der äußere, fleischige Teil der Frucht gegessen. Es gibt auch Steinfrüchte, bei denen der Samen sehr groß wird, während das Fruchtfleisch faserig und ungenießbar ist. Solche Steinfrüchte kennst du von *Walnuss* und *Kokosnuss*, die also in Wirklichkeit gar keine echten Nüsse sind. Wenn die Steinkerne sehr klein sind und im Fruchtfleisch kaum auffallen, kann man Steinfrüchte auch mit Beeren verwechseln. Ein Beispiel dafür sind die Steinfrüchte des **Schwarzen Holunders**, die man als Holunderbeeren bezeichnet.

Kapsel

Kapseln sind Streufrüchte von sehr unterschiedlicher Form. Bei der **Rosskastanie** öffnet sich die Kapsel spaltförmig und die Samen fallen heraus. Man spricht in diesem Fall von einer *Spaltkapsel*. Ähnlich ist es bei *Veilchen*, *Tulpe* und *Schwertlilie*.
Bei einer anderen Kapselform, der *Deckelkapsel*, öffnet sich die Frucht, indem sich der obere Teil wie ein Deckel abhebt. Die Samen liegen dann wie in einem offenen Topf und werden durch Windbewegungen ausgestreut. *Schlüsselblume* und *Bilsenkraut* sind Pflanzen mit Deckelkapseln.
Wenn sich in der Kapsel einzelne Löcher bilden, spricht man von einer *Porenkapsel*. Solche Früchte besitzen *Löwenmäulchen* und *Glockenblume*.

Besonders groß und auffällig ist diese Frucht beim **Klatschmohn**, einer häufigen Wegrandpflanze mit roten Blüten.

Balg

Als *Balg* bezeichnet man eine Streufrucht, die im Gegensatz zur Kapsel nur aus einem einzigen Fruchtblatt entstanden ist. Der Balg platzt mit einem schlitzförmigen Spalt an nur einer Seite auf. Dies unterscheidet ihn von der *Schote* und der *Hülse*. Diese Streufrüchte platzen an zwei Seiten auf.

Schote

Vom *Ackersenf* weißt du, dass sich eine *Schote* aus einem zweifächrigen Fruchtknoten entwickelt. Auch die Früchte von *Wiesenschaumkraut* und *Brunnenkresse* sind Schoten. Das **Hirtentäschelkraut** besitzt ein *Schötchen* als Frucht. Schote und Schötchen sind zweiklappige Kapseln.

Hülse

Sie ähnelt im Aussehen einer Schote, ist aber aus einem einfächrigen Fruchtknoten entstanden. Die Samen sitzen an der unteren Naht und nicht an der Scheidewand. *Ginster, Klee, Wicke* und *Lupine* besitzen Hülsen. Viele Hülsenfrüchte sind essbar. **Erbse**, *Bohne* und *Linse* sind dir bekannt. Auch die *Erdnuss* ist eine Hülsenfrucht.

Spalt- und Bruchfrucht

Manche mehrsamigen Früchte zerfallen bei der Reife in einsamige Teile. Bei der *Wegmalve* entstehen viele Teilfrüchte, so als würden Käseecken abgeschnitten. Die Frucht der *Taubnessel* zerfällt in vier Teile, die des *Kümmels* in zwei. Beim **Ahorn** sind die beiden Spaltfrüchte durch ihre großen Flügel besonders auffällig.

Sammelfrucht

Himbeere, *Brombeere* und *Erdbeere* sind *Sammelfrüchte* und keine echten Beeren. Die Einzelfrüchte der Himbeere und der Brombeere sind kleine Steinfrüchte. Bei der Erdbeere sind es Nüsschen, die sich auf der fleischigen Blütenachse befinden. Auch die *Hagebutte* ist eine Sammelfrucht mit vielen Nüsschen im Inneren.

Scheinfrucht

Da das Fleisch der *Erdbeere* nicht aus dem Fruchtknoten entstanden ist, kann man sie auch als *Scheinfrucht* bezeichnen. Ebenfalls Scheinfrüchte besitzt die **Eberesche**. Hier ist das Fruchtfleisch aus dem Blütenboden entstanden. Zwei andere bekannte Scheinfrüchte sind **Apfel** und *Birne*.

Die Gartenbohne — aus dem Leben einer Blütenpflanze

Blüte und Frucht

Die Blüten der *Gartenbohne* besitzen unterschiedlich geformte Blütenblätter. Aus der Entfernung erinnern sie an einen kleinen Schmetterling. Blüten mit diesem Aussehen heißen *Schmetterlingsblüten*. Wie ist eine solche Blüte aufgebaut?

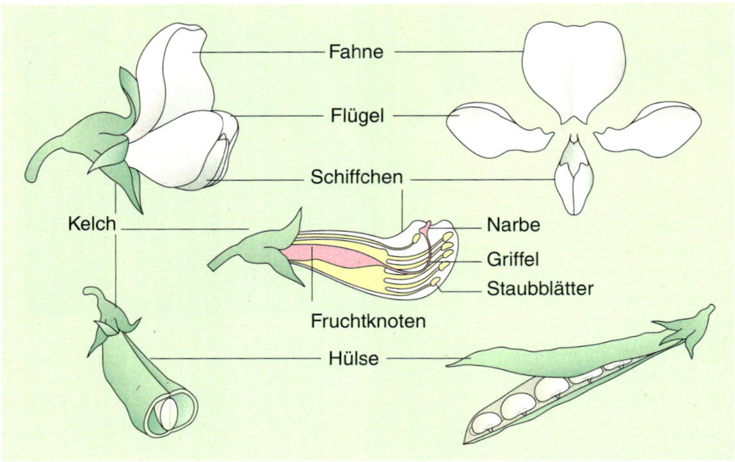

1 Aufbau von Schmetterlingsblüte und Hülse

Der fünfzipfelige, grüne *Kelch* ist glockenförmig. Nach oben ragt aus ihm ein besonders großes Blütenblatt, die *Fahne*, heraus. Die beiden seitlichen Blütenblätter, die den Schmetterlingsflügeln gleichen, heißen *Flügel*. Zwischen ihnen versteckt liegt ein kahnförmiges Gebilde, das *Schiffchen*. Es besteht aus zwei miteinander verklebten Blütenblättern. Insgesamt besitzt die Blüte der Gartenbohne also fünf Blütenblätter. Sie ist *fünfzählig*.

Verborgen im Inneren des Schiffchens liegen zehn Staubblätter. Neun davon sind im unteren Abschnitt miteinander verwachsen. Sie bilden eine Rinne, die vom zehnten, freien Staubblatt abgedeckt wird. In dieser Rinne befindet sich der lang gestreckte Fruchtknoten. Er besteht aus einem einzigen Fruchtblatt. Der Griffel ist hakenförmig aufwärts gebogen. Die Narbe liegt also in unmittelbarer Nähe der Staubbeutel. Deshalb können reife Pollenkörner leicht auf die Narbe gelangen; es kommt regelmäßig zur *Selbstbestäubung*. Im Gegensatz zu vielen anderen Pflanzen ist bei der Gartenbohne keine Fremdbestäubung zur Samenbildung erforderlich.

Nach der Befruchtung entwickelt sich eine einfächrige Frucht, die *Hülse*. In ihrem Inneren reifen mehrere *Bohnensamen*. Aus jedem von ihnen kann eine neue Bohnenpflanze heranwachsen.

Zum Aufbau der Samen

Der Bohnensamen ist von einer *Samenschale* umgeben, an der deutlich der *Nabel* zu erkennen ist. An dieser Stelle war die Bohne in der Hülse angewachsen. Bei einem Samen, der über Nacht in Wasser gelegen hat, lässt sich die Samenschale leicht entfernen. Der geschälte Samen besteht aus zwei dicken, weißlichen Hälften. Dies sind die nährstoffhaltigen *Keimblätter*. Dazwischen liegt der *Keimstängel* mit den ersten Laubblättern und der *Keimknospe*. Die *Keimwurzel* ist ebenfalls deutlich zu erkennen. Das bedeutet: Der Samen einer Pflanze ist ein mit Vorratsstoffen ausgestatteter *Keimling* im Ruhezustand. Er ist ein vollständiges Pflänzchen, das nur noch heranwachsen muss.

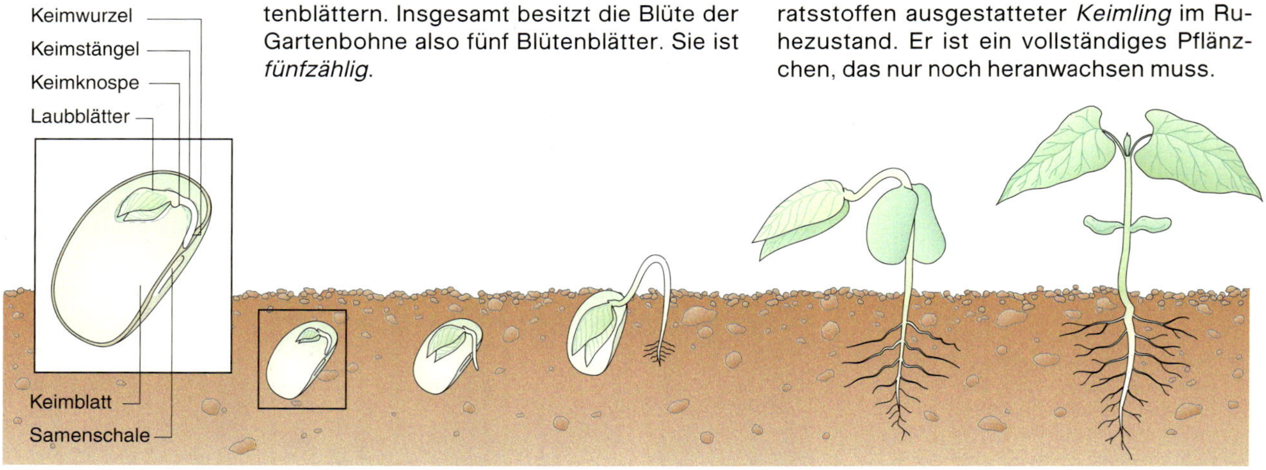

Keimung und Wachstum

Solange die Samen der Gartenbohne nicht mit Feuchtigkeit in Berührung kommen, verändern sie ihr Aussehen nicht. Sie scheinen vollkommen leblos; sie befinden sich in *Samenruhe*. So überstehen sie ohne Schaden ungünstige Bedingungen, zum Beispiel lange Trockenheiten oder Frost.

Damit der Samen sich zu einer jungen Pflanze entwickeln kann, müssen einige Voraussetzungen erfüllt sein:
- Ohne Wasser kann kein Samen keimen.
- Die Temperatur beeinflusst die Keimung: Wärme fördert die Geschwindigkeit; Samen, die kühl gehalten werden, keimen weniger rasch.
- Wie alle Lebewesen benötigen keimende Samen auch den Sauerstoff der Luft. Licht und Erde sind dagegen für die Entwicklung der Keimpflanze zunächst nicht nötig. Erst die wachsende Pflanze ist darauf angewiesen.

Unerlässliche Keimungsbedingungen sind also *Wasser*, *Wärme* und der *Sauerstoff* aus der Luft.

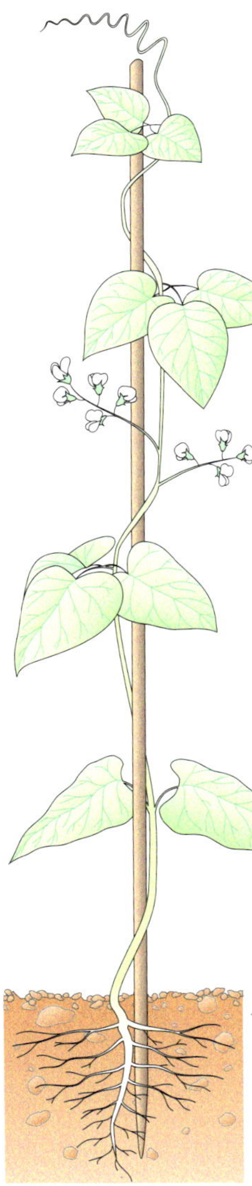

In feuchter Erde nehmen die Samen der Gartenbohne Wasser auf, quellen und werden größer. Der dadurch entstehende Druck lockert das umgebende Erdreich und der Keimling kann beim Wachsen den Boden leichter durchdringen. Als erstes durchbricht die Keimwurzel die Samenschale. Sie wächst nach unten in die Erde und bildet dabei *Seitenwurzeln* aus. Erst jetzt wird der hakenförmig gebogene Stängel sichtbar. Er wächst nach oben und zieht die beiden Keimblätter aus der aufgeplatzten Samenschale heraus. Der weißliche Stängel richtet sich über der Erde auf und wird, ebenso wie die beiden Keimblätter, im Licht bald grün. Die ersten Laubblätter entfalten sich und der Spross wächst mit der Stängelknospe in die Länge. Gleichzeitig schrumpfen die Keimblätter, trocknen ein und fallen schließlich ab.

Der wachsende Stängel verfestigt sich und hält die Pflanze aufrecht. Das ist zum Beispiel bei den niedrig wachsenden *Buschbohnen* der Fall. *Stangenbohnen* dagegen benötigen eine Stütze, wenn sie größer werden. Sie führen beim Wachsen kreisende Suchbewegungen aus. Haben sie einen Halt gefunden, so winden sie sich um die Stütze herum. Dies geschieht immer in der gleichen Richtung. Die Bohne ist ein *Linkswinder*, d. h. sie dreht sich gegen den Uhrzeigersinn, wenn man von oben auf die Pflanze blickt.

Zettelkasten

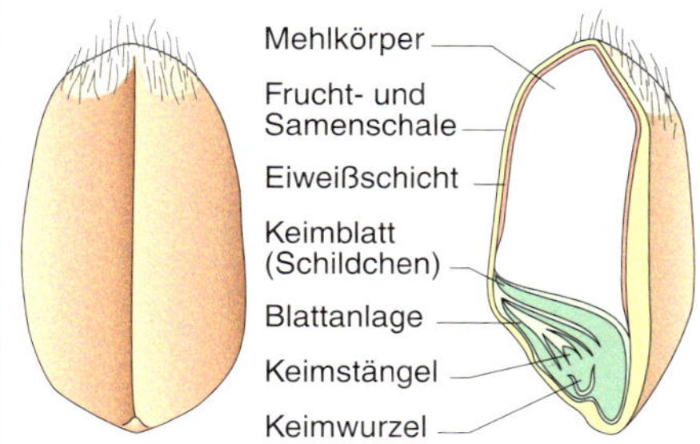

Weizenkorn (Aufsicht und Längsschnitt)

Das Weizenkorn

Der stärkehaltige *Mehlkörper* bildet die Hauptmasse des Weizenkorns. Er ist von einer gelblichen *Frucht-* und *Samenschale* umgeben, darunter liegt eine *Eiweißschicht*. Der Keimling befindet sich an einem Ende des Korns außerhalb des Mehlkörpers und besitzt nur ein Keimblatt, das *Schildchen*. Dieses versorgt den heranwachsenden Keimling mit Vorratsstoffen aus dem Nährgewebe des Mehlkörpers. Nach der Keimung ist das Korn geschrumpft; der Mehlkörper enthält keine Stärke mehr, was man mithilfe des Mikroskops erkennen kann. Samen mit nur einem Keimblatt lassen sich im Gegensatz zu Bohnensamen nicht in zwei Hälften zerlegen.

Aufgaben

1. Ziehe einen Bohnenkeimling heran (vgl. Praktikum). Zeichne die Keimblätter und eines der Folgeblätter. Beschreibe deren Form und nenne Unterschiede.
2. Beschreibe die Stellung der Laubblätter einer Bohnenpflanze bei voller Beleuchtung und nach längerer Dunkelheit.
3. Man kann eine Hülse auf den ersten Blick leicht mit einer Schote (z. B. der Frucht des *Ackersenfs*) verwechseln. Vergleiche beide Fruchtformen und gib an, woran du eine Hülse bzw. eine Schote erkennst.
4. Untersuche einige Samen *(Erbse, Apfelkern, Haselnuss)* und Getreidekörner *(Roggen, Mais, Gerste)*. Begründe, ob sie im Aufbau eher einem Bohnensamen oder einem Weizenkorn gleichen.
5. Lege einige dieser Samen und Getreidekörner ein paar Tage in feuchte Watte. Vergleiche dann die sich entwickelnden Keimlinge täglich unter der Lupe und versuche, sie zu zeichnen. Welche Unterschiede kannst du erkennen?

Quellung, Keimung, Wachstum

Quellung

Pflanzensamen kannst du aufbewahren, wenn du darauf achtest, dass sie trocken lagern. Durch Wasseraufnahme verändern sich Samen, sie *quellen*.

Aufgaben

① Wiege 100 Gramm trockene Erbsen oder Bohnen ab und schütte sie in ein Becherglas mit reichlich Wasser. Trockne die Samen nach 24 Stunden gut mit Küchenpapier ab. Stelle erneut das Gewicht fest und vergleiche.

② Miss die Länge eines trockenen Bohnensamens. Lege ihn über Nacht in Wasser und miss erneut. Was stellst du fest?

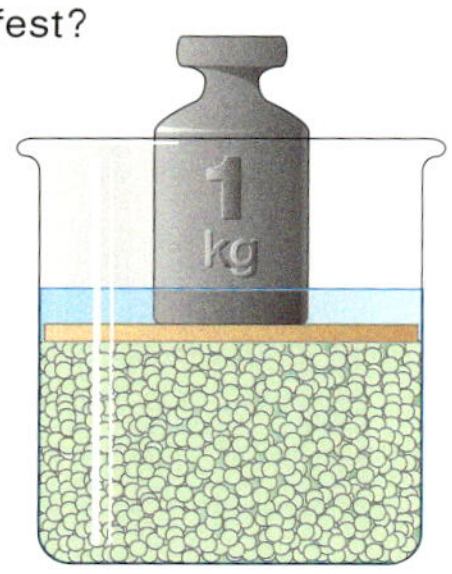

③ Lege in einem Glasgefäß auf trockene Erbsen eine Platte mit einem Gewicht. Markiere die Lage der Platte. Übergieße alles mit Wasser und kontrolliere am nächsten Tag.

④ Rühre in zwei Jogurtbechern jeweils halbvoll Gips an. Stecke bei einem Becher sechs Bohnensamen in den Gips und gieße den Inhalt des zweiten Bechers darüber. Lege den Gipsblock, nachdem er ausgehärtet ist, für zwei Tage in eine wassergefüllte Petrischale. Was bedeutet das Ergebnis für die Samen im Boden?

Keimung

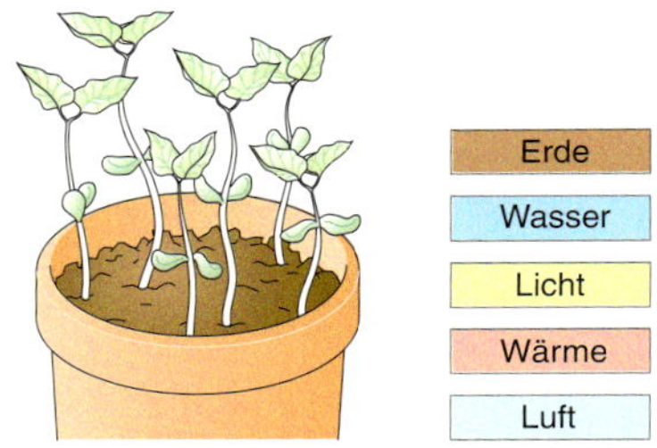

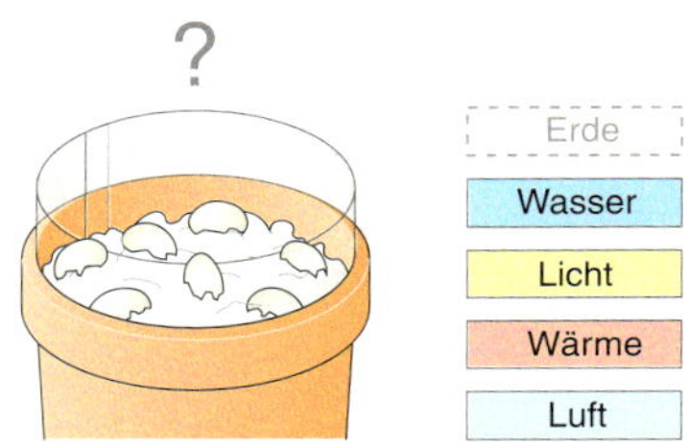

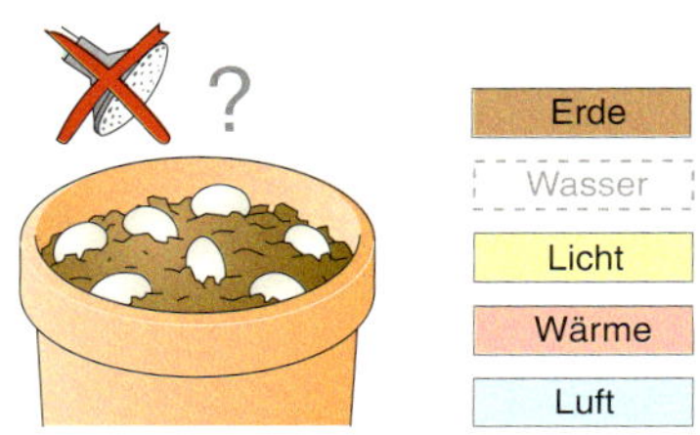

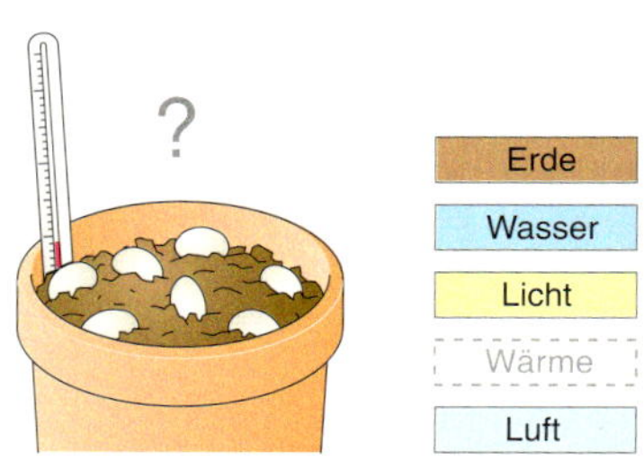

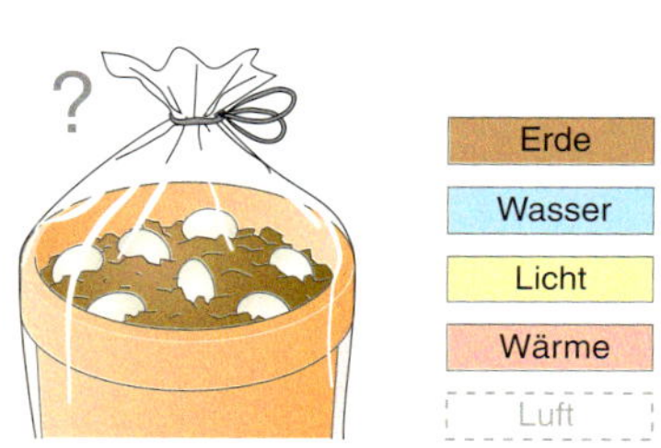

Wenn du im Garten Bohnenpflanzen ziehen möchtest, so legst du im Frühjahr Bohnensamen ins feuchte Erdreich. Manchmal keimen Samen aber nicht. Woran kann das liegen?

Wahrscheinlich ist irgendeine Bedingung, die zum Keimen des Samenkorns nötig ist, nicht erfüllt. Man kann die Keimungsbedingungen durch Experimente herausbekommen. Wenn du zum Beispiel wissen möchtest, ob Erde notwendig ist, dann musst du die Erde in einem Keimungsversuch durch etwas anderes ersetzen. Wenn die Samen dennoch keimen, dann ist Erde überflüssig.

Aufgaben

⑤ Damit du richtige Ergebnisse erhältst, musst du überprüfen, ob die verwendeten Samen überhaupt keimfähig sind. Dazu legst du zehn Samen in feuchte Erde und schaffst natürliche Bedingungen. Die Keimung ist gelungen, wenn die ersten grünen Blättchen zu sehen sind. Ein solches Experiment heißt *Kontrollversuch*.

⑥ In den nebenstehenden Abbildungen werden einige Keimungsbedingungen genannt. Ausserdem erhältst du Hinweise, wie die Versuche aussehen könnten. Beschreibe genau, was bei jedem einzelnen Experiment gemacht werden muss.

⑦ Führe die Versuche selbst durch und vergleiche deine Ergebnisse mit denen deiner Mitschüler. Wo fallen deine Versuche anders aus?

⑧ Benutze für die Versuche Samen der Feuerbohne und der Gartenbohne. Beschreibe das Aussehen der jeweiligen Keimpflanzen und vergleiche die Keimblätter.

⑨ Lege 10 ungequollene und 10 gequollene Samen für eine Woche in den Kühlschrank. Untersuche danach die Keimfähigkeit. Was bedeutet das Ergebnis für die natürlichen Verhältnisse?

⑩ Schäle einen gequollenen Bohnensamen. Brich ihn in zwei Teile auseinander. Betrachte das Innere mit der Lupe und zeichne.

⑪ Kratze die Oberfläche eines Bohnensamens ab. Bringe einen Tropfen Iodkaliumiodid darauf. Deute das Ergebnis.

⑫ Bringe in einem sandgefüllten Quarkbecher 10 Bohnensamen zum Keimen. Entnimm im Abstand von jeweils zwei Tagen einen Samen und zeichne die Keimlinge in natürlicher Größe. Achte genau auf Veränderungen im Aussehen von Wurzel und Spross (Lupe).

Wachstum

Wenn sich deine Keimpflanzen gut entwickelt haben, sind sie gewachsen: die Wurzeln ins Erdreich, der Spross nach oben. Auch das Wachstum lässt sich genauer untersuchen. Dazu wird täglich die Länge des Sprosses gemessen und protokolliert. Nach den gemessenen Werten kannst du eine *Wachstumskurve* zeichnen.

Dazu gehst du folgendermaßen vor:
Auf einer waagerechten Linie trägst du in gleichen Abständen die Zahl der Tage auf, die du für deine Beobachtungen benötigt hast. Den Anfangstag bezeichnet man in der Regel mit „Null". Die Messung nach einem Tag liegt dann richtig bei „Eins". Auf der dazu senkrechten Achse wird die Länge in Zentimetern aufgetragen. Wenn du nun über jedem Tag senkrecht die gemessene Länge aufträgst und diese Punkte verbindest, dann erhältst du die *Wachstumskurve* deiner Pflanze.

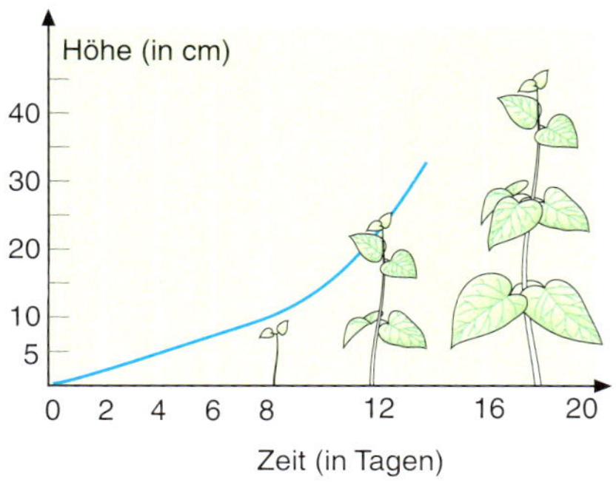

Aufgaben

(13) Besorge dir im Winter bzw. im zeitigen Frühjahr in einer Gärtnerei eine Zwiebel des Rittersterns *(Amaryllis)*. Pflanze sie in einen Blumentopf und beobachte die Entwicklung, bis ein Blütentrieb sichtbar wird.
Miss von nun an täglich seine Länge und trage die Werte in eine Tabelle ein. Nach drei Wochen kannst du eine Wachstumskurve zeichnen.

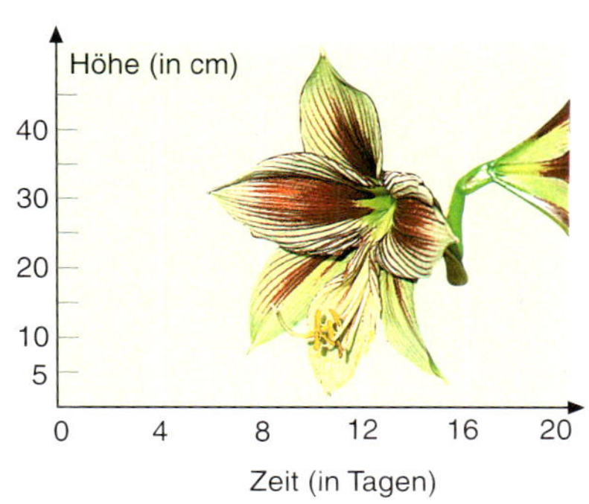

(14) Die folgende Tabelle zeigt eine solche Messung. Zeichne und vergleiche deine Ergebnisse mit den vorgegebenen Werten und auch mit Abb. 1. Gibt es Unterschiede?

Tage	2	4	6	8	10
Länge (cm)	0,3	1,2	2,1	6,5	11,1
Tage	12	14	16	18	20
Länge (cm)	17	25	37	45	46

(15) Bohnen werden in feuchtem Sand zum Keimen gebracht, bis Spross bzw. Wurzel 2 cm lang sind. Mit wasserlöslicher Tusche werden im Abstand von 1 mm Markierungsstriche angebracht. Nach vier Tagen wird kontrolliert. Die Ergebnisse sind in den unten stehenden Abbildungen dargestellt. Beschreibe deine Ergebnisse und vergleiche sie mit denen deiner Mitschülern.

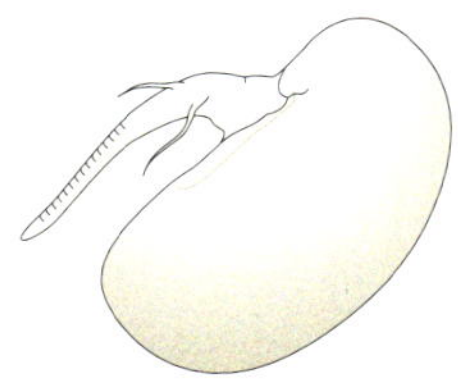

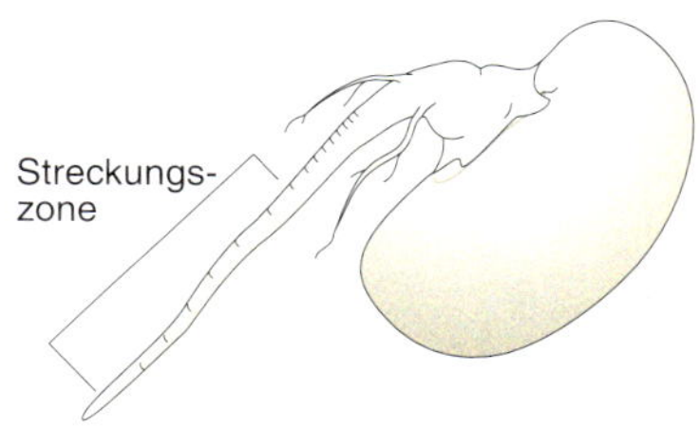

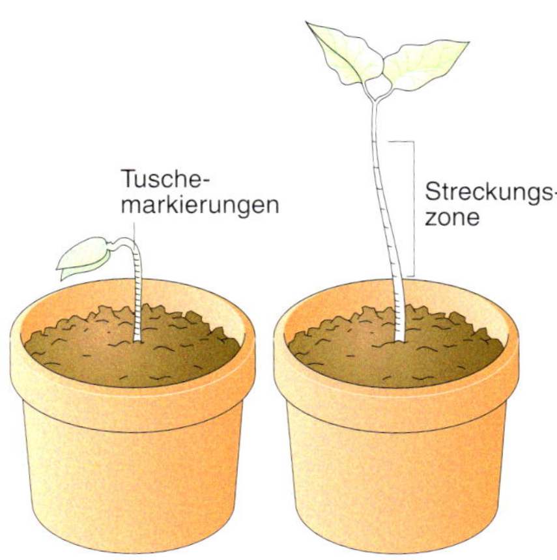

(16) Führe die Versuche selbst mit Erbsen-, Kresse- oder Sonnenblumensprossen durch. Ebenso mit den Keimwurzeln bei Erbse, Eiche oder Rosskastanie.

Bis jetzt haben wir untersucht, wie schnell und an welchen Stellen ein Keimling wächst. In den folgenden Versuchen geht es um die Frage, in welche Richtung der Spross bzw. die Wurzel wachsen und wovon die Wuchsrichtung abhängt.

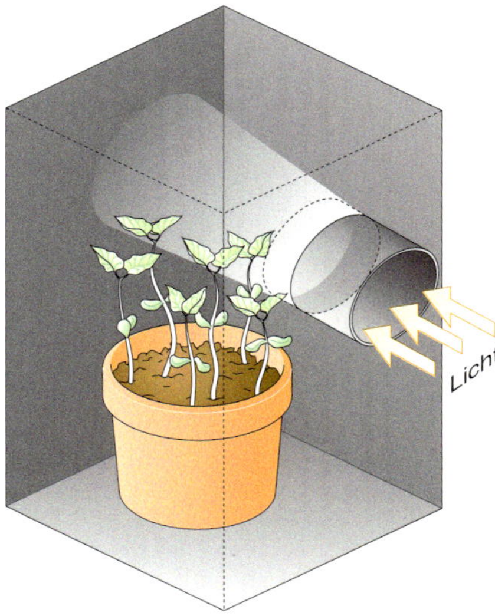

(17) Ziehe in vier Blumentöpfen einige Bohnenkeimlinge heran. Führe damit folgende Versuche durch:
a) Über einen Topf wird eine schwarz ausgekleidete Schachtel gestülpt.
b) Der zweite wird mit einem Dunkelkasten wie bei a) versehen. Diesmal wird durch eine Hülse eine Öffnung geschaffen. Das einfallende Licht muss die Spitze der Keimlinge treffen.

c) Lege den dritten Blumentopf waagerecht hin.

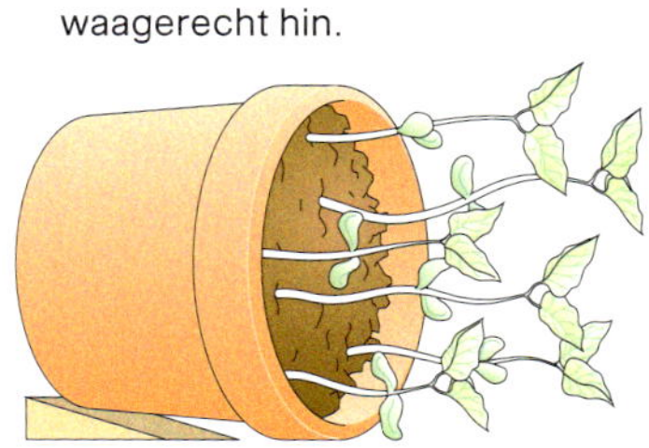

d) Der vierte Topf dient als Kontrolle.

Beschreibe nach 14 Tagen das Aussehen der Keimlinge in den vier Töpfen. Achte bei c) auch auf die Keimwurzel! Vergleiche mit den Kontrollpflanzen und gib Gründe für das unterschiedliche Aussehen an.

1 Pflanzen verdunsten Wasser

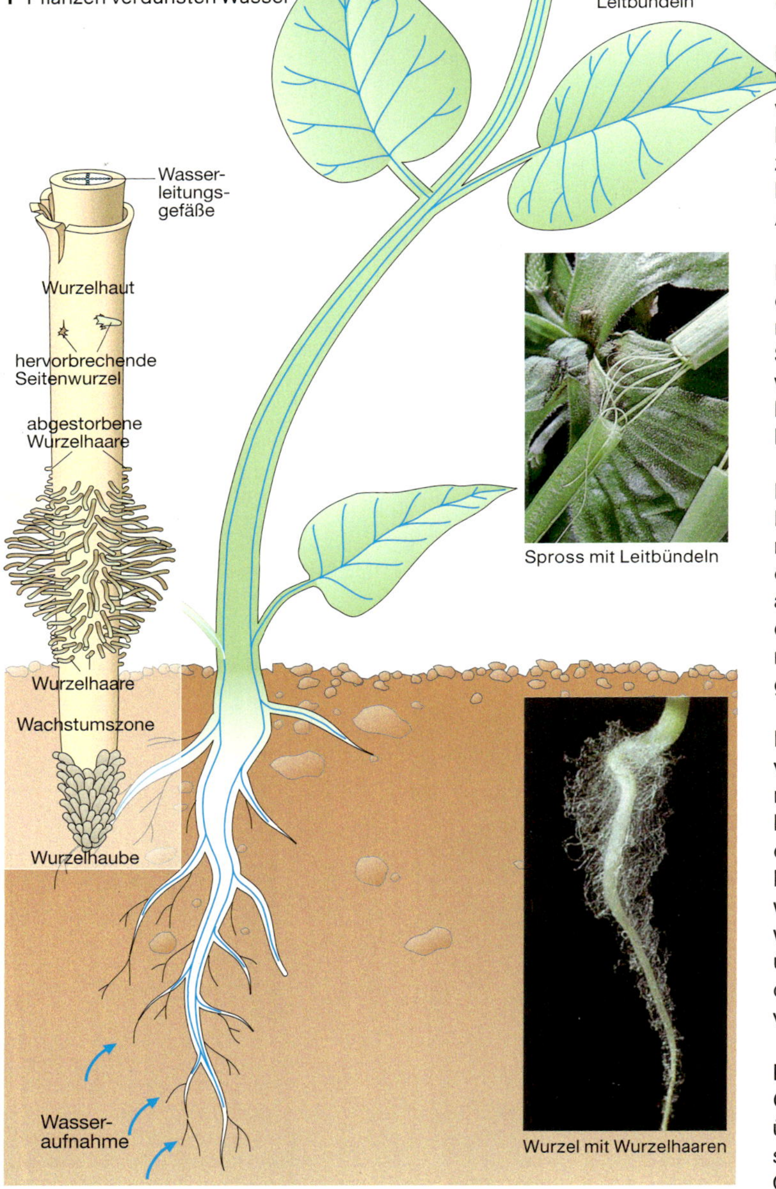

2 Wasseraufnahme und -transport in der Pflanze

Bau und Aufgaben von Wurzel, Sprossachse und Blatt

Die **Wurzel** ist das erste Organ, das sich bei der Keimung des Samens entwickelt. Eine wichtige Aufgabe der Wurzel ist die feste Verankerung der Pflanze im Boden. Bei vielen Samenpflanzen wachsen die Wurzeln tief in die Erde hinein. Solche *Tiefwurzler* sind zum Beispiel Eichen, Kiefern und Löwenzahn. *Flachwurzler,* wie Pappeln, Fichten oder Gräser, bilden ihre Wurzelsysteme überwiegend in den oberen Bodenschichten aus. Bei Bäumen entspricht die Ausdehnung des Wurzelsystems ungefähr dem Umfang der Krone.

Kurz hinter der immer weiter wachsenden Wurzelspitze befindet sich ein dichter Filz von feinen Härchen. Diese *Wurzelhaare* leben nur kurze Zeit. Dann sterben sie ab und zur Spitze hin entstehen ständig neue. Sie bilden eine große Oberfläche und haben die Aufgabe, Bodenwasser aufzunehmen.

In der Erde befinden sich außerdem Stoffe, die von der Pflanze für das Wachstum benötigt werden. Diese lebensnotwendigen Stoffe werden *Mineralstoffe* genannt. Sie werden durch das Wasser aus dem Boden herausgelöst und dann durch die Wurzelhaare in die Pflanze aufgenommen.

Die **Sprossachse** ist ein sehr vielgestaltiges Pflanzenorgan. Je nach Pflanzenart nennt man die Sprossachse auch *Stängel, Halm* oder *Stamm.* Eine Aufgabe der Sprossachse ist es, die Laubblätter und Blüten in eine Lage zu bringen, in der sie vom Sonnenlicht bzw. von bestäubenden Insekten gut erreicht werden können.

Die Sprossachse dient auch dem Transport von Stoffen. Wasser und darin gelöste Mineralstoffe werden von der Wurzel in die Laubblätter, Blüten und Früchte geleitet. Die in den Laubblättern gebildeten Nährstoffe gelangen umgekehrt in andere Pflanzenteile, wo sie weiter verwertet oder gespeichert werden. Den Transport in Spross und Blatt übernehmen bestimmte Leitungsbahnen, die *Leitbündel.* Sie durchziehen die Pflanze von der Wurzel bis in die Blätter.

Das **Laubblatt** ist ein weiteres wichtiges Grundorgan. Stülpt man ein großes Glas über das Blattwerk einer Pflanze, dann beschlägt es von innen mit Wassertröpfchen. Offenbar verdunstet das Wasser aus den Blättern. Eine Birke kann beispielsweise an einem warmen Sommertag bis zu 300 Liter Flüssigkeit in die Luft abgeben. Das verdunstende Wasser kühlt die Blätter und zieht weiteres Wasser und darin gelöste Mineralstoffe nach.

Pflanzen, die eine Zeit lang im Dunkeln gehalten werden, unterscheiden sich in ihrem Wachstum und Aussehen von gut belichteten Pflanzen. Bei ihnen wächst der Spross stark in die Länge, aber die Blätter bleiben klein und bleich. Eine grüne Pflanze kann sich offenbar nur dann gut entwickeln, wenn sie ausreichend Licht erhält. Ohne Licht geht sie schließlich zugrunde. Die grünen Blätter spielen dabei eine wesentliche Rolle. Sie sind die wichtigsten Organe für die Ernährung der Pflanze.

Aufgaben

① Durch Sturm werden Fichten und Pappeln leicht entwurzelt. Dagegen wird bei Kiefern oft der Stamm geknickt. Erkläre diesen Unterschied.

② Zeichne von drei verschiedenen Pflanzenarten die Laubblätter. Beschrifte und vergleiche den Grundaufbau.

③ Stelle den Zweig einer Zimmerpflanze *(Buntnessel, Fleißiges Lieschen)* für 24 Stunden in mit roter Tinte gefärbtes Wasser. Schneide den Zweig anschließend quer durch.
   a) Betrachte den Querschnitt mit der Lupe und zeichne anschließend, was du erkennst.
   b) Beschreibe und erkläre das Ergebnis.

Zettelkasten

So ernähren sich grüne Pflanzen

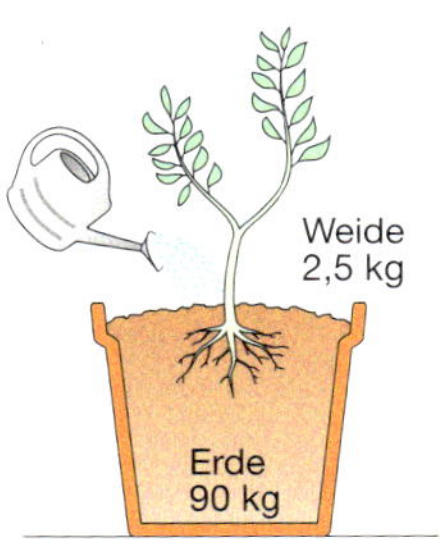

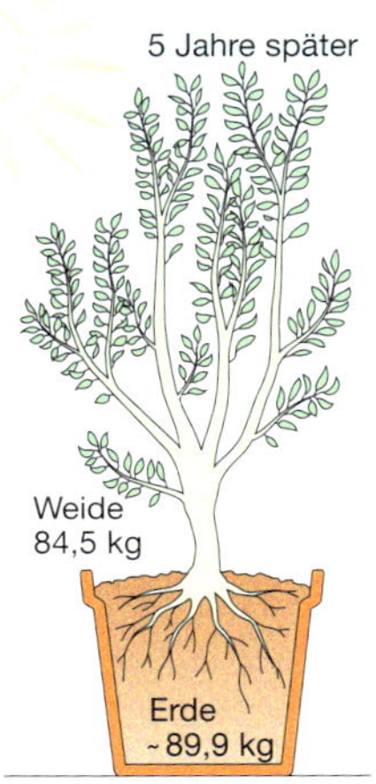

Menschen und Tiere können nicht leben, ohne zu essen und zu trinken. Aber hast du dir schon einmal Gedanken darüber gemacht, wovon sich Pflanzen ernähren?

Bereits im Jahr 1640 beschäftigte sich der holländische Arzt JOHAN BAPTIST VAN HELMONT mit dieser Frage. Um sie zu beantworten, führte er folgenden Versuch durch. Er pflanzte ein Weidenbäumchen mit einer Masse von 2,5 kg in einen Kübel, in dem sich eine genau abgewogene Menge Erde befand. Fünf Jahre lang goss er die Pflanze nur mit Regenwasser und achtete darauf, dass keine Erde hinzukam oder weggespült wurde. Die Weide hatte danach eine Masse von 84,5 kg, war also um 82 kg schwerer geworden. Das Nachwiegen der Erde ergab, dass sie nur um 57 g leichter geworden war.

VAN HELMONT meinte, die Frage nach der pflanzlichen Ernährung gelöst zu haben. Für ihn lautete die Antwort: Außer einer geringen Menge an *Mineralstoffen* benötigt die Pflanze für ihr Wachstum und ihre Gewichtszunahme nur ausreichend Wasser. Beides nimmt sie durch ihre Wurzeln aus dem Erdreich auf.

Das hast du sicher auch gedacht, aber das ist nicht alles. Die Pflanze nimmt aus der Luft noch einen gasförmigen Stoff auf, nämlich das *Kohlenstoffdioxid*. Er ist für das Pflanzenwachstum von entscheidender Bedeutung. Nur damit ist es möglich, dass in Kirschen Zucker, in Kartoffeln Stärke oder in Nüssen Fett entsteht. Was sonst noch nötig ist und wie die Pflanze daraus all die genannten Stoffe herstellt, wurde in den vergangenen 250 Jahren durch viele Versuche erforscht. Heute weiß man, dass sich Pflanzen folgendermaßen ernähren:

- Wasser und Mineralstoffe nimmt die Pflanze durch die Wurzeln auf.
- Kohlenstoffdioxid wird durch die Blätter aus der Luft aufgenommen.
- Zucker und Stärke werden in den Blättern aus Kohlenstoffdioxid und Wasser gebildet.
- Lichtenergie und Blattgrün *(Chlorophyll)* müssen ebenfalls vorhanden sein.
- Bei diesem Vorgang wird Sauerstoff in die Luft abgegeben.
- Alle anderen organischen Stoffe werden unter Verwendung des Zuckers und der Mineralstoffe in der Pflanze hergestellt.

Die Ergebnisse lassen sich folgendermaßen zusammenfassen: *Die Pflanze stellt mithilfe von Sonnenlicht und Blattgrün aus Kohlenstoffdioxid und Wasser Zucker her. Dabei wird Sauerstoff freigesetzt.* Dieser Vorgang heißt **Fotosynthese**.

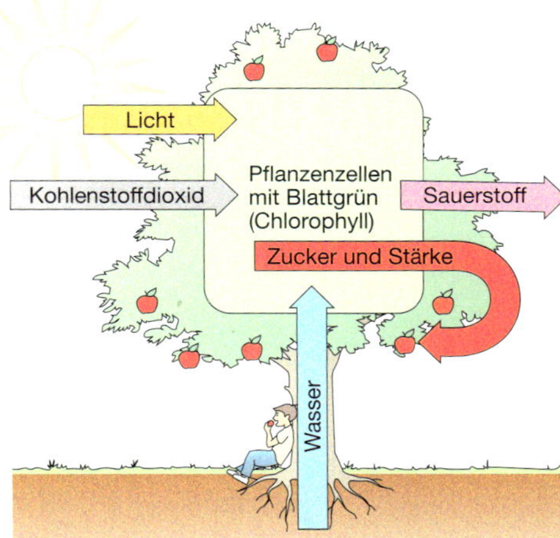

1 Blühender Strauch des Besenginsters mit Blatt und Wurzeln

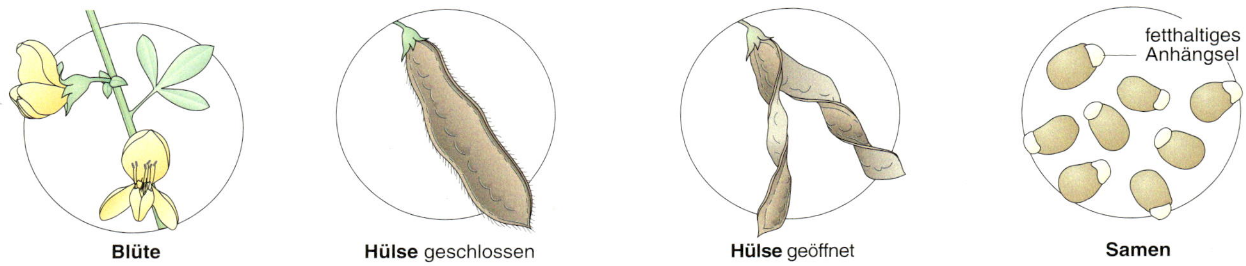

2 Blüte, Hülse und Samen des Besenginsters

Der Besenginster — angepasst an karge Böden

Der *Besenginster,* ein gelb blühender, bis zu 2 m hoher Strauch, ist weit verbreitet. Seinen Namen verdankt er der Tatsache, dass aus seinen rutenförmigen Zweigen früher Besen hergestellt wurden. Oft ist der Wärme liebende Besenginster in großen Beständen an sonnigen Hängen, Waldrändern und in Heidegebieten zu finden. Da er sehr frostempfindlich ist, sterben die Sprosse in kalten Wintern bis kurz über dem Boden ab und werden schwarz. Allerdings treiben im Frühjahr viele grüne Schösslinge aus den nicht erfrorenen Pflanzenteilen aus. So erholen sich die Bestände schnell.

Der Besenginster besitzt die gleichen Grundorgane wie alle Blütenpflanzen. Sie zeigen jedoch verschiedene Abwandlungen und Angepasstheiten an den Lebensraum.

Anfang Mai bis Mitte Juni sind die Zweige des Besenginsters mit gelben Blüten übersät. Jetzt fällt der Strauch in der Landschaft besonders auf. Die fünfzähligen Blüten besitzen Fahne, Flügel und Schiffchen. Staubblätter und Stempel sind im *Schiffchen* verborgen. Die Bestäubung erfolgt vor allem durch Insekten. Das nach oben gerichtete Blütenblatt, die *Fahne*, lockt durch rötliche Saftmale Hummeln an. Die schweren Insekten finden auf den seitlichen Blütenblättern, den *Flügeln*, einen guten Landeplatz. Da die Flügel durch Wülste hakig mit dem Schiffchen verbunden sind, wird dieses belastet. Das Schiffchen platzt auf und explosionsartig rollen sich Staubblätter und Griffel nach oben hin auf. Sie schlagen gegen die behaarte Bauchseite der Hummel. Mitgebrachte Pollenkörner gelangen dabei auf die Narbe und das Insekt wird mit neuen Pollen eingepudert. Durch diesen Explosionsmechanismus ist die Blüte gut an die Bestäubung durch schwere Hummeln angepasst.

Aus dem behaarten Fruchtknoten entwickelt sich nach der Befruchtung eine mehrsamige Hülse. An warmen Augusttagen platzen die reifen Früchte mit einem deutlich hörbaren Knall, wobei sich die Fruchtwand spiralig aufrollt. Die Samen werden bis zu 5 m weit weggeschleudert. Sie besitzen außerdem ein fetthaltiges Anhängsel, von dem sich Ameisen offenbar gerne ernähren und dabei die Samen verschleppen. Weit entfernt von der Mutterpflanze können diese dann auskeimen. Der Schleudermechanismus und die Fettanhängsel für die Ameisen begünstigen die Verbreitung des Strauches.

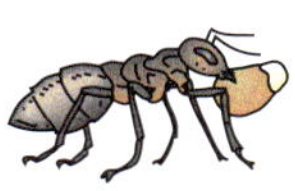

Der Besenginster gedeiht vor allem auf kargen Sand- und Geröllböden. Solche Böden trocknen leicht aus, was bedeutet, dass der Pflanze nur wenig Wasser zur Verfügung steht. An diese Trockenheit ist der Strauch gut angepasst. Seine Schösslinge tragen kleine, häufig dreizählig gefingerte Blätter. Auf der Unterseite sind diese dicht behaart. Die Haare bilden einen guten *Verdunstungsschutz*. Sind im Sommer die Temperaturen besonders hoch, kann manchmal schon der Laubfall beginnen. Die Pflanze verringert auf diese Weise die verdunstende Oberfläche und verliert weniger Wasser. Einen Teil der Aufgaben der jetzt fehlenden Blätter übernimmt die kantig gefurchte Sprossachse mit ihrer grün gefärbten Rinde.

Darüber hinaus sind die Wurzeln des Besenginsters weit verzweigt und dringen tief in den Boden ein. So wird die Versorgung mit Wasser und Mineralstoffen auch in Trockenzeiten gewährleistet (S. 270).

In den jungen Wurzeln siedeln sich außerdem bestimmte Bakterien an. Sie bewirken die Bildung von „Knöllchen“ in den Wurzeln. Das ist nicht schädlich für die Pflanze, im Gegenteil, es nützt ihr. Denn diese *Knöllchenbakterien* können das Gas Stickstoff aus der Luft binden, sodass es dem Strauch als Mineralstoff zur Verfügung steht.

Außerdem enthält der Boden, auf dem der Besenginster vorkommt, häufig sehr wenig Kalk. Durch sein Gedeihen weist der Strauch auf diese Eigenschaften des Standortes hin. Er ist eine Zeigerpflanze für kalkarme Böden. Daher kommt er auf den wasserarmen Kalkböden der Schwäbischen Alb nicht vor.

Zettelkasten

Zeigerpflanzen geben Auskunft über den Boden

Für das Gedeihen einer Pflanze spielt der *Boden*, auf dem sie wächst, eine wichtige Rolle. Da sich verschiedene Böden im *Mineralstoffgehalt* ganz erheblich voneinander unterscheiden, gibt es eine ganze Reihe natürlicher *Bodenarten*. Mithilfe einiger typischer Pflanzen lassen sich bestimmte Merkmale des Bodens feststellen. Solche Pflanzen, von denen man weiß, dass sie nur auf einem bestimmten Boden gut gedeihen, nennt man *Zeigerpflanzen*.

Heidelbeere

Huflattich

Während Besenginster und Heidelbeere *kalkarmen* Boden bevorzugen, zeigen beispielsweise Huflattich und Ackerrittersporn *kalkreichen* Boden an. Brennnesseln weisen ebenso wie die Vogelmiere auf *stickstoffreichen* Boden hin.

Gänsefingerkraut

Margeriten

Es gibt auch Zeigerpflanzen für den Wassergehalt des Bodens. Gänsefingerkraut und Kriechender Hahnenfuß zeigen *stauende Nässe* an, während Wiesensalbei und Margerite hauptsächlich an *trockenen Standorten* wachsen.

Pflanzen verschiedener Standorte

Nicht an jedem Standort finden Pflanzen ideale Lebensbedingungen. Um im Schatten oder in extremer Trockenheit zu gedeihen, müssen sie besonders angepasst sein (S. 270).

Streben nach Licht

Wie du weißt, benötigen grüne Pflanzen zum Leben ausreichend *Licht*. Deshalb werden die Blätter in eine möglichst vorteilhafte Stellung gebracht. Um aus dem Schatten von Bäumen und Sträuchern herauszukommen, klettert zum Beispiel der **Efeu** an Baumstämmen, Felsen und Mauerwerk empor. Auf der lichtabgekehrten Seite seines Sprosses bilden sich *Haftwurzeln*, mit denen er sich in Spalten und Ritzen fest verankert. Die unscheinbaren Blüten öffnen sich erst im Herbst. Die giftigen, schwarzen Beeren reifen dann im darauf folgenden Frühjahr.

Die **Zaunrübe** benutzt eine andere Klettertechnik, um ans Licht zu gelangen. Die Pflanze besitzt *Ranken*, mit deren Spitze sie sich an Zweigen und Ästen festhält, wobei sie diese mehrfach umschlingt. Der Rankenstiel windet sich zusätzlich wie eine Spiralfeder auf. In der Mitte ändert sich seine Wicklungsrichtung ähnlich wie beim Kabel eines Telefonhörers. So wird die Pflanze federnd mit ihrer Stütze verbunden.

Die *Gemüsebohne* hast du als Windepflanze bereits kennen gelernt. Sie ist ein sogenannter *Linkswinder*. Daneben gibt es aber auch *Rechtswinder*, wie zum Beispiel den Hopfen. In tropischen Wäldern findet man Schlingpflanzen, deren Stängel verholzen. Solche Kletterpflanzen werden als *Lianen* bezeichnet.

Leben im Schatten

Der **Sauerklee** ist auf feuchtem Waldboden anzutreffen. Die zarte Schattenpflanze benötigt nur wenig Licht. Manchmal findet man dicht nebeneinander Pflänzchen mit unterschiedlichem Aussehen. Bei Blättern, die im Schatten liegen, sind die drei Fiederblättchen weit ausgebreitet. Volles Sonnenlicht vertragen sie dagegen nicht. Blätter, die von der Sonne beschienen werden, sind zusammengefaltet. Dadurch wird gleichzeitig die Verdunstung herabgesetzt. Auch abends nehmen die Blätter diese Stellung ein.

Unterschiedliche Böden

Sogenannte *Zeigerpflanzen* weisen darauf hin, dass sich Böden in ihrem Mineralstoffgehalt unterscheiden. Manchen Böden fehlen bestimmte Mineralstoffe. Dazu gehören die ausgesprochen stickstoffarmen Hochmoore. Hier gedeiht der **Sonnentau**. Diese Pflanze ist in der Lage, sich eine zusätzliche Stickstoffquelle zu erschließen: sie verdaut kleine Tiere, vor allem Insekten. Auf den Blättern des Sonnentaus sitzen viele gestielte *Drüsenknöpfchen*. Sie duften leicht nach Honig und locken dadurch Insekten

an. Diese bleiben wie an einer Leimrute kleben und werden anschließend verdaut. Man spricht deshalb von einer „Fleisch fressenden" Pflanze. Auch einige andere Pflanzen, die auf mineralstoffarmen Böden leben, verdauen manchmal Insekten.

Ein anderer Bodenspezialist ist der **Queller**. Er gedeiht im *Watt*. Hier wird der Boden täglich zweimal vom stark salzhaltigen Meerwasser überspült. Das Wasser der Nordsee enthält etwa 3,5 % Salze, das sind 35 g in einem Liter. Wenn du mit solchem Wasser eine Zimmerpflanze gießt, geht sie unweigerlich ein. Nicht so der Queller. Er ist als *Salzpflanze* diesen Verhältnissen angepasst.

Trockene Standorte

Lebensräume mit lang anhaltenden Dürrezeiten und Böden, die schnell austrocknen, können nur von Spezialisten besiedelt werden.

Der **Mauerpfeffer** wurzelt in Felsspalten und Mauerritzen. Seine walzenförmigen Blätter sind klein und von einer *Wachsschicht* überzogen. Dadurch verdunsten sie wenig Wasser. Außerdem sind die Blätter fleischig und dienen als Wasserspeicher.

Kakteen, die in den Wüstengebieten Nord- und Mittelamerikas vorkommen, besitzen gar keine Blätter. Die ganze grüne Sprossachse dient als großer Wasserbehälter. So können sie Trockenzeiten, die manchmal zwei bis drei Jahre lang dauern, überstehen.

Die **Besenheide** besitzt lederartige Blättchen, die nach unten hin eingerollt sind. Die Wasserabgabe, die nur durch die Spaltöffnungen auf der Blattunterseite erfolgt, ist dadurch stark vermindert. Die Blätter der *Königskerze* sind von einem weißlichen, dichten *Haarfilz* überzogen, der den Wasserverlust gering hält.

Trockenpflanzen besitzen also grundsätzlich einen wirksamen *Verdunstungsschutz*. Einige können außerdem Wasser speichern und sie haben häufig tiefreichende Wurzeln.

Wasser im Überfluss

Pflanzen an *immerfeuchten Standorten*, zum Beispiel im Uferbereich von Bächen oder am schattigen Boden feuchter Wälder, benötigen keinen Verdunstungsschutz. Da die Luftfeuchtigkeit dort sehr hoch ist, kann nur wenig Wasser in die Luft abgegeben werden. Ein dauernder Wasserstrom durch die Pflanze ist aber zur Mineralstoffaufnahme notwendig. Um ihn sicherzustellen, besitzen *Feuchtluftpflanzen* wie die **Sumpfdotterblume** großflächige, dünne Blätter ohne Wachsüberzug. Die Wurzeln sind oft nur schwach entwickelt, da Wasser im Überfluss vorhanden ist.

Wasserschwertlilie und *Rohrkolben* sind *Sumpfpflanzen*. Nur die Blätter und die Blütenstände ragen aus dem Wasser empor. Der Spross liegt ständig unter dem Wasserspiegel im Gewässerboden. Die Wurzeln müssen durch Lufträume, die in Blättern und Sprossachse verlaufen, mit Sauerstoff versorgt werden.

Pflanzen im Wasser

Schwimmblattpflanzen, wie zum Beispiel die unten abgebildete **Seerose,** nehmen Wasser und Mineralstoffe durch die Blattunterseite auf. Luftgefüllte Kammern ermöglichen den Blättern das Schwimmen. Die seilförmigen

Blattstiele besitzen *Luftkanäle*. Sie versorgen Spross und Wurzeln mit Sauerstoff. Die Wurzeln selbst dienen nur noch der Verankerung im Gewässerboden.

Die **Wasserlinse** ist eine *Schwimmpflanze*. Sie besitzt an ihrem blattförmigen Spross nur eine kleine, frei ins Wasser ragende Wurzel.

1 Blühende Schneeglöckchen

Das Schneeglöckchen — Blüten im Schnee

Es ist Anfang Februar. Noch überzieht eine dünne Schneedecke den Boden, der durch Nachtfröste oberflächlich gefroren ist. Aber am Tage liegen die Temperaturen manchmal schon über dem Gefrierpunkt. Das Erdreich erwärmt sich und das Schmelzwasser kann versickern. Dies ist die Zeit, in der im Garten die ersten *Schneeglöckchen* als Frühlingsboten blühen.

Wer im Frühjahr Schneeglöckchen im Garten haben möchte, muss im Herbst Schneeglöckchenzwiebeln pflanzen. Im Längsschnitt durch eine solche *Zwiebel* ist die junge Pflanze schon zu erkennen. Die winzige Blütenknospe sitzt auf einem kurzen Stängel. Er verbreitert sich nach unten hin zur *Zwiebelscheibe*, aus der bald nach dem Einpflanzen kleine Wurzeln herauswachsen. Die Hauptmasse der Zwiebel wird von mehreren saftigen *Zwiebelschalen* gebildet. Das sind Blätter, die zu Nährstoffspeichern verdickt sind. Wie Knospen befinden sich zwischen ihnen *Ersatz-* und *Brutzwiebeln*. Die Zwiebel ist ein stark gestauchter Spross.

Noch vor Beginn des Winters wird am oberen Ende der Zwiebel eine Spitze sichtbar, die von einem weißlichen häutigen *Hüllblatt* eingeschlossen ist. Wenn im Frühjahr die ersten Sonnenstrahlen den Schnee zum Schmelzen bringen und den Boden erwärmen, gelangt Tauwasser an die Wurzeln. Der Spross beginnt zu wachsen. Aus dem Hüllblatt schieben sich zwei längliche *Laubblätter* hervor. Zwischen ihnen liegt gut geschützt der *Stängel* mit der *Blütenknospe*. Diese steht zunächst aufrecht und wird von zwei Hüllblättern umschlossen. Sie sind durch ein Häutchen miteinander verwachsen. Wegen ihrer Stellung am oberen Ende des Stieles werden sie als *Hochblätter* bezeichnet. Wenn der Blütenstiel etwa 15 cm lang geworden ist, geben die Hochblätter eine einzige *glockenförmige Blüte* frei.

Was geschieht, wenn ein neuer Kälteeinbruch mit Nachtfrost und eisigem Wind die jungen Pflanzen überrascht? Auch dann ist die Blüte nicht der Kälte ausgeliefert. Der Blütenstiel krümmt sich und legt sich mitsamt dem Blütenglöckchen waagerecht auf die Erde. So sind die Blüten der eiskalten Luft weniger ausgesetzt.

Wenn nach einigen Tagen wärmende Sonnenstrahlen auf die Pflanze treffen, richtet sich der Blütenstiel wieder auf. Dann besuchen die ersten umherfliegenden Bienen die Blüten, denn Pollen und Nektar dienen ihnen als Nahrung. Dabei werden auch die Blüten bestäubt. Das Schneeglöckchen ist allerdings nicht auf Fremdbestäubung angewiesen. Bleiben die Bienen aus, so kommt es zur Selbstbestäubung. Nach der Befruchtung entwickelt sich aus dem unterständigen Fruchtknoten eine dreifächerige *Kapsel*, in der die Samen heranreifen. Mit der Zeit neigt sich der Blütenstiel zum Boden hin. Die Frucht liegt auf der Erde und entlässt die reifen Samen, an denen sich ein *nährstoffhaltiges Anhängsel* befindet.

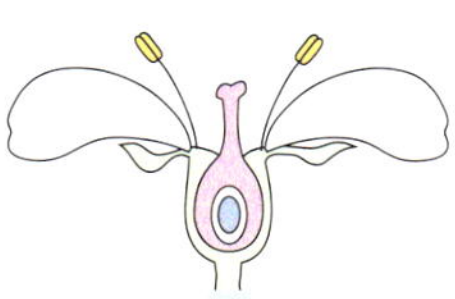

unterständiger Fruchtknoten

Bald werden die Laubblätter gelb und trocken. Im Sommer ist von den Schneeglöckchen dann nichts mehr zu sehen. Nur unter der Erde ruht wieder eine Zwiebel.

Die Zwiebel ist ein *Speicherorgan*, in dem sich Reservestoffe befinden. Diese Reservestoffe werden im Frühjahr beim Austreiben des Schneeglöckchens aufgebraucht. Die Zwiebelschalen werden immer dünner. Wenn die Laubblätter entwickelt sind, wird die Ersatzzwiebel mit neuen Reservestoffen gefüllt. Sie ersetzt im nächsten Jahr die ausgetriebene Zwiebel an der gleichen Stelle. Eine oder mehrere Brutzwiebeln verdicken sich ebenfalls und liegen dann neben der Ersatzzwiebel. Aus ihnen kann eine neue Pflanze herauswachsen. Neben den Samen dienen Brutzwiebeln der *Vermehrung*.

Aufgaben

① Ordne den Ziffern der Abb. 1 die richtigen Begriffe zu. Gib an, durch welche Einrichtungen die Blüte des Schneeglöckchens gegen Kälte geschützt ist.

② Beschreibe anhand der Abbildung, wie sich das Aussehen einer Zwiebel im Jahresverlauf verändert.

③ Der Samen des Schneeglöckchens besitzt ein nährstoffhaltiges Anhängsel, das von Ameisen gerne gefressen wird. Welche Bedeutung hat das für die Schneeglöckchen (S. 276)?

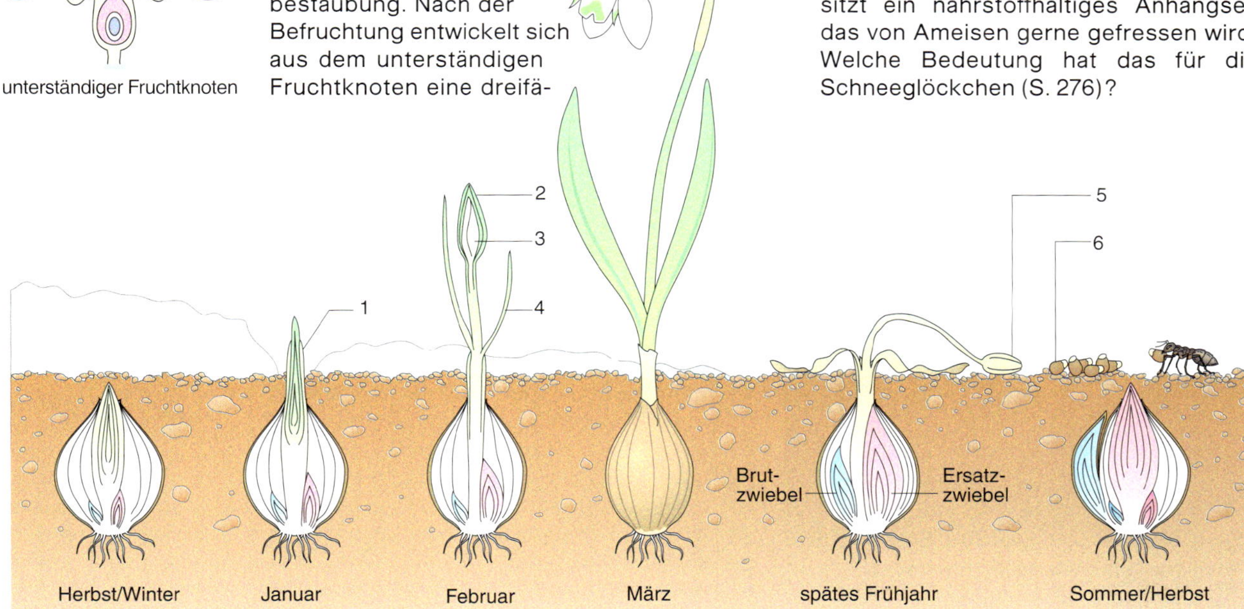

1 Das Schneeglöckchen im Jahreslauf

1 Wohlriechendes Veilchen
Standorte: Waldränder, Gebüsche, Gärten.
Blütezeit: März bis April
Höhe: 5 bis 10 cm

2 Scharbockskraut
Standorte: Laubwaldränder, Hecken.
Blütezeit: Mitte März bis Ende Mai
Höhe: 10 bis 20 cm

3 Krokus
Standorte: Wiesen, Parkanlagen, Gärten.
Blütezeit: März bis April
Höhe: 10 (im Garten bis 15) cm

4 Frühlingsknotenblume, Märzenbecher
Standorte: Laubwälder, feuchte Wiesen.
Blütezeit: Februar bis April
Höhe: bis zu 30 cm

Frühblüher leben vom Vorrat

Das Wohlriechende Veilchen blüht sehr zeitig im Jahr. Schon im März zeigen sich an Wegrändern, vor allem im Schutz von Hecken, die blauvioletten Blüten. Auch Scharbockskraut, Buschwindröschen und andere Frühblüher sind trotz empfindlicher Nachtfröste und schlechter Witterungsbedingungen zu dieser Zeit regelmäßig zu finden. Was ermöglicht es diesen Pflanzen, so bald hervorzubrechen und sich zu entfalten?

Die meisten Frühblüher besitzen unterirdische *Speicherorgane*. Darin sind Vorräte an Nährstoffen enthalten, die der Pflanze im zeitigen Frühjahr sofort zur Verfügung stehen. Nach dem Blühen grünt und wächst die Pflanze und sammelt Vorräte für das nächste Frühjahr. Das Speicherorgan, das dem Veilchen das zeitige Blühen ermöglicht, ist ein unterirdischer Stängel. Er wird *Erdspross* genannt und wächst waagerecht im Boden. Dieser Erdspross besitzt winzige schuppenförmige Blättchen. Er ist verdickt und enthält viele Reservestoffe. Aus seiner Unterseite wachsen dünne Wurzeln heraus.

Bei anderen Frühblühern befinden sich die Reservestoffe in rundlich verdickten Pflanzenteilen, den *Knollen*. Beim Scharbockskraut sind es Wurzeln, die so als Speicherorgane genutzt werden. Man spricht deshalb von *Wurzelknollen*. Aus jeder Wurzelknolle kann eine neue Pflanze entstehen. Der Krokus dagegen speichert Nährstoffvorräte in einem Stängelabschnitt, einer *Sprossknolle*. Solche Sprossknollen besitzen oft Schuppenblättchen und sind dadurch von Wurzelknollen zu unterscheiden.

Wie beim Schneeglöckchen, sind bei Märzenbecher und Tulpe *Zwiebeln* als Speicherorgane zu finden. In den fleischig verdickten Blättern werden unterirdisch die Reservestoffe gelagert.

Aufgaben

① Ein wesentlicher Speicherstoff bei Frühblühern ist die Stärke. Du kannst sie mit Iod-Kaliumiodid-Lösung nachweisen. Gib ein bis zwei Tropfen auf die Schnittstelle einer Tulpenzwiebel und beschreibe deine Beobachtung.

② Bei kalter Witterung fehlen häufig die zur Bestäubung benötigten Insekten. Dennoch können sich die Frühblüher auch ohne Samen vermehren. Erkläre diese Aussage!

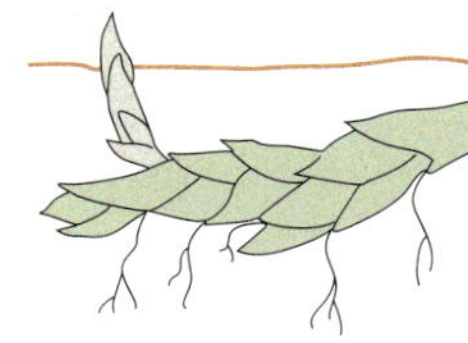

Erdspross des Veilchens

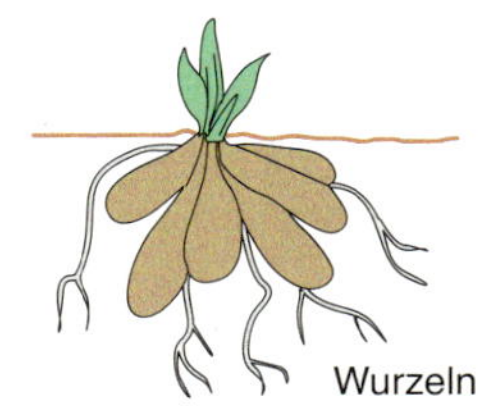

Wurzelknollen des Scharbockskrauts

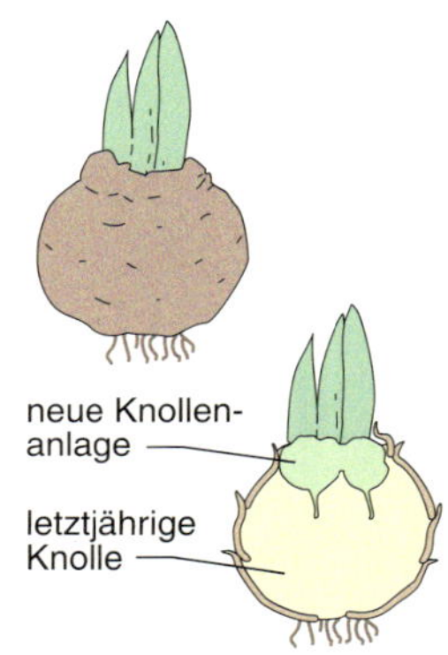

Sprossknolle des Krokus

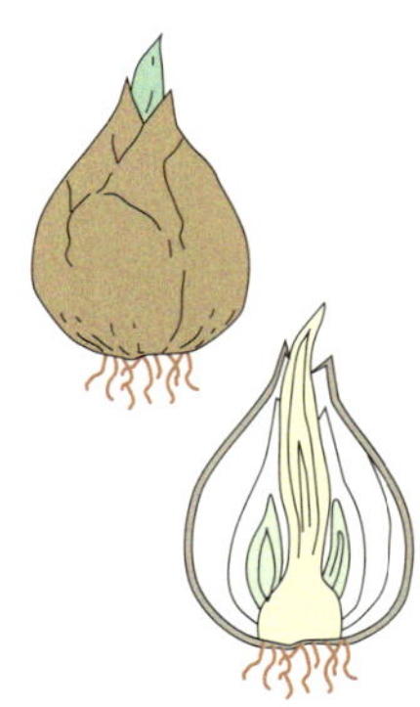

Zwiebel vom Märzenbecher

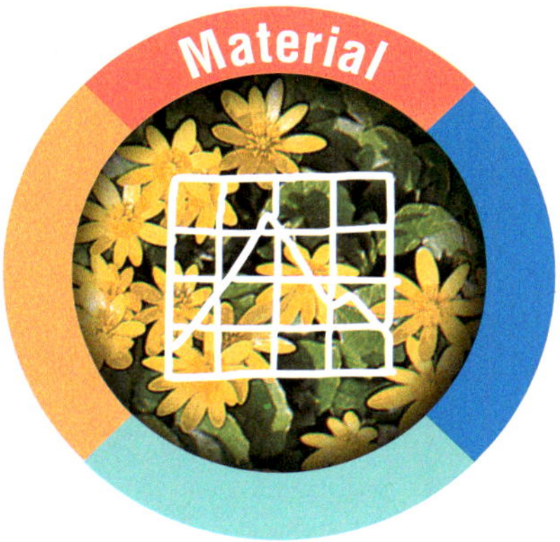

Frühblüher

Auch das Buschwindröschen ist ein Frühblüher. Seine weißen Blütensterne bedecken im März den Waldboden wie ein Teppich. Man kann gar nicht erkennen, wo die eine Pflanze aufhört und wo die nächste beginnt. Das liegt an einer Besonderheit des Wachstums.

Aufgaben

① Beschreibe die Abbildung 1.
② Das Buschwindröschen kann sich ohne Samenbildung vermehren. Gib anhand der Abbildung an, wie das geschieht, und erkläre das in vielen Wäldern massenhafte Auftreten der Pflanzen.
③ Übertrage die Tabelle in dein Heft und ergänze sie für Buschwindröschen, Scharbockskraut, Wohlriechendes Veilchen, Krokus und Märzenbecher.
④ Begründe, weshalb die Frühblüher häufig an Hecken und in Laubwäldern vorkommen.
⑤ Viele Frühblüher sind geschützt. Welche Gründe gibt es dafür? Warum ist in der Regel das Ausgraben verboten?
⑥ Welche Vorteile bietet es, dass Reservestoffe unterirdisch gelagert werden?
⑦ Beschreibe die Abbildung 2 zu den Lichtverhältnissen am Waldboden.
⑧ Übertrage die Kurve der Lichtwerte im Jahresverlauf in dein Heft und markiere darin die Blühzeiten der Pflanzen aus der Tabelle.
⑨ Erläutere, welcher Zusammenhang zwischen Blütezeit der Pflanzen und den Lichtverhältnissen besteht.
⑩ Sauerklee kommt mit dem hundertsten Teil des normalen Tageslichts aus. Erkläre, wie das mit dem Standort (feuchter Laub- und Nadelwald) und der Blütezeit (Mai bis Juni) zusammenhängt.

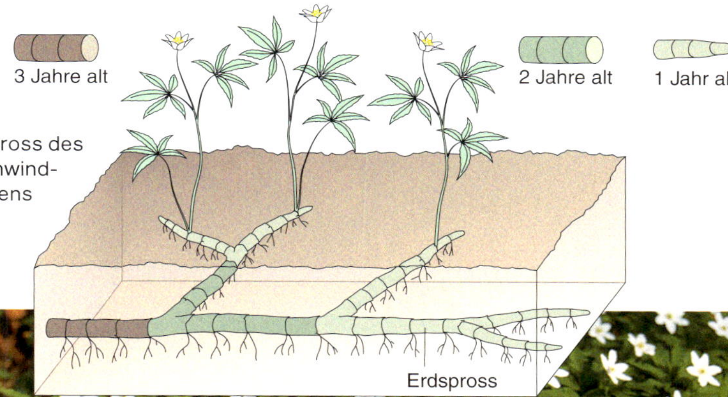

1 Erdspross des Buschwindröschens

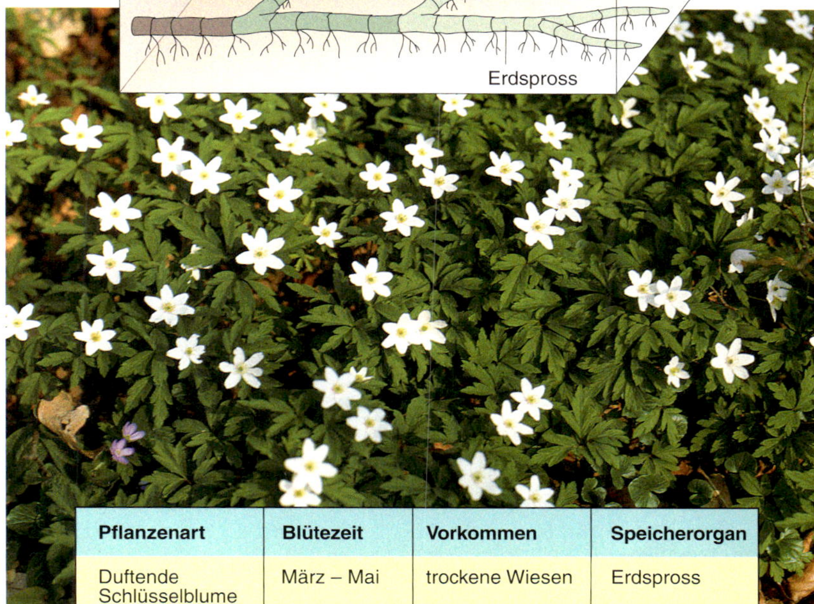

Pflanzenart	Blütezeit	Vorkommen	Speicherorgan
Duftende Schlüsselblume	März – Mai	trockene Wiesen	Erdspross
Blaustern	März – Mai	Laubwaldränder, Hecken	Zwiebel
Schneeglöckchen	Febr. – März	Laubwälder, Gärten und Parks	Zwiebel

Tabelle: Frühblüher

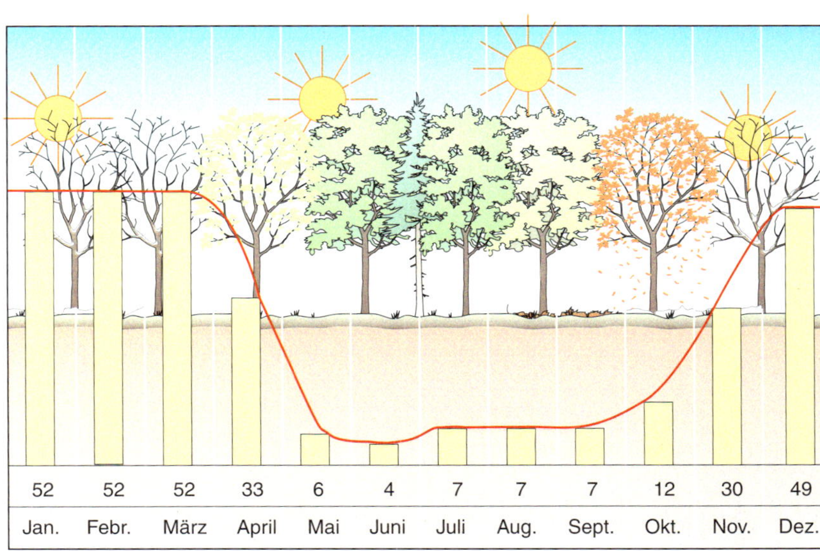

2 Lichtwerte am Waldboden (volles Tageslicht = 100)

1 Eine Sommerwiese mit einigen ihrer typischen Bewohner

Von der Sonne verwöhnt — die Sommerwiese

Im Sommer sind im Allgemeinen die *Lebensbedingungen* für die meisten Pflanzen sehr gut. Es ist warm und es fallen genug Niederschläge. Die Sonne scheint lange. Da sie hoch am Himmel steht, ist ihr Licht sehr intensiv. Die Pflanzen der Wiese gedeihen deshalb sehr gut, und sie können in großen Mengen lebenswichtige Stoffe, wie zum Beispiel Zucker und Stärke, selbst erzeugen. Dies ermöglicht ihnen ein rasches Wachstum und ist auch die Lebensgrundlage für die vielen Wiesentiere.

Die Blüten der Wiesenpflanzen locken viele *Insekten* an, wie z. B. Schmetterlinge, Bienen, Fliegen und Käfer. Blütenstaub und Nektar dienen ihnen als Nahrung. Nur wenige Arten von *Säugetieren* sind reine Wiesenbewohner, z. B. die Feldmäuse, Wiesel und Maulwurf. Die meisten benötigen zum Überleben noch Hecken oder kleine Feldgehölze. Auch unter den *Vögeln* gibt es nur wenige typische Wiesenbewohner, z. B. die Feldlerche oder den Wiesenpieper.

Wiesen sind in Mitteleuropa meist keine natürlichen Lebensgemeinschaften, sondern sie sind erst nach der Rodung von Wäldern entstanden. Der Mensch gewann so *landwirtschaftliche Nutzflächen* für die Tierhaltung. Wiesen werden ein- oder mehrmals im Jahr gemäht. Bäume und Sträucher kön-

Wiesenschaumkraut

nen nicht auf ihnen wachsen. Das Heu wird für die Fütterung von Nutztieren verwendet. Werden Nutztiere auf den Grasflächen gehalten, nennt man sie *Weiden* (S. 276).

Vor der ersten Heuernte ist meist der *Löwenzahn* die auffälligste Wiesenpflanze. Er wächst bevorzugt auf nährstoffreichen, feuchten Böden. Auf gedüngten Wiesen ist er die häufigste Pflanzenart und die Farbe seiner Blüten taucht oft die ganze Landschaft in ein intensives Gelb. Die Reservestoffe aus seiner Pfahlwurzel ermöglichen ihm ein Austreiben nach dem ersten und sogar nach dem zweiten Schnitt. Weitere häufige Wiesenpflanzen sind Wiesenkerbel, Margerite, Wiesenschaumkraut und Hornkraut.

Die erste *Heuernte* erfolgt meist Mitte Juni. Die Lebensbedingungen sind im Frühsommer für die Pflanzen so gut, dass sie nach dem Mähen rasch heranwachsen. Typische Pflanzen für diese Zeit sind Bärenklau, Wilde Möhre, Glockenblume, Spitzwegerich und Weidelgras. Im August ist eine zweite Heuernte möglich.

Das *Mähen* ist ein harter Einschnitt in das Leben der Wiesenpflanzen. Ihre oberirdischen Teile werden fast vollständig entfernt. Die Wiesenpflanzen haben verschiedene Möglichkeiten entwickelt, mit denen sie diesen Eingriff des Menschen überleben können.

Süßgräser sind die häufigsten Wiesenpflanzen, weil sie auch auf mehrfach gemähten Wiesen problemlos überleben können. Viele Gräser bilden Ausläufer, die dicht an der Erdoberfläche wachsen und an denen neue Halme entstehen können. Manche Gräser können auch nach dem Schnitt an den unteren Stängelknoten Seitentriebe ausbilden. Andere Pflanzen, wie z. B. das *Gänseblümchen*, haben Laubblätter, die in einer Rosette angeordnet sind und dicht am Boden anliegen. Sie entgehen so der Mähmaschine.

Aufgaben

① Wie würde sich der Pflanzenbestand auf den Wiesen ändern, wenn der Mensch die Bewirtschaftung einstellen würde?
② Warum haben verholzte Pflanzen, wie Bäume und Sträucher, auf Wiesen keine Überlebensmöglichkeit?
③ Bestimmte Pflanzenarten, die sogenannten *Leitpflanzen*, können nur an ganz bestimmten Standorten vorkommen. Informiere dich in einem Pflanzenlexikon, für welche Standorte die folgenden Pflanzenarten charakteristisch sind: Flockenblume, Kleiner Wiesenknopf, Wegwarte, Trollblume und Küchenschelle.

Wiesen-Bärenklau

Margerite

Zettelkasten

Wiesen sind in ihrem Pflanzenbestand sehr unterschiedlich. Dies hängt ab von der Art des Bodens, von der Häufigkeit und Menge der Niederschläge, von der Höhe und von der Intensität der Sonneneinstrahlung. Die vielfältigen Lebensbedingungen in einer Wiese haben zur Folge, dass sehr viele verschiedenen Pflanzenarten in den Wiesen überleben können. Die unten stehende Tabelle zeigt Beispiele für verschiedene Typen von Wiesen und deren wichtigsten Eigenschaften hinsichtlich Bodenbeschaffenheit und Wasserversorgung.

	Feuchte Fettwiese	**Trockene Fettwiese**	**Magerwiese**	**Trockenrasen**
Bodenbeschaffenheit	nährstoffreich	nährstoffreich	nährstoffarm	nährstoffarm
Wasserversorgung	sehr gut	mittelmäßig	unterschiedlich	sehr gering
typische Pflanzen	 Kriechender Hahnenfuß	 Wiesensalbei	 Akelei	 Silberdistel

1 Rosskastanie im Herbst

Die Rosskastanie — wie ein Baum überwintert

Die *Rosskastanie* ist ein häufiger Park- und Alleebaum. An ihren Blättern und Früchten ist sie gut zu erkennen. Im Winter allerdings verändert sich das Aussehen des Baumes, denn Kälte und Schnee bringen verschiedene Gefahren für die Pflanze mit sich.

— Die niedrigen Lufttemperaturen können dazu führen, dass das Wasser in einzelnen Pflanzenteilen gefriert. Der Kältetod wäre dann die Folge.

— Belaubte Pflanzen verdunsten ständig Wasser. Da der Frost das Wasser auch im Boden gefrieren lässt, können die Wurzeln kein Wasser mehr aufnehmen. Es bestünde die Gefahr, dass die Pflanze vertrocknet.

— Wenn sich Schnee in größeren Mengen auf den Blättern anhäuft, können Zweige und Äste abbrechen. Durch diese Verletzungen würde die Pflanze geschwächt.

Der *Laubfall* ist eine Anpassung, durch die unsere heimischen Laubbäume die Probleme des Winters meistern. Schon im Herbst verfärben sich die Blätter. Das ist das erste Anzeichen des bevorstehenden Laubabwurfs. Der wertvolle grüne Blattfarbstoff, das *Chlorophyll*, wird abgebaut. Seine Bestandteile werden durch die Leitbündel aus den Blättern abtransportiert und in den Zweigen gespeichert. Rote und gelbe Farbstoffe, die vorher auch schon im Blatt waren, aber von der Farbe des Blattgrüns überdeckt wurden, bestimmen die Färbung. Später, wenn die Blätter absterben, sind sie ganz braun und trocken.

Am Grunde des Blattstiels bildet sich als Abschlussgewebe eine *Korkschicht*. Diese ermöglicht erst den Laubwurf und bleibt, wenn das Blatt abgefallen ist, als *Blattnarbe* an den kahlen Zweigen deutlich sichtbar. Die ehemaligen Austrittsstellen der Leitbündel sind noch zu erkennen. Sie bilden eine halbkreisförmige Punktreihe, die *Blattspur*.

In den Zweigen ist nun kaum noch Wasser vorhanden. Dadurch ist die Gefahr des Erfrierens weitgehend gebannt. Da keine Blätter mehr vorhanden sind, verdunstet der Baum auch fast kein Wasser mehr. Die Wurzeln müssen also nicht für Nachschub aus dem eisigen Boden sorgen und Schnee ist für die kahlen Äste nur eine geringe Belastung.

Der Laubfall wirkt sich noch in anderer Hinsicht günstig aus. Die abgestorbenen Blätter bilden nämlich auf dem Erdboden eine schützende Schicht. So gefrieren der Boden und die Wurzeln an der Oberfläche nicht so schnell. Außerdem hält das Laub Feuchtigkeit zurück und verhindert das Austrocknen des Bodens.

Im Winter wirkt die Rosskastanie mit ihren kahlen Zweigen wie abgestorben. Das sieht aber nur so aus. In Wirklichkeit befindet sie sich nur in einem *Ruhezustand*. Die Vorbereitungen für das Austreiben im nächsten Frühjahr sind nämlich schon im Herbst abgeschlossen.

An den Zweigen der Rosskastanie befindet sich oberhalb jeder Blattnarbe eine Knospe, die man *Seitenknospe* nennt. An der Spitze

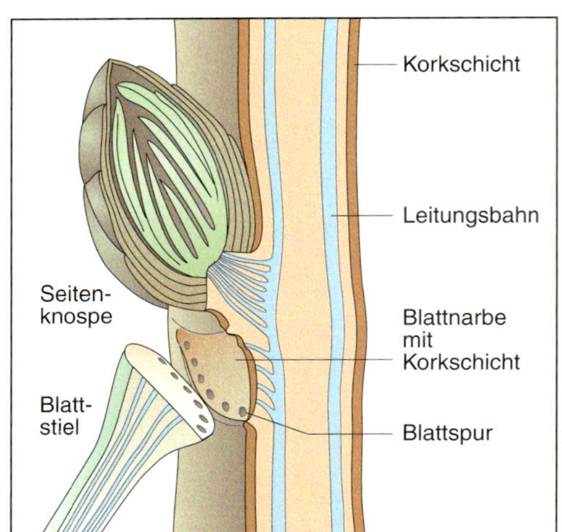

2 Schema des Laubfalls

des Zweiges sitzt eine besonders große Knospe, die *Endknospe*. Im Frühjahr entwickeln sich daraus beblätterte *Triebe* und *Blüten*. An der Endknospe fallen zunächst die harten, schuppenförmigen Hüllblätter auf, die *Knospenschuppen*. Sie liegen wie Dachziegel übereinander und sind durch eine *Harzschicht* miteinander verklebt. Das Innere ist dadurch gegen eindringende Nässe ebenso gut geschützt wie gegen Austrocknung. Da die harzige Masse unangenehm schmeckt, ist sie auch ein Schutz gegen Tierfraß. Im Längsschnitt durch eine solche Knospe erkennt man zusätzlich einen wichtigen Kälteschutz. Eine dicke Schicht aus filzigen Haaren umgibt die winzigen Laubblätter und schützt die ebenfalls behaarte Blütenanlage.

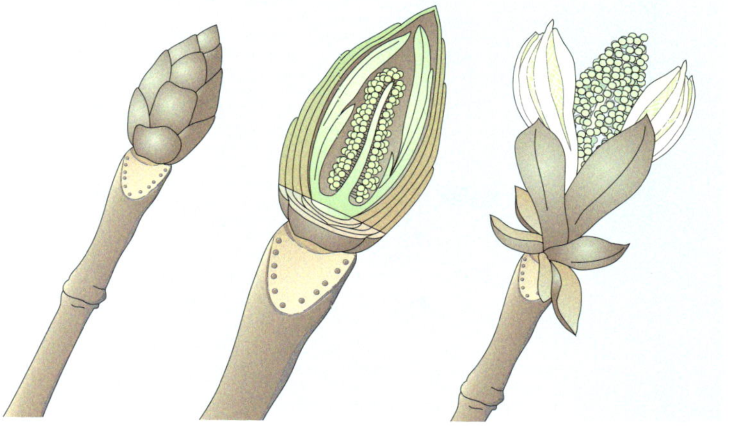

1 Winterzweig (a), Knospenlängsschnitt (b), und Austrieb der Endknospe (c)

Die Knospen dienen dem Wachstum des Baumes im Frühjahr. In ihnen befindet sich die winzig kleine, aber vollständige Anlage eines neuen Triebes. Wenn die Wurzeln den Baum wieder mit Wasser versorgen, treiben die Knospen aus. Die Seitenknospen entfalten sich meist zu vier *Laubblättern*. Aus den Endknospen entwickelt sich zusätzlich der *Blütenstand*. Er wird als *Rispe* bezeichnet. An diesen „Blütenkerzen" ist die Rosskastanie im Frühling von weitem zu erkennen.

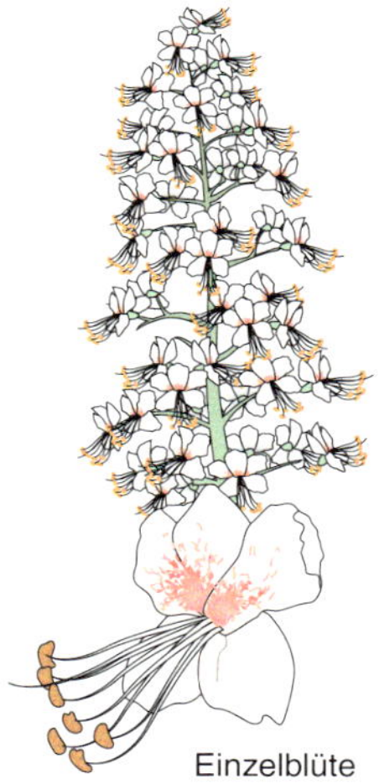

Einzelblüte

2 Rosskastanie im Frühjahr

Aufgaben

① Besorge einen Winterzweig der Rosskastanie. Zeichne ihn und beschrifte mit den im Text genannten Begriffen.

② Stelle den Zweig ins Wasser und halte ihn an einem warmen Ort. Beobachte die Entwicklung der Knospen.

Zettelkasten

Einjährig — zweijährig — mehrjährig

Bäume und Sträucher tragen *Erneuerungsknospen*, aus denen jedes Jahr neue Triebe hervorbrechen. Andere Pflanzen sterben nach der Fruchtreife vollkommen ab. Sie erneuern sich nur aus *Samen*. Die Zeit, die zwischen der Keimung und der Bildung neuer Samen vergeht, kann unterschiedlich lang sein. Bei *einjährigen Sommerpflanzen* (Ackersenf, Gartenbohne) verläuft die Entwicklung innerhalb eines Sommers. Andere Einjährige überwintern als kleine Pflanzen unter dem Schnee, da ihre Samen schon im Herbst keimen (Wintergetreide). *Zweijährige Pflanzen* entwickeln sich im ersten Jahr bereits kräftig und bilden häufig Speicherorgane (Zuckerrübe). Sie blühen jedoch erst im zweiten Jahr und sterben danach ab.

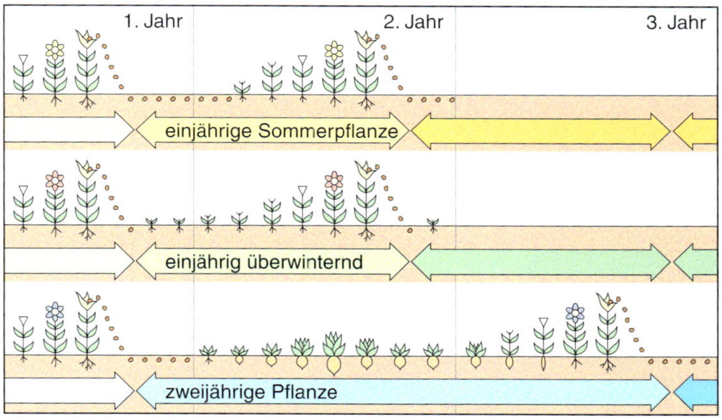

Verlauf der Entwicklung bei verschiedenen Blütenpflanzen

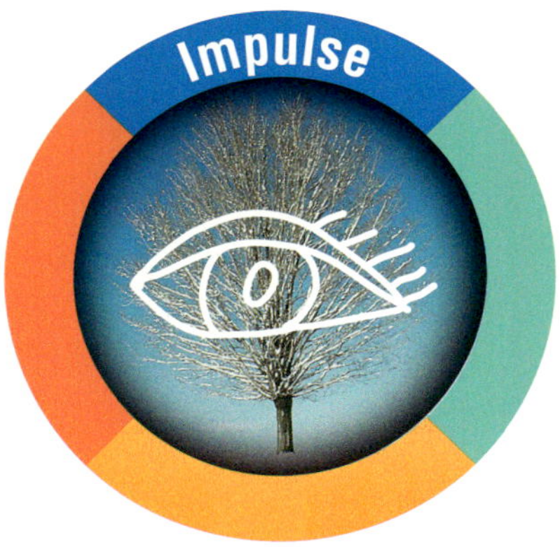

Winter

Es ist für uns ganz selbstverständlich, dass sich die Jahreszeiten regelmäßig abwechseln. Auch die Lebewesen haben sich darauf eingestellt. Aber manchmal sind wir doch verdutzt, wenn zu Weihnachten plötzlich jemand sagt: „Und in Neuseeland ist jetzt Sommer."

Jahreszeiten

Im Winter werden die Tage kürzer. Weniger Licht und weniger Wärme für die Tier- und Pflanzenwelt sind die Folge. Wie kommt es eigentlich dazu, dass die Sonne nicht mehr mit der gleichen Kraft wie im Sommer scheint?
Die Erde dreht sich innerhalb eines Jahres einmal um die Sonne. Da die Erdachse schräg steht, wird die nördliche Halbkugel im Winter nicht so stark von der Sonne beschienen.

Um das zu verstehen, müsste man eigentlich ein entsprechendes Modell basteln. Suche nach geeigneten Möglichkeiten!

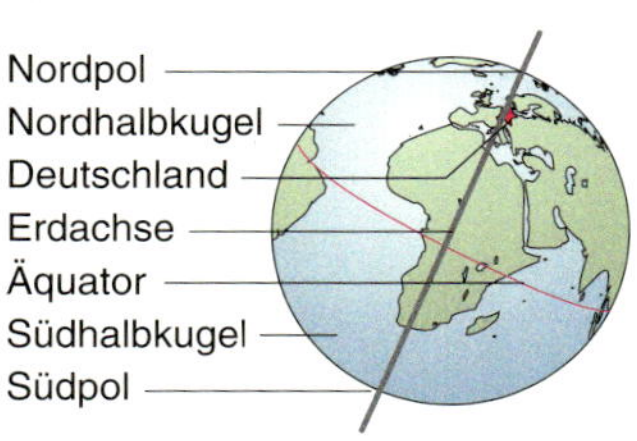

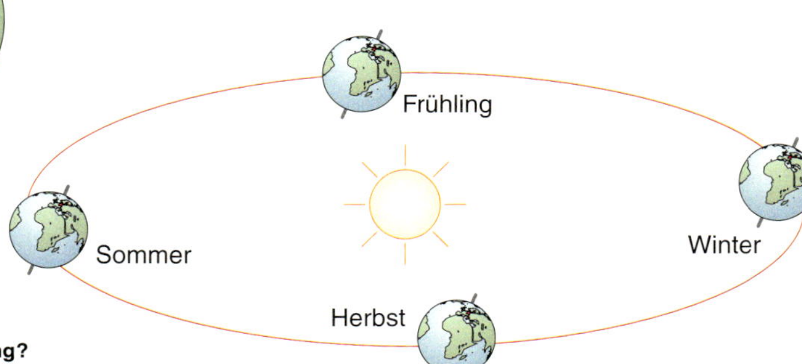

So ist die Stellung der Erde am 21. Juni (Sommeranfang). Ist das nicht genauso wie zum Winteranfang?

Laubfall

Schon im Herbst stellt sich die Natur auf den herannahenden Winter ein. Besonders auffällig ist die Verfärbung der Blätter bei unseren Laubbäumen. Gelbe, rote und braune Farbtöne beherrschen dann die Landschaft.

Welche Aufgabe haben die grünen Blätter im Sommer?
Hast du schon einmal überlegt, woher die gelben, roten und braunen Farbtöne im Herbst kommen?
Und noch etwas zum Thema Farben: Woher kommt die weiße Farbe beim Schnee und bei manchen Pflanzen, zum Beispiel in den Blütenblättern von Schneeglöckchen?

Lege eine Sammlung herbstlich gefärbter Blätter an. Presse die Blätter zwischen Zeitungspapier und ordne sie nach Baumart und Färbung. Notiere Fundort und Datum.
Wie kannst du den Verlauf der Blattadern möglichst genau in dein Biologieheft zeichnen?
Legt an einer Wand eures Klassenraums ein großes Poster von herbstlichen Blättern zum Beispiel in Form eines Baumes an.

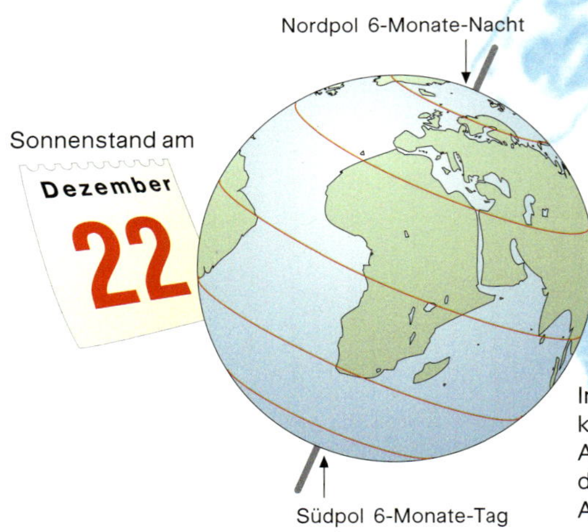

In den Tropen gibt es keine Jahreszeiten. Aber auch hier werfen die Bäume ihr Laub im Abstand von einem bis zu zehn Jahren ab. Das geschieht allerdings nicht gleichzeitig. Deshalb erscheinen diese Bäume immergrün.
Aus unseren Breiten wurden Laub werfende Bäume in Äquatornähe gebracht und dort wieder eingepflanzt.
Äußere Vermutungen, ob und wann sie nun ihr Laub abwerfen.

Kälteschutz

Viele Nadelbäume, aber auch Laubbäume wie zum Beispiel die *Stechpalme*, sind immergrün. Wenn das wesentliche Problem bei der Überwinterung der Wassermangel ist, dann müssten diese Pflanzen ähnliche Anpassungen besitzen, wie sie bei Pflanzen an trockenen Standorten anzutreffen sind. Vergleiche und berichte darüber.

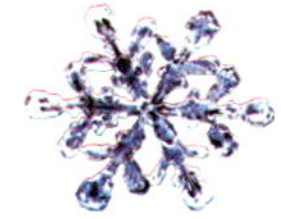

Eine Schneedecke schützt die darunter liegenden Pflanzen vor eisiger Kälte. Begründe diese Aussage, indem du weitere Beispiele dafür angibst, dass eine stehende Luftschicht isolierend wirkt.

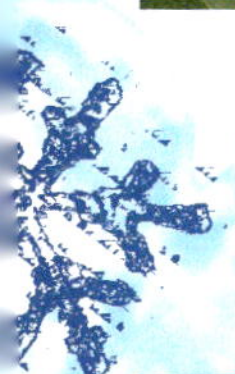

Schneeflocken

Wenn stehendes Wasser langsam unter den Gefrierpunkt abkühlt, dann entsteht Eis. Ein Eiszapfen ist ebenso durchsichtig und fast so klar wie Wasser. Auch Schnee ist gefrorenes Wasser, sieht aber ganz anders aus. Bei einer Schneeflocke schließen die Eiskristalle, die immer in Form eines Sechsecks wachsen, sehr viel Luft ein. Dadurch entsteht das weiße Aussehen.

Schnee enthält also gar keine Farbe. Oder hast du schon einmal weiße Hände bekommen, wenn du einen Schneemann gebaut hast? Die eingeschlossene Luft hat eine wichtige Bedeutung für den Kälteschutz.

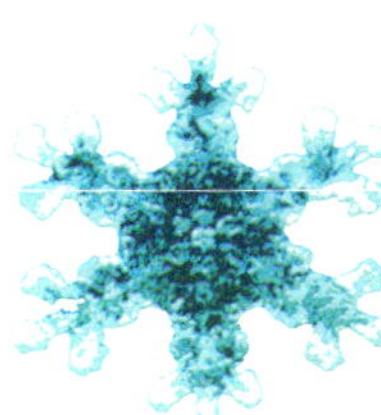

Zeichne eine Phantasie-Schneeflocke. Denke daran, dass sie genau sechseckig sein soll. Weißt du, wie man ein Sechseck mit dem Zirkel oder dem Geo-Dreieck zeichnet? Probiere es einmal aus!

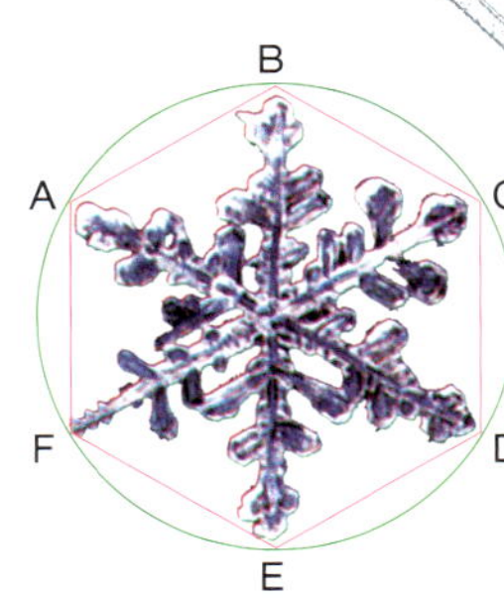

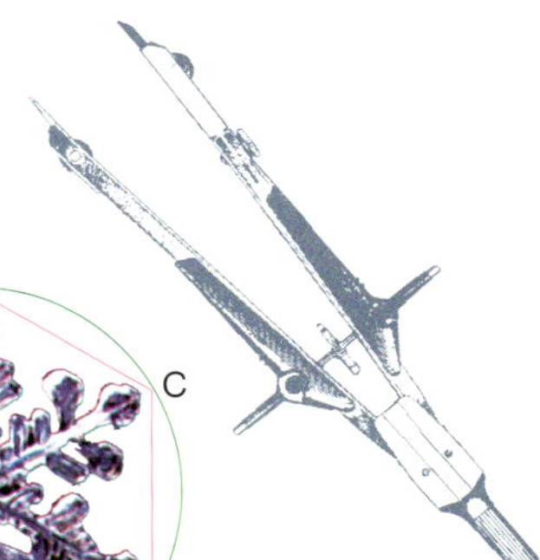

Wassermangel

Im Winter fallen die Temperaturen häufig weit unter den Gefrierpunkt. Dann steht den Pflanzen kein Wasser mehr zur Verfügung. Außerdem kann das Wasser in den Pflanzenzellen gefrieren. Dann sterben sie ab. Es gibt einige Schutzeinrichtungen, mit denen die Pflanzen dieser Gefahr entgehen.
Wasserhaltige Pflanzenteile werden abgeworfen (beim Laubfall).
Der Wasseranteil in den Zellen wird sehr stark vermindert (bei trockenen Samen).
Wenn im Frühjahr wieder genügend Wasser zur Verfügung steht, dann können sich wieder neue Blätter oder ganze Pflanzen entwickeln. Es lohnt sich, diese Vorgänge einmal genauer zu beobachten und zu protokollieren. Das geht besonders gut bei Knospen.

Auf Autobahnen wird bei Schneefall und Eisglätte Salz gestreut. Überlege dir einen Versuch, mit dem du zeigen kannst, dass Salz wie ein Frostschutzmittel wirkt. Stelle einen Bezug zu den Pflanzensäften im Winter her.

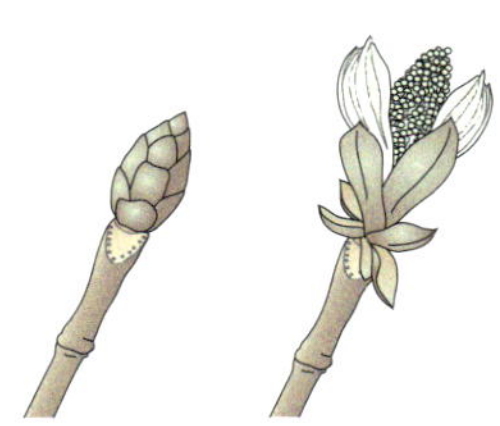

Beobachte und beschreibe die Veränderungen an einer Knospe. Beginne im zeitigen Frühjahr mit dem Protokoll.

Protokoll zur Knospenentwicklung

Datum	Beschreibung	Skizze
15. 02.	Knospe mit rotem Faden markiert.	
18. 02.	Noch keine Veränderung sichtbar.	
22. 02.	......	

Blütenpflanzen

Vielfalt und Nutzen

Nutzpflanzen

Schokolade und Pommes frites: Was ist ihnen gemeinsam? Beides sind Produkte aus Pflanzen. Die Schokolade wird aus den Samen der Kakaofrüchte hergestellt, die Pommes frites aus der Kartoffelknolle.

Pflanzen sind aus unserer täglichen Nahrung nicht wegzudenken: Gemüse, Obst, Reis, Getreideprodukte aus Mehl oder der Zucker aus der Zuckerrübe.

Pflanzen nutzt der Mensch jedoch nicht nur zur Ernährung. In vielen anderen Bereichen spielen Pflanzen ebenfalls eine wichtige Rolle: Baumwolle brauchen wir für unsere Kleidung, Holz zum Hausbau.

Verwandtschaft

B e s t i m m u n g

Merkmale

1 Brennnessel

2 Weiße Taubnessel

Brennnessel und Taubnessel

Bei jedem Aufenthalt in der Natur ist man von einer Vielzahl verschiedenster Pflanzen umgeben. Sie unterscheiden sich in ihrem Vorkommen, ihrer Blütenfarbe und -form, ihrer Größe, ihrer Wuchsform, ihren Samen und Früchten und ihren Blättern (S. 272). Um die faszinierende Welt der Pflanzen besser verstehen zu können, werden wir Pflanzen in verschiedene Gruppen gliedern. Wir können uns damit einen Überblick über die verschiedenen Pflanzen verschaffen. Als Beispiel wählen wir zwei Pflanzen aus, die vermutlich jeder kennt: die *Große Brennnessel* und die *Weiße Taubnessel*.

Sie kommen beide an Wegrändern häufig vor, ihre Wuchsform und ihre Blätter sind recht ähnlich. Auch durch ihren „Nachnamen ... nessel" könnte man vermuten, dass diese beiden Pflanzen eine engere Verwandtschaft aufweisen. Bei genauerer Betrachtung fallen uns aber Unterschiede auf: Die Brennnessel brennt uns bei Berührung auf der Haut, die Taubnessel nicht. Und ebenso deutlich sind die Unterschiede im Blütenbau. Die große Blüte der Taubnessel ist oben fast helmförmig, unten ist sie lippenförmig. Bei der Brennnessel sind die Blüten unscheinbar grünlich. Die Blüten der Taubnessel sind *zwittrig*, während bei der Brennnessel männliche und weibliche Blüten auf verschiedenen Pflanzen vorkommen (siehe Abb. 1 und 2).

Bilderrätsel
Brennnesselblüten werden durch den Wind bestäubt.
Die Lösung des Bilderrätsels ergibt einen häufigen Bestäuber der Taubnessel.

Aufgrund dieser Unterschiede weiß man, dass Brennnessel und Taubnessel nicht näher miteinander verwandt sind. Man ordnet sie sogar zwei verschiedenen *Pflanzenfamilien* zu. Eine **Familie** umfasst die Gesamtheit aller Pflanzen, die in wichtigen Merkmalen, vor allem im Bau ihrer Blüten, übereinstimmen. Die Große Brennnessel ist ein typischer Vertreter der *Familie Brennnesselgewächse*, zu der auch die seltenere Kleine Brennnessel gehört. Die Weiße Taubnessel gehört dagegen zu der *Familie der Lippenblütler*.

Die Gliederung der Pflanzen in verschiedene Familien ermöglicht uns einen schnelleren Überblick über die Vielfalt bei den Blütenpflanzen. Auf den folgenden Seiten werden wir wichtige Pflanzenfamilien mit ihren interessantesten Vertretern kennen lernen.

Die Familie der Lippenblütler

Die Weiße Taubnessel haben wir als typischen Vertreter aus der Familie der Lippenblütler bereits kennen gelernt. In der folgenden Übersicht sind die charakteristischen Merkmale dieser Familie zusammengefasst:

- Die *fünf Blütenblätter* sind in ihrem unteren Teil zu einer Röhre verwachsen. In ihrem oberen Teil bilden zwei Blütenblätter die *Oberlippe*, drei bilden die *Unterlippe*.

- Die *Kelchblätter* sind ebenfalls miteinander verwachsen.
- Die reife Frucht zerfällt in vier *Teilfrüchte*.
- Die *Stängel* sind vierkantig.
- Die Laubblätter stehen *gekreuzt-gegenständig* am Stängel.

Als Botaniker untersuchten, wie viele Pflanzen diese typischen Merkmale aufwiesen, waren sie überrascht: es gibt ca. 3500 verschiedene Lippenblütler. Viele sind kleine krautige Pflanzen, einige sind baumförmig. Manche sind wichtige *Heil-* und *Gewürzpflanzen*.

Zwischen den Angehörigen dieser Familie zeigten sich außer gemeinsamen Merkmalen auch deutliche Unterschiede: Beispielsweise hat der Wiesensalbei nicht vier Staubblätter wie die Weiße Taubnessel, sondern nur zwei. Der Kriechende Günsel hat nur eine sehr kleine Oberlippe. Es ist deshalb sinnvoll, eine weitere Gliederung vorzunehmen und sehr ähnliche Pflanzen einer bestimmten Familie noch in eigenen *Gattungen* zusammenzufassen. Innerhalb der Familie der Lippenblütler gibt es zum Beispiel die Gattungen Taubnessel, Salbei und Günsel.

Die Pflanzen der *Gattung* Taubnessel ähneln sich untereinander sehr, Unterschiede findet man jedoch zum Beispiel bei der Blütenfarbe. So unterscheidet man die *Arten* Gefleckte Taubnessel, Weiße Taubnessel, Purpurrote Taubnessel und Gold-Taubnessel. Die Pflanzen einer Art stimmen in allen wesentlichen Merkmalen überein und können sich untereinander fortpflanzen.

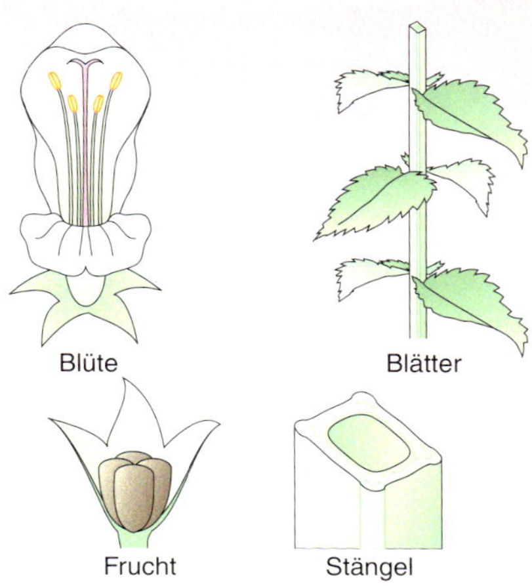

Familie: Lippenblütler

Aufgaben

① Viele Lippenblütler weisen eine helmförmige Oberlippe auf. Warum ist es trotzdem nicht sinnvoll, diese Familie als Helmblütler zu bezeichnen?

② Stelle in einer Tabelle Vertreter aus der Familie der Lippenblütler zusammen, die als Heil- oder Gewürzpflanzen verwendet werden.

1 Blüte vom Scharfen Hahnenfuß

2 Verschiedene Arten der Gattung Hahnenfuß

Der Scharfe Hahnenfuß hat viele Verwandte

Der *Scharfe Hahnenfuß* ist bei uns so häufig, dass seine Blüten im Mai manche Wiese gelb erscheinen lassen. Jede seiner Blüten besitzt fünf Kelch- und fünf Blütenblätter. Auf dem gewölbten Blütenboden sitzen viele Stempel, die jeweils aus einem grünen Fruchtknoten mit einer gelblichen, gebogenen Narbe bestehen. Die Blütenblätter glänzen wie lackiert. An ihrem unteren Ende wird von einem tütenförmigen Schüppchen Nektar gebildet. Wegen dieser Besonderheit bezeichnet man die Blütenblätter auch als *Honigblätter*.

Die Blattspreite ist beim Scharfen Hahnenfuß tief eingeschnitten; dadurch entstehen fünf fingerförmige Zipfel. Die am Stängel weiter oben sitzenden Blätter sind nur dreizipfelig und sehen dem Fuß eines Hahnes ähnlich. Von dieser Blattform ist der Name „Hahnenfuß" wahrscheinlich abgeleitet.

Weidetiere meiden den Scharfen Hahnenfuß. Die Pflanze enthält, wie fast alle Hahnenfußgewächse, ein Gift, an dem die Tiere erkranken können. Das Heu kann man aber als Viehfutter verwenden, denn das Gift verliert beim Trocknen der Pflanzen seine Wirkung.

Zur *Gattung Hahnenfuß* gehören viele gelb blühende und einige weiß blühende Arten. Sie sind teilweise schwer zu unterscheiden.

Die Merkmale der Gattung Hahnenfuß lassen sich bei vielen anderen Gattungen der **Familie Hahnenfußgewächse** wiederfinden. Besonders häufig kommt eine ähnliche Form der Blätter vor. Oft findet man auch eine fünfzählige Blüte mit vielen Staubblättern und mehreren, einzeln stehenden Stempeln. Die Blütenformen sind zum Teil unterschiedlich. Bei der Gattung *Akelei* besitzen die fünf Honigblätter lange, spornförmige Fortsätze. Beim *Rittersporn* ist nur ein Sporn vorhanden. Der *Eisenhut* verbirgt den Nektar unter einem helmförmig aufgewölbten Blütenblatt.

Manche Hahnenfußgewächse besitzen mehr als fünf Blütenblätter *(Scharbockskraut, Leberblümchen)*, andere haben keine Kelchblätter *(Sumpfdotterblume, Trollblume)*. Dennoch fasst man sie zu einer Familie zusammen. Um die Verwandtschaft festzustellen, wird auch der innere Aufbau der Pflanzen untersucht. Manchmal werden sogar chemische Untersuchungen nötig. Zur Familie der Hahnenfußgewächse gehören weltweit etwa 1500 Arten, meist Kräuter und Stauden.

Aufgaben

① Besorge dir von einer Wiese, auf der der Scharfe Hahnenfuß reichlich blüht, eine vollständige Pflanze.
  a) Zeichne ein grundständiges Blatt und je ein Blatt von der Mitte und vom oberen Teil des Stängels. Gib die Unterschiede an.
  b) Untersuche ein Honigblatt mit der Lupe und zeichne es.

② Schreibe Unterscheidungsmerkmale der vier Hahnenfußarten von Abbildung 2 in dein Heft. Versuche, diese Arten im Freien wieder zu erkennen.

Gattung: Hahnenfuß

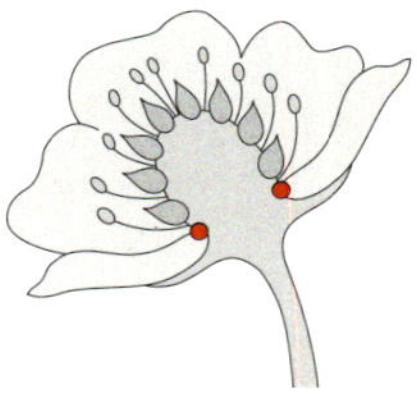

Gattung: Rittersporn

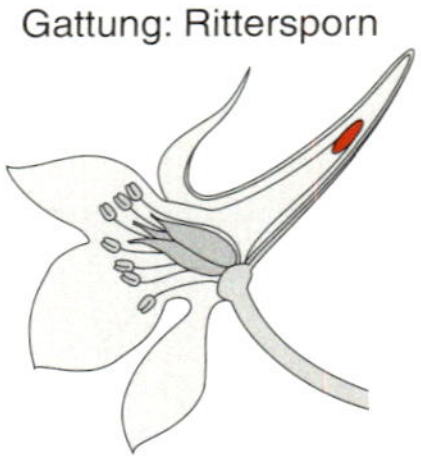

Gattung: Eisenhut

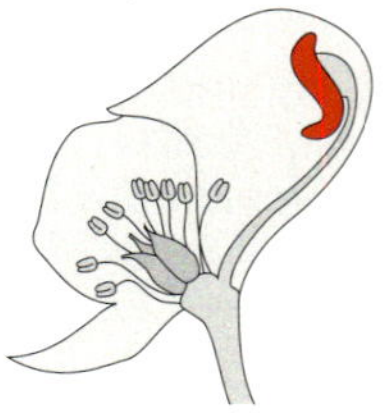

Gattung: Akelei

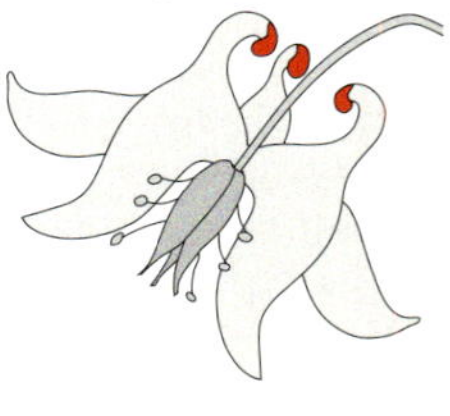

Kirschblüten

Apfelblüten

Heckenrosenblüten

Erdbeerblüten

Die Familie der Rosengewächse

Im Frühjahr bieten die *Obstbäume* ein prächtiges Bild: Kirsche, Apfel, Birne, Pfirsich und Zwetschge stehen in voller Blüte. Auch an Waldrändern und an Hecken ist die Natur wieder zum Leben erwacht. Schlehen, Heckenrosen, Brombeeren, Weißdorn und Eberesche (Vogelbeere) zeigen bereits ihre Blüten. In der Krautschicht wachsen Fingerkräuter und Walderdbeere.

Betrachtet man die Blüten all dieser auf den ersten Blick so verschiedenen Pflanzen genauer, so stellt man einige Übereinstimmungen fest: Alle Blüten weisen 5 *Kelchblätter*, 5 *Blütenblätter* und viele *Staubblätter* auf. Die *Laubblätter* haben im Allgemeinen *Nebenblätter* und sind wechselständig. Alle Pflanzen mit derartigen Merkmalen fasst der Biologe in der Familie der *Rosengewächse* zusammen. Wegen bestimmter Unterschiede im Bau des Blütenbodens und der Früchte unterscheidet man innerhalb der Rosengewächse noch drei Unterfamilien.

Bei den *Steinobstgewächsen* steht der Stempel frei in dem becherartig eingesenkten Blütenboden. Dieser entwickelt sich nach Bestäubung und Befruchtung zu einer Steinfrucht. Dabei wächst der Fruchtknoten stark heran und bildet schließlich drei Schichten: Die äußere Haut, das saftige Fruchtfleisch und den harten Stein. Im Inneren des Steins liegt gut geschützt der Same, aus dem sich bei der Keimung die neue Pflanze entwickelt. Zu den Steinobstgewächsen gehören *Kirsche* und *Zwetschge*.

Der Fruchtknoten der *Kernobstgewächse* besteht aus 4 bis 5 verwachsenen Fruchtblättern. Er ist mit dem Blütenboden verwachsen. Der Fruchtknoten entwickelt sich zum vier- oder fünfkammerigen Kernhaus, das Fruchtfleisch entsteht dagegen aus dem Blütenboden und bildet eine Scheinfrucht. Zu den Kernobstgewächsen zählen *Birne* und *Apfel*.

Bei der dritten Unterfamilie, den eigentlichen *Rosengewächsen*, stehen zahlreiche Stempel frei auf dem Blütenboden. Sie entwickeln sich zu kleinen, unscheinbaren *Nussfrüchten* oder *Steinfrüchten*. Bei der Erdbeere wird der Blütenboden fleischig und bildet schließlich mit den winzigen Nüsschen eine Sammelfrucht. Auch die Hagebutte bildet eine Sammelnussfrucht, während Himbeere und Brombeere Sammelsteinfrüchte bilden.

Kirschblüte

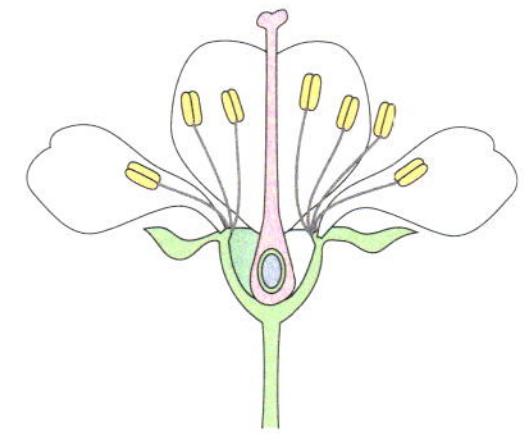

5 Kelchblätter
5 Kronblätter
viele Staubblätter
1 freier Fruchtknoten

Kirsche

Steinfrucht

Apfelblüte

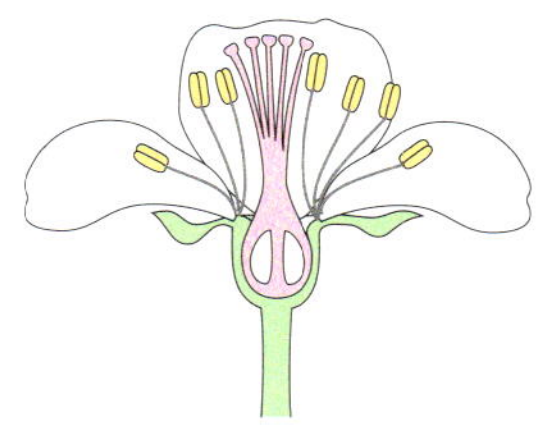

5 Kelchblätter
5 Kronblätter
viele Staubblätter
1 fünfteiliger Fruchtknoten, mit dem Blütenboden verwachsen

Apfel

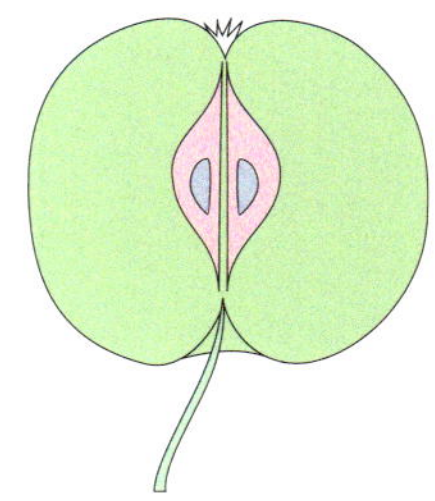

Kernfrucht

Heckenrose

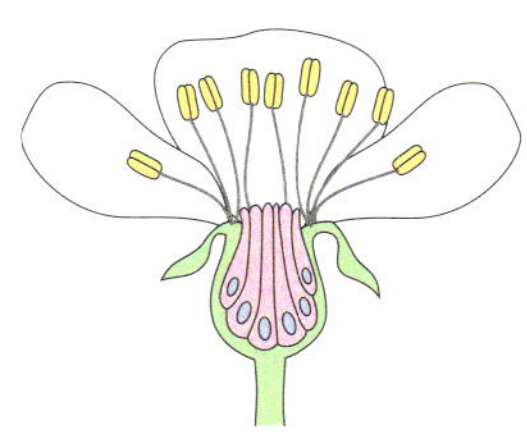

5 Kelchblätter
5 Kronblätter
viele Staubblätter
viele Stempel in einem krugförmigen Blütenboden

Hagebutte

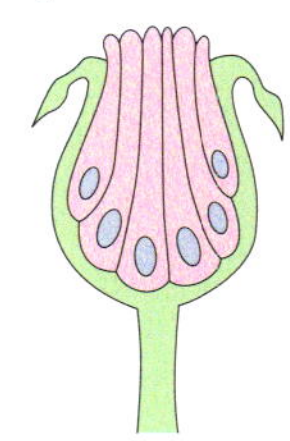

Frucht:
viele Nüsschen in einer Sammelfrucht vereint

Erdbeerblüte

2 x 5 Kelchblätter
5 Kronblätter
viele Staubblätter
viele Stempel auf einem kugelförmigen Blütenboden

Erdbeere

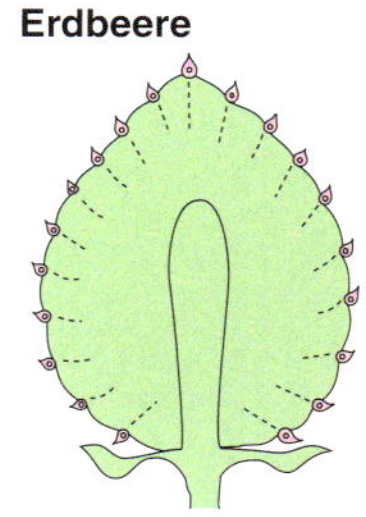

Frucht:
viele Nüsschen in einer Sammelfrucht vereint

Die Familie der Korbblütler

Sonnenblume

Sonnenblumen werden wegen ihrer ansehnlichen *Blütenscheiben*, vor allem aber wegen der fettreichen Früchte angebaut. Die Pflanze ist trotz ihrer Größe einjährig. Da alle Pflanzenteile im Winter absterben, muss man jedes Jahr wieder *Sonnenblumenkerne* aussäen, um neue Pflanzen zu erhalten.

Untersucht man im Sommer eine der riesigen Blütenscheiben, so erlebt man eine Überraschung. Sie ist dicht besetzt mit vielen röhrenförmigen Blütchen. Auch die gelben, zungenförmigen Blätter am Rand stellen sich als besonders geformte *Einzelblüten* heraus. Was beim ersten Hinsehen die Blüte der Sonnenblume zu sein scheint, ist in Wirklichkeit ein *Blütenstand*. Er ist von vielen grünen *Hüllblättern* umgeben und erinnert in seiner Form an ein Körbchen. Dieser Blütenstand ist ein wichtiges Merkmal für die **Familie der Korbblütler**. Er hat ihr den Namen gegeben.

Die *Zungenblüten* am Rand des Körbchens sind in ihrem unteren Abschnitt zu einer kurzen Röhre verwachsen. Sie besitzen weder Griffel noch Staubblätter. Ein Fruchtknoten ist zwar vorhanden, aber er kann keine Samen bilden. Die Zungenblüten der Sonnenblume sind also unfruchtbar *(steril)*. Sie haben nur die Aufgabe, den Blütenstand weithin sichtbar zu machen und Insekten anzulocken. Man nennt sie *Lockblüten*.

Die *Röhrenblüten* stehen dicht gedrängt im Inneren des Blütenkorbes. Sie sitzen in der Achsel eines Spreublattes. Auf dem unterständigen Fruchtknoten erkennt man zwei winzige Kelchblätter. Die Blütenblätter sind zu einer fünfzipfeligen, gelbbraunen Röhre verwachsen. Die Röhrenblüten öffnen sich nacheinander von außen nach innen. Zunächst reift der Pollen in den fünf, zu einer Röhre verwachsenen Staubbeuteln. Er wird von dem wachsenden Griffel nach oben geschoben. Erst später spreizen sich die beiden Narbenäste und können durch fremde Pollen bestäubt werden. Nach der Befruchtung entwickelt sich aus jeder Blüte ein Sonnenblumenkern, also viele hundert in einem Blütenstand.

Auch der **Löwenzahn** gehört zu den Korbblütlern. Sein gelbes Blütenkörbchen sitzt auf einem hohlen Stängel, der aus der Mitte einer *Blattrosette* emporwächst. Beim Abpflücken quillt aus den verletzten Pflanzenteilen ein weißer, klebriger Milchsaft heraus.

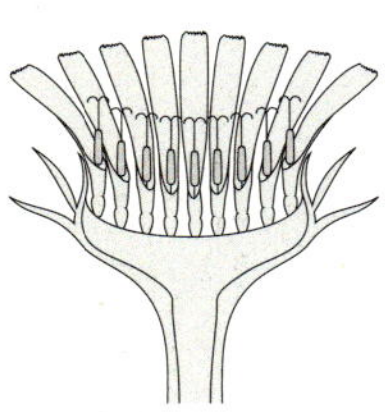

Längsschnitt Blütenkörbchen

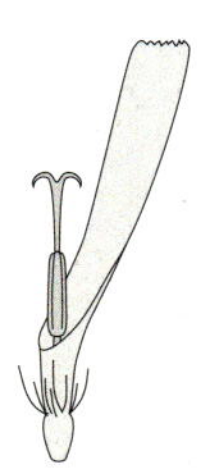

Einzelblüte

Fallschirmfrucht

Löwenzahn

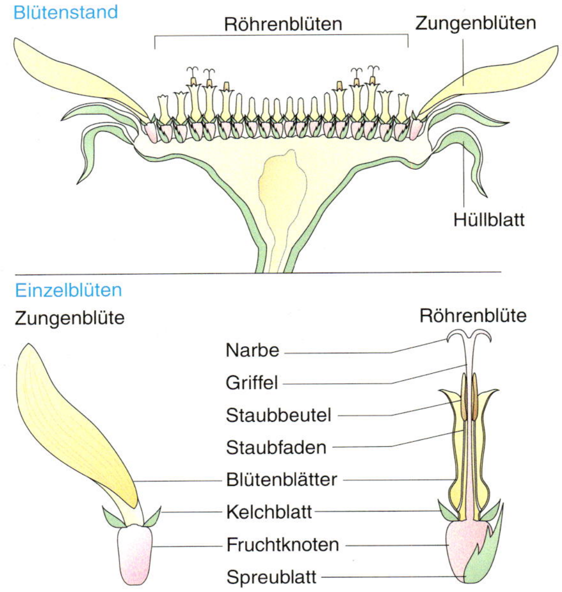

1 Blütenstand und Einzelblüten der Sonnenblume

Im Blütenkörbchen des Löwenzahns befinden sich ausschließlich Zungenblüten. Sie sind nur in ihrem unteren Abschnitt zu einer Röhre verwachsen. Spreublätter und Kelchblätter sind nicht vorhanden. Stattdessen sitzt auf dem Fruchtknoten ein Haarkelch, aus dem sich bei der reifen Frucht der „Fallschirm" entwickelt. Dieser ermöglicht die Verbreitung der Löwenzahnfrüchte durch den Wind.

Die Familie der Korbblütler ist mit 14 000 Arten über die ganze Erde verbreitet. In Europa kommen etwa 300 Arten vor. Einige Korbblütler besitzen ausschließlich Zungenblüten. Diese Pflanzen enthalten fast immer Milchsaft. Salatpflanzen, wie *Endivie* und *Chicoree*, gehören dazu. Bei anderen Korbblütlern, wie *Distel* und *Flockenblume*, sind nur Röhrenblüten vorhanden. Diese Pflanzen führen keinen Milchsaft. Viele röhrenblütige Korbblütler besitzen zusätzlich zungenförmige Randblüten. So ist es bei *Margerite*, *Aster* und *Gänseblümchen*.

Aufgaben

① Vergleiche die Röhrenblüten der Sonnenblume mit den Zungenblüten des Löwenzahns.

② Sammle auf Wiesen oder am Wegrand einige Korbblütler und ordne sie nach Röhren- bzw. Zungenblütigen.

Löwenzahn, Kuhblume. 15 — 30 cm hohe Staude, blüht von April bis September.

Wegwarte. 30 — 150 cm hohe Staude, von Juli bis Oktober auf Weiden und an trockenen Wegrändern.

Habichtskraut. 10 — 25 cm hohe Staude, blüht von Mai bis September, es gibt viele ähnliche Arten.

1 Zungenblütige Korbblütler

Rainfarn. 60 — 120 cm hohe Staude, blüht von Juli bis September an Wegrändern, Hecken und Ufern.

Filzige Klette. Zweijährig, Höhe: 60 — 120 cm, blüht von Juli bis September an Zäunen und Gebüschen.

Ackerkratzdistel. Mehrjährig, Höhe: 100 — 120 cm, blüht von Juli bis September, oft auf Äckern und an Wegrändern.

2 Röhrenblütige Korbblütler

Gemeine Schafgarbe. 15 — 50 cm hohe Staude, blüht von Juni bis Oktober auf trockenen Wiesen und Ödland.

Echte Kamille. 15 — 40 cm hohe Staude, blüht von Mai bis August auf Äckern und an Wegrändern.

Jakobskreuzkraut. Zweijährig. 30 — 100 cm hoch, von Juli bis September an sonnigen Hängen und Wegen.

3 Röhren- und zungenblütige Korbblütler

1 Verschiedene Arten aus der Familie Doldengewächse

2 Blütenstand der Wilden Möhre

Die Wilde Möhre ist ein Doldengewächs

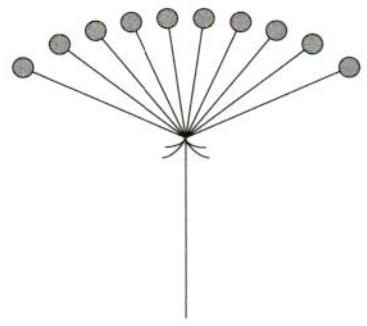

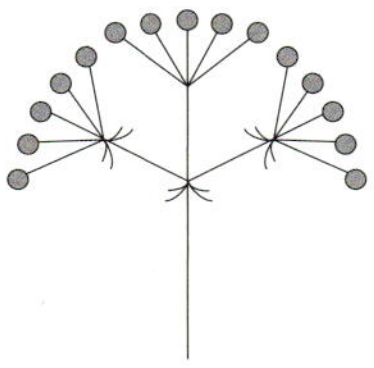

Die *Wilde Möhre* kommt an trockenen und warmen Standorten vor. Sie ist eine *zweijährige* Pflanze. Im ersten Jahr speichert sie Reservestoffe in ihrer verdickten *Pfahlwurzel*. Im zweiten Jahr bildet sie Blüten und Früchte; danach stirbt sie ab. Ihr Blütenstand ist eine *Doppeldolde*, die wie eine einzige, riesige Blüte wirkt. Dadurch ist die Pflanze auffällig und lockt Fliegen und Käfer an. Diese kurzrüsseligen Insekten finden reichlich Nektar, der auf einem Griffelpolster abgeschieden wird. Bei ihrem Besuch bestäuben die Insekten die Blüten.

Die *Einzelblüten* sind eher unscheinbar. Ihr fünfblättriger Kelch ist winzig klein und kaum zu entdecken. Die Blüten besitzen fünf weiße Blütenblätter, fünf Staubblätter und einen unterständigen Fruchtknoten. Dieser besteht aus zwei Fruchtblättern mit je einer Samenanlage. Die Frucht zerfällt in zwei einsamige Teilfrüchte. Sie tragen kurze Widerhaken, mit denen sie an Tieren hängen bleiben. Dadurch werden sie verbreitet. Ein besonderes Kennzeichen der Wilden Möhre ist eine rotbraune Blüte in der Mitte des Blütenstandes. Sie heißt *Mohrenblüte*. Wahrscheinlich hat die Pflanze ihren Namen von diesem „Möhrchen".

Pflanzen mit einem ähnlichen Blütenbau und einer *Dolde* oder *Doppeldolde* als Blütenstand gehören zur **Familie der Doldengewächse**. Es sind meist krautige Pflanzen, die mit Rüben oder Erdsprossen überwintern. Der Stängel ist hohl und hat verdickte Knoten. Die Blätter sind oft gefiedert.

Die Familie der Doldengewächse umfasst 2600 Arten, von denen in Mitteleuropa etwas mehr als 100 wild vorkommen. Viele Nutz- und Gewürzpflanzen wie *Dill, Kerbel, Petersilie* und *Liebstöckel*, ebenso *Mohrrübe, Fenchel* und *Sellerie* gehören dazu.

Aufgabe

① Bei vielen Doldengewächsen haben die Blüten am Rand des Blütenstandes eine andere Form als die in der Mitte.
   a) Beschreibe die Unterschiede im Aussehen von Rand- und Mittelblüten (Abb. 3).
   b) Welche Bedeutung könnte die Form der Randblüten haben?

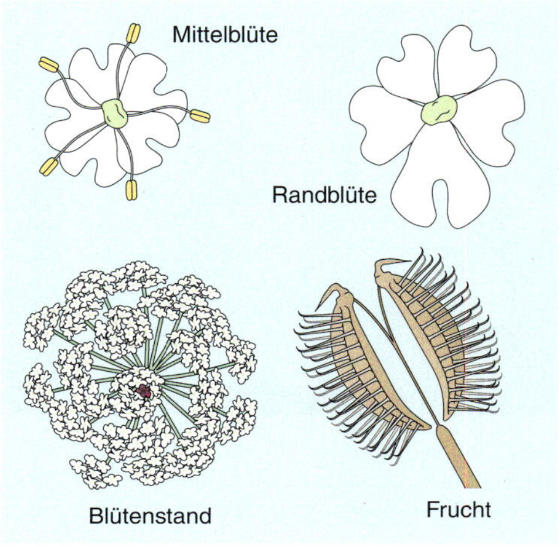

3 Blütenstand, Blüte und Frucht (Schema)

Die Familie der Süßgräser

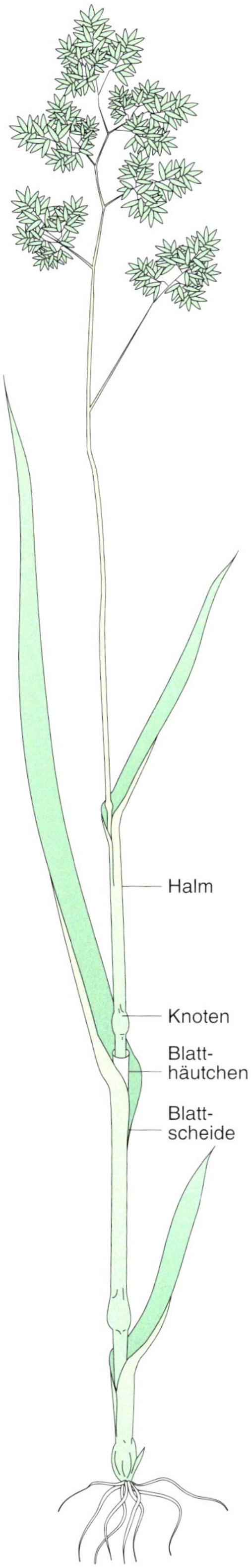

Knäuelgras

Den größten Anteil der Wiesenpflanzen machen die **Süßgräser** aus. An einigen typischen Baumerkmalen sind sie leicht zu erkennen. Sie besitzen einen runden, hohlen Stängel *(Halm)*, der durch *Knoten* in kürzere Abschnitte gegliedert ist. Die Blätter sind lang und schmal. Sie besitzen parallel verlaufende Blattadern und ihr Rand ist glatt und scharf. Der untere Teil des Blattes bildet eine *Blattscheide*, die den Halm bis zum nächsten Knoten umschließt. Die Festigkeit des Halmes wird dadurch erhöht. Knickt er dennoch einmal um, so richtet er sich durch einseitiges Wachstum an einem Knoten mit der Zeit wieder auf.

Die Blüten der Gräser sind klein und unauffällig. Sie besitzen bei allen Süßgräsern einen ähnlichen Bau. Jede einzelne Blüte besteht aus dem Fruchtknoten mit federförmigen Narbenästen, drei Staubblättern und verschiedenen Spelzen. Sie schützen die Blüten und besitzen manchmal einen haarähnlichen Fortsatz, die *Granne*. Mehrere solcher Blüten, meistens zwei bis fünf, stehen in einem *Ährchen* eng beisammen. Die Vielzahl der Ährchen bildet den Blütenstand. Nach der Art des Blütenstandes lassen sich die Gräser in drei Gruppen unterteilen.

Ährengräser: Alle Ährchen sitzen ungestielt am Halm und bilden zusammen die Ähre. Das *Englische Raygras* ist eine wichtige Futter- und Rasenpflanze, denn sie verträgt sogar häufigen Schnitt sehr gut. Sehr widerstandsfähig ist auch ein anderes Ährengras, die *Quecke*. In Gärten und auf Äckern ist sie ein lästiges Wildkraut, da sich die Pflanze durch lange unterirdische Ausläufer, aber auch durch kurze Abschnitte dieser Erdsprosse weit verbreitet.

Rispengräser: Bei ihnen sitzen die Ährchen an deutlich gestielten und teilweise mehrfach verzweigten Seitenästen. Zwei häufige Rispengräser sind das *Honiggras* und das *Knäuelgras*.

Ährenrispengräser: Im Aussehen ähneln die Blütenstände dieser Gräser einer Ähre. Man spricht deshalb auch von *Scheinährengräsern*. Die einzelnen Ährchen sind jedoch kurz gestielt und sitzen nicht direkt am Halm. Das ist oft nur zu erkennen, wenn wir den Blütenstand stark umbiegen. *Wiesenfuchsschwanz*, *Kammgras* und *Ruchgras* gehören zu den Ährenrispengräsern.

Neben den Süßgräsern findet man auf nassen und kalkarmen Wiesen **Sauer-** oder **Riedgräser**. Sie sind leicht von den Süßgräsern zu unterscheiden: ihre Stängel sind dreikantig, nicht hohl und besitzen keine Knoten. Sauergräser sind kaum als Futterpflanzen geeignet. Ihr Heu ist sehr hart und wird vom Vieh nicht gefressen.

Aufgabe

① Gräser lassen sich leicht sammeln und pressen. Lege eine Gräsersammlung an und unterscheide zwischen Süß- und Sauergräsern. Ordne die Süßgräser nach den Blütenstandsformen.

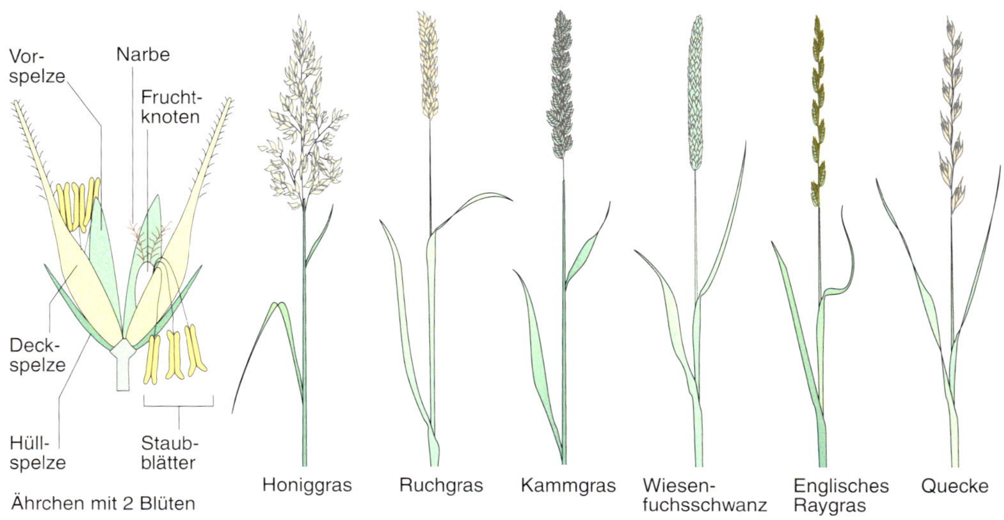

1 Verschiedene Arten von Süßgräsern

Die Rotbuche — unser häufigster Laubbaum

Rotbuche

Stattliche Bäume findet man in Städten oder Dörfern vor allem in Parkanlagen, auf Friedhöfen oder in alten Alleen. Wenn man von Bäumen spricht, denkt man aber in der Regel zuerst an einen Wald, denn Bäume prägen aufgrund ihrer Größe sein Aussehen.

Zu den häufigen Baumarten gehören in den heimischen Wäldern von den Tieflagen bis zu den Mittelgebirgen die *Rotbuche*, die *Fichte* sowie die *Stiel-* und *Traubeneiche*, an trockenen Standorten die *Waldkiefer*, in Gebirgslagen *Bergkiefer* und *Tanne*. Der Anteil der Tanne ist allerdings überall sehr stark zurückgegangen, da diese Baumart empfindlich auf Luftschadstoffe reagiert.

Der häufigste Laubbaum unserer Wälder ist die *Rotbuche*. Bis 40 Meter hoch und über einen Meter dick kann ihr Stamm werden. Die Krone hat im Freistand eine Breite von bis zu 30 Metern; ihr Lebensalter soll 300 Jahre erreichen. Der Stamm ist meist gerade gewachsen und mit einer glatten, silbergrauen Borke bedeckt. Im oberen Drittel bildet sich durch Verzweigung des Stammes die *Krone* aus. Von Anfang Mai bis Ende Oktober trägt sie die ganzrandigen *Laubblätter*. Sie sind dunkelgrün und glänzend. Der Baum besitzt festes, rötliches *Holz*. Daher kommt der Name „Rotbuche". Es gibt auch Rotbuchen mit roten Blättern; diese werden als „Blutbuchen" bezeichnet.

Im Mai bildet die Rotbuche männliche und weibliche Blüten, die zusammen auf einem Baum sitzen: sie ist *getrenntgeschlechtlich* und *einhäusig*. Die männlichen Blütenstände bestehen aus mehreren kugeligen Kätzchen, die sich an einem langen Stiel befinden. Jede Einzelblüte weist nur Staubblätter auf. Die weiblichen Blüten werden vom Wind bestäubt. Sie stehen immer zu zweit auf einem langen Stiel und sind gemeinsam von einer vierteiligen Hülle umgeben. Diese wird zum *Fruchtbecher*, in dem sich bis zum Herbst während der Samenreife die *Bucheckern* entwickeln. Die ölhaltigen Bucheckern sind *Nussfrüchte*, aus denen sich dann im nächsten Frühjahr kleine Keimpflanzen im Boden entwickeln. Man kann sie gut an den beiden dunkelgrünen, auffällig geformten Keimblättern erkennen.

Die Rotbuche gehört zur **Familie der Buchengewächse**, ist aber nicht die einzige einheimische Art aus dieser Verwandtschaft. Auch alle Arten der *Eichen* sind Buchengewächse, denn sie besitzen ähnliche Blüten und auch Becherfrüchte, die *Eicheln*. Neben den beiden einheimischen Arten, der Stiel- und der Traubeneiche, ist in Parks vor allem die Roteiche zu finden. Sie besitzt besonders große Blätter, die sich im Herbst leuchtend rot verfärben. Groß und stachelig sind die grünen Fruchtbecher der *Edelkastanie*. Sie blüht erst im Juni und ist an den langen, scharf gezähnten Blättern gut zu erkennen. Sie ist frostempfindlich, ihre Heimat ist Südeuropa. Nicht zur Familie der Buchengewächse gehören allerdings die Hainbuche und die Rosskastanie: Hainbuchen haben keine Becherfrüchte und Rosskastanien haben keine unscheinbaren Blüten, sondern einen auffälligen Blütenstand.

1 Rotbuche

Stieleiche

Wir bestimmen Laubbäume

Auf dieser Seite siehst du Abbildungen einheimischer Laubbäume. Als Bestimmungshilfen sind Zweige, Früchte sowie Blätter, Keimlinge, Blüten und Wuchsformen angegeben. Versuche, die Bäume im Schulumfeld zu finden. Natürlich gibt es bei uns noch mehr Baumarten. Willst du sie kennen lernen, so beschaffe dir ein Bestimmungsbuch ausschließlich für Bäume und Sträucher. In solch einem Buch sollten alle wesentlichen Merkmale farbig abgebildet sein.

Aufgaben

① Lege ein Herbarium von Blättern häufiger Wald- und Parkbäume an.

② Trotz ähnlicher Namen können die Bäume sich deutlich voneinander unterscheiden. Suche nach Unterscheidungsmerkmalen für folgende „Namenszwillinge“: Rotbuche – Hainbuche; Traubeneiche – Stieleiche; Esche – Eberesche; Sommerlinde – Winterlinde; Edelkastanie – Rosskastanie.

1 Kiefernbestand

Die Waldkiefer — ein Nadelbaum

Die *Waldkiefer* ist ein häufiger Baum unserer Wälder. Sie benötigt viel Licht. An die Bodenbeschaffenheit und das Klima stellt sie wenig Ansprüche. Auf trockenen Sandböden ist die Kiefer ebenso anzutreffen wie in nassen Mooren. Sie verträgt heiße Sommer und lang andauernde, strenge Winter.

Ihre Blätter, die *Nadeln*, sind lang gestreckt und schmal. Sie sitzen jeweils paarweise an einem Kurztrieb. Die kleine Oberfläche der Nadeln und ein zusätzlicher Wachsüberzug vermindern die Wasserverdunstung des Baumes. Das ist besonders im Winter wichtig, weil der Baum auch dann noch benadelt ist und aus dem gefrorenen Boden kein Wasser aufnehmen kann.

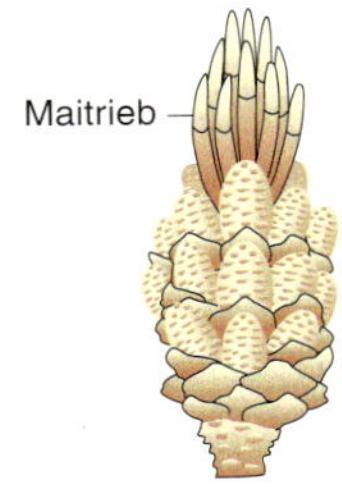

Zapfenblüte, männlich

Zapfenblüte, weiblich

junger Zapfen (1 Jahr alt)

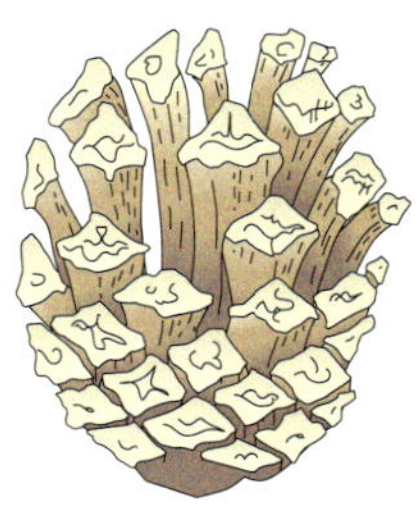

reifer Zapfen (2 Jahre alt)

Die Kiefer blüht im Mai. Bei ihr sitzen männliche und weibliche Blüten an verschiedenen Trieben auf der gleichen Pflanze. Sie ist also *getrenntgeschlechtlich* und *einhäusig*. Die *männlichen Blütenstände* stehen am Grund der jungen Maitriebe in einem dichten Büschel beisammen. Sie enthalten viele Staubbeutel. Bei trockenem Wetter entlassen diese Millionen von Pollen, die der Wind zu den weiblichen Zapfenblüten weht.

In den *weiblichen Blütenständen*, die an der Spitze der Maitriebe sitzen, befinden sich in regelmäßigem Wechsel *Deckschuppen* und *Fruchtschuppen* übereinander. Mit einer starken Lupe erkennt man auf jeder Fruchtschuppe zwei *Samenanlagen*. Sie sind nicht — wie bei allen bisher beschriebenen Pflanzen — von einem Fruchtknoten umschlossen, sondern liegen unbedeckt, gleichsam „nackt" auf der Fruchtschuppe. Die Kiefer wird deshalb, wie alle anderen Nadelbäume, zu den **Nacktsamern** gezählt (S. 278).

Bei der Bestäubung werden die rötlichen Deckschuppen grün und verkleben mit Harz. Die Befruchtung erfolgt allerdings erst im März des folgenden Jahres im Inneren der grünen *Zapfen*. Bis zur Samenreife dauert es ein weiteres Jahr. Dann sind die Zapfen braun und verholzt. Bei trockenem Wetter spreizen sich ihre Schuppen ab, und die geflügelten Samen, die jeweils zu zweien zwischen Frucht- und Deckschuppe liegen, werden vom Wind herausgeweht.

Wie die Kiefer, sind auch *Fichte* und *Tanne* immergrüne Nadelbäume mit nacktsamigen Zapfenblüten, die zur **Familie der Kieferngewächse** gehören.

2 Männliche (links) und weibliche (rechts) Zapfenblüten einer Kiefer

Fichte und Tanne haben auch Nadeln

Fichte und Tanne werden leicht verwechselt. Wir wollen deshalb die wesentlichen Unterscheidungsmerkmale zusammenstellen. Die ursprünglichen Verbreitungsgebiete der *Fichte*, die keine hohen Ansprüche an Klima und Boden stellt, liegen in Nordeuropa und in Gebirgslagen über 900 m. Heute wird die Fichte häufig in heimischen Wäldern angepflanzt. Die *Tanne* ist auf besseren Boden und höhere Temperaturen angewiesen. Deshalb wächst sie nicht an Standorten über 900 m. Die Fichte ist ein *Flachwurzler*; ihre Gestalt gleicht einer regelmäßigen Pyramide. Die Tanne ist ein *Tiefwurzler*; ihre Wuchsform gleicht in der Jugend der der Fichte, im Alter wird die Krone walzenförmig.

Aufgabe

① Untersuche andere Nacktsamer (Kiefer, Lärche, Zeder, Eibe) und erweitere die Tabelle entsprechend.

	Fichte	Tanne
Stamm	30–50 m hoch; rotbraune Borke („Rottanne“)	30–65 m hoch; silbergraue, glatte Borke („Weißtanne“)
Nadeln	einzeln auf Höckern der Langtriebe sitzend; spiralig angeordnet; kurz, vierkantig, nadelspitz	zweireihig am Langtrieb sitzend; kurz, flach, an der Spitze meist eingekerbt, zwei weiße Wachsstreifen auf der Unterseite
Zapfen	hängend; fallen als Ganzes ab	aufrecht stehend; Schuppen fallen einzeln ab, übrig bleibt die „Zapfenspindel“

Zettelkasten

Der Ginkgo — ein Nadelbaum mit Blättern

Als die Saurier die Erde bevölkerten und es noch keine Vögel und Säugetiere gab, waren Verwandte des Ginkgo die beherrschenden Baumarten. Sie alle sind heute ausgestorben und nur aus Versteinerungen bekannt. Allein der Ginkgo existiert noch als „lebendes Fossil“. Das ist für Biologen besonders interessant, weil man von dieser Art auf Bau- und Lebensweise der ausgestorbenen Verwandten rückschließen kann.

Der Ginkgo wird bei uns häufig in Parks angepflanzt. Der *nacktsamige Baum* besitzt keine Nadeln, sondern fächerformige Blätter. Sie werden im Herbst leuchtend gelb und fallen dann ab.

Der Ginkgobaum ist zweihäusig, es gibt also männliche und weibliche Bäume. Die Bestäubung erfolgt duch Pollen. Aus dem Pollenschlauch schlüpfen zwei bewegliche Schwärmerzellen, die in die Samenanlage eindringen. Nach der Befruchtung entwickelt sich ein gelber, kirschgroßer Samen, dessen fleischige Hülle essbar ist.

Herbarium

Weißt du, was man unter einem Herbarium versteht? *Herba* ist lateinisch und heißt Kraut. Ein Herbarium ist eine Sammlung von gepressten und getrockneten Pflanzen. Das klingt im ersten Augenblick nach einer ziemlich uninteressanten Angelegenheit. Ein sorgfältig angelegtes Herbarium kann jedoch viel Freude bereiten.
Und so geht man dabei vor:

Pflanzen sammeln und bestimmen
Am besten beginnst du damit, Blätter von verschiedenen Bäumen oder Sträuchern zu sammeln. Du wirst dich wundern, wie viele Blattformen es gibt und wie leicht du lernst, Bäume und Sträucher daran zu unterscheiden.

Später kannst du dir eine Wiese oder ein Stück Wegrand vornehmen. Versuche bereits an Ort und Stelle, den Namen der Pflanzen anhand eines Bestimmungsbuches herauszubekommen. Wenn du unsicher bist, ob es sich um eine geschützte Pflanze handelt, musst du sie auf jeden Fall stehen lassen. Beim Sammeln ist darauf zu achten, dass Stängel, Blüte und Laubblätter vorhanden sind. Notiere den Fundort und bewahre die gepflückte Pflanze in einem Plastikbeutel auf. So bleibt sie für kurze Zeit frisch.

Pflanzen beschriften
Kontrolliere zu Hause bei jeder Pflanze, ob du sie richtig bestimmt hast. Schreibe den Gattungs- und Artnamen auf ein Etikett. Notiere ebenso die Pflanzenfamilie, den Fundort und das Datum, an dem die Pflanze gepflückt wurde.

Pflanzen ausbreiten
Die Pflanzen werden einzeln zwischen gefaltetes Zeitungspapier gelegt und in natürlicher Lage leicht angedrückt. Das ausgefüllte Etikett wird dazugelegt.

Pflanzen pressen
Die Zeitungen mit den Pflanzen werden aufeinander gestapelt, mit einem schweren Gegenstand beschwert oder in eine Gitterpresse gelegt. Damit sich kein Schimmel bildet, müssen die Zeitungen mehrmals ausgewechselt werden.

Pflanzen aufziehen
Die getrocknete Pflanze wird rückseitig an einigen Stellen mit einem Alleskleber bestrichen und auf einen Bogen festes Papier geklebt. Das Etikett mit der Beschriftung wird als Letztes neben der Pflanze angebracht.

Pflanzen aufbewahren
Die fertigen Herbarblätter werden nach Familien sortiert und in einem Ordner gesammelt. Zur Übersicht beschriftet man für jede Familie ein eigenes Deckblatt und legt ein Inhaltsverzeichnis an.

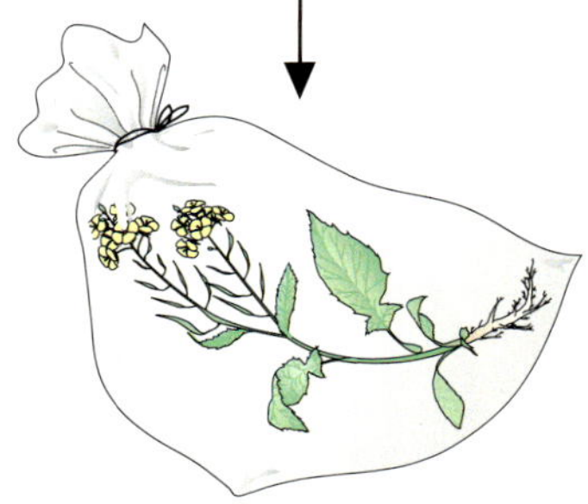

Art	
Gattung	
Familie	
Fundort	
Datum	

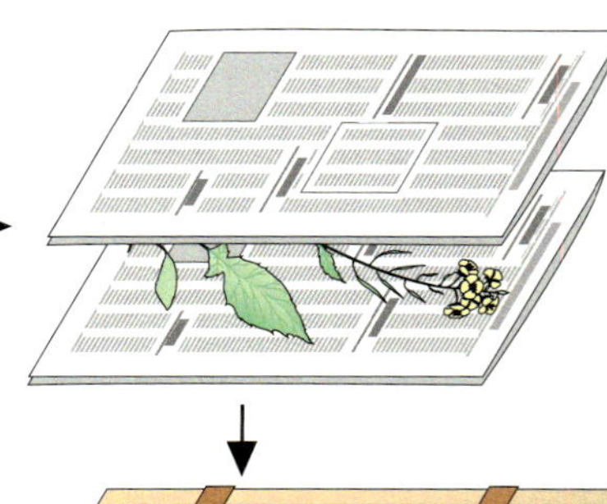

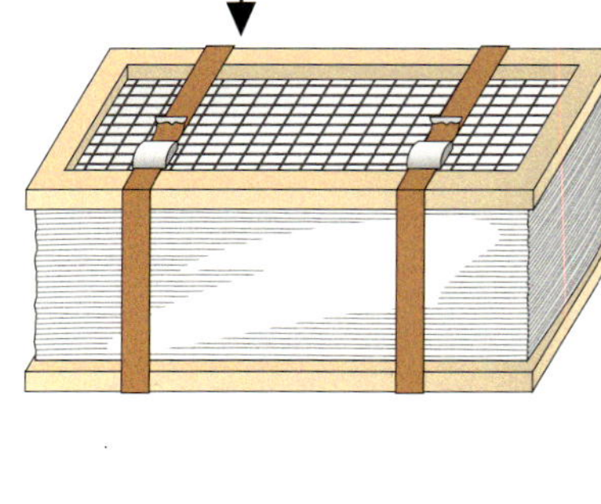

Blütenformen

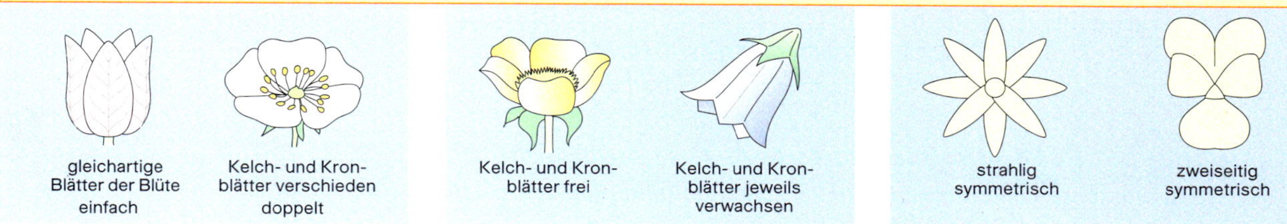

Es gibt einfache und doppelte Blütenhüllen.

Die Blütenblätter können miteinander verwachsen oder frei sein.

Die Blütensymmetrie kann strahligsymmetrisch oder zweiseitig-symmetrisch sein.

Fruchtknoten

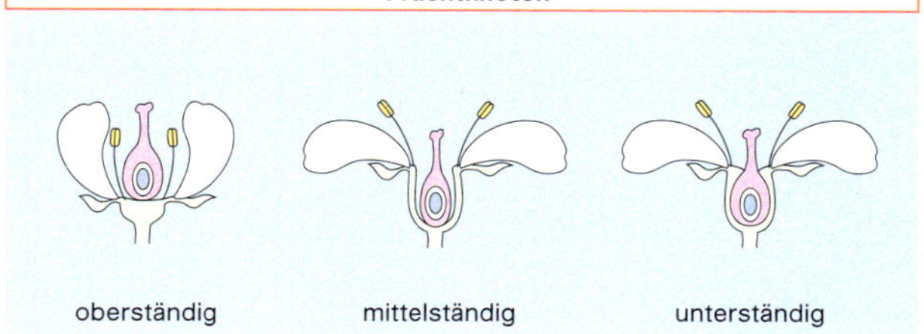

Die Fruchtknoten können in der Blüte oberständig, mittelständig oder unterständig sein.

Blütenstände

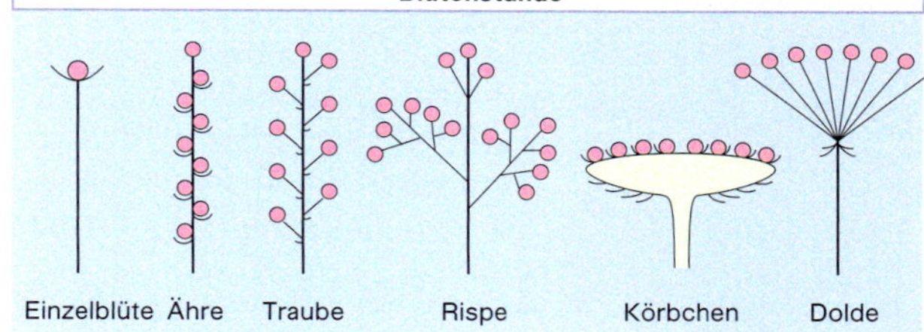

Stehen die Blüten einzeln am Stängelende, ist es eine Einzelblüte; zahlreiche Blüten in einer Gruppe bilden einen Blütenstand.

Blattrand

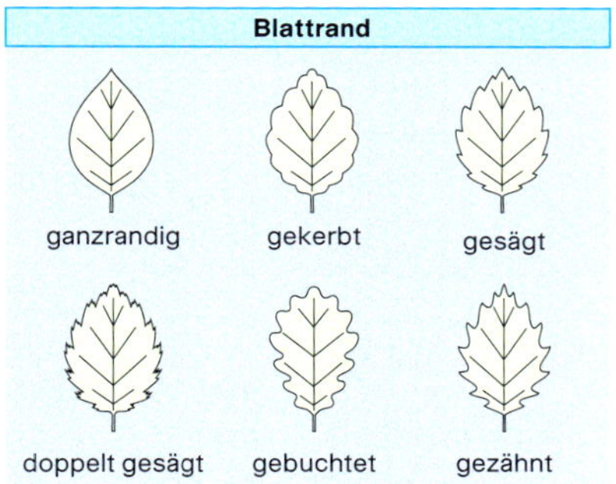

Blätter können sich in der Beschaffenheit der Blattränder unterscheiden.

Merkmale zum Bestimmen von Pflanzenfamilien

Insgesamt gibt es etwa 240 000 verschiedene Arten von Samenpflanzen auf der Erde und davon leben etwa 2400 Arten in Mitteleuropa. Sie alle zu kennen ist unmöglich, nur einige Arten sind in diesem Buch vorgestellt worden. Trotzdem ist es manchmal nötig, Pflanzen bestimmen zu können, z. B. im Natur- und Umweltschutz. Dazu braucht man Kenntnisse vom Bau der Blüten und Blätter. Auf dieser Seite sind die wichtigsten Merkmale für das Bestimmen von Pflanzen beschrieben.

Blattadern

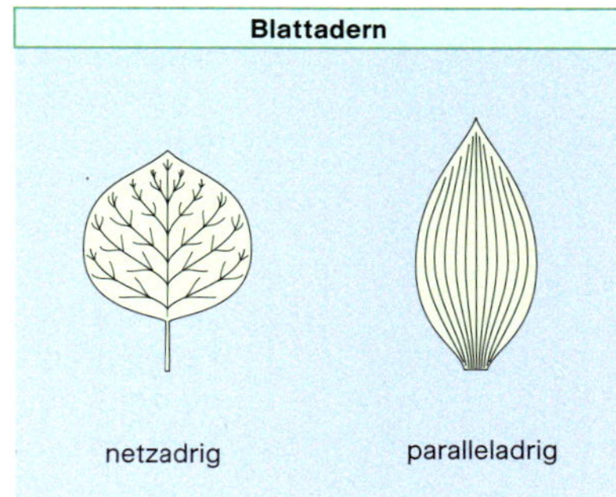

Netzadrige Blätter sind typisch für zwei–, paralleladrige für einkeimblättrige Pflanzen.

Blattformen

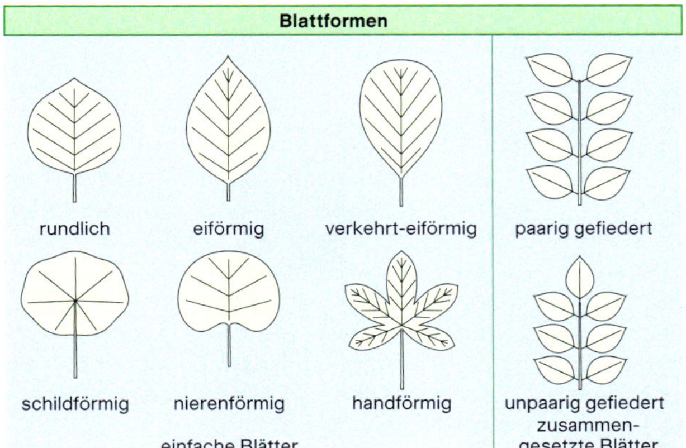

Die Blattformen zeigen eine große Vielfalt. Weiterhin muss man noch zwischen einfachen Blättern und den verschiedenen Typen von zusammengesetzten Blättern unterscheiden.

Nebenblätter

Manche Blätter tragen am Blattgrund kleine Nebenblätter

Blattstellung

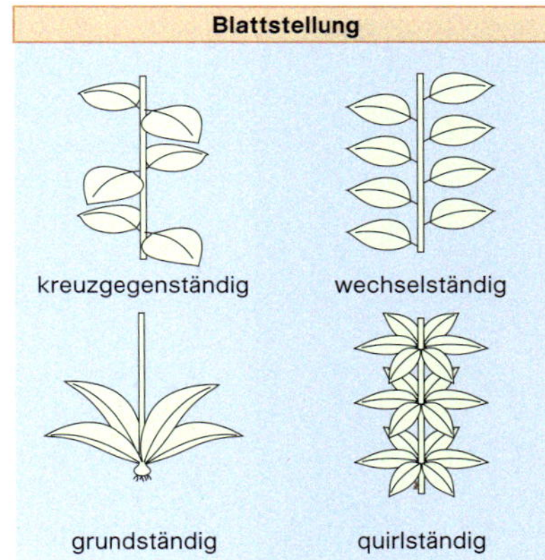

Auch die Stellung der Blätter am Stängel kann als Merkmal für die Bestimmung von Pflanzen herangezogen werden

Pflanzen lassen sich bestimmen

Jens ist ein begeistertert Naturfotograf. In jeden Ferien sucht er nach neuen Motiven. Der Lehrer hat ihn gebeten, eine kleine Auswahl von Pflanzenfotos mitzubringen. Die Mitschüler sind verblüfft, dass Jens so viele Pflanzenarten kennt. Sie möchten gerne wissen, wie man den Namen einer unbekannten Art herausbekommt. Jens erklärt:

„Will man den Namen einer Pflanze wissen, so benötigt man dazu ein Buch, in dem die Pflanzen genau beschrieben sind. Ein solches *Bestimmungsbuch* kann zum Beispiel nur Abbildungen mit kurzen Erläuterungen enthalten. Hier muss man Seite für Seite durchblättern und die Pflanze mit den Bildern vergleichen. Irgendwann wird man so vielleicht den Namen herausbekommen.

In manchen Büchern sind die Pflanzen nach Blütenfarben geordnet. Da es sehr viele Pflanzen mit einer bestimmten Blütenfarbe gibt, gliedert man innerhalb der Blütenfarbe nach der Zahl der Blütenblätter. Danach kann man noch weiter nach dem Standort unterscheiden. Dadurch ist das Auffinden etwas leichter. Trotzdem kann man nicht immer sicher sein, ob der gefundene Pflanzenname der Richtige ist, da sich manche Arten doch sehr ähnlich sehen. Dies zeigt sich zum Beispiel bei den abgebildeten gelb blühenden Pflanzen mit fünf Blütenblättern, die alle auf Wiesen vorkommen können.

Besser ist es, wenn das Buch einen *Bestimmungsschlüssel* enthält. Das ist eine trickreiche Sache. Zu einer Pflanze werden immer zwei Möglichkeiten abgefragt. Dort, wo mit ja geantwortet werden kann, geht es weiter. Der Bestimmungsschlüssel führt dann über weitere Fragen am Ende zum richtigen Namen. Ich habe hier ein paar Bilder von gelb blühenden Wiesenpflanzen mitgebracht, für die ich einen solchen Bestimmungsschlüssel einmal selbst zusammengestellt habe."

In Jens Bestimmungsschlüssel ist für das Beispiel Gemeiner Odermennig der richtige Lösungsweg blau gedruckt. Auf der Seite 249 siehst du am selben Beispiel, wie ein solcher Bestimmungsschlüssel aufgebaut ist. Manche von Jens Klassenkameraden finden das auf den ersten Blick alles fürchterlich kompliziert, aber eines ist sicher: Wenn man es einmal richtig durchdacht hat, ist es gar nicht so schwer und kann sogar richtig Spaß machen.

Gemeiner oder Kleiner Odermennig

1 Gelb blühende Wiesenpflanzen

1 Stängel kriechend ________ 2
Stängel aufrecht ________ 3

2 Blätter rund bis elliptisch ________ Pfennig-Gilbweiderich
Blätter handförmig geteilt ________ Kriechendes Fingerkraut

3 Blätter ganzrandig ________ 4
Blätter handförmig geteilt oder aber gesägt ________ 5

4 Blätter groß, einige bis 30 cm lang ________ Gelber Enzian
Blätter klein, alle höchstens 5 cm lang ________ Tüpfel-Hartheu

5 viele Blüten in langen Trauben ________ 6
wenige, locker angeordnete Blüten ________ Scharfer Hahnenfuß

6 Blätter länglich, mehlig ________ Mehlige Königskerze
Blätter unpaarig gefiedert ________ Gemeiner Odermennig

Aufgaben

① Bevor aber ein Botaniker Pflanzenarten bestimmt, wird er zunächst versuchen herauszubekommen, welchen Pflanzenfamilien sie angehören.
Versuche für die Pflanzenfamilien, die du auf den Seiten 234 bis 241 kennen gelernt hast, einen Bestimmungsschlüssel zu erarbeiten und ihn wie auf der folgenden Seite aufzuzeichnen.

② Versuche für eine Pflanze deiner Wahl mithilfe dieses Bestimmungsschlüssels die Pflanzenfamilie zu bestimmen, zu der sie gehört.

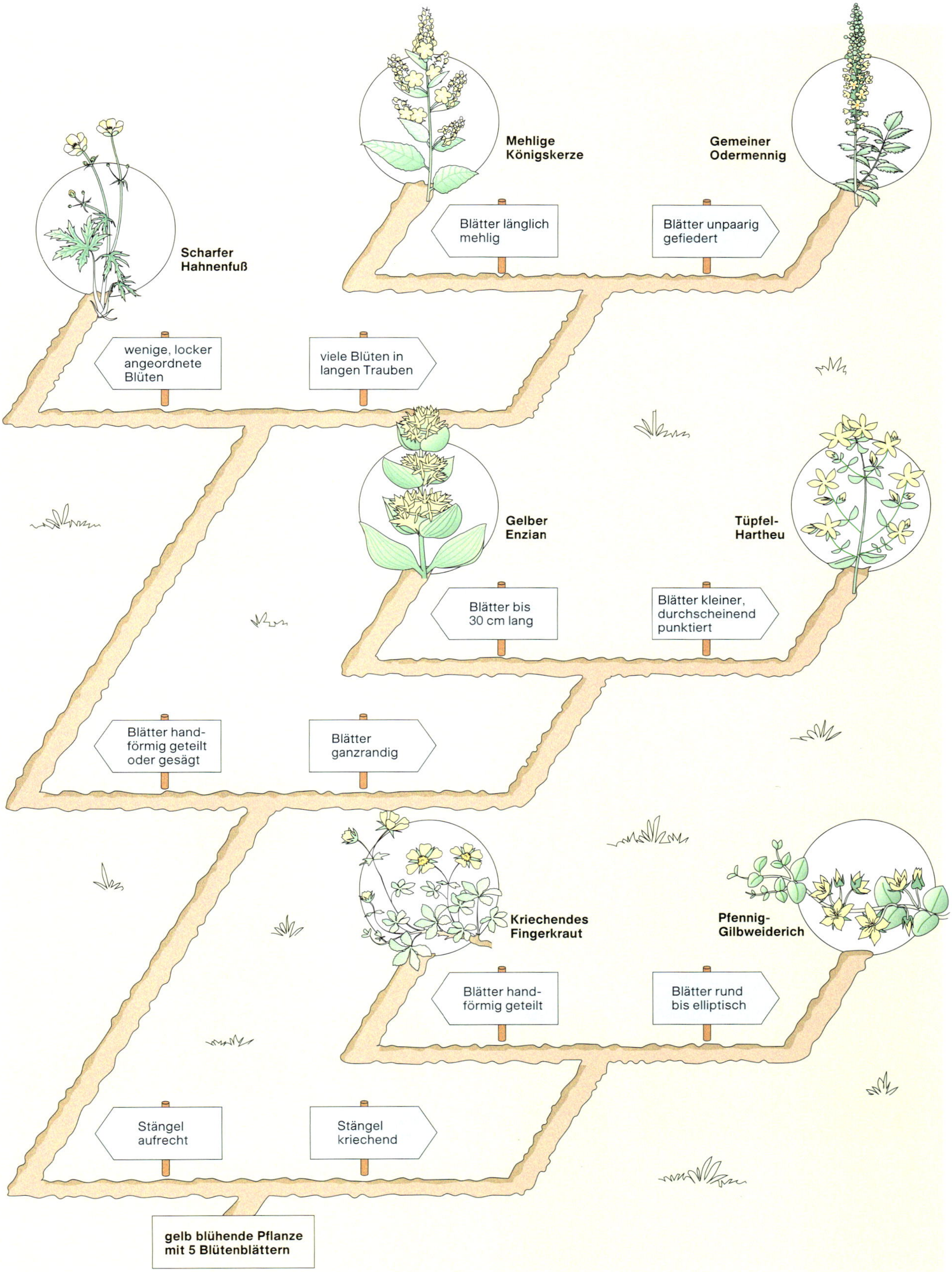

Scharfer Hahnenfuß
Mehlige Königskerze
Gemeiner Odermennig
Blätter länglich mehlig
Blätter unpaarig gefiedert
wenige, locker angeordnete Blüten
viele Blüten in langen Trauben
Gelber Enzian
Tüpfel-Hartheu
Blätter bis 30 cm lang
Blätter kleiner, durchscheinend punktiert
Blätter hand-förmig geteilt oder gesägt
Blätter ganzrandig
Kriechendes Fingerkraut
Pfennig-Gilbweiderich
Blätter hand-förmig geteilt
Blätter rund bis elliptisch
Stängel aufrecht
Stängel kriechend
gelb blühende Pflanze mit 5 Blütenblättern

Blütenpflanzen in der Übersicht

Nacktsamer

Bei allen Pflanzen, die zur Unterabteilung der Nacktsamer gehören, ist die Samenanlage nicht im Fruchtknoten eingeschlossen, sondern liegt frei auf einer Fruchtschuppe. Aus den weiblichen Blütenständen entwickeln sich *Zapfen*. Das sind keine echten Früchte, da sie nicht aus einem Fruchtknoten entstehen. Alle Nacktsamer sind *Holzgewächse*. Sie besitzen häufig schmale und spitze Blätter, die *Nadeln*.

Kieferngewächse: *Kiefer, Fichte* und *Tanne* sind die bekanntesten einheimischen Nadelhölzer. Bei *Zeder* und *Lärche* sind die Nadeln büschelförmig an Kurztrieben angeordnet; die Lärche wirft im Winter ihre Nadeln ab.

Eibengewächse: Bei der Eibe ist der Samen von einem leuchtend roten, fleischigen Samenmantel umhüllt. Er ist der einzige nicht giftige Teil der Pflanze und wird von vielen Vögeln gefressen. Eiben sind fast nur in Gärten und Parks zu finden.

Zypressengewächse: *Zypressen* und *Lebensbäume* (Thuja) mit ihren immergrünen, schuppenförmigen Blättchen sind häufig in Gartenanlagen und auf Friedhöfen angepflanzt. Der *Wacholder* ist ein Bäumchen von säulenförmigem Wuchs. Er ist auf Heideflächen, auf Trockenweiden und in lichten Nadelwäldern anzutreffen. Er besitzt blaue Beerenzapfen. Seine Nadeln stehen jeweils zu dritt in einem Quirl.

Ginkgogewächse: Diese Familie besitzt nur eine Gattung mit einer einzigen Art, dem *Ginkgobaum*. Er ist wie die Eibe zweihäusig. Seine Früchte sind kirschgroß und gelb. An seinen Blättern ist der Ginkgo leicht zu erkennen. Ihre Form erinnert an einen dreieckigen Fächer. Sie sind in der Mitte gespalten und die Blattadern verlaufen ebenfalls fächerartig.

Bedecktsamer

Die meisten Blütenpflanzen gehören zur Unterabteilung der Bedecktsamer. Bei ihnen entwickeln sich die Samen im Inneren des Fruchtknotens.

Einkeimblättrige Pflanzen

Pflanzen aus der Klasse der Einkeimblättrigen besitzen häufig parallele Blattadern. Die Blüten sind in der Regel dreizählig. Die Hauptwurzel stirbt zeitig ab und wird durch Wurzeln ersetzt, die am unteren Ende des Sprosses neu entstehen.

Liliengewächse: Wie die Tulpe besitzen alle Pflanzen dieser Familie regelmäßige, dreizählige Blüten mit oberständigem Fruchtknoten.

Beim **Maiglöckchen** und der *Traubenhyazinthe* sind die sechs Blütenblätter miteinander verwachsen. *Schnittlauch, Porree* und *Knoblauch* werden als Gemüse- oder Gewürzpflanzen angebaut.

Narzissengewächse: Sie besitzen den gleichen Blütenbau wie die Liliengewächse, nur der Fruchtknoten ist unterständig. Gattungen: *Osterglocke, Märzenbecher, Schneeglöckchen* und *Ritterstern* (Amaryllis).

Schwertliliengewächse: Auch bei ihnen ist der Fruchtknoten unterständig, allerdings besitzen sie nicht sechs, sondern nur drei Staubblätter. Gattungen: *Schwertlilie, Krokus* und *Gladiole*.

Knabenkrautgewächse (Orchideen): Die Blüten der Orchideen sind in Form und Farbe sehr unterschiedlich. Von den sechs Blütenblättern ist das nach unten zeigende – die Lippe – besonders auffällig. Beim **Frauenschuh** ist dieses Blütenblatt pantoffelförmig.

Bei den **Ragwurzarten** ähnelt es einem Insekt. Bei der abgebildeten Art handelt es sich um eine **Fliegenragwurz**. Alle einheimischen Orchideenarten stehen unter Naturschutz.

Weitere Familien: Süßgräser, Sauergräser, Binsen-, Ananas- und Bananengewächse sowie Palmen.

Zweikeimblättrige Pflanzen

Die Zweikeimblättrigen besitzen in der Regel netzadrige Blätter. Haupt- und Nebenwurzeln sind deutlich zu erkennen. Die Blüten sind meistens vier- oder fünfzählig. Die einzelnen Familien besitzen entweder nur freie oder nur verwachsene Blütenblätter.

Nelkengewächse: Zu dieser Familie gehören unscheinbare Wildkräuter wie *Sternmiere* und *Hornkraut*. Die Arten der Gattung *Nelke* sind dagegen sehr ansehnlich. Bei ihnen sind die fünf Blütenblätter häufig tief eingeschnitten.

Die **Kornrade** kam früher in Getreidefeldern sehr häufig vor. Es wird berichtet, dass auf einem Hektar bis zu einer halben Millionen Pflanzen standen. Das bedeutet, dass auf dieser Fläche etwa 72 Millionen Kornradensamen gebildet wurden. Nach der Ernte wurden diese Samen mit dem Getreide gemahlen. Da sie sehr giftig sind, kam es nach dem Genuss des Mehles zu Muskellähmungen. Heute wird das Saatgut gereinigt, deshalb ist die Kornrade auf unseren Feldern sehr selten geworden.
Weitere Gattungen: *Lichtnelke, Miere* und *Nachtnelke*.

Mohngewächse: Pflanzen aus dieser Familie besitzen häufig Milchsaft. Die Blüten sind zweizählig, die beiden Kelchblätter fallen kurz nach dem Aufblühen ab. Die vier gelben Blütenblätter des *Schöllkrauts* erinnern an eine Kreuzblüte, es sind jedoch viele Staubblätter vorhanden. Der gelbliche Milchsaft wirkt auf die Haut leicht ätzend. Er wurde deshalb als Mittel gegen Warzen angewendet. Der *Schlafmohn* wurde wegen seiner ölhaltigen Samen schon in der Jungsteinzeit angebaut. Der weiße Milchsaft dient als Rohstoff für die Herstellung von schmerzstillenden Medikamenten.

Der **Klatschmohn** bestimmte früher mit seinen leuchtend roten Blüten das Bild vieler Felder. Die vielen Samen, die in jeder Kapsel gebildet wurden, wurden leicht vom Wind verbreitet.

Schmetterlingsblütler: Bei *Lupine, Gartenbohne* und *Besenginster* ist der typische Bau der Schmetterlingsblüte dargestellt. Die Familie hat große wirtschaftliche Bedeutung. Einige wichtige Gattungen: *Erbse, Sojabohne, Linse, Wicke, Platterbse* und *Klee*.

Weitere Familien mit *freien Blütenblättern*: Hahnenfußgewächse, Kreuzblütler, Veilchengewächse.

Rachenblütler: Diese Familie ist sehr artenreich und vielgestaltig in Form und Farbe der meist fünfzähligen Blüten. Die Blätter stehen gekreuztgegenständig, der Stängel ist rund.

Wie das *Löwenmäulchen* besitzt das **Leinkraut** eine geschlossene Rachenblüte. Offen ist der Rachen bei den Gattungen *Braunwurz* und *Fingerhut*. Bei *Königskerze, Ehrenpreis* und *Augentrost* sind die Blüten flach. Einige Gattungen wie *Wachtelweizen* und *Klappertopf* besitzen besonders gestaltete Saugwurzeln, mit denen sie in andere Pflanzen eindringen und ihnen Nährstoffe und Wasser entnehmen. Sie sind Halbschmarotzer.

Primelgewächse: Bei dieser Familie sind – wie bei den Rachenblütlern und allen Folgenden – die Blütenblätter verwachsen. Zu ihr gehören zahlreiche Zierpflanzen, von denen neben den *Primeln* vor allem das *Alpenveilchen* bekannt ist.
Weitere Gattungen: *Gilbweiderich, Gauchheil, Schlüsselblume*.

Nachtschattengewächse: Diese Familie stellt viele Giftpflanzen, zum Beispiel *Tollkirsche, Bilsenkraut* und *Nachtschatten* sowie einige wertvolle Nutzpflanzen, wie *Kartoffel, Tomate* und *Paprika*.

Glockenblumengewächse: Wenn die Blüten der **Wiesenglockenblume** sich öffnen, sind die Staubblätter schon welk. Vor dem Welken haben sie ihren Blütenstaub am oberen, behaarten Teil des Griffels, der Griffelbürste, abgelegt. Insekten, die sich in die Blütenglöckchen drängen, um an den Nektar zu gelangen, werden mit Pollen eingepudert.

Raublattgewächse: Pflanzen dieser Familie besitzen stark behaarte Blätter. Die Blüten der Raublattgewächse sind meist blau oder violett. Oft sind die Blütenknospen rot, bevor sie sich endgültig färben.
Gattungen: *Vergissmeinnicht, Lungenkraut* und *Borretsch*.

Weitere Familien mit *verwachsenen Blütenblättern: Enziangewächse, Korbblütler, Lippenblütler, Wegerich-* und *Kürbisgewächse*.

Birkengewächse: Alle Pflanzen dieser Familie sind Holzgewächse. Ihre Blüten sind eingeschlechtlich und einhäusig. Sie werden durch den Wind bestäubt. Die Blüten der Birkengewächse sind unscheinbar, auffällig sind nur die männlichen Kätzchen. Neben der *Birke* gehört auch die *Erle* in diese Familie.

Futterpflanzen für Nutztiere

Auf den meisten Bauernhöfen werden Nutztiere in großen Ställen gehalten. Viele Landwirte haben sich spezialisiert auf eine Tierart, wie Schweine oder Rinder, die in großen Stückzahlen gehalten werden. Nur in den Sommermonaten leben die Tiere auf der Weide und ernähren sich vom frischen Gras. In der restlichen Zeit werden sie direkt in den Stallungen ernährt. Die Landwirte bauen hierzu verschiedene Futterpflanzen an oder bewirtschaften Grasflächen, die *Wiesen*.

Wiesen sind Grasflächen, auf denen keine Nutztiere weiden. Für die Tierhaltung liefern sie das *Heu*, das in Scheunen gelagert wird, oder das tägliche *Frischfutter*. Dafür werden sie einmal oder mehrmals jährlich gemäht. Viele Landwirte sind dazu übergegangen, das Winterfutter nicht mehr in Form von Heu zu lagern, sondern als *Silage*. Mähen, Häckseln und Aufladen erfolgt in einem Arbeitsgang. Das Frischgut wird direkt in *Hochsilos* aus Stahl oder Beton luftdicht eingelagert. Ähnlich wie bei der Sauerkrautherstellung setzt dann eine *Gärung* ein, die das Frischfutter haltbar macht. Die Silage ist nährstoffreich und saftig.

Neben Gras findet der *Mais* immer mehr Bedeutung. Die Pflanzen wachsen auf den Äckern schnell heran. Für die Tierernährung werden nicht die Maiskolben genutzt, sondern die ganzen Pflanzen. Diese werden gehäckselt und in *Bodensilos* gelagert.

Auch *Rüben* haben als Futterpflanzen eine große Bedeutung. Die Runkel- oder Futterrüben werden in Silos direkt gelagert und bei Bedarf verfüttert. Die Rüben werden gehäckselt und können mit anderem Futter gemischt in die Futtertröge der Tiere gelangen. Auch die Blätter der Rüben nutzt man als Frisch- oder Silagefutter.

Zusätzlich wird Futter mit einem sehr hohen Nährwert *(Kraftfutter)*, wie Getreide, Melasse oder Ölkuchen, eingesetzt. Kraftfutter wird auf dem Bauernhof nicht selbst hergestellt, sondern von den Landwirten bei Firmen gekauft. Melasse sind Siruprückstände und Trockenschnitzel aus der Zuckergewinnung. Ölkuchen sind die Rückstände aus der Speiseölherstellung. Dies sind die Reste von Sojabohnen, Sonnenblumenkernen, Erdnüssen oder Rapssamen.

1 Grasmahd

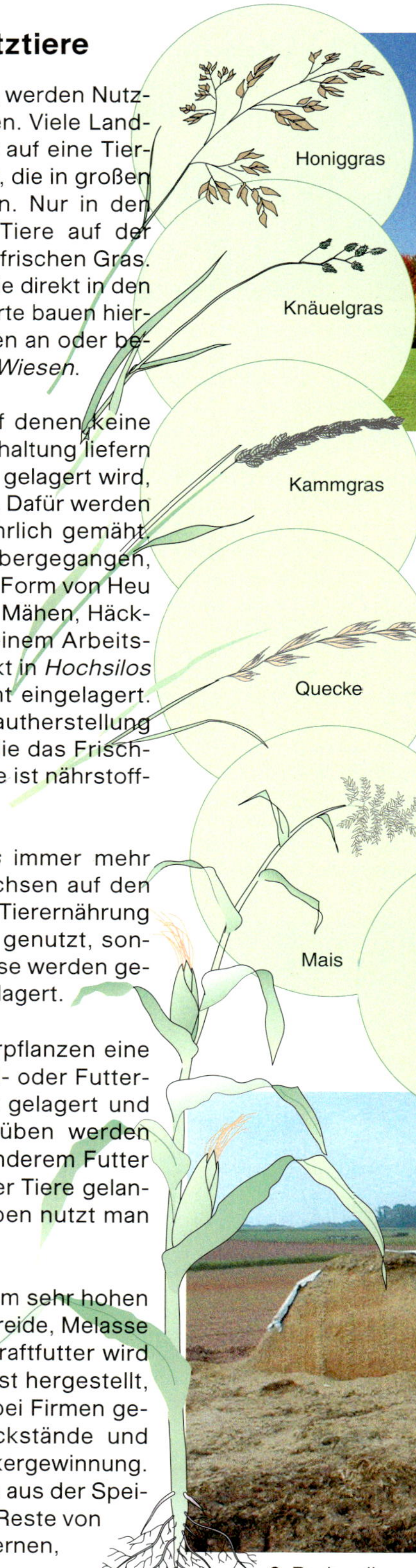

2 Bodensilo

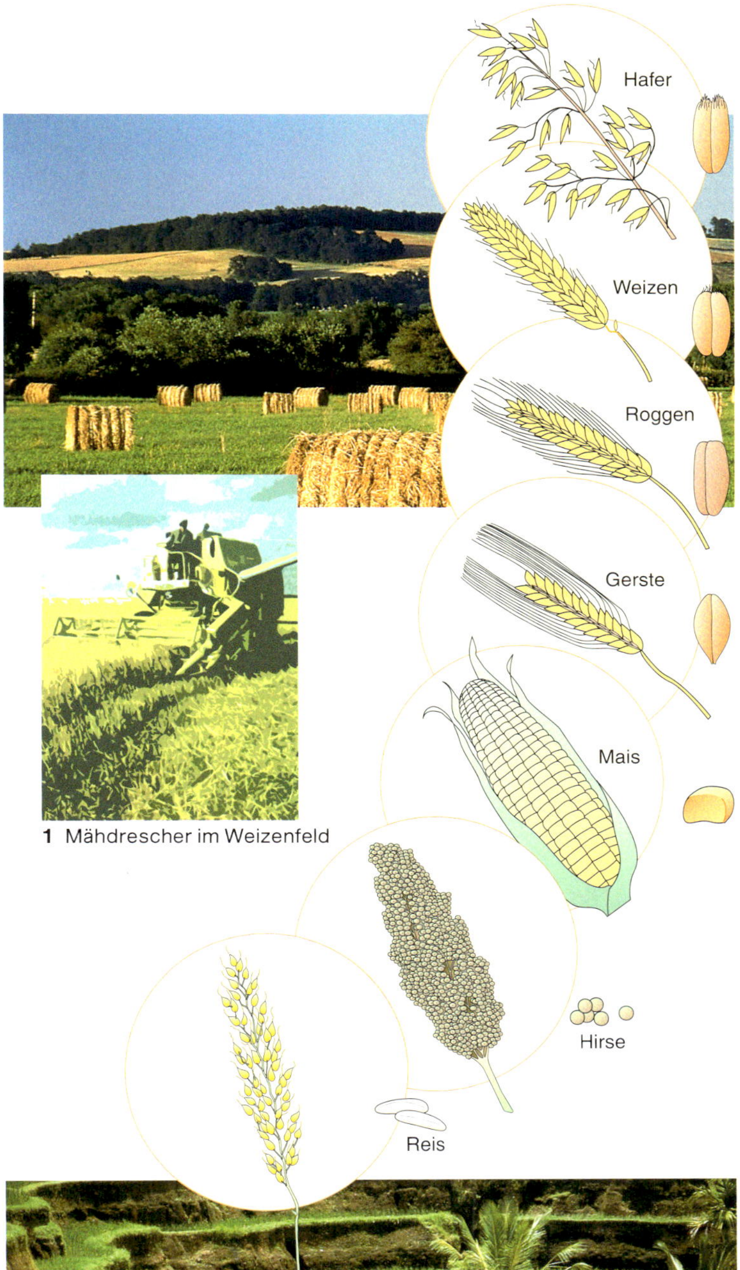

1 Mähdrescher im Weizenfeld

2 Reisanbau in Asien

Gräser für den Menschen

Nicht nur die Tiere ernähren sich von Gräsern, sondern auch wir Menschen. Alle *Getreidearten* sind aus Wildformen gezüchtete Gräser. In Europa haben Hafer, Weizen, Roggen und Gerste eine große Bedeutung.

Hafer ist leicht verdaulich. Die länglichen Körner werden gequetscht und getrocknet als Haferflocken gegessen.

Weizen hat rundliche Körner mit Härchen an der Spitze. Beim Mahlen der Körner entsteht aus den nährstoffhaltigen Schichten des Weizenkorns und dem Keimling die *Kleie*. Je nachdem, wie fein gemahlen und gesiebt wird, entstehen Schrot, Graupen, Gries oder Mehl. Gries wird für die Nudelherstellung, Mehl für das Backen von Kuchen und weißem Brot verwendet.

Roggen ist ein Brotgetreide mit langen, walzenförmigen Körnern. Er liefert dunkle, kräftig schmeckende Brotsorten, die lange frisch bleiben. Wird die Kleie nicht abgetrennt, erhält man ein Vollkornmehl mit allen Nährstoffen und vielen Ballaststoffen.

Gerste wird zur Herstellung von Biermalz genutzt. *Malz* nennt man angekeimte und anschließend geröstete Gerstenkörner.

Mais wird seit 5000 Jahren in Amerika angebaut. Wir essen Mais als Gemüse, Cornflakes oder Popcorn. In Italien wird aus Maisgries die Polenta gekocht. In Mexiko bäckt man Tortillas, kleine Fladen aus Maismehl.

Hirse war im Mittelalter bei uns ein wichtiges Nahrungsmittel. Da sie auch auf kargem Boden in trockenen Regionen wächst, wird sie heute hauptsächlich in Afrika angebaut. Aus dem Mehl zubereitete Breigerichte fehlen dort bei keiner Mahlzeit.

Reis wird zwar auch in Italien, Spanien oder den USA angebaut, jedoch sind die Hauptanbaugebiete China, Japan und Indien. Reis wird ausgesät oder junge Pflanzen eingepflanzt. Reispflanzen verdunsten viel Wasser, die Pflanzen werden daher auf überfluteten Feldern angebaut. Bis zur Ernte vergehen je nach Sorte 3 bis 9 Monate. Werden die Blätter gelb, beginnt die Erntezeit. Man unterscheidet Langkornreis *(Patnareis)* und Rundkornrais *(Milchreis)*. Langkornreis ist nach dem Kochen körnig und locker, Rundkornreis weich. Das Reismehl ist nicht, wie unser Getreidemehl, zum Backen geeignet.

Die Kartoffel

Kartoffeln gehören neben verschiedenen Getreidearten zu unseren Grundnahrungsmitteln. Außerdem werden sie zu vielen weiteren Produkten verarbeitet. Welche kennst du?

Kleine Pflanzenkunde

Die Kartoffeln sind krautige Pflanzen, die ca. 50 cm hoch werden. Die Früchte sind kleine grüne Beeren mit Samen, die Ähnlichkeit mit Tomaten haben. Die Kartoffel ist zwar mit der Tomate verwandt, jedoch sind die Beeren giftig.

Zum Verzehr eignen sich nur die unterirdisch wachsenden Knollen. Dies sind die verdickten Enden an den unterirdischen Sprossteilen der Kartoffelpflanze. Kartoffeln sind also nicht Teile der Wurzeln. Aus den „Augen“ der Kartoffelknollen können wieder Triebe entstehen. Die Kartoffel schrumpft hierbei, weil der Vorratsspeicher, die Stärke, verbraucht wird.

Biologen hatten die Idee, „Tomoffeln“ aus einer Kreuzung von Tomaten und Kartoffeln zu züchten. Dies ist bisher aber nicht gelungen. Welches Ziel könnte hinter dieser Idee stecken?

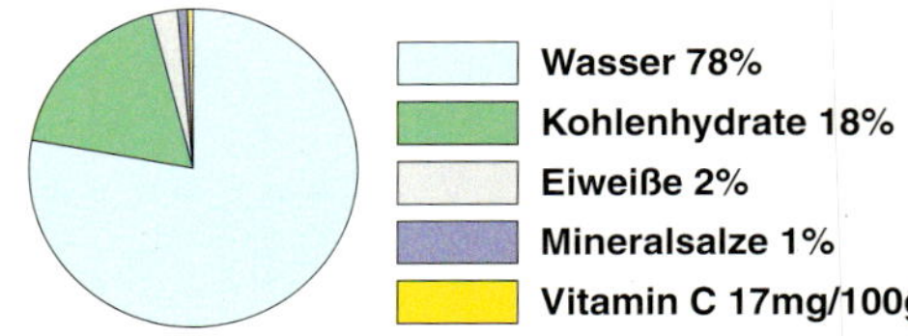

Kartoffeln sind nicht nur nahrhaft, sondern sie haben auch einen hohen Vitamin-C-Gehalt. Der Bedarf eines Menschen liegt bei 75,0 mg pro Tag.

Wie viele Kartoffeln müsstest du essen, um den Tagesbedarf zu decken?

Die Geschichte der Kartoffel

Die Heimat der Kartoffeln ist das Hochland von Peru und Bolivien in Südamerika. Die Indianer bauten die Kartoffeln als Grundnahrungsmittel an.

Erst zwischen 1555 und 1560 kamen die ersten Kartoffeln nach Europa. In Deutschland wurde der Anbau der Kartoffeln von Friedrich dem Großen in Preußen als billiges und sättigendes Nahrungsmittel angeordnet.

Finde heraus, welches Ereignis dort im Jahre 1740 zu einer Hungersnot führte.

Kartoffelanbau und Ernte bei den Inkas. Die Zeichnungen wurden 1585 für den spanischen König angefertigt.

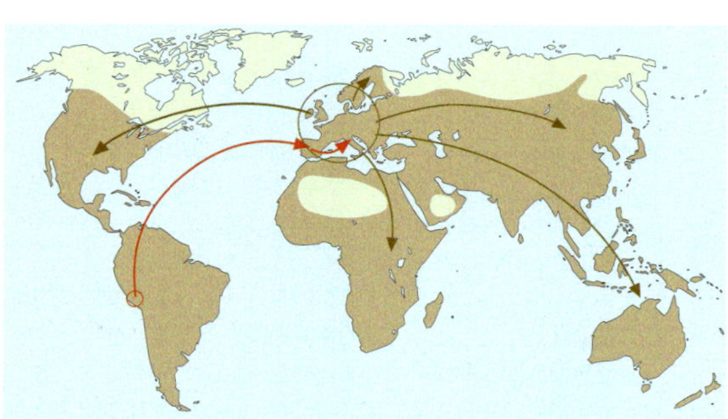

Vom peruanischen Hochland kamen Kartoffelpflanzen zuerst nach Spanien und dann nach Italien. Hier wurden sie wegen ihrer Ähnlichkeit zu Trüffeln Tartuffoli genannt.

Anbau und Ernte

Beim Kartoffelanbau nutzt man die ungeschlechtliche Vermehrung über die Kartoffelknollen. Diese werden im Frühjahr in gefurchten Reihen auf das Feld gelegt und mit Erde bedeckt.

Aus der Kartoffelknolle wächst ein Spross. Die oberirdische Pflanze entwickelt sich zu einer krautigen Pflanze. Diese blüht und es bilden sich die grünen Früchte. Gleichzeitig wachsen im Boden neue Kartoffelknollen. Diese werden im Herbst geerntet. Heute werden hierzu Maschinen eingesetzt. Die neuen Kartoffelknollen werden verkauft.

Weißt du, wie Kartoffeln gelagert werden sollen und warum?

Schädlinge

Die Kartoffel wird nicht nur vom Menschen als Nahrung geschätzt, sondern auch vom *Kartoffelkäfer*. Dieser frisst die Blätter der Kartoffelpflanze. Besonders gefräßig sind die rot gefärbten Larven.

Der Kartoffelkäfer lebte ebenfalls in Amerika und wurde in diesem Jahrhundert mit dem Schiffsverkehr nach Europa eingeschleppt.

Überlege, wie es zur Massenvermehrung der Käfer und Erntevernichtung auf den Feldern kommen kann.

Auch Pilze und Bakterien können zu Ernteschäden führen. Kennst du Maßnahmen, die Landwirte gegen diese Schädlinge ergreifen?

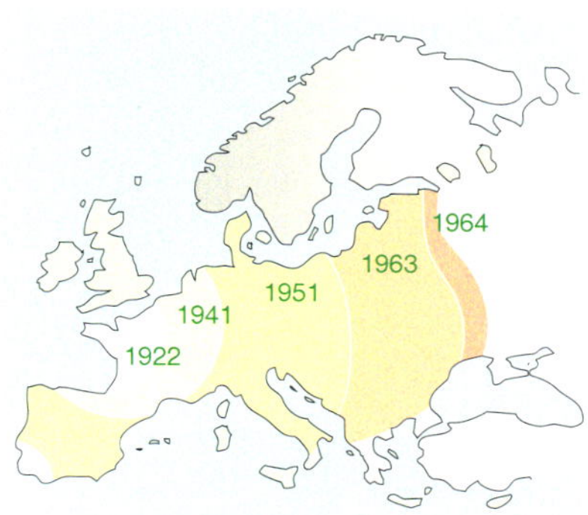

Obwohl sich der Käfer auf einem Kartoffelacker rasch vermehrt, dauerte seine Verbreitung in Europa sehr lange. Wie könnte man das erklären?

Frühkartoffel

Clivia

Datura

Desiree

Grata

Hansa

Es gibt über 2000 Kartoffelsorten.

In Südamerika an kurze Tage gewöhnt, kamen die Pflanzen in Europa schnell zur Blüte, setzten jedoch nur wenige, kleine Knollen an. 200 Jahre lang wurden sie als Zierpflanzen gehalten. Welche Auswahl bei der Zucht könnte zur heutigen Kartoffel geführt haben?

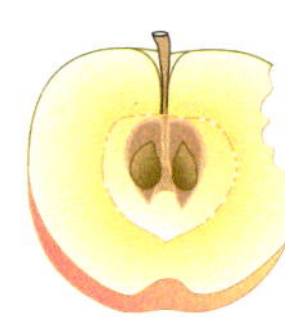

Apfel

Erdapfel?

Die Kartoffel wird manchmal auch Erdapfel genannt. Ein irreführender Begriff, oder?

Viele Gemüsepflanzen sind Kreuzblütler

Die Nutzpflanzen, die wir im Garten als Gemüse anbauen, kommen in dieser Form wild nicht vor. Sie stammen jedoch von Wildpflanzen ab und sind das Ergebnis jahrhundertelanger *Züchtung*. Als die Menschen sesshaft wurden, haben sie in der Umgebung ihrer Behausungen gezielt verschiedene Pflanzenarten ausgewählt und angebaut. Diese Pflanzen besaßen Eigenschaften, die den Menschen für ihre Ernährung besonders wertvoll erschienen.

Zufällig traten dann im Laufe der Zeit einzelne Pflanzen auf, die noch mehr Vorzüge besaßen. Vielleicht war die essbare Wurzel etwas dicker oder die Früchte waren geschmackvoller. Die Samen solcher Pflanzen wurden dann zur Weiterzucht genutzt, um wieder Nachkommen von ähnlichem Aussehen oder Geschmack zu erhalten. Diese *Auslese* von gewünschten Eigenschaften führte zu den heutigen *Kulturpflanzen*.

Beim *Wildkohl* sind die Zuchterfolge besonders beeindruckend. Von ihm stammen alle Kulturformen des Kohls ab. Fast jedes Organ dieser Pflanze ist durch Auslesezüchtung verändert worden. Beim *Blumenkohl* wird der gesamte Blütenstand mit den fleischigen Blütenstielen gegessen; am *Grünkohl* schätzt man die zarten Blätter; der *Kohlrabi* ist ein fleischig verdickter Stängelabschnitt. Der gesamte Spross bleibt bei den *Kopfkohlen*, wie zum Beispiel beim Weißkohl, kurz gestaucht und wird als Gemüse genutzt. Beim *Rosenkohl* werden nur die dicken Seitenknospen geerntet.

Erst wenn diese Pflanzen blühen, erkennt man, dass sie miteinander verwandt sind. Ihre Blüten besitzen vier Kelch- und vier Blütenblätter. Neben vier langen Staubblättern stehen noch zwei kurze; die Frucht ist eine Schote. Dieser Blütenbau ist das Kennzeichen der *Familie der Kreuzblütler*. Zu ihr gehören neben *Radieschen, Rettich* und *Kresse* noch weitere Nutzpflanzen. Aus den fetthaltigen Samen des *Rapses* wird Öl gepresst; beim *Schwarzen Senf* dienen die Samen der Senfherstellung.

Grünkohl hat einen Spross ohne Seitentriebe. Am Spross befinden sich die großen, stark gekrausten Blätter.

Weißkohl hat einen kurzen Spross und viele dicht aufeinander liegende Blätter, den Kohlkopf.

Blumenkohl hat einen kurzen Spross mit wenigen großen Blättern. Der weiße Teil ist der junge Blütenstand.

Beim **Rosenkohl** ist der Spross stark verzweigt. Die Seitenzweige sind gestaucht, die Blätter dicht gepackt.

Broccoli hat einen kurzen Spross, an dessen Ende sich Blütenknospen bilden.

Beim **Kohlrabi** ist der Spross kurz und dick, eine *Sprossknolle*. An der Sprossknolle wachsen die Blätter.

Gemüse

Die **Rote Beete (1)** ist verwandt mit der Runkelrübe, Futterrübe und der Zuckerrübe. Sie hat eine dicke, farbige Sprossknolle zwischen ihren Blättern und der Wurzel. In Scheiben oder Streifen geschnitten und gekocht, liefert sie einen mineralstoffhaltigen Salat.

Küchenzwiebeln (2) kennt man überwiegend als würzenden Zusatz für Speisen und Salate. Sie werden aber auch – roh, in Essig eingelegt oder gekocht – als Gemüse gegessen. Verwandt mit der Küchenzwiebel ist der **Porree (3)**. Dieser hat keine ausgeprägte Zwiebel. Man isst die unteren Abschnitte der breiten Blätter.

Vom **Spargel (4)** essen wir die Sprosse. Bei uns wird meist weißlicher Spargel angeboten. Dazu werden die Sprosse aus dem Boden gestochen, bevor sie ans Licht kommen und ergrünen würden.

Spinat (5) ist ein Blattgemüse. Die Blätter werden gekocht und entweder ganz oder zerkleinert gegessen.

Bohnen (6, 7) gehören zu den Schmetterlingsblütlern. Man nutzt die Bohnen mit den Hülsen als Stangen- oder Buschbohnen im Gemüse oder in Salaten. Bei anderen Sorten werden die Samen aus den Hülsen entnommen. Die Samen können sehr unterschiedliche Farben haben. Es gibt weiße, rote, graue und bräunliche Bohnen. Sie werden als Salate, Gemüse oder Suppen gegessen. Sie sind sehr eiweißhaltig und dienen daher auch als Fleischersatz. Bohnen müssen immer gekocht werden, bevor man sie essen kann, weil rohe Bohnen zu Übelkeit oder Krämpfen führen.

Auch die **Erbsen (8)** gehören zu den Schmetterlingsblütlern. Die Samen werden den Hülsen entnommen und können frisch oder getrocknet weiterverwendet werden. Man isst sie in Salaten, im Gemüse oder als Suppe. Erbsen und Bohnen nennt man auch *Hülsenfrüchte*.

Bei der **Artischocke (9)** isst man die Hüllblätter der Blüte und den Blütenboden. Die Hüllblätter sind am unteren Ende besonders fleischig. Die Artischocke ist mit der Distel verwandt.

Die **Tomate (10)** ist eine Beere. Es gibt unterschiedliche Formen und Größen. Manche Sorten werden nur angebaut zur Verarbeitung als Tomatenpüree oder Ketschup.

Die **Aubergine (11)** ist mit der Tomate verwandt. Die eiförmigen, schwarzviolletten Früchte, werden in Scheiben geschnitten und in Olivenöl geschmort.

In die Verwandtschaft der Tomate gehört auch der **Paprika (12)**. Es gibt rote, grüne und gelbe Sorten. Die milden Sorten werden roh oder gekocht als Gemüse gegessen, die scharfen werden getrocknet. Die getrockneten Früchte werden gemahlen und als Gewürz genutzt.

Gurken (13), **Kürbisse (14)** und **Zucchini (15)** sind nah miteinander verwandt. Die Früchte dieser Pflanzen sind Beeren. Die Gurken werden meist roh zu Salat verarbeitet oder gekocht und in Essig eingelegt. Das Kürbisfruchtfleisch wird meist gekocht und süß-sauer zubereitet. Zucchini werden gekocht und z. B. mit Hackfleisch gefüllt.

1 Erdbeerpflanze (Mutterpflanze)

Pfropfen

Blattsteckling

Pflanzen können sich ungeschlechtlich vermehren

Erdbeerpflanzen blühen, die Blüten werden durch Insekten bestäubt und aus den befruchteten Eizellen entstehen die Erdbeerfrüchte. Betrachtet man diese genauer, so sieht man an der Oberfläche kleine braune Punkte. Dies sind die Samen, die auskeimen können und dann zu neuen Pflanzen heranwachsen. Diese geschlechtliche Fortpflanzung hast du bei vielen Pflanzenarten schon kennen gelernt.

Die Erdbeere vermehrt sich in den meisten Fällen jedoch anders, nämlich durch *Ausläufer*. Dies sind oberirdische Triebe, die seitlich aus der Pflanze herauswachsen. Wenn diese Seitentriebe den Boden berühren, bilden sich Wurzeln und Blätter. Diese kleinen Pflänzchen wachsen dann zu eigenständigen Erdbeerpflanzen heran. Eine Mutterpflanze kann so mehrere Tochterpflanzen bilden. Man spricht bei diesem Vorgang von einer *ungeschlechtlichen Vermehrung*. Diese findet man auch bei anderen Pflanzen. Bei der Kartoffelpflanze, Himbeersträuchern oder Maiglöckchen sind diese Ausläufer unterirdisch.

Tulpen, Küchenzwiebeln oder Knoblauchpflanzen vermehren sich durch *Tochterzwiebeln*. In der Zwiebel der Mutterpflanze entstehen seitlich kleine Zwiebeln, die heranwachsen. Aus diesen Zwiebeln entstehen neue Pflanzen, die alle gleich sind.

Die Pflanzenzüchter nutzen die Eigenschaft der ungeschlechtlichen Vermehrung (S. 278), da sie mehrere Vorteile hat:

- Alle Nachkommen haben die gleichen Eigenschaften wie die Mutterpflanze.
- Die Vermehrung geht schneller, da man nicht auf die Blütenbildung warten muss.
- Bei manchen Kulturpflanzen kommt es in unserem Klima nicht zur Reifung der Samen.
- Einige Kulturpflanzen haben durch züchterische Veränderungen keine Samen mehr, wie die Bananen oder einige Orangen und Mandarinen.

Züchter nutzen auch eine weitere Eigenschaft der Pflanzen, nämlich aus einzelnen Pflanzenteilen wieder ganze Pflanzen entwickeln zu können. Ein kurzer Zweig, der Steckling, wird abgeschnitten und in Wasser oder feuchte Erde gestellt. Bei Weiden, Geranien oder Fuchsien bilden sich auf diese Weise neue Wurzeln. Usambaraveilchen kann man als Blattstecklinge vermehren.

Eine weitere Form Obst- und Zierhölzer zu „vervielfältigen“ ist die Veredelung. Hierbei wird im Frühjahr z. B. von einem Apfelbaum ein Zweig abgeschnitten und auf den Stamm eines wild wachsenden Apfelbaumes, der wenige oder ungenießbare Früchte trägt, aufgepropft. Hierzu wird der Zweig glatt abgeschnitten und in einen Spalt hinter der eingeschnittenen Rinde eingefügt. Die Wunde wird mit Baumwachs abgedichtet. Beide Teile verwachsen zu einer Einheit mit den gewünschten Eigenschaften.

Aufgaben

① Manche Zuchtformen von Bananen, Apfelsinen und Mandarinen weisen keine Samen auf. Wie kann man sie vermehren?

② Informiere dich bei einem Gärtner, wie man Obst- und Ziergehölze durch Okulieren und Kopulieren veredelt.

③ Versuche selbst, eine Weide durch Stecklinge zu vermehren. Erstelle zu diesem Versuch ein genaues Protokoll.

④ Das Brutblatt, vom Gärtner auch *Bryophyllum* genannt, weist eine besondere Art der Vermehrung auf: Am Blattrand der Mutterpflanze entstehen viele kleine Tochterpflänzchen, die nach einer gewissen Zeit abfallen und zu neuen Brutblattpflanzen heranwachsen.
Handelt es sich um eine geschlechtliche oder ungeschlechtliche Vermehrung?

Ausläufer einer Erdbeerpflanze

Wie Pflanzen ihren Nachwuchs sichern

Bei Nutzpflanzen sorgt der Mensch dafür, dass ihr Bestand durch neue Aussaat oder ungeschlechtliche Vermehrung erhalten bleibt. Bei Wildpflanzen sieht das anders aus. Sie werden von Tieren gefressen und verschwinden. Als Ersatz müssen vor ihrem Absterben so viele Nachkommen erzeugt werden, dass der Artbestand auf Dauer gesichert ist. Wie das bei Pflanzen geschieht, dafür gibt es unterschiedliche Möglichkeiten.

Nehmen wir zum Beispiel einen *Birkenbaum*. Er bildet jährlich einige tausend Blütenkätzchen. In jedem von ihnen werden bis zu hundert winzige, geflügelte Samen gebildet, die durch den Wind verbreitet werden. Jeder Samen ist deshalb leicht und enthält nur wenige Nährstoffe. Wo die Samen landen, ist völlig ungewiss. Die Birke bildet also eine riesige Anzahl von Samen, sodass wenigstens einige eine Chance haben, zu keimen und sich weiter zu entwickeln. Die Birke ist auf hohe Verluste eingestellt. Wenn sich jeder ihrer Samen zu einem Baum entwickeln würde, wäre die Welt voller Birken.

Anders ist es beim *Haselstrauch*. Hier entsteht aus jeder Blüte nur eine Frucht mit einem Samen. Dieser ist gut durch eine harte Schale geschützt und sehr nährstoffreich. Der Haselstrauch bringt wesentlich weniger Samen zur Reife. Jeder enthält viele Nährstoffe und hat eine Chance zu keimen – wenn er nicht vorher verspeist wird.

Auch beim *Kirschbaum* entwickelt sich aus jeder Blüte nur eine Frucht. Der Samen ist ebenfalls durch den harten Stein geschützt. Das rote Fruchtfleisch hilft dem Samen aber nicht beim Keimen, sondern dient Tieren als Nahrung. Sie verschlucken dabei den Stein, der, gut gedüngt, an anderer Stelle wieder ausgeschieden wird und keimen kann.

Ein Beispiel für „lebendgebärende" Pflanzen ist das *Rispengras*. Bei ihm keimen die Samen nicht erst, wenn sie zu Boden gefallen sind, sondern schon auf der Mutterpflanze. Die fertig entwickelten Keimpflänzchen fallen ab und können sich sofort im Boden verwurzeln.

Es ist offensichtlich ein **Prinzip** bei der **Fortpflanzung**: Je besser die Vorsorge für den Nachwuchs ist, desto weniger Nachkommen zeugt ein einzelnes Lebewesen. Und: Je weniger Nachkommen ein Lebewesen hat, desto besser werden sie versorgt (S. 278).

Aufgaben

① Nenne Pflanzen, bei denen der Mensch die Früchte oder Samen nutzt. Unterscheide folgende Fälle:
   a) Die Frucht ist schmackhaft und die Samen sind eher klein.
   b) Die Samen sind groß und nährstoffreich, aber eher weniger zahlreich.
   c) Kleine, aber sehr viele Samen oder Früchte werden geerntet.

② Es gibt Tiere, die sich um ihren Nachwuchs kaum kümmern. Nenne Beispiele. Wie viele Eier legen diese „Rabeneltern"?

③ Säugetiere sind fast alle lebendgebärend. Wie viele Nachkommen haben sie normalerweise?

④ Nenne weitere Beispiele, die das im Text genannte Prinzip bestätigen.

Nutzpflanzen

Schon seit mehr als 10 000 Jahren bauen die Menschen gezielt bestimmte Pflanzen an. Das weiß man von Grabbeigaben und Bildnissen, die man bei Ausgrabungen aus jenen Zeiten gefunden hat. Sie zeigen Menschen bei der Wein- oder Feigenernte und beim Bestellen von Feldern. Die Kulturpflanzen wurden damals wie heute in vielerlei Hinsicht genutzt; vor allem dienten sie der Ernährung.

Kohlenhydratpflanzen: Stärke ist vor allem in Kartoffeln und allen Getreidearten enthalten. Unser wichtigster Zuckerlieferant ist die **Zuckerrübe**. Die Pflanze speichert den Zucker in ihrer verdickten Pfahlwurzel als Reservestoff. Er kann ein Viertel ihres Gewichtes ausmachen.

Eiweißpflanzen: Einen hohen Eiweißgehalt besitzen die Hülsenfrüchte vieler Schmetterlingsblütler. Dazu gehören *Bohne, Erbse* und *Linse*. Für viele Menschen ist die *Sojabohne* der wichtigste Eiweißlieferant.

Öl- und Fettpflanzen: Fette werden vor allem in Früchten und Samen gespeichert. Das Fleisch der Kokosnuss, die *Kopra*, ist ein wichtiger Grundstoff für die Margarineherstellung.

Die **Kokospalmen** sind sehr wärmebedürftig; sie benötigen Temperaturen, die auch im kältesten Monat des Jahres nicht unter 20 °C liegen dürfen.

Im Mittelmeergebiet ist der *Ölbaum* beheimatet. Seine Früchte, die Oliven, besitzen bis zu 25% Fett in ihrem Fruchtfleisch. Auch aus den Samen vieler anderer Pflanzen wird Öl gepresst: *Sonnenblumen, Mohn, Lein, Klette, Distel, Raps, Senf* und *Sesam*.

Gemüsepflanzen: „Gemüse" hängt mit dem Wort Mus zusammen und bezeichnet essbare Pflanzenteile, die gekocht sind. Viele Gemüsesorten werden auch als Rohkost verzehrt. Man spricht dann von „Salat". Viele Zuchtformen und ausländische Gemüsesorten sind das ganze Jahr über auf dem Markt und bereichern unseren Speisezettel. Nur wenige Pflanzen werden als Wildgemüse oder Salat gesammelt. Wie der **Kürbis** werden fast alle heimischen Arten großflächig auf Feldern oder in Treibhäusern angebaut.

Obstpflanzen: Süß schmeckende, fleischige Früchte werden als Obst bezeichnet. Es wird in der Regel roh gegessen. Pflaume, Pfirsich und Kirsche sind *Steinobstsorten*, Birne und Apfel zählen zum *Kernobst*.

Als *Südfrüchte* fasst man alle Obstsorten zusammen, die in unseren Breitengraden nicht gedeihen und eingeführt werden müssen. Zu ihnen gehören die *Zitrusfrüchte*, die sich durch ihren hohen Gehalt an Vitamin C auszeichnen. *Zitrone, Apfelsine, Mandarine* und *Pampelmuse* werden von Oktober bis Februar geerntet. Da die Früchte am Baum kaum faul werden, kommt es vor, dass zur Blütezeit noch die Früchte des Vorjahres hängen.
Der **Apfelsinenbaum** stammt wahrscheinlich aus China. Er wird bis zu 5 m hoch. Schon im Alter von drei

Jahren tragen die Bäumchen die ersten Früchte. Das Höchstalter beträgt etwa einhundert Jahre.
Einige andere, bei uns nicht heimische Früchte sind *Ananas, Dattel, Feige, Kiwi, Mango* und *Litchi*.

Die **Bananenstaude** wird etwa 6 m hoch. Trotz dieser Größe ist die Pflanze kein Baum. Sie ist nicht verholzt; der Scheinstamm besteht aus den zusammengerollten Blattscheiden. Die Blätter sehen wie riesige Palmwedel aus. Die Kulturformen der Banane entwickeln keine Samen. Zur ungeschlechtlichen Vermehrung benutzt man die Erdsprosse der Pflanze. Sie werden in kurze Stücke geschnitten und wieder eingegraben.

Genussmittelpflanzen: Genussmittel wie *Kaffee* oder *Tee* besitzen keinen Nährwert. Sie werden wegen ihrer anregenden Wirkung geschätzt.

Der **Kaffeestrauch** kann etwa 5 m hoch werden. Die Pflanze ist immergrün und besitzt ledrige Blätter. Die Entwicklung von der Blüte zur Frucht dauert etwa ein Jahr. An einer Pflanze findet man deshalb nebeneinander Blüten, unreife grüne und reife rote **Kaffeekirschen**. Im Inneren dieser Früchte liegen zwei Samen, die *Kaffeebohnen*. Sie werden geröstet und gemahlen. Neben den

Aromastoffen enthält Kaffee das Gift *Coffein*. In geringen Mengen regt es den Kreislauf und die Muskeltätigkeit an. Übermäßiger Coffeingenuss führt zu Schlaflosigkeit und Überreizung.

Der *Teestrauch* wird vor allem in den Gebirgsregionen der Tropen und Subtropen angebaut. Seine Blätter enthalten ebenfalls Coffein. Vor allem die jungen Blättchen ergeben ein aromatisches Getränk.

Die Blüten des *Kakaobaumes*, der 8 – 12 m hoch wird, treiben unmittelbar aus dem Stamm oder aus dicken Ästen hervor. Im Inneren der etwa 20 cm langen und bis 500 g schweren Frucht liegen viele kastaniengroße Samen. Diese Kakaobohnen sind sehr fetthaltig. Aus dem Fett, der Kakaobutter, wird durch Zuckerzugabe Schokolade hergestellt. Die entölten Samen werden zu Kakaopulver verarbeitet.

Ein fragwürdiges Genussmittel ist der Tabak. Er enthält das Gift *Nikotin*, das beim Rauchen inhaliert wird.

Es gilt als erwiesen, dass Tabakgenuss den menschlichen Körper auf Dauer stark schädigt. Vor allem die im Zigarettenrauch enthaltenen Teerstoffe können zu schweren Erkrankungen *(Krebs)* der Atmungsorgane führen. Tabak wird aus den getrockneten Blättern der **Tabakpflanze** hergestellt.

Heil- und Giftpflanzen: Viele Pflanzen liefern wertvolle Heilmittel. Aus der Wurzel der *Baldrianpflanze* werden beruhigende, aus den Blüten der *Echten Kamille* entzündungshemmende Arzneien hergestellt. Auch aus den Blättern des **Roten Fingerhutes** und den

Blüten der **Arnikapflanze** gewinnt man wirksame Heilmittel. Allerdings dürfen die Inhaltsstoffe nur in sehr geringen Mengen enthalten sein, sonst kommt es zu Vergiftungen. Weitere bekannte Giftpflanzen sind *Herbstzeitlose, Tollkirsche* und *Maiglöckchen*. Beim *Goldregen* sind vor allem die Samen stark giftig.

Gewürzpflanzen: Neben den einheimischen Küchenkräutern haben einige tropische Pflanzen große Bedeutung für das Würzen von Speisen. Der *Pfefferstrauch* ist eine Kletterpflanze. Ähnlich wie bei uns der Hopfen, wird er an Stangen gezogen. Seine unreifen, roten Früchte liefern getrocknet den

Schwarzen Pfeffer. Werden die reifen Früchte geschält, so bleiben die Samen als *Weißer Pfeffer* übrig. Der „Rote Pfeffer“ hat mit dem Pfefferstrauch nichts zu tun; zu seiner Herstellung werden besonders scharfe **Paprikasorten** getrocknet und fein gemahlen.

Der *Zimtbaum* wird regelmäßig gestutzt. Die neu austreibenden, rutenförmigen Zweige werden im Alter von 2 bis 3 Jahren abgeschnitten. Ihre Rinde wird abgelöst und getrocknet. Sie rollt sich zusammen und nimmt eine goldbraune Farbe an. In dieser Form oder gemahlen kommt sie in den Handel. Auch aus Blüten werden Gewürze hergestellt. Die Griffeläste einer Krokusart liefern *Safran*. Die Blütenknospen des Nelkenbaumes werden zu *Gewürznelken* getrocknet.

Faserpflanzen: Einige Pflanzen liefern mit ihren Fasern das Rohmaterial für Textilien. Aus *Flachs* wird Leinen und Damast hergestellt. Die größte wirtschaftliche Bedeutung besitzt die *Baumwollpflanze*. Ihre erbsengroßen Samen sind rundum von 5 cm langen Haaren umgeben. Diese werden gesponnen und zu Stoffen verwebt.
Die Liste der Nutzpflanzen lässt sich fast beliebig fortsetzen. Achte selbst einmal darauf, wo dir im Alltag Pflanzen oder ihre Produkte begegnen!

3 Lebensräume erhalten und schützen

1 Strauchhecken sind Lebensraum für viele Pflanzen und Tierarten

Hecken vernetzen Kleinlebensräume

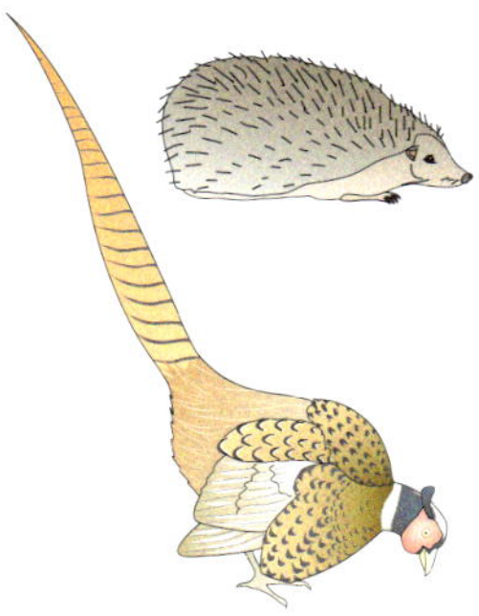

Landwirtschaftlich genutzte Flächen unterliegen im Laufe des Jahres vielen Veränderungen. Es gibt z. B. kaum ein Tier, dem ein Getreidefeld von der Aussaat bis zur Ernte als Lebensraum dienen kann. Tiere benötigen Rückzugsflächen zur Aufzucht ihrer Jungen oder als Versteck vor Feinden. Auch viele Wildkräuter können in der intensiv genutzten Ackerlandschaft nicht überleben und verschwinden immer mehr.

Für solche Tiere und Pflanzen sind Hecken wichtige Rückzugsgebiete. Schon eine einzelne Hecke lässt sich in viele kleinere Lebensräume unterteilen. Das Krautdickicht am Fuße der Hecke bietet Feldhasen, Fasanen oder Rebhühnern Deckung und Schutz. Bäume und Sträucher sind Singwarten und Brutstätten für Vögel. Von der Sonne erwärmte Steinhaufen werden von Eidechsen aufgesucht, denn diese Tiere benötigen viel Wärme und Trockenheit.

Besonders wertvoll sind Hecken, die in der Landschaft miteinander in Verbindung stehen. Diese *Vernetzung* bietet bodenlebenden Tieren die Möglichkeit, in neue Lebensräume einzuwandern (S. 276).

In der Hecke ist nicht nur im Frühling oder Sommer etwas los. Im Herbst fallen, vor allem am Heckenrand, die vielen Beerenfrüchte auf. Sie werden von den überwinternden Vögeln als Futterquelle genutzt. Nahrungspflanzen, wie Holunder, Eberesche, Hasel, Heckenrose und Schlehdorn, sind deshalb gerade in Hecken von großer Bedeutung. Das Leben im Winter ist an den Spuren im Schnee besonders gut zu erkennen. Sie zeigen, welche Tiere von der Hecke aus auf Jagd gehen oder sich in ihr verstecken. Sie sind Zeichen dafür, dass das Leben in der Hecke nicht nur auf den schmalen Gehölzstreifen beschränkt bleibt, sondern sich um das Mehrfache der Heckenbreite auf die angrenzenden Fluren erstreckt.

Aufgaben

① Erläutere jeweils an einem konkreten Beispiel die Bedeutung der Hecke als Unterschlupf- und Versteckmöglichkeit, als Überwinterungsort, als Nahrungslieferant und als Kinderstube.

② Beschreibe anhand der Seite 262 die jahreszeitlichen Veränderungen an und in der Hecke.

Zettelkasten

Streuobstwiesen

Große, hochstämmige, alte Obstbäume, die bereits vor vielen Jahrzehnten in großem Abstand gepflanzt wurden, sind typisch für Streuobstwiesen (Abb. oben). Diese artenreichen Lebensräume sind vom Menschen geschaffen und stets in gleicher Form bewirtschaftet worden. In den letzten Jahrzehnten jedoch wurden immer mehr dieser schönen Baumwiesen vernichtet. Die Erweiterung der bebauten Flächen für Wohnhäuser, Industrieansiedelungen und Freizeitanlagen führten ebenso zu einem raschen Rückgang wie die Intensivierung der Landwirtschaft.

Naturnah bewirtschaftete Streuobstwiesen werden nicht gedüngt. Spritzungen mit Unkrautvernichtungsmitteln werden ebenfalls nicht durchgeführt. Je nach den Klimabedingungen wird lediglich ein- oder zweimal jährlich gemäht. So bieten Streuobstwiesen einer Vielzahl von Pflanzen und Tieren Nahrung, Nistmöglichkeiten und Unterschlupf. Den Menschen dienen sie als leicht erreichbarer Erholungsraum. Die Bedeutung der Streuobstwiesen wurde aber erst in den letzten Jahren allgemein anerkannt.

Die Obsternte ist bei Streuobstwiesen sehr arbeitsintensiv. Viel leichter und ungefährlicher lässt sich das Obst in modernen Obstbaumkulturen mit ihren niedrigen **Spalierobstbäumen** ernten (Abb. unten). Deshalb versucht man den Verkauf von Streuobstprodukten zu verbessern. Dazu wurde vor allem die Zusammenarbeit zwischen den Besitzern, Mostereien, Umweltschutzorganisationen und Obst- und Gartenbauvereinen verbessert. Große Handelsketten bemühen sich um die Vermarktung der Erzeugnisse. Der Erlös soll die Aufwendungen zum Erhalt der Streuobstwiesen decken und so das Überleben dieser wertvollen Lebensräume sichern.

Parkanlagen — Lebensraum für Mensch und Tier

Landschaften, die weitgehend unberührt von menschlichen Eingriffen sind, bezeichnen wir als *Natur*. Solche Gegenden, wie die Wälder der Eifel oder des Sauerlandes, suchen wir Menschen zur Erholung auf und halten sie für schützenswert. In Nordrhein-Westfalen gibt es rund um die Verdichtungszentren an Rhein und Ruhr noch großräumige Naturparks. Hier haben der Schutz der natürlichen Landschaft und die Erholung des Menschen den gleichen Stellenwert.

Der weitaus größte Teil unseres heutigen Lebensraumes ist aber durch die Tätigkeit des Menschen geprägt und verändert. Es handelt sich um eine *Kulturlandschaft*, in der man nur geringe Überreste der ursprünglichen Natur wiederfinden kann.

Die Parkanlagen einer Stadt unterliegen besonders stark dem Einfluss des Menschen. Sie machen den Aufenthalt und das Leben angenehmer und gesünder. Unbebaute Grünflächen bringen Frischluft in die mit Staub und Abgasen belastete Luft. Bei Hitze erwärmen sich die Straßen und Häuser stark. Über bepflanzten Flächen bleibt die Luft dagegen kühler, denn die Pflanzen verdunsten ständig Wasser. Auch der Lärm verkehrsreicher Straßen wird durch die Parkpflanzen gedämpft. Die Grünanlagen können jedoch ein sehr unterschiedliches Aussehen haben.

Parks und Grünflächen in Städten sind meistens künstlich angelegte Lebensräume. Ältere Parks sind zu einer Zeit entstanden, als der Gesamteindruck für den Betrachter besonders wichtig war. Hier sind Bäume und Sträucher mit auffälligen Blüten oder eigentümlicher Wuchsform angepflanzt worden, die den Besucher zu jeder Jahreszeit erfreuen. Zusätzlich können Bäume und Sträucher kunstvoll beschnitten sein. Die Beete werden regelmäßig bepflanzt. Um einen solchen Park zu erhalten, sind aufwändige Pflegemaßnahmen notwendig.

Dennoch kann ein solcher Park ein gutes Rückzugsgebiet für *Waldohreule, Singdrossel* oder andere Tiere sein. Im Frühling lohnt es sich, einmal früh am Morgen den vielen verschiedenen Vogelstimmen zu lauschen.

Oder man entdeckt in der Abenddämmerung eine *Erdkröte*, die ihr Versteck im Laub verlässt, um auf Beutefang zu gehen.

Neue oder umgestaltete Parks werden meistens naturnah angelegt. Das bedeutet, dass vorwiegend einheimische Bäume und Sträucher angepflanzt werden. Viele Tierarten können solche Grünanlagen als Rast-, Nahrungs- oder Brutgebiet nutzen. Wenn man zusätzlich darauf verzichtet, den Rasen regelmäßig zu mähen, so erhält man bald eine Naturwiese, die ebenfalls ein vielfältiger Lebensraum ist (S. 276)

Die Parks mit ihren Bewohnern sind aber auch harten Belastungen ausgesetzt. Besonders am Wochenende sind die Grünanlagen voll von Besuchern. Alle wollen dasselbe: sich frei bewegen, frische Luft genießen und die Natur erleben. Sie strömen zu Tausenden über die Spazierwege, machen Rast auf Ruhebänken oder der Liegewiese und joggen über Trimm-dich-Pfade. Man hat erkannt, dass die Pflege und Erhaltung solcher öffentlicher Grünflächen für die Naherholung notwendig ist. Wenn jeder Parkbesucher sich rücksichtsvoll benimmt, dann können diese Anlagen für Menschen, Tiere und Pflanzen ihren Zweck erfüllen.

An vielen Stellen ist es innerhalb der Städte oder in ihrer näheren Umgebung möglich, naturnahe Lebensräume zu finden und sich für ihre Erhaltung einzusetzen. So sind z. B. *Brachflächen* wichtige Rückzugsgebiete für viele Pflanzenarten und die von ihnen abhängigen Tiere. Naturnahe Wegränder findet man noch entlang von Waldstücken, an Hecken und an vielen Gewässern. Die Erhaltung solcher Kleinlebensräume und ihrer möglichen Vernetzung ist deshalb eine wichtige Aufgabe des Naturschutzes.

Aufgabe

① Erkundige dich, welche Naturschutzgebiete und welche Schutzmaßnahmen es in deiner Heimatregion gibt.

Zettelkasten

Rasen oder Blumenwiese?

Auf einer üppigen Wiese Fußball spielen — das geht nicht. Der Ball verschwände im hohen Pflanzenbestand. Die Spieler würden Pflanzen niedertreten und Tiere vertreiben. Zum Spielen braucht man trittfeste Rasenflächen. Sie bestehen vorwiegend aus kleinwüchsigen, robusten und anspruchslosen Gräsern. Hoch wachsende und breitblättrige krautige Pflanzen werden bekämpft. Ein Rasen muss in kurzen Abständen gemäht werden und sieht reichlich uninteressant aus. Aufgrund der fehlenden Vielfalt an Blütenpflanzen findet man auch nur wenige Tiere. Ein richtiger Lebensraum ist ein Rasen also nicht.

Aber muss in einem Vorgarten wirklich Rasen statt einer Sommerblumenwiese sein? Sicher nicht. Auch ein Garten lässt sich wie eine Parkanlage vielgestaltig anlegen. So können viele verschiedene Pflanzenarten nebeneinander blühen. Eine solche Blumenwiese muss nur zweimal im Jahr gemäht werden. Sie wird auch nicht gedüngt oder gewässert. Die Blüten locken Insekten an: Hummeln, Schmetterlinge und Schwebfliegen.

Wenn man genau überlegt, müsste die Überschrift lauten: Rasen **und** Blumenwiese.

Impulse

Schutz der Natur

Für viele Menschen ist Naturschutz eine Angelegenheit, die sie persönlich wenig betrifft. Sie denken an unberührte Landschaften weit draußen. Dort verhalten sie sich vielleicht besonders vorsichtig. Aber in der Stadt und ihren Randgebieten kann man die Natur doch kaum schützen. Oder?

Innerhalb eines Netzes von Lebensräumen stellen Gärten, aber auch Bahndämme, Wegränder und Baumreihen wichtige Bindeglieder zwischen dem Siedlungsraum und dem Außenbereich dar. Hier ist jeder angesprochen, sich naturverträglich zu verhalten. Vielleicht möchtest du dich ja auch beteiligen. Diese Seite kann dir Anregungen geben. Handeln musst du selbst.

Trockenmauer und Gartenteich

Je unterschiedlicher die Teile eines Gartens gestaltet sind, desto mehr Tierarten lassen sich beobachten. Fast in jedem Garten ist Platz für einen kleinen Teich. Schon die kleinsten Wasserflächen sind eine Bereicherung. Sie dienen als Badestelle und Tränke für verschiedene Vogelarten. Wenn die Fläche etwas größer ist, siedeln sich schon nach kurzer Zeit viele Insekten, z. B. Libellen und Wasserkäfer, an.

Den Erdaushub bei der Erstellung eines Teiches kann man zur Anlage eines Steinhügels mit Trockenmauer nutzen. Welche Tier- und Pflanzenarten werden sich an einer Trockenmauer einstellen?

Erkundige dich, worauf man bei der Anlage eines Teiches achten soll. Warum sollte ein Gartenteich zumindest 80 bis 100 cm tief sein?

Ohne Bienen keine Ernte im Obstgarten — ohne Wildblumen keine Bienen.

Erkläre den Zusammenhang! Was ergibt sich daraus für einen gut angelegten Garten?

Kompost — der unglaubliche Haufen

Es ist schon erstaunlich, was in der Gartenecke unbemerkt geschieht. Pflanzenabfall aus Haus und Garten, Kaffeesatz und Eierschalen sind im bunten Durcheinander zu einem Haufen aufgeschichtet worden. Und ein Jahr später ist daraus dunkel gefärbte, krümelige Erde geworden.

Weißt du, was alles auf einen Komposthaufen gehört und was nicht?
Warum ist das Anlegen eines Komposthaufens ein Beitrag zum Umweltschutz?

Naturnahe Gartenarbeit

Viele Schulen besitzen einen eigenen Schulgarten. Hier gibt es das ganze Jahr über etwas zu tun.

Wäre es nicht schön, in einer Schulgarten-AG mitzumachen?

Die nebenstehende Abbildung zeigt eine Mischkultur von Mangold, Lauch und Tomaten.

Weißt du, was eine Mischkultur ist?

Kannst du erklären, was das Anlegen einer Mischkultur mit „Schutz der Natur" zu tun hat?

Krautsäume sind Lebensräume

Gibt es am Rand eures Schulhofes einen Krautsaum? Wie sieht der denn aus?

Erkläre, weshalb zu einem Krautsaum auch Mut zur Unordnung gehört.

Stelle dir vor, du entdeckst am Schulhofrand eine Feldmaus. Kannst du einen Weg zum nächsten Feld oder Park angeben, auf dem die Maus sich eingeschlichen haben könnte?

Beispiele für Krautsäume sind Ackerrandstreifen, Gräben, Böschungen oder Straßenränder. Sie sind bei uns leider immer seltener anzutreffen.

Kannst du Ursachen angeben, warum viele Krautsäume aus der Landschaft verschwinden? Wodurch sind sie gefährdet?

Nenne Gründe, weshalb Krautsäume schützenswert sind.

Richtiges Verhalten in der Natur

Für Naturschutzgebiete gelten besondere Bestimmungen. Sie werden oft unbewusst missachtet, weil die Folgen für die Tier- und Pflanzenwelt nicht unmittelbar erkannt werden.

Was muss in einem Naturschutzgebiet beachtet werden?

Wenn du es nicht weißt, wende dich z. B. an die Naturschutzbehörde deines Landkreises.

Die meisten Menschen verhalten sich in der Natur rücksichtsvoll. Einige Regeln sollte man immer beachten. Dazu gehört zum Beispiel:
- keine Abfälle zurücklassen
- unnötigen Lärm vermeiden
- ...

Gib weitere Verhaltensregeln an!

Kennst du den Unterschied zwischen einem Naturschutzgebiet, einem Landschaftsschutzgebiet und einem Naturdenkmal? Welche Schilder gibt es dafür?

Auszug aus dem Landschaftsschutzgesetz

§ 61 Artenschutz
(1) Es ist verboten,
1. wild lebende Tiere mutwillig zu beunruhigen oder ohne vernünftigen Grund zu fangen, zu verletzen oder zu töten;
2. ohne vernünftigen Grund wild lebende Pflanzen von ihrem Standort zu entnehmen oder zu nutzen oder ihre Bestände niederzuschlagen oder auf sonstige Weise zu verwüsten;
3. von Bäumen, Sträuchern oder Hecken unbefugt Schmuckreisig zu entnehmen, gleichgültig ob ein wirtschaftlicher Schaden entsteht oder nicht;
4. ohne vernünftigen Grund Lebensstätten wild lebender Tier- und Pflanzenarten zu beeinträchtigen oder zu zerstören.

Netz

Prinzip: Struktur und Funktion

Der Bau von tierischen und pflanzlichen Organen hängt davon ab, welche Aufgaben sie für das Lebewesen erfüllen müssen: Die Grabbeine eines Maulwurfs sehen aus wie Schaufeln, sie ermöglichen ihm das Wühlen im Boden. Die Stacheln der Rose sind spitz und scharf, sie dienen der Abwehr von Fressfeinden.

Nicht immer sind die Zusammenhänge zwischen bestimmten Körpermerkmalen *(Strukturen)* und deren Bedeutung *(Funktion)* für das Lebewesen so leicht erkennbar. Bei genauer Betrachtung zeigt sich jedoch an vielen Beispielen, dass Organe eine ganz bestimmte Struktur aufweisen müssen, damit sie für das Lebewesen eine Funktion wahrnehmen können.

Fangorgane

Fangorgane

Als *Ameisenlöwen* bezeichnet man bestimmte Insektenlarven. Deren Hinterbeine sind Grabbeine, mit denen sie in lockerem Boden einen Trichter graben können. Der Ameisenlöwe gräbt sich an der tiefsten Stelle des Trichters fast vollständig ein. Nur der Kopf und die Mundwerkzeuge bleiben sichtbar. Diese Mundwerkzeuge sind lang und gebogen, sie ähneln Greifern, wie sie auch in der Technik verwendet werden. Rutscht ein Insekt in den Trichter hinein, packt der Ameisenlöwe es mit seinen Oberkiefern. Diese greifen so fest zu, dass es nicht mehr entkommen kann.

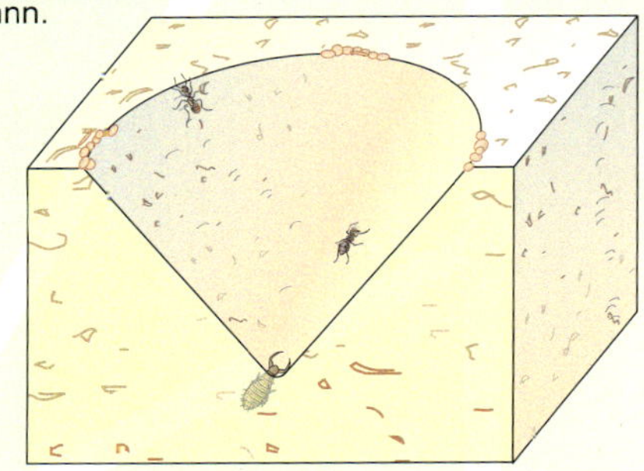

Gelenke

Gelenke

Alle Gelenke weisen einen ähnlichen Aufbau auf: Die Enden der Knochen sind mit Knorpel überzogen, der Gelenkspalt ist mit Gelenkschmiere gefüllt. Dadurch wird die Reibung zwischen den Knochen vermindert. Die Abbildung zeigt zwei Beispiele, ein Scharnier- und ein Kugelgelenk. Die möglichen Bewegungsrichtungen sind ebenfalls eingezeichnet. Gelenke machen unseren Körper beweglich. Wir können den Unterarm beugen, mit den Fingern gezielt zugreifen, unsere Arme in alle Richtungen bewegen. Auch in der Technik werden vergleichbare Konstruktionen verwendet, wenn bestimmte Geräte beweglich sein müssen.

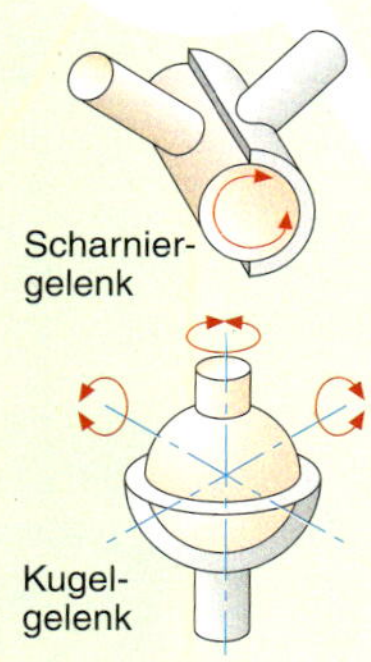

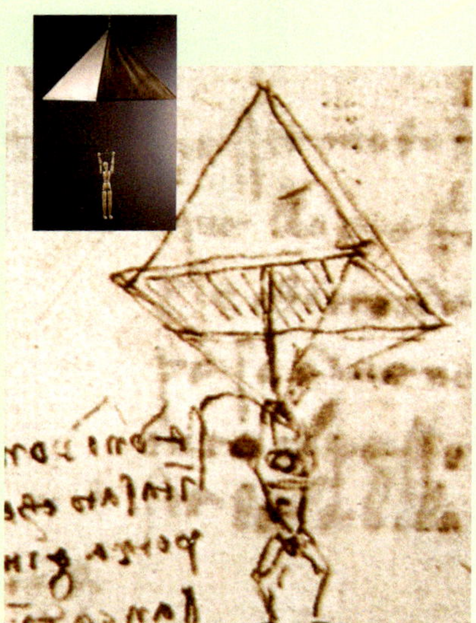

Flugeinrichtungen

Flugeinrichtungen

Die Früchte und Samen vieler Pflanzen werden durch raffinierte Vorrichtungen über große Entfernungen verbreitet. Manche können sich mit Kletten an das Fell von Tieren heften, andere haben eigene Flugvorrichtungen, wie zum Beispiel die Flugfrüchte des Löwenzahns.

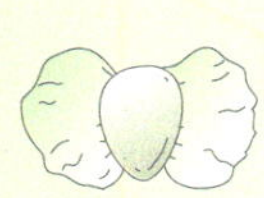

Erle

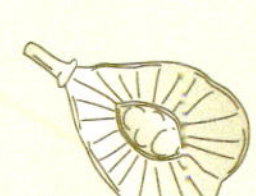

Ulme

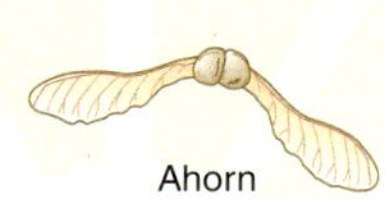

Ahorn

Fallschirmfrucht

Feine Haare sind ähnlich wie bei einem Fallschirm angeordnet und halten die Frucht lange in der Luft. Dieses Bild soll den italienischen Wissenschaftler LEONARDO DA VINCI zur Entwicklung eines Fallschirms angeregt haben.

● Zusammenhänge denken ● Zusammenhänge erkennen ● Zusammenhänge erarbeiten

Biologische Scheren

Biologische Scheren

Raubtiere weisen in ihrem Kiefer Reißzähne auf. Das sind besonders große Backenzähne mit auffällig scharfen Kanten. Sie wirken wie eine Schere und funktionieren so gut, dass mit ihnen das Muskelfleisch, der Knorpel und sogar die zähen Sehnen der Beute durchschnitten werden können. Biologische Scheren gibt es auch bei Wirbellosen: Krebse und Spinnen haben Scherenfüße von oft beeindruckender Größe, wie beispielsweise die Scheren des Hummers.

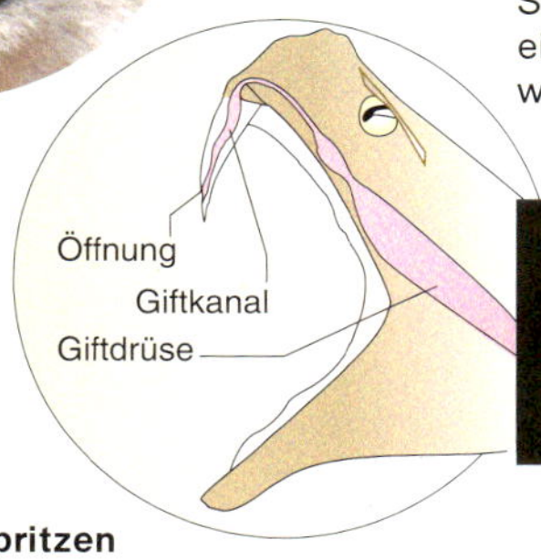

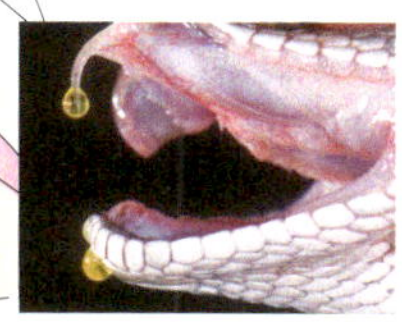

Biologische Spritzen

Die Abbildung rechts zeigt das Brennhaar einer Brennnessel. Das Köpfchen am Ende des Haares bricht bei Berührung leicht ab. Der Rest des Haares ähnelt der Spritze eines Arztes und die Wirkung ist auch genauso: Das Haar dringt mit dem spitzen, abgeschrägten Ende in die Haut ein, aus einem Vorratsbehälter am Fuße des Haares wird ätzende Methansäure (Ameisensäure) in die Wunde gespritzt. Die Brennnessel verteidigt sich also mit mechanischen und chemischen Mitteln gegen ihre Fressfeinde. Biologische Spritzen findet man bei vielen anderen Lebewesen, beispielsweise wirken die Giftzähne vieler Schlangen ähnlich.

Biologische Spritzen

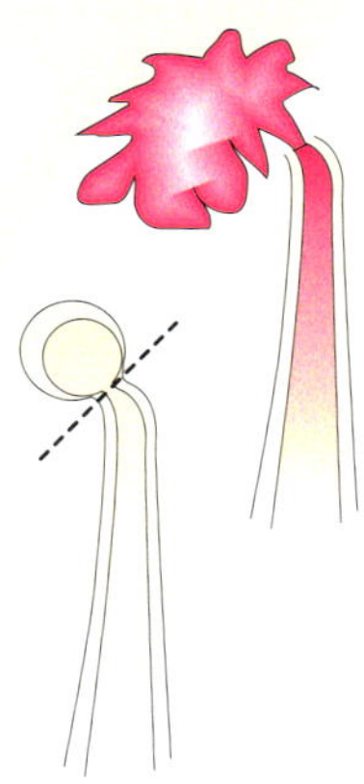

Ruderorgane

Ruderorgane

Die hinteren Beine der Gelbrandkäfer sind flach. An ihrem Rand weisen sie Borsten auf, sodass die Beine aussehen wie ein Ruder. Betrachtet man die Fortbewegungsweise, wird die Funktion dieser Ruderbeine klar: Gelbrandkäfer leben im Wasser. Dort jagen sie nach Würmern, Insektenlarven und Kaulquappen. Ihre Ruderbeine ermöglichen ihnen eine so schnelle Fortbewegung, dass sie sogar so geschickte Schwimmer wie Stichlinge erbeuten können. Ruderorgane findet man auch bei anderen Tieren, z.B. Wasserschildkröten.

Aufgaben

1. Inwiefern erfüllt der Oberkiefer des Ameisenlöwen seine Funktion als Fangorgan? Nenne vergleichbare Geräte aus Alltag und Technik. Der Körper des Ameisenlöwen ist mit Borsten besetzt, die nach vorne weisen. Welche Bedeutung könnte dies haben?
2. Wo in unserem Körper finden sich Gelenke, wie sie auf Seite 268 abgebildet sind? Welche weiteren Gelenktypen gibt es? Welche Bewegungen lassen sie zu? Welche Gelenkerkrankungen gibt es? Was sind deren Ursachen? Wie kann man sie behandeln?
3. Welche Flugeinrichtungen außer dem Fallschirm gibt es bei Pflanzen sonst noch? Informiere dich über vergleichbare Flugvorrichtungen bei Tieren.
4. Die Scheren bei Krebsen und Spinnen dienen nicht nur zum Schneiden, sondern können auch andere Funktionen haben. Ein Beispiel dafür sind die Winkerkrabben. Welches biologische Prinzip verwirklichen diese Krabben mit ihren Scheren?
5. Ist es gerechtfertigt, den Stechapparat der Honigbiene als biologische Spritze zu bezeichnen? Begründe.
6. Nenne weitere Tiere, die sich mit Ruderorganen fortbewegen.
7. Die Natur hat in vielen Millionen Jahren Strukturen hervorgebracht, die hervorragend an ihre Funktion angepasst sind. Der Mensch versucht, in der Technik ähnlich zweckmäßige Konstruktionen zu schaffen. Welche weiteren Beispiele könnten ihm als Vorbild dienen?
8. Welche Ähnlichkeiten im Aufbau des Stuttgarter Fernsehturms und eines Schilfhalmes gibt es?
9. Erläutere, inwiefern bei den Beispielen dieser Seite ein biologisches Prinzip erkennbar wird.

Netz

Prinzip: Angepasstheit

Tiere und Pflanzen besitzen Merkmale, die es ihnen ermöglichen, bestimmte Eigenschaften und Gegebenheiten ihres natürlichen Lebensraums besonders gut zu nutzen. Da dies für alle Lebewesen gilt, spricht man von einem *Prinzip*, dem Prinzip der *Angepasstheit*. Angepasstheit zeigt sich oft schon an wenigen, meist besonders auffälligen Merkmalen und damit verbundenen Fähigkeiten.

Fliegen

Nicht nur für Vögel, Fledermäuse und Insekten gehört die Luft zu ihrem Lebensraum. Auch Fliegende Fische, Flughörnchen, Flugdrachen und fliegende Schlangen können kürzere Strecken durch die Luft segeln oder gleiten. Und auch Pflanzen nutzen den Luftraum. Häufig sind ihre Samen flugfähig.

Fliegen

Klettern und Springen

Klammeraffen besitzen neben Greiffüßen und -händen ein weiteres Organ, das ihnen bei der Fortbewegung von Baum zu Baum hilft: den Greifschwanz. Faultiere verbringen große Teile des Tages hängend an Ästen, Kopfläuse leben im Kopfhaar. Beide Arten halten sich an dünnen Objekten sicher und kräftesparend fest. Sie zeigen vergleichbare Angepasstheiten: Faultiere besitzen kräftige, gebogene Krallen, Kopfläuse krallenförmige Klammerbeine. Sprungbeine sind eine Gemeinsamkeit springender Tiere.

Klettern und Springen

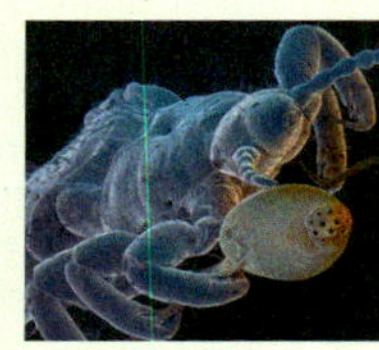

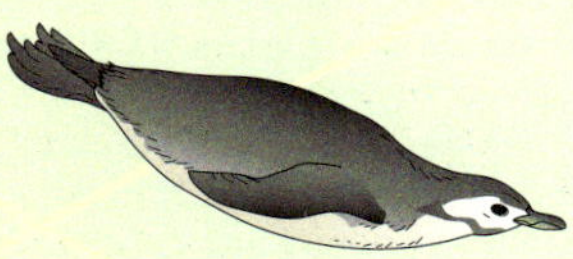

Schwimmen und Tauchen

Außer den Fischen gibt es viele Vertreter weiterer Tiergruppen, die ebenfalls den Lebensraum Wasser nutzen, zum Beispiel Pinguine, Delfine, das Schnabeltier und Kormorane, aber auch Tintenfisch und Gelbrandkäfer. Welche Merkmale für die Fortbewegung im Wasser günstig sind, sieht man gut am Körper des Hais. Sein Körperumriss hat Stromlinienform und verursacht so einen geringen Strömungswiderstand. Mit der breiten Schwanzflosse drückt er beim Schlagen heftig gegen das Wasser und kann so schnell schwimmen.

Schwimmen und Tauchen

● Zusammenhänge denken ● Zusammenhänge erkennen ● Zusammenhänge erarbeiten

Jagen bei Nacht

Jagen bei Nacht

Mausmakis jagen bei Nacht. Sie haben ein gutes Gehör und auffallend große Augen, mit denen sie auch in der Dämmerung Beutetiere ausmachen können. In große Augen fällt mehr Licht als in kleinere. Manche Schlangen (Pythons und Vipern) können auch bei völliger Dunkelheit jagen. Mit einem besonderen Sinnesorgan am Kopf *(Grubenorgan)* erfassen sie die Körperwärme ihrer Beute, etwa einer Maus. So erhalten sie ein Wärmebild (Infrarotbild) ihrer Beute.

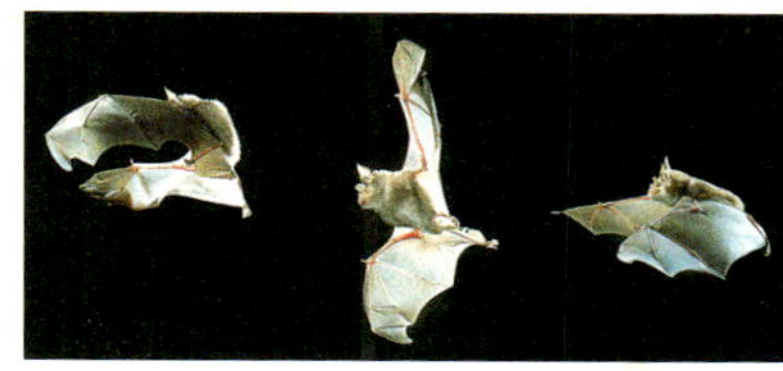

Nahrungserwerb

Lebewesen sind in ihrem Körperbau auch an die Art des Nahrungserwerbs angepasst. Chamäleons fangen Insekten aus größerer Entfernung, sogar im Flug.

Als Fangorgan setzen sie ihre lange, klebrige Zunge ein, die blitzschnell ausgeschleudert wird. Schmetterlinge, wie das Taubenschwänzchen, und Vögel, wie der Kolibri, ernähren sich von Nektar. Sie müssen täglich eine große Anzahl von Blüten besuchen, darunter auch viele, die ihr Gewicht nicht tragen können. Im Flug verharren sie vor der Blüte und setzen ihren langen Saugrüssel ein, mit dem sie auch ohne Landung vom Blütengrund Nektar saugen können.

Nahrungserwerb

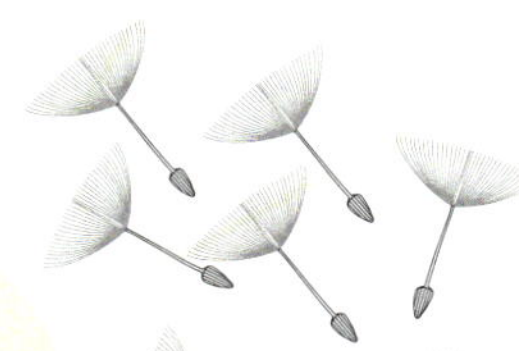

Aufgaben

① Welchen Vorteil haben Flugeinrichtungen an Früchten?
② Beschreibe die Angepasstheiten der wasserlebenden Tiere auf S. 270 an den Lebensraum Wasser.
③ Beschreibe die Angepasstheiten von Fledermäusen an das Jagen bei Nacht. Vergleiche sie mit denen von Schlangen und Mausmaki.
④ Tarnung hat für verschiedene Tiere unterschiedliche Bedeutung. Beschreibe die Bedeutung der Tarnung für Hecht und Wandelndes Blatt.
⑤ Vergleiche Polar- und Wüstenfuchs (s. Seite 55). Stelle in einer Tabelle dar, wie sie an ihre Lebensräume angepasst sind.
⑥ Zeige am Chamäleon, dass die Angepasstheit von Lebewesen an ihre Lebensbedingungen mehrere Merkmale umfasst (siehe auch Seite 139).
⑦ Welche Vorteile kann ein Tier haben, wenn es springen kann. Nenne Beispiele und erläutere.
⑧ Zeige für Chamäleon, Hecht und Mausmaki, dass ihre Angepasstheit mehrere Merkmale umfasst. Zu welchen anderen Überschriften dieser Doppelseite passen diese Tiere ebenso?

Tarnen

Die Eier einer Fluss-Seeschwalbe sind von der Umgebung kaum zu unterscheiden. Gleiches gilt auch für ihre Küken. Hechte lauern zwischen Pflanzen auf Beute. Durch die unregelmäßige Streifung ihres Körpers ist der Körperumriss nur schwer wahrzunehmen. Die Raupen einiger Schmetterlinge sehen Vogelkot zum Verwechseln ähnlich.

Tarnen

Netz

Prinzip: Variabilität

Die Nachkommen von Lebewesen sehen auf den ersten Blick so aus wie ihre Eltern. Vergleicht man sie jedoch sehr genau, so lassen sich viele Unterschiede erkennen. So kann man beispielsweise Größe und Form von Ohren vergleichen oder die Färbung von Fell oder Gefieder. Die Tatsache, dass sich Nachkommen immer wieder ein wenig von ihren Eltern unterscheiden, bezeichnet man als Veränderlichkeit oder *Variabilität.*

Es hat sich gezeigt, dass die Unterschiede in den Merkmalen erblich bedingt sind und bei Nachkommen wieder auftreten. Der Mensch nützt dies schon seit langer Zeit, indem er ausgewählte Tiere und Pflanzen mit erwünschten Eigenschaften fortpflanzt. Die Variabilität tritt besonders bei Lebewesen in Erscheinung, die sich geschlechtlich fortpflanzen. Bei ungeschlechtlicher Fortpflanzung ist sie praktisch nicht feststellbar.

Im Laufe vieler Millionen Jahre ist als Folge der Variabilität der Lebewesen die riesige Vielfalt an Lebensformen entstanden, die heute auf der Erde lebt.

Menschen

Menschen

Die Unterschiede zwischen den Menschen zeigen sich beispielsweise an den Gesichtszügen. Europäer, Asiaten und Afrikaner unterscheiden sich deutlich voneinander. Doch das deutlichste Kennzeichen dafür, dass Variabilität auch beim Menschen auftritt, ist eine alltägliche Erfahrung: Die Menschen, mit denen wir täglich zusammentreffen, sind alle verschieden. Sehen wir von eineiigen Zwillingen ab, so ist jeder Mensch einzigartig. Jeder von uns besitzt Merkmale und Eigenheiten, die bei anderen so nicht vorhanden sind. Jedes Neugeborene ist wieder ein neuer Mensch mit eigenen Ausprägungen.

Marienkäfer

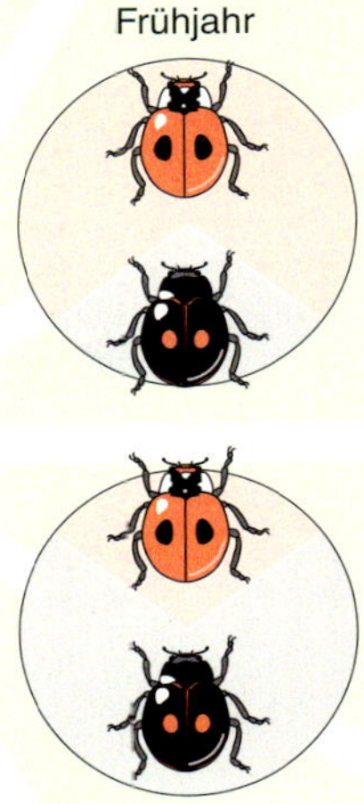

Marienkäfer

Der Zweipunktmarienkäfer ist häufig anzutreffen. Der Name ist von den zwei kräftigen Farbflecken abgeleitet, die auf den Flügeldecken zu sehen sind. Auffällig ist, dass uns diese Art in unterschiedlicher Färbung begegnet. Die Flügeldecken können rot und die Flecken schwarz sein. Neben diesen im Wesentlichen rot gefärbten Tieren treten auch schwarz gefärbte auf. Bei ihnen tragen die schwarzen Flügeldecken rote Flecken.

Je nach Färbung haben diese Tiere weitere Eigenschaften. Von den roten Tieren kommen mehr über den Winter als von den schwarzen. Daher sehen wir im Frühjahr mehr rote als schwarze Marienkäfer. Andererseits können sich die schwarzen Marienkäfer schneller fortpflanzen als die roten. Deshalb nimmt bis zum Herbst die Zahl der schwarzen Marienkäfer stärker zu. Die roten sind nun in der Minderheit.

Rosen

Rosen erfreuen sich bei vielen Gartenbesitzern großer Beliebtheit. Sie blühen vom Frühjahr bis in den späten Herbst. Die Vielfalt der Blütenfarben ist überwältigend. Die Farbskala reicht von violett, blau über gelb und rot bis zu reinem Weiß. Auch im Wuchs gibt es viele Unterschiede. Von niedrig wachsenden kleinen Büschen bis zu hoch rankenden Gewächsen, die eine Hauswand schmücken, kann die Größe eines Rosenstocks liegen. Die Vielzahl der Rosensorten ist schwer überschaubar und immer wieder überraschen Züchter mit neuen Sorten.

Rosen

● Zusammenhänge denken ● Zusammenhänge erkennen ● Zusammenhänge erarbeiten

Säugetiere

Säugetiere

Die größten Säugetiere sind Blauwale. Ein ausgewachsenes Tier wiegt 90 bis 130 Tonnen. Bis heute konnte noch kein Tier ganz gewogen werden. Es wurde nur das Gewicht von Teilen des Körpers bestimmt und das Gesamtgewicht errechnet.

Das größte Landsäugetier ist der Afrikanische Elefant. Seine Schulterhöhe kann bis zu 3,7 m betragen und das Gewicht reicht bis zu 7 Tonnen.

Das kleinste Landsäugetier ist die Etruskerspitzmaus. Sie wiegt nur 1,5 bis 2,5 Gramm und ist so klein, dass sie selbst in Regenwurmlöcher schlüpfen kann.

Die anderen, etwa 4 500 Säugetierarten liegen mit ihrem Körpergewicht zwischen den Riesen und Zwergen. Dabei sind alle Gewichtsklassen vertreten.

Insekten

Insekten sind die artenreichste Gruppe auf der Welt. Man kennt etwa 760 000 Insektenarten und es gilt als sicher, dass noch lange nicht alle entdeckt sind.

Insekten leben im Wasser, an Land und häufig auch in der Luft. Es gibt kaum einen Lebensraum, in dem man keine Insekten findet. Trotz der großen Variabilität, die zu einer riesigen Artenfülle geführt hat, gibt es Lebensräume, die nicht von Insekten besiedelt werden können. In den Polargebieten sind sie nicht zu finden. Bei Dauerfrost können die wechselwarmen Tiere nicht leben.

Insekten

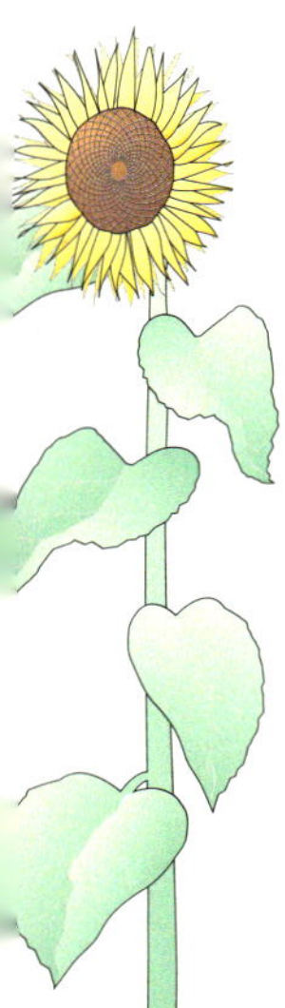

Blütenpflanzen

Blütenpflanzen

Löwenzahn, Gänseblümchen, Sonnenblume , Silberdistel, Wegwarte — alle gehören zur einer Pflanzenfamilie, den Korbblütlern. Dies ist eine große, formenreiche Familie. Sie umfasst etwa 22 000 Arten. Die Familienzugehörigkeit der abgebildeten Pflanzen erkennt man am Blütenstand, der in einem Körbchen untergebracht ist. Für einen Unkundigen zeigen sich jedoch mehr Unterschiede als Gemeinsamkeiten. So wird die Sonnenblume bis zu 2 Meter hoch, ihr Blütenstand ist tellergroß und die Blütenfarbe leuchtend gelb. Dagegen sieht das weißrötlich blühende Gänseblümchen recht unscheinbar aus. Die Silberdistel hat einen kurzen Spross, wächst nur knapp über dem Erdboden und hat auffällig große Zungenblüten.

Aufgaben

1. Vergleiche die Beispiele dieser Seite und stelle zusammen, in welchen Fällen sich der Mensch die Variabilität in der Natur zu Nutze gemacht hat.
2. Ohne Variabilität keine Züchtung. Erläutere diesen Satz.
3. Welche Merkmale von Tieren und Pflanzen haben sich durch den Einfluss des Menschen verändert? Stelle mithilfe des Buchs weitere Beispiele zusammen.
4. Welche Beispiele zeigen eine auf natürliche Weise entstandene Vielfalt?
5. Ermittle mithilfe des Buches, welche Insektenordnung die meisten Arten umfasst. Stelle zusammen, welche Arten du davon kennst.

Netz

Prinzip: Kommunikation

„Information ist das halbe Leben!“, das ist vielleicht übertrieben. Tatsache ist aber, dass alle Lebewesen untereinander Information austauschen; sie kommunizieren. Als *Kommunikation* bezeichnet der Biologe jede Form der Verständigung unter Lebewesen, vor allem zwischen Artgenossen.

Viele Tiere leben die meiste Zeit des Jahres als Einzelgänger, zur Paarung müssen sie aber zueinander finden. Zahlreiche Arten betreiben Brutpflege. Das setzt voraus, dass die Eltern ihre eigenen Jungen erkennen können, meistens am Geruch. Auch ein geselliges Zusammenleben in einer Gruppe, etwa einem Wolfsrudel, einer Affenhorde oder einem Insektenstaat, ist nur möglich, wenn die Mitglieder sich untereinander verständigen können. Diese Beispiele verdeutlichen, dass Kommunikation für alle Bereiche des Zusammenlebens eine bedeutende Rolle spielt.

Eine Verständigung kann auf verschiedene Weise erfolgen. Uns Menschen ist eine Verständigung über optische Signale, also Sichtzeichen, oder Lautsignale vertraut. Wir nehmen sie wahr und können sie daher leicht bei Tieren beobachten. Informationen können aber ebenso über Duftstoffe oder Berührungen weitergegeben werden. Je nach Art der ausgesandten Signale werden sie vom Empfänger über andere Sinnesorgane wahrgenommen.

Sichtzeichen

Sichtzeichen

Auffallend sind die farbenprächtigen Hochzeitskleider bei Vögeln und Fischen, durch die während der Paarungszeit Partner angelockt werden. Gleichzeitig können sie als Warnsignal für einen Rivalen dienen.

Das Sperren der Jungen löst bei den Altvögeln das Fütterungsverhalten aus. Je größer und je intensiver gefärbt der Rachen ist, desto stärker ist der Reiz und desto mehr Futter erhält der Jungvogel, wie das Beispiel des Kuckucks eindrucksvoll zeigt.

Lautsignale

Lautsignale

Der Gesang der Vögel signalisiert einerseits anderen Männchen, dass dieses Revier bereits besetzt ist, und dient andererseits dem Anlocken von Weibchen zur Paarung.

Die selbe Funktion hat auch das Trommeln der Spechte oder das Zirpen der Heuschrecken.

Auf Warnrufe, wie sie Vögel zum Beispiel bei Gefahr durch Raubvögel ausstoßen, reagieren auch Nichtartgenossen mit Fluchtverhalten.

Duftstoffe

Duftstoffe

Hunde setzen durch kurzes Urinieren Duftmarken, mit denen sie ihr Revier markieren.

Ameisen legen Duftstraßen an und leiten so ihre Nestgenossen zu einer Futterquelle.

Fische sondern bei Verletzung, zum Beispiel durch einen Raubfisch, Schreckstoffe ab. Der Schwarm flüchtet und meidet daraufhin die Gefahrenstelle.

● Zusammenhänge denken ● Zusammenhänge erkennen ● Zusammenhänge erarbeiten

Berührungssignale

Berührungs-signale

Wenn Menschen sich streicheln, drücken sie damit Zuneigung aus. Die gegenseitige Fellpflege bei Gorillas stärkt den Zusammenhalt in der Gruppe, sie signalisiert Zuneigung und Friedfertigkeit. Das Puffen mit der Schnauze ist eine Freundschaftsgeste bei Hund und Katze.

Ameisen verständigen sich auch über eine „Fühlersprache“, sie betasten sich dabei gegenseitig mit den Fühlern.

Körpersprache

Die Körpersprache umfasst Mimik, Gestik, Körperhaltung und Bewegung; durch Kombination mehrerer Signale wird eine bestimmte Reaktion ausgelöst.

In Wolfsrudeln wird durch Kämpfe, die festen Regeln folgen, eine Rangordnung ausgefochten. Sobald der Verlierer sich als Zeichen der Unterwerfung auf den Rücken wirft und seine empfindlichste Stelle, die Halsseite, zum Biss darbietet, bricht der Gegner den Kampf ab. Auch Welpen zeigen diese Demutshaltung gegenüber älteren Tieren.

Körper-sprache

Aufgaben

1. Zähle Beispiele auf, die zeigen, welche verschiedenen Funktionen Sicht- bzw. Lautsignale haben können.
2. Bei Säugetieren sind Duftstoffe ein wichtiges Mittel zur Verständigung. Für die menschliche Kommunikation spielen sie dagegen kaum eine Rolle. Begründe.
3. Verschiedene Tiergruppen nutzen unterschiedliche Signale, um vor drohender Gefahr zu warnen. Nenne Beispiele.
4. Welche verschiedenen Signale werden im Tierreich eingesetzt, um einen Geschlechtspartner anzulocken? Erläutere mithilfe von Beispielen.
5. Gib neben Partnerfindung und Warnung vor Gefahren weitere Bereiche oder Situationen an, in denen die Kommunikation zwischen Tieren eine wichtige Rolle spielt.
6. Beobachte die Verständigung von Affen im Zoo. Achte auf die verschiedenen Laute, die die Affen von sich geben, und notiere, in welcher Situation sie zu hören waren.

Elektrische Signale

Nilhechte sind in der Lage, ihren Körper elektrisch aufzuladen, dabei entstehen Spannungen, wie sie beispielsweise bei einer Taschenlampenbatterie auftreten (etwa 5 Volt). Sie besitzen außerdem Sinnesorgane, die durch elektrische Ladungen sogar über eine Entfernung von bis zu 10 Metern erregt werden. Mit solchen elektrischen Signalen drohen die Nilhechte Artgenossen, verteidigen ihr Revier und locken in der Fortpflanzungsperiode Weibchen an.

Elektrische Signale

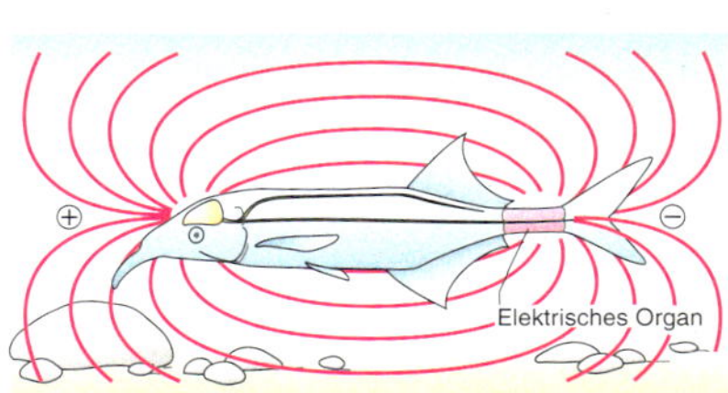

Zusammenhänge denken ● Zusammenhänge erkennen ● Zusammenhänge erarbeiten ●

Netz

Prinzip: Wechselwirkung

Zwischen Lebewesen können sehr unterschiedliche Wechselwirkungen bestehen. Ein Beispiel ist *Fressen* und *Gefressenwerden.* So frisst ein Raubfisch in der Regel kleinere Fische. Aber es gibt auch andere Wechselbeziehungen. An den Kiemen und am Maul des Kaiserfischs darf der kleine Putzerfisch nach Nahrung suchen, ohne gefressen zu werden. Dafür wird der Kiemenraum des Kaiserfischs gesäubert. Dieses Verhalten dient dem wechselseitigen Nutzen. Nun gibt es aber den Sägezahnschleimfisch, der genau so aussieht wie der Putzer. Auch er darf ungestört an Maul und Kiemen des Kaiserfischs heran schwimmen. Dann aber beißt er schnell zu und reißt ein Stück Haut oder Flosse ab. Diese Beziehung lässt sich eher als *Tarnen* und *Täuschen* bezeichnen.

Lebewesen, die in einem Lebensraum zusammen leben, beeinflussen sich gegenseitig und sind voneinander abhängig.

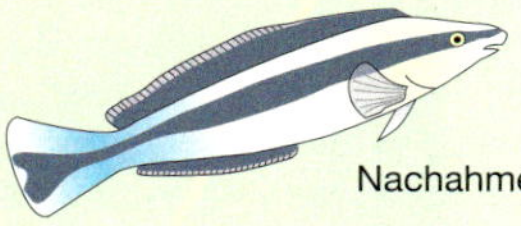

Nachahmer

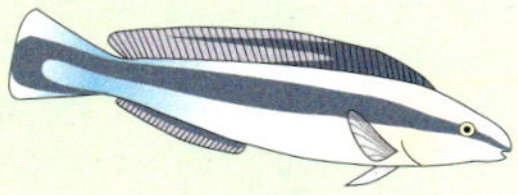

Putzerfisch

Blüte und Bestäuber

Blüte und Bestäuber

Der Pollen einer Blütenpflanze ist unbeweglich und kann nicht aus eigener Kraft auf die Narbe einer gleichartigen Pflanze gelangen. Das besorgen die Bestäuber, zum Beispiel Nektar saugende Vögel oder Insekten. Der Bau der Blüten ist sehr genau an die Tierart angepasst, die den Pollentransport besorgt. Sozusagen als Belohnung erhalten die Tiere in Form des Nektars eine energiereiche Nahrung.

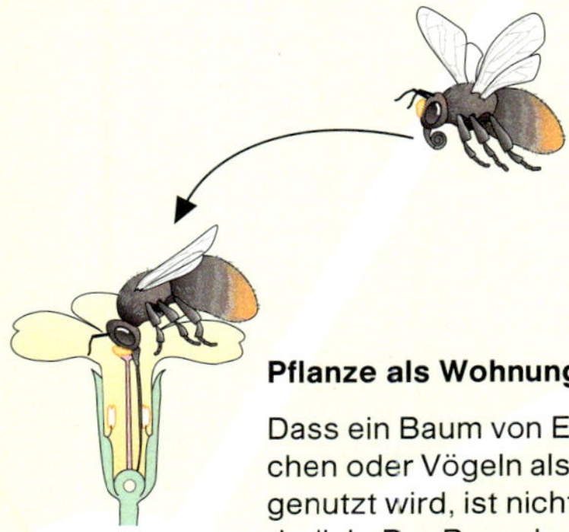

Pflanze als Wohnung

Pflanze als Wohnung

Dass ein Baum von Eichhörnchen oder Vögeln als Nistplatz genutzt wird, ist nicht verwunderlich. Der Baum hat aber keinen Vorteil davon, es sei denn, dass die Tiere zur Verbreitung seiner Samen beitragen. Anders liegt der Fall bei dem abgebildeten Akazienbaum. In seinen großen, hohlen Dornen nisten Ameisen. Sie jagen nach Insekten und halten dadurch ihren Wohnbaum schädlingsfrei. So ergibt sich auch für die Pflanze ein deutlicher Vorteil.

Insekt und Futterpflanze

Insekt und Futterpflanze

Mehr als 100 Insektenarten leben auf oder von der Brennnessel, 30 Arten ernähren sich ausschließlich davon. Zu ihnen gehört die Raupe des Admirals. Wenn Brennnesseln in einem Gebiet ausgerottet werden, dann verschwindet auch der Schmetterling, denn seinen Larven fehlt die Futterpflanze. Da viele Insekten nur ganz bestimmte Nahrungsquellen haben, wirkt sich das Fehlen der Futterpflanzen auf die Artenvielfalt eines Gebietes aus.

● Zusammenhänge denken ● Zusammenhänge erkennen ● Zusammenhänge erarbeiten

Schädling und Wirt

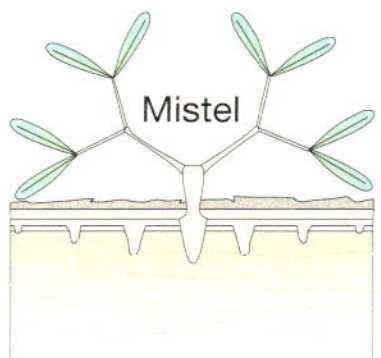

Schädling und Wirt

Nicht immer ist die Wechselbeziehung zweier Lebewesen zum gegenseitigen Nutzen. Manchmal zieht nur ein Partner, der *Schmarotzer*, Gewinn daraus und der andere wird sogar geschädigt. Ein bekanntes Beispiel ist der Kuckuck als Brutschmarotzer. Auch zwischen Pflanzen gibt es solche Beziehungen zum einseitigen Nutzen. Die Mistel wächst hoch oben auf einem Baum und zapft mit ihren Saugwurzeln dessen Wasserleitungsbahnen an. So lässt sie sich mit Wasser und Mineralsalzen versorgen.

Täuschen von Feinden

Das Abendpfauenauge ist tagsüber auf der Baumrinde gut getarnt. Wenn es aber gestört wird, dann klappt es die oberen Flügel auseinander und plötzlich scheint uns ein Tier mit großen Augen anzuschauen. Ein Insekten fressender Vogel kann so abgeschreckt werden.

Schwebfliegen gelingt ein anderes Täuschungsmanöver. Sie ähneln in ihrem Aussehen einer auffällig gelbschwarz gestreiften Wespe. Insektenfresser, die vorher schlechte Erfahrungen mit Wespenstichen gemacht haben, werden jetzt auch die völlig harmlose Schwebfliege meiden.

Täuschen von Feinden

Blattlaus und Ameise

Blattlaus und Ameise

Ameisen mitten in einer Blattlauskolonie! Das ist nicht so schlimm, wie es aussieht. Die Ameisen fressen die Läuse nicht auf, sondern interessieren sich nur für den „Honigtau“. Das sind die nahrhaften, süßen Pflanzensäfte, die die Blattläuse ausscheiden. Die Ameisen melken ihre Blattläuse regelrecht. Als Gegenleistung beschützen die Ameisen ihre „Haustiere“ vor anderen Blattlaus fressenden Insekten. Manche Arten nehmen ihre Läuse sogar zum Überwintern mit ins Nest.

Aufgaben

① Stelle bei den genannten Wechselwirkungen heraus, ob es sich um Beziehungen zum gegenseitigen Nutzen handelt oder ob nur einer der beiden Partner profitiert.

② Wähle von dieser Doppelseite ein Beispiel aus. Sammle dazu weitere Informationen und berichte darüber.

③ Suche in deinem Buch nach mindestens zwei weiteren Beispielen für Wechselbeziehungen zwischen Lebewesen verschiedener Arten.

④ Die Schwebfliege täuscht vor, so gefährlich zu sein wie eine Wespe. Diese Erscheinung gibt es auch bei anderen Tierarten und heißt *Mimikry*. Suche weitere Beispiele. Berichte darüber, wie und wo du gesucht und was du gefunden hast.

Prinzip: Fortpflanzung

Zahlreiche Lebewesen werden gefressen, andere altern und sterben. Damit die jeweilige Art erhalten bleibt, pflanzen sich Tiere, Pflanzen und Menschen fort, d. h. sie erzeugen Nachkommen. Jede Art geht dabei anders vor. Vögel bauen Nester und brüten Eier aus, Säugetiere bringen lebende Junge zur Welt und Insekten entwickeln sich vom Ei über Larven zum geschlechtsreifen Tier. Pflanzen bilden Samen aus, die dann, oft weit entfernt von der Mutterpflanze, keimen und heranwachsen.

Trotz aller Unterschiede sind diese Vorgänge vergleichbar. So lassen sich sogar zwischen pflanzlicher und tierischer Fortpflanzung prinzipielle Gemeinsamkeiten entdecken.

Geschlechtlich

Bei sehr vielen Lebewesen sind zur Fortpflanzung zwei Partner mit unterschiedlichem Geschlecht nötig. Sie bilden in ihren Geschlechtsorganen männliche oder weibliche Keimzellen. Diese verschmelzen bei der Befruchtung. Nun erst kann sich ein neues Lebewesen entwickeln. Diese Vorgänge laufen bei Pflanzen, Tieren und auch beim Menschen im Prinzip gleich ab. Eine solche Fortpflanzung nennt man kurz *geschlechtlich* und meint damit, dass beide Geschlechter mit ihren unterschiedlichen Keimzellen daran beteiligt sind.

Geschlechtlich

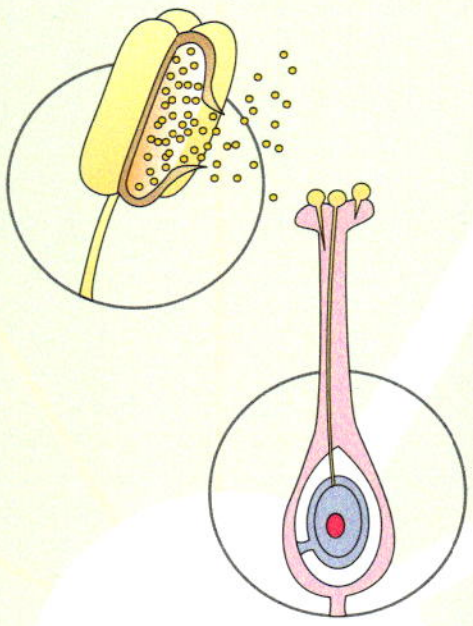

Weiblich

Die Eizellen der Tiere sind in der Regel groß und nährstoffreich. Sie werden in deutlich geringerer Zahl gebildet als Spermien. Tiere mit Brutpflege, z. B. Säugetiere und Vögel, produzieren oft nur sehr wenige Eier.

Weiblich

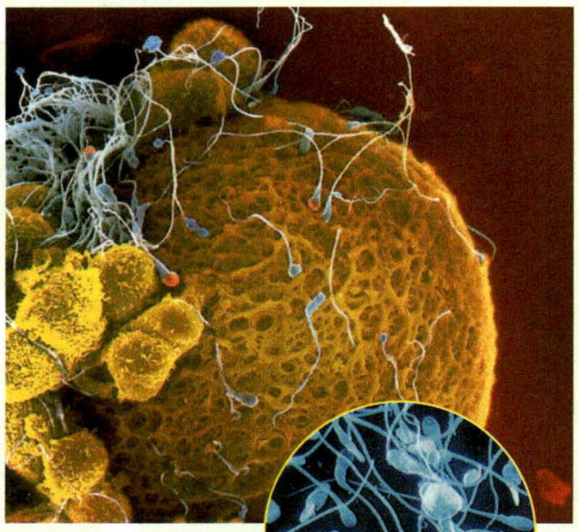

Auch bei Pflanzen ist das weibliche Geschlecht durch den Besitz von Eizellen gekennzeichnet. Bei Blütenpflanzen liegen sie in der Samenanlage. Aus der befruchteten Eizelle entwickelt sich der Embryo.

Männlich

Tiere und Pflanzen männlichen Geschlechts zeigen im Bereich der Keimzellen eine verblüffende Gemeinsamkeit. Die Spermien der Tiere und die Pollenkörner sind beide sehr klein und werden in riesiger Zahl hergestellt. Männliche Fortpflanzungszellen werden oft in solchen Mengen gebildet, dass es fast verschwenderisch wirkt. Das gilt besonders für solche Tiere, die ihre Spermien frei ins Wasser abgeben, oder für Pflanzen mit Windbestäubung. Umgekehrt: Je besser die Bestäubung gesichert ist, desto weniger Pollen wird gebildet. Auch Tiere mit innerer Befruchtung produzieren in der Regel weniger Spermien.

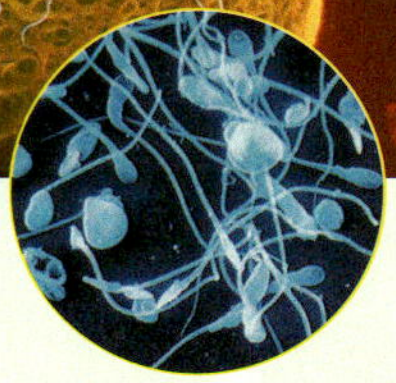

Männlich

● Zusammenhänge denken ● Zusammenhänge erkennen ● Zusammenhänge erarbeiten ●

Ein-geschlechtlich

Eingeschlechtlich

Die Weibchen einiger Tierarten, z. B. Blattläuse, bilden im Sommer Eizellen aus, die nicht befruchtet werden müssen. Da nur Weibchen für diese Vermehrung benötigt werden, nennt man sie *eingeschlechtlich*. So können sehr schnell sehr viele Nachkommen produziert werden.

Ungeschlechtlich

Das Brutblatt ist eine Pflanze, die am Rand ihrer Laubblätter winzige Tochterpflänzchen ausbilden kann. Wenn diese zu Boden fallen, entwickeln sie sich zu neuen Pflanzen. Weil dabei keine Keimzellen gebildet worden sind, nennt man diese Fortpflanzung *ungeschlechtlich*. Die Bildung von Ausläufern, an deren Enden neue Tochterpflanzen entstehen, ist ein anderes Beispiel für diese Art der Fortpflanzung.

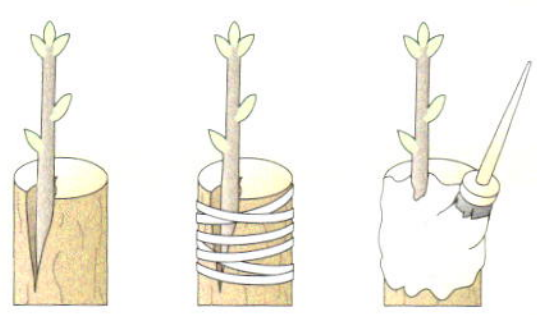

Unge-schlechtlich

Bei Tieren ist ungeschlechtliche Fortpflanzung sehr selten. Meistens kommt sie nur bei sehr einfach gebauten Tieren vor, wie zum Beispiel bei dem abgebildeten Süßwasserpolyp. Er kann an seinem Körper Knospen bilden, die sich zu kleinen Polypen entwickeln. Sie fallen irgendwann ab und sind dann selbstständige Tiere.

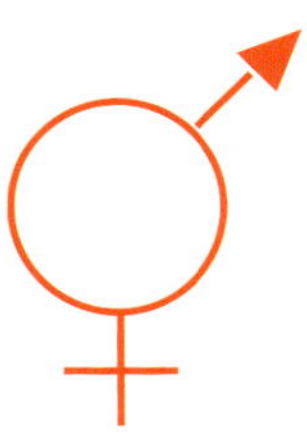

Zwittrig

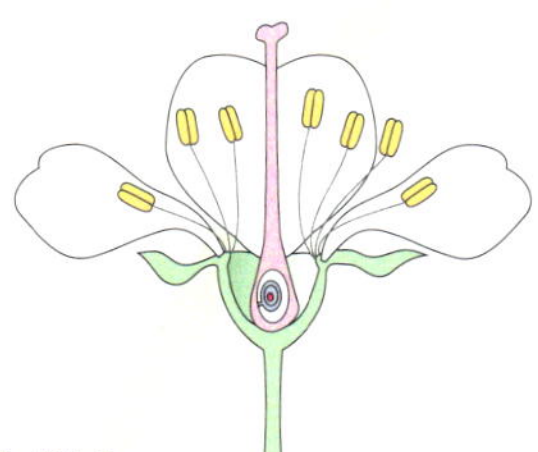

Zwittrig

Als *Zwitter* bezeichnet man ein Lebewesen, das sowohl weibliche als auch männliche Keimzellen bilden kann. Viele Pflanzenarten besitzen zwittrige Blüten. Der Fruchtknoten mit der Eizelle ist das weibliche Organ, Staubblätter sind die männlichen. Diese reifen meist zu unterschiedlichen Zeiten, sodass Selbstbestäubung ausgeschlossen wird.

Zwittrige Arten sind bei Tieren wesentlich seltener anzutreffen. Weinbergschnecken tauschen zunächst Spermien aus, danach legen sie befruchtete Eier ab. Auch Regenwürmer sind Zwitter.

Aufgaben

1. Untersuche an den Beispielen, ob die genannte Fortpflanzungsform bei Tieren und Pflanzen auftritt.
2. Bei Bienen gibt es die Königin, Arbeiterinnen und Drohnen. Gib an, durch welche Art der Fortpflanzung sie jeweils entstehen.
3. Nutzpflanzen werden häufig ungeschlechtlich vermehrt. Nenne mindestens zwei Beispiele und gib Gründe an.
4. Auf dieser Seite wird immer von Fortpflanzung gesprochen. Manchmal benutzt man auch ein anderes Wort, nämlich „Vermehrung". Erläutere die Bedeutung beider Begriffe und erkläre den Unterschied an einem Beispiel.

Alter von Tieren	Jahre
Meeresmuschel	220
Strahlenschildkröte	189
Bartenwal	70
Schimpanse	59
Katze	36
Reh	31
Hund	29
Amsel	20

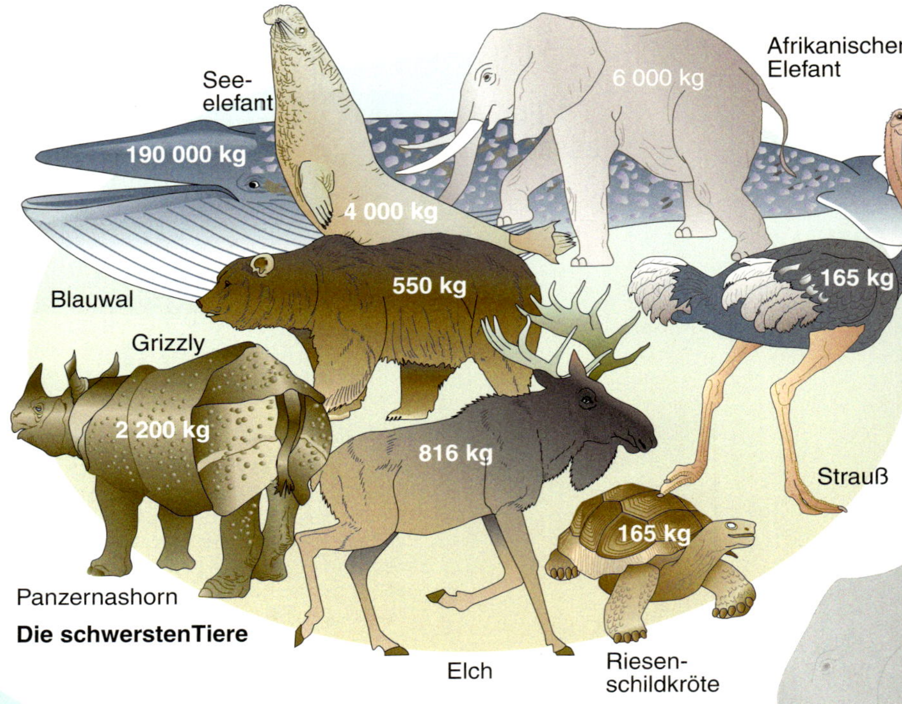

Die schwersten Tiere

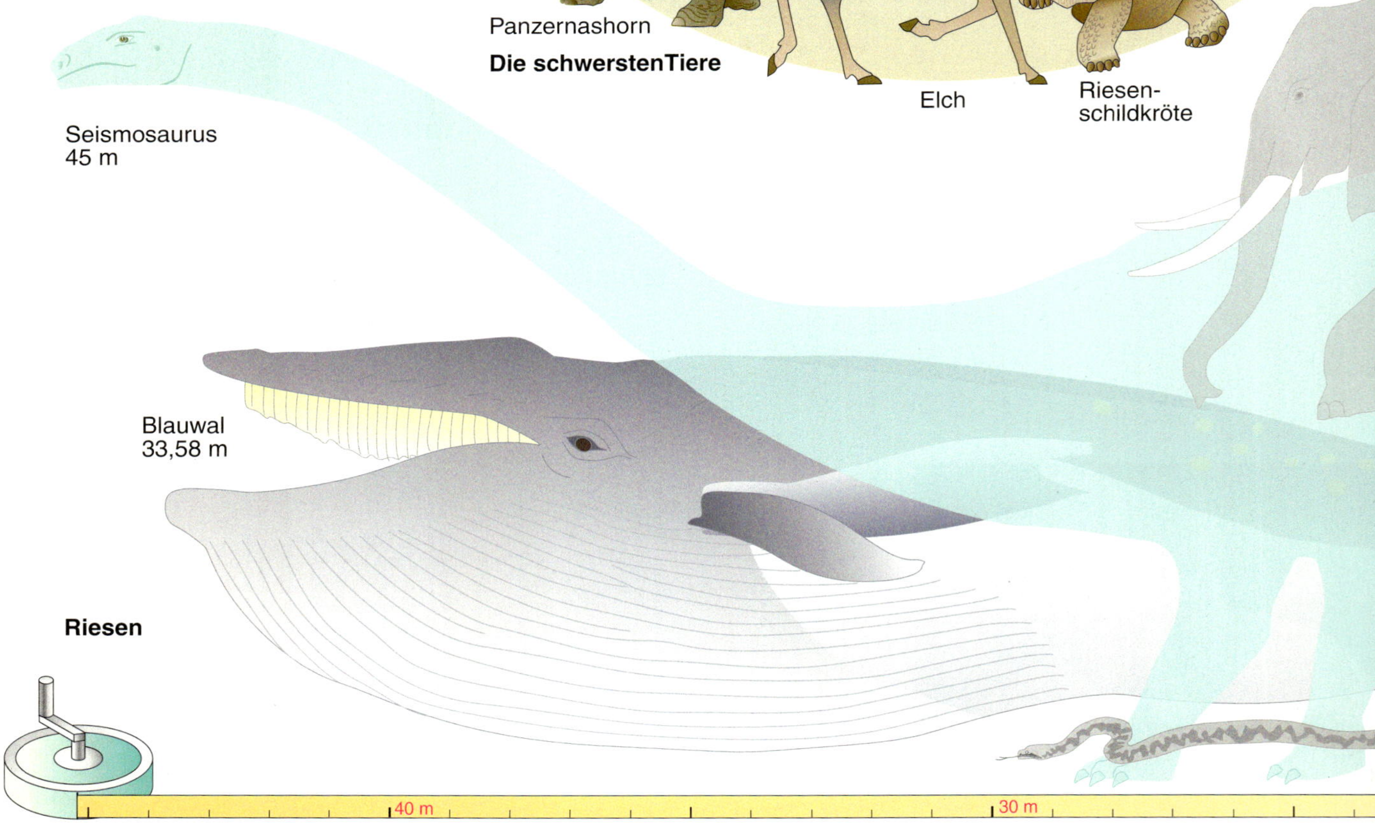

Riesen

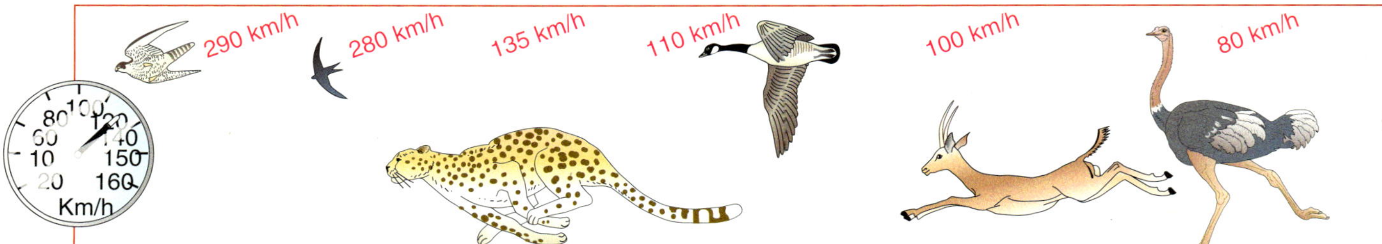

Wachstum von Pflanzen	(Tageswachstum in cm)
Bambus	91,0
Riesenblatt-Tang	45,0
Liliengewächs	25,4
Erle	ca. 0,2
Flechte	ca. 0,0005

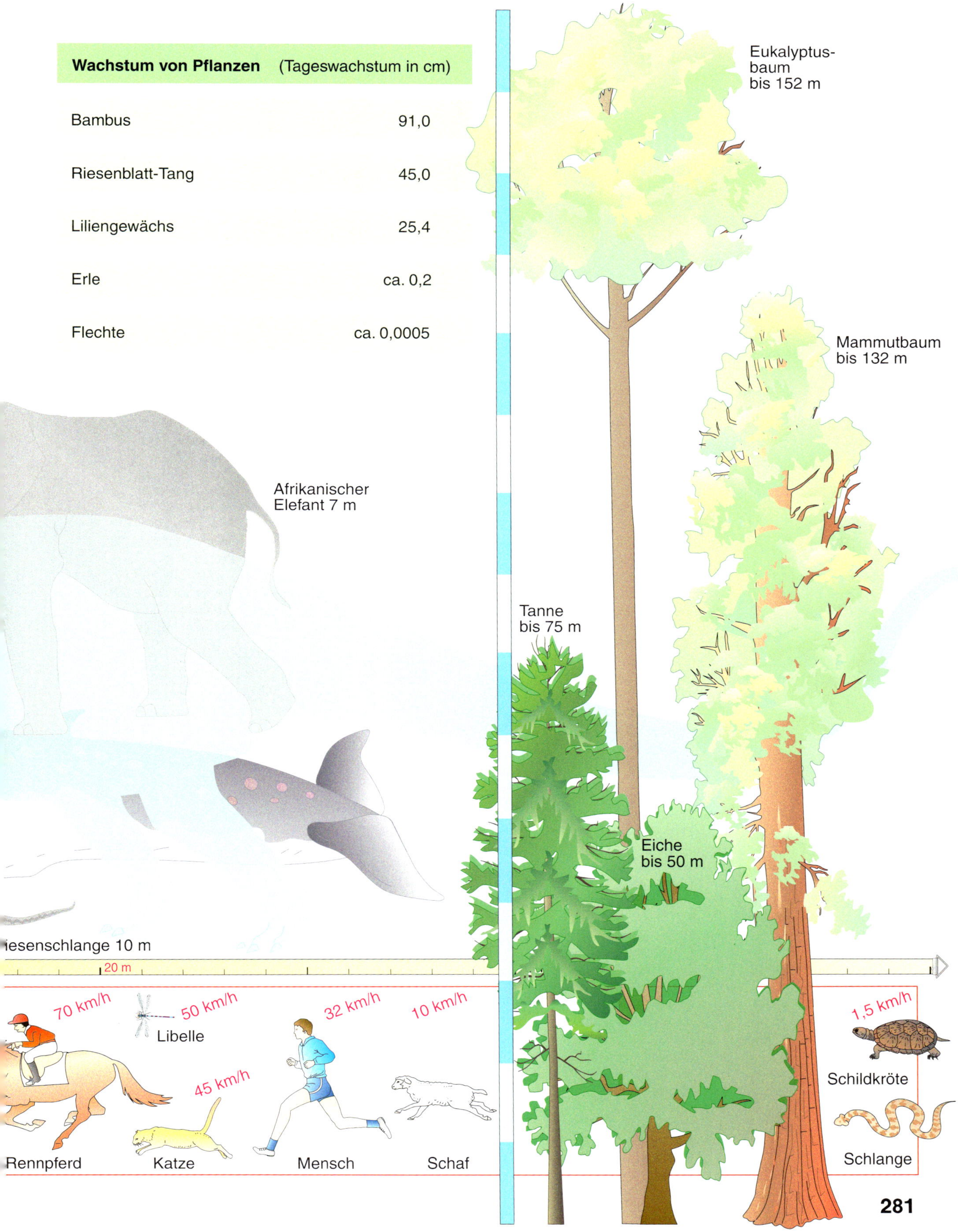

Register

Aal 118
Abendsegler, Kleiner 40
Ablagerungsgestein 146
Ackerkratzdistel 239
Ackersenf 196, 197, 211
Ader 85
After 65, 186
Afterzehe 12, 38
Ahorn 211
Ährengras 241
Ährenrispengras 241
Airedaleterrier 23
Akelei 227, 236
Alge 144
Allesfressergebiss 12, 38
Alligator 139
Amaryllis 215, 250
Ambulocetus 152
Ameise 176, 274, 277
Ameisenfrucht 209
Ameisenstaat 164
Amphibien 125
Amsel 88, 89
Anakonda 141
Angepasstheit 54, 152, 270, 271
Anglerfisch 123
Antenne 168
Antibabypille 75
Antiserum 137
Antwerpener Barthuhn 87
Apfel 211, 237
Apfelsinenbaum 260
Aquarium 116
Arbeiterin 159, 164
Archaeopteryx 149
Armskelett 64
Arnikapflanze 261
Aronstab 207
Art 22, 58
Artischocke 257
Aster 238
Atemhöhle 190
Atemloch 190
Atemöffnung 180
Atmung 65, 113
Atmungsorgan 21, 141
Attrappenversuch 93
Aubergine 257
Auerochse 35
Auge 19, 65
Ausläufer 258
Ausscheidungsorgan 187
Außenkiemen 125
Außenskelett 158, 184, 185
Außenverdauung 179 181
Austreibungsphase 76
Ausweichnest 44

Bache 13, 38
Bachforelle 114
Backenzahn 32, 37, 48
Balg 211
Balz 84, 90, 104
Balzhandlung 84, 134
Bananenstaude 260
Bankivahuhn 87
Bärenklau 204
Barteln 120
Bartenwal 53, 152
Basthaut 49
Bauchgefäß 186
Bauchhöhle 115
Bauchmark 187
Bauchschuppen 136
Bauchspeicheldrüse 21
Baum 201, 242, 243
Baummarder 61
Baumwollpflanze 261
Bauplan 128
Becken 64
Bedecktsamer 250
Beere 210
Befruchtung 73, 84, 127, 202
Befruchtung, äußere 114, 124
Befruchtung, innere 134
Begattung 104
Beinschwimmer 52
Beinskelett 37, 64
Beischlaf 73
Beobachtungsstock 162
Berberitze 206
Bergkiefer 242
Besenginster 218, 219
Besenheide 221
Bestäuber 276
Bestäubung 202, 204, 205
Bestimmungsschlüssel 132, 133, 248, 249
Bettwanze 176
Beutefang 53, 181
Biber 51, 58
Biberburg 51
Biene 158 – 163, 204, 205
Bienenkompass 163
Bienenstaat 158
Bilch 50
Birke 259
Birkengewächs 251
Birkenspanner 178
Birne 211, 237
Bisamratte 51
Bison 35
Bitterling 120
Blatt 196, 200, 216, 217
Blättermagen 32, 33
Blattfußkrebs 185
Blattgrund 200
Blattlaus 176, 277
Blattnarbe 228
Blattrosette 238
Blattscheide 241
Blattspreite 200
Blattspur 228
Blattstiel 200
Blaumeise 91
Blauwal 53, 273
Blessralle 105
Blinddarm 37
Blindschleiche 139
Blumenkohl 256
Blumenwiese 265
Blüte 196, 212, 229, 276
Blütenblatt 197, 200, 235, 237, 251
Blütenboden 200
Blütenknospe 223
Blütenpflanze 196, 197, 250, 251, 273
Blütenscheibe 238
Blütenstand 197, 229, 238, 244
blütenstet 204
Blutgefäß 65
Blutkreislauf 65, 159, 184, 186, 190
Boaschlange 139
Bock 49
Bockkäfer 179
Bodenhaltung 87
Bodennest 104
Bodensilo 252
Bogenstrahl 80
Bohne 257, 260
Bohnensame 212
Brachfläche 265
Brennnessel 234
Brennnesselgewächs 234
Broccoli 256
Brombeere 211
Bruchfrucht 211
Brückentier 145
Brunftruf 51
Brunftzeit 49
Brustbeinkamm 80
Brustdrüse 76
Brutfleck 85
Brutgebiet 94
Brutpflege 18, 182
Brutplatz 100
Brutschmarotzer 93
Brutverhalten 89
Brutzelle 160
Brutzwiebel 222
Bryophyllum 258
Bucheckern 210, 242
Buchengewächs 242
Buckelwal 53
Bulle 34
Bullterrier 23
Buntspecht 106
Bürzeldrüse 104
Buschbohne 213
Buschwindröschen 225
Bussard 102
Butterkrebs 184

Chamäleon 139
Chicoree 238
Chitin 167
Chitinborsten 186
Chitinlinse 168
Chitinpanzer 158
Chlorophyll 217, 228
Coffein 261

Dachs 61
dämmerungsaktiv 51
Darm 21, 33
Darmrohr 180
DARWIN, CHARLES 188
Deckelkapsel 211
Deckfeder 81
Deckflügel 169
Deckschuppen 244
Delfin 53
Diagramm 10
Dickdarm 65
Dill 240
Distel 238
Dolde 240
Doldengewächs 240
Doppeldolde 240
Doppelfüßer 185
Dorn 200
Dorsch 119
Dorudon 152
Dottersack 114
Drohen 126
Drohne 160
Drohnenschlacht 160
Dromedar 54
Drüse 70, 141
Drüsenknöpfchen 220
Duftmarke 49
Duftstoff 136, 274
Dunenfeder 81
Dunenjunges 105
Dünndarm 65

Eber 39
Eberesche 211
Echolotsystem 53
Echolottechnik 119
Echse 139
Eckzahn 32, 37
Edelkastanie 242
Efeu 220
Ei 81, 85, 185
Eibengewächs 250
Eibläschen 72
Eiche 242
Eichel 210, 242
Eichhörnchen 44, 58
Eierstock 71
Eihaut 134
Eiklar 84
Eileiter 71, 84
Eingeweidesack 190
einhäusig 242, 244
Einkeimblättrige 250
Eintagsfliege 173
Einzelblüte 238, 240
Einzelgänger 27, 42, 48, 134
Eisbär 54
Eisfuchs 55, 60
Eisprung 72
Eitrichter 71
Eiweiß 21
Eiweißpflanze 260
Eizahn 85

Eizelle 71, 73, 84
Elefant, Afrikanischer 273
Embryo 74
Empfängnisverhütung 75
Endivie 238
Endknospe 229
Entbindung 76
Entwicklung 141
Erbse 211, 257
Erdbeere 211
Erdkröte 126, 130 – 133, 264
Erdspross 224
Erneuerungsknospe 229
Ersatzzwiebel 222
Esskastanie 210
Etruskerspitzmaus 43, 50, 273
Eule 177, 178
Euter 34

Facettenauge 168
Fächertracheen 180
Fahne 212, 218
Fährte 12, 38
Falbkatze 28
Familie 58, 234, 236, 238, 240, 242, 244, 256
Familienplanung 75
Fänge 102
Fanggebiss 136
Fangmaske 173
Fangorgan 268
Fangspirale 181
Fangzahn 19
Faserpflanze 261
Feder 80, 83
Federkleid 140
Federschweifflieger 209
Feldgrille 176
Feldhase 48
Feldmaus 43
Feld-Sandlaufkäfer 179
Fell 18, 140
Felsenpython 139
Fenchel 240
Fennek 55
Ferkel 39
Fett 21
Fettpflanze 260
Fettvorrat 46
Fettwiese 227
Fetus 74
Fetzenfisch 122
Feuchtluftpflanze 221
Feuchtlufttier 124, 126, 186
Feuersalamander 127, 132, 133
Feuerwanze 176
Fichte 242, 244, 245, 250
Fiederblättchen 200
Fingerhut, Roter 261
Finne 53, 152
Fisch 110 – 123, 154, 155, 274
Fischlarve 114
Fischotter 51
Fischpräparation 115
Fischsaurier 146
Flachwurzler 216, 245
Fledermaus 40, 41
Fleischfressergebiss 19, 26
Fleischproduzent 39
Fleischrind 35
Fliegen 270
Fliegender Fisch 123
Fliegenragwurz 250
Flockenblume 238
Flossen 112
Flossenstrahlen 112
Flügel 159, 169, 212, 218
Flughaut 40
Flughund 41
Fluke 53, 152
Flunder 121
Flussbarbe 120
Flussbarsch 120
Flusskrebs 184
Fohlen 36
Fortbewegungsorgan 140
Fortpflanzung 141, 191
Fortpflanzung 259, 278, 279
Fossil, lebendes 151
Fossilien 144, 146 – 148, 152, 154
Fotosynthese 217
Frauenschuh 250
Fremdbestäubung 203
FRISCH, KARL VON 162
Frischfutter 252
Frischling 13, 38
Froschlarve 125
Froschlurch 126
Frucht 203, 210 – 212
Fruchtbecher 242
Fruchtblase 74
Fruchtblatt 197
Früchteverbreitung 208, 209
Fruchtfleisch 203
Fruchtknoten 197, 200
Fruchtschale 213
Fruchtschuppen 244
Fruchtwasser 74
Frühblüher 224, 225
Frühchen 74
Frühjahrswanderung 130
Frühlingsknotenblume 224
Fuchs 60
Fühlerbetrillern 162
Fühlerpaar 190
Funktion 107, 268, 269
Fuß 166, 190
Fußskelett 64
Futterpflanze 252, 276

Gabelbein 80
Gallerthülle 124
Galopp 36
Ganglion 159, 187
Gänseblümchen 227, 238
Gartenbaumläufer 91
Gartenbohne 212, 213
Gartenrotschwanz 98
Gartenteich 266
Gartentulpe 198, 199
Gärung 252
Gattung 58, 235
Gavial 139
Gebärmutter 71
Gebärmutterschleimhaut 72
Gebiss 66
Geburt 76, 77
Geburtshelferkröte 132, 133
Geburtskanal 76
Gedächtnisstütze 15
Gegenspielerprinzip 80
Gehäuse 190
Gehbeinpaar, gegliedertes 184
Gehirn 21, 65
Gehörsinn 19
gekreuzt-gegenständig 235
Gelbbauchunke 132, 133
Gelbhaubenkakadu 109
Gelée royale 160
Gelege 84
Gelenk 64, 268
Gemüse 257
Gemüsebohne 220
Gemüsepflanze 260
Genussmittelpflanze 261
Gepard 28
Gerste 253
Geruchssinn 42, 168
Geschlechtsmerkmal 68
Geschlechtsorgan 21, 70, 71
Getreideart 253
getrenntgeschlechtlich 205, 242, 244
Geweih 49
Gewölle 99 – 102
Gewölleuntersuchung 101
Gewürzpflanze 235, 261
Giftdrüse 126, 127
Giftpflanze 261
Giftschlange 137
Giftstachel 159, 183
Ginkgo 245, 250
Ginkgogewächs 250
Glasaal 118
Glattnatter 139
gleichwarm 18, 141, 175
Gleitflieger 209
Gleitflug 82
Gleitstrecke 82
Gliederfüßer 166, 183, 185
Gliedmaßen 140
Gliedmaßenskelett 20
Glockenblume 207
Glockenblumengewächs 251
Glockennetz 182
Glucke 85
Gnu 55
Golden Retriever 23
Goldhamster 31
Goldlaufkäfer 177
Goldnessel 204
Grabbein 166
Granne 241
Grannenhaare 45, 153
Gräser 253
Grasfrosch 124 – 126, 132, 133
Graureiher 109
Greiffuß 100, 102
Greifvogel 102, 103
Greifzange 184
Griffel 197, 200
Griffelbein 37
Gründeln 104
Grünfink 109
Grünkohl 256
Grünling 109
Grünspecht 106, 107
Gruppe 58
Gülle 39
Gurke 257
Gürtel 186, 187

Haare 18, 40
Habicht 102, 103
Habichtskraut 239
Hackordnung 86
Hafer 253
Haftballen 44
Haftfrucht 209
Haftwurzel 220
Hagebutte 200
Hagelschnur 84
Hahn 84
Hahnenfuß, Kriechender 227
Hahnenfuß, Scharfer 236
Hahnenfußgewächs 236
Hai 121
Hakenschnabel 102, 109
Hakenstrahl 80
Halm 216
Hamster 58
Handskelett 64
Harn-Spermien-Röhre 70
Harzschicht 229
Haselmaus 50
Haselnuss 210
Haselnussbohrer 179
Haselstrauch 205, 259
Hasenmaul, Großes 41
Hasentier 48
Haubentaucher 105
Hauer 55
Haushuhn 84
Hauskatze 26 – 28
Hausrind 35
Hausschwein 39
Haussperling 90
Haustaube 81
Haustierwerdung 35
Haut 141
Hautatmung 128
Hautflügler 176
Haut-Muskel-Schlauch 186
Häutung 135, 184
Heber 169
Hecheln 20
Hecht 118, 120
Hechtalligator 139
Hecke 262, 263
Heckenrose 200
Heidelbeere 210
Heilbutt 121
Heilpflanze 235, 261

Heimtier 30, 31, 97
HELMONT, JOHAN B. VAN 217
Hengst 36
Henne 84
Herbarium 246
Herde 35
Hering 119
Hermelin 61
Herz 113
Herz-Kreislauf-System 21
Hetzjäger 20
Heu 252
Heuernte 227
Heuler 52
Heuschrecke 176
Hilfsspirale 181
Himbeere 211
Hinterleib 180
Hinterleibsring 184
Hirnhautentzündung 183
Hirschkuh 49
Hirse 253
Hirtentäschelkraut 211
Hochblatt 223
Hochsilo 252
Höckerschwan 105
Hodensack 70
Höhlenbrüter 91, 106
Hohlfuß 66
Holunder, Schwarzer 210
Holzbock 183
Holzgewächs 250
Honigbiene 158–163
Honigblatt 236
Honiggras 241
Honigmagen 159
Horn 81
Hornschuppenhaut 140
Horst 102
Horstrevier 102
Hörvermögen 168
Huf 33, 37
Hufeisennase, Kleine 40
Hüfte 166
Huftier 33
Huhn 86, 87
Hühnerei 84
Hühnerhaltung 87
Hüllblatt 222, 238
Hülse 211, 212
Hülsenfrucht 257
Hummel 164, 169, 176, 204
Hund 18–23, 29, 30, 274
Hunderasse 23
Hundertfüßer 185
Hüpferling 185
Husky 23
Hygiene 73
Hymen 71

Ichthyostega 145
Igel 46, 47
Imago 172
Imker 158
Innenkiemen 125
Insekt 158–160, 164, 174–176, 185, 226, 273
Insektenauge 168
Insektenbein 166
Insektenbestäubung 204
Insektenentwicklung 172, 173
Insektenflug 169–171
Insektenfresser 43, 50
Insektenfressergebiss 42
Instinktverhalten 93
Invasionsvogel 94
Isolation 45

Jagdrevier 102
Jagen 271
Jaguar 28
Jakobskreuzkraut 239
Johannisbeere 210
Jungfernhäutchen 71
Jungtier 38

Kabeljau 119, 121
Käfer 176, 177, 179, 204
Kaffeestrauch 261
Kaffernbüffel 35
Kaiserschnitt 76
Kakaobaum 261
Kaktus 221
Kalk 191
Kalkschale 84
Kaltblutpferd 36
Kältestarre 128, 130, 135
Kamille, Echte 239, 261
Kammgras 241
Kammmolch 127
Kampfhund 23
Kanarienvogel 97
Kaninchen 31
Kapsel 198, 211
Karettschildkröte 139
Karpfen 112, 118
Karthäusernelke 204
Kartoffel 254, 255
Kartoffelkäfer 255
Kätzchen 205
Katze 26–30
Kaulquappe 125, 126
Kaumagen 81
Keiler 12, 38
Keim 71, 73, 85
Keimblatt 212
Keimknospe 212
Keimling 212
Keimstängel 212
Keimung 213–215
Keimwurzel 212
Keimzelle 70, 71
Keimzotten 74
Kelch 212
Kelchblatt 197, 200, 235, 237
Kerbel 240
Kernobst 260
Kernobstgewächs 237
Kiefer 250
Kieferbein 184
Kieferklaue 180
Kieferngewächs 244, 250
Kieferschere 183
Kiefertaster 167, 180
Kiel 80
Kiemen 113, 128, 141, 184
Kiemenblättchen 113
Kiemenbogen 113
Kiemenbüschel 184
Kiemendeckel 113
Kiemenhöhle 115
Kiemenreusen 113
Kirsche 202, 203, 210, 237, 259
Kitzler 71
Klasse 58, 176
Klatschmohn 211, 251
Kleiber 91
Kleiner Fuchs 172
Kleinlibelle 176
Klette, Filzige 239
Kletterfuß 106, 107, 109
Klettfrucht 209
Kloake 84
Knabenkrautgewächs 250
Knäkente 104
Knäuelgras 241
Knoblauchkröte 132, 133
Knöllchenbakterium 219
Knolle 224
Knorpelfisch 121
Knospenschuppe 229
Kobel 44
Köder 50
Kohlenhydrate 21
Kohlenhydratpflanze 260
Kohlenstoffdioxid 21, 217
Kohlmeise 91
Kohlrabi 256
Kohlweißling, Großer 177, 178
Koitus 73
Kojote 25
Kokospalme 260
Kolbenwasserkäfer 179
Kolonie 48, 93
Kommunikation 89, 165, 274, 275
Komodo-Waran 139
Komplexauge 168
Kompost 266
Kondom 75
Königin 160, 164
Königskerze 221
Kontrollversuch 214
Kopfbrust 180
Kopfbruststück 184
Kopfkohl 256
Kopflappen 186
Korbblütler 238
Korkschicht 228
Körnchenflieger 209
Körnerfresser 96
Körnerfresserschnabel 109
Kornrade 251
Körperbau 80
Körperbedeckung 66, 140
Körperpflege 38
Körpersprache 275
Körpertemperatur 141
Kraftfutter 252
Krätzmilbe, Gemeine 183
Kraut 201
Krebs 185, 261
Kreidezeit 150
Kresse 256
Kreuzblüte 197
Kreuzblütler 256
Kreuzkröte 132, 133
Kreuzotter 137
Kreuzspinne 180, 181
Krickente 104
Kriechsohle 190
Kriechtier 135. 145, 155
Krill 53
Kristallkegel 168
Krokodil 138, 139, 153
Krokus 224
Kronblatt 197
Kropf 81
Kröpfen 102
Kropfmilch 81
Kröpfplatz 100
Krötenschutzzaun 131
Küchenzwiebel 257
Kuckuck 92, 93
Küken 85
Kulturfolger 48, 49, 90
Kulturlandschaft 264
Kulturpflanze 256
Kürbis 257, 260
Kurztrieb 202
Küstenseeschwalbe 99

Labmagen 32, 33
Lachs 118
Laichplatz 118
laichplatztreu 130
Landschildkröte 138
Lanzenotter 137
Lappenfuß 105
Lärche 250
Larve 172, 185
Latimeria 151
Laubbaum 243
Laubblatt 198, 216, 223, 229, 237, 242
Laubfall 228
Laubfrosch 132, 133
Laubheuschrecke 168, 173
Laufbein 37, 166
Lauffuß 108
Laufgang 43
Laufkäfer 177
Lautsignal 274
Lebensabschnitte 77
Lebensbaum 250
Lebensbedingung 226
Leber 21
Leberblümchen 236
Legebatterie 84, 87
Legestachel 173
Leinkraut 251
Leistenkrokodil 139
Leitbündel 216
Leitpflanze 227
Leitsinn 19
Leopard 28
Lernen 14, 15, 86

Leuchtkäfer 179
Libelle 176
Libellenlarve 173
Licht 220
Lichtsinneszelle 168, 187
Liebespfeil 191
Liebstöckel 240
Liliengewächs 250
Lippenblüte 206
Lippenblütler 234, 235
Lippentaster 167
Lockblüte 238
Lockfrucht 209
Löwe 55
Löwenmäulchen 251
Löwenzahn 227, 238, 239
Luchs 51
Luftkanal 221
Luftröhre 21
Luftsack 81
Lunge 65, 81, 141
Lungenatmung 135
Lungenfisch 144, 151
Lupe 8
Lupine 206, 251
Lurch 124—133, 145, 155

Made 172
Madenhacker 35
Magen 21
Magerwiese 227
Magnetkompass 95
Maiglöckchen 250, 261
Mais 252, 253
Makrele 119
Malz 253
Mantel 190
Marderartige 61
Margerite 238
Marienkäfer 179, 272
Marone 210
Märzenbecher 224
Massentierhaltung 34, 39
Massenvermehrung 43
Maststall 34
Mauerpfeffer 221
Mauersegler 94
Maulwurf 42
Mäusebussard 82, 102
Mausohr 40
Mauswiesel 61
Meeresfisch 121
Meeresschildkröte 151
Meerforelle 114
Meerschweinchen 31
Meganeura 171
Mehlkörper 213
Mehlschwalbe 94
Meißelschnabel 106
Menschenaffe 66
Menstruation 72, 73
Menstruationskalender 73
Metamorphose 125, 141, 172
Mikroskop 8
Milbe 183, 185
Milchreis 253
Milchrind 35
Mimese 271
Mind-Map 15
Mineralstoffe 216, 217
Mistkäfer, Gemeiner 179
Mitteldarmdrüse 190
Mohngewächs 251
Möhre, Wilde 240
Mohrenblüte 240
Mohrrübe 240
Mollusken 190
Mondfleck 165
Moschusbock 179
Mundboden 129
Mundöffnung 186
Mundwerkzeuge 167
Münsterländer, Großer 23
Muräne 121
Murmeltier 58
Muskel 64
Muttermilch 76

Nabel 193
Nachschieber 172
Nachschwarm 160
Nachtschatten 210
Nachtschattengewächs 251
nacktaktiv 13, 38, 50
Nacktsamer 244, 245, 250
Nadelbaum 244, 245
Nadeln 244, 250
Nagetier 51, 58
Nagetiergebiss 43, 58
Nagezahn 44
Nährstoffe 21
Nahrung 44
Nahrungserwerb 271
Narbe 197
Narzissengewächs 250
Natternhemd 136
Naturschutz 132, 266, 267
Naturschutzgebiet 130
Nebenblatt 200, 237
Nebenhoden 70
Nektar 202
Nelkengewächs 251
Nerv 65
Nerz 61
Nest 81, 98
Nestflüchter 36, 48, 85, 104
Nestgeruch 165
Nesthocker 19, 44, 48, 85, 90, 102
Netzmagen 32, 33
Nikotin 261
Nilkrokodil 138, 139
Nisthilfe 99
Nuss 210
Nussfrucht 237, 242
Nussknackerschnabel 109
Nutzfläche 226
Nutzpflanze 260, 261

Oberkiefer 167
Oberlippe 235
Obstbaum 237
Ohr 19
Ölbaum 260
Ölpflanze 260
Orchidee 250
Ordensband, Rotes 178
Ordnung 58, 176
Organ, inneres 65, 128
Orgasmus 70
Orinoko-Krokodil 139

Paarhufer 12, 33, 38
Paduaner Zwerghuhn 87
Pakicetus 152
Pansen 33
Panzer 138
Panzerfisch 144
Papagei 97
Paprika 257, 261
paralleladrig 198
Parkanlage 264, 265
Patnareis 253
Penis 70
Periode 72
Petersilie 240
Pfahlwurzel 240
Pfefferstrauch 261
Pferd 36, 37
Pferderasse 36
Pfirsich 210
Pflanzenbestimmung 248, 249
Pflanzenfamilie 234, 247
Pflanzenfresser 37, 48, 125
Pflanzenfressergebiss 32
Pheromon 165
Pigmentzelle 168
Pinguin 153
Pinzettenschnabel 109
Plattfisch 121
Platzhirsch 49
Plazenta 74
Polarfuchs 55
Pollen 198, 202
Pollenkorn 202
Pollenschlauch 202
Pollution 70
Porree 257
Pottwal 53
Prachtkleid 105
Prägung 86
Präparation 161
Preiselbeere 210
Primelgewächs 251
Prinzip 165
Pubertät 68, 69, 77
Puma 28
Punktauge 180
Pupille 26
Puppenstadium 185

Quadratbein 136
Qualle 144
Quastenflosser 144, 151
Quecke 241
Queller 220
Quellung 214, 215

Rabenschnabelbein 80
Rachenblütler 251
Radieschen 256
Radnetz 181
Radula 190
Ragwurzart 250
Rahmenfaden 181
Rainfarn 239
Rammler 48
Rangordnung 86
Raps 256
Rasen 265
Rasse 22
Raubfisch 114
Raublattgewächs 251
Rauchschwalbe 94
Rauhaardackel 23
Raupe 172
Raygras, Englisches 241
Reaktion 187
Regelblutung 72
Regenbogenforelle 114
Regeneration 188
Regenwurm 186—189
Regulation 141
Reh 49
Reiherente 104, 105
Reis 253
Reißzahn 19
Reizwahrnehmung 187
Reptilien 135, 136, 139, 150, 155
Rettich 256
Revier 42, 49, 106
Revierverhalten 89
Richtungsorientierung 95
Ricken 49
Riechorgan 136
Riechschleimhaut 19
Riechsinneszelle 19
Riedgras 241
Rind 32—35
Ringelnatter 136
Ringelwurm 186
Ringmuskelschicht 186
Ringwade 119
Rispe 229
Rispengras 241, 259
Rittersporn 236
Robbe 52, 57, 153
Rochen 121
Roggen 253
Röhrenblüte 238
Röhrenknochen 80
Röhrentracheen 180
Rohrkolben 221
Rosapelikan 108
Rose 272
Rosengewächs 237
Rosenkohl 256
Rosskäfer 179
Rosskastanie 211, 228, 229, 242
Rotauge 120
Rotbarsch 119, 121
Rotbauchunke 132, 133
Rotbuche 242
Rotbunte 35
Rote Beete 257
rote Liste 41

Rotfuchs 50, 60
Rothirsch 49
Rotmilan 102, 103
Rotte 13, 38
Rübe 252
Ruchgras 241
Rückengefäß 186
Rückenherz 184, 190
Rückenmark 65
Rückziehmuskel 190
Rüde 18
Rudel 49
Ruderflug 82
Ruderorgan 269
Ruderschwanz 127, 138
Rumpfskelett 20
Rundtanz 162
Rüssel 12, 38
Rüsselkäfer 179
Rüsselnase 42
Rüttelflug 103

Salweide 205
Salzpflanze 220
Same 212, 229
Samenanlage 198, 244
Samenruhe 213
Samenschale 212, 213
Samenverbreitung 208, 209
Sammelbiene 159
Sammelfrucht 200, 211
Sammlerin 164
Sauerdorn 206
Sauergras 241
Sauerklee 220
Sauerstoff 21
Sauerstoffbedarf 81
Säugetier 18, 40, 55, 58, 59, 145, 155, 174, 175, 226, 273
Saugrohr 167
Saugrüssel 167
Säulendiagramm 11
Saurier 145, 148 – 150
Schädel 64
Schädling 277
Schädlingsbekämpfung 90
Schädlingsvertilger 126
Schafgarbe, Gemeine 239
Schaft 70, 80
Schakal 25
Schalendrüse 84
Schalenhaut 84
Schamlippen 71
Scharbockskraut 224, 236
Scheibenflieger 209
Scheinährengras 241
Scheinfrucht 211
Schellente 104
Schenkel 166
Schenkelring 166
Schiffchen 218
Schildkröte 138, 139, 153
Schimpanse 56
Schirmflieger 209
Schläfer 50
Schlammspringer 151
Schlange 136, 137, 139
Schlangengift 137
Schlehdorn 204, 210
Schleiche 139
Schleichjäger 26
Schleiereule 100
Schleimhaut 71
Schleimpfropf 71
Schleppnetz 119
Schleuderfrucht 209
Schleuderzunge 126
Schlupfwespe 176
Schlüsselblume 207
Schlüsselreiz 93
Schmelzfalte 32
Schmetterling 176 – 178
Schmetterlingsblüte 212
Schmetterlingsblütler 251
Schmetterlingsfisch 122
Schnabel 81
Schnabelkerfe 176
Schnabeltier 151
Schnake 177
Schnauze 12, 38
Schnecke 190 – 193
Schneckenbestimmung 193
Schneeglöckchen 222, 250
Schneehase 45
Schneidezahn 19, 32, 37, 48
Schnüffelatmung 19
Schnurrhaare 27
Scholle 119, 121, 123
Schöllkraut 251
Schopfflieger 209
Schote 197, 211
Schraubenflieger 209
Schreckstarre 179
Schritt 36
Schuppen 112
Schuppenhaut 136
Schützenfisch 122
Schwalbe 94, 98
Schwalbenschwanz 178
Schwangerschaft 74, 75
Schwänzeltanz 162
Schwanzfächer 184
Schwanzfeder 81
Schwanzlurch 127
Schwärmer 177, 178
Schwarmtraube 160
Schwarzbunte 35
Schwarze Mamba 137
Schwarzmilan 103
Schwarzspecht 106
Schwellkörper 70
Schwertlilie 250
Schwertliliengewächs 250
Schwimmblase 112, 117
Schwimmblattpflanze 221
Schwimmen 270
Schwimmente 104
Schwimmfrucht 209
Schwimmfuß 104
Schwimmhaut 51, 104, 124, 138
Schwimmnest 105
Schwimmpflanze 221
Schwimmsame 209
Schwimmvogel 104
Schwingkölbchen 169
Schwungfeder 80
Sedimentgestein 146
Seebär 52
See-Elefant 52
Seeforelle 114
Seehund 52
Seekuh 57
Seeleopard 52
Seelöwe 52
Seepferdchen 122
Seezunge 121
Segelflug 82
Segment 158, 186
Seidenhuhn 87
Seidenspinner 178
Seihschnabel 104
Seitenknospe 228
Seitenlinie 112
Seitenlinienorgan 112, 127
Seitenwurzel 213
Selbstbefriedigung 70
Selbstbestäubung 212
Sellerie 240
Senker 169
Senkfuß 66
Sexuallockstoff 165
Sichelbein 42
Siebenschläfer 50
Signal 275
Sikahirsch 51
Silage 252
Silberdistel 227
Silberfischchen 177
Singdrossel 209, 264
Sinnesorgan 26, 27, 168
Sippengeruch 50
Sitzfuß 109
Skelett 20, 64, 66
Skorpion 185
Sohlengänger 20, 64
Sommerfell 45
Sommerpflanze 229
Sommerquartier 130
Sommerwiese 226, 227
Sonnenblume 238
Sonnenblumenkern 210
Sonnenkompass 95
Sonnentau 220
Spalierobstbaum 263
SPALLANZANI 41
Spaltfrucht 211
Spaltfuß 184
Spaltkapsel 211
Spanner 177, 178
Spargel 257
Specht 106, 107
Spechtschmiede 106
Spechtzunge 106, 107
Speckschicht 52
Speicheldrüse 190
Speichelkanal 167
Speicherorgan 223, 224
Speisefisch 119
Speiseröhre 21, 65
Sperma 70
Spermatasche 160
Spermienerguss 70
Spermienflüssigkeit 70, 114
Spermienleiter 70
Spermium 70
Sperren 89
Sperrrachen 93
Spinat 257
Spinndrüse 181
Spinne 180 – 183
Spinnennetz 181
Spinnentier 183, 185
Spinner 177, 178
Spinnwarze 180, 181
Sporenbein 40
Springschwanz 177
Sprossachse 196, 216, 217
Sprossknolle 224
Sprungbein 270
Spule 80
Stachel 200
Stamm 140, 216
Standfisch 118
Standvogel 90, 94, 96
Stängel 216, 223, 235
Stangenbohne 213
Staubbaden 86
Staubbeutel 197
Staubblatt 197, 200, 237
Staubfaden 197
Staubflieger 209
Stechborsten 167
Stechmücke 177
Stechpalme 231
Steinadler 103, 109
Steinbutt 119
Steinfrucht 210, 237
Steinmarder 61
Steinobst 210, 260
Steinobstgewächs 237
Stelzfuß 105
Stempel 197, 198
steril 238
Sternenkompass 95
Stichling 120
Stieleiche 242
Stiftzahn 48
Stigmen 159
Stinkdrüse 183
Stockbiene 159
Stockente 104
Stoffwechsel 21
Stoßflug 103
Strauch 201
Strauß 108
Streuobstwiese 263
Strichvogel 94
Strickleiternervensystem 180, 187
Stromlinienform 52, 53, 114, 270
Struktur 107, 268, 269
Sturzflug 103
Stürzpuppe 172
Stute 36
Stützschwanz 106, 107
Sumpfdotterblume 221, 236

Sumpfpflanze 221
Sumpfrohrsänger 93
Sumpfschildkröte 138
Süßgräser 227, 241
Süßwasserfisch 120
System 58

Tabakpflanze 261
Tafelente 104, 105
Tagfalter 177, 204
Tagpfauenauge 170
Talgabscheidung 104
Tanne 242, 244, 245
Tannenmeise 91
Tanzsprache 162, 163, 165
Tarantel 182
Tarnen 271
Tarnfärbung 126
Tastsinn 42
Taube 81
Taubnessel 234
Tauchen 270
Tauchente 104
Tausendfüßer 185
Teestrauch 261
Teichmolch 132, 133
Teichralle 105
Teichrohrsänger 98
Teilfrucht 235
Teufelsrochen 121
Thunfisch 119, 121
Tibetfuchs 60
Tiefwurzler 216, 245
Tierklasse 185
Tiger 28
Tochterzwiebel 258
Tollwut 50
Tomate 257
Trab 36
Tracheen 159
Tragstarre 27, 44
Tragzeit 18, 48
Traube 197
Traubeneiche 242
Trawl 119
Treibnetzfischerei 119
Treten 84
Trieb 229
Trockenfrucht 209
Trockenmauer 266
Trockenpflanze 221
Trockenrasen 227
Trollblume 236
Trommelfell 124
TRÖTSCHEL, PAUL 93
Tupfrüssel 167
Turban 198
Turmfalke 102, 103

Überwinterung 46, 47
Überwinterungsgebiet 94
Ultraschall 40
Universalwerkzeuge 64
Unpaarhufer 37
Unterhaare 153
Unterkiefer 167
Unterlippe 167, 235
Ur 35
Urinsekt 177
Urlibelle 171
Urpferdchen 36
Urvertrauen 77
Urwal 152

Vampir, Gemeiner 41
Variabilität 22, 272, 273
Veilchen 224
Verbergetracht 271
Verdauungsorgan 65
Verdauungssystem 21
Verdunstungsschutz 219, 221
Verhalten 84
Vermehrung 223, 258
Vermehrungsfähigkeit 43
Vermehrungsrate 48
Vernetzung 263
Verpuppung 160, 172
Versteinerung 144, 146
Verwandlung, unvollständige 173, 176
Verwandlung, vollständige 172, 173, 177
Vibrissen 52
Vierfüßer 145
Vogel 145, 155, 226
Vogelberingung 94
Vogelflug 80 – 83
Vogelfuß 108, 109
Vogelschnabel 108, 109
Vogelspinne, Gemeine 182
Vogelspur 98
Vogelwarte 94
Vogelzug 94, 95
Vollblutpferd 36
Vorderkörper 180
Vorratskammer 42, 43
Vorsorgeuntersuchung 75

Wacholder 250
Wachstum 213 – 215
Wachstumskurve 215
Wächterin 164
Wal 53, 57, 152
Waldameise, Rote 164
Waldbaumläufer 91
Waldiltis 61
Waldkiefer 242, 244, 245
Waldohreule 264
Waldspitzmaus 43, 50
Waller 120
Walross 52, 55
Wanderfalke 103
Wanderfisch 118
Wanderratte 50
Wanze 176
Warmblutpferd 36
Waschbär 51
Wasserfrosch 132, 133
Wasserläufer 176
Wasserlinse 221
Wasserschwertlilie 221
Wasserskorpion 176, 182
Wasservogel 104, 105
Wasserwiderstand 53
Weberknecht 183
Webervogel 98
Wechseljahre 73
Wechselkröte 132, 133
wechselwarm 124, 128, 135, 141, 175
Wechselwirkung 207, 276, 277
Wegameise, Schwarze 164
Wegwarte 239
Wehen 76
Wehrbiene 159
Weichkörper 190
Weichtier 190
Weichtierfresser 96
Weide 227
Weinbergschnecke 190, 191
Weiselzelle 160
Weisheitszahn 66
Weißdorn 200
Weißkohl 256
Weizen 253
Weizenkorn 213
Wellensittich 97
Welpe 18
Wels 120
Wendezehe 100
Wespe 164, 176
Wiederkäuer 32, 49
Wiese 252
Wiesenfuchsschwanz 241
Wiesenglockenblume 251
Wiesensalbei 206, 227
Wildhund 25
Wildkaninchen 48
Wildkatze 28
Wildkohl 256
Wildrind 35
Wildschwein 12, 13, 38
Wildtier 50, 51
Wildtulpe 198
Windbestäubung 205
Windenschwärmer 178
winteraktiv 45
Winterfell 45
Winterknospe 202
Winterquartier 134
Winterruhe 45
Winterschlaf 40, 45, 46, 50
Winterstarre 124, 190
Wintertraube 160
Wirbelsäule 64, 140
Wirbeltier 20, 126, 128, 140 – 144, 154, 155
Wirbeltierklasse 140
Wirt 277
Wirtsvogel 93
Wisent 35
Wohnkessel 43, 48
Wolf 24, 25, 275
Wolfsspinne 182
Wollhaar 45
Wühlmaus 43
Wurf 18
Würgeschlange 139
Wurzel 196, 198, 216, 217
Wurzelhaare 216
Wurzelknolle 224
Wüstenfuchs 55
Wyandotte 87

Yorkshire-Terrier 23

Zahnbein 32, 44
Zahnschmelz 32, 44
Zahnwal 53, 152
Zahnzement 32
Zapfen 244, 250
Zauneidechse 134, 135, 139
Zaunkönig 91
Zaunrübe 220
Zebrafink 97
Zeder 250
Zehe 140
Zehengänger 20
Zehenspitzengänger 33, 37
Zeigerpflanze 220
Zellkern 70
Zentralnervensystem 21
Zielorientierung 95
Zikade 176
Zimtbaum 261
Zirplaut 165
Zitrusfrüchte 260
Zitzen 18
Zoo 56, 57
Zucchini 257
Zucht 22
Zuchteber 39
Zuchtsau 39
Züchtung 39, 87, 256
Zuchtziel 22
Zuckerrübe 260
Zugvogel 94
Zungenblüte 238
Zweiflügler 177
zweigeschlechtig 203
zweihäusig 205
Zweikeimblättrige 251
Zweinutzungsrasse 35
Zweipunktmarienkäfer 272
Zwergflamingo 108
Zwetschge 237
Zwiebel 222, 224
Zwiebelschale 222
Zwiebelscheibe 222
Zwillinge, eineiige 75
Zwillinge, zweieiige 75
Zwitter 187, 191, 203, 234, 279
Zwölfender 49
Zyklus, weiblicher 72, 73
Zypressengewächs 250

Bildnachweis

Fotos: 6.1 ZEFA (Norman), Düsseldorf — 6.2 Okapia (Owen Newman, OSF), Frankfurt — 6.3 Thomas Raubenheimer, Stuttgart — 6.4 Prof. Jürgen Wirth, Dreieich — 6.5 Okapia (M. Cawardine, BIOS), Frankfurt — 6.6 Nature + Science (Aribert Jung), Vaduz — 7.1 Okapia (Manfred Danegger), Frankfurt — 7.2 Gert Haala, Wesel — 7.3 Okapia (Christian Decout), Frankfurt — 7.4 Okapia (Roland Birke), Frankfurt — 7.5 Okapia (Aribert Jung), Frankfurt — 7.6 Okapia (R. Valarcher), Frankfurt — 8.1 Okapia (Hans Reinhard), Frankfurt — 8.2 Mauritius (Rosenfeld Images Ltd.), Mittenwald — 10.1 Mauritius (Zarember), Mittenwald — 12.1 Manfred Danegger, Owingen — 13.1 S. Meyers — 16.1 Okapia (M. Camardine/BIOS), Frankfurt — 16.2 Corbis (Firefly Productions), Düsseldorf — 16.3 AKG, Berlin — 16.4 Okapia (Michael Francis, Wildlife), Frankfurt — 16.5 Okapia (Roland Seitre, BIOS), Frankfurt — 16.6 IFA (BCI), Ottobrunn — 16.7 Paul Rodach, Sachsenheim — 16.8 Okapia (NAS, David Weintraub), Frankfurt — 16.9 Okapia (Lanceau, Cogis), Frankfurt — 17.1 Okapia (Stephen Dalton, OSF), Frankfurt — 17.2 Okapia (H. Ausloos, BIOS), Frankfurt — 17.3 Okapia (Klein & Hubert, BIOS), Frankfurt — 17.4 Okapia (Dominique Halleux, BIOS), Frankfurt — 17.5 Okapia (Manfred Danegger), Frankfurt — 17.6 Okapia (B. Cavignaux, BIOS), Frankfurt — 17.7 Paul Rodach, Sachsenheim — 17.8 Okapia (NAS, David Weintraub), Frankfurt — 17.9 Reinhard-Tierfoto, Heiligkreuzsteinach — 18.1 Wildlife (T. Beuster), Hamburg — 19.1 Picture Alliance (Karl Gottfried Vock, Okapia), Frankfurt — 20.Rd Okapia (Hans Reinhard), Frankfurt — 22.1 Tilman Wischuf, Brackenheim — 22.2 Okapia (Klein u. Hubert, BIOS), Frankfurt — 22.3 Greiner & Meyer (Greiner), Braunschweig — 22.Rd Angermayer, Holzkirchen — 23.S, 4, 5 Okapia (Klein & Hubert, BIOS), Frankfurt — 23.1 Mauritus (Nägele), Mittenwald — 23.2 Okapia (Vedie, Cogis), Frankfurt — 23.3, 6 Okapia (Hans Reinhard), Frankfurt — 23.7 Angermayer (Hans Reinhard), Holzkirchen — 23.8 Reinhard-Tierfoto, Heiligkreuzsteinach — 24.S Angermayer (Hans Reinhard), Holzkirchen — 24.1 Reinhard-Tierfoto, Heiligkreuzsteinach — 24.2, 4 Okapia (Klein u. Hubert, BIOS), Frankfurt — 24.3 ZEFA (Picture Book), Düsseldorf — 24.5 Dr. Erik Zimen, Haarbach — 25.1 Okapia (Rence Lynn, NAS), Frankfurt — 25.2 ZEFA (Wisniewski), Düsseldorf — 26.1 Reinhard-Tierfoto, Heiligkreuzsteinach — 27.1a Okapia (Lond. Sc. Films, OSF), Frankfurt — 27.1b Okapia (J. J. Etienne, BIOS), Frankfurt — 27.2 Mauritius (Ropp), Mittenwald — 28.S Reinhard-Tierfoto, Heiligkreuzsteinach — 28.1 Landesmedienzentrum Baden-Württemberg (Klaus Paysan), Stuttgart — 28.2 Silvestris (Danegger), Dießen — 28.3 Silvestris (Carlo Dani Ingrid Jeske), Dießen — 28.4 Okapia (Norbert Rosing), Frankfurt — 28.5 Silvestris (Sunset), Dießen — 28.6 Angermayer (Hans Reinhard), Holzkirchen — 29.S Okapia (Harald Lange), Frankfurt — 29.1 Okapia (Wil Meinderts), Frankfurt — 29.2 Okapia (J. L. Klein, M. L. Hubert), Frankfurt — 30.S Reinhard-Tierfoto, Heiligkreuzsteinach — 30.1, 2 ZEFA (Spichtinger), Düsseldorf — 31.1 Angermayer (Hans Reinhard), Holzkirchen — 31.2, 3, 32.1 Reinhard-Tierfoto, Heiligkreuzsteinach — 32.2 Prof. Dr. Manfred Keil, Neckargemünd — 34.1a Okapia, Frankfurt — 34.1b Silvestris (Martin Wendler), Dießen — 34.2 Okapia (Rainer Berg), Frankfurt — 35.S Reinhard-Tierfoto, Heiligkreuzsteinach — 35.1 FOCUS (S. Julienne, COSMOS), Hamburg — 35.2-4 Angermayer, Holzkirchen — 35.5 Angermayer (Günter Ziesler), Holzkirchen — 36.1 ZEFA (Deuter), Düsseldorf — 36.K Naturmuseum Senckenberg, Frankfurt — 38.1 S. Meyers — 38.2 Manfred Danegger, Owingen — 39.1 Angermayer (Hans Reinhard), Holzkirchen — 39.2 B. Siegemund — 40.2 Okapia (Stephen Dalton, OSF), Frankfurt — 40.Rd Silvestris (Lothar Lenz), Dießen — 41.2 Okapia (Jany Sauvanet), Frankfurt — 42.1a, 43.1 Reinhard-Tierfoto, Heiligkreuzsteinach — 43.Rd Wildlife (Sanchez), Hamburg — 44.1 Reinhard-Tierfoto, Heiligkreuzsteinach — 45.1a Okapia (Attilo Calegari, Overseas), Frankfurt — 45.1b Okapia (Brock May, NAS), Frankfurt — 46.S Angermayer (Hans Reinhard), Holzkirchen — 46.1 Manfred Danegger, Owingen — 46.2-4 Prof. Jürgen Wirth, Dreieich — 47.1 Picture Press (Hahn), Hamburg — 48.1 Reinhard-Tierfoto, Heiligkreuzsteinach — 48.2 Picture Press (M. Danegger), Hamburg — 49.1, 2, 50.S, 1-3, 5 Reinhard-Tierfoto, Heiligkreuzsteinach — 50.4 Manfred Danegger, Owingen — 51.1 Okapia (Antonius Ablinger), Frankfurt — 51.2, 3 Reinhard-Tierfoto, Heiligkreuzsteinach — 51.4 Angermayer, Holzkirchen — 51.5 Angermayer (Günter Ziesler), Holzkirchen — 51.6 Angermayer (Hans Reinhard), Holzkirchen — 52.1 Okapia (Ulrich Zillmann), Frankfurt — 52.2 Günther Wichert, Dinslaken — 52.Rd Wildlife (F. Graner), Hamburg — 53.1, 2 Wildlife (D. J. Cox), Hamburg — 53.Rd Wildlife (A. Mertiny), Hamburg — 54.1 Okapia (Hans Reinhard), Frankfurt — 54.2 Okapia (Dale Robert Franz), Frankfurt — 55.S Mauritius (Vidler), Mittenwald — 55.1 Okapia (Hans Reinhard), Frankfurt — 55.2 Okapia (Henry Ausloos), Frankfurt — 55.3 Mauritius (Hackenberg), Mittenwald — 55.4 Okapia (Fritz Pölking), Frankfurt — 55.5 Okapia (Frank Krahmer), Frankfurt — 56.S Okapia (M. u. C. Denis-Huot, BIOS), Frankfurt — 56.1 Corbis (Hugo von Lawick), Düsseldorf — 56.2 Okapia (NAS, Tim Davies), Frankfurt — 56.3 Okapia (Jean-Jaques Alcalay, BIOS), Frankfurt — 57.1 Okapia (Joe Dorsey, OSF), Frankfurt — 57.2 Okapia (NAS, Tim Davis), Frankfurt — 57.3 Okapia (NAS, T. McHugh), Frankfurt — 57.4 Okapia (Muriel Nicolotti), Frankfurt — 61.S, 2 Okapia (Manfred Danegger), Frankfurt — 61.1, 3, 5-8 Reinhard-Tierfoto, Heiligkreuzsteinach — 61.4 Okapia (Henry Ausloos), Frankfurt — 62.1 Corbis (Stock Market/Lance Nelson), Düsseldorf — 62.2 Corbis (Stock Market/Ariel Skelley), Düsseldorf — 62.3 John Foxx Images (RF), Amsterdam — 63.1 Mauritius (Superstock), Mittenwald — 63.2 IFA (Photex), Ottobrunn — 64.1 Bongarts (Friedemann-Vogel), Hamburg — 66.S FOCUS (Paul Fusco/Magnum), Hamburg — 66.1 Okapia (NAS, Tim Davies), Frankfurt — 67.1 Okapia (Dale Robert Franz), Frankfurt — 67.2 Okapia (Henry Ausloos), Frankfurt — 67.3 Juniors Bildarchiv (M. Wegler), Ruhpolding — 67.4 S. Meyers — 68.1 Corbis (Roy Morsch), Düsseldorf — 70.2, 71.2 Mosaik Verlag (Lennart Nilsson), München — 73.Rd Johnson & Johnson (Hans Kubler Medientechnik), Düsseldorf — 74.1 Albert Bonniers Förlag AB (Lennart Nilsson), Stockholm — 75.1 Getty Images (stone), München — 75.2 FOCUS (Matt Meadows, Science Photo Library), Hamburg — 76 2 Mauritius (Mahrholz), Mittenwald — 77.1 John Foxx Images, Amsterdam — 77.2 Prof. Jürgen Wirth, Dreieich — 77.3 Corbis (Ariel Skelley), Düsseldorf — 77.4, 5, 7 MEV, Augsburg — 77.6 Corbis, Düsseldorf — 77.8 Getty Images (PhotoDisc), München — 78.1 ZEFA (APL), Düsseldorf — 78.2 ZEFA (Weber), Düsseldorf — 78.3 Okapia (Jim Frasier, OSF), Frankfurt — 78.4, 6, 7 IFA (BCI), Ottobrunn — 78.5 ZEFA (Wisniewski), Düsseldorf — 78.8 Okapia (T. Heathcote, OSF), Frankfurt — 79.1 Okapia (Walter Geiersperger), Frankfurt — 79.2 Okapia (Roger Brown, OSF), Frankfurt — 79.3 aus „Sehen, Staunen, Wissen: Vögel", S. 23, Gerstenberg-Verlag, Hildesheim (Dorling Kindersley Limited) — 80.1 Dr. Eckart Pott, Stuttgart — 81.K Bildagentur Anne Hamann (T. Hoepker), München — 83.S aus „Sehen, Staunen, Wissen: Vögel", S. 23, Gerstenberg-Verlag (Dorling Kindersley Limited) — 84.1 Angermayer, Holzkirchen — 85.1a-c Okapia (Nature Agence), Frankfurt — 85.1d Okapia (Lanceau, Nature), Frankfurt — 87.1 Agrar-Press (W. Schiffer), Nörvenich — 87.K1-K4, K6 Reinhard-Tierfoto, Heiligkreuzsteinach — 87.K5 Angermayer, Holzkirchen — 88.S Okapia (Manfred Danegger), Frankfurt — 88.1 Wildlife (Delpho), Hamburg — 88.2 Wildlife (J. Mallwitz), Hamburg — 89.1 Silvestris (Skibbe), Dießen — 89.2 Angermayer (Hans Pfletschinger), Holzkirchen — 90.1 Silvestris (Konrad Wothe), Dießen — 90.2 Reinhard-Tierfoto, Heiligkreuzsteinach — 90.Rd Angermayer (Rudolf Schmidt), Holzkirchen — 91.S Okapia (John Cancalosi), Frankfurt — 91.1-5 Angermayer (Rudolf Schmidt), Holzkirchen — 91.6 Okapia (Hans-Dieter Brandl), Frankfurt — 92.1-10 Paul Trötschel, Heeslingen — 93.K Silvestris (Brandl), Dießen — 94.K1, K2 Manfred Danegger, Owingen — 97.S, 2-4 Reinhard-Tierfoto, Heiligkreuzsteinach — 97.1 Okapia (Hans Reinhard), Frankfurt — 98.S S. Meyers — 98.1 Okapia (Hans Schweiger), Frankfurt — 98.2 Okapia (Michael Göggelmann), Frankfurt — 98.3 Okapia (Sohns), Frankfurt — 98.4 Bruce Coleman Collection (H. Angel), Cahlfont St Peter Bucks — 98.5, 99.1, 3 aus „Sehen, Staunen, Wissen: Vögel", (S. 42, 46, 61), Gerstenberg-Verlag (Eric Hosking), Dorling Kindersley Limited — 99.2 Okapia (K. Wanecek), Frankfurt — 100.1 Silvestris (Arndt), Dießen — 100.2 Reinhard-Tierfoto, Heiligkreuzsteinach — 100.3 Heinz Schrempp, Breisach — 101.S, 102.2 Angermayer (Hans Reinhard), Holzkirchen — 103.S Okapia (X. Eichaker, BIOS), Frankfurt — 103.1, 3 Reinhard-Tierfoto, Heiligkreuzsteinach — 103.2 Silvestris (Dietmar Nill), Dießen — 103.4-6 Angermayer (Hans Reinhard), Holzkirchen —

104.1a/b Reinhard-Tierfoto, Heiligkreuzsteinach — 105.S S. Meyers — 105.1-4 Manfred Danegger, Owingen — 105.5, 6 Dr. Eckart Pott, Stuttgart — 106.1, Rd, 107.1 Reinhard-Tierfoto, Heiligkreuzsteinach — 108.S Okapia (K. Heacox, P. Arnold), Frankfurt — 110.1 Reinhard-Tierfoto, Heiligkreuzsteinach — 110.2 ZEFA (U. K.), Düsseldorf — 110.3 Okapia (Michael Fogden, OSF), Frankfurt — 110.4 Okapia (NAS, T. McHugh), Frankfurt — 110.5 Okapia (John Cancalosi, P. Arnold), Frankfurt — 111.1 Okapia (NAS, Tim Davies), Frankfurt — 111.2 Okapia (G. Wiltsie, Peter Arnold), Frankfurt — 111.3 Mauritius (fm), Mittenwald — 111.4 Okapia (Alan Root), Frankfurt — 112.1 Reinhard-Tierfoto, Heiligkreuzsteinach — 114.1 Angermayer (Hans Reinhard), Holzkirchen — 114.2 Angermayer (Heppner), Holzkirchen — 115.S Mauritius (J. Beck), Mittenwald — 116.1 Claus Kaiser, Rantum/Sylt — 117.S Mauritius (J. Beck), Mittenwald — 118.1 Reinhard-Tierfoto, Heiligkreuzsteinach — 119.1 Transglobe Agency (K. Lucas), Hamburg — 119.2 Bilderberg (Klaus-D. Francke), Hamburg — 120.S Mauritius (J. Beck), Mittenwald — 120.1, 3, 5, 6 Reinhard-Tierfoto, Heiligkreuzsteinach — 120.2 Okapia (Andreas Hartl), Frankfurt — 120.4 Angermayer (Hans Reinhard), Holzkirchen — 120.7 Okapia (Otto Willner), Frankfurt — 121.1, 2 Wildlife (F. Graner), Hamburg — 121.3 Okapia (NAS, T. McHugh), Frankfurt — 121.4 Wildlife (W. Pölzer), Hamburg — 121.5 Silvestris (Krone), Dießen — 121.6 Reinhard-Tierfoto, Heiligkreuzsteinach — 121.7 Okapia (Alex Kerstitch), Frankfurt — 122.S Mauritius (J. Beck), Mittenwald — 122.1 Okapia (David B. Fleetham, OSF), Frankfurt — 122.2 ZEFA (Bell), Düsseldorf — 122.3 Okapia (NAS, A. Power), Frankfurt — 124.1a Angermayer (H. Pfletschinger), Holzkirchen — 124.1b Umweltbild Kurt Möbus (W. Mastmann), Neu-Anspach — 125.1 a/b, 2-4 Angermayer (H. Pfletschinger), Holzkirchen — 126.1 Harald Lange Naturbild, Bad Lausick — 126.2 Okapia (J. A. L. Cooke, OSF), Frankfurt — 127.1 Reinhard-Tierfoto, Heiligkreuzsteinach — 127.2 Angermayer (Hans Pfletschinger), Holzkirchen — 128.1a Angermayer, Holzkirchen — 129.S Dr. Eckart Pott, Stuttgart — 130.1 Angermayer (Hans Pfletschinger), Holzkirchen — 130.2, Rd Reinhard-Tierfoto, Heiligkreuzsteinach — 133.1, 4, 7, 8 Angermayer (H. Pfletschinger), Holzkirchen — 133.2 Landesmedienzentrum Baden-Württemberg (Klaus Paysan), Stuttgart — 133.3 Reinhard-Tierfoto, Heiligkreuzsteinach — 133.5, 6 Dr. Eckart Pott, Stuttgart — 133.9 Angermayer (Günter Ziesler), Holzkirchen — 134.1 Manfred Danegger, Owingen — 134.2, 3 Reinhard-Tierfoto, Heiligkreuzsteinach — 134.4-6, 135.Rd Angermayer (H. Pfletschinger), Holzkirchen — 136.2 Angermayer, Holzkirchen — 137.2 Reinhard-Tierfoto, Heiligkreuzsteinach — 137.K1 Okapia (Michael Fogden, OSF), Frankfurt — 137.K2 Angermayer, Holzkirchen — 137.K3 Wildlife (M. Cawardine), Hamburg — 138.1 Reinhard-Tierfoto, Heiligkreuzsteinach — 138.2 Okapia (Werner Layer), Frankfurt — 139.S Okapia (Benny Van Damme, Wildlife Pictures), Frankfurt — 139.1 Angermayer (Hans Pfletschinger), Holzkirchen — 139.2, 6 Reinhard-Tierfoto, Heiligkreuzsteinach — 139.3 Wildlife (B. Stein), Hamburg — 139.4 Angermayer (Günter Ziesler), Holzkirchen — 139.5 Corbis (Michael & Patricia Fogden), Düsseldorf — 142.1 Okapia (Jeff Foott), Frankfurt — 146.1 Urwelt-Museum Hauff, Holzmaden — 147.S Dr. Eckart Pott, Stuttgart — 148.S Okapia (H. Lange), Frankfurt — 148.1 Okapia (Kevin Schafer, P. Arnold), Frankfurt — 148.2 aus „David Norman, Dinosaurs", Crescent Books, New York — 149.1 Okapia (NAS, K. Fink), Frankfurt — 149.2 Okapia (Martial Aquavone, BIOS), Frankfurt — 149.3 Naturmuseum Senckenberg, Frankfurt — 151.S, 3 Okapia (Alan Root), Frankfurt — 151.1 Max-Planck-Institut (J. Schauer/ Fricke), Seewiesen — 151.2 Landesmedienzentrum Baden-Württemberg (Klaus Paysan), Stuttgart — 151.4 Okapia (Konrad Wothe), Frankfurt — 152.1 Karen Carr, Silver City, NM (USA) — 153.S Wildlife (F. Graner), Hamburg — 153.1 Okapia (Fred Bruemmer), Frankfurt — 153.2 Wildlife (S. Muller), Hamburg — 153.3 Günther Wichert, Dinslaken — 153.4 Corbis (Kennan Ward), Düsseldorf — 153.5 Okapia (Daryl & Sharma Balfour), Frankfurt — 154.1, 2 Reinhard-Tierfoto, Heiligkreuzsteinach — 155.1 Angermayer, Holzkirchen — 155.2 ZEFA (Poelking), Düsseldorf — 155.3 Reinhard-Tierfoto, Heiligkreuzsteinach — 156.1 Angermayer (Hans Pfletschinger), Holzkirchen — 156.2 Okapia (D. Hagemann), Frankfurt — 156.3 Angermayer (Hans Pfletschinger), Holzkirchen — 156.4 Dr. Heiko Bellmann, Lonsee — 157.1 MEV, Augsburg — 157.2 Ulrich Kattmann, Bad Zwischenahn — 157.3 Werner Zepf, Bregenz — 158.1 Dr. Helmut Länge, Stuttgart — 159.1 Naturfotografie Frank Hecker (Frieder Sauer), Panten-Hammer — 159.2 Angermayer (Hans Pfletschinger), Holzkirchen — 160.1 Okapia (David Thompson), Frankfurt — 160.2, 161.S Angermayer (Hans Pfletschinger), Holzkirchen — 162.1 Life-Serie „Wunder der Natur", Tiere und ihr Verhalten (Nina Leen), Time Life Books Inc. — 162.2, 164.S, 2, 3 Angermayer (Hans Pfletschinger), Holzkirchen — 164.1 Okapia (Björn Svensson), Frankfurt — 165.1 Greiner & Meyer (Schrempp), Braunschweig — 165.Rd, 166.1, 5 Angermayer (Hans Pfletschinger), Holzkirchen — 166.3 Dr. Eckart Pott, Stuttgart — 167.2 Greiner & Meyer (Meyer), Braunschweig — 168.1a, Rd Angermayer (Hans Pfletschinger), Holzkirchen — 169.1 Okapia (Alistair Shay, OSF), Frankfurt — 169.2 Johannes Lieder, Ludwigsburg — 170.S Okapia (B. Roth), Frankfurt — 170.1 Okapia (John A. Anderson), Frankfurt — 170.2 Okapia (Meyer), Frankfurt — 170.3 Okapia (Hans Lutz), Frankfurt — 170.4 Okapia (Karl W. Röhrig), Frankfurt — 170.5 Silvestris (Manfred Danegger), Dießen — 170.6 Silvestris (Dietmar Nill), Dießen — 170.7 Greiner & Meyer (Harstrick), Braunschweig — 171.2 aus „David Attenborough, The atlas of the living world", Houghton Mifflin Company, Boston, 1989, S. 124/125 (Giani Tortoli) — 172.1a Greiner & Meyer (Kunz), Braunschweig — 172.1b Greiner & Meyer (Schrempp), Braunschweig — 173.1 Jacana Janjac (Vorin Visage), Paris — 173.2a Okapia (Gerhart Dagner), Frankfurt — 173.2b Okapia (Christen), Frankfurt — 173.Rd Okapia (Axel Grambow), Frankfurt — 174.S Okapia (B. Roth), Frankfurt — 174.1 Ulrich Kattmann, Bad Zwischenahn — 174.2 Günther Wichert, Dinslaken — 174.3 Okapia (Neil Bromhall, OSF), Frankfurt — 175.1 Okapia (M. & C. Denis-Huot), Frankfurt — 176.1, 2 Angermayer (Hans Pfletschinger), Holzkirchen — 176.3, 4 Reinhard-Tierfoto, Heiligkreuzsteinach — 177.1, 3, 4 Angermayer (Hans Pfletschinger), Holzkirchen — 177.2 Reinhard-Tierfoto, Heiligkreuzsteinach — 178.S Okapia (R. Müller-Rees), Frankfurt — 178.1, 2, 6 Reinhard-Tierfoto, Heiligkreuzsteinach — 178.3 Wildlife (Borrell), Hamburg — 178.4 Okapia (Hans Reinhard), Frankfurt — 178.5 Okapia (Otto Willner), Frankfurt — 179.1 Okapia (W. Kratz), Frankfurt — 179.2 Okapia (Hagemann), Frankfurt — 179.3 Dr. Heiko Bellmann, Lonsee — 179.4, 6 Reinhard-Tierfoto, Heiligkreuzsteinach — 179.5 Okapia (Herbert Zettl), Frankfurt — 179.7 Okapia (P. K. Sharpe, OSF), Frankfurt — 180.1 Angermayer (Hans Pfletschinger), Holzkirchen — 180.2, 181,2 Prof. Dr. Heinz Mehlhorn, Düsseldorf — 182.1, 3 Angermayer (Hans Pfletschinger), Holzkirchen — 182.2 Naturfotografie Frank Hecker (Frieder Sauer), Panten-Hammer — 183.S, 1 Silvestris (Hans Heitmann), Dießen — 183.2 IFA (R. Maier), Ottobrunn — 183.3, 4 Angermayer (Hans Pfletschinger), Holzkirchen — 183.5 XENIEL-DIA (Franck), Neuhausen — 184.1 Reinhard-Tierfoto, Heiligkreuzsteinach — 186.1 Okapia (David Thompson, OSF), Frankfurt — 187.1a Corbis (Robin Chittenden, Frank Lane Picture Age), Düsseldorf — 187.1b Angermayer (Hans Pfletschinger), Holzkirchen — 188.1, 2 Dr. Helmut Länge, Stuttgart — 188.3 Dieter Schmidtke, Schorndorf — 189.S Dr. Helmut Länge, Stuttgart — 190.2 Greiner & Meyer (Greiner), Braunschweig — 191.1-3 Angermayer (Hans Pfletschinger), Holzkirchen — 191.4 Roland Herdtfelder, Reutlingen — 192.S Roland Frank, Stuttgart — 192.2 Angermayer (Hans Pfletschinger), Holzkirchen — 193.1 Roland Frank, Stuttgart — 194.1a Silvestris (Gerd Wagner), Dießen — 194.1b Dr. Eckart Pott, Stuttgart — 194.1c Reinhard-Tierfoto, Heiligkreuzsteinach — 194.1d Silvestris (Portsch), Dießen — 194.1e Silvestris (Brockhaus), Dießen — 194.2 ZEFA (Ruckszio), Düsseldorf — 194.3 Okapia (D. Delfino, BIOS), Frankfurt — 194.4 ZEFA (Imaging), Düsseldorf — 194.5 Okapia (B. Marielle, BIOS), Frankfurt — 195.1 Okapia (J. Frebet, BIOS), Frankfurt — 195.2 Nature + Science (Aribert Jung), Vaduz — 197.1 Walter Haas, Stuttgart — 198.K1 Dr. Eckart Pott, Stuttgart — 198.K2, 199.S Reinhard-Tierfoto, Heiligkreuzsteinach — 199.1 Dr. Helmut Länge, Stuttgart — 200.1 Dr. Rudolf König, Kiel — 200.2, 3 Reinhard-Tierfoto, Heiligkreuzsteinach — 201.1a ZEFA (Kalt), Düsseldorf — 201.1b Silvestris (Karl Wahl), Dießen — 201.1c Reinhard-Tierfoto, Heiligkreuzsteinach — 202.1 G. Bauer — 202.2 Silvestris (Bruckner), Dießen — 203.2 Nature + Science, Vaduz — 203.3 Silvestris, Dießen — 203.4 Reinhard-Tierfoto, Heiligkreuzsteinach — 204.1 Dr. Eckart Pott, Stuttgart — 204.2 Reinhard-Tierfoto, Heiligkreuzsteinach — 204.4 Silvestris (Brockhaus), Dießen — 204.5

Silvestris (Portsch), Dießen — 206.S Angermayer (Hans Pfletschinger), Holzkirchen — 208.S, 209.1 Angermayer (Ernst Elfner), Holzkirchen — 210.S, 2, 4, 6 Reinhard-Tierfoto, Heiligkreuzsteinach — 210.1, 7 Dr. Eckart Pott, Stuttgart — 210.3 Silvestris (Kuch), Dießen — 210.5 Silvestris (Walz), Dießen — 211.1 Silvestris (Kuch), Dießen — 211.2 Silvestris (Rodich), Dießen — 211.3 Nature + Science (Aribert Jung), Vaduz — 211.4 Bildarchiv Sammer, Neuenkirchen — 211.5 Dr. Eckart Pott, Stuttgart — 211.6 Silvestris (Partsch), Dießen — 211.7 Silvestris (Willner), Dießen — 211.8 Reinhard-Tierfoto, Heiligkreuzsteinach — 214.S Okapia (TH Foto, Tschanz-Hofmann), Frankfurt — 216.1, 2b Claus Kaiser, Rantum/Sylt — 216.2a Dr. Eckart Pott, Stuttgart — 218.1a Nature + Science (Bärtels), Vaduz — 218.1b Dr. Eckart Pott, Stuttgart — 218.1c Dr. Helmut Länge, Stuttgart — 219.K1 Dr. Eckart Pott, Stuttgart — 219.K2 Silvestris (Heitmann), Dießen — 219.K3 Silvestris (GDT, Pforr), Dießen — 219.K4 Silvestris, Dießen — 220.S Okapia (M. Bohler), Frankfurt — 220.1a-c, 4, 5 Reinhard-Tierfoto, Heiligkreuzsteinach — 220.2 Silvestris (Bohler), Dießen — 220.3 Silvestris (Schwirtz), Dießen — 221.1 Silvestris (Gebhard), Dießen — 221.2, 5, 6 Dr. Eckart Pott, Stuttgart — 221.3, 4 Reinhard-Tierfoto, Heiligkreuzsteinach — 221.7 Silvestris (Wothe), Dießen — 222.1 Reinhard-Tierfoto, Heiligkreuzsteinach — 224.1 Silvestris (Skibbe), Dießen — 224.2, 3 Dr. Eckart Pott, Stuttgart — 224.4 Reinhard-Tierfoto, Heiligkreuzsteinach — 225.S Dr. Eckart Pott, Stuttgart — 225.1 Silvestris (Simon Rausch), Dießen — 226.1 Silvestris (Frank Hecker), Dießen — 226.2 Angermayer (Rudolf Schmidt), Holzkirchen — 226.3 Silvestris (Daniel Bohler), Dießen — 226.4 Silvestris (Martin Partsch), Dießen — 226.5 Silvestris (Redeleit), Dießen — 226.6 Reinhard-Tierfoto, Heiligkreuzsteinach — 227.K1 Silvestris (Ulrich Gross), Dießen — 227.K2 Silvestris (Karl Happenhofer), Dießen — 227.K3 Silvestris (Helmut Partsch), Dießen — 227.K4 Silvestris (Gerd Wagner), Dießen — 228.1, 229.2 Greiner & Meyer (Greiner), Braunschweig — 230.S Okapia (Clyde H. Smith, P. Arnold), Frankfurt — 230.1 Dieter Schmidtke, Schorndorf — 230.2 Thomas Raubenheimer, Stuttgart — 231.1 Reinhard-Tierfoto, Heiligkreuzsteinach — 231.2 Thomas Raubenheimer, Stuttgart — 232.1 BPK, Berlin — 232.2, 3, 6 Reinhard-Tierfoto, Heiligkreuzsteinach — 232.4 Mauritius (Sipa Image), Mittenwald — 232.5 Prof. Jürgen Wirth, Dreieich — 233.1 IFA (BCI), Ottobrunn — 234.1 Silvestris (Walter Rohdich), Dießen — 234.2 Reinhard-Tierfoto, Heiligkreuzsteinach — 236.1,237.Rd.1, Rd.3 Nature + Science (Aribert Jung), Vaduz — 237.Rd.2 Silvestris (Siegfried Kerscher), Dießen — 237.Rd.4 Silvestris (Erich Kuch), Dießen — 239.1a/c, 2c, 3a/c Reinhard-Tierfoto, Heiligkreuzsteinach — 239.1b, 2a/b, 3b Dr. Eckart Pott, Stuttgart — 240.2 Nature + Science (Aribert Jung), Vaduz — 242.1 Reinhard-Tierfoto, Heiligkreuzsteinach — 244.1 Dr. Eckart Pott, Stuttgart — 244.2 Greiner & Meyer (Schrempp), Braunschweig — 245.1 Okapia (Hans Reinhard), Frankfurt — 245.2 Reinhard-Tierfoto (Hans Reinhard), Heiligkreuzsteinach — 245.3 Okapia (TH Foto, Tschanz-Hofmann), Frankfurt — 245.4 Okapia (Gerd Penner), Frankfurt — 245.5 Okapia (Rolf Bender), Frankfurt — 245.6 Okapia (M. u. R. Greulich, Naturbild), Frankfurt — 245.K Bildarchiv Sammer, Neuenkirchen — 246.S, 248.Rd, 250.S Reinhard-Tierfoto, Heiligkreuzsteinach — 250.1-4 Dr. Eckart Pott, Stuttgart — 251.1, 3, 4 Reinhard-Tierfoto, Heiligkreuzsteinach — 251.2 Roland Wolf, Herrenberg — 252.1 IFA (BCI), Ottobrunn — 252.2 Prof. Jürgen Wirth, Dreieich — 253.1 IFA (BCI), Ottobrunn — 253.2 Okapia (E. Lenorcy, BIOS), Frankfurt — 254.S Reinhard-Tierfoto, Heiligkreuzsteinach — 254.1 Königliche Bibliothek, Kopenhagen — 255.1a Reinhard-Tierfoto, Heiligkreuzsteinach — 255.1b, 2a/b Dr. Helmut Länge, Stuttgart — 255.3 Prof. Jürgen Wirth, Dreieich — 256.1 Angermayer (Günter Ziesler), Holzkirchen — 256.2, 3 Silvestris (Justus de Cuveland), Dießen — 256.4 Silvestris (Volkmar Brockhaus), Dießen — 256.5, 6 Nature + Science (Kooiman), Vaduz — 256.7 Silvestris (Redeleit), Dießen — 257.S Okapia (Büttner), Frankfurt — 258.1 Silvestris (Stephen Dalton), Dießen — 259.1 Reinhard-Tierfoto, Heiligkreuzsteinach — 259.2 Helmut Baumann, Böblingen — 260.S Okapia (J. Douillet), Frankfurt — 260.1, 2, 4 Dr. Eckart Pott, Stuttgart — 260.3, 5, 261.1, 3, 5 Reinhard-Tierfoto, Heiligkreuzsteinach — 261.2 Angermayer (Lange), Holzkirchen — 261.4, 6 Dr. Eckart Pott, Stuttgart — 262.1a Reinhard-Tierfoto, Heiligkreuzsteinach — 262.1b Okapia (Wilhelm Irsch), Frankfurt — 262.1c Okapia (Hans Reinhard), Frankfurt — 262.1d Silvestris (Sonja Rausch), Dießen — 263.K1 Okapia (K. G. Vock), Frankfurt — 263.K2 Frithjof Stephan, Stuttgart — 264.1 Okapia (Herbert Kehrer), Frankfurt — 264.2 Angermayer (Ernst Elfner), Holzkirchen — 264.3 Okapia (G. Synatzschke), Frankfurt — 264.4 Reinhard-Tierfoto (Hans Reinhard), Heiligkreuzsteinach — 264.5 Harald Lange Naturbild, Bad Lausick — 265.1 Das Fotoarchiv (Jörn Sackermann), Essen — 265.2 Regierung von Oberfranken, Bayreuth — 265.K1 Okapia (Ernst Schacke, Naturbild), Frankfurt — 265.K2 Reinhard-Tierfoto (Hans Reinhard), Heiligkreuzsteinach — 266.1-3 Okapia (Hans Reinhard), Frankfurt — 266.4 Reinhard-Tierfoto, Heiligkreuzsteinach — 267.1 Corbis (John Feingersh), Düsseldorf — 267.2 Reinhard-Tierfoto, Heiligkreuzsteinach — 268.1 Silvestris (Günter Roland), Dießen — 268.2 Corbis (Stock Market, James A. Sugar), Düsseldorf — 268.3 Prof. Jürgen Wirth, Dreieich — 269.1 Corbis (Tom Brakefield), Düsseldorf — 269.2 Jacana Janjac (Jean-Louis), Paris — 269.3 Okapia (Joe McDonald), Frankfurt — 269.4 FOCUS (Andrew Syred, Science Source), Hamburg — 269.5 Angermayer (Hans Pfletschinger), Holzkirchen — 269.6 Corbis (Kennan Ward), Düsseldorf — 270.1 Okapia (Nick Bergkessel), Frankfurt — 270.2 Bruce Coleman Collection, Cahlfont St Peter Bucks — 270.3 Okapia (A. Shay/OSF), Frankfurt — 270.4 Okapia (Konrad Wothe), Frankfurt — 270.5 Okapia (D. Scharf/Peter Arnold Inc.), Frankfurt — 270.6 Silvestris (Arnold Inc.), Dießen — 270.7 Angermayer (Toni Angermayer), Holzkirchen — 271.1 Okapia (Mark Pidgeon), Frankfurt — 271.2 Okapia (Thierry Montford), Frankfurt — 271.3 Silvestris (Dietmar Nill), Dießen — 271.4 Okapia (Stephen Dalton, OSF), Frankfurt — 271.5 Okapia (Patrick DaCosta), Frankfurt — 271.6 Silvestris (Gerard Lacz), Dießen — 271.7 Okapia (Dr. Gilbert S. Grant), Frankfurt — 271.8 Silvestris (Helmut Parsch), Dießen — 271.9 Greiner & Meyer (Greiner),Braunschweig — 272.1 Bilderberg (Markus Kirchgessner), Hamburg — 272.2 Bilderberg (Bertold Steinhilber), Hamburg — 272.3 Corbis (Bob Rowan; Progressive Image), Düsseldorf — 272.4 Bilderberg (Till Leeser), Hamburg — 272.5 Bilderberg (Hans-Jürgen Burkard), Hamburg — 272.6 Silvestris (Wolfgang Willner), Dießen — 272.7 Reinhard-Tierfoto, Heiligkreuzsteinach — 272.8 Silvestris (Robert Bruckner), Dießen — 272.9 Silvestris (Pfeiffer), Dießen — 273.1 Silvestris (Rudolf Höfels), Dießen — 273.2 Angermayer (Günter Ziesler), Holzkirchen — 273.3 Wildlife (D. J. Cox), Hamburg — 273.4 Okapia (Manfred Danegger, P. Arnold), Frankfurt — 273.5 Alfred Limbrunner, Dachau — 273.6 Angermayer (Hans Pfletschinger), Holzkirchen — 274.1 Okapia (NAS, Sidney Barth), Frankfurt — 274.2, 5, 9 Reinhard-Tierfoto, Heiligkreuzsteinach — 274.3 Dr. Eckart Pott, Stuttgart — 274.4 Okapia (Thomas S. England/NAS), Frankfurt — 274.6 Corbis (Stock Market/Lester Lefkowitz), Düsseldorf — 274.7 Okapia (Hansgeorg Arndt), Frankfurt — 274.8 Mauritius (age), Mittenwald — 274.10 Okapia (Philippe Oberle), Frankfurt — 275.1 Angermayer (Hans Pfletschinger), Holzkirchen — 275.2 Corbis (C. B. P.), Düsseldorf — 275.3 Silvestris (Konrad Wothe), Dießen — 275.4 Okapia (Hans Reinhard), Frankfurt — 276.1 Silvestris (Gertraud Gasser), Dießen — 276.2 Wildlife (Kappel), Hamburg — 276.3 Wildlife (Harms), Hamburg — 277.1 Heinz Schrempp, Breisach — 277.2 Dr. Eckart Pott, Stuttgart — 277.3 Okapia (John A. Anderson), Frankfurt — 277.4 Reinhard-Tierfoto, Heiligkreuzsteinach — 277.5, 6 Angermayer (Hans Pfletschinger), Holzkirchen — 278.1 Angermayer (Hans Reinhard), Holzkirchen — 278.2 Mosaik Verlag (L. Nilsson), München — 278.3 Angermayer (Hans Pfletschinger), Holzkirchen — 278.4 Okapia (Hansgeorg Arndt), Frankfurt — 278.5 Okapia (Neil Bromhall, OSF), Frankfurt — 279.1 Okapia (Herbert Schwind), Frankfurt — 279.2 Heiko Bellmann, Lonsee — 279.3 Angermayer (Hans Pfletschinger), Holzkirchen

Grafiken: Prof. Jürgen Wirth, Fachhochschule Darmstadt, Fachbereich Gestaltung (Mitarbeit: Matthias Balonier)

Nicht in allen Fällen war es möglich, den uns bekannten Rechteinhaber der Abbildungen ausfindig zu machen. Berechtigte Ansprüche werden selbstverständlich im Rahmen der üblichen Vereinbarungen abgegolten.